编著◎王万雄　史战红　刘彦平

生态学中的数学模型研究

——模糊数学方法与动力系统建模

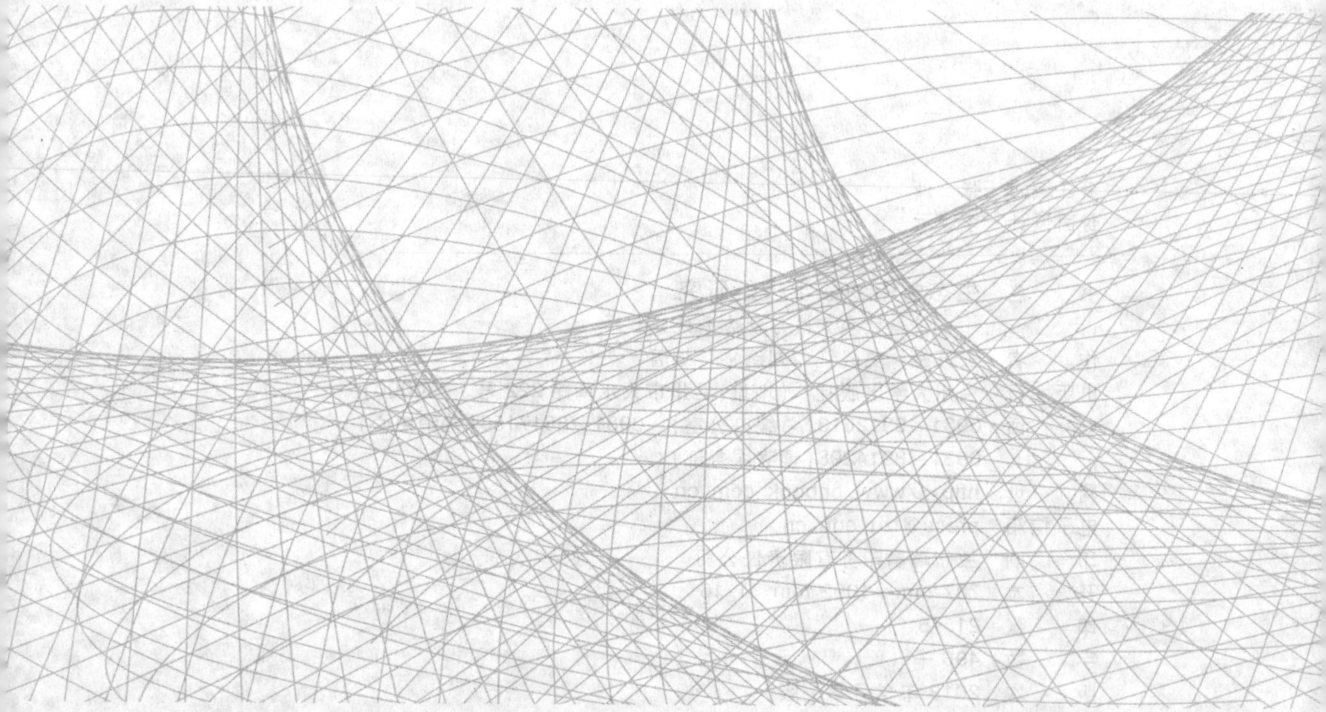

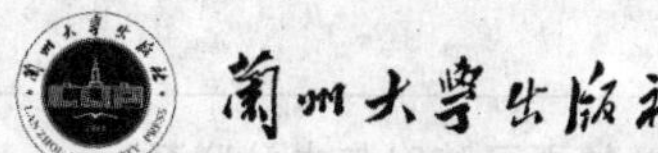

图书在版编目(CIP)数据

生态学中的数学模型研究:模糊数学方法与动力系统建模 / 王万雄,史战红,刘彦平编著. —兰州:兰州大学出版社,2013.9

ISBN 978-7-311-04254-7

Ⅰ.①生… Ⅱ.①王… ②史… ③刘… Ⅲ.①生态学—数学模型 Ⅳ.①Q14

中国版本图书馆 CIP 数据核字(2013)第 218247 号

责任编辑 张 萍
封面设计 李鹏远

书　　名 牛态学中的数学模型研究
　　　　　——模糊数学方法与动力系统建模
作　　者 王万雄 史战红 刘彦平 编著
出版发行 兰州大学出版社 (地址:兰州市天水南路 222 号 730000)
电　　话 0931-8912613(总编办公室) 0931-8617156(营销中心)
　　　　　0931-8914298(读者服务部)
网　　址 http://www.onbook.com.cn
电子信箱 press@lzu.edu.cn
印　　刷 兰州瑞昌印务有限责任公司
开　　本 787 mm×1092 mm 1/16
印　　张 21.75
字　　数 496 千
版　　次 2013 年 9 月第 1 版
印　　次 2013 年 9 月第 1 次印刷
书　　号 ISBN 978-7-311-04254-7
定　　价 46.00 元

(图书若有破损、缺页、掉页可随时与本社联系)

前 言

生态学（Ecology）一词，是德国动物学家海克尔于 1866 年提出的，他指出生态学是研究生物体与其周围环境（包括非生物环境和生物环境）相互关系的科学。

随着生态学研究范围向宏观和微观两个方面的拓展，生态学研究的方法正在发生新的变化。在宏观方面，除了需要利用一些能准确获取信息的手段，如遥感、地理信息系统和全球定位系统外，还需要强调应用数学模型方法来研究大尺度、多因素的大系统。在微观方面，则要求通过缩小研究对象的范围，利用实验的方法，在一个短暂的时间范围和确定的环境条件下进行研究，力图对生物与环境相互作用的机理得出严格的结论并进而进行调控。

进入 21 世纪，生态学不仅在理论和方法方面，而且在研究对象的范畴、规模和尺度方面，都有了自己的创新和发展。目前，生态学已经形成了许多成熟的学科分支：①按所研究的生物类别分，有微生物生态学、植物生态学、动物生态学、人类生态学、民族生态学等；还可细分，如昆虫生态学、鱼类生态学等。②按生物系统的结构层次分，有个体生态学、种群生态学、群落生态学、生态系统生态学等。③按生物栖居的环境类别分，有陆地生态学和水域生态学，前者又可分为森林生态学、草原生态学、荒漠生态学等，后者可分为海洋生态学、湖沼生态学、河流生态学等；还有更细的划分，如植物根际生态学、肠道生态学等。④生态学与非生命科学相结合，有数学生态学、化学生态学、物理生态学、地理生态学、经济生态学等；与生命科学其他分支相结合，有生理生态学、行为生态学、遗传生态学、进化生态学、古生态学等。⑤应用性分支学科有农业生态学、医学生态学、工业资源生态学、污染生态学（环境保护生态学）、城市生态学等。

把生态学的基础理论与定量的测定方法和建模技术以及系统分析等方法相结合，用以解决自然界和社会面临的一些迫切问题，是目前生态学的一个崭新分支，并日益展现出蓬勃的生机。早在 20 世纪 40 年代，就有人应用数学概念和技术整理了生态实验和观察的经验数据，如在物种散布和生态位填充、岛屿地理学和地理生态学以及在营养动态和食物链研究等方面做出了贡献。长期以来，人们一直试图通过将数学模型和生态学相结合的途径，达到利用数学方法定量地研究和解决生态学问题的目的，从而对生物和环境有进一步的定量了解。

由于在现实的生态学概念中往往存在许多模糊概念，诸如清洁与污染、脊椎动物与无脊椎动物、生物与非生物等这样一些对立的概念之间，都没有绝对分明的界限。而且，在多变量、非线性、时变的生态系统中，复杂性与精确性形成了尖锐的矛盾。模糊数学的创始人扎德教授从实践中总结出这样一条互克性原理："当系统的复杂性日趋增长时，我们对系统特性做出精确和有意义性描述的能力将相应降低，直至达到这样一个阈值，一旦超过它，精确性和有意义性将变成两个几乎互相排斥的特性。”这就是说，复杂程度越高，有意义的精确化能力便越低。复杂性意味着因素众多，时变性大，其中某些因素及其变化是人们难以精确掌握的，而且人们又常常不可能对全部因素和过程都进行精确的考察，而只能抓住其中的主要部分，忽略掉所谓的次要部分。这样，在事实上就给系统的描述带来了模糊性。因此，很有必要利用模糊数学的方法处理一些生态学问题。

本书主要涉及生态学中的模糊数学建模方法和动力系统建模两方面，全面阐述了模糊集的基本理论以及在生态学建模中的应用，同时介绍了生态学中的动力系统建模方法。通过本书的学习，可以了解和掌握模糊数学和动力系统的基础知识，并了解模糊数学和动力系统在生态学中的应用。

本书由三人合著，共 15 章，其中第 1 章至第 5 章由史战红编写，第 6 章至第 12 章由王万雄编写，第 13 章至第 15 章由刘彦平编写。

本书是作者在多年教学和科研工作及借鉴前人工作的基础上编著而成的，其中也包括作者的一些最新研究成果。

本书内容新颖丰富、层次分明、由浅入深，实用性和指导性强。

本书可作为模糊数学、数学生态学、生物数学等专业高年级本科生和研究生的参考教材，也可作为相关专业的教师、科技工作者的参考书。

本书得到了国家支撑计划项目（批准号：2007BAD88B07）和甘肃省自然基金项目（批准号：1208RJZA186）的资助，在此表示衷心的感谢。

由于作者水平有限，书中难免有疏漏之处，望广大读者批评指正。

编　者

2013 年 3 月

目 录

第 1 章　模糊集合及其运算

在人类社会和各个科学领域中，人们所遇到的各种量大体上可以分成两大类：确定的和不确定的，而不确定性又可分为随机性和模糊性。本章介绍模糊数学的基本概念以及在生态学中的应用。

现实生活中，人们对一些系统、一些事物的认识往往不只是“非此即彼”，而是“亦此亦彼”，诸如空气质量的好坏，生活中的年轻与年老、高个子与矮个子、薄与厚、长与短，以及农业中的丰收与减产等。这些现象及其概念严格来说，均无绝对的边界，称为模糊概念(或现象)。这些模糊的概念很难用经典数学来描述，但它们在人们头脑中的确是有标准的。当代科技发展的趋势之一，就是各个学科领域都要求定量化、数学化，当然也要求将这种模糊概念(或现象)定量化，这就促使人们必须寻找一种研究和处理模糊概念(或现象)的数学方法。1965 年，美国加利福尼亚大学控制论专家扎德(L. A. Zadeh)教授发表的论文《模糊集合》，标志着模糊数学的诞生。

经典数学是以精确性为特征的，而与精确性相悖的模糊性并不是完全消极的或没有价值的。可以说，有时模糊性比精确性还要好。如：要你去火车站接一个“大胡子、高个子、长头发、戴宽边黑色眼镜的中年男人”，尽管这里只提供了一个精确信息——男人，而其他信息——大胡子、高个子、长头发、宽边黑色眼镜、中年等——都是模糊概念，但是，你将这些模糊概念经过头脑的综合分析判断，就可以找到这个人。如果这个问题用计算机精确处理的话，就要求将此人的准确年龄与身高，胡子、头发的准确长度与根数，眼镜的边宽数值以及黑色的程度等全部输入电脑，才可以找到这个人。如果此人的头发在中途掉了一根的话，计算机就可能找不到这个人。由此可见，有时太精确未必是一件好事。

模糊数学绝不是把数学变成模模糊糊的东西，它也具有数学的共性：条理分明，即使描述模糊概念，也会描述得清清楚楚。模糊集合论的提出虽然较晚，但目前在各个领域的应用十分广泛。实践证明，模糊数学在农业中主要用于病虫测报、种植区划、品种选育等方面，在图像识别、天气预报、地质地震、交通运输、医疗诊断、信息控制、人工智能等诸多领域的应用也已初见成效。从该学科的发展趋势来看，它具有极其强大的生命力和渗透力。

1.1 经典集合

1.1.1 经典集合

集合是现代数学中最基本的概念，集合论是基于二值逻辑的数学的基石。具有某一特征的对象全体称为集合，我们也称为经典集合，常用大写英文字母$A,B,C\cdots$表示。集合内的每个对象称为集合的元素，常用小写字母$x,y,z\cdots$表示。不含任何元素的集合称为空集，记为ϕ。只含有限个元素的集合称为有限集，有限集所含元素的个数称为集合的基数。包含无限个元素的集合称为无限集。所谓论域是指所讨论对象的全体，也称为全集，以下用大写英文字母U表示。

集合的表示法主要有两种：

(1)枚举法：如果一个集合包含的元素是有限个，则该集合叫作有限集。有限集可用枚举法表示。如：松树={红松，白皮松，樟子松，马尾松，花旗松，黑松}。

(2)描述法：如果一个集合包含的元素是无限多个，则该集合叫作无限集。无限集可用集合中元素的共性来表示，使$P(x)$成立的一切x组成的集合可表示为$\{x\mid P(x)\}$。如实数集可表示为$A=\{x\mid -\infty<x<+\infty\}$。当然，描述法也可以表示有限集，如$B=\{x\mid x^2-1=0\}$实际上是由元素-1与1组成的集合。

1.1.2 经典集合的关系与运算

集合间的关系有：

包含 $A\subseteq B$:对任意$x\in A$都有$x\in B$，并称A为B的子集(若$A\subseteq B$，但$A\neq B$，则称A为B的真子集，记为$A\subset B$)；

相等 $A=B$: $A\subseteq B$且$B\subseteq A$。

集合的运算有：

并运算 $A\cup B=\{x\mid x\in A或x\in B\}$；

交运算 $A\cap B=\{x\mid x\in A且x\in B\}$，也记为$AB$；

差运算 $A-B=\{x\mid x\in A,x\notin B\}$；

余运算 $A^c=\{x\mid x\notin A,x\in U\}$。

此外，集合的运算满足如下运算规律：

幂等律 $A\cup A=A$，$A\cap A=A$；

交换律 $A\cup B=B\cup A$，$A\cap B=B\cap A$；

结合律 $(A\cup B)\cup C=A\cup(B\cup C)$，$(A\cap B)\cap C=A\cap(B\cap C)$；

分配律 $A\cup(B\cap C)=(A\cup B)\cap(A\cup C)$，

$A\cap(B\cup C)=(A\cap B)\cup(A\cap C)$；

吸收律 $(A\cap B)\cup B=B$，$(A\cup B)\cap B=B$；

两极律 $A\cup U=U$，$A\cap U=A$，$A\cup\phi=A$，$A\cap\phi=\phi$；

还原律 $(A^c)^c=A$；

互补律 $A\cup A^c=U$，$A\cap A^c=\phi$；

De-Morgan 律 $(A\cup B)^c=A^c\cap B^c$，$(A\cap B)^c=A^c\cup B^c$。

在传统的经典数学中，元素对某一个集合的关系只有两种可能：对一普通集合 A，任一元素 x，要么 $x\in A$，要么 $x\notin A$，二者必具其一。这一特征可用集合的特征函数(图 1-1)表示为：

$$\chi_A(x)=\begin{cases}0, & x\notin A,\\ 1, & x\in A。\end{cases}$$

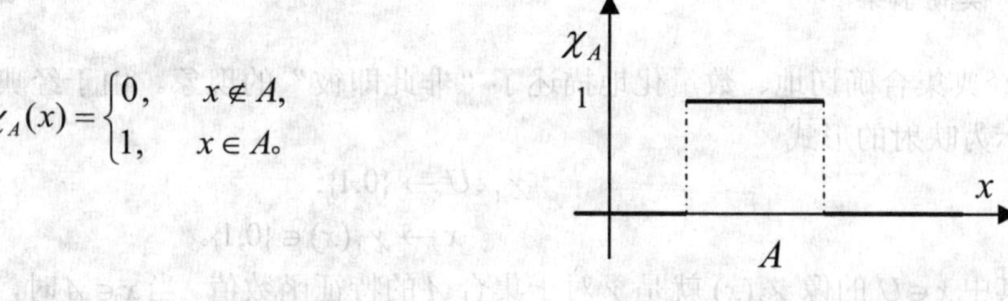

图 1-1 特征函数

引入特征函数的好处是可以将集合转化为函数，特征函数和集合之间有如下关系：

(1) $A=U\Leftrightarrow\chi_A(x)=1$，$A=\phi\Leftrightarrow\chi_A(x)=0$，$\forall x\in U$；

(2) $A\subseteq B\Leftrightarrow\chi_A(x)\leqslant\chi_B(x)$，$\forall x\in U$；

(3) $A=B\Leftrightarrow\chi_A(x)=\chi_B(x)$，$\forall x\in U$；

(4) $\chi_{A\cup B}(x)=\chi_A(x)\vee\chi_B(x)$，$\forall x\in U$；

(5) $\chi_{A\cap B}(x)=\chi_A(x)\wedge\chi_B(x)$，$\forall x\in U$；

(6) $\chi_{A^c}(x)=1-\chi_A(x)$，$\forall x\in U$。

这里 $\vee$、$\wedge$ 分别表示 sup 及 inf(取上、下确界)，在有限个成员之间，它们表示 max 及 min(取最大、最小值)。

例 1-1 $A=[1,4]$，$B=[2,5]$，则

$$\chi_A(x)=\begin{cases}1, & x\in[1,4],\\ 0, & x\notin[1,4],\end{cases}\quad \chi_B(x)=\begin{cases}1, & x\in[2,5],\\ 0, & x\notin[2,5],\end{cases}$$

$$\max\{\chi_A(x),\chi_B(x)\}=\begin{cases}1, & x\in[1,5],\\ 0, & x\notin[1,5],\end{cases}$$

而 $A\cup B=[1,5]$，又 $\chi_{A\cup B}(x)=\begin{cases}1, & x\in[1,5],\\ 0, & x\notin[1,5],\end{cases}$ 可见

$$\chi_{A\cup B}(x)=\max\{\chi_A(x),\chi_B(x)\}。$$

集合论提供了数学研究的普遍工具，每一个数学概念都反映了具有特殊性质的对象的集合，每一个判断都反映了集合之间的某种关系，每一步数学推理都反映了集合之间的某种运算。集合可以表述概念，一个概念有它的内涵和外延。符合某概念的对象的全体构成此概念的外延，一个概念所包含的那些区别于其他概念的全体本质属性就是这一概念的内涵。如

“人”这个概念的外延就是世界上所有人的全体，而内涵就是区别于其他动物的那些本质属性的全体，如“会说话”、“会思维”、“会使用劳动工具”等。从集合论的观点来看，一个概念的外延就是一个集合。

1.2 模糊集合

1.2.1 模糊子集

经典集合确切地、数量化地描述了“非此即彼”的现象。由于经典集合的特征函数又可表示为映射的形式

$$\chi_A : U \to \{0,1\},$$
$$x \mapsto \chi_A(x) \in \{0,1\}。$$

其中 $x \in U$ 的像 $\chi_A(x)$ 就是 χ 对于集合 A 的特征函数值。当 $x \in A$ 时，$\chi_A(x)=1$；当 $x \notin A$ 时，$\chi_A(x)=0$。用特征函数表示集合，恰好体现了清晰概念“非此即彼”的特征。

但现实世界中的现象并非完全具有“非此即彼”的特点，而往往体现为“亦此亦彼”。比如，在生物学发展的历史上，曾把所有生物分为动物和植物两大类。但有一些生物如猪笼草、捕蝇草、茅膏菜等，一方面能捕食昆虫，分泌液体消化昆虫，像动物一样；另一方面又长有叶片，能进行光合作用，像植物一样。类似这样的生物并不完全是“非动物即植物”，因此，不能简单地一刀切。可见在动物和植物之间存在“中介状态”。为了描述这种“中介状态”，必须把元素对集合的绝对隶属关系(要么属于 A，要么不属于 A)扩展为一定程度上的隶属关系，这就需要将经典集合 A 的特征函数 $\chi_A(x)$ 的值域 $\{0,1\}$ 推广到闭区间 $[0,1]$ 上，从而将经典集合推广到模糊集合。美国控制论专家 Zadeh 教授 1965 年提出了如下模糊集的概念(模糊集常用 $\tilde{A},\tilde{B},\tilde{C},\cdots$ 来表示，有时也用 $\underset{\sim}{A},\underset{\sim}{B},\underset{\sim}{C},\cdots$ 来表示，但在不引起混淆的前提下，以下仍用 $A,B,C\cdots$ 表示模糊集)：

定义 1-1 设 U 是论域，称映射

$$\mu_A : U \to [0,1],$$
$$x \mapsto \mu_A(x) \in [0,1]。$$

确定了一个 U 上的模糊子集 A。映射 μ_A 称为 A 的隶属函数，$\mu_A(x)$ 称为 x 对 A 的隶属程度。人们常将模糊集 A 的隶属函数 $\mu_A(x)$ 的图形画成如图 1-2 所示的曲线形状。当 μ_A 的值域为 $\{0,1\}$ 时，模糊子集 A 就变成了经典子集，而 μ_A 就是它的特征函数。可见，经典子集是模糊子集的特殊情形，而模糊子集则是经典子集概念的一般化。

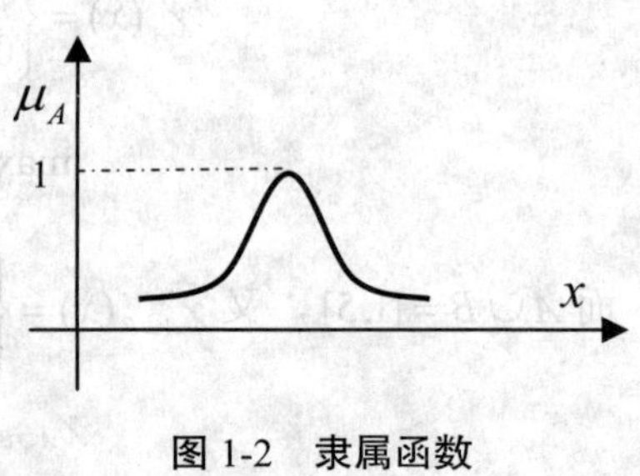

图 1-2 隶属函数

为简便起见，以下用 $A(x)$ 来代替 $\mu_A(x)$。模糊子集也简称为模糊集，隶属程度简称为隶

属度。

表示论域U上的一个模糊子集，原则上只需将每个元素$x\in U$赋予该元素对模糊子集A的隶属度$\mu_A(x)$，然后将它们用一定的形式构造在一起即可。模糊集的表示一般有三种形式：扎德表示法、序偶表示法、向量表示法。

(1)扎德表示法：设有限论域$U=\{x_1,x_2,\cdots,x_n\}$，其上的任一模糊集A可以表示为

$$A=\frac{A(x_1)}{x_1}+\frac{A(x_2)}{x_2}+\cdots+\frac{A(x_n)}{x_n},$$

这里"+"不表示求和，只是一种记号，分式$\frac{A(x_i)}{x_i}$也不表示分数，只表示点x_i对模糊集A的隶属度为$A(x_i)$；

(2)序偶表示法：$A=\{(x_1,A(x_1)),(x_2,A(x_2)),\cdots,(x_n,A(x_n))\}$；

(3)向量表示法：$A=(A(x_1),A(x_2),\cdots,A(x_n))$。

例 1-2　设

$$U=\{x_1(200\text{kg}),x_2(300\text{kg}),x_3(400\text{kg}),x_4(500\text{kg}),x_5(600\text{kg}),x_6(700\text{kg})\}$$

为六个地区的水稻亩产量，$A=$“高产”为U上的一个模糊集，如果

$$x_1\mapsto A(x_1)=0;x_2\mapsto A(x_2)=0.2;x_3\mapsto A(x_3)=0.4;$$
$$x_4\mapsto A(x_4)=0.5;x_5\mapsto A(x_5)=0.8;x_6\mapsto A(x_6)=1。$$

则模糊集A可表示为：

$$A=\frac{0}{x_1}+\frac{0.2}{x_2}+\frac{0.4}{x_3}+\frac{0.5}{x_4}+\frac{0.8}{x_5}+\frac{1}{x_6}=\frac{0.2}{x_2}+\frac{0.4}{x_3}+\frac{0.5}{x_4}+\frac{0.8}{x_5}+\frac{1}{x_6},$$

或者A也可表示为：

$$A=(0,0.2,0.4,0.5,0.8,1)。$$

例 1-3　$U=[0,200]$(单位：岁)表示人的年龄，扎德给出“年轻”(Y)与“年老”(Q)两个模糊集，其隶属函数分别为(函数图像见图 1-3)：

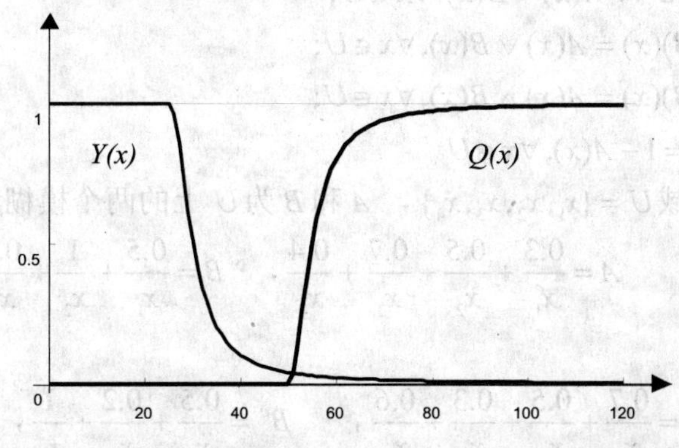

图 1-3　“年轻”与“年老”的隶属函数

$$Y(x)=\begin{cases}1, & 0\leqslant x\leqslant 25,\\ [1+(\frac{x-25}{5})^2]^{-1}, & 25<x\leqslant 200,\end{cases}$$

$$Q(x)=\begin{cases}0, & 0\leqslant x\leqslant 50,\\ [1+(\frac{x-50}{5})^{-2}]^{-1}, & 50<x\leqslant 200。\end{cases}$$

可以算出：$Y(30)=0.5, Y(35)=0.2, Q(55)=0.5, Q(60)=0.8$。这表明，30 岁的年龄属于“年轻”的隶属度为 0.5，并称点 $x=30$ 是“年轻”的过渡点；55 岁的年龄属于“年老”的隶属度为 0.5，并称点 $x=55$ 是“年老”的过渡点。

例 1-4 设 $U=\{自然数\}$，则

$$A=\frac{0.1}{7}+\frac{0.5}{8}+\frac{0.8}{9}+\frac{1}{10}+\frac{0.8}{11}+\frac{0.5}{12}+\frac{0.1}{13}$$

表示 U 上的模糊集“近似于 10”。

注意 经典集合也可以用扎德表示法表示。例如，论域 $U=\{x_1,x_2,\cdots,x_n\}$ 可以表示为

$$U=\frac{1}{x_1}+\frac{1}{x_2}+\cdots+\frac{1}{x_n},$$

这表明 $x_1,x_2,\cdots,x_n$ 绝对地属于 U，即 $x_i(i=1,2,\cdots,n)$ 对 U 的隶属度为 1。

1.2.2 模糊集合的运算

由于模糊集合中没有点与集合之间的绝对属于关系，所以其运算只能以隶属函数间的关系来确定。两模糊集合间的运算，实际上就是逐点地对隶属度做相应的运算。目前，一般情况下仍采用如下扎德的定义：

定义 1-2 设 A 和 B 为论域 U 上的两个模糊集，则 A 和 B 之间的运算关系分别为

(1)包含：$A\subseteq B \Leftrightarrow A(x)\leqslant B(x), \forall x\in U$;

(2)相等：$A=B \Leftrightarrow A(x)=B(x), \forall x\in U$;

(3)并：$(A\cup B)(x)=A(x)\vee B(x), \forall x\in U$;

(4)交：$(A\cap B)(x)=A(x)\wedge B(x), \forall x\in U$;

(5)余：$A^c(x)=1-A(x), \forall x\in U$。

例 1-5 设论域 $U=\{x_1,x_2,x_3,x_4\}$，A 和 B 为 U 上的两个模糊集，而且

$$A=\frac{0.3}{x_1}+\frac{0.5}{x_2}+\frac{0.7}{x_3}+\frac{0.4}{x_4}, \quad B=\frac{0.5}{x_1}+\frac{1}{x_2}+\frac{0.8}{x_3},$$

则：

$$A^c=\frac{0.7}{x_1}+\frac{0.5}{x_2}+\frac{0.3}{x_3}+\frac{0.6}{x_4}, \quad B^c=\frac{0.5}{x_1}+\frac{0.2}{x_2}+\frac{1}{x_3},$$

$$A\cup B=\frac{0.5}{x_1}+\frac{1}{x_2}+\frac{0.8}{x_3}+\frac{0.4}{x_4}, \quad A\cap B=\frac{0.3}{x_1}+\frac{0.5}{x_2}+\frac{0.7}{x_3}+\frac{0}{x_4}。$$

例 1-6 设论域 $U=\{x_1,x_2,x_3,x_4,x_5\}$(商品集)，在 U 上定义两个模糊集：$A=$“商品质量

好”，$B=$“商品质量差”，而且

$$A=(0.80,0.55,0.00,0.30,1.00),$$

$$B=(0.10,0.21,0.86,0.60,0.00),$$

则“商品质量不好”的模糊集为

$$A^c=(0.20,0.45,1.00,0.70,0.00),$$

值得注意的是 $A^c \neq B$，即“商品质量不好”并不等同于“商品质量差”，也即模糊集不再具有“非此即彼”的特点，这正是模糊性带来的本质特征。

此外，容易算得

$$A \cup A^c=(0.80,0.55,1.00,0.70,1.00),$$

由此可知 $A \cup A^c \neq U$，同样 $A \cap A^c \neq \phi$。

注意 模糊集保留了经典集合的许多运算规律，但与经典集合相比又有一些根本性区别。例 1-6 说明，在模糊集里互补律不再成立。

类似于经典集合，模糊集的并、交、余运算具有如下性质：

定理 1-1 设 A,B,C 为论域 U 上的模糊集，则：

(1)**幂等律** $A \cup A=A$，$A \cap A=A$；

(2)**交换律** $A \cup B=B \cup A$，$A \cap B=B \cap A$；

(3)**结合律** $(A \cup B) \cup C=A \cup (B \cup C)$，$(A \cap B) \cap C=A \cap (B \cap C)$；

(4)**分配律** $A \cup (B \cap C)=(A \cup B) \cap (A \cup C)$，

$A \cap (B \cup C)=(A \cap B) \cup (A \cap C)$；

(5)**吸收律** $(A \cap B) \cup B=B$，$(A \cup B) \cap B=B$；

(6)**0-1 律** $A \cup U=U$，$A \cap U=A$，$A \cup \phi=A$，$A \cap \phi=\phi$；

(7)**还原律** $(A^c)^c=A$；

(8)**对偶律** $(A \cup B)^c=A^c \cap B^c$，$(A \cap B)^c=A^c \cup B^c$。

证 仅以对偶律为例，对 $\forall x \in U$，有

$$\begin{aligned}(A \cup B)^c(x)&=1-(A \cup B)(x)\\&=1-(A(x) \vee B(x))\\&=(1-A(x)) \wedge (1-B(x))\\&=A^c(x) \wedge B^c(x)\\&=(A^c \cap B^c)(x),\end{aligned}$$

由定义 1-2 知 $(A \cup B)^c=A^c \cap B^c$；类似地，可以证明 $(A \cap B)^c=A^c \cup B^c$。

1.3　λ-截集

模糊集合能如实地反映客观存在的模糊概念，但当最后要做出判断或决策时，往往又需要将模糊集合变成各种不同的经典集合。如：有某一批产品(作为论域)，经过检验，每个产

品都有一个从 0 到 1 的质量等级标志，从而构成了论域上的一个模糊子集。如果想要从中将合格产品分离出来，就必须制定一个合格标准，也就是确定一个等级标志 $\lambda\in[0,1]$。规定凡质量等级标志不小于 λ 的认为是合格产品，并且赋予这部分产品的质量标志为 1，其他不合格产品的质量标志一律赋予 0，于是就从模糊集合中分离出所需要的一个经典集合。这就是 λ-截集的实际背景。

定义 1-3 设 A 为论域 U 上的模糊集，对 $\forall\lambda\in[0,1]$，

$$A_\lambda=\{x|A(x)\geqslant\lambda\}$$

称为 A 的 λ-截集，其中 λ 称为阈值或置信水平。

模糊集 A 的 λ-截集是一个经典集合，由论域中相对于模糊集 A 的隶属度不小于 λ 的元素所构成。λ-截集是模糊集与经典集合相互联系和转化的一种方法。根据不同的 λ 值，由原模糊集 A 可得若干个经典集合。λ 值越小，A_λ 包含的元素就越多；λ 值越大，A_λ 包含的元素则越少。这种按 λ 值筛选元素组成新集合的过程，实际上是一种分类过程，随着 λ 值的不同，可以得到一系列的分类。

例 1-7 设论域 $U=\{x_1,x_2,\ldots,x_6\}$，$x_i(i=1,2,\cdots,6)$ 表示学生，这 6 名学生某门功课的成绩分别为 60，70，80，85，90，95。考虑模糊集 $A=$“成绩好的学生”，则模糊集 A 可表示为：

$$A=\frac{0.6}{x_1}+\frac{0.7}{x_2}+\frac{0.8}{x_3}+\frac{0.85}{x_4}+\frac{0.9}{x_5}+\frac{0.95}{x_6},$$

要确定“成绩好的学生”实际上就是要将模糊集合转化为经典集合，即先确定一个阈值 λ，然后将隶属度大于等于 λ 的元素找出来。如取 $\lambda=0.8$，则 $A_\lambda=\{x_3,x_4,x_5,x_6\}$，它表示成绩高于 80 分的同学；如取 $\lambda=0.9$，则 $A_\lambda=\{x_5,x_6\}$，它表示成绩高于 90 分的同学。

例 1-8 对 5 座城市 x_1,x_2,x_3,x_4,x_5 的空气污染状况进行监测，监测数据显示，这 5 座城市的空气污染程度分别为 1,0.8,0.4,0.2,0.1，这样确定了如下一个模糊子集 $A=$“空气受污染”：

$$A=\frac{1}{x_1}+\frac{0.8}{x_2}+\frac{0.4}{x_3}+\frac{0.2}{x_4}+\frac{0.1}{x_5},$$

试问这 5 座城市中，哪些属于重污染？

要判断哪些城市属于重污染，实际上就是要先确定一个重污染的标准，如果取 $\lambda=0.8$，则 $A_\lambda=\{x_1,x_2\}$，此时认为 x_1,x_2 属于重污染，因为这两座城市的污染程度大于等于 0.8。

例 1-9 自然界是由生物和非生物组成的，一切具有生命、能表现出各种生命现象如新陈代谢、生长发育和繁殖、感应性和适应性、遗传变异等的都是生物。自古以来，人类把生物划分为动物和植物两大类，记 $A=$“动物”，$B=$“植物”，在自然界中取一些生物构成论域 $U=\{$ x_1(牛), x_2(羊), x_3(水稻), x_4(小麦), x_5(海绵), x_6(海葵), x_7(粘菌), x_8(衣藻), x_9(眼虫藻), x_{10}(小麦杆病菌), x_{11}(稻瘟病菌), x_{12}(蘑菇), x_{13}(木耳)$\}$，则

$$A=\frac{1}{x_1}+\frac{1}{x_2}+\frac{0}{x_3}+\frac{0}{x_4}+\frac{0.9}{x_5}+\frac{0.9}{x_6}+\frac{0.5}{x_7}+\frac{0.5}{x_8}+\frac{0.5}{x_9}+\frac{0.2}{x_{10}}+\frac{0.2}{x_{11}}+\frac{0.1}{x_{12}}+\frac{0.1}{x_{13}},$$

$$B=\frac{0}{x_1}+\frac{0}{x_2}+\frac{1}{x_3}+\frac{1}{x_4}+\frac{0.1}{x_5}+\frac{0.1}{x_6}+\frac{0.5}{x_7}+\frac{0.5}{x_8}+\frac{0.5}{x_9}+\frac{0.7}{x_{10}}+\frac{0.7}{x_{11}}+\frac{0.8}{x_{12}}+\frac{0.8}{x_{13}}。$$

上述两式的意义是：x_1(牛)、x_2(羊)绝对地属于A，x_3(水稻)、x_4(小麦) 绝对地属于B，x_7(粘菌)、x_8(衣藻)、x_9(眼虫藻)属于A(或B)的程度为0.5,这表明x_7，x_8，x_9最具模糊性，它们既不能划归动物也不能划归植物，其实它们就是微生物。

如令$\lambda=0.8$，则

$$A_{0.8}=\{x_1,x_2,x_5,x_6\},$$
$$B_{0.8}=\{x_3,x_4,x_{12},x_{13}\},$$

$A_{0.8}$表示在水平$\lambda=0.8$之下的一类动物,它们的性状是比较接近的(其性状是八分像的)；$B_{0.8}$表示在水平$\lambda=0.8$之下的一类植物，它们的性状也是比较接近的(或也称其性状是八分像的)。

定理 1-2 (分解定理)设论域U上的全体模糊子集组成的集合记为$F(U)$，称为模糊幂集。对任意的$A\in F(U)$，有$A=\bigcup\limits_{\lambda\in[0,1]}\lambda A_\lambda$。

证明 (略，详细证明过程可参见文献[1,2])

分解定理表明，一个模糊集可以分解为无数个模糊子集λA_λ的并集，而每一个模糊子集λA_λ又可以通过A_λ得到，因此λ-截集和分解定理是联系模糊子集与普通子集之间的桥梁。通过分解定理，任何模糊集的问题，都可以通过经典集合的方法来处理。反过来，也可以将经典集合的方法扩张到模糊集中，这就是如下扎德给出的扩张原理：

定义 1-4 (扩张原理)设映射$f:U\to V$，称映射

$$f:F(U)\to F(V),$$
$$A\mapsto f(A),$$

为由映射f扩张的模糊变换，其隶属函数为$f(A)(v)=\bigvee\limits_{f(u)=v}A(u)$，称映射

$$f^{-1}:F(V)\to F(U),$$
$$B\mapsto f^{-1}(B),$$

为由映射f扩张的反向模糊变换，其隶属函数为$f^{-1}(B)(u)=B(f(u))$，并称$f(A)$为A的像，称$f^{-1}(B)$为B的原像。

1.4 隶属函数的确定

论域U上的模糊子集A实质上是$U\to[0,1]$的函数，所以实际中处理模糊现象的首要任务是确定隶属函数$A(x)$。模糊数学的一切运算及具体应用，都是在隶属函数的基础上展开的。模糊集合论和概率论处理的都是不确定性现象，但是这两种不确定性却有本质的区别。在概率论中，事件是明确的，只是由于条件不充分，使得在一定的条件下，事件的出现与否表现出不确定性，这种不确定性体现为随机性，概率论正是从随机性中去把握和寻求概率规律，说明大量的偶然性背后隐藏着必然性。而模糊集合研究和处理的是模糊现象，它是由于概念外延的模糊而难以确定，一个对象是否符合这个概念而呈现出不确定性即模糊性，模糊

集合论就是从对模糊性的研究中去把握和寻求隶属规律，说明隶属度具有客观的规律性。确定隶属函数的常用方法有模糊统计法、专家经验法，下面通过实例说明。

1.4.1 模糊统计法

例 1-10 设论域$U=\{水稻\}$，用模糊统计法建立$A=$“高产水稻”的隶属函数。

由于不同地区的人对“高产”的认识不一样，因此可以采用问卷调查的方式，然后对问卷结果做出统计，如表 1-1：

表 1-1 高产水稻统计表

亩产/kg	200	250	300	350	400	450	500	550	700	800
频数(人数)	8	18	33	51	76	96	111	114	121	123
频率(人数/总人数)	0.07	0.15	0.27	0.41	0.62	0.78	0.9	0.93	0.98	1

这样，便可以利用 Excel 做出A(高产水稻)的隶属函数(图 1-4)。

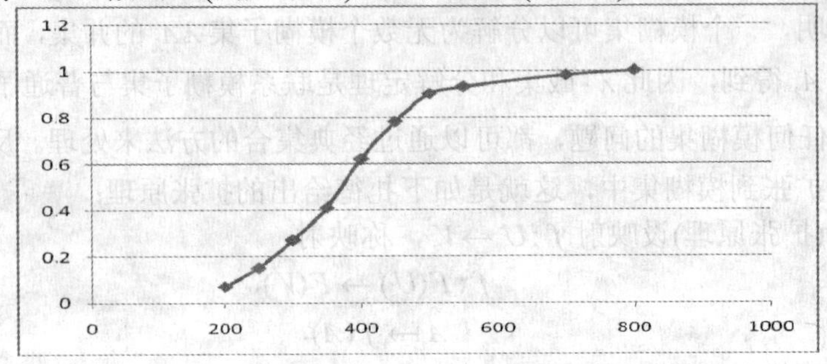

图 1-4 A 的隶属函数

例 1-11 为了建立模糊集$A=$“青年人”的隶属函数以及得到$x_0=27$岁属于模糊集A的隶属度，张南纶[4]等进行过一次较大的模糊统计试验。以人的年龄作为论域$U=[0,100]$，他们在武汉某高校进行抽样调查，要求被抽取的大学生在独立认真考虑了“青年人”的含义后，给出“青年人”这一概念最合适的年龄区间段，随机地抽取了 129 人，相应得到了“青年人”的 129 个年龄区间，具体数据如表 1-2 所列。

表 1-2 青年人年龄区间统计表

18～25	17～36	17～28	18～25	16～35	14～25	18～30	18～35	18～35	16～35
15～30	18～35	17～30	18～25	10～25	18～35	20～30	18～30	16～30	20～35
18～30	18～30	15～25	18～30	15～25	16～28	16～30	18～30	16～20	18～35
18～25	18～25	16～28	18～30	16～30	16～28	18～35	18～35	17～27	16～28
15～28	16～30	19～28	15～30	15～26	17～25	15～36	18～30	17～30	18～35
15～28	18～30	15～25	15～25	18～30	16～24	15～25	16～32	15～27	18～35
16～35	15～25	15～25	18～28	16～30	15～28	18～35	18～30	17～28	18～35
16～25	18～28	16～28	18～30	18～35	18～30	18～30	17～30	18～30	18～35

续表 1-2

16～30	18～35	17～25	15～30	18～25	17～30	14～25	18～26	18～28	18～35
18～28	18～30	18～25	16～35	17～29	18～25	17～30	16～28	18～30	16～28
15～30	15～35	18～30	20～30	20～30	16～25	17～30	15～30	18～30	16～30
18～28	18～35	16～30	15～30	18～35	18～35	18～30	17～30	18～35	17～30
15～25	18～35	15～30	15～25	15～30	18～30	17～25	18～29	18～28	

为了确定 $x_0=27$ 岁属于模糊集 A(青年人)的隶属度，对 $x_0=27$ 做统计处理，结果如表 1-3 所示。其中 n 表示样本总数，m 为样本区间盖住 27 的频数，$f=\dfrac{m}{n}$ 为隶属频率。

表 1-3　27 岁"青年人"的隶属频率表

n	10	20	30	40	50	60	70	80	90	100	110	120	129
m	6	14	23	31	39	47	53	62	68	76	85	95	101
f	0.60	0.70	0.77	0.78	0.78	0.78	0.76	0.78	0.76	0.76	0.77	0.79	0.78

统计结果表明，27 岁的隶属度稳定在 0.78 附近，因此 $A(27)=0.78$ 。

为了做出 A(青年人)的隶属函数 $A(x)$，采用"方框图法"。根据表 1-2 可知，最小数据是 14 岁，最大数据是 36 岁，于是，以 13.5 岁为起点，36.5 岁为终点，以 1 为步长，做 23 个区间的划分，数据如表 1-4 所示。

表 1-4　分组计算相对频率

分组序号	年龄分组	频数	相对频率
1	13.5～14.5	2	0.0155
2	14.5～15.5	27	0.2093
3	15.5～16.5	51	0.3953
4	16.5～17.5	67	0.5194
5	17.5～18.5	124	0.9612
6	18.5～19.5	125	0.9690
7	19.5～20.5	129	1
8	20.5～21.5	129	1
9	21.5～22.5	129	1
10	22.5～23.5	129	1
11	23.5～24.5	129	1
12	24.5～25.5	128	0.9922
13	25.5～26.5	103	0.7984
14	26.5～27.5	101	0.7929
15	27.5～28.5	99	0.7674

续表 1–4

16	28.5～29.5	80	0.6202
17	29.5～30.5	77	0.5969
18	30.5～31.5	27	0.2093
19	31.5～32.5	27	0.2093
20	32.5～33.5	26	0.2016
21	33.5～34.5	26	0.2016
22	34.5～35.5	26	0.2016
23	35.5～36.5	1	0.0078

以年龄为横坐标，相对频率为纵坐标，利用 Excel 可以绘出 $A(x)$ 的曲线，如图 1-5 所示。由图可以求出 $A(27)=0.78$。

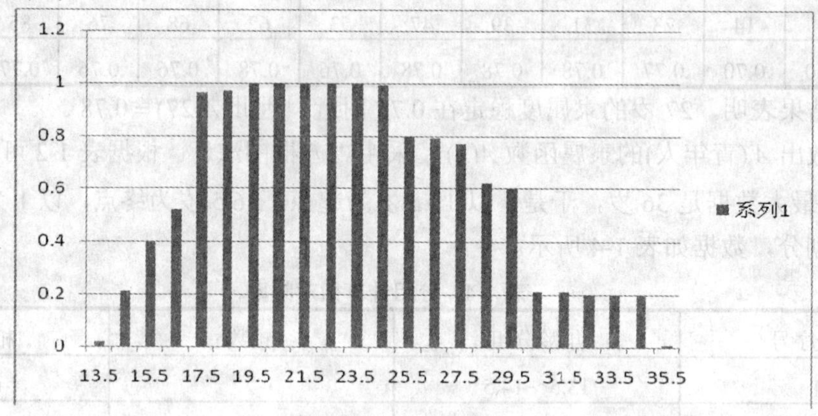

图 1-5　A(青年人)的隶属函数

1.4.2　专家经验法

例 1-12　设 $U=[0,100]$(分数)，$A=$“优”、$B=$“良”、$C=$“差”为 U 上的三个模糊集，其隶属函数可分别表示为(图 1-6)：

$$A(x)=\begin{cases} 0, & 0\leqslant x\leqslant 85 \\ \dfrac{x-85}{10}, & 85<x\leqslant 95 \\ 1, & 95<x\leqslant 100 \end{cases}$$

$$B(x)=\begin{cases} 0, & 0\leqslant x\leqslant 70 \\ \dfrac{x-70}{10}, & 70<x\leqslant 80 \\ 1, & 80<x<85 \\ \dfrac{95-x}{10}, & 85<x\leqslant 95 \\ 0, & 95<x\leqslant 100 \end{cases}$$

$$C(x)=\begin{cases}1, & 0\leqslant x\leqslant 70\\ \dfrac{80-x}{10}, & 70<x\leqslant 80\\ 0, & 80<x\leqslant 100\end{cases}$$

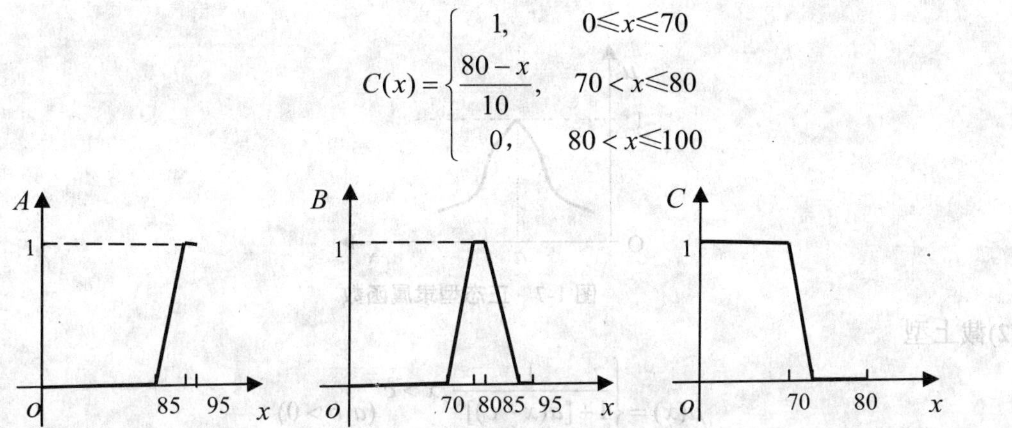

图 1-6 A，B，C 的隶属函数

例 1-13 设以林分密度为论域，取 $U=[0.2,1]$，则密林、中等密度林、疏林这三个模糊概念均为 U 的模糊子集，分别用 A,B,C 表示，它们的隶属函数可分别定义为：

$$A(x)=\begin{cases}0, & 0.2\leqslant x<0.5\\ 1-\dfrac{0.8-x}{0.3}, & 0.5\leqslant x\leqslant 0.8\\ 1, & 0.8<x\leqslant 1\end{cases}$$

$$B(x)=\begin{cases}1-\dfrac{0.8-x}{0.3}, & 0.2\leqslant x<0.5\\ 1, & 0.5\leqslant x\leqslant 0.7\\ 1-\dfrac{x-0.7}{0.3}, & 0.7<x\leqslant 1\end{cases}$$

$$C(x)=\begin{cases}1, & 0.2\leqslant x<0.5\\ 1-\dfrac{x-0.5}{0.3}, & 0.5\leqslant x\leqslant 0.8\\ 0, & 0.8<x\leqslant 1\end{cases}$$

1.4.3 几种常用的隶属函数

(1)正态型

$$\mu(x)=e^{-(\frac{x-a}{b})^2}\ (b>0),$$

式中，参数 a 为数学期望，b 为标准差的无偏估计值，正态型隶属函数往往用来描述"a 附近"，其函数图像如图 1-7 所示。一般的观测数据都属于正态型分布，如每天的气温变化、学生的考试成绩、某地区的全年降水量分布等。

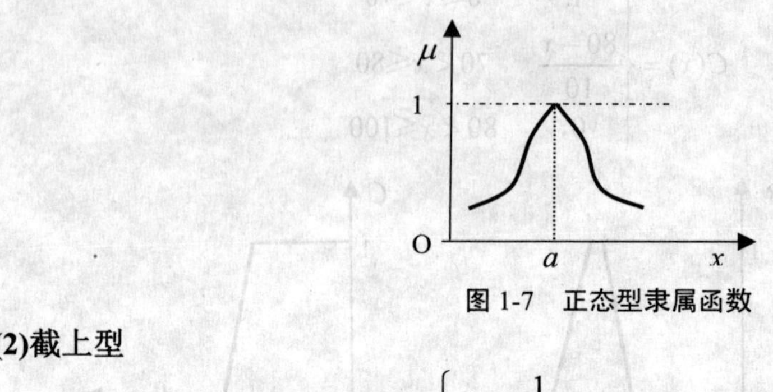

图 1-7　正态型隶属函数

(2)截上型

$$\mu(x)=\begin{cases}\dfrac{1}{1+[a(x-c)]^b}, & x>c\\ 1, & x\leqslant c\end{cases}\quad(a,b>0)$$

其函数图像如图 1-8 所示，特别的，当$a=\dfrac{1}{5},b=2,c=25$时，即为扎德“年轻”的隶属函数。

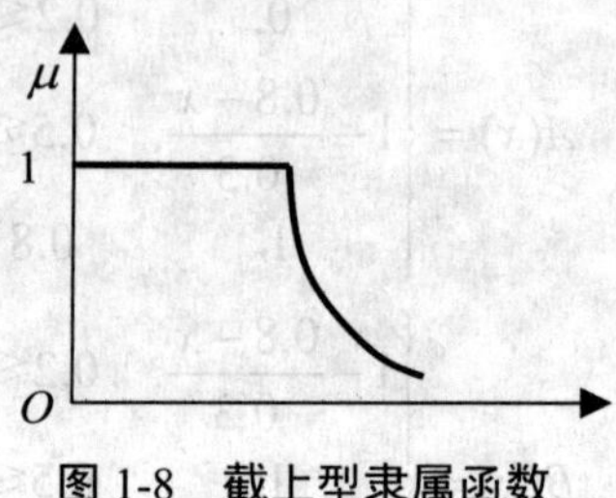

图 1-8　截上型隶属函数

(3)截下型

$$\mu(x)=\begin{cases}0, & x\leqslant c\\ \dfrac{1}{1+[a(x-c)]^b}, & x>c\end{cases}\quad(a>0,b<0)$$

其函数图像如图 1-9 所示，特别地，当$a=\dfrac{1}{5},b=-2,c=50$时，即为扎德“年老”的隶属函数。

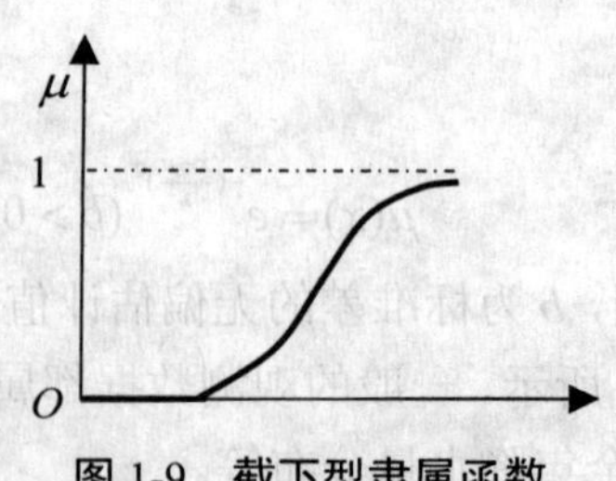

图 1-9　截下型隶属函数

参考文献

[1] 梁保松, 曹殿立. 模糊数学及其应用[M]. 北京:科学出版社, 2007.

[2] 谢季坚, 刘承平. 模糊数学方法及其应用[M].3 版. 武汉:华中科技大学出版社, 2005.

[3] 汪培庄. 模糊集合论及其应用[M]. 上海:上海科学技术出版社, 1986.

[4] 张南纶. 随机现象的从属特性与概率特性[J]. 武汉建材学院学报, 1981(1): 15-19.

[5] 袁嘉祖, 冯晋臣. 模糊数学及其在林业中的应用[M]. 北京:中国林业出版社, 1988.

[6] Zadeh L A. Fuzzy sets [J]. Information and Control, 1965(8): 338-353.

第 2 章 生态学中的模糊聚类方法

所谓聚类分析，就是按一定要求对事物进行分类的一种数学方法，它是多元统计"物以类聚"的一种分类方法。如农业气候区划、生态系统污染状况分类、树种分类、生物学中生物的分类等都涉及聚类分析问题。它的基本原理是根据样品的属性特征，用数学方法定量地确定样品间的亲疏关系，按其亲疏程度对样品分型划类，最后得到一个能反映个体间亲疏关系的分类系统。在这个系统中，每个类中的样品具有亲密的关系，而类与类之间则存在明显的差异。由于事物本身往往带有模糊性，加之许多事物间的界限往往不一定很清晰，如天阴与多云之间就没有绝对的界限，而具模糊性，这就需要借助模糊数学手段描述和处理分类中的大量模糊性，从而形成了模糊聚类方法。把模糊数学原理引入聚类分析，能使分类更切合实际。模糊聚类方法给出的分类结果不是说事物绝对地属于或绝对地不属于某一类，而是指明在什么程度上属于哪一类。模糊聚类分析在天气预报、地质勘探、环境工程、农业、林业、生物学、经济学、管理学等领域得到了广泛的应用，且不乏成功的实例，已成为各类科技工作者及工程技术人员常用的数学方法之一。本章介绍模糊聚类分析的基本步骤以及在生态学中的应用实例。

2.1 模糊矩阵

2.1.1 模糊矩阵的概念

定义 2-1 对矩阵 $A=(a_{ij})_{m\times n}$，若元素 $a_{ij}\in[0,1]$，则称矩阵 A 为模糊矩阵。例如

$$A=\begin{pmatrix}0.1 & 0.2 & 0.3\\ 0.1 & 0.4 & 0.5\\ 0 & 1 & 1\end{pmatrix}$$

为一个 3×3 阶模糊矩阵。特别地，若 $a_{ij}\in\{0,1\}$，则模糊矩阵变为布尔矩阵。例如

$$\begin{pmatrix}1 & 1 & 0\\ 0 & 1 & 1\end{pmatrix}$$

就是一个 2×3 阶布尔矩阵。

模糊矩阵的运算：

定义 2-2 设 $A=(a_{ij})_{m\times n}, B=(b_{ij})_{m\times n}$ 为两个模糊矩阵，则

（1）**相等** $A=B\Leftrightarrow a_{ij}=b_{ij}$，$i=1,2,\cdots,m; j=1,2,\cdots,n$。

（2）包含 $A\subseteq B \Leftrightarrow a_{ij}\leqslant b_{ij}$，$i=1,2,\cdots,m; j=1,2,\cdots,n$。

（3）并 $A\bigcup B=\left(a_{ij}\vee b_{ij}\right)_{m\times n}$。

（4）交 $A\bigcap B=(a_{ij}\wedge b_{ij})_{m\times n}$。

（5）余 $A^c=(1-a_{ij})_{m\times n}$。

例 2-1 设 $A=\begin{pmatrix}0.1 & 0.2\\ 0.5 & 0.7\end{pmatrix}, B=\begin{pmatrix}0.3 & 0.4\\ 0.2 & 0.8\end{pmatrix}$，则

$$A\bigcup B=\begin{pmatrix}0.1\vee 0.3 & 0.2\vee 0.4\\ 0.5\vee 0.2 & 0.7\vee 0.8\end{pmatrix}=\begin{pmatrix}0.3 & 0.4\\ 0.5 & 0.8\end{pmatrix},$$

$$A\cap B=\begin{pmatrix}0.1\wedge 0.3 & 0.2\wedge 0.4\\ 0.5\wedge 0.2 & 0.7\wedge 0.8\end{pmatrix}=\begin{pmatrix}0.1 & 0.2\\ 0.2 & 0.7\end{pmatrix},$$

$$A^c=\begin{pmatrix}1-0.1 & 1-0.2\\ 1-0.5 & 1-0.7\end{pmatrix}=\begin{pmatrix}0.9 & 0.8\\ 0.5 & 0.3\end{pmatrix}。$$

模糊矩阵的性质：

定理 2-1 设 $A=(a_{ij})_{m\times n}, B=(b_{ij})_{m\times n}, C=(c_{ij})_{m\times n}$ 为模糊矩阵，则有

（1）**幂等律** $A\cup A=A$，$A\cap A=A$；

（2）**交换律** $A\cup B=B\cup A$，$A\cap B=B\cap A$；

（3）**结合律** $(A\cup B)\cup C=A\cup(B\cup C)$，$(A\cap B)\cap C=A\cap(B\cap C)$；

（4）**分配律** $A\cup(B\cap C)=(A\cup B)\cap(A\cup C)$，

$A\cap(B\cup C)=(A\cap B)\cup(A\cap C)$；

（5）**吸收律** $(A\cap B)\cup B=B$，$(A\cup B)\cap B=B$；

（6）**还原律** $(A^c)^c=A$；

（7）**对偶律** $(A\cup B)^c=A^c\cap B^c$，$(A\cap B)^c=A^c\cup B^c$。

证 仅对（7）做如下证明：

$$(A\cup B)^c=(a_{ij}\vee b_{ij})^c=1-(a_{ij}\vee b_{ij})=(1-a_{ij})\wedge(1-b_{ij})=A^c\cap B^c,$$

类似可证明 $(A\cap B)^c=A^c\cup B^c$ 也成立。

2.1.2　模糊矩阵的乘法

定义 2-3 若 $A=(a_{ik})_{m\times s}, B=(b_{kj})_{s\times n}$ 为两模糊矩阵，则称

$$A\circ B=(c_{ij})_{mn}$$

为 A 与 B 的乘积，其中 $c_{ij}=\overset{s}{\underset{k=1}{\vee}}(a_{ik}\wedge b_{kj})$。

例 2-2 设 $A=\begin{pmatrix}0.4 & 0.7 & 0\\ 1 & 0.8 & 0.5\end{pmatrix}, B=\begin{pmatrix}1 & 0.7\\ 0.4 & 0.6\\ 0 & 0.3\end{pmatrix}$，则

$$A\circ B=\begin{pmatrix}(0.4\wedge 1)\vee(0.7\wedge 0.4)\vee(0\wedge 0) & (0.4\wedge 0.7)\vee(0.6\wedge 0.7)\vee(0\wedge 0.3)\\ (1\wedge 1)\vee(0.8\wedge 0.4)\vee(0.5\wedge 0) & (1\wedge 0.7)\vee(0.8\wedge 0.6)\vee(0.5\wedge 0.3)\end{pmatrix}$$

$$=\begin{pmatrix}0.4 & 0.6\\ 1 & 0.7\end{pmatrix}。$$

同样可算得 $B\circ A=\begin{pmatrix}0.7 & 0.7 & 0.5\\ 0.6 & 0.6 & 0.5\\ 0.3 & 0.3 & 0.3\end{pmatrix}$。

由此可知，和普通矩阵的乘法一样，模糊矩阵的乘法也不满足交换律，即 $A\circ B\neq B\circ A$。还应该注意，只有 A 的列数和 B 的行数相等时，乘法 $A\circ B$ 才有意义。

此外，对模糊方阵 $A=(a_{ij})_{n\times n}$，A 的幂定义为：

$$A^2=A\circ A，\ A^3=A^2\circ A，\ \cdots，\ A^n=A^{n-1}\circ A。$$

2.1.3 模糊矩阵的 λ-截矩阵

定义 2-4 设 $A=(a_{ij})_{m\times n}$ 为模糊矩阵，对任意的 $\lambda\in[0,1]$，$A_\lambda=(a_{ij}^{(\lambda)})_{m\times n}$ 称为 A 的 λ-截矩阵，其中

$$a_{ij}^{(\lambda)}=\begin{cases}0, & a_{ij}<\lambda;\\ 1, & a_{ij}\geqslant\lambda。\end{cases}$$

显然，A_λ 中的元素只能是 0 或 1，即 A_λ 是布尔矩阵。

例 2-3 $A=\begin{pmatrix}0.5 & 0.7 & 0.1\\ 0.2 & 0.3 & 0.8\\ 0.7 & 0.2 & 0.6\end{pmatrix}$ 为一个模糊矩阵，取 $\lambda=0.6$，则

$$A_\lambda=\begin{pmatrix}0 & 1 & 0\\ 0 & 0 & 1\\ 1 & 0 & 1\end{pmatrix}。$$

A 的 λ-截矩阵具有如下性质：

定理 2-2 设 A,B 为模糊矩阵，则对任意的 $\lambda\in[0,1]$，有

（1）$A\subseteq B\Leftrightarrow A_\lambda\subseteq B_\lambda$；

（2）$(A\cup B)_\lambda=A_\lambda\cup B_\lambda,(A\cap B)_\lambda=A_\lambda\cap B_\lambda$；

（3）$(A\circ B)_\lambda=A_\lambda\circ B_\lambda$。

证 仅对（3）做如下证明：

记 $A=(a_{ik})_{m\times s}$，$B=(b_{kj})_{s\times n}$，$A\circ B=C=(c_{ij})_{m\times n}$，则

$$c_{ij}^{(\lambda)}=1\Leftrightarrow c_{ij}\geqslant\lambda\Leftrightarrow\bigvee_{k=1}^{s}(a_{ik}\wedge b_{kj})\geqslant\lambda$$

$$\Leftrightarrow(\exists k)(a_{ik}\wedge b_{kj})\geqslant\lambda\Leftrightarrow(\exists k)(a_{ik}\geqslant\lambda\text{且}b_{kj}\geqslant\lambda)$$

$$\Leftrightarrow(\exists k)(a_{ik}^{(\lambda)}=1\text{且}b_{kj}^{(\lambda)}=1)\Leftrightarrow\bigvee_{k=1}^{s}(a_{ik}^{(\lambda)}\wedge b_{kj}^{(\lambda)})=1，$$

$$c_{ij}^{(\lambda)}=0 \Leftrightarrow c_{ij}<\lambda \Leftrightarrow \bigvee_{k=1}^{s}(a_{ik}\wedge b_{kj})<\lambda$$
$$\Leftrightarrow (\forall k)(a_{ik}\wedge b_{kj})<\lambda \Leftrightarrow (\forall k)(a_{ik}<\lambda\text{或}b_{kj}<\lambda)$$
$$\Leftrightarrow (\forall k)(a_{ik}^{(\lambda)}=0\text{或}b_{kj}^{(\lambda)}=0) \Leftrightarrow \bigvee_{k=1}^{s}(a_{ik}^{(\lambda)}\wedge b_{kj}^{(\lambda)})=0,$$

所以 $c_{ij}^{(\lambda)}=\bigvee_{k=1}^{s}(a_{ik}^{(\lambda)}\wedge b_{kj}^{(\lambda)})$，从而 $(A\circ B)_\lambda=A_\lambda\circ B_\lambda$。

2.1.4　模糊矩阵的传递闭包

定义 2-5　对一个 $n\times n$ 阶的模糊方阵 $R=(r_{ij})_{n\times n}$，

（1）若对任意的 i，$r_{ii}=1$，则称 R 为自反的模糊矩阵；

（2）若对任意的 i,j，都有 $r_{ij}=r_{ji}$，则称 R 为对称的模糊矩阵；

（3）若 $\bigvee_{k=1}^{n}(r_{ik}\wedge r_{kj})\leqslant r_{ij}$，即 $R\circ R\subseteq R$，则称 R 为模糊传递矩阵；

（4）若 R 是自反的、对称的、传递的模糊矩阵，则称 R 为模糊等价矩阵。

例 2-4　模糊矩阵 $R=\begin{pmatrix}1 & 0.3\\ 0.3 & 1\end{pmatrix}$ 具有自反性、对称性，又

$$R\circ R=\begin{pmatrix}1 & 0.3\\ 0.3 & 1\end{pmatrix}\circ\begin{pmatrix}1 & 0.3\\ 0.3 & 1\end{pmatrix}=\begin{pmatrix}1 & 0.3\\ 0.3 & 1\end{pmatrix}=R,$$

故 $R=\begin{pmatrix}1 & 0.3\\ 0.3 & 1\end{pmatrix}$ 是模糊等价矩阵。

注　对于一般的模糊矩阵 R 而言，R 往往是模糊相似矩阵（只具有自反性和对称性），而不是模糊等价矩阵，要将一个模糊相似矩阵 R 转化为模糊等价矩阵，可采用如下的二次平方法：

对模糊矩阵 R，依次求二次方，即

$$R\to R^2\to R^4\to\cdots\to R^{2^i}\to\cdots$$

当第一次出现 $R^k\circ R^k=R^k$ 时，则 R^k 便称为 R 的传递闭包（具有自反性、对称性、传递性，详见文献[1,2]），记为 $t(R)$。

例 2-5　设 $R=\begin{pmatrix}1 & 0.1 & 0.2\\ 0.1 & 1 & 0.3\\ 0.2 & 0.3 & 1\end{pmatrix}$，求 R 的传递闭包 $t(R)$.

解　容易验证 R 是模糊相似矩阵，由

$$R\circ R=\begin{pmatrix}1 & 0.1 & 0.2\\ 0.1 & 1 & 0.3\\ 0.2 & 0.3 & 1\end{pmatrix}\circ\begin{pmatrix}1 & 0.1 & 0.2\\ 0.1 & 1 & 0.3\\ 0.2 & 0.3 & 1\end{pmatrix}=\begin{pmatrix}1 & 0.2 & 0.2\\ 0.2 & 1 & 0.3\\ 0.2 & 0.3 & 1\end{pmatrix}\neq R$$

及

$$R^2 \circ R^2 = \begin{pmatrix} 1 & 0.2 & 0.2 \\ 0.2 & 1 & 0.3 \\ 0.2 & 0.3 & 1 \end{pmatrix} \circ \begin{pmatrix} 1 & 0.2 & 0.2 \\ 0.2 & 1 & 0.3 \\ 0.2 & 0.3 & 1 \end{pmatrix} = \begin{pmatrix} 1 & 0.2 & 0.2 \\ 0.2 & 1 & 0.3 \\ 0.2 & 0.3 & 1 \end{pmatrix} = R^2$$

知 R^2 便为 R 的传递闭包，即 $t(R) = R^2$。

2.2　模糊聚类的一般步骤

模糊聚类的一般步骤如下：

第一步，构造数据矩阵。

设 $U = \{x_1, x_2, \cdots, x_n\}$ 为被分类的对象，每个对象又由 m 个指标表示其性状，即 $x_i = \{x_{i1}, x_{i2}, \cdots, x_{im}\}(i = 1,2,\cdots,n)$，则有数据矩阵

$$\begin{pmatrix} x_{11} & x_{12} & \cdots & x_{1m} \\ x_{21} & x_{22} & \cdots & x_{2m} \\ \vdots & \vdots & & \vdots \\ x_{n1} & x_{n2} & \cdots & x_{nm} \end{pmatrix}。$$

第二步，数据标准化。

在实际问题中，不同的数据一般有不同的量纲。为了使有不同量纲的量也能进行比较，通常需要对数据做适当的变换，根据模糊矩阵的要求，需要将数据压缩到区间[0,1]上。通常需要做如下变换：

(1)标准差变换

$$x'_{ik} = \frac{x_{ik} - \overline{x}_k}{s_k}(i = 1,2,\cdots,n; k = 1,2,\cdots,m),$$

其中

$$\overline{x}_k = \frac{1}{n}\sum_{i=1}^{n} x_{ik} \text{（样本均值）},$$

$$s_k = \sqrt{\frac{1}{n}\sum_{i=1}^{n}(x_{ik} - \overline{x}_k)^2} \text{（样本标准差）}。$$

经过变换后，每个变量的均值为 0，标准差为 1，且消除了量纲的影响。但是这样得到的 x'_{ij} 还不一定在区间[0,1]上。

(2)极差变换

$$x''_{ik} = \frac{x'_{ik} - \min\limits_{1 \leqslant i \leqslant n}\{x'_{ik}\}}{\max\limits_{1 \leqslant i \leqslant n}\{x'_{ik}\} - \min\limits_{1 \leqslant i \leqslant n}\{x'_{ik}\}}(k = 1,2,\cdots,m),$$

显然此时 $0 \leqslant x''_{ik} \leqslant 1$。

第三步，建立模糊相似矩阵。

首先确定对象 x_i 与 x_j 之间的相似程度 r_{ij}，再建立模糊相似矩阵 $R = (r_{ij})_{n \times n}$。确定 r_{ij} 的常

用方法有：

(1)数量积法

$$r_{ij}=\begin{cases}1, & i=j\\ \dfrac{1}{M}\sum\limits_{k=1}^{m}x_{ik}\cdot x_{jk}, & i\neq j\end{cases}，$$

其中 $M=\max\limits_{i\neq j}(\sum\limits_{k=1}^{m}x_{ik}\cdot x_{jk})$。显然 $0\leqslant|r_{ij}|\leqslant1$，若 r_{ij} 中出现负值，则采用变换 $r'_{ij}=\dfrac{r_{ij}+1}{2}$ 将其压缩到区间[0,1]上。

(2)夹角余弦法

$$r_{ij}=\frac{\sum\limits_{k=1}^{m}x_{ik}\cdot x_{jk}}{\sqrt{\sum\limits_{k=1}^{m}x_{ik}^{2}}\cdot\sqrt{\sum\limits_{k=1}^{m}x_{jk}^{2}}}。$$

(3)相关系数法

$$r_{ij}=\frac{\sum\limits_{k=1}^{m}|x_{ik}-\overline{x}_i|\cdot|x_{jk}-\overline{x}_j|}{\sqrt{\sum\limits_{k=1}^{m}(x_{ik}-\overline{x}_i)^2}\cdot\sqrt{\sum\limits_{k=1}^{m}(x_{jk}-\overline{x}_j)^2}},$$

其中 $\overline{x}_i=\dfrac{1}{m}\sum\limits_{k=1}^{m}x_{ik}$，$\overline{x}_j=\dfrac{1}{m}\sum\limits_{k=1}^{m}x_{jk}$，$i,j=1,2,\cdots,n$。

(4)最大最小法

$$r_{ij}=\frac{\sum\limits_{k=1}^{m}(x_{ik}\wedge x_{jk})}{\sum\limits_{k=1}^{m}(x_{ik}\vee x_{jk})}。$$

(5)距离法

直接用距离时，总是令 $r_{ij}=1-cd(x_i,y_j)$，其中 c 为适当选取的参数，使得 $0\leqslant r_{ij}\leqslant1$，$d(x_i,x_j)$ 是 x_i 与 x_j 间的距离。常用的距离有：

①海明距离

$$d(x_i,x_j)=\sum_{k=1}^{m}|x_{ik}-x_{jk}|;$$

②欧氏距离

$$d(x_i,x_j)=\sqrt{\sum_{k=1}^{m}(x_{ik}-x_{jk})^2};$$

③切比雪夫距离

$$d(x_i,x_j)=\bigvee_{k=1}^{m}|x_{ik}-x_{jk}|。$$

第四步，求 R 的传递闭包 $t(R)$。

第五步，设定阈值 λ，求 $t(R)$ 的 λ-截矩阵，进而将考虑对象进行分类。

关于最佳阈值 λ 的确定，可以采用如下 F 统计量方法来确定 λ 最佳值：

设论域 $U=\{x_1,x_2,\cdots,x_n\}$ 为样本空间（样本总数为 n），而每个样本点 x_i 有 m 个特征（由试验或观察得到的 m 个数据）：$x_i=(x_{i1},x_{i2},\cdots,x_{im})\ (i=1,2,\cdots,n)$。于是得到原始数据矩阵

$$\begin{pmatrix} x_{11} & x_{12} & \cdots & x_{1m} \\ x_{21} & x_{22} & \cdots & x_{2m} \\ \vdots & \vdots & & \vdots \\ x_{n1} & x_{n2} & \cdots & x_{nm} \end{pmatrix}$$

记

$$\overline{x_k}=\frac{1}{n}\sum_{i=1}^{n}x_{ik}\ (k=1,2,\cdots,m),$$

则 $\overline{x}=(\overline{x_1},\overline{x_2},\cdots,\overline{x_m})$ 称为总体样本的中心向量。

设对应 λ 值的分类数为 r，第 $j(j=1,2,\cdots,r)$ 类的样本数为 n_j，第 j 类的样本记为：$x_1^{(j)}$，$x_2^{(j)}$，…，$x_{n_j}^{(j)}$，第 j 类的聚类中心为向量 $\overline{x}^{(j)}=(\overline{x_1}^{(j)},\overline{x_2}^{(j)},\cdots,\overline{x_m}^{(j)})$，其中 $\overline{x_k}^{(j)}$ 为第 k 个特征的平均值，即

$$\overline{x_k}^{(j)}=\frac{1}{n_j}\sum_{i=1}^{n_j}x_{ik}^{(j)}\quad(k=1,2,\cdots,m)。$$

做 F 统计量

$$F=\frac{\sum_{j=1}^{r}n_j\|\overline{x}^{(j)}-\overline{x}\|^2/(r-1)}{\sum_{j=1}^{r}\sum_{i=1}^{n_j}\|x_i^{(j)}-\overline{x}^{(j)}\|^2/(n-r)},$$

其中

$$\|\overline{x}^{(j)}-\overline{x}\|=\sqrt{\sum_{k=1}^{m}(\overline{x_k}^{(j)}-\overline{x_k})^2}$$

为 $\overline{x}^{(j)}$ 与 $\overline{x}$ 间的距离，$\|x_i^{(j)}-\overline{x}^{(j)}\|$ 为第 j 类中第 i 个样本 $x_i^{(j)}$ 与其中心 $\overline{x}^{(j)}$ 间的距离。这里的 F 统计量是服从自由度为 $r-1,n-r$ 的 F 分布，其分子表征类与类之间的距离，分母表征类内样本间的距离。因此，F 值越大，说明类与类之间的距离越大，类与类之间的差异越大，分类就越好。

一般地，如果 $F>F_\alpha(r-1,n-r)\ (\alpha=0.05)$，则根据数理统计方差分析理论知道，类与类之间差异是显著的，说明分类比较合理，再在满足 $F>F_\alpha(r-1,n-r)$ 的所有情形中，取差值 $F-F_\alpha$ 最大者的 F 所对应的 λ 值为最佳 λ 值，其所对应的分类为最佳分类。

2.3　模糊聚类方法在农林科学中的应用

以下通过实例说明模糊聚类方法在农林科学中的应用。

例 2-6 模糊聚类方法在土壤分类中的应用[3]。

土壤既是农业生态系统的重要组成要素，也是农业生产的自然物质基础，土壤分类是农业科学比较关注的问题之一，而模糊聚类方法为研究各种土壤之间的“亲疏”关系提供了科学的分析方法。

现有从某一地区采集的 21 个土壤样本构成论域 $U=\{x_1,x_2,\cdots,x_{21}\}$ ，每个样本用 9 个理化指标表示其性状，即 $x_i=\{x_{i1},x_{i2},\cdots,x_{i9}\}$ $(i=1,2,\cdots,21)$ 。原始数据如表 2-1 所示。

表 2-1　21 个土壤样本数据

样本号	土壤名称	性状								
		全氮/%	全磷/%	有机质/%	pH	代换量 me/100	耕层厚/cm	物理黏粒含量/%	容量/g·cm^{-3}	田间持水量/%
1	薄层黏底白浆黑土	0.270	0.142	6.46	5.5	35.8	21	45.3	1.03	29.3
2	厚层黏底黑土	0.171	0.115	3.46	6.3	33.0	60	45.3	0.78	38.9
3	薄层黏底黑土	0.114	0.101	2.43	6.4	26.5	25	51.0	1.13	31.6
4	厚层黏底草甸土	0.173	0.123	3.30	5.8	28.9	65	45.6	1.09	36.1
5	薄层黏底草甸土	0.145	0.131	3.28	6.0	28.5	25	51.0	1.03	30.5
6	厚层草甸黑土	0.173	0.140	3.45	5.8	33.4	60	49.0	0.98	35.2
7	中层草甸黑土	0.250	0.177	5.51	7.2	42.5	45	46.6	0.93	29.8
8	薄层草甸黑土	0.237	0.189	5.37	6.1	32.9	27	45.0	1.00	33.0
9	薄层沟谷地草甸黑土	0.319	0.227	7.04	5.8	35.9	24	39.3	1.03	28.8
10	薄层平地草甸土	0.163	0.124	3.73	6.2	30.6	61	48.1	1.28	26.0
11	中层平地草甸土	0.194	0.201	4.50	5.7	30.9	35	47.4	1.25	43.9
12	厚层沟谷地草甸土	0.142	0.185	3.79	6.4	32.5	55	51.0	1.10	22.8
13	厚层沟谷地潜育草甸土	0.240	0.217	4.92	6.5	37.3	41	63.6	1.17	35.5
14	薄层沟谷地潜育草甸土	0.253	0.172	4.63	6.8	35.7	20	44.1	1.15	33.0
15	厚层平地碳酸盐草甸土	0.357	0.289	7.21	7.5	42.1	40	48.3	0.80	33.0
16	中层沟谷碳酸盐草甸土	0.280	0.204	10.7	6.7	42.5	31	41.5	1.05	41.0
17	中层泛滥地草甸土	0.164	0.141	3.05	4.8	19.7	30	30.9	1.22	29.0
18	沙质泛滥地草甸土	0.095	0.099	1.51	6.0	16.0	20	26.4	1.27	26.0
19	侵蚀性暗棕壤	0.392	0.240	6.62	5.3	37.3	14	34.7	1.10	26.7
20	薄层白浆土	0.267	2.208	6.25	5.8	39.5	19	42.4	1.10	28.0
21	破皮黄白浆土	0.137	0.111	3.04	5.1	23.7	18	43.1	1.37	34.0
	$\bar{x}_k$	0.216	0.168	4.78	6.1	32.6	35	44.8	1.09	32.0
	s_k	0.078	0.050	2.05	0.6	6.9	16	7.5	0.15	5.1

第一步，利用表 2-1 的数据可以构造一个原始数据矩阵 $(x_{ik})_{21\times9}$ 。

第二步，数据标准化。

令

$$x'_{ik}=\frac{x_{ik}-\overline{x}_k}{s_k}(i=1,2,\cdots,21;k=1,2,\cdots,9)，$$

其中

$$\overline{x}_k=\frac{1}{21}\sum_{i=1}^{21}x_{ik}，\quad s_k=\sqrt{\frac{1}{21}\sum_{i=1}^{21}(x_{ik}-\overline{x}_k)^2}。$$

消除量纲的影响后，得到样本标准化矩阵 M。

第三步，建立模糊相似矩阵：

令

$$r_{ij}=1-c\cdot\sqrt{\sum_{k=1}^{9}(x_{ik}-x_{jk})^2}，$$

为了使 $0\leqslant r_{ij}\leqslant 1$，取 $c=0.125$，可得模糊相似矩阵 R。

第四步，利用二次平方法求模糊相似矩阵 R 的传递闭包：

$$R\to R^2\to R^4\to R^8，\quad R^8\circ R^8=R^8，$$

即模糊相似矩阵 R 的传递闭包 $t(R)=R^8$。

$$M=\begin{pmatrix}
0.691 & -0.523 & 0.827 & -0.906 & 0.458 & -0.872 & 0.074 & -0.405 & -0.528\\
-0.576 & -1.059 & -0.643 & 0.342 & 0.054 & 1.550 & 0.074 & -2.133 & 1.346\\
-1.306 & -1.337 & -1.148 & 0.498 & -0.886 & -0.624 & 0.826 & 0.286 & -0.079\\
-0.550 & -0.900 & -0.722 & -0.438 & -0.539 & 1.860 & 0.113 & 0.01 & 0.799\\
-0.909 & -0.742 & -0.732 & -0.126 & -0.597 & -0.624 & 0.826 & -0.405 & -0.294\\
-0.550 & -0.563 & -0.648 & -0.438 & 0.111 & 1.550 & 0.562 & -0.750 & 0.624\\
0.435 & 0.171 & 0.361 & 1.745 & 1.427 & 0.618 & 0.245 & -1.096 & -0.430\\
0.269 & 0.409 & 0.293 & 0.030 & 0.039 & -0.500 & 0.034 & -0.612 & 0.194\\
1.319 & 1.163 & 1.111 & -0.438 & 0.473 & -0.6868 & -0.719 & -0.405 & -0.626\\
-0.678 & -0.081 & -0.511 & 0.186 & -0.293 & 1.612 & 0.443 & 1.323 & -1.172\\
-0.282 & 0.647 & -0.134 & -0.594 & -0.250 & -0.003 & 0.351 & 1.116 & 2.322\\
-0.947 & 0.330 & -0.482 & 0.498 & -0.019 & 1.239 & 0.826 & 0.079 & -1.797\\
0.307 & 0.965 & 0.072 & 0.654 & 0.675 & 0.370 & 2.490 & 0.563 & 0.682\\
0.474 & 0.072 & -0.070 & 1.122 & 0.444 & -0.935 & -0.085 & 0.425 & 0.194\\
1.805 & 2.393 & 1.194 & 2.213 & 1.369 & 0.308 & 0.470 & -1.994 & 0.194\\
0.819 & 0.707 & 2.895 & 0.966 & 1.427 & -0.251 & -0.428 & -0.267 & 1.756\\
-0.666 & -0.543 & -0.844 & -1.998 & -1.868 & -0.313 & -1.828 & 0.908 & -0.587\\
-1.549 & -1.377 & -1.599 & -0.126 & -2.403 & -0.935 & -2.422 & 1.254 & -1.172\\
2.253 & 1.421 & 0.905 & -1.218 & 0.675 & -1.307 & -1.326 & 0.079 & -1.036\\
0.653 & 0.786 & 0.724 & -0.438 & 0.993 & -0.997 & -0.309 & 0.079 & -0.782\\
-1.011 & -1.139 & -0.849 & -1.530 & -1.290 & -1.059 & -0.217 & 1.945 & 0.390
\end{pmatrix}$$

第五步，聚类：

（1）设定阈值 λ，求 $t(R)$ 的 λ-截矩阵，进而将 21 个样本进行分类。

取 $\lambda=1$，分为 21 类；

取 $\lambda=0.865$，分为 20 类：

$\{x_1\}$，$\{x_9\}$，$\{x_{20}\}$，$\{x_{19}\}$，$\{x_8\}$，$\{x_{14}\}$，$\{x_3\}$，$\{x_5\}$，$\{x_2\}$，$\{x_4,x_6\}$，$\{x_{10}\}$，$\{x_{12}\}$，$\{x_7\}$，$\{x_{17}\}$，$\{x_{21}\}$，

$\{x_{18}\},\{x_{11}\},\{x_{15}\},\{x_{13}\},\{x_{16}\}$；

取 $\lambda=0.861$，分为 19 类：

$\{x_1\},\{x_9,x_{20}\},\{x_{19}\},\{x_8\},\{x_{14}\},\{x_3\},\{x_5\},\{x_2\},\{x_4,x_6\},\{x_{10}\},\{x_{12}\},\{x_7\},\{x_{17}\},\{x_{21}\},\{x_{18}\},$
$\{x_{11}\},\{x_{15}\},\{x_{13}\},\{x_{16}\}$；

$$
R=\left(\begin{array}{ccccccccccccccccccccc}
1 & 0.522 & 0.586 & 0.570 & 0.694 & 0.618 & 0.620 & 0.803 & 0.770 & 0.562 & 0.564 & 0.578 & 0.563 & 0.713 & 0.439 & 0.550 & 0.539 & 0.388 & 0.663 & 0.816 & 0.551 \\
0.522 & 1 & 0.566 & 0.726 & 0.614 & 0.789 & 0.603 & 0.617 & 0.441 & 0.516 & 0.521 & 0.530 & 0.488 & 0.530 & 0.394 & 0.417 & 0.390 & 0.305 & 0.290 & 0.447 & 0.386 \\
0.586 & 0.566 & 1 & 0.655 & 0.855 & 0.652 & 0.519 & 0.642 & 0.449 & 0.666 & 0.570 & 0.635 & 0.548 & 0.655 & 0.261 & 0.327 & 0.550 & 0.555 & 0.328 & 0.521 & 0.668 \\
0.570 & 0.726 & 0.655 & 1 & 0.677 & 0.865 & 0.548 & 0.640 & 0.480 & 0.719 & 0.646 & 0.636 & 0.556 & 0.577 & 0.312 & 0.395 & 0.557 & 0.437 & 0.351 & 0.504 & 0.572 \\
0.694 & 0.614 & 0.855 & 0.677 & 1 & 0.714 & 0.583 & 0.746 & 0.555 & 0.660 & 0.599 & 0.685 & 0.597 & 0.693 & 0.346 & 0.391 & 0.578 & 0.511 & 0.428 & 0.621 & 0.647 \\
0.618 & 0.789 & 0.652 & 0.865 & 0.714 & 1 & 0.624 & 0.695 & 0.524 & 0.678 & 0.632 & 0.671 & 0.613 & 0.604 & 0.390 & 0.434 & 0.501 & 0.373 & 0.383 & 0.554 & 0.518 \\
0.620 & 0.603 & 0.519 & 0.548 & 0.583 & 0.624 & 1 & 0.706 & 0.626 & 0.552 & 0.472 & 0.641 & 0.618 & 0.708 & 0.662 & 0.578 & 0.316 & 0.257 & 0.469 & 0.647 & 0.324 \\
0.803 & 0.617 & 0.642 & 0.640 & 0.746 & 0.695 & 0.706 & 1 & 0.774 & 0.587 & 0.666 & 0.638 & 0.653 & 0.808 & 0.546 & 0.599 & 0.534 & 0.411 & 0.615 & 0.793 & 0.545 \\
0.770 & 0.441 & 0.449 & 0.480 & 0.555 & 0.524 & 0.626 & 0.774 & 1 & 0.478 & 0.530 & 0.535 & 0.532 & 0.692 & 0.563 & 0.604 & 0.478 & 0.323 & 0.813 & 0.861 & 0.430 \\
0.562 & 0.516 & 0.666 & 0.719 & 0.660 & 0.678 & 0.552 & 0.587 & 0.478 & 1 & 0.523 & 0.778 & 0.557 & 0.591 & 0.280 & 0.334 & 0.540 & 0.481 & 0.365 & 0.535 & 0.571 \\
0.554 & 0.521 & 0.570 & 0.646 & 0.599 & 0.632 & 0.472 & 0.666 & 0.530 & 0.523 & 1 & 0.477 & 0.635 & 0.638 & 0.346 & 0.517 & 0.498 & 0.351 & 0.426 & 0.561 & 0.611 \\
0.578 & 0.530 & 0.635 & 0.636 & 0.685 & 0.671 & 0.641 & 0.638 & 0.535 & 0.778 & 0.477 & 1 & 0.600 & 0.604 & 0.398 & 0.351 & 0.471 & 0.410 & 0.402 & 0.589 & 0.466 \\
0.563 & 0.488 & 0.548 & 0.556 & 0.597 & 0.613 & 0.618 & 0.653 & 0.532 & 0.557 & 0.635 & 0.600 & 1 & 0.651 & 0.507 & 0.502 & 0.305 & 0.195 & 0.399 & 0.581 & 0.417 \\
0.713 & 0.530 & 0.655 & 0.577 & 0.693 & 0.604 & 0.708 & 0.808 & 0.692 & 0.591 & 0.638 & 0.604 & 0.651 & 1 & 0.518 & 0.583 & 0.479 & 0.426 & 0.569 & 0.748 & 0.542 \\
0.439 & 0.394 & 0.261 & 0.312 & 0.346 & 0.390 & 0.662 & 0.546 & 0.563 & 0.280 & 0.346 & 0.398 & 0.507 & 0.518 & 1 & 0.568 & 0.118 & 0.027 & 0.438 & 0.513 & 0.106 \\
0.550 & 0.417 & 0.327 & 0.395 & 0.391 & 0.434 & 0.578 & 0.599 & 0.604 & 0.334 & 0.517 & 0.351 & 0.502 & 0.583 & 0.568 & 1 & 0.238 & 0.122 & 0.478 & 0.580 & 0.275 \\
0.539 & 0.390 & 0.550 & 0.557 & 0.578 & 0.501 & 0.316 & 0.534 & 0.478 & 0.540 & 0.498 & 0.471 & 0.305 & 0.479 & 0.118 & 0.238 & 1 & 0.703 & 0.443 & 0.497 & 0.721 \\
0.388 & 0.305 & 0.555 & 0.437 & 0.511 & 0.373 & 0.257 & 0.411 & 0.323 & 0.481 & 0.351 & 0.410 & 0.195 & 0.426 & 0.027 & 0.122 & 0.703 & 1 & 0.274 & 0.360 & 0.613 \\
0.663 & 0.290 & 0.328 & 0.351 & 0.428 & 0.383 & 0.469 & 0.615 & 0.813 & 0.365 & 0.426 & 0.402 & 0.399 & 0.569 & 0.438 & 0.478 & 0.443 & 0.274 & 1 & 0.752 & 0.375 \\
0.816 & 0.447 & 0.521 & 0.504 & 0.621 & 0.554 & 0.647 & 0.793 & 0.861 & 0.535 & 0.561 & 0.589 & 0.581 & 0.748 & 0.513 & 0.580 & 0.497 & 0.360 & 0.752 & 1 & 0.495 \\
0.551 & 0.386 & 0.668 & 0.572 & 0.647 & 0.518 & 0.324 & 0.545 & 0.430 & 0.571 & 0.611 & 0.466 & 0.417 & 0.542 & 0.106 & 0.275 & 0.721 & 0.613 & 0.375 & 0.496 & 1
\end{array}\right).
$$

$$
t(R)=\left(\begin{array}{ccccccccccc}
1 & 0.714 & 0.746 & 0.714 & 0.746 & 0.714 & 0.708 & 0.803 & 0.816 & 0.714 & 0.666\\
0.714 & 1 & 0.714 & 0.789 & 0.714 & 0.789 & 0.708 & 0.714 & 0.714 & 0.719 & 0.666\\
0.746 & 0.714 & 1 & 0.714 & 0.855 & 0.714 & 0.708 & 0.746 & 0.746 & 0.714 & 0.666\\
0.714 & 0.789 & 0.714 & 1 & 0.714 & 0.855 & 0.714 & 0.708 & 0.746 & 0.714 & 0.666\\
0.746 & 0.714 & 0.855 & 0.714 & 1 & 0.714 & 0.708 & 0.746 & 0.746 & 0.714 & 0.666\\
0.714 & 0.789 & 0.714 & 0.865 & 0.714 & 1 & 0.708 & 0.714 & 0.714 & 0.719 & 0.666\\
0.708 & 0.708 & 0.708 & 0.708 & 0.708 & 0.708 & 1 & 0.708 & 0.708 & 0.708 & 0.666\\
0.803 & 0.714 & 0.746 & 0.714 & 0.746 & 0.714 & 0.708 & 1 & 0.803 & 0.714 & 0.666\\
0.816 & 0.714 & 0.746 & 0.714 & 0.746 & 0.714 & 0.708 & 0.803 & 1 & 0.714 & 0.666\\
0.714 & 0.719 & 0.714 & 0.719 & 0.714 & 0.719 & 0.708 & 0.714 & 0.714 & 1 & 0.666\\
0.666 & 0.666 & 0.666 & 0.666 & 0.666 & 0.666 & 0.666 & 0.666 & 0.666 & 0.666 & 1\\
0.714 & 0.719 & 0.714 & 0.719 & 0.714 & 0.719 & 0.708 & 0.714 & 0.714 & 0.778 & 0.666\\
0.653 & 0.653 & 0.653 & 0.653 & 0.653 & 0.653 & 0.653 & 0.653 & 0.653 & 0.653 & 0.653\\
0.803 & 0.714 & 0.746 & 0.714 & 0.746 & 0.714 & 0.708 & 0.808 & 0.803 & 0.714 & 0.666\\
0.662 & 0.662 & 0.662 & 0.662 & 0.662 & 0.662 & 0.662 & 0.662 & 0.662 & 0.662 & 0.662\\
0.604 & 0.604 & 0.604 & 0.604 & 0.604 & 0.604 & 0.604 & 0.604 & 0.604 & 0.604 & 0.604\\
0.668 & 0.668 & 0.668 & 0.668 & 0.668 & 0.668 & 0.668 & 0.668 & 0.668 & 0.668 & 0.666\\
0.668 & 0.668 & 0.668 & 0.668 & 0.668 & 0.668 & 0.668 & 0.668 & 0.668 & 0.668 & 0.666\\
0.813 & 0.714 & 0.746 & 0.714 & 0.746 & 0.714 & 0.708 & 0.803 & 0.813 & 0.714 & 0.666\\
0.816 & 0.714 & 0.746 & 0.714 & 0.746 & 0.714 & 0.708 & 0.803 & 0.861 & 0.714 & 0.666\\
0.668 & 0.668 & 0.668 & 0.668 & 0.668 & 0.668 & 0.668 & 0.668 & 0.668 & 0.668 & 0.666
\end{array}\right.
$$

$$
\left.\begin{array}{cccccccccc}
0.714 & 0.653 & 0.803 & 0.662 & 0.604 & 0.668 & 0.668 & 0.813 & 0.816 & 0.668\\
0.719 & 0.653 & 0.714 & 0.662 & 0.604 & 0.668 & 0.668 & 0.714 & 0.714 & 0.668\\
0.714 & 0.653 & 0.746 & 0.662 & 0.604 & 0.668 & 0.668 & 0.746 & 0.746 & 0.668\\
0.714 & 0.653 & 0.714 & 0.662 & 0.604 & 0.668 & 0.668 & 0.714 & 0.714 & 0.668\\
0.714 & 0.653 & 0.714 & 0.662 & 0.604 & 0.668 & 0.668 & 0.746 & 0.746 & 0.668\\
0.719 & 0.653 & 0.746 & 0.662 & 0.604 & 0.668 & 0.668 & 0.714 & 0.714 & 0.668\\
0.708 & 0.653 & 0.708 & 0.662 & 0.604 & 0.668 & 0.668 & 0.708 & 0.708 & 0.668\\
0.714 & 0.653 & 0.808 & 0.662 & 0.604 & 0.668 & 0.668 & 0.803 & 0.803 & 0.668\\
0.714 & 0.653 & 0.803 & 0.662 & 0.604 & 0.668 & 0.668 & 0.813 & 0.861 & 0.668\\
0.778 & 0.653 & 0.714 & 0.662 & 0.604 & 0.668 & 0.668 & 0.714 & 0.714 & 0.668\\
0.666 & 0.653 & 0.666 & 0.662 & 0.604 & 0.666 & 0.666 & 0.666 & 0.666 & 0.666\\
1 & 0.653 & 0.714 & 0.662 & 0.604 & 0.668 & 0.668 & 0.714 & 0.714 & 0.668\\
0.653 & 1 & 0.653 & 0.653 & 0.604 & 0.653 & 0.653 & 0.653 & 0.653 & 0.653\\
0.714 & 0.653 & 1 & 0.662 & 0.604 & 0.668 & 0.668 & 0.803 & 0.803 & 0.668\\
0.662 & 0.653 & 0.662 & 1 & 0.604 & 0.662 & 0.662 & 0.662 & 0.662 & 0.662\\
0.604 & 0.604 & 0.604 & 0.604 & 1 & 0.604 & 0.604 & 0.604 & 0.604 & 0.604\\
0.668 & 0.653 & 0.668 & 0.662 & 0.604 & 1 & 0.703 & 0.668 & 0.668 & 0.721\\
0.668 & 0.653 & 0.668 & 0.662 & 0.604 & 0.703 & 1 & 0.668 & 0.668 & 0.703\\
0.714 & 0.653 & 0.803 & 0.662 & 0.604 & 0.668 & 0.668 & 1 & 0.813 & 0.668\\
0.714 & 0.653 & 0.803 & 0.662 & 0.604 & 0.668 & 0.668 & 0.813 & 1 & 0.668\\
0.668 & 0.653 & 0.668 & 0.662 & 0.604 & 0.721 & 0.703 & 0.668 & 0.668 & 1
\end{array}\right).
$$

取 $\lambda=0.855$，分为 18 类：$\{x_1\}$，$\{x_9,x_{20}\}$，$\{x_{19}\}$，$\{x_8\}$，$\{x_{14}\}$，$\{x_3,x_5\}$，$\{x_2\}$，$\{x_4,x_6\}$，$\{x_{10}\}$，$\{x_{12}\}$，$\{x_7\}$，$\{x_{17}\}$，$\{x_{21}\}$，$\{x_{18}\}$，$\{x_{11}\}$，$\{x_{15}\}$，$\{x_{13}\}$，$\{x_{16}\}$；

取 $\lambda=0.816$，分为 17 类：$\{x_1,x_9,x_{20}\}$，$\{x_{19}\}$，$\{x_8\}$，$\{x_{14}\}$，$\{x_3,x_5\}$，$\{x_2\}$，$\{x_4,x_6\}$，$\{x_{10}\}$，$\{x_{12}\}$，$\{x_7\}$，$\{x_{17}\}$，$\{x_{21}\}$，$\{x_{18}\}$，$\{x_{11}\}$，$\{x_{15}\}$，$\{x_{13}\}$，$\{x_{16}\}$；

取 $\lambda=0.813$，分为 16 类：$\{x_1,x_9,x_{20},x_{19}\}$，$\{x_8\}$，$\{x_{14}\}$，$\{x_3,x_5\}$，$\{x_2\}$，$\{x_4,x_6\}$，$\{x_{10}\}$，$\{x_{12}\}$，$\{x_7\}$，$\{x_{17}\}$，$\{x_{21}\}$，$\{x_{18}\}$，$\{x_{11}\}$，$\{x_{15}\}$，$\{x_{13}\}$，$\{x_{16}\}$；

取 $\lambda=0.808$，分为 15 类：$\{x_1,x_9,x_{20},x_{19}\}$，$\{x_8,x_{14}\}$，$\{x_3,x_5\}$，$\{x_2\}$，$\{x_4,x_6\}$，$\{x_{10}\}$，$\{x_{12}\}$，$\{x_7\}$，$\{x_{17}\}$，$\{x_{21}\}$，$\{x_{18}\}$，$\{x_{11}\}$，$\{x_{15}\}$，$\{x_{13}\}$，$\{x_{16}\}$；

取 $\lambda=0.803$，分为 14 类：$\{x_1,x_9,x_{20},x_{19},x_8,x_{14}\}$，$\{x_3,x_5\}$，$\{x_2\}$，$\{x_4,x_6\}$，$\{x_{10}\}$，$\{x_{12}\}$，$\{x_7\}$，$\{x_{17}\}$，$\{x_{21}\}$，$\{x_{18}\}$，$\{x_{11}\}$，$\{x_{15}\}$，$\{x_{13}\}$，$\{x_{16}\}$；

取 $\lambda=0.789$，分为 13 类：$\{x_1,x_9,x_{20},x_{19},x_8,x_{14}\}$，$\{x_3,x_5\}$，$\{x_2,x_4,x_6\}$，$\{x_{10}\}$，$\{x_{12}\}$，$\{x_7\}$，$\{x_{17}\}$，$\{x_{21}\}$，$\{x_{18}\}$，$\{x_{11}\}$，$\{x_{15}\}$，$\{x_{13}\}$，$\{x_{16}\}$；

取 $\lambda=0.778$，分为 12 类：$\{x_1,x_9,x_{20},x_{19},x_8,x_{14}\}$，$\{x_3,x_5\}$，$\{x_2,x_4,x_6\}$，$\{x_{10},x_{12}\}$，$\{x_7\}$，$\{x_{17}\}$，$\{x_{21}\}$，$\{x_{18}\}$，$\{x_{11}\}$，$\{x_{15}\}$，$\{x_{13}\}$，$\{x_{16}\}$；

取 $\lambda=0.746$，分为 11 类：$\{x_1,x_9,x_{20},x_{19},x_8,x_{14},x_3,x_5\}$，$\{x_2,x_4,x_6\}$，$\{x_{10},x_{12}\}$，$\{x_7\}$，$\{x_{17}\}$，$\{x_{21}\}$，$\{x_{18}\}$，$\{x_{11}\}$，$\{x_{15}\}$，$\{x_{13}\}$，$\{x_{16}\}$；

取 $\lambda=0.721$，分为 10 类：$\{x_1,x_9,x_{20},x_{19},x_8,x_{14},x_3,x_5\}$，$\{x_2,x_4,x_6\}$，$\{x_{10},x_{12}\}$，$\{x_7\}$，$\{x_{17},x_{21}\}$，$\{x_{18}\}$，$\{x_{11}\}$，$\{x_{15}\}$，$\{x_{13}\}$，$\{x_{16}\}$；

取 $\lambda=0.719$，分为 9 类：$\{x_1,x_9,x_{20},x_{19},x_8,x_{14},x_3,x_5\}$，$\{x_2,x_4,x_6,x_{10},x_{12}\}$，$\{x_7\}$，$\{x_{17},x_{21}\}$，$\{x_{18}\}$，$\{x_{11}\}$，$\{x_{15}\}$，$\{x_{13}\}$，$\{x_{16}\}$；

取 $\lambda=0.714$，分为 8 类：$\{x_1,x_9,x_{20},x_{19},x_8,x_{14},x_3,x_5,x_2,x_4,x_6,x_{10},x_{12}\}$，$\{x_7\}$，$\{x_{17},x_{21}\}$，$\{x_{18}\}$，$\{x_{11}\}$，$\{x_{15}\}$，$\{x_{13}\}$，$\{x_{16}\}$；

取 $\lambda=0.708$，分为 7 类：$\{x_1,x_9,x_{20},x_{19},x_8,x_{14},x_3,x_5,x_2,x_4,x_6,x_{10},x_{12},x_7\}$，$\{x_{17},x_{21}\}$，$\{x_{18}\}$，$\{x_{11}\}$，$\{x_{15}\}$，$\{x_{13}\}$，$\{x_{16}\}$；

取 $\lambda=0.703$，分为 6 类：$\{x_1,x_9,x_{20},x_{19},x_8,x_{14},x_3,x_5,x_2,x_4,x_6,x_{10},x_{12},x_7\}$，$\{x_{17},x_{21},x_{18}\}$，$\{x_{11}\}$，$\{x_{15}\}$，$\{x_{13}\}$，$\{x_{16}\}$；

取 $\lambda=0.668$，分为 5 类：$\{x_1,x_9,x_{20},x_{19},x_8,x_{14},x_3,x_5,x_2,x_4,x_6,x_{10},x_{12},x_7,x_{17},x_{21},x_{18}\}$，$\{x_{11}\}$，$\{x_{15}\}$，$\{x_{13}\}$，$\{x_{16}\}$；

取 $\lambda=0.666$，分为 4 类：$\{x_1,x_9,x_{20},x_{19},x_8,x_{14},x_3,x_5,x_2,x_4,x_6,x_{10},x_{12},x_7,x_{17},x_{21},x_{18},x_{11}\}$，$\{x_{15}\}$，$\{x_{13}\}$，$\{x_{16}\}$；

取 $\lambda=0.662$，分为 3 类：$\{x_1,x_9,x_{20},x_{19},x_8,x_{14},x_3,x_5,x_2,x_4,x_6,x_{10},x_{12},x_7,x_{17},x_{21},x_{18},x_{11},x_{15}\}$，$\{x_{13}\}$，$\{x_{16}\}$；

取 $\lambda=0.653$，分为 2 类：$\{x_1,x_9,x_{20},x_{19},x_8,x_{14},x_3,x_5,x_2,x_4,x_6,x_{10},x_{12},x_7,x_{17},x_{21},x_{18},x_{11},x_{15},x_{13}\}$，$\{x_{16}\}$；

取 $\lambda=0.604$ 时，分为 1 类。

（2）用 F 统计量确定 λ 的最佳值：

利用表 2-1 中土壤样本性状的原始数据，分别计算各个 λ 所对应的 F 统计量的值，计算结果如表 2-2 所示。

表 2-2　λ 值的确定

λ 值	1	0.8650	0.8614	0.8546	0.8160	0.8127	0.8083	0.8029
r 类	21	20	19	18	17	16	15	14
F	0	15.11	17.21	25.85	28.30	16.97	18.37	15.49
$F_{0.05}(r-1,n-r)$	247.5	19.4	8.68	5.84	4.62	4.62	3.96	3.55
$F-F_{0.05}$	—	—	8.53	20.01	23.68	12.35	14.41	11.94
λ 值	0.7893	0.7776	0.7464	0.7207	0.7128	0.7136	0.7081	
r 类	13	12	11	10	9	8	7	
F	18.07	20.11	12.64	11.86	11.15	0.91	1.05	
$F_{0.05}(r-1,n-r)$	3.28	3.10	2.98	2.90	2.85	2.83	2.85	
$F-F_{0.05}$	14.79	17.01	9.66	8.96	8.30。	—	—	

从表 2-2 可以看出，有 11 个 F 满足 $F>F_{0.05}$。再考察 $F-F_{0.05}$，差异大的有 $\lambda=0.816$(17 类)、$\lambda=0.855$(18 类)、$\lambda=0.778$(12 类)。因此，比较理想的分类为 17 类或 12 类。

（3）土壤模糊聚类的实际意义：

当 $\lambda=0.653$ 时，土壤分为两大类：$\{x_{16}\}$，$\{x_1,x_9,x_{20},x_{19},x_8,x_{14},x_3,x_5,x_2,x_4,x_6,x_{10},x_{12},x_7,x_{17},x_{21},x_{18},x_{11},x_{15},x_{13}\}$，即中层沟谷碳酸盐草甸土为一类，其他土壤为一类，说明中层沟谷碳酸盐草甸土的有机质含量、代换容量、田间持水量等都较其他土壤高。

当 $\lambda=0.778$ 时，分为 12 类：$\{x_1,x_9,x_{20},x_{19},x_8,x_{14}\}$，$\{x_3,x_5\}$，$\{x_2,x_4,x_6\}$，$\{x_{10},x_{12}\}$，$\{x_7\}$，$\{x_{17}\}$，$\{x_{21}\}$，$\{x_{18}\}$，$\{x_{11}\}$，$\{x_{15}\}$，$\{x_{13}\}$，$\{x_{16}\}$。其中 $\{x_1,x_9,x_{20},x_{19},x_8,x_{14}\}$ 为一类，即多数薄层土壤为一类，表明薄层土壤就其性状而言，有许多相似之处；$\{x_3,x_5\}$ 为一类，表明薄层土壤的性状极为相似；$\{x_2,x_4,x_6\}$ 为一类，表明厚层黏底黑土壤的性状也极为相似，这些与实际情况是相符的。

例 2-7 模糊聚类在农村能源区划中的应用[4]。

能源是国民经济发展的物质基础，农村能源又是国家能源体系的重要组成部分。研究农村能源区域规划将为今后有重点、有步骤地开发利用农村能源提供依据，也为农村能源的建设提供科学决策的依据。

第一步，数据标准化。

设论域 $U=\{x_1,x_2,\cdots,x_{15}\}$ 为平潭县的 15 个乡镇，每个乡镇用 4 个区划指标来表示，即 $x_i=(x_{i1},x_{i2},x_{i3},x_{i4})\ (i=1,2,\cdots,15)$。其中：$x_{i1}$ 为能源资源丰富度，即人均年占有能源量［标准煤，kg/(人•年)］；x_{i2} 为能源资源满足度，即以资源量和需求量的比值百分数表示（%）；x_{i3} 为人均年薪柴资源量［标准煤，kg/(人•年)］；x_{i4} 为人均年沼气资源量［m^3(人•年)］。

对 15 个乡镇的薪柴、沼气等资源量以及需求量进行实地调查，将 15 个区划单元的区划指标值列于表 2-3 中。

表 2-3　15 个区划单元的区划指标值

样本号	乡镇	区划指标			
		x_{i1} /[kg/(人•年)]	x_{i2} /%	x_{i3} /[kg/(人•年)]	x_{i4} / [m^3 /(人•年)]
1	大练	310.6	136.0	216.6	47.0
2	平原	180.2	78.7	86.8	45.3
3	流水	168.8	54.0	82.8	43.8
4	岚城	267.1	91.5	114.9	80.1
5	北厝	298.6	126.5	186.3	52.6
6	南海	192.2	84.0	124.1	33.1
7	苏沃	95.7	32.8	-31.6	-30.6
8	中楼	285.6	113.0	118.9	71.9
9	潭东	105.5	36.1	35.2	34.5
10	敖东	110.9	57.2	34.9	49.7
11	东痒	90.3	28.8	27.5	31.0
12	芦洋	472.9	201.0	255.4	116.1
13	白青	84.2	28.8	39.8	18.4
14	屿头	127.2	43.6	22.9	54.6
15	潭城	200.0	68.5	59.9	75.2

表 2-3 中所列的区划指标值采用的量纲不同，原始数据之间不具有可比性。因此，作如下平移•极差变换

$$x'_{ik}=\frac{x_{ik}-\min\limits_{1\leqslant i\leqslant 15}\{x_{ik}\}}{\max\limits_{1\leqslant i\leqslant 15}\{x_{ik}\}-\min\limits_{1\leqslant i\leqslant 15}\{x_{ik}\}}\quad (k=1,2,3,4),$$

这样得到的标准化数据 $x'_{ik}\in[0,1]$。为方便起见，仍把 x'_{ik} 记为 x_{ik}。标准化数据矩阵从略。

第二步，建立模糊相似矩阵。

（1）区划指标权重的选择

在传统的模糊聚类分析中，计算区划单元之间的模糊相似矩阵时，各区划指标的影响是同等看待的。但是，对能源区划进行分析时，要考虑突出一级区划指标（能源丰富度和满足度）的重要性，同时兼顾二级区划指标（薪柴、沼气的人均年占有量）的原则。因此，在计算模糊聚类相似矩阵时引入加权系数法，以克服区划指标在聚类分析中不分主次的缺点。

加权系数 $a_k=(a_1,a_2,a_3,a_4)$ 的选择是根据专业人员的评估加以确定的。这里取 $a_k=(0.4,0.3,0.2,0.1)$。

（2）采用加权绝对值距离法计算模糊相似矩阵 $R=\left(r_{ij}\right)_{15\times15}$。由

$$r_{ij}=1-\sum_{k=1}^{4}a_k\left|x_{ik}-x_{jk}\right|\ (i,j=1,2,\cdots,15)$$

得模糊相似矩阵 R（略）。

第三步，聚类。

用二次平方法求传递闭包

$$t(R):R\to R^2,R^2\circ R^2=R^2$$

得模糊等价矩阵 $t(R)=R^2=R^*$(略)。

当 λ 由 1,0.996，…，一直减小到 0.833 时，由模糊等价矩阵 R^* 相应得到等价的布尔矩阵 $R_\lambda{}^*$（略）。

λ=1，分为 15 类：$\{x_1\}$，$\{x_2\}$，…，$\{x_{15}\}$；

λ=0.996，分为 14 类：$\{x_{10},x_{14}\}$，$\{x_1\}$，…，$\{x_9\}$，$\{x_{11}\}$，$\{x_{12}\}$，$\{x_{13}\}$，$\{x_{15}\}$；

λ=0.994，分为 12 类：$\{x_{10},x_{14}\}$，$\{x_7,x_{11},x_{13}\}$，…，$\{x_1\}$，…，$\{x_6\}$，$\{x_8\}$，$\{x_9\}$，$\{x_{12}\}$，$\{x_{15}\}$；

λ=0.990，分为 9 类：$\{x_{10},x_{14}\}$，$\{x_7,x_{11},x_{13},x_9\}$，$\{x_4,x_8\}$，$\{x_6,x_{15}\}$，$\{x_1\}$，$\{x_2\}$，$\{x_3\}$，$\{x_5\}$，$\{x_{12}\}$；

λ=0.980，分为 7 类：$\{x_{10},x_{14}\}$，$\{x_7,x_{11},x_{13},x_9\}$，$\{x_4,x_8\}$，$\{x_6,x_{15},x_2,x_3\}$，$\{x_1\}$，$\{x_5\}$，$\{x_{12}\}$；

λ=0.977，分为 4 类：$\{x_{10},x_{14},x_7,x_{11},x_{13},x_9\}$，$\{x_4,x_8,x_1,x_5\}$，$\{x_6,x_{15},x_2,x_3\}$，$\{x_{12}\}$；

λ=0.961，分为 3 类：$\{x_{10},x_{14},x_7,x_{11},x_{13},x_9,x_6,x_{15},x_2,x_3\}$，$\{x_4,x_8,x_1,x_5\}$，$\{x_{12}\}$；

λ=0.940，分为 2 类：$\{x_{10},x_{14},x_7,x_{11},x_{13},x_9,x_6,x_{15},x_2,x_3,x_4,x_8,x_1,x_5\}$，$\{x_{12}\}$；

λ=0.883，分为 1 类：$\{x_1, x_2, \cdots, x_{15}\}$。

农村能源区划编制的实际意义：根据平潭县的实际情况，将平潭县农村能源区划为 4 个区域比较合适（相应于 λ=0.977），按照人均资源量、满足度的大小，4 个区划分别表示能源较丰富区、能源一般区、能源轻欠区及能源欠缺区（由调查资料分析，可将第四类欠缺区又分为中欠缺区与重欠缺区两类）。各区分别以Ⅰ、Ⅱ、Ⅲ、Ⅳ、Ⅴ为代号，见表 2-4。

表 2-4　分类结果

分区代号	能源状况	乡镇名称
Ⅰ	较丰富	芦洋
Ⅱ	一般	岚城，北厝，中楼，大练
Ⅲ	轻欠缺	南海，潭城，平原，流水
Ⅳ	中欠缺	敖东，屿头
Ⅴ	重欠缺	苏沃，潭东，东痒，白青

关于模糊聚类结果的实际意义，我们采用下例加以详细说明。

2.4　模糊聚类方法在环境科学中的应用

以下通过实例说明模糊聚类方法在环境科学中的应用。

例 2-8 现有某所城市的 5 个区域：x_1, x_2, x_3, x_4, x_5，这 5 个区域的污染状况由污染物在空气(y_1)、水分(y_2)、土壤(y_3)、作物(y_4)中的含量所体现。详细数据如下见表 2-5：

表 2-5　5 个区域的污染状况

	y_1	y_2	y_3	y_4
x_1	5	5	3	2
x_2	2	3	4	5
x_3	5	5	2	3
x_4	1	5	3	1
x_5	2	4	5	1

城市环保部门需将该城市的 5 个区域进行大致分类，为进一步制定环保方案提供参考。

现将 5 个地区按污染程度进行分类如下：

第一步，构造数据矩阵：

$$\begin{pmatrix} 5 & 5 & 3 & 2 \\ 2 & 3 & 4 & 5 \\ 5 & 5 & 2 & 3 \\ 1 & 5 & 3 & 1 \\ 2 & 4 & 5 & 1 \end{pmatrix}。$$

第二步，将数据进行标准化：

令

$$r_{ij} = \begin{cases} 1, & i = j, \\ 1 - c\sum_{k=1}^{m}\left|x_{ik} - x_{jk}\right|, & i \neq j, \end{cases}$$

其中 $c = 0.1,\ m = 4; i, j = 1, 2, \cdots 5$。

第三步，求出 r_{ij}，并建立模糊相似矩阵：

$$R = \begin{pmatrix} 1 & 0.1 & 0.8 & 0.5 & 0.3 \\ 0.1 & 1 & 0.1 & 0.2 & 0.4 \\ 0.8 & 0.1 & 1 & 0.3 & 0.1 \\ 0.5 & 0.2 & 0.3 & 1 & 0.6 \\ 0.3 & 0.4 & 0.1 & 0.6 & 1 \end{pmatrix}。$$

第四步，利用二次平方法，求 R 的传递闭包

$$R\circ R=R^2=\begin{pmatrix}1&0.3&0.8&0.5&0.5\\0.3&1&0.2&0.4&0.4\\0.8&0.2&1&0.5&0.3\\0.5&0.4&0.5&1&0.6\\0.5&0.4&0.3&0.6&1\end{pmatrix},$$

$$R^2\circ R^2=R^4=\begin{pmatrix}1&0.4&0.8&0.5&0.5\\0.4&1&0.4&0.4&0.4\\0.8&0.4&1&0.5&0.5\\0.5&0.4&0.5&1&0.6\\0.5&0.4&0.5&0.6&1\end{pmatrix}$$

$$R^4\circ R^4=\begin{pmatrix}1&0.4&0.8&0.5&0.5\\0.4&1&0.4&0.4&0.4\\0.8&0.4&1&0.5&0.5\\0.5&0.4&0.5&1&0.6\\0.5&0.4&0.5&0.6&1\end{pmatrix}=R^4。$$

于是，得到R的传递闭包为R^4。

第五步，设阈值$\lambda=0.8$（八分像），则

$$R_\lambda^4=\begin{pmatrix}1&0&1&0&0\\0&1&0&0&0\\1&0&1&0&0\\0&0&0&1&0\\0&0&0&0&1\end{pmatrix}。$$

从而，对 5 个区域的分类结果为$\{x_1,x_3\}$，$\{x_2\}$，$\{x_4\}$，$\{x_5\}$。此即在置信水平(阈值)0.8 下，环保部门对 5 个不同区域制定保护方案时，只需制定 4 个方案，因为x_1和x_3在同一类，对x_1和x_3可以制定相同的环保方案。

例 2-9 山东省各地市环境污染情况的模糊聚类分析[6]。

环境污染问题，是在市场机制建立的过程中产生的，有着深刻的社会和经济根源。随着人类对生活质量要求的提高，经济、社会、环境的矛盾将越发尖锐，环境污染问题已成为社会发展的重要限制因素。对不同地区的污染状况进行聚类，按照不同的污染类型，提出合理的建议，可以为政府部门出台相应的环保措施提供理论依据。

2007 年，山东省各地市主要污染物排放如废水排放量、化学需氧量排放量、氨氮排放量、二氧化硫排放量、烟尘排放量、工业粉尘排放量见表 2-6(数据来源于 2008 年《山东统计年鉴》)。

表 2-6　2008 年山东省各地市污染状况

地区	废水排放量/万吨	化学需氧量排放量/吨	氨氮排放量/吨	二氧化硫排放量/吨	烟尘排放量/吨	工业粉尘排放量/吨
济南市	24216	55280	6782	90215	27881	30375
青岛市	31731	53618	6025	122884	33580	4800
淄博市	28521	41271	5880	207893	67418	24744
枣庄市	20546	43244	4246	103264	20250	76950
东营市	13566	35909	3259	112114	15894	2025
烟台市	22149	49981	5473	101307	15766	38929
廊坊市	30121	48390	6579	135291	33278	29513
济宁市	24304	43328	5610	127340	33865	14067
泰安市	13854	27415	3230	88340	30986	5902
威海市	8402	16590	2001	54769	12439	3769
日照市	11407	26152	1973	64313	9608	7248
莱芜市	4220	11477	976	67846	12496	24829
临沂市	21868	37783	5412	97768	24507	5525
德州市	27217	80223	6195	148202	47249	17598
聊城市	21570	53485	4405	91099	30840	13837
滨州市	17118	55961	4521	133518	22290	1120
菏泽市	13446	39751	4131	75987	25003	2388
总计	334255	719856	76697	1822150	463348	303620

由表 2-6 可以看出：济南市化学需氧量排放量和氨氮排放量位居全省第一，青岛市、廊坊市废水排放量居多，而枣庄市的工业粉尘排放量远远高于其他地市。由于各地市环境污染问题的存在是环境、社会、经济三因素共同作用的结果，三者存在着一定的关联性。因此，可以通过选取环境、社会、经济的特征指标作为聚类分析的聚类因子，对山东省各地市污染情况进行聚类分析。其中，环境因素选取废水排放量、化学需氧量排放量、氨氮排放量、二

氧化硫排放量、烟尘排放量、工业粉尘排放量，社会经济因素选取人口数量、人均 GDP、第一产业产值、第二产业产值、第三产业产值，各参数数据见表 2-7(数据来源于 2008 年《山东统计年鉴》)：

表 2-7　2008 年山东省各地市参数

地区	环境因素			社会经济因素				
	工业废水排放量/万吨	工业废气排放量/亿标立方米	固体废物产生量/万吨	人口/万人	人均 GDP/(元·人)	第一产业产值/亿元	第二产业产值/亿元	第三产业产值/亿元
济南市	5090	2857	1000.11	657.15	39261	150.30	1158.04	1254.47
青岛市	9421	2142	698.80	838.67	45399	203.59	1953.55	1629.38
淄博市	18853	2929	1096.65	448.39	43499	74.38	1256.39	614.25
枣庄市	13536	2497	518.07	364.04	25482	80.59	590.99	253.98
东营市	9481	630	162.04	199.09	84081	60.63	1269.24	334.93
烟台市	7704	1475	1576.82	699.45	41271	239.03	1755.79	885.14
廊坊市	14581	2021	576.43	883.61	23349	237.54	1194.67	623.81
济宁市	12178	2495	1601.45	791.66	21992	213.53	960.13	562.35
泰安市	4194	1618	770.81	543.34	22617	132.77	688.52	404.82
威海市	2902	308	132.72	279.96	63226	127.80	978.19	477.46
日照市	6703	2594	476.82	272.29	23180	86.20	320.21	223.17
莱芜市	1453	2635	1125.11	126.78	29011	22.62	242.50	102.15
临沂市	8964	2032	605.61	979.94	16962	206.55	847.27	606.64
德州市	18826	1496	521.04	545.28	21723	158.73	655.40	366.69
聊城市	14230	2219	537.69	553.66	18576	154.50	605.63	265.29
滨州市	12545	891	402.01	367.12	27561	109.57	638.33	282.39
菏泽市	5952	503	132.54	816.55	8424	182.00	331.98	172.04

令
$$x'_{ik} = \frac{x_{ik} - \min\limits_{1 \leqslant i \leqslant 17}\{x_{ik}\}}{\max\limits_{1 \leqslant i \leqslant 17}\{x_{ik}\} - \min\limits_{1 \leqslant i \leqslant 17}\{x_{ik}\}} \quad (k = 1, 2, \cdots, 8),$$

将表 2-7 中数据进行标准化处理，得到表 2-8：

表 2-8　数据标准化后的结果

地区	环境因素			社会经济因素				
	工业废水排放量/万吨	工业废气排放量/亿标立方米	固体废物产生量/万吨	人口/万人	人均 GDP/(元·人)	第一产业产值/亿元	第二产业产值/亿元	第三产业产值/亿元
济南市	-0.9100	1.2013	0.6663	0.4098	0.3513	0.1041	0.5175	1.7975
青岛市	-0.0742	0.3537	-0.0072	1.1106	0.6791	0.9254	2.1680	2.7315
淄博市	1.7386	1.2866	0.8821	-0.3961	0.5776	-1.0661	0.7215	0.2027
枣庄市	0.7177	0.7745	-0.4112	-0.7218	-0.3846	-0.9704	-0.6591	-0.6948
东营市	-0.0609	-1.4387	-1.2071	-1.3586	2.7449	-1.2780	0.7482	-0.4931
烟台市	-0.4022	-0.4370	1.9555	0.5731	0.4586	0.4716	1.7577	0.8775
廊坊市	0.9183	0.2102	-0.2808	1.2841	-0.4985	1.4487	0.5935	0.2265
济宁市	0.4569	0.7721	2.0105	0.9291	-0.5710	1.0786	0.1068	0.0734
泰安市	-1.0761	-0.2675	0.1537	-0.0296	-0.5376	-0.1661	-0.4567	-0.3190
威海市	-1.3242	-1.8204	-1.2727	-1.0464	1.6312	-0.2427	0.1443	-0.1381
日照市	-0.5944	0.8895	-0.5035	-1.0760	-0.5075	-0.8839	-1.2209	-0.7715
莱芜市	-1.6024	0.9381	0.9457	-1.6378	-0.1961	-1.8639	-1.3821	-1.0730
临沂市	-0.1602	0.2233	-0.2156	1.6560	-0.8396	0.9710	-0.1273	0.1837
德州市	1.7334	-0.4121	-0.4046	-0.0221	-0.5853	0.2340	-0.5254	-0.4140
聊城市	0.8509	0.4450	-0.3674	0.0103	-0.7534	0.1688	-0.6287	-0.6666
滨州市	0.5274	-1.1293	-0.6707	-0.7099	-0.2736	-0.5237	-0.5608	-0.6240
菏泽市	-0.7386	-1.5893	-1.2731	1.0252	-1.2956	0.5926	-1.1965	-0.8989

利用如下相关系数法公式

$$r_{ij}=\frac{\sum_{k=1}^{8}|x_{ik}-\overline{x}_i|\cdot|x_{jk}-\overline{x}_j|}{\sqrt{\sum_{k=1}^{8}(x_{ik}-\overline{x}_i)^2}\cdot\sqrt{\sum_{k=1}^{8}(x_{jk}-\overline{x}_j)^2}}\text{（其中}\ \overline{x}_i=\frac{1}{8}\sum_{k=1}^{8}x_{ik}\text{，}\ \overline{x}_j=\frac{1}{8}\sum_{k=1}^{8}x_{jk}\text{，}\ i,j=1,2,\cdots,17\text{）}$$

得到模糊相似矩阵 R：

$$R=\begin{pmatrix}
1.00 & 0.84 & 0.75 & 0.88 & 0.34 & 0.67 & 0.52 & 0.40 & 0.69 & 0.55 & 0.43 & 0.62 & 0.32 & 0.88 & 0.90 & 0.87 & 0.38\\
0.84 & 1.00 & 0.54 & 0.71 & 0.48 & 0.77 & 0.52 & 0.70 & 0.65 & 0.63 & 0.51 & 0.70 & 0.36 & 0.76 & 0.89 & 0.65 & 0.43\\
0.75 & 0.54 & 1.00 & 0.96 & 0.53 & 0.82 & 0.82 & 0.49 & 0.79 & 0.56 & 0.60 & 0.87 & 0.71 & 0.74 & 0.76 & 0.76 & 0.84\\
0.88 & 0.71 & 0.96 & 1.00 & 0.54 & 0.90 & 0.66 & 0.42 & 0.73 & 0.68 & 0.81 & 0.88 & 0.53 & 0.83 & 0.91 & 0.92 & 0.72\\
0.34 & 0.48 & 0.53 & 0.54 & 1.00 & 0.65 & 0.91 & 0.88 & 0.55 & 1.00 & 0.57 & 0.74 & 0.86 & 0.50 & 0.74 & 0.47 & 0.79\\
0.67 & 0.77 & 0.82 & 0.90 & 0.65 & 1.00 & 0.71 & 0.71 & 0.85 & 0.77 & 0.74 & 0.99 & 0.53 & 0.83 & 0.88 & 0.84 & 0.67\\
0.52 & 0.52 & 0.82 & 0.66 & 0.91 & 0.71 & 1.00 & 0.90 & 0.78 & 0.84 & 0.45 & 0.87 & 0.96 & 0.59 & 0.73 & 0.55 & 0.91\\
0.40 & 0.70 & 0.49 & 0.42 & 0.88 & 0.71 & 0.90 & 1.00 & 0.68 & 0.84 & 0.35 & 0.80 & 0.73 & 0.51 & 0.69 & 0.39 & 0.66\\
0.69 & 0.65 & 0.79 & 0.73 & 0.55 & 0.85 & 0.78 & 0.68 & 1.00 & 0.67 & 0.28 & 0.80 & 0.69 & 0.92 & 0.81 & 0.86 & 0.57\\
0.55 & 0.63 & 0.56 & 0.68 & 1.00 & 0.77 & 0.84 & 0.84 & 0.67 & 1.00 & 0.64 & 0.80 & 0.73 & 0.70 & 0.89 & 0.72 & 0.68\\
0.43 & 0.51 & 0.60 & 0.81 & 0.57 & 0.74 & 0.45 & 0.35 & 0.28 & 0.64 & 1.00 & 0.79 & 0.39 & 0.33 & 0.60 & 0.57 & 0.74\\
0.62 & 0.70 & 0.87 & 0.88 & 0.74 & 0.99 & 0.87 & 0.80 & 0.80 & 0.80 & 0.79 & 1.00 & 0.68 & 0.65 & 0.79 & 0.74 & 0.87\\
0.32 & 0.36 & 0.71 & 0.53 & 0.86 & 0.53 & 0.96 & 0.73 & 0.69 & 0.73 & 0.39 & 0.68 & 1.00 & 0.46 & 0.58 & 0.43 & 0.93\\
0.88 & 0.76 & 0.74 & 0.83 & 0.50 & 0.83 & 0.59 & 0.51 & 0.92 & 0.70 & 0.33 & 0.65 & 0.46 & 1.00 & 0.98 & 0.96 & 0.36\\
0.90 & 0.89 & 0.76 & 0.91 & 0.74 & 0.88 & 0.73 & 0.69 & 0.81 & 0.89 & 0.60 & 0.79 & 0.58 & 0.98 & 0.10 & 0.91 & 0.57\\
0.87 & 0.65 & 0.76 & 0.92 & 0.47 & 0.84 & 0.55 & 0.39 & 0.86 & 0.72 & 0.57 & 0.74 & 0.43 & 0.96 & 0.91 & 1.00 & 0.45\\
0.38 & 0.43 & 0.84 & 0.72 & 0.79 & 0.67 & 0.91 & 0.66 & 0.57 & 0.68 & 0.74 & 0.87 & 0.93 & 0.36 & 0.57 & 0.45 & 1.00
\end{pmatrix}$$

利用二次平方法得到 R 的传递闭包 R^* 如下：

$$R^*=\begin{pmatrix}
1.00 & 0.89 & 0.90 & 0.90 & 0.89 & 0.90 & 0.89 & 0.89 & 0.90 & 0.89 & 0.81 & 0.90 & 0.89 & 0.90 & 0.90 & 0.90 & 0.89\\
0.89 & 1.00 & 0.89 & 0.89 & 0.89 & 0.89 & 0.89 & 0.89 & 0.89 & 0.89 & 0.81 & 0.89 & 0.89 & 0.89 & 0.89 & 0.89 & 0.89\\
0.90 & 0.89 & 1.00 & 0.96 & 0.89 & 0.90 & 0.89 & 0.89 & 0.92 & 0.89 & 0.81 & 0.90 & 0.89 & 0.92 & 0.92 & 0.92 & 0.89\\
0.90 & 0.89 & 0.96 & 1.00 & 0.89 & 0.90 & 0.89 & 0.89 & 0.92 & 0.89 & 0.81 & 0.90 & 0.89 & 0.92 & 0.92 & 0.92 & 0.89\\
0.89 & 0.89 & 0.89 & 0.89 & 1.00 & 0.89 & 0.91 & 0.90 & 0.89 & 1.00 & 0.81 & 0.89 & 0.91 & 0.89 & 0.89 & 0.89 & 0.91\\
0.90 & 0.89 & 0.90 & 0.90 & 0.89 & 1.00 & 0.89 & 0.89 & 0.90 & 0.89 & 0.81 & 0.99 & 0.89 & 0.90 & 0.90 & 0.90 & 0.89\\
0.89 & 0.89 & 0.89 & 0.89 & 0.91 & 0.89 & 1.00 & 0.90 & 0.89 & 0.91 & 0.81 & 0.89 & 0.96 & 0.89 & 0.89 & 0.89 & 0.93\\
0.89 & 0.89 & 0.89 & 0.89 & 0.90 & 0.89 & 0.90 & 1.00 & 0.89 & 0.90 & 0.81 & 0.89 & 0.90 & 0.89 & 0.89 & 0.89 & 0.90\\
0.90 & 0.89 & 0.92 & 0.92 & 0.89 & 0.90 & 0.89 & 0.89 & 1.00 & 0.89 & 0.81 & 0.90 & 0.89 & 0.92 & 0.92 & 0.92 & 0.89\\
0.89 & 0.89 & 0.89 & 0.89 & 1.00 & 0.89 & 0.91 & 0.90 & 0.89 & 1.00 & 0.81 & 0.89 & 0.91 & 0.89 & 0.89 & 0.89 & 0.91\\
0.81 & 0.81 & 0.81 & 0.81 & 0.81 & 0.81 & 0.81 & 0.81 & 0.81 & 0.81 & 1.00 & 0.81 & 0.81 & 0.81 & 0.81 & 0.81 & 0.81\\
0.90 & 0.89 & 0.90 & 0.90 & 0.89 & 0.99 & 0.89 & 0.89 & 0.90 & 0.89 & 0.81 & 1.00 & 0.89 & 0.90 & 0.90 & 0.90 & 0.89\\
0.89 & 0.89 & 0.89 & 0.89 & 0.91 & 0.89 & 0.96 & 0.90 & 0.89 & 0.91 & 0.81 & 0.89 & 1.00 & 0.89 & 0.89 & 0.89 & 0.93\\
0.90 & 0.89 & 0.92 & 0.92 & 0.89 & 0.90 & 0.89 & 0.89 & 0.92 & 0.89 & 0.81 & 0.90 & 0.89 & 1.00 & 0.98 & 0.96 & 0.89\\
0.90 & 0.89 & 0.92 & 0.92 & 0.89 & 0.90 & 0.89 & 0.89 & 0.92 & 0.89 & 0.81 & 0.90 & 0.89 & 0.98 & 1.00 & 0.96 & 0.89\\
0.90 & 0.89 & 0.92 & 0.92 & 0.89 & 0.90 & 0.89 & 0.89 & 0.92 & 0.89 & 0.81 & 0.90 & 0.89 & 0.96 & 0.96 & 1.00 & 0.89\\
0.89 & 0.89 & 0.89 & 0.89 & 0.91 & 0.89 & 0.93 & 0.90 & 0.89 & 0.91 & 0.81 & 0.89 & 0.93 & 0.89 & 0.89 & 0.89 & 1.00
\end{pmatrix}$$

结合山东省的实际情况，取置信水平较高的 $\lambda = 0.91$ 情况将 17 个地市分类为以下 9 类：（1）济南市；（2）日照市；（3）青岛市；（4）威海市；（5）济宁市；（6）菏泽市、廊坊市、临沂市；（7）东营市；（8）烟台市、莱芜市；（9）泰安市、滨州市、德州市、聊城市、淄博市、枣庄市。这说明，菏泽市、廊坊市、临沂市在环境污染问题的因素上存在着相似性，烟台市、莱芜市在环境污染问题的因素上存在着相似性，泰安市、滨州市、德州市、聊城市、淄博市、枣庄市在环境污染问题的因素上存在着相似性。

菏泽市、廊坊市、临沂市的相似性分析：从表 2-7 中可以看出，菏泽市、廊坊市、临沂市的人均 GDP 在全省来说是较低的，而人口却相对较多，其中临沂市人口位居全省第一，由于生活污水和工业废水的排放以及排污技术设备相对落后，三市的环境污染问题也较严重。

烟台市、莱芜市的相似性分析：从表 2-7 中可以看出，烟台市、莱芜市的工业废气排放量和固体废物产生量在全省来说是较高的，而烟台市的地区生产总值主要来源于第二产业。由此可见，烟台市、莱芜市的环境污染因素主要为工业三废的排放。

泰安市、滨州市、德州市、聊城市、淄博市、枣庄市的相似性分析：从表 2-7 中可以看出，泰安市、滨州市、德州市、聊城市、淄博市、枣庄市的工业废水排放量在全省来说是较高的，其地区生产总值主要来源于第二产业。由此可见，泰安市、滨州市、德州市、聊城市、淄博市、枣庄市的环境污染因素主要是工业废水的排放。

环境保护建议：山东省各地市若要实现社会经济发展与环境保护的双赢，就必须通过一系列制度安排和政策实施，针对以上三类问题，具体可以从如下几方面着手：（1）菏泽市、廊坊市、临沂市目前的生产模式还较落后，因此在追求经济发展的同时必须注意环境保护，增加环保投资，提高设备质量，大力推行循环经济模式，减少生产过程中污染物的排放量，以减轻环境压力；（2）烟台市、莱芜市的主要污染物来源于工业生产、工业三废的排放，因此治理的关键是控制污染密集型产业，按照物耗少、能耗少、占地少、运量少、污染少、技术密集程度高及附加值高的原则，大力发展服务业、生态农业和高新技术产业，引导经济由粗放型增长向集约型增长转换；（3）泰安市、滨州市、德州市、聊城市、淄博市、枣庄市的环境污染因素主要为工业废水的排放，因此，这些城市应该着重于工业废水的处理，提高循环用水率，减少用水量和废水排放量，同时也应积极探索各种可靠、经济和能够充分利用废水资源的方法。

2.5 基于覆盖的模糊聚类方法

人类智能在决策时通常表现出不确定性、非精确性、容错性与模糊性等特点，近几十年，模糊集、粗糙集等描述不精确性的数学工具被运用到智能推理研究中，推动了不确定性人工智能的迅速发展。在经典的 Pawlak 粗糙集理论[7]中，其核心基础是基于等价关系的已知概念粒化以及上下近似集对未知概念的逼近。其中，基于等价关系的已知概念粒化是知识表述的一种基本模型，它将知识表示为对论域的划分，即根据对象的不同属性将其划分为不同的子集，从而形成已知概念。对未知概念，需通过已知概念对其进行近似刻画。在粗糙集理论中，这个过程就是上下近似集对未知概念的逼近。Pawlak 粗糙集模型模拟了人类智能中的概念粒化能力和概念近似能力，而概念粒之间的代数包含关系是这种模拟的理论基础。然而，概念粒之间的代数包含关系导出的近似集在模拟人类智能的容错能力方面具有明显不足，人类智能对于概念的描述往往是模糊和不确定的，其对概念的认识具有很强的容错与纠错能力，这种能力难以用精确的代数包含关系进行刻画[8]。一种对 Pawlak 粗糙集模型的推广是利用论域的覆盖代替论域的划分而得到覆盖粗糙集[9,10]，在覆盖粗糙集理论中，根据相应的标准对论域进行分类时，可以得到论域上不同的覆盖，那么根据这些不同的覆盖，能否将论域中的某些对象大致地聚为一类，下面给出一种基于覆盖的模糊聚类方法[11]。

2.5.1 论域中对象的排序

定义 2-6 设非空有限集 U 是论域，$C=\{X \mid X\subseteq U\}$ 是 U 的子集族，如果对 $\forall X\in C$，$X\neq\phi$ 而且 $\cup C=U$，则称 C 是 U 的一个覆盖，并称 (U,C) 为覆盖近似空间。而且，对 $x\in U$，

$$Md(x)=\{K\in C \mid x\in K\wedge(\forall S\in C\wedge x\in S\wedge S\subseteq K\Rightarrow K=S)\}$$

称为元素 x 的最小描述。

定义 2-7 设 $A=(U,C)$ 为一个覆盖近似空间，对 $\forall x_i,x_j\in U$，x_i 与 x_j 间的覆盖度定义为

$$D_C(x_i,x_j)=\frac{|\sim(\cup Md(x_i))\cup(\cup Md(x_j))|}{|U|}。$$

定义 2-8 设论域 $U=\{x_1,x_2,\cdots,x_n\}$，$\Delta=\{C_1,C_2,\cdots,C_m\}$ 为论域 U 上的覆盖族，覆盖 $C_1,C_2,\cdots,C_m$ 的重要度分别记为 $\omega_1,\omega_2,\cdots,\omega_m$，对论域 U 中的对象 x_i，其在覆盖 $C_k(k=1,2,\cdots,m)$ 下的覆盖度记为 $D_{C_k}(x_i)$，则 x_i 的总体覆盖度定义为：

$$D(x_i)=\sum_{k=1}^{m}\frac{\omega_k}{\omega_1+\omega_2+\cdots+\omega_m}D_{C_k}(x_i)。$$

这样，便可以根据总体覆盖度的大小对论域中对象进行排序。

2.5.2 基于覆盖的模糊聚类方法的基本步骤

设论域 $U=\{x_1,x_2,\cdots,x_n\}$，$\Delta=\{C_1,C_2,\cdots,C_m\}$ 为论域 U 上的覆盖族，覆盖 $C_1,C_2,\cdots,C_m$ 的重要度分别记为 $\omega_1,\omega_2,\cdots,\omega_m$，则基于覆盖的模糊聚类方法的步骤如下：

（1）在覆盖 C_k 下，计算对象 x_i 与 x_j 间的覆盖度 $D_{C_k}(x_i,x_j)$，从而得到模糊矩阵 $M_k\ (k=1,2,\cdots,m;i=1,2,\cdots,n;j=1,2,\cdots,n)$。

（2）得到总体模糊矩阵 M：

$$M=\sum_{k=1}^{m}\frac{\omega_k}{\omega_1+\omega_2+\cdots+\omega_m}M_k。$$

（3）记上面（2）中的模糊矩阵 $M=(x_{ij})_{n\times n}$，注意到矩阵 M 并不是对称矩阵，即 $x_{ij}\neq x_{ji}$，

为此令 $d_{ij}=\frac{1}{2}(x_{ij}+x_{ji})$，便得到模糊相似矩阵 $R=(d_{ij})_{n\times n}$（R 具有自反性与对称性）。

（4）利用二次平方法求模糊相似矩阵 R 的传递闭包。

（5）设定阈值 λ，求 λ-截矩阵，根据 λ-截矩阵对论域中的对象进行分类。

例 2-10 设论域 $U=\{x_1,x_2,\cdots,x_8\}$，$\Delta=\{C_1,C_2,C_3\}$ 为 U 上三个不同的覆盖，而且：

$C_1=\{\{x_1,x_2,x_3\},\{x_2,x_3,x_4\},\{x_5,x_6\},\{x_6,x_7,x_8\}\}$，

$C_2=\{\{x_1,x_2\},\{x_3,x_4,x_7\},\{x_4,x_5,x_6,x_8\}\}$，

$C_3=\{\{x_1,x_2,x_3,x_4\},\{x_5,x_6,x_7\},\{x_6,x_7,x_8\}\}$，

可以计算覆盖 C_1,C_2,C_3 的重要度分别为 $w_1=\frac{1}{2},w_2=\frac{2}{3},w_3=0$（计算方法可参见文献[12]）。首先，在覆盖 C_1 下，由

$$Md(x_1)=\{x_1,x_2,x_3\},$$
$$Md(x_2)=\{\{x_1,x_2,x_3\},\{x_2,x_3,x_4\}\},$$
$$Md(x_3)=\{\{x_1,x_2,x_3\},\{x_2,x_3,x_4\}\},$$
$$Md(x_4)=\{x_2,x_3,x_4\},$$
$$Md(x_5)=\{x_5,x_6\},$$
$$Md(x_6)=\{\{x_5,x_6\},\{x_6,x_7,x_8\}\},$$
$$Md(x_7)=\{x_6,x_7,x_8\},$$
$$Md(x_8)=\{x_6,x_7,x_8\},$$

得到在覆盖 C_1 下的模糊矩阵为：

$$M_1=\begin{pmatrix}1&1&1&\frac{7}{8}&\frac{5}{8}&\frac{5}{8}&\frac{5}{8}&\frac{5}{8}\\ \frac{7}{8}&1&1&\frac{7}{8}&\frac{4}{8}&\frac{4}{8}&\frac{4}{8}&\frac{4}{8}\\ \frac{7}{8}&1&1&\frac{7}{8}&\frac{4}{8}&\frac{4}{8}&\frac{4}{8}&\frac{4}{8}\\ \frac{7}{8}&1&1&1&\frac{5}{8}&\frac{5}{8}&\frac{5}{8}&\frac{5}{8}\\ \frac{6}{8}&\frac{6}{8}&\frac{6}{8}&\frac{6}{8}&1&1&\frac{7}{8}&\frac{7}{8}\\ \frac{4}{8}&\frac{4}{8}&\frac{4}{8}&\frac{4}{8}&\frac{6}{8}&1&\frac{7}{8}&\frac{7}{8}\\ \frac{5}{8}&\frac{5}{8}&\frac{5}{8}&\frac{5}{8}&\frac{6}{8}&1&1&1\\ \frac{5}{8}&\frac{5}{8}&\frac{5}{8}&\frac{5}{8}&\frac{6}{8}&1&1&1\end{pmatrix}。$$

类似地，在覆盖 C_2 下，由

$$Md(x_1)=\{x_1,x_2\},$$
$$Md(x_2)=\{x_1,x_2\},$$

$$Md(x_3)=\{x_3,x_4,x_7\},$$
$$Md(x_4)=\{\{x_3,x_4,x_7\},\{x_4,x_5,x_6,x_8\}\},$$
$$Md(x_5)=\{x_4,x_5,x_6,x_8\},$$
$$Md(x_6)=\{x_4,x_5,x_6,x_8\},$$
$$Md(x_7)=\{x_3,x_4,x_7\},$$
$$Md(x_8)=\{x_4,x_5,x_6,x_8\},$$

得到在覆盖 C_2 下的模糊矩阵：

$$M_2=\begin{pmatrix}1 & 1 & \frac{6}{8} & \frac{6}{8} & \frac{6}{8} & \frac{6}{8} & \frac{6}{8} & \frac{6}{8}\\ 1 & 1 & \frac{6}{8} & \frac{6}{8} & \frac{6}{8} & \frac{6}{8} & \frac{6}{8} & \frac{6}{8}\\ \frac{5}{8} & \frac{5}{8} & 1 & 1 & \frac{6}{8} & \frac{6}{8} & 1 & \frac{6}{8}\\ \frac{2}{8} & \frac{2}{8} & \frac{5}{8} & 1 & \frac{6}{8} & \frac{6}{8} & \frac{5}{8} & \frac{6}{8}\\ \frac{4}{8} & \frac{4}{8} & \frac{5}{8} & 1 & 1 & 1 & \frac{5}{8} & 1\\ \frac{4}{8} & \frac{4}{8} & \frac{5}{8} & 1 & 1 & 1 & \frac{5}{8} & 1\\ \frac{5}{8} & \frac{5}{8} & 1 & 1 & \frac{6}{8} & \frac{6}{8} & 1 & \frac{6}{8}\\ \frac{4}{8} & \frac{4}{8} & \frac{5}{8} & 1 & 1 & 1 & \frac{5}{8} & 1\end{pmatrix}。$$

从而得到覆盖族 Δ 下的总体模糊矩阵：

$$M=\begin{pmatrix}1.0000 & 1.0000 & 0.8333 & 0.7917 & 0.7083 & 0.7083 & 0.7083 & 0.7083\\ 0.9583 & 1.0000 & 0.8333 & 0.7917 & 0.6667 & 0.6667 & 0.6667 & 0.6667\\ 0.7083 & 0.7500 & 1.0000 & 0.9583 & 0.6667 & 0.6667 & 0.8333 & 0.6667\\ 0.4583 & 0.5000 & 0.7500 & 1.0000 & 0.7083 & 0.7083 & 0.6250 & 0.7083\\ 0.5833 & 0.5833 & 0.6667 & 0.9167 & 1.0000 & 1.0000 & 0.7083 & 0.9583\\ 0.5000 & 0.5000 & 0.5833 & 0.8333 & 0.9167 & 1.0000 & 0.7083 & 0.9583\\ 0.6250 & 0.6250 & 0.8750 & 0.8750 & 0.7500 & 0.8333 & 1.0000 & 0.8333\\ 0.5417 & 0.5417 & 0.6250 & 0.8750 & 0.9167 & 1.0000 & 0.7500 & 1.0000\end{pmatrix}。$$

总体模糊矩阵 $M=(x_{ij})_{8\times8}$，令 $d_{ij}=\frac{1}{2}(x_{ij}+x_{ji})$，则 $R=(d_{ij})_{8\times8}$ 为模糊相似矩阵，且

$$R=\begin{pmatrix} 1.0000 & 0.9791 & 0.7916 & 0.7708 & 0.6875 & 0.6666 & 0.7708 & 0.6666 \\ 0.9791 & 1.0000 & 0.7916 & 0.7916 & 0.6875 & 0.6666 & 0.7916 & 0.6666 \\ 0.7916 & 0.7916 & 1.0000 & 0.8541 & 0.7500 & 0.7916 & 0.8541 & 0.7916 \\ 0.7708 & 0.7916 & 0.8541 & 1.0000 & 0.8125 & 0.8125 & 0.8125 & 0.8125 \\ 0.6875 & 0.6875 & 0.7500 & 0.8125 & 1.0000 & 0.9584 & 0.7916 & 0.9375 \\ 0.6666 & 0.6666 & 0.7916 & 0.8125 & 0.9584 & 1.0000 & 0.7916 & 0.9791 \\ 0.7708 & 0.7916 & 0.8541 & 0.8125 & 0.7916 & 0.7916 & 1.0000 & 0.7916 \\ 0.6666 & 0.6666 & 0.7916 & 0.8125 & 0.9375 & 0.9791 & 0.7916 & 1.0000 \end{pmatrix}。$$

利用二次平方法求得模糊相似矩阵 R 的传递闭包如下：

$$t(R)=\begin{pmatrix} 1.0000 & 0.9791 & 0.7916 & 0.7916 & 0.7916 & 0.7916 & 0.7916 & 0.7916 \\ 0.9791 & 1.0000 & 0.7916 & 0.7916 & 0.7916 & 0.7916 & 0.7916 & 0.7916 \\ 0.7916 & 0.7916 & 1.0000 & 0.8541 & 0.8125 & 0.8125 & 0.8541 & 0.8125 \\ 0.7916 & 0.7916 & 0.8541 & 1.0000 & 0.8125 & 0.8125 & 0.8541 & 0.8125 \\ 0.7916 & 0.7916 & 0.8125 & 0.8125 & 1.0000 & 0.9584 & 0.8125 & 0.9584 \\ 0.7916 & 0.7916 & 0.8125 & 0.8125 & 0.9584 & 1.0000 & 0.8125 & 0.9791 \\ 0.7916 & 0.7916 & 0.8541 & 0.8541 & 0.8125 & 0.8125 & 1.0000 & 0.8125 \\ 0.7916 & 0.7916 & 0.8125 & 0.8125 & 0.9584 & 0.9791 & 0.8125 & 1.0000 \end{pmatrix}。$$

若取 $\lambda=0.9584$，则得到 $t(R)$ 的 λ-截矩阵为：

$$t(R)_\lambda=\begin{pmatrix} 1 & 1 & 0 & 0 & 0 & 0 & 0 & 0 \\ 1 & 1 & 0 & 0 & 0 & 0 & 0 & 0 \\ 0 & 0 & 1 & 0 & 0 & 0 & 0 & 0 \\ 0 & 0 & 0 & 1 & 0 & 0 & 0 & 0 \\ 0 & 0 & 0 & 0 & 1 & 1 & 0 & 1 \\ 0 & 0 & 0 & 0 & 1 & 1 & 0 & 1 \\ 0 & 0 & 0 & 0 & 0 & 0 & 1 & 0 \\ 0 & 0 & 0 & 0 & 1 & 1 & 0 & 1 \end{pmatrix},$$

从而得到聚类结果为：$\{x_1,x_2\},\{x_3\},\{x_4\},\{x_5,x_6,x_8\},\{x_7\}$。

参考文献

[1] 梁保松，曹殿立. 模糊数学及其应用[M]. 北京:科学出版社, 2007.

[2] 谢季坚，刘承平. 模糊数学方法及其应用[M].3 版. 武汉:华中科技大学出版社, 2005.

[3] 刘兴久，许景刚，汪树明. 模糊聚类分析在土壤分类中的应用[J]. 东北农学院学报, 1988, 19(2): 119-126.

[4] 周宝焜. 模糊聚类在农村能源区划中的应用[J]. 福建农学院学报，1990，19(4): 143-498.

[5] 陈昌毓. 甘肃省林业气候区划[J]. 甘肃气象, 1993, 11(1): 17-20.

[6] 张文岚, 郑昭佩, 张延安. 山东省各地市环境污染情况的模糊聚类分析[J]. 科技经济市场, 2009(11): 25-27.

[7] Pawlak Z. Rough sets[J]. Int. J. Comput. Inf. Sci., 1982 (11): 314-356.

[8] Yao Y Y. Probabilistic approaches to rough sets[J]. Expert Systems, 2003(20): 287-297.

[9] Shi Z H, Gong Z T. The further investigation of covering-based rough sets: Uncertainty characterization, similarity measure and generalized models[J]. Information Sciences, 2010(180): 3745-3763.

[10] Zhu W, Wang F Y. Reduction and axiomization of covering generalized rough sets[J]. Information Sciences, 2003(152): 217-230.

[11] Shi Z H. A novel fuzzy clustering approach induced by covering[J]. Int. J. Pure and Applied Mathematics, 2011(70): 15-23.

[12] Shi Z H, Gong Z T. Knowledge Reduction and Knowledge Significance Measure Based on Covering Rough Sets[J]. Int. J. Pure and Applied Mathematics, 2008(48): 1-9.

第 3 章　生态学中的模糊综合评价方法

综合评价的目的是希望能对若干对象按一定意义进行排序，从中挑选出最优和最劣对象，这也称为决策过程。模糊综合评价法是一种基于模糊数学的综合评标方法，该综合评价法根据模糊数学的隶属度理论把定性评价转化为定量评价，即用模糊数学对受到多种因素制约的事物或对象做出一个总体的评价。模糊综合评价是对受多种因素影响的事物做出全面评价的一种十分有效的多因素决策方法，其特点是评价结果不是绝对的肯定或否定，而是以一个模糊集合来表示。模糊评价法不仅可对评价对象按综合分值的大小进行评价和排序，而且还可根据模糊评价集上的值按最大隶属原则去评定对象所属的等级。这就克服了传统数学方法结果单一性的缺陷，结果包含的信息量丰富。这种方法简易可行，在一些用传统观点看来无法进行数量分析的问题上，显示了它的应用前景，它很好地解决了判断的模糊性和不确定性问题。它具有结果清晰、系统性强的特点，能较好地解决模糊的、难以量化的问题，适合各种非确定性问题的解决。模糊综合评价法可应用于农业经营决策、科研项目评选、企业部门的考评及质量评价、企业经营业绩评价以及教学质量评价等。

3.1　模糊综合评价模型

模糊综合评价的数学模型可分为一级模型和多级模型。

3.1.1　一级模型

建立一级模型的基本步骤如下：

(1)确定影响评价对象的因素，构成集合 F，称为因素集，记 $F=\{f_1,f_2,\cdots,f_n\}$。如评价一件衣服时，可取 $F=${花色，价格，款式，耐穿程度，…}。

(2)建立评价集 $C=\{c_1,c_2,\cdots,c_m\}$，它是由 m 个评价结果所构成的集合。如评价一件衣服时，可设评价集为 $C=${很好，较好，一般，不好}。

(3)对各因素分配权重，构成权重向量 $A=\{a_1,a_2,\cdots,a_n\}$ $(\sum_{i=1}^{n} a_i=1)$。

(4)确定单因素模糊评价向量，形成模糊评价矩阵 R。如果对第 i 个因素 f_i 的模糊评价记为 $R_i=\{r_{i1},r_{i2},\cdots,r_{im}\}$ $(i=1,2,\cdots,n)$，于是便构成模糊评价矩阵

$$R=\begin{pmatrix} r_{11} & r_{12} & \cdots & r_{1m} \\ r_{21} & r_{22} & \cdots & r_{2m} \\ \cdots & \cdots & \cdots & \cdots \\ r_{n1} & r_{n2} & \cdots & r_{nm} \end{pmatrix}。$$

(5)综合评价。对评价对象的模糊综合评价为

$$\boldsymbol{B}=A\circ R=(a_1,a_2,\cdots,a_n)\circ\begin{pmatrix} r_{11} & r_{12} & \cdots & r_{1m} \\ r_{21} & r_{22} & \cdots & r_{2m} \\ \cdots & \cdots & \cdots & \cdots \\ r_{n1} & r_{n2} & \cdots & r_{nm} \end{pmatrix}=(b_1,b_2,\cdots,b_n),$$

其中 $b_j=\overset{n}{\underset{i=1}{\vee}}(a_i\wedge r_{ij})$ [模型 $M(\wedge,\vee)$]。

$\boldsymbol{B}$ 是一个模糊向量，因而它是模糊评价的结果，如果评价结果中 $\sum_{j=1}^{m}b_j\neq 1$，可将它归一化。最后，根据最大隶属度原则确定评价结果，即如果 $\boldsymbol{B}=(b_1,b_2,\cdots,b_m)$ 中 b_j 最大，则 b_j 对应的评价集中的元素便为综合评价的结果。

注 3-1 在模糊综合评价中，用模型 $M(\wedge,\vee)$ 计算 $\boldsymbol{B}=A\circ R$，算子 $(\wedge,\vee)$ 虽然有很好的代数性质，但也存在缺陷。当需要考虑的因素很多，又要求 $\sum_{i=1}^{n}a_i=1$ 时，将导致每个因素所分得的权重 a_i 很小，以至于 $a_i\leqslant r_{ij}$。由于 $b_j=\overset{n}{\underset{i=1}{\vee}}(a_i\wedge r_{ij})$，于是丢掉了 $R=(r_{ij})$ 的许多信息，即人们对每个因素 f_i 所做的评价信息未得到充分利用。因此，有时出现评价结果不易分辨的情况（见例 3-1）。

例 3-1 某种产品的质量由 9 个指标确定，产品级别分为 4 个等级。对各因素进行评价得到模糊评价矩阵为

$$R=\begin{pmatrix} 0.36 & 0.24 & 0.13 & 0.27 \\ 0.20 & 0.32 & 0.25 & 0.23 \\ 0.40 & 0.22 & 0.26 & 0.12 \\ 0.30 & 0.28 & 0.24 & 0.18 \\ 0.26 & 0.36 & 0.12 & 0.20 \\ 0.22 & 0.42 & 0.16 & 0.10 \\ 0.38 & 0.24 & 0.08 & 0.20 \\ 0.34 & 0.25 & 0.030 & 0.11 \\ 0.24 & 0.28 & 0.30 & 0.18 \end{pmatrix}。$$

设权重向量为 $\boldsymbol{A}=(0.1,0.12,0.07,0.07,0.16,0.1,0.1,0.1,0.18)$，用模型 $M(\wedge,\vee)$ 计算，得

$$B=A\circ R=(0.18,0.18,0.18,0.18)。$$

结果无法分辨出产品的等级，这表明模型 $M(\wedge,\vee)$ 有缺陷，需要改进。

注 3-2 模型 $M(\wedge,\vee)$ 的改进模型有：

(1) $M(\bullet,\vee)$ 模型：$b_j=\overset{n}{\underset{i=1}{\vee}}(a_i \bullet r_{ij})$。与模型 $M(\wedge,\vee)$ 较接近，区别在于用 $a_i \bullet r_{ij}$ 代替了 $M(\wedge,\vee)$ 中的 $a_i \wedge r_{ij}$。在模型 $M(\bullet,\vee)$ 中，对 r_{ij} 乘以小于 1 的权重 a_i，表明 a_i 是在考虑多因素时 r_{ij} 的修正值与主要因素有关，忽略了次要因素。

(2) $M(\wedge,+)$ 模型：$b_j=\sum_{i=1}^{n}(a_i \wedge r_{ij})$。$M(\bullet,\vee)$ 模型与 $M(\wedge,+)$ 模型均为主因素突出型。

(3) $M(\bullet,+)$ 模型：$b_j=\sum_{i=1}^{n}(a_i \bullet r_{ij})$。$M(\bullet,+)$ 为加权平均模型，对所有因素依权重大小均衡兼顾，适用于考虑各因素起作用的情形。

例 3-2 课堂教学质量综合评价模型[1]。

随着高等教育改革的推进，对教师课堂教学质量的评价也在广泛开展，教学质量评价是教学活动中一项很重要的工作，建立比较合理的教师教学质量评价模型，客观而科学地评价教师的教学质量对规范教学管理、深化教学改革和提高教学质量会起到积极的推动作用。首先建立评价因素及权重，见表 3-1：

表 3-1　评价因素及权重

纪律	f_1	不迟到早退	0.07
	f_2	上课不打手机	0.03
	f_3	不减少课时	0.05
态度	f_4	严谨治学	0.10
	f_5	上课及时考勤	0.05
	f_6	备课认真	0.10
内容	f_7	联系实际	0.10
	f_8	讲解清楚	0.10
	f_9	论证严密	0.10
效果	f_{10}	课堂气氛	0.10
	f_{11}	激发兴趣	0.04
基本功	f_{12}	为人师表	0.05
	f_{13}	板书整齐	0.05
	f_{14}	语调生动	0.06

因素集 $F=\{f_1,f_2,\cdots,f_{14}\}$，对应的权重向量为

$$\boldsymbol{A}=(0.07,0.03,0.05,0.10,0.05,0.10,0.10,0.10,0.10,0.10,0.04,0.05,0.05,0.06)。$$

其次，确定评价集 C={优秀，良好，一般，合格，不合格}。

然后，对各因素进行评价。假设由教学专家、教师授课班级学生、教学管理人员组成 50 人的评价小组，该评价小组对某一位老师的教学质量进行评价，结果见表 3-2：

表 3-2 评价结果

评价因素	优秀的人数	良好的人数	一般的人数	合格的人数	不合格的人数
f_1	20	25	5	0	0
f_2	10	10	20	10	0
f_3	10	10	10	20	0
f_4	0	20	10	10	10
f_5	0	10	10	20	10
f_6	10	20	10	10	0
f_7	10	10	10	20	0
f_8	5	20	10	10	5
f_9	10	20	10	5	5
f_{10}	10	15	15	5	5
f_{11}	15	15	15	5	0
f_{12}	20	20	10	0	0
f_{13}	25	20	5	0	0
f_{14}	20	25	5	0	0

整理表 3-2 中的数据，可得模糊评价矩阵：

$$R=\begin{pmatrix} 0.4 & 0.5 & 0.1 & 0 & 0 \\ 0.2 & 0.2 & 0.4 & 0.2 & 0 \\ 0.2 & 0.2 & 0.2 & 0.4 & 0 \\ 0 & 0.4 & 0.2 & 0.2 & 0.2 \\ 0 & 0.2 & 0.2 & 0.4 & 0.2 \\ 0.2 & 0.4 & 0.2 & 0.2 & 0 \\ 0.2 & 0.2 & 0.2 & 0.4 & 0 \\ 0.1 & 0.4 & 0.2 & 0.2 & 0.1 \\ 0.2 & 0.4 & 0.2 & 0.1 & 0.1 \\ 0.2 & 0.3 & 0.3 & 0.1 & 0.1 \\ 0.3 & 0.3 & 0.3 & 0.1 & 0 \\ 0.4 & 0.4 & 0.2 & 0 & 0 \\ 0.5 & 0.4 & 0.1 & 0 & 0 \\ 0.4 & 0.5 & 0.1 & 0 & 0 \end{pmatrix}。$$

最后，利用模型 $M(\bullet,+)$，得模糊综合评价向量：

$$\boldsymbol{B}=A\circ R=(0.215,0.353,0.202,0.17,0.06)。$$

在评价向量 $\boldsymbol{B}$ 中，0.353 最大，从而认为该教师的教学质量评价结果为“良好”。

为了使评价结果和习惯上的打分制结果相一致，我们也可以进一步数量化评价集为 $C=\{95,85,75,65,55\}$（85～95 为“优秀”，75～85 为“良好”，65～75 为“一般”，55～65 为“合格”，55 以下为“不合格”），则该位教师的评价得分为

$$B\cdot C^T=79.93,$$

评价得分为 75～85，故仍认为该教师的教学质量评价结果为“良好”。利用这种办法，对评价结果均为“良好”的两位教师，数量化评价结果后可以做进一步的比较。

3.1.2　多级模型

有些情况下，由于考虑的元素太多，而权重难以细分，或因各权重太小，使得评价失去实际意义，为此可根据因素集中各指标的相互关系，把因素集按不同属性分类，先在每一类中进行评价，然后再对评价结果进行类之间的高层次评价。对于多级模型，虽然级数有多少之分，但求解方法是一致的，下面仅以二级为例介绍多级模型的基本步骤：

(1)将因素集进行分解。设因素集 $F=\{f_1,f_2,\cdots,f_n\}$，评价集 $C=\{c_1,c_2,\cdots,c_m\}$，先根据 F 中因素的属性将 F 分解为 k 组，$F=\{F_1,F_2,\cdots,F_k\}$，使得

$$F=\bigcup_{i=1}^{k}F_i,\quad F_i\cap F_j=\phi(i\neq j)。$$

(2)利用一级模型分别进行一级综合评价。对每个 F_i，按上述一级模型进行模糊综合评价得

$$B_i=A_i\circ R_i(i=1,2,\cdots,k),$$

其中 A_i 是 F_i 上的权重向量，R_i 是对 F_i 的单因素模糊评价矩阵，B_i 是 F_i 的一级评价结果。

(3)多级综合评价。将上面得到的单因素评价结果构成一个 $k\times m$ 阶模糊评价矩阵

$$R=\begin{pmatrix}R_1\\R_2\\\vdots\\R_k\end{pmatrix},$$

并设 $F_1,F_2,\cdots,F_k$ 的权重构成权重向量 $\boldsymbol{A}=\{a_1,a_2,\cdots,a_k\}$，则得到 F 的二级模糊综合评价结果为

$$\boldsymbol{B}=A\circ R。$$

例 3-3　商业银行经营风险的模糊综合评价[2]。

我国商业银行现阶段面临的主要风险有信用风险、流动性风险、贷款集中风险、投资风险及表外业务风险等。

选定因素集 $F=\{F_1,F_2,F_3,F_4\}$，其中 $F_1=\{f_{11},f_{12}\}$，$F_2=\{f_{21},f_{22},f_{23},f_{24},f_{25},f_{26}\}$，$F_3=\{f_{31},f_{32}\}$，$F_4=\{f_{41},f_{42},f_{43}\}$。这里，$f_{11}$ 为资本充足率；f_{12} 为核心资本充足率；f_{21} 为活期存款比例；f_{22} 为居民储蓄存款比例；f_{23} 为中长期贷款比例；f_{24} 为长期投资比例；f_{25} 为贷款与存款比例；f_{26} 为流动性比例；f_{31} 为最大客户贷款比例；f_{32} 为十大客户贷款比例；

f_{41} 为金融债券投资比例；f_{42} 为企业债券投资比例；f_{43} 为投资占总资产比例。

此外，由于因素集与子因素集中各因素的重要性不同，因而需要给各因素与子因素赋予不同的权重，这些权重参考了《中国金融风险的定量检测评价系统研究》中的研究成果：

与 F 对应的权重向量为：$A=(0.55,0.25,0.10,0.10)$；

与 F_1 对应的权重向量为：$A_1=(0.50,0.50)$；

与 F_2 对应的权重向量为：$A_2=(0.15,0.15,0.30,0.20,0.10,0.10)$；

与 F_3 对应的权重向量为：$A_3=(0.60,0.40)$；

与 F_4 对应的权重向量为：$A_4=(0.25,0.45,0.30)$。

同时，银行风险的评价集确定为 $C=\{$低，较低，较高，高$\}$。

在确定了各因素与子因素的权重以及评价集后，就可以对某商业银行的风险状况做出模糊综合评价了。在对某一银行的经营情况、公开财务报表等进行分析的基础上，经专家讨论后，打分的结果如下：

与 F_1 对应的模糊评价矩阵

$$R_1=\begin{pmatrix} 0.2 & 0.4 & 0.3 & 0.1 \\ 0.35 & 0.4 & 0.2 & 0.05 \end{pmatrix},$$

与 F_2 对应的模糊评价矩阵

$$R_2=\begin{pmatrix} 0.1 & 0.1 & 0.5 & 0.3 \\ 0.1 & 0.15 & 0.4 & 0.35 \\ 0.2 & 0.4 & 0.25 & 0.15 \\ 0.15 & 0.4 & 0.35 & 0.1 \\ 0.5 & 0.4 & 0.1 & 0 \\ 0.3 & 0.4 & 0.2 & 0.1 \end{pmatrix},$$

与 F_3 对应的模糊评价矩阵

$$R_3=\begin{pmatrix} 0.1 & 0.15 & 0.5 & 0.25 \\ 0.15 & 0.2 & 0.45 & 0.2 \end{pmatrix},$$

与 F_4 对应的模糊评价矩阵

$$R_4=\begin{pmatrix} 0.2 & 0.3 & 0.3 & 0.2 \\ 0.15 & 0.35 & 0.3 & 0.2 \\ 0.2 & 0.2 & 0.35 & 0.15 \end{pmatrix},$$

从而得到

$$B_1=A_1\circ R_1=(0.5,0.5)\circ\begin{pmatrix} 0.2 & 0.4 & 0.3 & 0.1 \\ 0.35 & 0.4 & 0.2 & 0.05 \end{pmatrix}=(0.35,0.4,0.3,0.1);$$

$$B_2 = A_2 \circ R_2 = (0.15,0.15,0.3,0.2,0.1,0.1) \circ \begin{pmatrix} 0.1 & 0.1 & 0.5 & 0.3 \\ 0.1 & 0.15 & 0.4 & 0.35 \\ 0.2 & 0.4 & 0.25 & 0.15 \\ 0.15 & 0.4 & 0.35 & 0.1 \\ 0.5 & 0.4 & 0.1 & 0 \\ 0.3 & 0.4 & 0.2 & 0.1 \end{pmatrix} = (0.2,0.3,0.25,0.15);$$

$$B_3 = A_3 \circ R_3 = (0.6,0.4) \circ \begin{pmatrix} 0.1 & 0.15 & 0.5 & 0.25 \\ 0.15 & 0.2 & 0.45 & 0.2 \end{pmatrix} = (0.15,0.2,0.5,0.25);$$

$$B_4 = A_4 \circ R_4 = A_4 \circ \begin{pmatrix} 0.2 & 0.3 & 0.3 & 0.2 \\ 0.15 & 0.35 & 0.3 & 0.2 \\ 0.2 & 0.2 & 0.35 & 0.15 \end{pmatrix} = (0.2,0.35,0.3,0.2)。$$

于是

$$B = A \circ R = (0.55,0.25,0.1,0.1) \circ \begin{pmatrix} 0.35 & 0.4 & 0.3 & 0.1 \\ 0.2 & 0.3 & 0.25 & 0.15 \\ 0.15 & 0.2 & 0.5 & 0.25 \\ 0.2 & 0.35 & 0.3 & 0.2 \end{pmatrix} = (0.35,0.4,0.3,0.15)。$$

为了使结果更为规范，进行归一化处理，即 B 中每个分量除以这些分量之和，有：

$$B^* = (\frac{0.35}{1.2},\frac{0.4}{1.2},\frac{0.3}{1.2},\frac{0.15}{1.2}) = (0.292,0.333,0.250,0.125)。$$

从上面的结果可以看出，该商业银行风险程度为“低”、“较低”、“较高”和“高”的程度依次为 0.292、0.333、0.25、0.125。根据最大隶属度原则，该商业银行的经营风险综合评价应为“较低”。

3.2　模糊综合评价方法在农林科学中的应用

以下通过具体实例说明模糊综合评价方法在农林科学中的应用。

例 3-4 模糊综合评价在农业经营决策中的应用[3]。

在农业生产过程中，实现同一目标往往有很多方案，通过对多种方案进行评价，对比选择，最后做出正确的决策，是农业经营管理中的一个重要研究课题。由于在农业管理工作中，有不少资料蕴藏的信息呈现模糊性，如农产品质量的好坏，对生态平衡影响程度等。当对这种资料进行分析评价时，需要采用模糊综合评价。

某产粮区进行制作制度改革，制定了甲（三种三收）、乙（两茬平作）、丙（二年三熟）3 个方案，主要评价指标有粮食亩产量、农产品质量、每亩用工量、每亩纯收入、对生态平衡影响程度。根据当地实际情况，确定这 5 个因素的权重分别为 0.2、0.1、0.15、0.3、0.25，其评价等级见表 3-3：

表 3-3 评价等级

分数	亩产量 /kg	产品质量 /级	亩用工量 /（工/日）	亩纯收入 /元	对生态平衡影响程度/级
5	550～600	1	20 以下	130 以上	1
4	500～550	2	20～30	110～130	2
3	450～500	3	30～40	90～110	3
2	400～450	4	40～50	70～90	4
1	350～400	5	50～60	50～70	5
0	350 以下	6	60 以上	50 以下	6

经过试验，甲、乙、丙 3 种不同方案的 5 项指标如下（见表 3-4）：

表 3-4 试验结果

	甲	乙	丙
亩产量/kg	592.5	529.0	412.0
产品质量/级	3	2	1
亩用工量/（工/日）	55	38	32
亩纯收入/元	72	105	85
对生态平衡影响程度/级	5	3	2

下面评价最终应该选择哪个方案。

对最终方案的选择，利用模糊综合评价方法进行如下决策：

（1）设因数集为 $F=\{f_1,f_2,f_3,f_4,f_5\}$，其中 f_1 为亩产量，f_2 为产品质量，f_3 为亩用工量，f_4 为亩纯收入，f_5 为对生态平衡影响程度。其权重向量为

$$A=(0.2,0.1,0.15,0.3,0.25)。$$

（2）确定评价集 $C=\{c_1,c_2,c_3\}$，其中 c_1 为甲方案，c_2 为乙方案，c_3 为丙方案。

（3）建立模糊评价矩阵。因素与方案之间的关系先通过建立隶属函数，再确定隶属度。

由表 3-3 可以看出，各因素的对应关系比较明显，在区间上为线性函数，因而可建立各指标的隶属函数如下：

亩产量的隶属函数为

$$R_1(x)=\begin{cases}0, & x\leqslant 350,\\ \dfrac{x-350}{600-350}, & 350<x<600,\\ 1, & x\geqslant 600;\end{cases}$$

产品质量的隶属函数为

$$R_2(x)=\begin{cases}1, & x\leqslant 1,\\ \dfrac{6-x}{6-1}, & 1<x<6,\\ 0, & x\geqslant 6;\end{cases}$$

亩用工量的隶属函数为

$$R_3(x)=\begin{cases}1, & x\leqslant 20,\\ \dfrac{60-x}{60-20}, & 20<x<60,\\ 0, & x\geqslant 60;\end{cases}$$

亩纯收入的隶属函数为

$$R_4(x)=\begin{cases}0, & x\leqslant 50,\\ \dfrac{x-50}{130-50}, & 50<x<130,\\ 1, & x\geqslant 130;\end{cases}$$

对生态平衡影响程度的隶属函数为

$$R_5(x)=\begin{cases}1, & x\leqslant 1,\\ \dfrac{6-x}{6-1}, & 1<x<6,\\ 0, & x\geqslant 6。\end{cases}$$

现将各方案的数据（表 3-4）代入上面的隶属函数公式，计算相应的隶属度。

对甲方案，计算各隶属度如下：

亩产量为 592.5 kg，则隶属度

$$r_{11}=R_1(592.5)=\frac{592.5-350}{600-350}=0.97,$$

产品质量为 3 级，则

$$r_{21}=R_2(3)=\frac{6-3}{6-1}=0.6,$$

亩用工量为 55 工/日，则

$$r_{31}=R_3(55)=\frac{60-55}{60-20}=0.125,$$

亩纯收入为 72 元，则

$$r_{41}=R_4(72)=\frac{72-50}{130-50}=0.275,$$

对生态平衡影响程度为 5 级，则

$$r_{51}=R_5(5)=\frac{6-5}{6-1}=0.2。$$

对乙方案，计算各隶属度如下：

亩产量为 529 kg，隶属度为

$$r_{12}=R_1(529)=\frac{529-350}{600-350}=0.716\text{，}$$

产品质量为 2 级，则

$$r_{22}=R_2(2)=\frac{6-2}{6-1}=0.8\text{，}$$

亩用工量为 38 工/日，则

$$r_{32}=R_3(38)=\frac{60-38}{60-20}=0.55\text{，}$$

亩纯收入为 105 元，则

$$r_{42}=R_4(105)=\frac{105-50}{130-50}=0.6875\text{，}$$

对生态平衡影响程度为 3 级，则

$$r_{52}=R_5(3)=\frac{6-3}{6-1}=0.6\text{。}$$

对丙方案，计算各隶属度如下：

亩产量为 412 kg，隶属度为

$$r_{13}=R_1(412)=\frac{412-350}{600-350}=0.248\text{，}$$

产品质量为 1 级，则

$$r_{23}=R_2(1)=\frac{6-1}{6-1}=1\text{，}$$

亩用工量为 32 工/日，则

$$r_{33}-R_3(32)=\frac{60-32}{60-20}=0.7\text{，}$$

亩纯收入为 85 元，则

$$r_{43}=R_4(85)=\frac{85-50}{130-50}=0.4375\text{，}$$

对生态平衡影响程度为 2 级，则

$$r_{53}=R_5(2)=\frac{6-2}{6-1}=0.8\text{。}$$

从而得到模糊评价矩阵

$$R=\begin{pmatrix}0.97 & 0.716 & 0.248\\ 0.6 & 0.8 & 1\\ 0.125 & 0.55 & 0.7\\ 0.275 & 0.6875 & 0.4375\\ 0.2 & 0.6 & 0.8\end{pmatrix}\text{。}$$

（4）综合评价：用模型 $M(\cdot,+)$计算得

$$B=A\cdot R=(0.405,0.662,0.586)\text{，}$$

进行归一化处理，得 $B^*=(0.245,0.400,0.355)$。

根据最大隶属度原则知，乙方案最优，丙方案次之，甲方案最差。从而做出决策：选择乙方案。

例 3-5 蔬菜品质的模糊综合评价[4]。

由于蔬菜的品质受诸多因素的影响，各因素所处的层次不同，所以选择多层次模型进行评价。下面以大白菜为例。影响大白菜品质的因素很多，根据研究需要，选择了化学成分（包括碳水化合物中的水分、折光糖、还原性糖、可溶性糖、蔗糖、粗纤维，以及可滴定酸度、还原型 Vc、可溶性固形物）、生物学特性（包括叶色、帮叶比、整齐度）及味道总共 13 个因素。

(1)首先将 13 个因素 $F=\{f_1,f_2,\cdots,f_{13}\}$ 分为 3 组，即因素集 $F=\{F_1,F_2,F_3\}$，在第一层次中，F_1 为化学成分；F_2 为生物学特性；F_3 为味道。且设因素集的权重向量为 $A=\{0.4,0.25,0.35\}$。

第二层次为：$F_1=\{F_{11},F_{12},F_{13},F_{14}\}$。其中，$F_{11}$ 为碳水化合物；F_{12} 为可滴定酸度；F_{13} 为还原型 Vc；F_{14} 为可溶性固形物。设 F_1 对应权重向量为 $A_1=(0.35,0.1,0.35,0.2)$。

$F_2=\{f_{10},f_{11},f_{12}\}$。其中，$f_{10}$ 为叶色；f_{11} 为帮叶比；f_{12} 为整齐度。设 F_2 对应权重向量为 $A_2=(0.4,0.3,0.3)$。

$F_3=\{f_{13}\}$，这里 f_{13} 为味道，其权重由专家打分给出。

第三层次为：$F_{11}=\{f_1,f_2,\cdots,f_6\}$。其中，$f_1$ 为水分；f_2 为折光糖；f_3 为还原性糖；f_4 为可溶性糖；f_5 为蔗糖；f_6 为粗纤维。且设其权重向量为 $A_{11}=(\frac{1}{6},\frac{1}{6},\frac{1}{6},\frac{1}{6},\frac{1}{6},\frac{1}{6})$。

(2)设评价集 $C=\{c_1,c_2,\cdots,c_8\}$ 为 8 个不同品种的大白菜。

(3)对 $F_i\ (i=1,2,3)$ 中的每个元素进行单因素评价，这里是用建立隶属函数的方法。

①水分(f_1)和叶色(f_{10})的隶属函数指派为柯西分布：

$$\mu(x)=\frac{1}{1+\alpha(x-s)^{\beta}}\quad(\alpha>0,\beta\text{ 为正偶数});$$

②粗纤维(f_6)和帮叶比(f_{11})的隶属函数指派为降半柯西分布：

$$\mu(x)=\begin{cases}1, & x\leqslant s\\ \dfrac{1}{1+\alpha(x-s)^{\beta}}, & x>s\end{cases}\quad(\alpha>0,\beta>0);$$

③其他因素的隶属函数均指派为升半柯西分布：

$$\mu(x)=\begin{cases}1, & x\leqslant s\\ \dfrac{1}{1+\alpha(x-s)^{-\beta}}, & x>s\end{cases}\quad(\alpha>0,\beta>0)。$$

实验数据见表 3-5：

表 3-5　实验数据

因素	品种							
	c_1	c_2	c_3	c_4	c_5	c_6	c_7	c_8
水分	93.01	93.59	93.56	93.37	93.67	93.90	93.90	93.09
折光糖	5.75	5.00	5.80	5.25	4.60	4.60	6.00	5.25
还原性糖	2.81	2.68	3.11	2.81	2.50	2.48	3.20	2.93
可溶性糖	2.81	2.68	3.11	2.81	2.50	2.48	3.20	2.93
蔗糖	0.23	0.15	0.17	0.20	0.07	0.15	0.23	0.21
粗纤维	0.48	0.48	0.49	0.46	0.49	0.54	0.52	0.55
可滴定酸度	0.21	0.22	0.21	0.22	0.22	0.22	0.22	0.22
还原型 Vc	15.92	16.32	19.37	19.50	18.04	16.65	18.57	20.82
可溶性固形物	5.64	4.64	5.43	4.96	4.54	4.54	5.54	4.78
叶色	73.3	80.0	71.1	48.9	68.9	68.9	33.2	71.1
帮叶比	1.10	1.02	0.98	1.10	0.94	0.84	1.06	0.99
整齐度	91.4	90.8	92.8	90.8	95.2	92.7	81.5	89.0
味道	92	88.2	90.1	95.5	89.7	91.5	92.1	93

通过表 3-5 中数据计算得到有关参数 s,α,β 的结果，计算结果见表 3-6：

表 3-6　s,α,β 的计算结果

因素	参数		
	s	α	β
水分	93.26	1.6	2
折光糖	4	0.23	2
还原性糖	2.2	0.05	2
可溶性糖	2.2	0.08	2
蔗糖	0.05	0.007	1.16
粗纤维	0.4	128	2.8
可滴定酸度	0.2	3.14×10^{-8}	3.66
还原型 Vc	14	2.46	2
可溶性固形物	4	0.16	2.3
叶色	56.65	0.0012	2
帮叶比	0.75	4.3	1.8

再由上述 3 个隶属函数容易得到诸因素的模糊评价，见表 3-7：

表 3-7 诸因素的模糊评价结果

因素	品种							
	c_1	c_2	c_3	c_4	c_5	c_6	c_7	c_8
水分	0.91	0.85	0.87	0.98	0.79	0.60	0.60	0.95
折光糖	0.93	0.81	0.93	0.87	0.61	0.61	0.95	0.87
还原性糖	0.88	0.82	0.94	0.88	0.64	0.61	0.95	0.91
可溶性糖	0.90	0.83	0.94	0.89	0.63	0.71	0.95	0.91
蔗糖	0.95	0.90	0.92	0.94	0.60	0.91	0.95	0.94
粗纤维	0.90	0.90	0.87	0.95	0.87	0.65	0.74	0.61
可滴定酸度	0.60	0.95	0.60	0.95	0.95	0.95	0.95	0.95
还原型 Vc	0.60	0.69	0.92	0.92	0.87	0.74	0.89	0.95
可溶性固形物	0.95	0.69	0.93	0.85	0.60	0.60	0.94	0.78
叶色	0.75	0.60	0.80	0.93	0.84	0.84	0.60	0.80
帮叶比	0.60	0.71	0.77	0.60	0.82	0.95	0.65	0.76
整齐度	0.91	0.90	0.93	0.91	0.95	0.93	0.81	0.89
味道	0.92	0.88	0.90	0.96	0.90	0.92	0.92	0.93

(4)下面分层次做综合评价：

F_{11} 为碳水化合物，权重向量为 $A_{11}=(\frac{1}{6},\frac{1}{6},\frac{1}{6},\frac{1}{6},\frac{1}{6},\frac{1}{6})$，由表 3-7 对因素 $f_1,f_2,\cdots,f_6$ 的单因素模糊评价构成如下模糊评价矩阵：

$$R_{11}=\begin{pmatrix} 0.91 & 0.85 & 0.87 & 0.98 & 0.79 & 0.60 & 0.60 & 0.95 \\ 0.93 & 0.81 & 0.93 & 0.87 & 0.61 & 0.61 & 0.95 & 0.87 \\ 0.88 & 0.82 & 0.94 & 0.88 & 0.64 & 0.61 & 0.95 & 0.91 \\ 0.90 & 0.83 & 0.94 & 0.89 & 0.63 & 0.71 & 0.95 & 0.91 \\ 0.95 & 0.90 & 0.92 & 0.94 & 0.60 & 0.91 & 0.95 & 0.94 \\ 0.90 & 0.90 & 0.87 & 0.95 & 0.87 & 0.65 & 0.74 & 0.61 \end{pmatrix},$$

利用模型 $M(\bullet,+)$ 计算，得

$$B_{11}=A_{11}\circ R_{11}=(0.93,0.87,0.93,0.94,0.71,0.70,0.84,0.88)。$$

$F_1=\{F_{11},F_{12},F_{13},F_{14}\}$ 为化学成分，权重向量 $A_1=(0.35,0.1,0.35,0.2)$。由已算出的 B_{11} 以及表 3-7 中对 f_7,f_8,f_9 的单因素模糊评价构成如下模糊评价矩阵：

$$R_1=\begin{pmatrix} 0.93 & 0.87 & 0.93 & 0.94 & 0.71 & 0.70 & 0.84 & 0.88 \\ 0.60 & 0.95 & 0.60 & 0.95 & 0.95 & 0.95 & 0.95 & 0.95 \\ 0.60 & 0.69 & 0.92 & 0.92 & 0.87 & 0.74 & 0.89 & 0.95 \\ 0.95 & 0.69 & 0.93 & 0.85 & 0.60 & 0.60 & 0.94 & 0.78 \end{pmatrix},$$

利用模型 $M(\bullet,+)$ 计算，得

$$B_1=A_1\circ R_1=(0.79,0.78,0.89,0.92,0.77,0.72,0.89,0.89)。$$

$F_2=\{f_{10},f_{11},f_{12}\}$ 为生物学特性，权重向量 $A_2=(0.4,0.3,0.3)$。由表 3-7 中对 f_{10},f_{11},f_{12} 的单因素模糊评价构成如下模糊评价矩阵：

$$R_2=\begin{pmatrix}0.75 & 0.60 & 0.80 & 0.93 & 0.84 & 0.84 & 0.60 & 0.80\\ 0.60 & 0.71 & 0.77 & 0.60 & 0.82 & 0.95 & 0.65 & 0.76\\ 0.91 & 0.90 & 0.93 & 0.91 & 0.95 & 0.93 & 0.81 & 0.89\end{pmatrix},$$

用模型 $M(\bullet,+)$ 计算，得

$$B_2=A_2\circ R_2=(0.75,0.72,0.83,0.83,0.87,0.90,0.68,0.82)。$$

$F_3=\{f_{13}\}$ 为味道，对 f_{13} 的评价由专家打分来确定，见表 3-7 所列的最后一行，即

$$B_3=(0.92,0.88,0.90,0.96,0.90,0.92,0.92,0.93)。$$

(5)总体模糊综合评价：

因素集 $F=\{F_1,F_2,F_3\}$，权重向量 $A=\{0.4,0.25,0.35\}$，令总单因素评价矩阵为

$$R=\begin{pmatrix}B_1\\ B_2\\ B_3\end{pmatrix}=\begin{pmatrix}0.79 & 0.78 & 0.89 & 0.92 & 0.77 & 0.72 & 0.89 & 0.89\\ 0.75 & 0.72 & 0.83 & 0.83 & 0.87 & 0.90 & 0.68 & 0.82\\ 0.92 & 0.88 & 0.90 & 0.96 & 0.90 & 0.92 & 0.92 & 0.93\end{pmatrix},$$

则利用模型 $M(\bullet,+)$ 得综合评价

$$B=A\circ R=(0.826,0.800,0.879,0.912,0.841,0.835,0.848,0.890)。$$

由此可知，8 个品种的综合评价结果的排序为：$c_4>c_8>c_3>c_7>c_5>c_6>c_1>c_2$。

3.3 模糊综合评价方法在环境科学中的应用

以下通过具体实例说明模糊综合评价方法在环境科学中的应用。

例 3-6 土壤环境质量的模糊综合评价[5]。

土壤环境质量评价是对某一区域土壤环境进行环境要素分析，对其做出定量评述。通过评价弄清区域土壤环境质量现状及变化发展规律，为土地合理利用、环境管理、环境规划和土壤污染的综合防治提供科学依据。土壤环境质量评价是污染防治的基础。选择合理的模型，客观地描述环境质量的优劣，为环境规划和污染防治提供依据，是环境质量评价的基本任务。

以下对阜新市污灌区内 6 个不同典型地块的土壤重金属污染进行模糊综合评价，并分析土壤中各种重金属对土壤质量的影响大小。选用镉(Cd)、汞(Hg)、砷(As)、铜(Cu)、铅(Pb)和铬(Cr)等 6 项重金属指标作为评价因子，以监测的污灌区土壤采样点为研究对象，各采样点重金属元素实测数据见表 3-8：

表 3-8 各采样点重金属含量

采样地块	pH	Cd/(mg/kg)	Hg/(mg/kg)	As/(mg/kg)	Cu/(mg/kg)	Pb/(mg/kg)	Cr/(mg/kg)
1	7.05	0.220	0.168	11.56	14.04	32.95	41.92
2	7.20	0.232	0.126	9.77	17.08	38.06	52.35
3	7.15	0.168	0.322	10.33	24.53	39.75	58.85
4	7.45	0.388	0.296	9.37	25.50	42.15	60.65
5	7.50	0.562	0.333	11.65	38.70	45.13	102.30
6	6.80	0.650	0.253	8.57	52.12	46.80	80.20

根据土壤应用功能和保护目标，将土壤环境质量划分为三类：Ⅰ类主要适用于国家规定的自然保护区(原有背景重金属含量高的除外)、集中式生活饮用水源地、茶园、牧场和其他保护地区的土壤，土壤质量基本保持自然背景水平；Ⅱ类主要适用于一般农田、蔬菜地、茶园、果园、牧场等土壤，土壤质量基本上对植物和环境不造成危害和污染；Ⅲ类主要适用于林地土壤及污染物容量较大的高背景值土壤和矿产附近等地的农田土壤(蔬菜地除外)。此外，将土壤又分为三个等级：一级为保护区域自然生态，维持自然背景的土壤环境质量的限制值；二级为保障农业生产，维护人体健康的土壤限制值；三级为保障农林业生产和植物正常生长的土壤临界值。各类土壤环境质量执行标准的级别规定为：Ⅰ类土壤环境质量执行一级标准；Ⅱ类土壤环境质量执行二级标准；Ⅲ类土壤环境质量执行三级标准。

土壤环境质量标准(GB 15618—1995)见表 3-9：

表 3-9 土壤环境质量标准

土壤级别		一级	二级			三级
土壤 pH		自然背景	<6.5	6.5~7.5	>7.5	>6.5
镉	≤	0.20.	0.30	0.30	0.60	1.00
汞	≤	0.15	0.30	0.50	1.00	0.15
砷	水田≤	15	30	25	20	30
	旱地≤	15	40	30	25	40
铜	农田等≤	35	50	100	100	400
	果园≤	—	150	200	200	400
铅	≤	35	250	300	350	500
铬	水田≤	90	250	300	350	400
	旱地≤	90	150	200	250	300

一般来说，各种土壤重金属环境质量状况隶属函数可以用下面 3 个分段函数表示。

某重金属对一级土壤环境质量的隶属函数：

$$\mu(x_i)=\begin{cases}1, & x_i \leqslant a_i \\ \dfrac{b_i-x_i}{b_i-a_i}, & a_i < x_i < b_i \\ 0, & x_i \geqslant b_i\end{cases} \tag{3-3-1}$$

某重金属对二级土壤环境质量的隶属函数：

$$\mu(x_i)=\begin{cases}0, & x_i \leqslant a_i \\ \dfrac{x_i-a_i}{b_i-a_i}, & a_i < x_i < b_i \\ \dfrac{c_i-x_i}{c_i-b_i}, & b_i < x_i < c_i \\ 0, & x_i \geqslant c_i\end{cases} \tag{3-3-2}$$

某重金属对三级土壤环境质量的隶属函数：

$$\mu(x_i)=\begin{cases}0, & x_i \leqslant b_i \\ \dfrac{x_i-b_i}{c_i-b_i}, & b_i < x_i < c_i \\ 1, & x_i \geqslant c_i\end{cases} \tag{3-3-3}$$

式中，x_i 表示第 i 个重金属含量实测值；a_i,b_i,c_i 分别表示该重金属对应一级、二级、三级土壤环境质量标准值。

依据表 3-8 中各采样点的实测数据以及表 3-9 中的评价标准值，建立各重金属对应于各土壤环境质量等级的隶属度，并得到模糊评价矩阵。例如：根据公式(3-3-1)、(3-3-2)、(3-3-3)可求得 1 号采样点指标 Cd 分别对应一级、二级、三级土壤环境质量的隶属度分别为：

一级隶属度 $\mu(x_1)=\dfrac{b_1-x_1}{b_1-a_1}=\dfrac{0.6-0.22}{0.6-0.2}=0.95$；

二级隶属度 $\mu(x_2)=\dfrac{x_2-a_2}{b_2-a_2}=\dfrac{0.22-0.2}{0.6-0.2}=0.05$；

三级隶属度 $\mu(x_3)=0$。

依此计算，可得 6 个采样点各重金属分别对应一级、二级、三级土壤环境质量的隶属度，并得到模糊评价矩阵如下：

$$R_1=\begin{pmatrix}0.95 & 0.05 & 0 \\ 0.949 & 0.051 & 0 \\ 1 & 0 & 0 \\ 1 & 0 & 0 \\ 1 & 0 & 0 \\ 1 & 0 & 0\end{pmatrix},$$

$$R_2=\begin{pmatrix}0.92 & 0.05 & 0\\ 1 & 0 & 0\\ 1 & 0 & 0\\ 1 & 0 & 0\\ 0.988 & 0.012 & 0\\ 1 & 0 & 0\end{pmatrix},$$

$$R_3=\begin{pmatrix}0.58 & 0.42 & 0\\ 0.583 & 0.417 & 0\\ 1 & 0 & 0\\ 1 & 0 & 0\\ 0.973 & 0.027 & 0\\ 1 & 0 & 0\end{pmatrix},$$

$$R_4=\begin{pmatrix}0.53 & 0.47 & 0\\ 0.583 & 0.417 & 0\\ 1 & 0 & 0\\ 1 & 0 & 0\\ 0.973 & 0.027 & 0\\ 1 & 0 & 0\end{pmatrix},$$

$$R_5=\begin{pmatrix}0.955 & 0.905 & 0\\ 0.477 & 0.525 & 0\\ 1 & 0 & 0\\ 0.943 & 0.057 & 0\\ 0.962 & 0.038 & 0\\ 0.941 & 0.059 & 0\end{pmatrix},$$

$$R_6=\begin{pmatrix}0 & 0.940 & 0.06\\ 0.706 & 0.294 & 0\\ 1 & 0 & 0\\ 0.737 & 0.263 & 0\\ 0.955 & 0.045 & 0\\ 1 & 0 & 0\end{pmatrix}。$$

另外，由于各单项指标对环境综合体的贡献存在差异，因此有不同的权重。这里采用反映各种重金属元素相对含量大的加权法：

$$W_i=\frac{X_i/S_i}{\sum_{i=1}^{n}X_i/S_i} \tag{3-3-4}$$

式中，W_i 表示第 i 个因子的权重，X_i 为该指标的实测值，$S_i=\dfrac{a_i+b_i+c_i}{3}$。

根据公式（4）分别计算各采样点重金属参评因子的权重。得到权重向量分别为：

$$W_1=(0.288,0.153,0.325,0.052,0.078,0.104)\text{；}$$
$$W_2=(0.311,0.117,0.281,0.064,0.092,0.133)\text{；}$$
$$W_3=(0.346,0.210,0.208,0.064,0.067,0.105)\text{；}$$
$$W_4=(0.367,0.194,0.190,0.068,0.072,0.109)\text{；}$$
$$W_5=(0.394,0.162,0.175,0.076,0.057,0.136)\text{；}$$
$$W_6=(0.467,0.126,0.132,0.105,0.060,0.109)\text{。}$$

利用模型 $M(\bullet,+)$ 计算得到评价向量 $B=(b_1,b_2,b_3)$，根据最大隶属度原则可确定评价结果。进一步，利用评价向量的分量形成的权重，通过确定各等级对应的分值，对各等级的分值进行加权平均，可以得到总评价分值：

$$M=\sum_{i=1}^{m}y_i s_i\text{，}$$

$$y_i=\frac{b_i^k}{\sum_{i=1}^{m}b_i^k}\text{。}$$

式中，k 为实数，这里取 2；b_i 为评价向量 B 中对应于第 i 级环境质量水平的值；s_i 为对第 i 级环境质量水平所打的分值；M 为最终得分。

取评价分值为：土壤环境质量一级水平 $c_1=100$，土壤环境质量二级水平 $c_2=80$，土壤环境质量三级水平 $c_3=60$。

这样，便可得各采样点的隶属度值、评价等级以及评价分值，结果见表 3-10：

表 3-10　各采样点的评价结果

采样点	1	2	3	4	5	6
一级隶属度	0.978	0.972	0.747	0.745	0.544	0.464
二级隶属度	0.022	0.028	0.253	0.255	0.456	0.408
三级隶属度	0.000	0.000	0.000	0.000	0.000	0.128
评价等级	一级	一级	一级	一级	一级	一级
评价分值	99.94	99.89	97.94	97.89	91.58	88.99

评价结果表明，该地区 6 块采样点的土壤环境都达到一级标准，而且 6 块采样点的排序为 1 号地块>2 号地块>3 号地块>4 号地块>5 号地块>6 号地块。

例 3-7 海水环境质量的模糊综合评价[6]。

海水环境质量评价作为海洋环境质量评价的一项重要的基础性内容，是进行海洋环境保护和海洋综合管理工作的重要组成部分，其评价结论可为海洋环保和综合管理提供决策性科学依据。

渤海湾生态监控区作为我国重要的海湾，周边的天津滨海新区、河北省曹妃甸循环经济区和沧州渤海新区等已被列入国家发展战略的重大开发区域，其水质评价对于掌握监控区水质污染状况及变化趋势，改善生态监控区环境，保护监控区内典型的生态系统，具有重要作用。

因渤海湾生态监控区未进行重金属的监测，且2006、2007年该监控区未进行COD监测，因此未将COD列入选取指标。选取水质评价指标为DO（溶解氧）、磷酸盐、无机氮以及石油类4项重要因子。即因素集$F=\{f_1,f_2,f_3,f_4\}$，其中，f_1为DO，f_2为磷酸盐，f_3为无机氮，f_4为石油类。

评价等级采用国家《海水水质标准》（GB 3097—1997）中对海水水质的分级标准（Ⅰ～Ⅳ类）。评价指标标准值见表3-11：

表3-11 海水水质评价指标标准值

	Ⅰ类	Ⅱ类	Ⅲ类	Ⅳ类
DO/mg·L^{-1}	6	5	4	3
磷酸盐/mg·L^{-1}	0.015	0.030	0.030	0.045
无机盐/mg·L^{-1}	0.2	0.3	0.4	0.5
石油类/mg·L^{-1}	0.05	0.05	0.3	0.5

这样，建立评价集为$C=\{c_1,c_2,c_3,c_4\}$，其中，c_1为Ⅰ类，c_2为Ⅱ类，c_3为Ⅲ类，c_4为Ⅳ类。

关于隶属函数的建立，通常有两种不同的指标类型：

(1)评价指标标准值随级别的增大而增大；

(2)评价指标标准值随级别的增大而减小。

渤海湾生态监控区水质评价的评价指标中DO属于第(2)种情况，其余各项因子均属于第(1)种情况。第(1)种情况的评价指标对应的隶属函数如下所列。

因子f_i对Ⅰ类海水水质的隶属函数：

$$\mu_{i1}=\begin{cases}0, & x_i\geqslant v_{i1}\\ \dfrac{v_{i2}-x_i}{v_{i2}-v_{i1}}, & v_{i1}<x_i<v_{i2}\\ 1, & x_i\leqslant v_{i2}\end{cases};$$

因子f_i对Ⅱ类海水水质的隶属函数：

$$\mu_{i2}=\begin{cases}0, & x_i\leqslant v_{i1}\\ \dfrac{x_i-v_{i1}}{v_{i2}-v_{i1}}, & v_{i1}<x_i<v_{i2}\\ \dfrac{v_{i3}-x_i}{v_{i3}-v_{i2}}, & v_{i2}<x_i<v_{i3}\\ 0, & x_i\geqslant v_{i3}\end{cases};$$

因子f_i对Ⅲ类海水水质的隶属函数μ_{i3}的确定与μ_{i2}类似；

因子f_i对Ⅳ类海水水质的隶属函数：

$$\mu_{i4}=\begin{cases}0, & x_i\leqslant v_{i3}\\ \dfrac{x_i-v_{i3}}{v_{i4}-v_{i3}}, & v_{i3}<x_i<v_{i4}\\ 1, & x_i\geqslant v_{i4}\end{cases}。$$

上式中，x_i 为评价指标 $f_i\ (i=1,2,3,4)$ 的实测值，v_{i1} 表示评价指标 f_i 在第Ⅰ类海水水质下的标准值，v_{i2} 表示评价指标 f_i 在第Ⅱ类海水水质下的标准值，v_{i3} 表示评价指标 f_i 在第Ⅲ类海水水质下的标准值，v_{i4} 表示评价指标 f_i 在第Ⅳ类海水水质下的标准值。DO 的隶属函数与上述函数相反，不再详述。

2006—2008 年渤海湾生态监控区实测值数据见表 3-12：

表 3-12　2006 年-2008 年实测数据

	2006 年	2007 年	2008 年
DO/mg・L^{-1}	7.435	8.306	7.941
磷酸盐/mg・L^{-1}	0.0157	0.0043	0.0101
无机盐/mg・L^{-1}	0.453	0.515	0.680
石油类/mg・L^{-1}	0.0366	0.0527	0.0337

将表 3-12 中 2006 年数据代入上面的隶属函数，可得 2006 年渤海生态监控区水质模糊评价矩阵 R_1：

$$R_1=\begin{pmatrix}1 & 0 & 0 & 0\\ 0.955 & 0.045 & 0 & 0\\ 0 & 0 & 0.467 & 0.533\\ 1 & 0 & 0 & 0\end{pmatrix}。$$

同理，可求得 2007 年、2008 年模糊评价矩阵 R_2、R_3。

评价指标权重的确定：由于磷酸盐、无机氮等评价指标对水质的影响程度不同，因此对各指标应赋予不同的权重。评价指标权重的计算采用污染因子贡献率，根据污染物对水质的污染大则权重大的原则来决定权重的大小。评价指标的权重为：

$$a_i=\frac{x_i}{v_i},\quad v_i=\frac{1}{4}\sum_{j=1}^{4}v_{ij}。$$

由于 DO 浓度越大，对水质的影响程度越小，因此其权重为：$a_i=\dfrac{v_i}{x_i}$。

式中，a_i 为第 i 个评价指标 f_i 的权重，x_i 为评价指标 f_i 的实测值，v_i 为评价指标 f_i 各评价等级标准值的平均值。

对 a_i 进行规范化处理，即令 $\overline{a}_i=\dfrac{a_i}{\sum\limits_{i=1}^{4}a_i}$，

便可得因素集的权重向量 $A=(\overline{a}_1,\overline{a}_2,\overline{a}_3,\overline{a}_4)$。

可以计算，2006—2008 年 DO、磷酸盐、无机氮及石油类的评价指标权重向量依次为：

$$A_1 = (0.234, 0.202, 0.501, 0.063),$$
$$A_2 = (0.227, 0.060, 0.615, 0.098),$$
$$A_3 = (0.189, 0.112, 0.649, 0.050)。$$

利用模型 $M(\bullet,+)$ 计算得到 2006—2008 年渤海湾生态监控区模糊综合评价结果，见表 3-13：

表 3-13　2006—2008 年渤海湾生态监控区模糊综合评价结果

	Ⅰ类	Ⅱ类	Ⅲ类	Ⅳ类	评价结果
2006 年	0.490	0.009	0.234	0.267	Ⅰ类
2007 年	0.287	0.097	0.001	0.615	Ⅳ类
2008 年	0.351	0	0	0.649	Ⅳ类

从评价结果来看，2006-2008 年渤海湾生态监控区的水质污染水平呈现持续加重的趋势。

参考文献

[1] 史战红，刘彦平．模糊数学在课堂教学质量评价中的应用[J]．甘肃农业大学学报(综合版), 2006(41): 182-184.

[2] 王明明，杨志翔，姚飞，等．模糊数学模型在我国商业银行经营风险评价中的应用[J]．北京化工大学学报, 2001, 28(2): 77-79.

[3] 陆宜清，杨松华．模糊综合评判在农业经营决策中的应用[J]．河南农业科学, 2008(2): 21-22.

[4] 张虹，程耀．综合评判方法在蔬菜品质评价中的应用[J]．东北农学院学报, 1998, 19(2): 209-213.

[5] 初玲玲，刘志斌，张春婵．基于模糊综合评价的土壤环境质量评价[J]．能源与环境, 2008(6): 13-14, 27.

[6] 赵蓓，马文斋，唐伟．模糊综合评价在渤海湾生态监控区水质评价中的应用[J]．海洋环境保护, 2011(1): 13-15.

第4章 生态学中的模糊模式识别方法

人之所以能识别图像、声音、面部表情等，是因为它们都存在着反映其特征的某种模式。已知某类事物的若干标准模型，现有这类事物中的一个具体对象，应把它归到哪一种模型，这就是模式识别问题。模式识别问题广泛存在于实际应用中，例如：通过气象和卫星资料的分析处理，对未来天气属于何种类型做出预报；对字体、指纹、票证、照片和图像的鉴别；在医学上把各种典型病例的症状作为模式，从而对心电图、脑电图、X光照片、血细胞和染色体进行识别和分类等。同时，模式识别技术在农业各个领域的应用研究也得到了广泛开展，并随着相关技术的不断成熟和发展，模式识别技术和方法对于作物特征的识别、苗情的监测、病虫害的防治以及精细农业的发展都将起到积极的推动作用。一个人在识别一个模式时，往往把此模式与自己过去的经验中得来的一般概念或线索结合起来，并做出归纳性的推理判断。但由于客观事物的特征存在不同程度的模糊性，使得经典的识别方法越来越不适应客观实际的要求，模糊模式识别正是为了满足这一要求而产生的。模糊模式识别就是在模式识别中引入模糊数学方法，用模糊技术来设计机器识别系统，它可简化识别系统的结构，更广泛、更深入地模拟人脑的思维过程，从而对客观事物进行更为有效的分类与识别。

4.1 模糊模式识别的基本方法

模式识别的问题，在模糊数学形成之前就已经存在，传统的做法主要用统计方法或语言的方法进行识别。但在多数情况下，标准类型常可用模糊集表示，用模糊数学的方法进行识别是更为合理可行的，以模糊数学为基础的模式识别方法称为模糊模式识别。下面主要介绍模糊模式识别的两种基本方法：最大隶属原则方法和择近原则方法。

4.1.1 最大隶属原则方法

设论域$U=\{x_1,x_2,\cdots,x_n\}$上有m个模糊子集$A_1,A_2,\cdots,A_m$（m个模型），构成一个标准模型库，若对$\forall x_0\in U$，有 $A_{i_0}(x_0)=\overset{m}{\underset{i=1}{\vee}}A_i(x_0)$，则认为$x_0$隶属于$A_{i_0}$。

例4-1 设论域$U=[0,100]$（分数）上确定了三个模糊集，A="优"，B="良"，C="差"，三个模糊集的隶属函数分别为：

$$A(x)=\begin{cases}0, & 0\leqslant x\leqslant 85\\ \dfrac{x-85}{10}, & 85<x\leqslant 95\\ 1, & 95<x\leqslant 100\end{cases};$$

$$B(x)=\begin{cases}0, & 0\leqslant x\leqslant 70\\ \dfrac{x-70}{10}, & 70<x\leqslant 80\\ 1, & 80<x<85\\ \dfrac{95-x}{10}, & 85<x\leqslant 95\\ 0, & 95<x\leqslant 100\end{cases};$$

$$C(x)=\begin{cases}1, & 0\leqslant x\leqslant 70\\ \dfrac{80-x}{10}, & 70<x\leqslant 80\\ 0, & 80<x\leqslant 100\end{cases}。$$

某一同学的考试成绩为 88 分，问：该同学的学习成绩应评为“优”、“良”还是“差”？

将 $x=88$ 代入以上隶属函数，得

$$A(88)=0.8，B(88)=0.7，C(88)=0。$$

根据最大隶属度原则，认为该成绩应评为“优”。

4.1.2　择近原则

(一)贴近度

用 $F(U)$ 表示论域 U 的模糊幂集（U 上的所有模糊子集所构成的集合），如果映射

$$S:F(U)\times F(U)\to[0,1]$$
$$(A,B)\mapsto S(A,B)$$

满足：

(1) $S(A,A)=1$；

(2) $S(A,B)=S(B,A)$；

(3) $A\subseteq B\subseteq C\Rightarrow S(A,C)\leqslant S(A,B)\wedge S(B,C)$。

则称 $S(A,B)$ 为模糊集 A 与 B 间的贴近度。

(二)常用贴近度

设论域 $U=\{x_1,x_2,\cdots,x_n\}$，A 与 B 为 U 上的两个模糊子集，则 A 与 B 间的常用贴近度有：

①最大最小贴近度：$S(A,B)=\dfrac{\sum\limits_{i=1}^{n}[A(x_i)\wedge B(x_i)]}{\sum\limits_{i=1}^{n}[A(x_i)\vee B(x_i)]}$；

②海明贴近度：$S(A,B)=1-\dfrac{1}{n}\sum\limits_{i=1}^{n}|A(x_i)-B(x_i)|$；

③欧几里得贴近度：$S(A,B)=1-\frac{1}{n}\sqrt{\sum_{i=1}^{n}|A(x_i)-B(x_i)|^2}$；

④最小平均贴近度：$S(A,B)=\frac{\sum_{i=1}^{n}[A(x_i)\wedge B(x_i)]}{\frac{1}{2}\sum_{i=1}^{n}[A(x_i)+B(x_i)]}$。

这里的贴近度②和③也称为距离贴近度。贴近度的具体形式还有很多，这里不再一一列举。因为各种贴近度都有其优、缺点和应用范围，必要时，可根据实际情况，定义合适的贴近度。

(三)择近原则

设$\{A_1,A_2,\cdots,A_m\}$是论域U上的n个模糊集构成的标准模型库，$B\in F(U)$为待识别模型，如果存在$i\in\{1,2,\cdots,n\}$，使得

$$S(A_i,B)=\max_{1\leqslant j\leqslant n}S(A_j,B),$$

则认为B与A_i最贴近，应该把B归为模式A_i。

例 4-2 设论域$U=\{x_1,x_2,x_3,x_4\}$，A_1,A_2,A_3为U上的三个模糊集，而且

$$A_1=\frac{0.2}{x_1}+\frac{0.4}{x_2}+\frac{0.5}{x_3}+\frac{0.1}{x_4},$$

$$A_2=\frac{0.2}{x_1}+\frac{0.5}{x_2}+\frac{0.3}{x_3}+\frac{0.1}{x_4},$$

$$A_3=\frac{0.2}{x_1}+\frac{0.3}{x_2}+\frac{0.4}{x_3}+\frac{0.1}{x_4}。$$

现有U上的另一模糊集$B=\frac{0.2}{x_1}+\frac{0.3}{x_2}+\frac{0.5}{x_3}+\frac{0}{x_4}$，问：$B$与$A_1,A_2,A_3$中哪个最贴近？

不妨用最大最小贴近度 $S(A,B)=\frac{\sum_{i=1}^{n}[A(x_i)\wedge B(x_i)]}{\sum_{i=1}^{n}[A(x_i)\vee B(x_i)]}$，

计算如下：

$$S(A_1,B)=\frac{0.2+0.3+0.5+0}{0.2+0.4+0.5+0.1}=0.83,$$

$$S(A_2,B)=\frac{0.2+0.3+0.3+0}{0.2+0.5+0.5+0.1}=0.36,$$

$$S(A_3,B)=\frac{0.2+0.3+0.4+0}{0.2+0.3+0.5+0.1}=0.82。$$

即$S(A_1,B)>S(A_3,B)>S(A_2,B)$，因此认为$B$与$A_1$最贴近。（若采用其他贴近度，其计算结果是一致的）

4.2　模糊模式识别方法在农林科学中的应用

以下通过具体实例说明模糊模式识别方法在农林科学中的应用。

例 4-3 林分类型的模糊模式识别。

林分，指内部特征大体一致而与邻近地段有明显区别的一片林子。一个林区的森林，可以根据树种的组成、森林起源、林相、林龄、疏密度、林型等因子的不同，划分成不同的林分。林分常作为确定森林经营措施的依据，不同的林分需要采取不同的经营措施。

设某一林分由 n 个树种组成，其最大组成系数（某树种的储积量占总储积量的比重）为 m，平均年龄为 t，郁闭度（林分中林冠投影面积与林地面积之比）为 P，分别给出隶属函数为：

纯林 A：$\mu_A(m)=\begin{cases}1, & m>70\\ 1-\dfrac{1}{40}(70-m), & 30\leqslant m\leqslant 70\\ 0, & m<30\end{cases}$；

混交林 B：$\mu_B(m)=\begin{cases}0, & m>70\\ 1-\dfrac{1}{40}(m-30), & 30\leqslant m\leqslant 70\\ 1, & m<30\end{cases}$；

成龄林 C_1：$\mu_{C_1}(t)=\begin{cases}1, & t>50\\ 1-\dfrac{1}{20}(50-t), & 30\leqslant m\leqslant 50\\ 0, & t<30\end{cases}$；

中龄林 C_2：$\mu_{C_2}(t)=\begin{cases}1-\dfrac{1}{30}(30-t), & t<30\\ 1, & 30\leqslant t\leqslant 50\\ 1-\dfrac{1}{20}(t-50), & 50\leqslant t\leqslant 70\\ 0, & t>70\end{cases}$；

幼龄林 C_3：$\mu_{C_3}(t)=\begin{cases}0, & t>50\\ 1-\dfrac{1}{20}(t-30), & 30\leqslant t\leqslant 50\\ 1, & t<30\end{cases}$；

密林 D_1：$\mu_{D_1}(P)=\begin{cases}0, & 0.2<P<0.5\\ 1-\dfrac{1}{0.3}(0.8-P), & 0.5\leqslant P\leqslant 0.8\\ 1, & P>0.8\end{cases}$；

中等密度林 D_2： $\mu_{D_2}(P)=\begin{cases}1-\dfrac{1}{0.3}(0.5-P), & 0.2<P<0.5\\ 1, & 0.5\leqslant P\leqslant 0.7\\ 1-\dfrac{1}{0.3}(P-0.7), & P>0.7\end{cases}$；

稀疏林 D_3： $\mu_{D_3}(P)=\begin{cases}1, & 0.2<P<0.5\\ 1-\dfrac{1}{0.3}(P-0.5), & 0.5\leqslant P\leqslant 0.7\\ 0, & P>0.7\end{cases}$。

记：$AC_1D_1=A\cap C_1\cap D_1$，$AC_2D_2=A\cap C_2\cap D_2$，…，$BC_3D_3=B\cap C_3\cap D_3$。

设已测得一林分 $x_0=(m_0,t_0,P_0)=(70,40,0.6)$，下确定 x_0 属于哪一种林分类型。

先计算出 x_0 对于各个模型的隶属度为：$\mu_{AC_1D_1}(x_0)=\min\{1.0,0.5,0.33\}=0.33$，$\mu_{AC_1D_2}(x_0)=\min\{1.0,0.5,1.0\}=0.5$。

同法可求得 $\mu_{AC_1D_3}(x_0)=0.5$，而且

$\mu_{AC_2D_1}(x_0)=0.33$，$\mu_{AC_2D_2}(x_0)=1.0$，$\mu_{AC_2D_3}(x_0)=0.67$，

$\mu_{AC_3D_1}(x_0)=0.33$，$\mu_{AC_3D_2}(x_0)=0.5$，$\mu_{AC_3D_3}(x_0)=0.5$，

$\mu_{BC_1D_1}(x_0)=0$，$\mu_{BC_1D_2}(x_0)=0$，$\mu_{BC_1D_3}(x_0)=0$，

$\mu_{BC_2D_1}(x_0)=0$，$\mu_{BC_2D_2}(x_0)=0$，$\mu_{BC_2D_3}(x_0)=0$，

$\mu_{BC_3D_1}(x_0)=0$，$\mu_{BC_3D_2}(x_0)=0$，$\mu_{BC_3D_3}(x_0)=0$。

按照最大隶属度原则，该林分属于中等密度、中等龄的纯林 AC_2D_2。

例 4-4 油菜苗长势、长相的模糊识别。

在识别油菜苗的长势、长相时，通常选用 4 个因素：绿叶数 x_1，苗高 x_2，胚茎长 x_3，胚茎粗 x_4。

设论域 U ={油菜苗}（样本≥50），U 上的 3 个模糊子集 A_1,A_2,A_3 构成了标准模型{ A_1（健壮苗），A_2（瘦弱苗），A_3（徒长苗）}，每个模型 A_i 由以上 4 个因素刻画（也是模糊集），即

$$A_i=(A_{i1},A_{i2},A_{i3},A_{i4})\quad(i=1,2,3)。$$

这实际上是一个广义模糊向量。

已知每个标准模型（油菜苗）A_i 对每一单因素 $x_j\,(j=1,2,3,4)$ 均服从正态分布（A_i 为正态模糊集）。

$$A_{ij}(x_j)=\begin{cases}\mathrm{e}^{-(\frac{x_j-\overline{x}_{ij}}{\sigma_{ij}})^2}, & \left|x_j-\overline{x}_{ij}\right|<\sigma_{ij}\\ 0, & \left|x_j-\overline{x}_{ij}\right|\geqslant\sigma_{ij}\end{cases}$$

即

$$A_{ij}(x_j) \approx \begin{cases} 1-(\dfrac{x_j-\overline{x}_{ij}}{\sigma_{ij}})^2, & \overline{x}_{ij}-\sigma_{ij} < x_j < \overline{x}_{ij}+\sigma_{ij} \\ 0, & \text{其他} \end{cases}$$

其中，$\overline{x}_{ij}$ 为统计平均值，σ_{ij} 为方差。它们的数据由表 4-1 给出：

表 4-1　4 个因素对应的各类数据

因素	健壮苗 A_1		瘦弱苗 A_2		徒长苗 A_3		待识别油菜苗 x
	$\overline{x}_{ij}$	σ^2_{ij}	$\overline{x}_{ij}$	σ^2_{ij}	$\overline{x}_{ij}$	σ^2_{ij}	
绿叶数	6	0.2	4	0.2	5	0.96	5
苗　高	6	0.2	4	0.2	9	0.4	9.1
胚茎长	1.8	0.5	2.5	0.4	3	0.1	3.1
胚茎粗	0.6	0.3	0.4	0.7	0.5	0.9	0.4

现有一株油菜苗，其 4 个性状为 $x=(5,9.1,3.1,0.4)$，先计算待识别油菜苗 x 对标准模型的隶属度，也就是计算一个普通向量对广义模糊向量 $A_i\ (i=1,2,3)$ 的隶属度。

x 对健壮苗型 A_1 的隶属度为

$$A_1(x)=\mathop{\wedge}_{j=1}^{4}\{A_{1j}(x_j)\}。$$

因为 $\sigma^2{}_{11}=0.2, \sigma_{11}\approx 0.45, |x_1-\overline{x}_{11}|=|5-6|>0.45=\sigma_{11}$，由 $A_{11}(x)$ 的表达式可知 $A_{11}(x_1)=A_{11}(5)=0$。

类似的，$A_{12}(x_2)=A_{12}(9.1)=0$，$A_{13}(x_3)=A_{13}(3.1)=0$。

因为 $\sigma^2{}_{14}=0.3, \sigma_{14}\approx 0.55, |x_4-\overline{x}_{14}|=|0.4-0.66|=0.2<0.55=\sigma_{14}$。所以由

$$A_{14}(x_4)=1-\frac{(x_4-\overline{x}_{14})^2}{\sigma^2{}_{14}},$$

得

$$A_{14}(0.4)=1-\frac{(0.4-0.6)^2}{0.3}=0.87。$$

故 $A_1(x)=\wedge\{A_{11}(5),A_{12}(9.1),A_{13}(3.1),A_{14}(0.4)\}=\wedge\{0,0,0,0.87\}=0$。

完全类似的，x 对瘦弱苗型 A_2 的隶属度为

$$A_2(x)=\mathop{\wedge}_{j=1}^{4}\{A_{2j}(x_j)\}=\wedge\{A_{21}(5),A_{22}(9.1),A_{23}(3.1),A_{24}(0.4)\}$$
$$=\wedge\{0,0,0,1.1\}=0。$$

x 对徒长苗型 A_3 的隶属度为

$$A_3(x)=\mathop{\wedge}_{j=1}^{4}\{A_{3j}(x_j)\}=\wedge\{A_{31}(5),A_{32}(9.1),A_{33}(3.1),A_{34}(0.4)\}$$
$$=\wedge\{1,0.975,0.99,0.989\}=0.975。$$

这样，按最大隶属度原则，待识别的一株油菜苗 x 属于徒长苗型 A_3。

例 4-5 小麦亲本的模糊识别[3]。

在小麦杂交过程中，亲本的选择是关键措施之一，而亲本的划分是模糊的。以每株小麦为讨论对象 x，其全体构成论域 U。现有 5 种小麦亲本类型：A_1 为早熟型，A_2 为矮秆型，A_3 为大粒型，A_4 为高肥丰产型，A_5 为中肥丰产型，它们实际上是 U 的 5 个模糊子集 $A_i(i=1,2,3,4,5)$。由它们构成 U 上的标准模型库 $\{A_1,A_2,A_3,A_4,A_5\}$。

每株小麦 x 具有 5 种性状特征：$x=(x_1,x_2,x_3,x_4,x_5)$。其中，x_1 为抽穗型，x_2 为株高，x_3 为有效穗数，x_4 为主穗粒数，x_5 为百粒重。

对于每一个品种（标准模型），小麦的每一种特性都是 U 上的一个模糊子集，如表 4-2 所列。

表 4-2 各类型在不同特性下对应的模糊子集

类型	特性				
	抽穗期	株高	有效穗数	主穗粒数	百粒重
早熟 A_1	A_{11}	A_{12}	A_{13}	A_{14}	A_{15}
矮秆 A_2	A_{21}	A_{22}	A_{23}	A_{24}	A_{25}
大粒 A_3	A_{31}	A_{32}	A_{33}	A_{34}	A_{35}
高肥丰产 A_4	A_{41}	A_{42}	A_{43}	A_{44}	A_{45}
中肥丰产 A_5	A_{51}	A_{52}	A_{53}	A_{54}	A_{55}

其中，A_{ij} 表示第 i 类型的第 j 个特性所对应的模糊子集。

现有一个待识别的亲本 $B=\left(B_1,B_2,B_3,B_4,B_5\right)$，其中 B_j 是亲本 B 关于第 j 个特性的模糊子集。

这里涉及两个广义模糊向量集合之间的贴近度和多个特性的择近原则，现将要计算的贴近度列在表 4-3 中。

表 4-3 各贴近度

类 型	特 性					
	A_{i1}	A_{i2}	A_{i3}	A_{i4}	A_{i5}	
早熟 A_1	$\sigma(A_{11},B_1)$	$\sigma(A_{12},B_2)$	$\sigma(A_{13},B_3)$	$\sigma(A_{14},B_4)$	$\sigma(A_{15},B_5)$	s_1
矮秆 A_2	$\sigma(A_{21},B_1)$	$\sigma(A_{22},B_2)$	$\sigma(A_{23},B_3)$	$\sigma(A_{24},B_4)$	$\sigma(A_{25},B_5)$	s_2
大粒 A_3	$\sigma(A_{31},B_1)$	$\sigma(A_{32},B_2)$	$\sigma(A_{33},B_3)$	$\sigma(A_{34},B_4)$	$\sigma(A_{35},B_5)$	s_3
高肥丰产 A_4	$\sigma(A_{41},B_1)$	$\sigma(A_{42},B_2)$	$\sigma(A_{43},B_3)$	$\sigma(A_{44},B_4)$	$\sigma(A_{45},B_5)$	s_4
中肥丰产 A_5	$\sigma(A_{51},B_1)$	$\sigma(A_{52},B_2)$	$\sigma(A_{53},B_3)$	$\sigma(A_{54},B_4)$	$\sigma(A_{55},B_5)$	s_5
待识别 B	B_1	B_2	B_3	B_4	B_5	

其中，$\sigma(A,B)$ 表示模糊集 A,B 间的贴近度，$s_i=\bigwedge_{j=1}^{5}\left\{\sigma(A_{ij},B_j)\right\}(i=1,2,3,4,5)$。若 $s_{i_0}=\bigvee_{j=1}^{5}s_i$，则 B 属于第 i_0 类型，这就是多个特性的择近原则。

至此，问题归结为计算两个广义模糊向量的贴近度 $\sigma\left(A_{ij},B_j\right)$。

不妨取 A_{ij} 的隶属函数 $A_{ij}(x)$ 为对称型的正态模糊分布

$$A_{ij}\left(x\right)=\begin{cases} e^{-\left(\frac{x-a_{ij}}{\sigma_{ij}}\right)^2}, & x<a_{ij} \\ 1, & a_{ij}\leqslant x\leqslant b_{ij} \\ e^{-\left(\frac{x-b_{ij}}{\sigma_{ij}}\right)^2}, & x>b_{ij} \end{cases}$$

其中，参数 $a_{ij},b_{ij},\sigma_{ij}$ 由统计方法确定。

待识别亲本 B 的隶属函数也是呈对称性的正态模糊分布

$$B_j\left(x\right)=\begin{cases} e^{-\left(\frac{x-a_j}{\sigma_j}\right)^2}, & x<a_j \\ 1, & a_j\leqslant x\leqslant b_j \\ e^{-\left(\frac{x-b_j}{\sigma_j}\right)^2}, & x>b_j \end{cases}$$

于是可把两个广义模糊向量的贴近度定义为

$$\sigma\left(A_{ij},B_j\right)=\begin{cases} \frac{1}{2}[e^{-\left(\frac{a_{ij}-a_j}{\sigma_{ij}+\sigma_j}\right)^2}+1], & \overline{x}<a_{ij} \\ 1, & a_{ij}\leqslant\overline{x}\leqslant b_{ij} \\ \frac{1}{2}[e^{-\left(\frac{b_{ij}-b_j}{\sigma_{ij}+\sigma_j}\right)^2}+1], & \overline{x}>b_{ij} \end{cases}$$

其中，$\overline{x}$ 为待识别亲本 B_j 的值；参数 $a_{ij},b_{ij},\sigma_{ij}$ 的值由表 4-4 给出：

表 4-4　参数 a_{ij}，b_{ij}，σ_{ij} 的值

性状	早熟 A_1			矮秆 A_2			大粒 A_3			高肥丰产 A_4			中肥丰产 A_5		
	a_{ij}	b_{ij}	σ_{ij}	a_{ij}	b_{ij}	σ_{ij}	a_{ij}	b_{ij}	σ_{ij}	a_{ij}	b_{ij}	σ_{ij}	a_{ij}	b_{ij}	σ_{ij}
穗期	5.3	6.7	1.1	5.5	9.6	1.0	5.8	11.9	1.2	5.2	11.3	0.9	5.1	8.9	1.2
株高	67.1	87.7	50.0	47.0	70.0	72.4	67.9	90.9	52.2	67.9	81.2	35.9	76.5	84.6	57.5
有效穗数	9.1	12.2	18.1	8.3	18.2	10.8	9.4	13.2	15.6	9.8	13.2	11.3	7.2	13.2	5.8
主穗粒数	40.2	55.0	92.0	37.5	52.5	80.7	44.2	54.5	121.2	41.2	51.0	113.3	37.6	48.3	93.9
百粒重	3.0	4.4	0.3	2.4	3.4	0.3	4.0	6.0	0.3	3.6	4.2	0.3	3.3	4.0	0.2

待识别亲本 B 的数据见表 4-5：

表 4-5　B 的计算结果

参数	特　性				
	抽穗期	株高	有效穗数	主穗粒数	百粒重
$\overline{x}=a_j(b_j)$	8.5	85.6	6.2	36.2	3.4
σ_j	1.5	4	1.9	70	0.28

按照贴近度的定义，分别计算如下：

$$s_1=\sigma(A_1,B)=\bigwedge_{j=1}^{5}\{\sigma(A_{1j},B_j)\};$$

$$\sigma(A_{11},B_1)=\frac{1}{2}[\mathrm{e}^{-\left(\frac{6.7-8.5}{1.1+1.5}\right)^2}+1]=0.8096;$$

$$\sigma(A_{12},B_2)=1;$$

$$\sigma(A_{13},B_3)=\frac{1}{2}[\mathrm{e}^{-\left(\frac{9.1-6.2}{8.1+1.9}\right)^2}+1]=0.9896;$$

$$\sigma(A_{14},B_4)=\frac{1}{2}[\mathrm{e}^{-\left(\frac{40.2-36.2}{90+70}\right)^2}+1]=0.9997$$

$$\sigma(A_{15},B_5)=1。$$

因此，$s_1=\sigma(A_1,B)=\wedge\{0.8096,1,0.9896,0.9997,1\}=0.8096$。

类似地，可得

$$s_2=\sigma(A_2,B)=\bigwedge_{j=1}^{5}\{\sigma(A_{2j},B_j)\}$$
$$=\wedge\{1,0.9796,0.9865,0.999,0.9987\}=0.9796;$$

$$s_3=\sigma(A_3,B)=\bigwedge_{j=1}^{5}\{\sigma(A_{1j},B_j)\}$$
$$=\wedge\{1,1,0.9836,0.9991,0.6903\}=0.6903;$$

$$s_4=\sigma(A_4,B)=\bigwedge_{j=1}^{5}\{\sigma(A_{1j},B_j)\}$$
$$=\wedge\{1,0.9940,0.9642,0.9996,0.9588\}=0.9588;$$

$$s_5=\sigma(A_5,B)=\bigwedge_{j=1}^{5}\{\sigma(A_{1j},B_j)\}$$
$$=\wedge\{1,0.9998,0.9916,0.9999,1\}=0.9916。$$

根据多个特征的择近原则，被识别的小麦亲本 B 属于 A_5（中肥丰产型）。

4.3 模糊模式识别方法在环境科学中的应用

以下通过具体实例说明模糊模式识别方法在环境科学中的应用。

例 4-6 土壤重金属污染的模糊模式识别[4]。

重金属在人类生产和生活中广泛得到应用，这使得环境中存在着各种各样的重金属污染。而且，随着现代工业和城市的发展，人类与土壤的相互作用显得越来越重要。各种对环境污染严重的工业废气、废水、废料等未经严格处理就进行排放，这必然对环境特别是对土壤环境造成严重的破坏。重金属是土壤环境中一类具有潜在危害的污染物。由于污染程度、土壤的类别、分类的标准等都是客观存在的模糊概念，因而应用模糊模式识别方法进行土壤重金属污染评价更能客观地反映土壤的实际污染情况。

为了消除各指标量纲的影响，统一各指标值的变换范围，需要进行标准化处理，将土壤标准矩阵转化为模糊评价矩阵。设有 n 个土壤评价指标，按照国家土壤评价标准将土壤质量分成 m 级标准样本。记土壤标准化矩阵为(4-3-1)，记模糊评价矩阵为(4-3-2)：

$$X=(x_{ij})_{n\times m} \tag{4-3-1}$$

$$R=(r_{ij})_{n\times m} \tag{4-3-2}$$

其中，r_{ij} 的值由式(4-3-3)和(4-3-4)处理得到，对于越大越优的指标应用公式(4-3-3)，对于越小越优的指标应用公式(4-3-4)：

$$r_{ij}=\frac{x_{ij}-\min\limits_{j}(x_{ij})}{\max\limits_{j}(x_{ij})-\min\limits_{j}(x_{ij})} \tag{4-3-3}$$

$$r_{ij}=\frac{\max\limits_{j}(x_{ij})-x_{ij}}{\max\limits_{j}(x_{ij})-\min\limits_{j}(x_{ij})} \tag{4-3-4}$$

(4-3-3)、(4-3-4)式中，$\max\limits_{j}(x_{ij})$、$\min\limits_{j}(x_{ij})$ 分别为各观测点中第 j 个指标值的最大值和最小值。

各评价指标权重的确定：通过最优权法，在构造全部无量纲化指标的加权线性函数的基础上，以该函数的样本方差达到最大值为准则来确定权系数。其基本思想就是寻求等式(4-3-5)权向量的最优解，使在约束条件下，样本方差 s^2 达最大值。

$$\max s^2=\omega^T V\omega \quad st.\omega^T\omega=1 \tag{4-3-5}$$

其中，$s^2=\dfrac{1}{n-1}\sum\limits_{i=1}^{n}(u_i-\overline{u})^2$，$\overline{u}=\dfrac{1}{m}\sum\limits_{j=1}^{m}u_j$，$u_j$ 为待评价监测点与第 j 类标准土壤的贴近度。V 为标准化矩阵 R 的样本协方差矩阵，其形式为

$$V=(v_{ij})_{m\times m} \tag{4-3-6}$$

这里 $v_{ij}=\dfrac{1}{n}\sum\limits_{k=1}^{n}(r_{ki}-\overline{r}_i)(r_{kj}-\overline{r}_j)$，$i,j=1,2,\cdots,m$；$\overline{r}_i=\dfrac{1}{m}\sum\limits_{i=1}^{m}r_{ij}$，$\overline{r}_j=\dfrac{1}{m}\sum\limits_{j=1}^{m}r_{ij}$。

实际上，(4-3-5)式的权重问题的最优解 ω 为样本协方差矩阵 V 的最大特征根 λ 对应的单位特征向量，$\omega=(\omega_1,\omega_2,\cdots,\omega_n)^T$。

设第 k 个监测点的指标为 e_k，经(4-3-2)式标准化后为 f_k：

$$e_k=(e_{k1},e_{k2},\cdots,e_{km})^T,\quad f_k=(f_{k1},f_{k2},\cdots,f_{km})^T。$$

利用欧几里得距离计算贴近度：

$$u_{kh}=\left|\sum_{j=1}^{m}\frac{\sum\limits_{i=1}^{n}(\omega_i(f_{ki}-r_{ih}))^2}{\sum\limits_{i=1}^{n}(\omega_i(f_{ki}-r_{ij}))^2}\right|^{-1},\quad h=1,2,\cdots,m \tag{4-3-7}$$

利用公式(4-3-7)计算出各监测点与各类标准土壤的贴近度向量为：

$$u_k=(u_{k1},u_{k2},\cdots,u_{km})^T,\quad k=1,2,\cdots,p \tag{4-3-8}$$

再利用(4-3-8)式的结果中各监测点与各类标准土壤的贴近度，按最大贴近原则确定各监测点土壤所属类别。

通过对南充市区各片区土壤中重金属含量进行测试，选取对土壤质量影响比较大的镉(Cd)、铬(Cr)、铅(Pb)、锌(Zn)和铜(Cu)5 项作为土壤环境质量评价指标。使用的土壤污染评价分级标准见表 4-6：

表 4-6　土壤污染评价分级标准　mg/kg

重金属元素	Ⅰ级(清洁)	Ⅱ级(尚清洁)	Ⅲ级(轻污染)	Ⅳ级(中污染)	Ⅴ级(重污染)
Cd	0.12	0.25	0.60	1.40	2.00
Zn	83.68	116.75	240.00	560.00	800.00
Cr	74.88	99.54	150.00	350.00	500.00
Pb	23.35	36.09	150.00	350.00	500.00
Cu	28.37	40.63	120.00	280.00	400.00

各片区土壤中重金属含量的监测数据见表 4-7：

表 4-7　南充市各片区土壤重金属含量　mg/kg

采样地点	Cd	Zn	Cr	Pb	Cu
石油学院		88.48	15.86	43.08	28.18
炼油厂	0.31	89.69	16.30	44.32	29.91
石油汽修厂	1.10	113.58	39.91	473.50	80.95
五里店	1.42	126.44	12.08	57.48	57.75
内燃机厂	0.87	97.81	15.57	53.69	64.79
罐头厂	1.06	101.16	15.26	56.32	41.25
延安路	5.62	112.57	19.90	111.15	55.23
蚕种场	0.44	103.48	13.90	48.96	41.62
西华师大	0.27	94.33	13.55	45.09	52.83
北湖公园	—	106.95	15.06	40.66	50.17
川北医学院	1.77	108.30	15.55	64.49	51.45
人民中路	—	129.09	9.81	73.25	76.55
五星花园	—	107.53	11.55	53.00	40.78
人民公园	—	107.27	9.89	65.78	43.31
地区医院	—	100.88	10.01	41.77	32.97
果山公园	0.32	121.78	10.85	102.79	56.96

注："—"表示该指标含量在检测值以下。

利用(4-3-3)、(4-3-4)式计算得到土壤污染评价分级标准的标准化矩阵 R：

$$R=\begin{pmatrix}0.979 & 0.956 & 0.893 & 0.751 & 0.644\\ 1 & 0.954 & 0.782 & 0.335 & 0\\ 0.867 & 0.817 & 0.714 & 0.306 & 0\\ 1 & 0.973 & 0.734 & 0.315 & 0\\ 0.999 & 0.967 & 0.753 & 0.323 & 0\end{pmatrix},$$

利用(4-3-3)、(4-3-4)式将表 4-7 中各片区监测数据标准化后，得到表 4-8 中的结果：

表 4-8　各片区检测数据标准化结果　　mg/kg

采样地点	Cd	Zn	Cr	Pb	Cu
石油学院	1.000	0.993	0.988	0.959	1.000
炼油厂	0.945	0.992	0.987	0.956	0.995
石油汽修厂	0.804	0.958	0.939	0.056	0.858
五里店	0.747	0.940	0.995	0.928	0.920
内燃机厂	0.845	0.980	0.988	0.936	0.902
罐头厂	0.811	0.976	0.989	0.931	0.965
延安路	0.000	0.960	0.979	0.816	0.927
蚕种场	0.922	0.972	0.992	0.946	0.964
西华师大	0.952	0.985	0.992	0.954	0.934
北湖公园	1.000	0.968	0.989	0.964	0.941
川北医学院	0.685	0.966	0.988	0.914	0.937
人民中路	1.000	0.937	1.000	0.895	0.870
五星花园	1.000	0.967	0.996	0.938	0.966
人民公园	1.000	0.976	1.000	0.961	0.987
地区医院	1.000	0.976	1.000	0.961	0.987
果山公园	0.943	0.947	0.998	0.833	0.923

计算得到R的协方差矩阵V：

$$V=\begin{pmatrix}0.0033 & 0.0037 & 0.0014 & 0.0015 & 0.0016\\ 0.0037 & 0.0043 & 0.0019 & 0.0029 & 0.0036\\ 0.0014 & 0.0019 & 0.0050 & 0.0130 & 0.0190\\ 0.0015 & 0.0029 & 0.0130 & 0.0373 & 0.0555\\ 0.0016 & 0.0036 & 0.0190 & 0.0555 & 0.0829\end{pmatrix}。$$

协方差矩阵V的最大特征根以及对应的特征向量为：$\lambda=0.724449$，

$$\omega^{*}=(-0.167726,-0.507769,-0.438909,-0.511191,-0.509981)^{T}。$$

特征向量进行归一化后为：

$$\omega = (-0.078539, -0.237767, -0.205523, -0.239369, -0.238803)^T$$。

根据公式(4-3-7)得到各监测点与各类标准土壤的贴近度向量，再利用公式(4-3-8)确定各监测点土壤等级，结果见表 4-9：

表 4-9 模糊综合评价结果

采样地点	与各类土壤的贴近度					评价结果
	Ⅰ级(清洁)	Ⅱ级(尚清洁)	Ⅲ级(轻污染)	Ⅳ级(中污染)	Ⅴ级(重污染)	
石油学院	0.631872	0.323619	0.037495	0.004821	0.002194	清洁
炼油厂	0.621565	0.332947	0.038427	0.004857	0.002203	清洁
石油汽修厂	0.197609	0.209835	0.336966	0.176361	0.079228	轻污染
五里店	0.442224	0.446899	0.096419	0.010068	0.004390	尚清洁
内燃机厂	0.474432	0.433018	0.080236	0.008558	0.003756	清洁
罐头厂	0.522607	0.406889	0.060450	0.006957	0.003097	清洁
延安路	0.337360	0.358464	0.250921	0.037030	0.016226	尚清洁
蚕种场	0.551284	0.389288	0.050836	0.005938	0.002653	清洁
西华师大	0.542088	0.393794	0.054932	0.006352	0.002833	清洁
北湖公园	0.545044	0.395746	0.050717	0.005874	0.002619	清洁
川北医学院	0.456509	0.436082	0.092905	0.010079	0.004424	清洁
人民中路	0.399705	0.438672	0.142835	0.013168	0.005620	尚清洁
五星花园	0.542042	0.393663	0.055039	0.006400	0.002856	清洁
人民公园	0.505052	0.412740	0.070811	0.007900	0.003498	清洁
地区医院	0.595340	0.351937	0.044559	0.005619	0.002545	清洁
果山公园	0.396744	0.426710	0.155965	0.014425	0.006157	尚清洁

根据表 4-9 的结果可知，各监测点的优劣顺序依次为：石油学院，炼油厂，地区医院，蚕种场，北湖公园 ，西华师大，五星花园，罐头厂，人民公园，内燃机厂，川北医学院，五里店，人民中路，果山公园 ，延安路，石油汽修厂。其中，石油汽修厂为Ⅲ级；延安路、果山公园、人民中路、五里店为Ⅱ级；川北医学院、内燃机厂、人民公园、罐头厂的评价结果与Ⅰ级和Ⅱ级的贴近度很接近，属于准Ⅰ级；其他的属于Ⅰ级。通过对表 4-9 中数据分析可知，南充地区较大部分地区土壤已不同程度地受到了重金属污染，受污染程度与各观测点是否有厂区和医院有关。

参考文献

[1] 袁嘉祖, 冯晋臣. 模糊数学及其在林业中的应用[M]. 北京:中国林业出版社, 1988.

[2] 梁保松, 曹殿立. 模糊数学及其应用[M]. 北京:科学出版社, 2007.

[3] 刘来福.　模糊数学在小麦亲本识别上的应用[J]. 北京师范大学学报：自然科学版,1997(3): 25-28.

[4] 潘大志, 张众, 李成柱, 等. 土壤重金属污染评价的模糊识别模型的建立和应用[J]. 西南师范大学学报:自然科学版, 2007, 32(3): 132-135.

第 5 章　模糊多属性决策

决策是人类的一项基本活动，它是指人们从若干备选方案中选择一个满意的行动方案的过程。决策的正确与否直接关系到一个国家、一个企业或个人的兴衰成败，决策的科学性和客观性是保证做出成功决策的关键。根据决策空间的不同，经典的多准则决策可以划分为两个重要的领域：决策空间是离散的(备选方案的个数有限)称为多属性决策，决策空间是连续的(备选方案的个数无限)称为多目标决策。多属性决策是现代决策理论与方法研究的一个重要分支。多属性决策理论从其诞生以来就一直是学术界关注的研究热点，随着社会、经济的发展，人们所考虑问题的复杂性、不确定性以及人类思维的模糊性在不断增强。在决策过程中，决策信息常常以模糊信息来表达，把具有模糊信息的决策问题称为模糊多属性决策问题。目前，对模糊多属性决策问题的研究引起了学术界的极大关注。本章给出几种常用的模糊多属性决策方法。

5.1　层次分析法

层次分析法(Analytic Hierarchy Process，简称 AHP)是将与决策总是有关的元素分解成目标、准则、方案等层次，在此基础上进行定性和定量分析的决策方法。该方法是美国运筹学家匹茨堡大学教授萨汀(T. L. Saaty)于 20 世纪 70 年代在为美国国防部研究“根据各个工业部门对国家福利的贡献大小而进行电力分配”课题时，应用网络系统理论和多目标综合评价方法，提出的一种层次权重决策分析方法。1977 年举行的第一届国际数学建模会议上，萨汀发表了《无结构决策问题的建模—层次分析理论》，从此，层次分析法引起了人们的注意，并开始应用。它的应用已遍及经济管理、能源政策和分配、教育、农业和环境等领域。

在现实世界中，往往会遇到决策的问题。比如如何选择填报高考志愿，如何选择旅游景点，如何选用高质量的教材，等等。在决策者做出最后的决定以前，他必须考虑很多方面的因素或者判断准则，最终通过这些准则做出选择。比如选择一个旅游景点时，你可以从宁波、普陀山、浙西大峡谷、雁荡山和楠溪江中选择一个作为自己的旅游目的地，在进行选择时，你所考虑的因素有旅游的费用、旅游的景色、景点的居住条件和饮食状况以及交通状况等。这些因素是相互制约、相互影响的。我们将这样的复杂系统称为一个决策系统。这些决策系统中很多因素之间的比较往往无法用定量的方式描述，此时需要将半定性、半定量的问题转化为定量计算问题。层次分析法是解决这类问题的行之有效的方法。层次分析法将复杂的决策系统层次化，通过逐层比较各种关联因素的重要性来为分析以及最终的决策提供定量的依据。

层次分析法比较适合于具有分层交错评价指标的目标系统，而且目标值又难以定量描述的决策问题。层次分析法是将决策问题按总目标、各层子目标、评价准则直至具体的备择方案的顺序分解为不同的层次结构，然后用求解判断矩阵特征向量的办法，求得每一层次的各元素对上一层次某元素的优先权重，最后再用加权和的方法递阶归并各备择方案对总目标的最终权重，最终权重最大者即为最优方案。

5.1.1　正互反矩阵

定义 5-1 对矩阵 $A=(a_{ij})_{n\times n}$，如果 $a_{ij}>0$ 而且 $a_{ij}=\dfrac{1}{a_{ji}}$，则称 A 为正互反矩阵。如：

$$A=\begin{pmatrix} 1 & 2 & \frac{1}{3} \\ \frac{1}{2} & 1 & 4 \\ 3 & \frac{1}{4} & 1 \end{pmatrix}$$

为一个正互反矩阵。

定义 5-2 如果 $A=(a_{ij})_{n\times n}$ 为正互反矩阵，而且 $a_{ij}a_{jk}=a_{ik}\,(i,j,k=1,2,\cdots n)$，则称 A 为一致矩阵。

5.1.2　层次分析法的步骤

层次分析法的一般步骤如下：

(1)建立层次结构模型

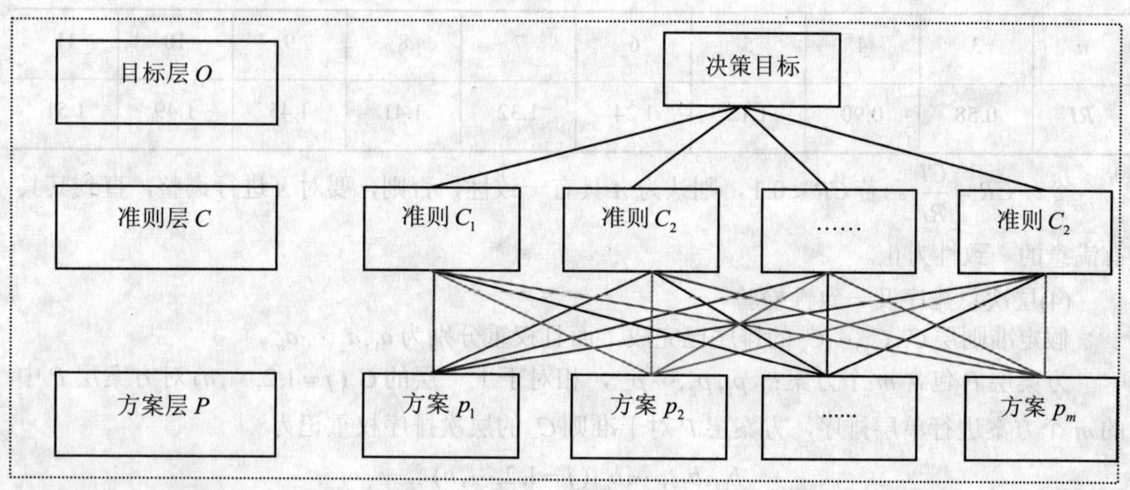

首先要对问题有明确的认识，弄清解决问题的目的、所包含的因素及其相互关系。将问题所包含的因素按属性不同而分层，建立递阶层次结构：目标层、准则层、方案层。同一层的诸因素从属于上一层的因素或对上层因素有影响，同时又支配下一层的因素或受到下层因素的作用。条目之间的连线表示作用关系，层次因素之间无连线，表示它们相互独立。当准则层包含因素过多时(譬如多于 9 个)可进一步将该层次分解为若干子准则层。

(2)构造判断矩阵

从层次结构模型的第 2 层开始，对于从属于(或影响)上一层每个因素的同一层诸因素，用两两比较法和 1～9 比较尺度构造判断矩阵。判断矩阵 $A=(a_{ij})_{n\times n}$ 应为正互反矩阵，即：

$a_{ij}>0$ 而且 $a_{ij}=\dfrac{1}{a_{ji}}$。其中比较尺度 a_{ij} 的确定如表 5-1：

表 5-1　比较尺度

c_i 比 c_j	相等	较强	强	很强	绝对强
a_{ij}	1	3	5	7	9

在相同到绝对强每两个等级之间可依次用 2、4、6、8 将其量化。

(3)单层排序及一致性检验

单层排序：求解判断矩阵 A 的最大特征值 $\lambda_{\max}$，再由 $A\omega=\lambda_{\max}\omega$ 求出 $\lambda_{\max}$ 对应的特征向量 ω，将 ω 标准化，即为同一层的各元素相对于上一层某一因素的权重，根据此权重大小便可确定同一层的各元素相对于上一层某一因素的排序。

一致性检验：为检验 A 的一致性，取一致性指标 $CI=\dfrac{\lambda_{\max}-n}{n-1}$（$n$ 为 A 的阶数）。

取随机性指标 RI，其值如表 5-2：

表 5-2　随机性指标

n	3	4	5	6	7	8	9	10	11
RI	0.58	0.90	1.12	1.24	1.32	1.41	1.45	1.49	1.51

令：$CR=\dfrac{CI}{RI}$。若 $CR<0.1$，则认为 A 具有一致性，否则，要对 A 进行调整，直到其具有满意的一致性为止。

(4)层次总排序及一致性检验

假定准则层 $C_1,C_2,\cdots C_n$ 的排序已完成，而且权重分别为 $a_1,a_2,\cdots a_n$。

方案层 P 包含 m 个方案：$p_1,p_2,\cdots p_m$，相对于上一层的 $C_j\,(j=1,2,\cdots,n)$ 对方案层 P 中的 m 个方案进行单层排序，方案层 P 对于准则 C_j 的层次排序权重记为

$$b_{1j},b_{2j},\cdots,b_{mj}\,(j=1,2,\cdots,n),$$

则方案层 P 中第 i 个方案 p_i 的总排序权重为 $\omega_i=\sum\limits_{j=1}^{n}a_jb_{ij}\quad(i=1,2,\cdots m)$。见表 5-3：

表 5-3　总排序权重

层次 P ＼ 层次 C	C_1	C_2	…	C_n	P 层总排序权重
	a_1	a_2	…	a_n	
p_1	b_{11}	b_{12}	…	b_{1n}	$\sum_{j=1}^{n} a_j b_{1j}$
p_2	b_{21}	b_{22}	…	b_{2n}	$\sum_{j=1}^{n} a_j b_{2j}$
⋮	⋮	⋮		⋮	⋮
p_m	b_{m1}	b_{m2}	…	b_{mn}	$\sum_{j=1}^{n} a_j b_{mj}$
CI	CI_1	CI_2	…	CI_n	

若　$CR = \dfrac{\sum_{j=1}^{n} a_j CI_j}{\sum_{j=1}^{n} a_j RI_j} < 0.1$，则认为总排序结果具有满意的一致性。

5.2　模糊层次分析法

前面的层次分析法（AHP）是一种决策思维方式，是作为一种定性与定量相结合的决策工具，已获得了广泛应用。但在实际应用中，由于客观事物的复杂性和人们对事物认识的模糊性，如何使 AHP 方法更客观、更准确地反映所研究的问题，应予以重视。AHP 的关键环节，是建立判断矩阵，判断矩阵是否科学、合理直接影响到 AHP 的效果。通过分析发现，判断矩阵的给出带有较强的主观性，检验判断矩阵一致性较困难，判断矩阵的一致性与人们思维的一致性具有显著性差异。这些问题受到了人们的关注，为此提出了模糊层次分析法。模糊层次分析法大致可以分为两类：一类是基于模糊矩阵的模糊层次分析法，另一类是基于模糊数的模糊层次分析法。这里只介绍基于模糊矩阵的模糊层次分析法[1]。

基于模糊矩阵的模糊层次分析法的基本原理如下：

①判断矩阵的两两比较的标度为：$a_{ij} = 0.5$ 表示 a_i 与 a_j 同等重要；$a_{ij} > 0.5$ 表示 a_i 比 a_j 重要；$a_{ij} < 0.5$ 表示 a_j 比 a_i 重要。

②若模糊判断矩阵 $A = (a_{ij})_{n\times n}$ 满足 $a_{ij} + a_{ji} = 1\ (i, j = 1, 2, \cdots, n)$ 则称模糊矩阵 A 是模糊互补矩阵(特别地，当 $i = j$ 时，$a_{ii} + a_{ii} = 1$，故 $a_{ii} = 0.5$)。进一步，若 $a_{ij} = a_{ik} - a_{jk} + 0.5$，则称模糊矩阵 A 是模糊一致矩阵。

③设元素 $c_1,c_2,\cdots,c_n$ 的两两比较重要程度的模糊判断矩阵 $A=(a_{ij})_{n\times n}$，记元素 $c_1,c_2,\cdots,c_n$ 的权重分别为 $w_1,w_2,\cdots,w_n$。w_i 是对元素 c_i 重要程度的一种度量，w_i 越大则元素 c_i 就越重要，因此 w_i-w_j 的大小在一定程度上也表示了元素 c_i 比 c_j 重要的程度，且 w_i-w_j 越大，c_i 比 c_j 就越重要。a_{ij} 与 w_i-w_j 存在一定的联系，可以证明当 A 为模糊一致矩阵时，有关系：

$$a_{ij}=a(w_i-w_j)+0.5\ (a\geqslant\frac{n-1}{2}，一般取 a=\frac{n-1}{2})。$$

另外，有如下两个结果成立：

定理 5-1 模糊互补矩阵 $A=(a_{ij})_{n\times n}$ 是模糊一致矩阵的充分必要条件是任意指定两行的对应元素之差为常数。

证明 必要性：对任意指定的第 i 行和第 j 行，由模糊一致矩阵的定义知，$\forall k\ (k=1,2,\cdots,n)$，有 $a_{ij}=a_{ik}-a_{jk}+0.5$，从而，对 $\forall k$，有 $a_{ik}-a_{jk}=a_{ij}-0.5$。
在上式中 i 和 j 是固定的，只有 k 是变动的。所以，第 i 行和第 j 行对应元素之差为常数。

充分性：对任意指定的第 i 行和第 j 行，设它们对应元素之差为常数 a，即 $\forall k\ (k=1,2,\cdots,n)$，有 $a_{ik}-a_{jk}=a$。特别地，当 $k=j$ 时也应成立，即有 $a_{ij}-a_{jj}=a$，从而，有 $a_{ij}-a_{jj}=a_{ik}-a_{jk}$，故 $a_{ij}=a_{ik}-a_{jk}+a_{jj}$。再由 $A=(a_{ij})_{n\times n}$ 是模糊互补矩阵知 $a_{jj}=0.5$，故 $a_{ij}=a_{ik}-a_{jk}+0.5$。最后，由 i 和 j 的任意性及模糊一致矩阵的定义知，$A=(a_{ij})_{n\times n}$ 是模糊一致矩阵。

定理 5-2 模糊互补矩阵 $A=(a_{ij})_{n\times n}$ 是模糊一致矩阵的充分必要条件是任意指定行和其余各行对应元素之差为某一个常数。

证明 必要性：由定理 5-1 直接可得。

充分性：若对任意指定的第 i 行和第 j 行，对 $\forall k\ (k=1,2,\cdots,n)$，有

$$a_{1k}-a_{ik}=a_i，\ a_{1k}-a_{jk}=a_j$$

则对 $\forall k$，有 $a_{ik}-a_{jk}=a_{1k}-a_{jk}-a_{1k}+a_{ik}=(a_{1k}-a_{jk})-(a_{1k}-a_{ik})=a_j-a_i$，
即第 i 行和第 j 行的对应元素之差为常数 a_j-a_i，由 i 和 j 的任意性知 A 的任意指定两行对应元素之差均为常数，从而由定理 5-1 知 A 是模糊一致矩阵。

模糊层次分析法的步骤和 T. L. Saaty 提出的 AHP 的步骤基本一致，仅有两点不同：

①在 AHP 中通过元素的两两比较构造判断矩阵，而在模糊层次分析法中通过元素两两比较构造模糊一致判断矩阵。

②由模糊一致矩阵求表示各元素的相对重要性的权重的方法同由判断矩阵求权重的方法不同。

为此，下面仅介绍如何建立模糊一致判断矩阵，以及由模糊一致判断矩阵求权重的方法。

(1) 模糊一致判断矩阵的建立

模糊一致判断矩阵，表示针对上一层某元素，本层与之有关元素之间相对重要性的比较，假定上一层的元素 C 同下一层中的元素 $c_1,c_2,\cdots,c_n$ 有联系，则模糊一致判断矩阵表示为 $A=(a_{ij})_{n\times n}$，元素 a_{ij} 具有如下实际意义：a_{ij} 表示元素 c_i 和 c_j 相对于元素 C 进行比较时，元

素c_i和c_j具有模糊关系"…比…重要得多"的隶属度。为了使任意两个方案关于某准则的相对重要程度得到定量描述，可采用如下表5-4的0.1～0.9标度给予数量标度：

表5-4 0.1～0.9标度

c_i比c_j	同等重要	稍微重要	明显重要	重要得多	极端重要
a_{ij}	0.5	0.6	0.7	0.8	0.9

若元素c_i和c_j相比较得到判断a_{ij}，则元素c_j和c_i相比较得到的判断为$a_{ji}=1-a_{ij}$。

有了上面的数字标度之后，元素$c_1,c_2,\cdots,c_n$相对于上一层元素C进行比较，可得如下模糊判断矩阵

$$A=\begin{pmatrix} a_{11} & a_{12} & \cdots & a_{1n} \\ a_{21} & a_{22} & \cdots & a_{2n} \\ \cdots & \cdots & \cdots & \cdots \\ a_{n1} & a_{n2} & \cdots & a_{nn} \end{pmatrix}。$$

值得注意的是，在实际决策分析中，由于所研究的问题的复杂性和人们认识上可能产生的片面性，使上面构造出的判断矩阵A往往不具有一致性，这时可应用模糊一致矩阵的充分必要条件进行调整。具体的调整步骤如下：

第一步，确定一个同其余元素的重要性相比较得出的判断有把握的元素，不失一般性，设决策者认为对判断$a_{11},a_{12},\cdots,a_{1n}$比较有把握。

第二步，用A的第一行元素减去第二行对应元素，若所得的n个差数为常数，则不需调整第二行元素；否则，要对第二行元素进行调整，直到第一行元素减第二行的对应元素之差为常数为止。

第三步，用A的第一行元素减去第三行的对应元素，若所得的n个差数为常数，则不需调整第三行的元素；否则，要对第三行的元素进行调整，直到第一行元素减去第三行对应元素之差为常数为止。

上面步骤如此继续下去直到第一行元素减去第n行对应元素之差为常数为止。

（2）由模糊一致判断矩阵求元素$c_1,c_2,\cdots,c_n$的权重

设元素$c_1,c_2,\cdots,c_n$进行两两重要性比较后得到的模糊一致判断矩阵为$A=(a_{ij})_{n\times n}$，记元素$c_1,c_2,\cdots,c_n$的权重分别为$w_1,w_2,\cdots,w_n$。由前面的讨论知有如下关系式成立：

$$a_{ij}=a(w_i-w_j)+0.5。$$

利用最小二乘法求权重向量$W=(w_1,w_2,\cdots,w_n)^T$，即求解如下的约束规划问题：

$$(\text{P1})\begin{cases} \min z=\sum_{i=1}^{n}\sum_{j=1}^{n}[0.5+a(w_i-w_j)-r_{ij}]^2, \\ s.t.\sum_{i=1}^{n}w_i=1, w_i\geqslant 0, (1\leqslant i\leqslant n)。\end{cases}$$

由拉格朗日乘子法知约束规划问题(P1)等价于如下无约束规划问题：

$$(\text{P2})\min L(w,\lambda)=\sum_{i=1}^{n}\sum_{j=1}^{n}[0.5+a(w_i-w_j)-r_{ij}]^2+2\lambda(\sum_{i=1}^{n}w_i-1)\text{。}$$

其中 λ 是 Lagrange 乘子。

将 $L(w,\lambda)$ 关于 $w_i\ (i=1,2,\cdots,n)$ 求偏导，并令其为零，得如下由 n 个代数方程组成的方程组：

$$(\text{P3})a\sum_{j=1}^{n}[0.5+a(w_i-w_j)-r_{ij}]-a\sum_{k=1}^{n}[0.5+a(w_k-w_i)-r_{ki}]+\lambda=0\quad(i=1,2,\cdots,n)$$

利用 $r_{ii}=0$，便可得：

$$(\text{P4})\quad\sum_{j=1}^{n}[2a^2(w_i-w_j)+a(r_{ji}-r_{ij})]+\lambda=0\text{。}$$

方程组 (P4) 含有 $n+1$ 个未知数 $w_1,w_2,\cdots,w_n,\lambda$ 以及 n 个方程，解此方程组还不能确定唯一解。又因 $w_1+w_2+\cdots+w_n=1$，将此式加到方程组 (P4) 中可得到如下含有 $n+1$ 个未知数 $n+1$ 个方程的方程组：

$$\begin{cases}2a^2(n-1)w_1-2a^2w_2-2a^2w_3-\cdots-2a^2w_n+\lambda=a\sum_{j=1}^{n}(r_{1j}-r_{j1}),\\-2a^2w_1+2a^2(n-1)w_2-2a^2w_3-\cdots-2a^2w_n+\lambda=a\sum_{j=1}^{n}(r_{2j}-r_{j2}),\\\cdots\\-2a^2w_1-2a^2w_2-2a^2w_3-\cdots+2a^2(n-1)w_n+\lambda=a\sum_{j=1}^{n}(r_{nj}-r_{jn}),\\w_1+w_2+\cdots+w_n=1\text{。}\end{cases}$$

解此方程组便可求得权重向量 $W=(w_1,w_2,\cdots,w_n)^T$。

模糊层次分析法同普通层次分析法相比具有以下优点：

用定理 5-1 或定理 5-2 检验模糊矩阵是否具有一致性较通过计算判断矩阵的最大特征根及其对应特征向量检验判断矩阵是否具有一致性更容易；调整模糊矩阵的元素可很快使模糊不一致矩阵具有模糊一致性，克服了普通层次分析法要经过若干次调整、检验、再调整、再检验才能使判断矩阵具有一致性的缺点；用定理 5-1 或定理 5-2 作为检验模糊矩阵是否具有一致性的标准较检验判断矩阵是否具有一致性的判断标准 $CR<0.1$ 更加科学、准确和简便。

5.3 TOPSIS 方法

TOPSIS 方法(the technique for order preference by similarity to ideal solution)是由 Hwang 和 Yoon[2]于 1981 年提出的，此方法是通过构造出多属性决策问题的“正理想解”与“负理想解”，对备选方案进行排序，确定其优劣。若一个方案距离“正理想解”越近，同时距离“负理想解”越远，则认为该方案越优。TOPSIS 方法是一种常用的多属性决策分析法，由于其算法相对比较简洁，决策依据直观合理，从而在各个决策领域得到了广泛的应用。

TOPSIS 方法假设每个属性具有单调递增或单调递减的效用，这个单调性的要求是合情合理的。因为非单调性的效用(如商品房中最优房间数或身体中的血糖数等，这些情况的最优效用并不是越大越好或越小越好，而是处于属性值域的中间)是比较少见的。

确定的正理想解由所有可能的最优属性值构成，负理想解则由所有可能的最差属性值构成。可以将关于 m 个方案 n 个属性的多属性决策问题视作在 n 维空间中的 m 个点构成的几何系统中进行处理。此时，所有的方案可以作为该系统的解。决策方法可以是选择与正理想解在几何空间上具有最小 Euclid 距离的方案。

TOPSIS 方法的决策过程如下：

假设一个多属性决策问题有 m 个备选方案 $A_1, A_2, \cdots, A_m$，同时有 n 个决策属性（指标）$R_1, R_2, \cdots, R_n$，其评价值构成如表 5-5 的决策矩阵：

表 5-5　多属性决策矩阵

	R_1	R_2	…	R_n
A_1	x_{11}	x_{12}	…	x_{1n}
A_2	x_{21}	x_{22}	…	x_{2n}
⋮	⋮	⋮	…	⋮
A_m	x_{m1}	x_{m2}	…	x_{mn}

第一步，计算规范决策矩阵，规范值为：$n_{ij} = \dfrac{x_{ij}}{\sqrt{\sum_{i=1}^{m} x_{ij}^2}} \quad (i = 1, 2, \cdots, m; j = 1, 2, \cdots, n)$。

第二步，计算加权规范决策矩阵，其加权值为：$v_{ij} = \omega_j \cdot n_{ij}$，其中，$\omega_j$ 为 R_j 的权重，而且 $\sum_{j=1}^{n} \omega_j = 1$。

第三步，确定正理想解和负理想解：

$$A^+ = \left\{v_1^+, v_2^+, \cdots, v_n^+\right\} = \left\{\left(\max_i v_{ij} \middle| j \in \mathrm{I}\right), \left(\min_i v_{ij} \middle| j \in \mathrm{J}\right)\right\};$$

$$A^- = \left\{v_1^-, v_2^-, \cdots, v_n^-\right\} = \left\{\left(\min_i v_{ij} \middle| j \in \mathrm{I}\right), \left(\max_i v_{ij} \middle| j \in \mathrm{J}\right)\right\}。$$

其中 I 为效益型属性(效益型属性为属性值越大越好的属性)，J 为成本型属性(成本型属性为属性值越小越好的属性)。

第四步，利用 Euclid 距离，计算每个方案与正理想解和负理想解的分离度：

$$d_i^+ = \sqrt{\sum_{j=1}^{n} (v_{ij} - v_j^+)^2}\,, \quad d_i^- = \sqrt{\sum_{j=1}^{n} (v_{ij} - v_j^-)^2}\,。$$

第五步，计算备选方案与正理想解的相对接近度：$r_i^* = \dfrac{d_i^-}{d_i^+ + d_i^-} (i = 1, 2, \cdots, m)$。

第六步，根据 r_i^* 由大到小对备选方案排序，排在前面的方案认为较优。

例 5-1 有一家庭欲购一台私家车，经初步调查，确定了 4 个备选车型：本田飞度(A_1)、Audi A4(A_2)、桑塔纳 Vista(A_3)、别克君越(A_4)，选择时决策者需考虑 6 个决策属性：油耗(R_1)、功率(R_2)、价格(R_3)、安全性(R_4)、维护性(R_5)、操纵性(R_6)，其决策矩阵如表 5-6：

表 5-6 决策矩阵

	R_1	R_2	R_3	R_4	R_5	R_6
A_1	5	1.4	6	差（0.3）	中（0.5）	好（0.7）
A_2	9	2	30	好（0.7）	中（0.5）	很好（0.9）
A_3	8	1.8	11	中（0.5）	高（0.7）	中（0.5）
A_4	12	2.5	18	好（0.7）	中（0.5）	中（0.5）
权重	0.1	0.1	0.3	0.2	0.2	0.1

现利用 TOPSIS 方法评选 4 个车型的轿车：

第一步，构造决策矩阵

$$M=\begin{pmatrix}5 & 1.4 & 6 & 0.3 & 0.5 & 0.7\\ 9 & 2 & 30 & 0.7 & 0.7 & 0.9\\ 8 & 1.8 & 11 & 0.5 & 0.5 & 0.5\\ 12 & 2.5 & 18 & 0.7 & 0.5 & 0.5\end{pmatrix}。$$

第二步，计算规范化决策矩阵

$$N=\begin{pmatrix}0.2822 & 0.3562 & 0.1615 & 0.2611 & 0.4490 & 0.5217\\ 0.5079 & 0.5088 & 0.8037 & 0.6093 & 0.4490 & 0.6708\\ 0.4515 & 0.4579 & 0.2960 & 0.4532 & 0.6286 & 0.3727\\ 0.6772 & 0.6360 & 0.4844 & 0.6093 & 0.4490 & 0.3727\end{pmatrix}。$$

第三步，计算加权规范决策矩阵

$$V=\begin{pmatrix}0.0282 & 0.0356 & 0.0484 & 0.0522 & 0.0898 & 0.0522\\ 0.0507 & 0.0509 & 0.2422 & 0.1219 & 0.0898 & 0.0671\\ 0.0452 & 0.0458 & 0.0888 & 0.0870 & 0.1257 & 0.0373\\ 0.0677 & 0.0636 & 0.1453 & 0.1219 & 0.0898 & 0.0373\end{pmatrix}。$$

第四步，此处，R_1，R_3 为成本型属性，R_2，R_4，R_5，R_6 为效益型属性，从而得

正理想解：$A^+=\{0.0282,0.0636,0.0484,0.1219,0.1257,0.0671\}$；

负理想解：$A^-=\{0.0677,0.0356,0.2422,0.0522,0.0898,0.0373\}$。

第五步，确定每个方案与正理想解和负理想解的分离度：

$$d_1^+=0.0848, d_1^-=0.1983;\quad d_2^+=0.1987, d_2^-=0.0791;$$
$$d_3^+=0.0658, d_3^-=0.1632;\quad d_4^+=0.1146, d_4^-=0.1225。$$

第六步，确定每个方案与正理想解的相对接近度

$$r_1^*=\frac{d_1^-}{d_1^++d_1^-}=0.7011,\quad r_2^*=\frac{d_2^-}{d_2^++d_2^-}=0.2847,$$

$$r_3^* = \frac{d_3^-}{d_3^+ + d_3^-} = 0.7126, \quad r_4^* = \frac{d_4^-}{d_4^+ + d_4^-} = 0.5168。$$

从而，得到 4 个备选方案的排序结果为：$A_3 > A_1 > A_4 > A_2$，即 A_3 应该被首先选择，如果由于一些客观原因不选 A_3，紧接着可考虑选择 A_1，以此类推。

5.4　直觉模糊多属性决策

自从 1965 年 Zadeh 教授建立了模糊集理论[3]，数学的理论与应用研究范围便从精确问题拓展到了模糊现象的论域。Zadeh 教授采用单一标度(隶属度或非隶属度)定义模糊集，即用单一的隶属度同时表示模糊性、模糊概念或模糊现象的 2 个对立面(或状态)。换句话说，若支持某个命题或现象 x 的隶属度为 $\mu(x)$，则按照模糊集的定义，反对(或否定)该命题或现象的隶属度自动取为 $1-\mu(x)$。这样就无法表示中立状态即既不支持也不反对，也即模糊集只能描述"亦此亦彼"性，无法描述"非此非彼"性。如在各种选举投票事件中，除了支持与反对两个方面，还经常有弃权的情况发生，而传统的模糊集理论不能完整地表达所研究问题的全部信息。模糊集概念的这种局限性给解决复杂的实际管理决策问题提出了新的研究课题与挑战。基于此，1983 年，保加利亚学者 Atanassov 教授提出了直觉模糊集[4,5]的概念(Atanassov 最早发表的关于直觉模糊集的文章不是参考文献[5]，而是 1983 年用保加利亚语写的论文[4])。直觉模糊集利用两标度(隶属度与非隶属度)来刻画模糊性，可以同时表示支持、反对和中立 3 种状态，克服了二分法的局限性，而且把"非此非彼"性也包含在内，它能够更细腻、更全面地描述客观现象的自然属性，这也符合中国传统哲学重视 2 个极端之间的中间状态的思想。由于直觉模糊集能够比较灵活、方便地描述不确定性，尤其是能够描述决策者判断过程中的犹豫程度，因此受到了理论与应用研究工作者的广泛关注[6,7]。Atanassov[5]和 De 等[8]对直觉模糊集的"交"、"并"、"补"和"幂"等基本运算法则进行了研究。1993 年，Gau 和 Buehrer[9]提出了 Vague 集的概念，但 Bustince 和 Burillo[10]在 1996 年证明了 Vague 集和直觉模糊集是完全相同的概念。

决策信息、偏好等集结方法一直是管理决策问题研究的主要内容之一。如何集结直觉模糊集信息成为直觉模糊集多属性决策中的重要研究内容，徐泽水[6]已对其进行了系统的研究。

由于实际管理决策的复杂性、多样性，使得决策者有时很难准确地确定隶属度与非隶属度的精确值，而往往需要给出隶属度与非隶属度的某个区间，作为直觉模糊集的推广。1989 年，Atanassov 和 Gargov 提出了区间值直觉模糊集[11]的概念，并对区间值直觉模糊集的运算法则、拓扑结构以及区间值直觉模糊集与 L－模糊集、直觉模糊集、区间值模糊集这 3 类集合之间的关系等基础理论进行了深入研究。1994 年，Atanassov[12]定义了区间值直觉模糊集的一些基本运算法则。

本节我们介绍几种基于直觉模糊信息和区间值直觉模糊信息的多属性决策方法。

5.4.1 直觉模糊集

定义 5-3 对论域U，$A=\{(x,\mu_A(x),\nu_A(x))\mid x\in U\}$称为$U$中的一个直觉模糊集，其中$\mu_A(x),\nu_A(x):x\to[0,1]$分别表示$A$的隶属函数和非隶属函数，而且对任意$x\in U$，满足$0\leqslant\mu_A(x)+\nu_A(x)\leqslant 1$。$\pi_A(x)=1-\mu_A(x)-\nu_A(x)$称为元素$x$属于集合$A$的犹豫度。如：$\mu_A(x)=0.5$，$\nu_A(x)=0.3$，则$\pi_A(x)=1-0.5-0.3=0.2$。

为简单起见，称$\alpha=(\mu_\alpha,\nu_\alpha)$为直觉模糊数，这里$\mu_\alpha\in[0,1]$称为隶属度，$\nu_\alpha\in[0,1]$称为非隶属度，而且$\mu_\alpha+\nu_\alpha\leqslant 1$。直觉模糊数$\alpha$的犹豫度记为$\pi_\alpha=1-\mu_\alpha-\nu_\alpha$。

定义 5-4 设$\alpha_1=(\mu_{\alpha_1},\nu_{\alpha_1})$和$\alpha_2=(\mu_{\alpha_2},\nu_{\alpha_2})$是两个直觉模糊数，则$\alpha_1=\alpha_2$当且仅当$\mu_{\alpha_1}=\mu_{\alpha_2}$，$\nu_{\alpha_1}=\nu_{\alpha_2}$。

定义 5-5 对任一直觉模糊数$\alpha=(\mu_\alpha,\nu_\alpha)$，其得分函数$s$定义为：$s(\alpha)=\mu_\alpha-\nu_\alpha$，其中$s(\alpha)$为$\alpha$的得分值，而且$s(\alpha)\in[-1,1]$。

定义 5-6 对任一直觉模糊数$\alpha=(\mu_\alpha,\nu_\alpha)$，其精确函数$h$定义为：$h(\alpha)=\mu_\alpha+\nu_\alpha$，$h(\alpha)$为$\alpha$的精确度，$h(\alpha)$值越大，则直觉模糊数$\alpha$的精确度越高。

直觉模糊数间的比较和排序如下：

定义 5-7 设$\alpha_1=(\mu_{\alpha_1},\nu_{\alpha_1})$和$\alpha_2=(\mu_{\alpha_2},\nu_{\alpha_2})$为直觉模糊数，$s(\alpha_1)=\mu_{\alpha_1}-\nu_{\alpha_1}$和$s(\alpha_2)=\mu_{\alpha_2}-\nu_{\alpha_2}$分别为$\alpha_1$和$\alpha_2$的得分值，$h(\alpha_1)=\mu_{\alpha_1}+\nu_{\alpha_1}$和$h(\alpha_2)=\mu_{\alpha_2}+\nu_{\alpha_2}$分别为$\alpha_1$和$\alpha_2$的精确度，则

(1)当$s(\alpha_1)<s(\alpha_2)$，则α_1小于α_2，记为$\alpha_1<\alpha_2$。

(2)当$s(\alpha_1)=s(\alpha_2)$，则：

- 若$h(\alpha_1)=h(\alpha_2)$，则α_1等于α_2，记为$\alpha_1=\alpha_2$；
- 若$h(\alpha_1)<h(\alpha_2)$，则α_1小于α_2，记为$\alpha_1<\alpha_2$；
- 若$h(\alpha_1)>h(\alpha_2)$，则α_1大于α_2，记为$\alpha_1>\alpha_2$。

例 5-2 设$\alpha_1=(0.7,0.3)$，$\alpha_2=(0.8,0.1)$与$\alpha_3=(0.6,0.2)$为三个直觉模糊数，则

$$s(\alpha_1)=0.7-0.3=0.4,\quad s(\alpha_2)=0.8-0.1=0.7,$$
$$s(\alpha_3)=0.6-0.2=0.4,\quad h(\alpha_1)=0.7+0.3=1.0,$$
$$h(\alpha_3)=0.6+0.2=0.8。$$

从而，得到$\alpha_2>\alpha_1>\alpha_3$。

定义 5-8 令$\alpha=(\mu_\alpha,\nu_\alpha)$，$\alpha_1=(\mu_{\alpha_1},\nu_{\alpha_1})$和$\alpha_2=(\mu_{\alpha_2},\nu_{\alpha_2})$为直觉模糊数，$\lambda>0$为一实数，则定义直觉模糊数的运算法则如下：

(1) $\overline{\alpha}=(\nu_\alpha,\mu_\alpha)$；

(2) $\alpha_1\cap\alpha_2=(\min\{\mu_{\alpha_1},\mu_{\alpha_2}\},\max\{\nu_{\alpha_1},\nu_{\alpha_2}\})$；

(3) $\alpha_1\cup\alpha_2=(\max\{\mu_{\alpha_1},\mu_{\alpha_2}\},\min\{\nu_{\alpha_1},\nu_{\alpha_2}\})$；

(4) $\alpha_1\oplus\alpha_2=(\mu_{\alpha_1}+\mu_{\alpha_2}-\mu_{\alpha_1}\mu_{\alpha_2},\nu_{\alpha_1}\nu_{\alpha_2})$；

(5) $\alpha_1\otimes\alpha_2=(\mu_{\alpha_1}\mu_{\alpha_2},\nu_{\alpha_1}+\nu_{\alpha_2}-\nu_{\alpha_1}\nu_{\alpha_2})$；

(6) $\lambda\alpha=(1-(1-\mu_\alpha)^\lambda,\nu_\alpha^\lambda)$；

(7) $\alpha^\lambda=(\mu_\alpha^\lambda,1-(1-\nu_\alpha)^\lambda)$。

例 5-3 设 $\alpha_1=(0.5,0.3)$ 与 $\alpha_2=(0.6,0.2)$ 为两个直觉模糊数，则

$$0.2\alpha_1=(1-(1-0.5)^{0.2},0.3^{0.2})=(0.13,0.79)，$$

$$\alpha_1\oplus\alpha_2=(0.5+0.6-0.5\times0.6,0.3\times0.2)=(0.8,0.06)。$$

定理 5-3 设 $\alpha_i=(\mu_{\alpha_i},\nu_{\alpha_i})\ (i=1,2,\cdots,n)$ 为直觉模糊数， $\omega_i\in[0,1]$ 而且 $\sum_{i=1}^n\omega_i=1$ ，则 $\omega_1\alpha_1\oplus\omega_2\alpha_2\oplus\cdots\oplus\omega_n\alpha_n=(1-\prod_{i=1}^n(1-\mu_{\alpha_i})^{\omega_i},\prod_{i=1}^n\nu_{\alpha_i}^{\omega_i})$。

定义 5-9 设 $\alpha_1=(\mu_{\alpha_1},\nu_{\alpha_1})$ 与 $\alpha_2=(\mu_{\alpha_2},\nu_{\alpha_2})$ 为两个直觉模糊数，则 α_1 和 α_2 间的距离定义为 $d(\alpha_1,\alpha_2)=\sqrt{\frac{1}{3}[(\mu_{\alpha_1}-\mu_{\alpha_2})^2+(\nu_{\alpha_1}-\nu_{\alpha_2})^2+(\pi_{\alpha_1}-\pi_{\alpha_2})^2]}$。

5.4.2 区间值直觉模糊集

定义 5-10 设 U 是一个非空论域，则称

$$\tilde{A}=\{(x,\mu_{\tilde{A}}(x),\nu_{\tilde{A}}(x))\mid x\in U\}$$

为区间值直觉模糊集，其中 $\mu_{\tilde{A}}(x)\subset[0,1]$， $\nu_{\tilde{A}}(x)\subset[0,1]$，而且满足

$$\sup\mu_{\tilde{A}}(x)+\sup\nu_{\tilde{A}}(x)\leqslant 1。$$

显然，如果 $\inf\mu_{\tilde{A}}(x)=\sup\mu_{\tilde{A}}(x)$ 且 $\inf\nu_{\tilde{A}}(x)=\sup\nu_{\tilde{A}}(x)$ ，则区间值直觉模糊集将退化为通常的直觉模糊集。

为了方便起见，称 $\tilde{\alpha}=(\mu_{\tilde{\alpha}},\nu_{\tilde{\alpha}})$ 为区间值直觉模糊数，其中 $\mu_{\tilde{\alpha}}\subset[0,1]$ 称为隶属度区间，$\nu_{\tilde{\alpha}}\subset[0,1]$ 称为非隶属度区间，而且 $\sup\mu_{\tilde{\alpha}}+\sup\nu_{\tilde{\alpha}}\leqslant 1$ 。

下面给出区间值直觉模糊数的一些基本运算：

定义 5-11 设 $\tilde{\alpha}_1=([a_1,b_1],[c_1,d_1])$ 与 $\tilde{\alpha}_2=([a_2,b_2],[c_2,d_2])$ 为两个区间值直觉模糊数，则 $\tilde{\alpha}_1=\tilde{\alpha}_2$ 当且仅当 $a_1=a_2,b_1=b_2,c_1=c_2,d_1=d_2$ 。

定义 5-12 设 $\tilde{\alpha}=([a,b],[c,d])$， $\tilde{\alpha}_1=([a_1,b_1],[c_1,d_1])$ 与 $\tilde{\alpha}_2=([a_2,b_2],[c_2,d_2])$ 为区间值直觉模糊数，则

（1） $\overline{\tilde{\alpha}}=([c,d],[a,b])$；

（2） $\tilde{\alpha}_1\cap\tilde{\alpha}_2=([\min\{a_1,a_2\},\min\{b_1,b_2\}],[\max\{c_1,c_2\},\max\{d_1,d_2\}])$；

（3） $\tilde{\alpha}_1\cup\tilde{\alpha}_2=([\max\{a_1,a_2\},\max\{b_1,b_2\}],[\min\{c_1,c_2\},\min\{d_1,d_2\}])$；

（4） $\tilde{\alpha}_1\oplus\tilde{\alpha}_2=([a_1+a_2-a_1a_2,b_1+b_2-b_1b_2],[c_1c_2,d_1d_2])$；

（5） $\tilde{\alpha}_1\otimes\tilde{\alpha}_2=([a_1a_2,b_1b_2],[c_1+c_2-c_1c_2,d_1+d_2-d_1d_2])$；

（6） $\lambda\tilde{\alpha}=([1-(1-a)^\lambda,1-(1-b)^\lambda],[c^\lambda,d^\lambda]),\lambda>0$；

（7） $\tilde{\alpha}^\lambda=([a^\lambda,b^\lambda],[1-(1-c)^\lambda,1-(1-d)^\lambda]),\lambda>0$ 。

例 5-4 设 $\tilde{\alpha}_1=([0.5,0.7],[0.1,0.2])$ 与 $\tilde{\alpha}_2=([0.3,0.5],[0.2,0.3])$ 为两个区间值直觉模糊数，则

$$0.2\tilde{\alpha}_1=([1-(1-0.5)^{0.2},1-(1-0.7)^{0.2}],[0.1^{0.2},0.2^{0.2}])=([0.13,0.21],[0.63,0.72])，$$

$$\begin{aligned}\tilde{\alpha}_1\oplus\tilde{\alpha}_2&=([0.5+0.3-0.5\times0.3,0.7+0.5-0.7\times0.5],[0.1\times0.2,0.2\times0.3])\\&=([0.65,0.85],[0.02,0.06])。\end{aligned}$$

定理 5-4 设 $\tilde{\alpha}_i=([a_i,b_i],[c_i,d_i])\ (i=1,2,\cdots,n)$ 为一族区间值直觉模糊数，$\omega_i\in[0,1]$ 且 $\sum_{i=1}^{n}\omega_i=1$，则

$$\omega_1\tilde{\alpha}_1\oplus\omega_2\tilde{\alpha}_2\oplus\cdots\oplus\omega_n\tilde{\alpha}_n=([1-\prod_{i=1}^{n}(1-a_i)^{\omega_i},1-\prod_{i=1}^{n}(1-b_i)^{\omega_i}],[\prod_{i=1}^{n}c_i^{\omega_i},\prod_{i=1}^{n}d_i^{\omega_i}])$$

另外，关于区间值直觉模糊数间的比较和排序如下：

定义 5-13 设 $\tilde{\alpha}_1=([a_1,b_1],[c_1,d_1])$ 与 $\tilde{\alpha}_2=([a_2,b_2],[c_2,d_2])$ 为区间值直觉模糊数，

$$s(\tilde{\alpha}_1)=\frac{1}{2}(a_1-c_1+b_1-d_1)，\quad s(\tilde{\alpha}_2)=\frac{1}{2}(a_2-c_2+b_2-d_2)$$

分别为 $\tilde{\alpha}_1$ 与 $\tilde{\alpha}_2$ 的得分函数。另外，

$$h(\tilde{\alpha}_1)=\frac{1}{2}(a_1+b_1+c_1+d_1)，\quad h(\tilde{\alpha}_2)=\frac{1}{2}(a_2+b_2+c_2+d_2)$$

分别为 $\tilde{\alpha}_1$ 与 $\tilde{\alpha}_2$ 的精确函数。

显然，对任意的区间值直觉模糊数 $\tilde{\alpha}$，$s(\tilde{\alpha})\in[-1,1]$，$h(\tilde{\alpha})\in[0,1]$。

定义 5-14 设 $\tilde{\alpha}_1=([a_1,b_1],[c_1,d_1])$ 与 $\tilde{\alpha}_2=([a_2,b_2],[c_2,d_2])$ 为区间值直觉模糊数，则

(1)若 $s(\tilde{\alpha}_1)<s(\tilde{\alpha}_2)$，则 $\tilde{\alpha}_1$ 小于 $\tilde{\alpha}_2$，记为 $\tilde{\alpha}_1<\tilde{\alpha}_2$。

(2)若 $s(\tilde{\alpha}_1)=s(\tilde{\alpha}_2)$，则：

- 如果 $h(\tilde{\alpha}_1)<h(\tilde{\alpha}_2)$，则 $\tilde{\alpha}_1$ 小于 $\tilde{\alpha}_2$，记为 $\tilde{\alpha}_1<\tilde{\alpha}_2$；
- 如果 $h(\tilde{\alpha}_1)=h(\tilde{\alpha}_2)$，则 $\tilde{\alpha}_1$ 等于 $\tilde{\alpha}_2$，记为 $\tilde{\alpha}_1=\tilde{\alpha}_2$；
- 如果 $h(\tilde{\alpha}_1)>h(\tilde{\alpha}_2)$，则 $\tilde{\alpha}_1$ 大于 $\tilde{\alpha}_2$，记为 $\tilde{\alpha}_1>\tilde{\alpha}_2$。

例 5-5 设有如下三个直觉模糊数：

$$\tilde{\alpha}_1=([0.5,0.7],[0.2,0.3])，\quad \tilde{\alpha}_2=([0.5,0.6],[0.1,0.3])，\quad \tilde{\alpha}_3=([0.6,0.8],[0.1,0.2])，$$

由于 $s(\tilde{\alpha}_1)=\frac{1}{2}(0.5-0.2+0.7-0.3)=0.35$，$s(\tilde{\alpha}_2)=\frac{1}{2}(0.5-0.1+0.6-0.3)=0.35$，

$$s(\tilde{\alpha}_3)=\frac{1}{2}(0.6-0.1+0.8-0.2)=0.5，\quad h(\tilde{\alpha}_1)=\frac{1}{2}(0.5+0.7+0.2+0.3)=0.85，$$

$$h(\tilde{\alpha}_2)=\frac{1}{2}(0.5+0.6+0.1+0.3)=0.75，$$

因此 $\tilde{\alpha}_3>\tilde{\alpha}_1>\tilde{\alpha}_2$。

定义 5-15 设 $\tilde{\alpha}_1=([a_1,b_1],[c_1,d_1])$ 与 $\tilde{\alpha}_2=([a_2,b_2],[c_2,d_2])$ 为区间值直觉模糊数，则 $\tilde{\alpha}_1$ 与 $\tilde{\alpha}_2$ 间的距离定义为

$$\begin{aligned}&\tilde{d}(\tilde{\alpha}_1,\tilde{\alpha}_2)\\&=\sqrt{\frac{1}{6}[(a_1-a_2)^2+(b_1-b_2)^2+(c_1-c_2)^2+(d_1-d_2)^2+(b_2+d_2-b_1-d_1)^2+(a_2+c_2-a_1-c_1)^2]}，\end{aligned}$$

显然，如果 $\tilde{\alpha}_1=\tilde{\alpha}_2$，则 $\tilde{d}(\tilde{\alpha}_1,\tilde{\alpha}_2)=0$。

5.4.3 直觉模糊信息系统中的属性重要度

由于在多属性决策问题中，必须要考虑属性的权重，下面给出一种利用信息熵确定直觉模糊信息系统中属性权重的方法。

熵的概念源于热力学，是对系统状态不确定性的一种度量。在信息论中，信息是系统有序程度的一种度量，而熵是系统无序程度的一种度量，两者绝对值相等，但符号相反。在多属性决策问题中，可利用多属性决策评价中各方案的固有信息，得到各个属性的信息熵。信息熵越小，信息的无序度越低，其信息的效用值越大，则属性的权重越大；反之，信息熵越大，信息的无序度越高，其信息的效用值越小，则属性的权重越小。当以某个属性来看，所有的方案具有同样的结果时，这个属性起到的作用就很小。特别地，当所有的方案在此属性下无差异时，这个属性甚至可以省去。基于这种思想，下面利用信息熵给出直觉模糊信息系统中属性重要度的计算方法：

假设论域 $U=\{x_1,x_2,\cdots,x_m\}$ 中含有 m 个对象，$a_1,a_2,\cdots,a_n$ 是 n 个属性，m 个对象在 n 个属性下的描述值分别用直觉模糊数 (μ_{ij},ν_{ij}) $(i=1,2,\cdots,m;j=1,2,\cdots,n)$ 来刻画，这样便可构成如下的直觉模糊决策矩阵（见表 5-7）：

表 5-7 直觉模糊决策矩阵

	a_1	a_2	$\cdots$	a_n
x_1	(μ_{11},ν_{11})	(μ_{12},ν_{12})	$\cdots$	(μ_{1n},ν_{1n})
x_2	(μ_{21},ν_{21})	(μ_{22},ν_{22})	$\cdots$	(μ_{2n},ν_{2n})
$\vdots$	$\vdots$	$\vdots$	$\vdots$	$\vdots$
x_m	(μ_{m1},ν_{m1})	(μ_{m2},ν_{m2})	$\cdots$	(μ_{mn},ν_{mn})

记 $p_{ij}=\dfrac{\mu_{ij}}{\sum\limits_{i=1}^{m}\mu_{ij}}$，$q_{ij}=\dfrac{\nu_{ij}}{\sum\limits_{i=1}^{m}\nu_{ij}}$，$p_{ij}$ 表示第 j 个属性下第 i 个对象 x_i 的隶属贡献度，q_{ij} 表示第 j 个属性下第 i 个对象 x_i 的非隶属贡献度。这种贡献度包含一定的信息内容，称

$$E_j=-\frac{1}{2\ln m}\sum_{i=1}^{m}(p_{ij}\ln p_{ij}+q_{ij}\ln q_{ij})$$

为第 j 个属性 a_j 的信息熵，它表示 m 个对象对第 j 个属性 a_j 的总贡献度。

这里，$0\leqslant E_j\leqslant 1$。特别地，当 $p_{ij}=q_{ij}=\dfrac{1}{m}$ 时，

$$E_j=-\frac{1}{2\ln m}(m\frac{1}{m}\ln\frac{1}{m}+m\frac{1}{m}\ln\frac{1}{m})=1\text{。}$$

此即当某个属性下各对象的隶属贡献度趋于一致而且非隶属贡献度也趋于一致时，E_j 趋于 1。特别当隶属贡献度全等而且非隶属贡献度也全等时，也就可以不考虑该属性在决策中的作用，也即此时属性的权重为零。

称 $d_j=1-E_j$ 为第 j 个属性 a_j 的属性重要度。

此外，第 j 个属性 a_j 的权重定义为 $\omega_j=\dfrac{d_j}{\sum_{j=1}^{n} d_j}$。显然，$\sum_{j=1}^{n}\omega_j=1$ 成立。

熵值法的最大特点是直接利用决策矩阵所提供的信息来计算权重，而没有引入决策者的主观判断。

5.4.4 基于直觉模糊信息的 TOPSIS 方法

下面建立直觉模糊信息系统中用于多属性决策的 TOPSIS 方法：

第一步，根据实际问题，提出可能方案 $A_1,A_2,\cdots,A_m$；

第二步，根据不同的属性评价各个方案，所有的评价值构成直觉模糊决策矩阵 $M=(\alpha_{ij})_{m\times n}$，其评价值 $\alpha_{ij}=(\mu_{ij},\nu_{ij})$ 均为直觉模糊数；

第三步，利用熵值法求得属性的权重，并根据直觉模糊数的数乘，计算加权直觉模糊决策矩阵 $M'=(\alpha'_{ij})_{m\times n}$，这里 $\alpha'_{ij}=\omega_j\alpha_{ij}\doteq(\mu'_{ij},\nu'_{ij})\ (i=1,2,\cdots,m;j=1,2,\cdots,n)$；

第四步，确定直觉模糊正理想解和负理想解如下：

$A^{+}=\{\alpha_1^{+},\alpha_2^{+},\cdots,\alpha_n^{+}\}=\{[(\max_i\mu'_{ij},\min_i\nu'_{ij})\mid j\in \mathrm{I})],[(\min_i\mu'_{ij},\max_i\nu'_{ij})\mid j\in \mathrm{J})]\}$，

$A^{-}=\{\alpha_1^{-},\alpha_2^{-},\cdots,\alpha_n^{-}\}=\{[(\min_i\mu'_{ij},\max_i\nu'_{ij})\mid j\in \mathrm{I})],[(\max_i\mu'_{ij},\min_i\nu'_{ij})\mid j\in \mathrm{J})]\}$，

其中 I 表示效益型属性，J 表示成本型属性；

第五步，利用定义 5-9 给出的直觉模糊数之间的距离计算每个方案与直觉模糊正理想解和负理想解间的分离度：

$$d_i^{+}=\sum_{j=1}^{n}d(\alpha'_{ij},\alpha_j^{+})，\quad d_i^{-}=\sum_{j=1}^{n}d(\alpha'_{ij},\alpha_j^{-})；$$

第六步，计算每个方案与正理想解的相对接近度 $r_i=\dfrac{d_i^{-}}{d_i^{+}+d_i^{-}}\ (i=1,2,\cdots,m)$；

第七步，根据 r_i 由大到小对备选方案进行排序，相对接近度最大的方案认为是最终的首选方案。

例 5-6 一家庭欲购置一台私家车，现有五个车型（方案）$A_1,A_2,\cdots,A_5$ 可供选择。在最终决定选择哪个车型前有四个属性（标准）a_1,a_2,a_3,a_4 需要参考，其中，a_1 为价格，a_2 为可操纵性，a_3 为耗油量，a_4 为售后服务。五个方案在四个属性下的评价值见表 5-8：

表 5-8 直觉模糊决策矩阵

	a_1	a_2	a_3	a_4
A_1	(0.6,0.2)	(0.7,0.2)	(0.3,0.4)	(0.5,0.1)
A_2	(0.4,0.5)	(0.5,0.2)	(0.6,0.2)	(0.8,0.1)
A_3	(0.7,0.3)	(0.8,0.1)	(0.5,0.5)	(0.3,0.2)
A_4	(0.3,0.4)	(0.7,0.1)	(0.6,0.1)	(0.4,0.3)
A_5	(0.8,0.1)	(0.7,0.2)	(0.6,0.3)	(0.7,0.2)

下面确定最终应该选择哪个方案。

首先，计算属性权重，根据表5-8，针对每个属性，计算五个方案的隶属贡献度和非隶属贡献度，见表5-9：

表5-9 隶属贡献度和非隶属贡献度

	(p_{i1},q_{i1})	(p_{i2},q_{i2})	(p_{i3},q_{i3})	(p_{i4},q_{i4})
A_1	(0.21,0.13)	(0.21,0.25)	(0.12,0.27)	(0.19,0.11)
A_2	(0.14,0.33)	(0.15,0.25)	(0.23,0.13)	(0.30,0.11)
A_3	(0.25,0.20)	(0.24,0.13)	(0.19,0.33)	(0.11,0.22)
A_4	(0.11,0.27)	(0.21,0.13)	(0.23,0.07)	(0.15,0.33)
A_5	(0.29,0.07)	(0.21,0.25)	(0.23,0.20)	(0.26,0.22)

根据表5-9，可以得到属性a_1的信息熵为：

$$E_1=-\frac{1}{2\ln 5}[(0.21\ln 0.21+0.14\ln 0.14+0.25\ln 0.25+0.11\ln 0.11+0.29\ln 0.29)$$
$$+(0.13\ln 0.13+0.33\ln 0.33+0.2\ln 0.2+0.27\ln 0.27+0.07\ln 0.07)]$$
$$=0.9449。$$

类似地，分别得到属性a_2，a_3，a_4的信息熵分别为：

$$E_2=0.9811，\quad E_3=0.9541，\quad E_4=0.9546。$$

这样，可得属性a_1,a_2,a_3,a_4的重要度分别为：

$$s_1=1-E_1=0.0551，\quad s_2=1-E_2=0.0199，$$
$$s_3=1-E_3=0.0459，\quad s_4=1-E_4=0.0454。$$

从而，确定属性a_1,a_2,a_3,a_4的权重如下：

$$\omega_1=\frac{s_1}{s_1+s_2+s_3+s_4}=0.33，\quad \omega_2=\frac{s_2}{s_1+s_2+s_3+s_4}=0.12，$$
$$\omega_3=\frac{s_3}{s_1+s_2+s_3+s_4}=0.28，\quad \omega_4=\frac{s_4}{s_1+s_2+s_3+s_4}=0.27。$$

进而计算加权直觉模糊决策矩阵，见表5-10：

表5-10 加权直觉模糊决策矩阵

	a_1	a_2	a_3	a_4
A_1	(0.26,0.59)	(0.13,0.82)	(0.10,0.77)	(0.17,0.54)
A_2	(0.16,0.80)	(0.08,0.82)	(0.23,0.64)	(0.35,0.54)
A_3	(0.33,0.67)	(0.18,0.76)	(0.18,0.82)	(0.09,0.65)
A_4	(0.11,0.74)	(0.13,0.76)	(0.23,0.52)	(0.13,0.72)
A_5	(0.41,0.47)	(0.13,0.82)	(0.23,0.71)	(0.28,0.65)

在本例中，a_1与a_3为成本型属性，a_2与a_4为效益型属性。根据第四步，确定直觉模糊正理想解和负理想解如下：

$$A^+=\{(0.11,0.80),(0.18,0.76),(0.10,0.82),(0.35,0.54)\},$$

$$A^- = \{(0.41, 0.59), (0.08, 0.82), (0.23, 0.52), (0.09, 0.72)\}。$$

根据第五步，得到每个方案与直觉模糊正理想解和负理想解的分离度，结果见表 5-11：

表 5-11　每个方案的分离度

	d_i^+	d_i^-
A_1	0.39	0.47
A_2	0.24	0.48
A_3	0.41	0.42
A_4	0.47	0.29
A_5	0.48	0.43

最后，根据第六步与第七步，计算每个方案的相对接近度并对备选方案进行排序，其结果见表 5-12：

表 5-12　方案的相对接近度与排序

	r_i	Rank
A_1	0.5477	2
A_2	0.6618	1
A_3	0.5089	3
A_4	0.3826	5
A_5	0.4718	4

这样，五个备选方案的最终排序为：$A_2 > A_1 > A_3 > A_5 > A_4$。即方案 A_2 最终应该被首先选择，如果由于某些原因不选择 A_2，那么紧接着应考虑 A_1，以此类推。

5.4.5　区间值直觉模糊信息系统中的属性重要度

区间值直觉模糊信息系统是直觉模糊信息系统的自然推广。类似于直觉模糊信息系统，下面利用信息熵给出区间值直觉模糊信息系统中属性重要度的计算方法：

假设论域 $U = \{x_1, x_2, \cdots, x_m\}$ 中含有 m 个对象，$a_1, a_2, \cdots, a_n$ 是 n 个属性，m 个对象在 n 个属性下的描述值分别用区间值直觉模糊数

$$([a_{ij}, b_{ij}], [c_{ij}, d_{ij}])\ (i = 1, 2, \cdots, m;\ j = 1, 2, \cdots, n)$$

来刻画，这样便可构成如下的区间值直觉模糊决策矩阵（见表 5-13）：

表 5-13　区间值直觉模糊决策矩阵

	a_1	a_2	…	a_n
x_1	$([a_{11}, b_{11}], [c_{11}, d_{11}])$	$([a_{12}, b_{12}], [c_{12}, d_{12}])$	…	$([a_{1n}, b_{1n}], [c_{1n}, d_{1n}])$
x_2	$([a_{21}, b_{21}], [c_{21}, d_{21}])$	$([a_{22}, b_{22}], [c_{22}, d_{22}])$	…	$([a_{2n}, b_{2n}], [c_{2n}, d_{2n}])$
⋮	⋮	⋮	⋮	⋮
x_m	$([a_{m1}, b_{m1}], [c_{m1}, d_{m1}])$	$([a_{m2}, b_{m2}], [c_{m2}, d_{m2}])$	…	$([a_{mn}, b_{mn}], [c_{mn}, d_{mn}])$

记 $\tilde{p}_{ij}=\dfrac{\frac{a_{ij}+b_{ij}}{2}}{\sum_{i=1}^{m}\frac{a_{ij}+b_{ij}}{2}}$， $\tilde{q}_{ij}=\dfrac{\frac{c_{ij}+d_{ij}}{2}}{\sum_{i=1}^{m}\frac{c_{ij}+d_{ij}}{2}}$。

$\tilde{p}_{ij}$ 称为对象 x_i 在属性 a_j 下的区间值隶属贡献度， $\tilde{q}_{ij}$ 称为其区间值非隶属贡献度。

此外， $\tilde{E}_j=-\dfrac{1}{2\ln m}\sum_{i=1}^{m}(\tilde{p}_{ij}\ln\tilde{p}_{ij}+\tilde{q}_{ij}\ln\tilde{q}_{ij})$ 称为第 j 个属性 a_j 的信息熵，它表示 m 个对象对属性 a_j 的总贡献度，显然 $0\leqslant\tilde{E}_j\leqslant 1$。

这样，在区间值直觉模糊信息系统中，属性 a_j 的重要度定义为：$\tilde{s}_j=1-\tilde{E}_j$，而且 a_j 的权重定义为：$\tilde{\omega}_j=\dfrac{\tilde{s}_j}{\sum_{j=1}^{n}s_j}$，显然，$\sum_{j=1}^{n}\tilde{\omega}_j=1$ 成立。

5.4.6　基于区间值直觉模糊信息的 TOPSIS 方法

设论域 $U=\{x_1,x_2,\cdots,x_m\}$ 中含有 m 个对象，$a_1,a_2,\cdots,a_n$ 是 n 个属性，m 个对象在 n 个属性下的描述值分别用区间值直觉模糊数，这样便构成一个区间值直觉模糊信息系统。下面建立区间值直觉模糊信息系统中用于多属性决策的 TOPSIS 方法：

第一步，根据实际问题，提出可能的备选方案 $A_1,A_2,\cdots,A_m$；

第二步，根据属性评价每个备选方案，其评价值表示为区间值直觉模糊数，所有的评价值构成区间值直觉模糊决策矩阵 $M=(\tilde{\alpha}_{ij})_{m\times n}$，其中 $\tilde{\alpha}_{ij}=([a_{ij},b_{ij}],[c_{ij},d_{ij}])$ 均为区间值直觉模糊数；

第三步，利用熵值法求得区间值直觉模糊信息系统中属性的权重，并记属性 a_j 的权重为 $\tilde{\omega}_j$，根据区间值直觉模糊数的数乘，计算加权区间值直觉模糊决策矩阵 $M'=(\tilde{\alpha}'_{ij})_{m\times n}$，这里

$$\tilde{\alpha}'_{ij}=\tilde{\omega}_j\tilde{\alpha}_{ij}\doteq([a'_{ij},b'_{ij}],[c'_{ij},d'_{ij}])\ (i=1,2,\cdots,m;j=1,2,\cdots,n);$$

第四步，确定区间值直觉模糊正理想解和负理想解如下：

$$\tilde{A}^{+}=\{\tilde{\alpha}_1^{+},\tilde{\alpha}_2^{+},\cdots,\tilde{\alpha}_n^{+}\},\quad \tilde{A}^{-}=\{\tilde{\alpha}_1^{-},\tilde{\alpha}_2^{-},\cdots,\tilde{\alpha}_n^{-}\},$$

这里

$$\tilde{\alpha}_j^{+}=\begin{cases}([\max\limits_i a'_{ij},\max\limits_i b'_{ij}],[\min\limits_i c'_{ij},\min\limits_i d'_{ij}]) & (j\in I),\\ ([\min\limits_i a'_{ij},\min\limits_i b'_{ij}],[\max\limits_i c'_{ij},\max\limits_i d'_{ij}]) & (j\in J),\end{cases}$$

$$\tilde{\alpha}_j^{-}=\begin{cases}([\min\limits_i a'_{ij},\min\limits_i b'_{ij}],[\max\limits_i c'_{ij},\max\limits_i d'_{ij}]) & (j\in I),\\ ([\max\limits_i a'_{ij},\max\limits_i b'_{ij}],[\min\limits_i c'_{ij},\min\limits_i d'_{ij}]) & (j\in J),\end{cases}$$

其中，I 表示效益型属性，J 表示成本型属性；

第五步，利用定义 5-15 给出的区间值直觉模糊数之间的距离计算每个方案与区间值直觉模糊正理想解和负理想解间的分离度：

$$\tilde{d}_i^+ = \sum_{j=1}^{n} \tilde{d}(\tilde{\alpha}'_{ij}, \tilde{\alpha}_j^+), \quad \tilde{d}_i^- = \sum_{j=1}^{n} \tilde{d}(\tilde{\alpha}'_{ij}, \tilde{\alpha}_j^-);$$

第六步，计算每个方案与区间值正理想解的相对接近度：

$$\tilde{r}_i = \frac{\tilde{d}_i^-}{\tilde{d}_i^+ + \tilde{d}_i^-} (i = 1, 2, \cdots, m);$$

第七步，根据 $\tilde{r}_i$ 由大到小对备选方案进行排序。

例 5-7 由于产品复杂性的不断增加以及消费者要求的不断提高,某一企业想从五家公司(备选方案) $A_1, A_2, \cdots, A_5$ 中选择一个合作伙伴。现利用以下四个评估指标(属性)对五家公司进行评估：a_1(供货能力)，a_2(技术水平)，a_3(合作风险)，a_4(产品价格)。五家公司在这四个属性下的评估值表示区间值直觉模糊数，并构成如下区间值直觉模糊决策矩阵(见表 5-14)：

表 5-14 区间值直觉模糊决策矩阵

	a_1	a_2	a_3	a_4
A_1	([0.5,0.6],[0.2,0.3])	([0.2,0.4],[0.5,0.6])	([0.3,0.4],[0.4,0.5])	([0.5,0.6],[0.3,0.4])
A_2	([0.6,0.7],[0.2,0.3])	([0.5,0.7],[0.1,0.2])	([0.3,0.4],[0.5,0.6])	([0.5,0.6],[0.2,0.3])
A_3	([0.1,0.2],[0.6,0.7])	([0.5,0.5],[0.5,0.5])	([0.4,0.6],[0.1,0.2])	([0.6,0.7],[0.1,0.3])
A_4	([0.2,0.4],[0.3,0.5])	([0.1,0.3],[0.6,0.7])	([0.5,0.6],[0.3,0.4])	([0.5,0.5],[0.5,0.5])
A_5	([0.5,0.5],[0.5,0.5])	([0.1,0.2],[0.7,0.8])	([0.1,0.3],[0.6,0.7])	([0.1,0.4],[0.4,0.6])

首先利用熵值法确定属性 a_1, a_2, a_3, a_4 的权重。

根据表 5-14，针对每个属性，得到五个方案的区间值隶属贡献度和非隶属贡献度，计算结果见表 5-15：

表 5-15 区间值隶属贡献度和非隶属贡献度

	$(\tilde{p}_{i1}, \tilde{q}_{i1})$	$(\tilde{p}_{i2}, \tilde{q}_{i2})$	$(\tilde{p}_{i3}, \tilde{q}_{i3})$	$(\tilde{p}_{i4}, \tilde{q}_{i4})$
A_1	(0.26,0.12)	(0.17,0.21)	(0.18,0.21)	(0.22,0.19)
A_2	(0.30,0.12)	(0.34,0.06)	(0.18,0.26)	(0.22,0.14)
A_3	(0.07,0.32)	(0.29,0.19)	(0.26,0.07)	(0.26,0.11)
A_4	(0.14,0.20)	(0.11,0.25)	(0.28,0.16)	(0.20,0.28)
A_5	(0.23,0.24)	(0.09,0.29)	(0.10,0.30)	(0.10,0.28)

从而，属性 a_1 的信息熵为：

$$\tilde{E}_1 = -\frac{1}{2\ln 5}[(0.26\ln 0.26 + 0.30\ln 0.30 + 0.07\ln 0.07 + 0.14\ln 0.14 + 0.23\ln 0.23) +$$
$$(0.12\ln 0.12 + 0.12\ln 0.12 + 0.32\ln 0.32 + 0.20\ln 0.20 + 0.24\ln 0.24)] = 0.9477。$$

类似地，分别得到属性 a_2, a_3, a_4 的信息熵：$\tilde{E}_2 = 0.9324$，$\tilde{E}_3 = 0.9553$，$\tilde{E}_4 = 0.9683$。

因此，属性 a_1, a_2, a_3, a_4 的重要度分别为：

$$\tilde{s}_1 = 1 - \tilde{E}_1 = 0.0523, \quad \tilde{s}_2 = 1 - \tilde{E}_2 = 0.0676,$$
$$\tilde{s}_3 = 1 - \tilde{E}_3 = 0.0447, \quad \tilde{s}_4 = 1 - \tilde{E}_4 = 0.0317。$$

这样，得到a_1,a_2,a_3,a_4的权重如下：

$$\tilde{\omega}_1=\frac{\tilde{s}_1}{\tilde{s}_1+\tilde{s}_2+\tilde{s}_3+\tilde{s}_4}=0.27,\ \tilde{\omega}_2=\frac{\tilde{s}_2}{\tilde{s}_1+\tilde{s}_2+\tilde{s}_3+\tilde{s}_4}=0.34,$$

$$\tilde{\omega}_3=\frac{\tilde{s}_3}{\tilde{s}_1+\tilde{s}_2+\tilde{s}_3+\tilde{s}_4}=0.23,\ \tilde{\omega}_4=\frac{\tilde{s}_4}{\tilde{s}_1+\tilde{s}_2+\tilde{s}_3+\tilde{s}_4}=0.16。$$

从而得到加权区间值直觉模糊决策矩阵，见表 5-16：

表 5-16　加权区间值直觉模糊决策矩阵

	a_1	a_2	a_3	a_4
A_1	([0.17,0.22], [0.65,0.72])	([0.07,0.16], [0.79,0.84])	([0.08,0.11], [0.81,0.85])	([0.10,0.14], [0.82,0.86])
A_2	([0.22,0.28], [0.65,0.72])	([0.21,0.34], [0.46,0.58])	([0.08,0.11], [0.85,0.89])	([0.10,0.14], [0.77,0.82])
A_3	([0.03,0.06], [0.87,0.91])	([0.21,0.21], [0.79,0.79])	([0.11,0.19], [0.59,0.69])	([0.14,0.18], [0.69,0.82])
A_4	([0.06,0.13], [0.72,0.83])	([0.04,0.11], [0.84,0.89])	([0.15,0.19], [0.76,0.81])	([0.10,0.10], [0.90,0.90])
A_5	([0.17,0.17], [0.83,0.83])	([0.04,0.07], [0.89,0.93])	([0.02,0.08], [0.89,0.92])	([0.02,0.08], [0.86,0.92])

在本例中，a_1与a_2为效益型属性，a_3与a_4为成本型属性。从而确定区间值直觉模糊正理想解和负理想解如下：

$$\tilde{A}^+=\{([0.22,0.28],[0.65,0.72]),([0.21,0.34],[0.46,0.58]),\\([0.02,0.08],[0.89,0.92]),([0.02,0.08],[0.90,0.90])\};$$

$$\tilde{A}^-=\{([0.03,0.06],[0.87,0.91]),([0.04,0.07],[0.89,0.93]),\\([0.15,0.19],[0.59,0.69]),([0.14,0.18],[0.69,0.82])\}。$$

最后得到备选方案与区间值直觉模糊正理想解的分离度、相对接近度以及备选方案的排序，见表 5-17：

表 5-11　备选方案的分离度、相对接近度及排序

	$\tilde{d}_i^+$	$\tilde{d}_i^-$	$\tilde{r}_i$	Rank
A_1	0.3660	0.4274	0.5387	2
A_2	0.1158	0.6631	0.8513	1
A_3	0.6957	0.1614	0.1883	5
A_4	0.5080	0.3512	0.4088	4
A_5	0.4201	0.3983	0.4867	3

这样，对五家公司（备选方案）的排序为：$A_2 > A_1 > A_5 > A_4 > A_3$。

参考文献

[1] 张吉军. 模糊层次分析法[J]. 模糊系统与数学, 2000, 14(2): 80-88.

[2] Hwang C L, Yoon K. Multiple Attribute Decision Making: Methods and Applications[M]. Springer, Berlin: Heidelberg, 1981.

[3] Zadeh L A. Fuzzy sets[J]. Information and Control, 1965(8): 338-353.

[4] Atanassov K. Intuitionistic fuzzy sets[M] // Sgurev V. VII ITKR's Session, Sofia, 1983.

[5] Atanassov K. Intuitionistic fuzzy sets[J]. Fuzzy Sets and Systems, 1986(20): 87-96.

[6] 徐泽水. 直觉模糊信息集成理论及应用[M]. 北京:科学出版社, 2008.

[7] 李登峰. 直觉模糊集决策与对策分析方法[M]. 北京:国防工业出版社, 2012.

[8] De S K, Biswas R, Roy A R. Some operations on intuitionistic fuzzy sets[J]. Fuzzy Sets and Systems, 2000(114): 477-484.

[9] Gau W L, Buehrer D J. Vague sets[J]. IEEE Transactions on Systems[J]. Man and Cybernetics, 1993(23): 610-614.

[10] Bustince H, Burillo P. Vague sets are intuitionistic fuzzy sets[J]. Fuzzy Sets and Systems, 1996(79): 403-405.

[11] Atanassov K, Gargov G. Interval-valued intuitionistic fuzzy sets[J]. Fuzzy Sets and Systems, 1989(31): 343-349.

[12] Atanassov K. Operators over interval-valued intuitionistic fuzzy sets[J]. Fuzzy Sets and Systems, 1994(64): 159-174.

第 6 章　生态位有关术语及计算公式

Grinnell(1917)最早在生态学中使用生态位的概念，他是在研究加利福尼亚长尾鸣禽的生态位关系时使用生态位术语的，他把生态位定义为“恰好被一个种或一个亚种所占据的最后分布单位 (ultimate distributional unit) ”。Grinnell 在具体描述物种生态位时，运用了微生境(microhabitat)、非生物因子(abiotic factor)、资源(resource)和被捕食者(predator)等环境中的限制性因子，并强调了物种的生理和行为上对这些因子的适用性。从生物与环境相互作用的角度来说，Grinnell 主要强调了生物众多的环境需求，忽略了或未充分注意到生物对其他生物潜在的影响，这个定义强调的是物种空间分布的意义，即生态位的空间概念(spatial niche)。Charles Elton(1927)是这样描述生态位的：“一个动物的生态位表明它在生物环境中的地位及其与食物和天敌的关系”。他把一个动物的个体大小和取食习性作为其生态位的主要成分，同时还建议生态位的研究应聚集在一个物种在群落中的“角色”或“作用”上，这就特别强调了物种生态位的功能含义，Elton 的功能生态位强调的是生物对其存在的生态环境的影响，强调生态位的营养概念(trophic niche)，当然生物对环境的影响离不开对环境中资源的需求。Hutchinson(1957，1978)利用数学上的点集理论，把生态位描述为一个生物单位生存条件的总集合体，并且根据生物的忍受法则，用坐标表示影响物种的环境变量建立了生态位的多维超体积(multidimensional hyper- volume)模式,进而提出基础生态位(fundamental niche)和现实生态位(realized niche)的概念，而且认为一个动物的潜在生态位在某一特定时刻是很难完全占有的。Hutchinson 的生态位偏重是生物对环境资源的需求，没能明确生物的适用性及生物与环境相互作用的各种方式。多维超体积生态位偏重的是生物对环境资源的需求，没能明确地把生物对环境的影响作为生态位的成分，但多维超体积生态位比空间生态位、功能生态位更能反映生态位的本质含义。

6.1　生态位有关术语

6.1.1　生态位

生态位是生态学中一个极其重要的概念，是指在生态系统和群落中，一个物种与其他物种相关联的特定时间位置、空间位置和功能地位[1]。生态位理论揭示：每个生物物种在长期的生存竞争中都拥有一个最适合自身生存的时空位置(生态位)；在资源不足的情况下，一个生态位只能有一个物种，偶尔出现于同一生态位中的两个物种必定发生激烈的种间竞争，最终导致其中一个物种被逐出；但当资源丰富的时候，在生态位重叠的部分并不一定发生激烈的竞争。

6.1.2　生态位宽度

生态位宽度(niche breadth)又称生态位广度(niche width)。Slobodkin，Levins，MacArthurrn所给的定义是：在生态位空间中，沿着某一具体路线通过生态位的一段"距离"。Hurlbert 则定义为物种利用或趋于利用所有可利用资源状态而减少种内个体相遇的程度。Kohn 认为，生态位宽度是生态专化性的倒数。生态位宽度表示某物种利用资源的程度。优势种(dominant)是指群落中占优势的种类，它包括群落每层中在数量和体积上最大、对生境影响最大的种类。

6.1.3　生态位重叠

生态位重叠(niche overlap)有许多不同的定义。 Abrams, Colwell，Futuyma，Lawlor 和Maurer 定义为两个物种对一定资源状态的共同利用程度；Hurlbert 的定义是两个物种在同一资源状态上的相遇频率；Pielou 认为，生态位重叠是资源状态上物种的多样性；王刚等将生态位重叠定义为两个物种在其与生态因子联系上的相似性。当两个种群利用同一资源(或其他环境条件)时，便出现生态位重叠。一般情况下生态位间只有局部重叠，即部分资源共享，其余分别独自占有。完全重叠时理应发生激烈排斥效果。实际上从单一资源(一维生态位)角度考虑所出现的生态位重叠，在二维生态位图像中，可能是分离状态，因此不存在排斥性竞争，或者仅有部分重叠。

生物在某一生态位维度上的分布，如图 6-1 所示，常呈正态曲线。这种曲线可以称为资源利用曲线，它表示物种具有的喜好位置(如喜食昆虫的大小)及其散布在喜好位置周围的变异度。例如(a)图各物种的生态位狭，相互重叠少，$d>w$，表示物种之间的种间竞争小；(b)图各物种的生态位宽，相互重叠多，$d>w$，表示种间竞争大。其中，d 为平均分离度，w 为变异度。种内竞争促使两个物种的生态位接近，种间竞争又促使两个竞争物种生态位分离。

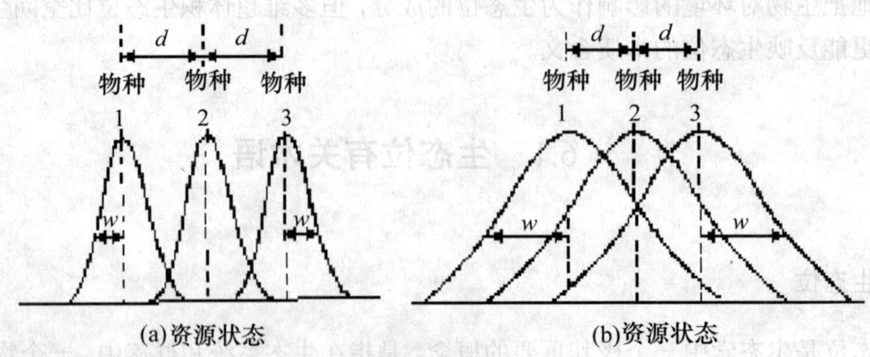

图 6-1　生物在生态位维度上的分布(仿 Begon,1986)

6.2　生物群落的基本概念和特征

生物群落(biotic community；biocoenosis)是指一定地段或一定生境内各种生物种群构成的结构单元。

生物群落的基本特征主要表现在：

(1)一个生物群落中所有的生物彼此之间具有能量和物质的联系，构成一个复杂的生物种的集合体。如森林群落中各类动物与森林植物、各类动物之间及各类植物之间，存在着捕食、竞争、寄生、共生、传粉等种间的各种相互关系。

(2)生物群落与其环境有着不可分割性。生境特征决定生物群落类别，群落也决定着生境的许多特征。生物群落与环境有着密切联系，并相互作用。

(3)群落中各个生物成员在群落中的重要性不同。如一个或几个优势种可能决定群落的特征。

(4)同一地域的同一群落都具有其时间和空间结构的特点。群落结构的最明显的特点就是具有分层现象，如一个森林群落常可以划分为乔木层、灌木层、草木层、苔藓、地衣层等；在同一植物上各种昆虫的生态位有所不同。群落的时间格局表现为昼夜和季节的变化可以引起生物组成的变动。

(5)生物群落的松散性和模糊性。群落结构一般指其分层结构和物种组成，但其结构常随环境的变化而改变，故种群的结构总是表现出松散性。在两个生物群落之间，不论是垂直分布还是水平分布的地域内，其交界处两个生物群落的交错区，形成群落边界的模糊性。

(6)群落的演替。群落随时间而变化的动态特征，称为群落演替。群落演替的速度因群落的组成和环境变化的幅度而不同，有的几年，有的几十年甚至几百年才能出现(武吉华，张绅)。

生态位一直是生态学中研究的热点问题，生态位及有关术语诸如生态位宽度、生态位重叠、生态位大小的量化定义等显然也是研究的重点问题之一，至今为止，产生了各种各样的公式，这些公式都有其特点，现就罗列于此，进行比较分析(杨效文，马继盛，1992)。

生态位宽度的计测公式最早是由 Levins(1968) 提出的，其公式为：

$$B_i = Y_i^2 / \sum_j N_{ij}^2 \quad (6\text{-}2\text{-}1)$$

$$B_i' = -\sum_j P_{ij} \lg P_{ij} \quad (6\text{-}2\text{-}2)$$

其中，B_i 和 B_i' 为物种 i 的生态位宽度；N_{ij} 为物种 i 中利用资源状态 j 的个体数；Y_i 为种 i 的总个体数；$P_{ij} = N_{ij} / Y_i$，即为物种 i 中利用资源状态 j 的比例。

该公式的特点是计算简单，生物学意义明确。不足之处在于：①不能在同一群落内的种间和不同群落的两个种间进行比较；②没有考虑资源的可利用性；③当资源状态合并时，生态位宽度减少，这是不合理的。

为了克服上述不足之处，许多学者相继提出了一些改进公式及新的计测公式。

Schoener(1968)将 Levins 公式改进为

$$B_s = Y_i^2 / [A^2 \sum_i (P_{ij} / a_j)^2] \tag{6-2-3}$$

其中，B_s 为生态位宽度；A 为所有可利用资源，a_j 是可利用的资源状态 j；其余符号含义同前(符号相同者，除说明外，含义相同，下同)。

公式(6-2-3)尽管考虑了资源的可利用性，但研究者如不按生物本身对资源的区分而划分资源状态时，B_s 值就会变化，且没有恰当的生物学解释。为此，Hurlbert(1978)将 Levins 公式改进为

$$B' = Y_i^2 / [A \sum_j (P_{ij}^2 / a_j)] \tag{6-2-4}$$

公式(6-2-4)中种对稀有资源的选择性很敏感，因而给了一个较大的权重，且当 $a_j = 0$ 时，B' 值未定义。

Colwell 和 Futuyma(1971)利用资源矩阵，对 Levins 公式进行了改进。由公式(6-2-1)式得

$$B_i = \sum_j [1 / (d_{ik} P_{ij}^{*2})] \tag{6-2-5}$$

标准化后得

$$\beta_i = [1 / \sum_j d_{ik} P_{ij}^{*2} - 1][1 / k - 1] \tag{6-2-6}$$

由公式(6-2-2)得

$$B_i^{'} = -\sum_j d_{jk} (P_{ij}^* \lg P_{ij}^*) \tag{6-2-7}$$

标准化后得

$$B_i^{'} = -k / \log k \sum_j d_j (P_{ij}^* \lg P_{ij}^*) \tag{6-2-8}$$

其中，P_{ij}^* 含意同 P_{ij}；$d_j = M_j(X) / [\sum_j M_j(X)]$ 为第 j 个资源状态的相对权重因子；$M_j = [X_i(\lg X_j - \lg Z) - \sum_j N_{ij} \lg(N_{ij} / Y_i)] / [\sum X_j \lg X_i - Z \lg Z]$ 为第 j 个资源状态的绝对权重因子；Z 为所有种的个体总和；X_j 为利用资源状态 j 的所有个体数量之和；k 为把原来 r 个资源状态扩展为 k 个资源状态的值(一般 $k = 10000$)为宜。

公式(6-2-6)、(6-2-8)首先考虑了资源的可利用性，其次对计测进行了标准化，虽然这种标准化仅适合在同一资源矩阵的种间进行比较。公式(6-2-6)、(6-2-8)的不足之处是：①仅当所有资源状态被等量的生物利用时，才说明了资源不同的可利用性，且计算十分复杂；②公式(6-2-6)、(6-2-8)是在资源变异基础上进行的，而生态位宽度变异的概念基础是种对资源的选择性；③生物学解释不明确。

另外，Petraitis(1979)对生态位宽度计测提出了一个统计方法

$$W_1 = (\lambda)^{1/N} \tag{6-2-9}$$

其中，$\ln\lambda=\sum_{i=1}^{R}n_i\ln(q_i)-\sum_{i=1}^{R}n_i\ln(P_{ij})$；$q_i$ 为环境中资源 j 出现的频率；n_i 为利用资源 j 的个体数。

公式(6-2-9)对于种对稀有资源的选择性不敏感，W_1 的变化取决于资源谱和种的利用曲线，越泛化的种具有越高的 W_1 值，且可按统计假设进行不同种间生态位宽度比较。但当种间有竞争或在同一资源中时，这种比较是无效的。

Feinsinger 和 Spears(1981)把生态位宽度定义为一个种群利用资源的概率分布与可利用资源的概率分布之间的相似程度，所以采用相似性比例计测生态位宽度。

$$PS=\sum_{j}^{R}\min(P_{ij},q_{ij})=1-\frac{1}{2}\sum_{j}^{R}|P_{ij}-q_{ij}| \tag{6-2-10}$$

其中，q_{ij} 为种 j 可利用的资源状态占整个可利用资源的比例。

PS 值随资源谱的变化而变化，因此两个种不仅可在同一时间比较，也可在同一资源随时间变化比较两个种生态位宽度的不同反应。但公式(6-2-10)不适合资源可利用性及利用的研究，同时其精确性取决于研究者对可利用资源特别是可利用但未利用资源定义的客观程度。

Smith 提出的计测公式为

$$FT=\sum_{j=1}^{R}(P_{ij},q_{ij}) \tag{6-2-11}$$

公式(6-2-11)对于种对稀有资源的选择性反应不敏感，在资源利用向量是多维的，资源可利用性是固定的且已知的情况下，可进行统计检验。

Pielou(1971)提出了平均生态位宽度的概念，并定义为种内生境多样性权重平均值。计算公式为

$$\begin{aligned}H_T&=\frac{1}{N}\{\lg N!-\sum_i\lg X_{i*}!\}+\sum_i\frac{X_{i*}}{N}\{\frac{1}{X_{i*}}\lg X_{i*}!-\frac{1}{X_{i*}}\sum_j\lg X_{ij}!\}\\&=H_A+\sum_i u_ih_i(b)\end{aligned} \tag{6-2-12}$$

其中，N 为总个体数；X_{i} 为在 c 个生境中第 i 个种出现的频率；$h_i(b)$ 为第 i 个种的生境多样性；u_i 为第 i 个种占的比例；$\sum_i u_ih_i(b)$ 为平均生态位宽度；H_A 为种的多样性；H_T 为总的多样性。

公式(6-2-12)在实际计算时，并不需要任何关于生态位的正规定义，只要有一般概念即可，同时可进行不同地理环境同一组群的两个种间或不同属的不同种间生态位的客观比较。但这种方法只有在动物栖境可分为明显不同的生境时才是有效的。

6.3 生态位重叠的计测公式

关于生态位重叠的计测公式可归类如下：

1．曲线平均法(Fleming , Hooker,1975;Price,1975)

$$\alpha_{ij} = 1 - \frac{1}{2}\sum_{a=1}^{n} | P_{ia} - P_{ja} | \tag{6-3-1}$$

其中，P_{ia} 和 P_{ja} 分别代表种 i 和种 j 中利用资源状态 a 的个体数。对于连续数据，(6-3-1)式变为

$$\alpha_{ij} = 1 - \frac{1}{2}\int | P_1(a) - P_2(a) | da \tag{6-3-2}$$

这种方法的主要优点是：①从离散数据向连续数据转化十分简单；②计算简单。不足之处是沿几个资源轴进行联合重叠计测十分困难，且资源状态分得越多，计算越麻烦。

2．对称 α 法(Pianka,1973；1975)

$$\alpha_{ij} = \sum_{a}^{n} P_{ia} P_{ia} / \left[\left(\sum_{a}^{n} P_{ia}^2\right)\left(\sum_{a}^{n} P_{ja}^2\right)\right]^{1/2} \tag{6-3-3}$$

其中，$\alpha_{ij} = \alpha_{ji}$，当用内积来定义单位向量

$$q_i = \left[1 / \left[\sum_{a}^{n}\left(P_{ia}^2\right)^{1/2}\right]\right] \cdot [P_{i1}, \cdots, P_{in}],$$

则

$$\cos\theta = \frac{1}{[\sum P_{ia}^2]^{1/2}} \cdot \frac{1}{[\sum (P_{ja}^2)^{1/2}]} (P_i, P_j) = \alpha_{ij} 。$$

这样可看出三点：① P_{ia} 是资源状态 a 中个体数目的测度，向量的长度为总的个体数，方向代表个体是如何沿资源轴分布的。因 a_{ij} 取决于向量 P_i 和 P_j 之间的夹角，所以对长度即个体数不敏感，仅依赖于沿着资源轴间的相对分布。②如果两个种有相同的 q_{ia}，则 $\cos\theta = 1$，即无重叠。③对称 α 法对利用资源的两个种个体的绝对数量不敏感，因为它是对资源利用的模式而不是竞争的计测。这种方法的优点首先是有一个容易的几何解释，其次是矩阵有对称性，再者 α 值在 0 与 1 之间。

3．不对称 α 法(Levins,1968; MacArthur,1968)

$$\tilde{\alpha}_{ij} = \sum_{a=1}^{n} P_{ia} P_{ja} / \sum_{a=1}^{n} P_{ia}^2 \tag{6-3-4}$$

这种方法的特点是 $\tilde{\alpha}_{ij} \neq \tilde{\alpha}_{ji}$，且对个体数量很敏感。但它比对称 α 法能更好地估计 Lotka-Volterra 议程的竞争系数。如果 $P_{ja} = kP_{ia}$，则 $\tilde{\alpha}_{ij} = k$，这就反映出一个问题来，如果种 j 比种 i 能更有效地躲避调查者，那就影响 $\tilde{\alpha}_{ij}$ 值，所以在计数或计算两者比例时要格外小心。

4．和 α 法和积 α 法(Cody,1974; May,1975)

这种方法可以估计沿两个或更多资源轴 α 的联合效果。当资源轴互相独立时，则 α 的

联合效果采用积 α 法估计，即

$$\alpha_{ij}^{P}=\prod_{k=1}^{k}\alpha_{ij}(A_k) \tag{6-3-5}$$

其中，α_{ij}^{P} 是种 i 和 j 的 α 乘积；$\alpha_{ij}(A_k)$ 是第 k 个 A 资源的 a_{ij} 值。

当资源轴不独立时，用和 α 法估计，即

$$a_{i\,j}^{s}=\left[\sum_{E=1}^{k}a_{ij}(A_k)\right]/n \tag{6-3-6}$$

其中，$a_{i\,j}^{s}$ 是种 i 和 j 的 α 之和。

这种方法的最大优点是可以沿多个资源轴计测生态位重叠，但最大的难点是在生物系统中，一般难以判断资源的独立与否。

5．信息函数法(Horn, 1966)

$$R_o=\frac{\Sigma[(P_{ia}+P_{ja})\lg(P_{ia}+P_{ja})]-\Sigma P_{ia}\lg P_{ia}-\Sigma P_{ia}\lg P_{ja}}{(P_i+P_j)\lg(P_i+P_i)-P_i\lg P_i n-P_i\lg P_j} \tag{6-3-7}$$

其中，P_i和P_j 分别为种 i 和 j 的总数。公式(6-3-7)不仅计算复杂而且分子、分母没有清楚的生物学解释。

6．似然法(Petraitis, 1979)

$$G=(r)^{1/N}=r^{E} \tag{6-3-8}$$

其中 $r=\prod(c_j/P_{ij})n_{ij}$，$E=[\Sigma n_{ij}(\log_r cj-\log_r P_{ij})]/N$，$N=\Sigma\bigcap_{ij}$，$C_j$ 为所有种利用第 j 个资源的频率。公式(6-3-8)中的参数缺乏明确而恰当的生物学解释。

7．概率比法(Hurlbert,1978)

$$L=(A/XY)\sum_i(x_i y_i/a_i) \tag{6-3-9}$$

其中，x_i 和 y_i 是利用资源状态 i 的种 1 和种 2 的数量；a_i 是可利用的资源状态 i；A 是所有可利用资源之和；X 和 Y 是种 1 和种 2 的总数。

Lawlor(1980)认为，消费者 i 利用食物类型 j 的比列 P_{ij} 取决于两个因素，即消费者的选择性和环境的可利用性。而在有关生态位的计测公式中，P_{ij} 值仅取决于环境中不同资源的相对数量，所以不能反映一个消费者的内在特性，而只能说明消费者与环境的互相作用。

6.4　生态位计测的多元统计方法

上面所给出的生态位计测多是沿某一资源轴进行的。在前面的生态位定义中，已提到了运用 Hutchinson 定义的困难。为此，Green(1971,1974)运用多元判别分析，首次使 Hutchinson 的超体积概念得到了应用。其后多元判别分析(Dueser, Shugart,1978; M'Closkey, 1976)和主成分分析(Johnson,1977)广泛用于生态位的研究中，这在方法上是一个很大的推进。相应地也产生了许多不同的生态位宽度和重叠的计测方法(Carnes, 1982)。如 Green(1971,1974)用生态

位椭圆一个轴上判别值的标准差作为生态位宽度计测，生态位椭圆相交面积占两个种累计面积的百分比为生态位重叠计测。M'Closkey(1976)用生态位椭圆上沿单个轴上种内判别值的标准差为生态位宽度计测。Dueser 和 Shugart(1978, 1979)用一个种距原判别空间的平均观测距离 $(\bar{d}_i)$ 为生态位位置(niche position)计测，变异系数 $(Sd_i / \bar{d}_i)$ 为生态位宽度计测等。有关具体的计算方法请参看有关文献，这里主要评述生态位多元统计计测方法的优缺点。其优点是:

①把 m 个与种分离高度相关的生态参数进行合并或剔除，使维数从 m 个降低到 k 个且互相独立;

②任意一个可测参数，可通过标准判别函数系数来检测;

③维数的确定与种的多样性无关，这可检测生态位维数与种的多样性之间的关系;

④生态位维数可从数量上计测;

⑤可运用连续的环境参数。

当然该方法也有局限性和不足之处，如在进行分析时，满足统计假设(Green,1971；1974)程度越高计算越符合实际，满足 m 维中不同的生态要求，该方法把种的个体看作完全等同等。

Patten 和 Aubble(1981)已将系统论方法用于生态位研究中，由此构造了生态位系统论的理论框架，可望今后这方面会取得较大进展。

6.5　生态位重叠与竞争

关于能否用生态位重叠来估计竞争还是有争议的(Fox,1981)。Colwell 和 Futuyma (1971)、Hespenheide(1973)、Heck(1976)、Hurlbert(1978)、Abrams(1980)等认为生态位重叠与竞争无关，而 Pianka(1973,1975)等认为竞争与生态重叠是密切相关的。关于竞争系数的计算公式常用以下三个:

Hurlbert(1978)提出的公式为

$$S_{x(y)} = \left[\sum_i (x_i y_i / a_i)\right] \Big/ \left[\sum_i (x_i^2 / a_i)\right] \tag{6-5-1}$$

Lawlor(1980)提出的公式为

$$S_{x(y)} = \left[\sum_j (k_j / r_i)\varpi_j a_{1j} a_{2j}\right] \Big/ \left[\sum_j (k_j / r_j)\varpi_j a_{2j}^2\right] \tag{6-5-2}$$

其中，$S_{x(y)}$ 为两种间的竞争系数，k_j 和 r_j 分别为资源 j 的容量及内禀增长率，a_{ij} 是消费者 i 对资源 j 的选择性，ϖ_i 是资源的相对值。

Schoener(1968)提出的公式为

$$S_{x(y)} = \left[\sum_i (P_{xi} P_{yi} / a_i^2)\right] \Big/ \left[\sum_i (P_{xi} / a_i)^2\right] \tag{6-5-3}$$

其中，P_{xi} 和 P_{yi} 分别为种 x 和 y 利用资源 i 的个体数。

不能用重叠估计竞争的原因有以下几点：

(1)当所考虑的资源没有稀少到限制消费者时，即使完全的重叠也不会导致竞争。

(2)竞争强度取决于消费者密度与资源密度之间的比例。如所有的资源在数量上平分，竞争一般会更激烈，但重叠不改变。

(3)重叠是否引起竞争，要比较实际生态位重叠和基础生态位重叠值，如果无差异或为零，说明均无竞争。

最后，我们应注意：第一，生态位是一群个体的特征，说一个个体的生态位是无意义的。第二，生态位重叠是研究资源利用对策、竞争和种间聚集等问题的基础。第三，资源状态的概念从理论上讲，就是生态位超空间中的一个点，而在实际运用中，把它等同于任何一种方便的抽样单位。这样就应区分：①在生态位超空间中可被看作点的资源状态或小超体积的资源状态，因为在这种情形下，资源状态之间在异质性上相等，仅在数量上变化；②形成生态位超空间的连续亚空间的资源状态，在这种情形下，资源状态之间在异质性上有别，且任何权重都是模糊的。

参考文献

[1] 王刚.关于生态位定义的探讨及生态位重叠计测公式改进的研究[J]. 生态学报, 1984, 4(4): 119-126.

[2] 尚玉昌. 现代生态学中的生态位理论[J]. 生态学进展, 1988(2): 113-118.

[3] 王开洪. 柑桔叶螨及其天敌的生态位研究[J]. 西南农学院学报, 1985(3): 70-83.

[4] Abrams P. Some comments on measuring niche overlap[J]. Ecology, 1980, 61(1): 44-49.

[5] Carnes B A. Some comments on niche analysis in canonical space[J]. Ecology, 1982, 63(4): 888-893.

[6] Clarke G L. Elements of Ecology[M]. New York: Wiley, 1954: 560.

[7] Cody M L. Competition and the Structure of Bird Communities[M]. New Jersey: Princeton Univ. Press, Princeton, 1974.

[8] Colwell R K, Futuyma D J. On the measurement of niche breadth and overlap[J]. Ecology, 1971, 52(4): 567-576.

[9] Dice L R. Natural Communities[M]. Ann Arbor: Univ. of Michigan Press, 1954: 547.

[10] Dueser R D, Shugart H H. Niche pattern in a forest-floor small-mammal fauna[J]. Ecology, 1979, 60: 108-118.

[11] Dueser R D, Shugart H H. Microhabitats in a forest-floor small-mammal fauna[J]. Ecology, 1978, 59: 89-98.

[12] Elton C S. Animal Ecology[M]. London: Sidgwick and Jackson, 1927: 209.

[13] Feinsing P, Spears E E. A simple measure of niche breadth[J]. Ecology, 1981, 62(1): 27-32.

[14] Fleming T H, Hooker R S. The response of a lizard to tropical seasonality[J]. Ecology, 1975 (56): 1243-1261.

[15] Fox B J. Niche parameters and species richness[J]. Ecology, 1981, 62(6): 1415-1425.

[16] Green R H. A multivariant statistical approach to the Hutchinson niche: Bivalve mollusks central Canada[J]. Ecology, 1971, 52(4): 543-556.

[17] Green R H. Multivariant niche analysis with temporally varing environmental factors[J]. Ecology, 1974, 55(10): 73-83.

[18] Grinnell J. The niche relationships of the California thrasher[J]. Auk, 1917(21): 364-382.

[19] Heck K L. Some critical considerations of the theory of species packing[J]. Evol. Theor., 1976(1): 247-258.

[20] Hespenheide H. Ecological inferences from morphological data[J]. Annu. Rev. Ecol., 1973(4): 213-230.

[21] Horn H S. Measurement of "overlap" in comparative ecological studies[J]. Am. Nat., 1966 (100): 419-424.

[22] Hurlbert S H. The measurement of niche overlap and some relatives[J]. Ecology, 1978, 59(1): 67-77.

[23] Hutchinson G E. Concluding remarks. Cold Spring Harbor Symp[J]. Quant. Biol., 1957(22): 415-427.

[24] Johnson E A. A multivariate analysis of niches of plant populations in raised bogs I: Niche Width and overlap[J]. Can. J. Bot., 1977(55): 1211-1220.

[25] Klopfer P H, MacArthur R H. Niche size and faunal diversity[J]. Am. Nat., 1960(94): 293- 300.

[26] Kohn A J. Microhabitats, abundance, and food of Conus in the Maldive and Chagos Islands[J]. Ecology, 1968(49): 1046-1061.

[27] Kawlor L R. Overlap, similarity, and competition coefficients[J]. Ecology, 1980, 61(2): 245- 251.

[28] Levins R. Evolution in Changing Environments[M]. Princeton: Princeton Univ. Press, 1968: 120.

[29] MacArthur R H. The Theory of the Niche[M]. New York: Syracuse Univ. Press, 1968: 159-176.

[30] May R M. Some notes on estimating the competition matrix[J]. Ecology, 1975(56): 737-741.

[31] Maurer B A. Statistical inference for Mac Arthur-Levins niche overlap[J]. Ecology, 1982, 63(6): 1712-1719.

[32] M′ Closkey R T. Community structure in sympatric rodents[J]. Ecology, 1976(57): 728-739.

[33] NcNaughton S J, Wolf L L. Dominance and the niche in ecological systems[J]. Science, 1970 (167): 131-139.

[34] Odum E P. Fundamentals of Ecology[M]. Philadelphia: Saunders, 1959.

[35] Patten B C, Aubble G T. System theory of the ecological niche[J]. Am. Nat., 1981, 117(6): 893-922.

[36] Pianka E R. The structure of lizard Communities[J]. Ann. Rev. Ecol. Syst., 1973(4): 53-74.

[37] Pianka E R. Niche relations of disert Lizazards[M] // Cody M, Diamond J. Ecology and Evolution of Communities. Cambridge: Harvard University Press, 1975:292-314.

[38] Pielou E C. Niche width and overlap: a method for measuring them[J]. Ecology, 1971, 53(4): 687-692.

[39] Petraitis P S. Likelihood measures of niche breadth and overlap[J]. Ecology, 1979, 60(4): 703-710.

[40] Price P W. Insect Ecology[M]. New York: Wiley, 1975.

[41] Schoener T W. The Anolis Lizards of Bimini. resource Partitioning in a complex fauna[J]. Ecology, 1968(49): 704-726.

[42] 杨效文，马继盛. 生态位有关术语的定义及计算公式评述[J]. 生态学杂志, 1992, 11(2): 44-49.

[43] 武吉华，张绅. 植物地理学[M]. 3 版. 北京:高等教育出版社, 1995.

第7章 生态学中的模糊竞争模型

7.1 三维模糊竞争模型

假设X,Y,T是三个论域，X为资源，Y为斑块，T为时间，定义在$U = X \times Y \times T$上的模糊集称为X,Y,T的三元模糊关系，记为$\tilde{R}: X \times Y \times T \to [0, 1]$，隶属函数记为$\mu_{\tilde{R}}(x, y, t)$，$x \in X$，$y \in Y$，$t \in T$。$\tilde{R}$的四元数组$[x, y, t, \mu_{\tilde{R}}(x, y, t)]$是定义在$X \times Y \times T$上的所有模糊关系，记为$F(X,Y,T)$，表示物种在三维模糊集$U$上的互惠共处和相互竞争关系的各种程度。$X$为资源论域，每一物种在一定时期内有一较为稳定的食单，这一物种具有优先选择的资源类型，即每一类型物种都对应一个最佳资源集合，其他资源或多或少地不同于最佳资源，而每一表型的物种优先选择的就是最佳资源，但对次要资源的食用是基于其可利用性和相遇机会。

类似地，物种在斑块的选择上也有各自的优先权。因为生存的自然环境分布并不是均匀的，不同的地域具有不同的生态环境，每一物种对其生存的环境具有最好的要求，即物种对其栖息地环境的优先选择，这种选择便产生适合物种生存的“最佳资源环境”和“次最佳资源环境”。

在与亲缘接近的或生态学相似的物种进行竞争的场合，物种占据栖息地的范围，局限于最佳条件，即最有利的条件，该物种比其竞争者有更多的优越条件，但物种间竞争不很激烈时，种内竞争通常使栖息地范围更广。

每一物种都有自己的活动规律，在一定时间内也具有一个“最佳活动时间”。

如果两个物种在资源、斑块和活动时间上很接近，竞争必然发生。下面我们将利用模糊集的可能性理论及联合模糊关系讨论两物种在资源、斑块和活动时间这三个因素选择上引起的竞争模型。

假设物种(具有表型v_k)优先选择的最佳资源集记为$F_{opt}(v_k) = \sum_s X(v_k, s) / s$，$X(v_k, s)$是它的隶属函数，表示资源$S$隶属于$F_{opt}(v_k)$的程度。对于任意的$\lambda \in [0,1]$，有$s_i(v_k) = \{s | X(v_k, s) \geqslant \lambda\}$，若$Ker\tilde{s}(v_k) = \{s | X(v_k, s) = 1\} \neq \varphi$，表示具有表型$v_k$的物种具有“完全”最佳资源，并且有较宽的峰。该表型v_k的物种，根据λ在[0，1]中的不同取值，其最佳资源的分布曲线不同。

设物种v_i和物种v_j对应的最佳资源集分别为

$$F_{opt}(v_i,s)=\tilde{s}(v_i)=\sum_s \frac{X(v_i,s)}{s}，\quad F_{opt}(v_j,s)=\tilde{s}(v_j)=\sum_s \frac{X(v_j,s)}{s}。$$

则两物种的公共最佳资源集定义为两模糊集的交，即

$$\tilde{s}(v_i,v_j)=\tilde{s}_{ij}=\tilde{s}(v_i)\cap\tilde{s}(v_j)=\sum_s \frac{\min[X(v_i,s),X(v_j,s)]}{s}=\sum_s \frac{X_{ij}(s)}{s}。$$

其联合数学期望为 $X_{ij}(s)=E[X(v_i,v_j,s)]=\sup\limits_{\lambda\in[0,1]}\min[\lambda,\eta_{ij}(\xi_\lambda)]$，其中

$$\xi_\lambda=\{(v_i,v_j)\mid X(v_i,v_j,s)\geqslant\lambda\}，\quad \eta_{ij}(\xi_\lambda)=\sum_{\xi_\lambda} a_{ik}a_{jl}。$$

设物种 v_i 和物种 v_j 优先选择的最佳斑块分别用模糊集合表示为

$$F_{opt}(v_i,p)=\sum_p \frac{y(v_i,p)}{p}，\quad F_{opt}(v_j,p)=\sum_p \frac{y(v_j,p)}{p}。$$

则两物种的公共最佳斑块定义为两模糊集的交，即

$$\tilde{P}(v_i,v_j)=F_{opt}(v_i,p)\wedge F_{opt}(v_j,p)=\sum_p \frac{\min[y(v_i,p),y(v_j,p)]}{p}=\sum_p \frac{y_{ij}(p)}{p}。$$

类似地，我们可以定义物种 v_i 和物种 v_j 的公共最佳活动时间

$$\tilde{T}(v_i,v_j)=F_{opt}(v_i,t)\wedge F_{opt}(v_j,t)=\sum_t \frac{\min[T(v_i,t),T(v_j,t)]}{t}=\sum_t \frac{t_{ij}(t)}{t}。$$

每个物种尽可能地优先选择最佳资源、最佳斑块和最适宜的活动时间，这三个变量 $\tilde{S}_{ij}$，$\tilde{P}_{ij}$，$\tilde{T}_{ij}$ 是模糊随机变量，则物种 v_i 和物种 v_j 的竞争将在最佳区域 Q_{ij} 内，这是一个空间模糊几何体，其隶属函数为

$$q_{ij}=\frac{\bigvee\limits_n\bigvee\limits_m\bigvee\limits_k(x_{ij}^k\wedge y_{ij}^k\wedge t_{ij}^k)}{\bigvee\limits_n\bigvee\limits_m\bigvee\limits_k(x_{ii}^k\wedge y_{ii}^k\wedge t_{ii}^k)}，$$

显然，$\alpha_{ij}=1,\ \alpha_{ij}\in[0,1]$。

上述的表达式具有如下生物学意义：

(1)若 $x_{ij}=1,y_{ij}=1,t_{ij}=1$，则 $\alpha_{ij}=1$，说明物种 v_i 和物种 v_j 在同一时间同一地区活动并取食同一资源，那么竞争是完全的，结果是其中之一被取消或选择其他资源，此时，($x_{ij}<1$)或在另一地区活动($y_{ij}<1$)或改变活动时间($t_{ij}<1$)，这就是高斯定理的结论。

(2)若 x_{ij},t_{ij} 或 y_{ij} 之一小，竞争就减弱。若两物种 v_i 和物种 v_j 取食相近资源($x_{ij}>0$)，活动规律也相近($t_{ij}>0$)，但在两个完全不同的地区，即 $y_{ij}=0$，则 $\alpha_{ij}=0$，这说明两个物种不发生竞争。

(3)若两个物种在同一地区($y_{ij}=1$)，活动规律也相近($t_{ij}>0$)，但取食不同的资源($x_{ij}=0$)，则 $\alpha_{ij}=0$，这说明两个物种互惠共存。

(4)由以上几点可以说明，物种的生态位重叠不一定引起竞争，而竞争则一定导致生态位重叠。

7.2 三维模糊时变竞争模型

设 X,Y,T 是三个论域，$X(t)$ 为 t 时刻的资源，$Y(t)$ 为 t 时刻的斑块，T 为时间，定义在 $V=X\times Y\times T$ 上的模糊子集为 $X(t)$，$Y(t)$。T 时三元时变模糊关系记为

$$\tilde{R}: X(t)\times Y(t)\times T\rightarrow[0,1]。$$

其隶属函数为 $\mu_{\tilde{R}}(x(t),y(t),t)$，$x(t)\in X(t)$，$y(t)\in Y(t)$，$t\in T$，$\tilde{R}$ 上四元组 $[x(t),y(t),t,\mu_{\tilde{R}}(x(t),y(t),t)]$ 是定义在 $X(t)\times Y(t)\times T$ 上的所有时变模糊关系记为 $F(X(t),Y(t),T)$，表示物种在三维模糊集 U 上 t 时刻的互惠共处和相互竞争关系的各种程度。

$X(t)$ 是 t 时刻的资源论域，每一物种在 t 时期内都有较为稳定的食单，这一物种在 t 时期具有优先选择的资源类型，即每一类型物种在 t 时期都对应一个最佳资源集合，其他资源或多或少地不同于最佳资源，而每一表型的物种在 t 时刻优先选择的就是最佳资源，但 t 时刻对次要资源的食用是基于其可利用性和相遇机会。

类似地，物种在 t 时刻对斑块的选择，也各自有其优先选择的权利。理由是 t 时刻物种生存的自然环境的分布并不是均匀的，有环境严酷的地域，也有环境欠佳的地域，还有适宜的生存地域，也就是说，不同的地域其生态环境不同，每一物种在 t 时刻对其生存的环境具有最好的要求，即物种对其栖息地的环境具有优选权，对栖息地的优先选择便产生了 t 时刻适合物种生存的“最适斑块环境”、“适宜斑块环境”和“次适宜斑块环境”等。在生态学相似的物种竞争的场合，物种通常占据的栖息地，局限于最适宜条件，也就是最有利的条件，该物种比其竞争者有更多的优越条件。当种间竞争不很激烈时，种内斗争通常使栖息地的范围更广。

另外，每一个物种都有自己的活动规律，在一定的时期内也具有一个“最佳活动时间”。

如果 t 时刻两个物种在其资源、斑块和活动时间上都非常接近，这将必然导致两个物种竞争，下面我们将利用模糊集的可能性理论和联合模糊关系讨论 t 时刻两个物种在资源、斑块和活动时间这三个因素选择上所引起的竞争模型。

设具有表型 a_R 的物种在 t 时刻优先选择的最佳资源集记为

$$F_{opt}(a_k)=\sum_s X(a_k,s(t))/s(t),$$

$X(a_k,s(t))$ 为其隶属函数，表示资源 $S(t)$ 隶属于 $F_{opt}(a_k)$ 的程度，$S(t)$ 表示 t 时刻的资源 S。

对任意的 $\lambda\in[0,1]$，有 $S_i(a_k)=\{X(v_k,s(t))\geqslant\lambda\}$，若

$$Ker\tilde{S}(a_k)=\{S(t)\,|\,X(a_k,s(t))=1\}\neq\Phi$$

表示具有表型 a_R 的物种，根据 λ 在[0,1]中的不同取值，其最佳资源的分布曲线为正整型的。

设物种 a_i 和 a_j 在 t 时刻对应的最佳资源集分别为

$$F_{opt}(a_i,s(t))=\tilde{S}(a_i)=\sum_{s(t)}\frac{x(a_i,s(t))}{s(t)},\quad F_{opt}(a_j,s(t))=\tilde{s}(a_j)=\sum_{s(t)}\frac{X(a_j,s(t))}{s(t)},$$

则 t 时刻它们的最佳公共资源定义为两模糊集的交集，即

$$\tilde{S}(a_i,a_j)(t)=\tilde{s}_{ij}=\tilde{S}(a_i)\cap\tilde{S}(a_j)=\sum_{s(t)}\frac{\min[X(a_i,s(t)],X(a_j,s(t))}{s(t)}=\sum_{s(t)}\frac{X_{ij}(s)}{s(t)}。$$

其联合数字期望为 $X_{ij}(s)=E(a_i,a_j,s(t))=\sup\min[\lambda,Y_j(\lambda)]$，其中

$$\xi_\lambda=\{(a_i,a_j)\,|\,X(a_i,a_j,s(t))\geqslant\lambda\},y_{ij}(\xi_\lambda)=\sum_{\xi_\lambda}V_{ik}V_{jk}。$$

类似地，该物种 a_i 和 a_j t 时刻优先选择的最佳斑块分别用模糊集合分别表示为：

$$F_{opt}(a_i,p(t))=\sum_{p(t)}y(a_i,p(t))/p(t)，$$

$$F_{opt}(a_j,p(t))=\sum_{p(t)}y(a_j,p(t))/p(t)。$$

它们的公共最佳斑块定义为两个模糊集合的交，即

$$\tilde{P}_{ij}=F_{opt}(a_i,p(t))\bigcap F_{opt}(a_j,p(t))=\sum_{p(t)}\min[y(a_i,p(t)),y(a_j,p(t))]/p(t)$$

$$=\sum_{p(t)}y_{ij}(p)/p(t)。$$

同理，可以定义两个物种 a_i 和 a_j 的公共最佳活动时间：

$$\tilde{T}_{ij}=F_{opt}(a_i,t)\bigcap F_{opt}(a_j,t)=\sum_t\min[T(a_i,t),T(a_j,t)]/t=\sum_t t_{ij}(t)/t。$$

每个物种尽可能地优先选择最佳资源、最适宜斑块，并在最适宜的时间内活动，变量 $\tilde{S}_{ij}$，$\tilde{P}_{ij}$ 和 $\tilde{T}_{ij}$ 显然是 t 时刻的三维模糊随机变量，则物种之和 j 和 t 时刻的竞争将发生在最适区域 $\tilde{Q}_{ij}$ 内，$\tilde{Q}_{ij}$ 是 t 时刻的一个空间模糊几何体，其隶属函数为

$$\tilde{q}_{ij}=\underset{m}{V}\underset{n}{V}\underset{k}{V}(x_{ij}^{(m)}\bigcap y_{ij}^{(n)}\bigcap t_{ij}^{(k)})。$$

其中 $x_{ij}^{(m)}$，$y_{ij}^{(n)}$ 和 $t_{ij}^{(k)}$ 分别表示 t 时刻物种 i 和物种 j 的第 m 个公共资源，第 n 个公共斑块及第 k 个时间段，因此物种 i 和 j 在 t 时刻的竞争系数为

$$\alpha_{ij}(t)=\frac{\underset{m}{V}\underset{n}{V}\underset{k}{V}(x_{ij}^{(m)}(t)\bigcap y_{ij}^{(n)}(t)\bigcap t_{ij}^{(t)})}{\underset{m}{V}\underset{n}{V}\underset{k}{V}(x_{ij}^{(m)}(t)\bigcap y_{ij}^{(n)}(t)\bigcap t_{ij}^{(t)})}。$$

显然，$\alpha_{ij}(t)=1$，$\alpha_{ij}(t)\in[0,1]$。

该表达式的生物学意义为：

(1)若 $x_{ij}(t)=1,t_{ij}=1,y_{ij}(t)=1$，则 $\alpha_{ij}(t)=1$，说明 t 时刻物种 i 和物种 j 在同一时间、同一地区活动，并且取食同一资源。在这种情况下，竞争是完全的，结果是其中之一被取消或选择其他资源，此时，$x_{ij}(t)<1$ 或在另一地区活动，$y_{ij}(t)<1$ 或改变活动时间($t_{ij}<1$)，这些结论正是 Gause 定理的内容。

(2) $x_{ij}(t),y_{ij}(t)$ 和 t_{ij} 之一小，竞争就减弱。若两物种在 t 时段虽取食相近资源($x_{ij}(t)>1$)，活动规律也相近($t_{ij}>0$)，但在两个完全不同的地域即 $y_{ij}(t)=0$，则 $\alpha_{ij}(t)=0$，表明两物种不竞争。

(3)若两物种 t 时段在同一地域($y_{ij}(t)=1$)，活动规律也相近，即 $t_{ij}>0$，但取食不同的资源，即 $x_{ij}(t)=0$，则 $\alpha_{ij}(t)=0$，表明两物种互惠共存。

由此可知，生态位重叠不一定引起竞争，而竞争一定导致生态位重叠现象。

r 个物种在资源、斑块和活动时间这三个因素上引起的竞争模型：

设具有表型 a_k 的物种在 t 时刻优先选择时最佳资源集记为

$$F_{opt}(a_k)=\sum_{s(t)} x(a_k,s(t))/s(t)\ (k=1,2,\cdots,r),$$

$x(a_k,s(t))$ 是它的隶属函数，表示 t 时刻的资源 s 隶属于 $F_{opt}(a_k)$ 的程度。

对任意的 $\lambda\in[0,1]$，有 $S_i(t)(a_k)=\{s(t)\mid x(a_k,s(t))\geqslant\lambda\}$。

若 $ker\tilde{S}_{(t)}(a_k)=\{s(t)\mid x(a_k,s(t))=1\}\neq\Phi$，表示具有表型的物种具有“完全”最佳资源且有较宽的峰，该表型 a_k 的物种，根据 λ 在[0，1]中的不同取值，其最佳资源的分布图形为正态分布曲线。

设物种 $a_k(k=1,2,\cdots,r)$ 对应的最佳资源集为

$$F_{opt}(a_k,s(t))=\tilde{S}_{(a_k)}=\sum_{s(t)}\frac{x(a_k s(t))}{s(t)}\ (k=1,2,\cdots,r),$$

则 r 个物种的公共最佳资源集定义为 r 个模糊集合的交集，即

$$\tilde{S}(a_1,a_2,\cdots,a_r)(t)=\tilde{S}_{1,2,\cdots,r}=\tilde{S}(a_1)\wedge S(a_2)\wedge\cdots\wedge S(a_r)=\sum_{s(t)}\frac{x_{1,2,\cdots,r}(s(t))}{s(t)},$$

其联合数学期望为

$$X_{1,2,\cdots,r}(S(t))=E[X(a_1,a_2,\cdots,a_k,s(t))]=\sup\sin[\lambda_1,\eta_{1,2,\cdots,r}(\xi_\lambda)]$$

其中

$$\xi_A=\{(a_1,a_2,\cdots,a_r)\mid X(a_1,a_2,\cdots,a_r,s(t))\geqslant\lambda\},$$

$$\eta_{1,2,\cdots,r}(\xi_A)=\sum_{\xi_\lambda}V_{1k_1}V_{2k_2}\cdots V_{rk_r}。$$

设物种 $a_k(k=1,2,\cdots,r)$ 在 t 时刻优先选择的最适宜斑块用如下的模糊集合表示：

$$F_{opt}(a_k,p(t))=\sum_{p(t)} y(a_k,p(t))/p(t)\ (k=1,2,\cdots,r)。$$

它们的公共最适宜斑块定义为 r 个模糊集合的交，即

$$\begin{aligned}\tilde{P}_{1,2,\cdots,r}\overset{(t)}{r}&=\bigcap_{k=1}^{r}F_{opt}(a_k,p(t))\\&=\sum\min(y(a_1,p(t)),y(a_2,p(t)),\cdots,y(a_k,p(t))/p(t)\\&=\sum y_{1,2,\cdots,r}(P(t))/P(t)。\end{aligned}$$

同理，可以定义 r 个物种的公共最佳活动时间为

$$\begin{aligned}\tilde{T}_{1,2,\cdots,r}&=\bigcap_{k=1}^{r}F_{opt}(a_k,t)\\&=\sum_t\min[T(a_1,t),T(a_2,t),\cdots,T(a_r,t)]/t\end{aligned}$$

$$= \sum_t t_{1,2,\cdots,r}(t)/t \text{。}$$

每个物种尽可能地选择最佳资源、最适宜斑块，并在最适宜的时间活动，这三个变量 $\tilde{S}_{1,2,\cdots,r}$，$\tilde{P}_{1,2,\cdots,r}$ 和 $\tilde{T}_{1,2,\cdots,r}$ 是模糊随机变量，则 r 个物种的竞争将在最佳区域 $\tilde{Q}_{1,2,\cdots,r}$ 内，这是一个空间模粗体，其隶属函数为

$$Q_{1,2,\cdots,r}\overset{(t)}{r} = \underset{n}{V}\underset{m}{V}\underset{k}{V}(x_{\underset{1,2,\cdots,r}{(k)}}(t) \cap y_{\underset{1,2,\cdots,r}{(m)}}(t) \cap t_{\underset{1,2,\cdots,r}{(n)}}(t)) \text{。}$$

其中 $x_{\underset{1,2,\cdots,r}{(k)}}(t)$，$y_{\underset{1,2,\cdots,r}{(m)}}(t)$ 和 $t_{\underset{1,2,\cdots,r}{(n)}}(t)$ 分别表示 t 时刻 r 个物种的第 1 个公共资源、第 m 个公共斑块和第 n 个公共时间段，因此，r 个物种在 t 时刻的竞争系数为

$$\alpha_{1,2,\cdots,r}(t) = \frac{\underset{n}{V}\underset{m}{V}\underset{k}{V}(x_{\underset{1,2,\cdots,r}{(k)}}(t) \cap y_{\underset{1,2,\cdots,r}{(m)}}(t) \cap t_{\underset{1,2,\cdots,r}{(n)}}(t))}{\underset{n}{V}\underset{m}{V}\underset{k}{V}(x_{\underset{i,i,\cdots,i}{(l)}}(t) \cap y_{\underset{i,i,\cdots,i}{(m)}}(t) \cap t_{\underset{i,i,\cdots,i}{(n)}}(t))} \text{。}$$

显然 $\alpha_{1,2,\cdots,r}(t) = 1,\ \alpha_{1,2,\cdots,r}(t) \in [0,1]$。

该表达式的生物学意义如下：

(1)若 $x_{\underset{1,2,\cdots,r}{(t)}} = 1, t_{\underset{1,2,\cdots,r}{(t)}} = 1, y_{\underset{1,2,\cdots,r}{(t)}} = 1$，则 $\alpha_{\underset{1,2,\cdots,r}{(t)}} = 1$ 说明 r 个物种在同一时间、同一地域活动并以同一资源为食，因此竞争是完全的，结果是其中的某个(或某些)物种被取消或选择其他资源，此时，$x_{1,2,\cdots,r}(t) < 1$ 或在另一地区活动[$y_{1,2,\cdots,r}(t) < 1$]，或改变活动时间[$t_{1,2,\cdots,r}(t) < 1$]，这正是 Gause 定理的内容。

(2) $x_{1,2,\cdots,r}(t)$，$t_{1,2,\cdots,r}(t)$ 和 $y_{1,2,\cdots,r}(t)$ 之一小，竞争就减弱，若 t 时刻 r 个物种虽取食相近资源，即 $x_{1,2,\cdots,r}(t) > 0$，活动规律也相近，但在 r 个完全不同的地区，即 $y_{1,2,\cdots,r}(t) = 0$，则 $\alpha_{1,2,\cdots,r}(t) = 0$，表示 r 个物种不竞争。

(3)若 t 时刻 r 个物种在同一地域活动，即 $y_{1,2,\cdots,r}(t) = 1$，活动规律也相近，即 $t_{1,2,\cdots,r}(t) > 0$，但以不同的资源为食，即 $x_{1,2,\cdots,r}(t) = 0$，则 $\alpha_{1,2,\cdots,r}(t) = 0$，表明 r 个物种互惠共存。

(4)如果 t 时刻 r 个物种中的任意 k 个物种都不竞争，则可得 r 个物种不竞争。比如在三个相似物种中，如果任何两个物种都不发生竞争，则这三个物种在给定的时间、对活动区域内的任意资源部发生竞争。

7.3　模糊集理论表示的种间竞争

竞争是一种自然现象，是生态系统中生物个体之间的一种相互作用。自从地球上有了生命，就有了竞争。生态学家给出了多种多样的竞争的定义，但大体上可分为两类[1]。第一类定义注重引起竞争的原因。竞争是生物个体间的相互作用，要产生竞争，就必定有导致这种作用的原因。一般地，人们将这种原因归结为对有限资源的共同利用，即资源的短缺引起竞争。

此类定义的特点是将注意力集中到生物个体所利用的资源上，参与竞争的生物个体有其

想要争得的特定目的物。但是，这种定义的弊端也是显而易见的。因为在实际工作中要精确地确定生物个体为之竞争的资源或者资源组合是非常困难的。有时，我们虽然可以确切地知道多个生物个体在利用同一资源，但并没有看到资源短缺；此时，如 Birch(1957)所说的，“……竞争将表现在动物为寻找资源而相互伤害的过程中”。

竞争的第二类定义注重竞争所产生的结果。这种结果体现在个体水平和种群水平上。在个体水平上，由于利用资源的个体数量的增加而引起资源的短缺或者由其他因子造成的妨害作用会导致个体生活力的下降，表现为生长减缓、个体重量减轻、雌体繁殖的后代个体数减少等；在种群水平上，随着利用共同资源的个体数目的增加，种群的死亡率上升，出生率下降，结果导致净增长率下降，使整个种群对以后世代的贡献减少 (Odum, 1959; Williamson, 1957; Pontin, 1982)。而 Wang 和 Zhang (1996)给出了如下的竞争定义：在同一因子(资源、资源组合或捕食者等)控制下所产生的有机体(同种的或异种的)之间相互妨害的作用。

Clements, Weaver 和 Hanson (1929)认为，关于自然界中竞争现象的最早确认，应归功于 Petrus de Crescentiis，这是因为早在 1305 年他就研究了森林乔木的自疏现象。Malthus 将动物和植物对有限自然资源的利用看作是对其无限增长能力的约束。这个观点后来被达尔文很好地利用，成为他自然选择理论的一个基石。

生态位概念的引入使得从数量上研究竞争成为可能。Hutchinson(1957)将生态位定义为一个种在 n 维资源空间中的超体积，MacArthur 和 Levins(1967)建议了一个计测竞争物种之间的生态位相似程度(生态位重叠)的方法，并由此方法估计种间竞争的强度。在此基础上，May(1973)利用 Volterra 竞争模型研究了竞争排除原理推论的极限相似性，后来的研究大多以确定性理论为基础研究生物动力系统，用模糊集理论研究物种竞争关系的文献不多。Wang 等(2004)给出了广食性物种间竞争的定义，提到物种取食资源类型为基本食物、次要食物、偶吃食物、替换食物。但是生存于自然界的物种由于所处环境的不同所需资源划分级别应更多一些，比如就基本食物类型说，可以再划分为最基本食物、基本食物、次基本食物、再次基本食物等，而次要食物、偶吃食物和替代食物的划分也是如此。

7.3.1　资源的模糊表示

我们考虑物种 i 和物种 j 关于 n 种资源类型 $(s_1,s_2,\cdots,s_n)$ 的竞争，广食性物种在取食最基本资源之外，还需要取食基本食物、次基本食物等。自然界中生存的物种对资源之间的竞争主要是对最基本资源的竞争，同时也对其他类型的资源产生竞争。

每一广食性物种在一定的生活时段都有其较为稳定的食物结构或营养结构，把它们表示为论域 $U=\{s_1,s_2,\cdots,s_n\}$={最基本食物，基本食物，次要基本食物，再次要基本食物，次要食物，次次要食物，…，替代食物，可替代食物}，分别用模糊集合 $\tilde{A}_1$={最基本食物}，$\tilde{A}_2$={基本食物}，…，$\tilde{A}_{m-1}$={替代食物}，$\tilde{A}_m$={可替代食物}表示，把 n 个资源类型表示为 m 个资源等级，即 m 个模糊集合。

广食性物种对资源的竞争是由各自的食谱即营养结构的相似程度决定的。也就是说，如果两个物种的食谱资源很接近的话，物种间的竞争就很激烈，这是因为物种在各个资源等级上都很相近。从另一方面来说，如果两个物种的食谱资源在很大程度上不相似，则物种间的竞争就不会很激烈，因此，我们可以根据物种食谱资源的相似性度量来描述物种间竞争。

定义 7-1　假设 $\underset{\sim}{A}$ 是重要资源，则其隶属函数定义为：

$$A(S)=\frac{k(s)w(s)/r(s)}{\max\limits_{s} k(s)w(s)/r(s)}。$$

其中，$k(s)$ 为资源环境载量；$r(s)$ 为资源 s 的内禀增长力；$w(s)$ 为资源 s 的权重。

对广食性物种而言，$k(s)$ 和 $r(s)$ 是自然增长力对竞争的影响，而 $w(s)$ 表示在 $k(s)$ 和 $r(s)$ 一定的情况下，该资源 s 对某物种而言隶属于 A_i 的权数，关于 $w(s)$ 的测定可通过各种食物类型在动物胃中出现的频率确定[10]。

如前所述，物种之间的竞争是由各物种共同食用的资源及资源的重要性等级所确定的。由于各资源的重要性等级的划分具有模糊性，所以，可以用模糊集合的方法加以区分，并用模糊集理论的语气算子给出各资源等级的隶属函数。根据模糊集理论，定义语气算子如下：

定义 7-2　对任意给定的实数 $\lambda>0$，设语气算子为

$$H_\lambda : F(u)\to F(u),$$

$$(H_\lambda\cdot A)\underline{\underline{\Delta}}[A(s)]^\lambda 。$$

其中，$\underset{\sim}{A}\in F(u)$，当 $\lambda>1$ 时，称 H_λ 为集中化算子；当 $\lambda<1$ 时，称 H_λ 为散漫化算子。根据模糊资源等级的划分，可以假设最基本食物的隶属函数为 $f_1(s)$，定义

$$(H_\lambda\cdot A_i)\underline{\underline{\Delta}}[A(s)]^\lambda=[f_1(s)]^\lambda 。$$

基本食物 $A_2=\sum f_2(s)/s$，它的隶属函数为

$$f_2(s)=[A_2(s)]^{\frac{1}{2}}=\left[\frac{k(s)w_2(s)/r(s)}{\max k(s)w_2(s)/r(s)}\right]^{\frac{1}{2}}。$$

次基本食物 $\underset{\sim 3}{A}=\sum f_3(s)/s$，它的隶属函数为

$$f_3(s)=\left[A_3(s)\right]^{\frac{1}{2}}=\left[\frac{k(s)w_2(s)/r(s)}{\max k(s)w_3(s)/r(s)}\right]^{\frac{1}{2^2}}。$$

依次类推，第 m 等级资源的隶属函数为

$$f_m(s)=\left[A_m(s)\right]^{\frac{1}{2^{m-1}}}=\left[\frac{k(s)w_m(s)/r(s)}{\max k(s)w_m(s)/r(s)}\right]^{\frac{1}{2^{m-1}}}。$$

由于两个物种的公共资源集合仍然为模糊集合，为了讨论两个物种之间对资源的竞争关系，为此定义物种 i 和物种 j 的公共资源集合为：

$$R_{ij}=\sum f_{ij}(s)/s 。$$

因此，物种在各个等级上的共享资源，可按照 Einstein 模糊积算子定义为：

$$F_{kij}=A_k\dot{\varepsilon}R_{ij}=\sum y_{Rij}(s)/s(k=1,2,\cdots,m)。$$

用 C_{ij} 表示物种 i 和物种 j 的共享资源集食谱的集合，则该集合可表示为：

$$C_{ij}=F_{1ij}\cup F_{2ij}\cup\cdots\cup F_{mij}\text{。}$$

定义 7-3 设 f 在资源集 U 上取值，表示等级共享资源，令 $R(x)=F_{Bij}$ (h=1，2，…，m)，与 X 有关的可能性分布 $\Pi_{kij}=R(f)=F_{kij}$，

$$\text{Poss}(f\text{是}s)=\Pi(s)=\max_{s}[y_{kij}(s)\wedge\pi_{kij}(s)]\text{。}$$

综上所述，我们可以得出下面的结论：

定理 7-1 物种 i 和物种 j 关于资源竞争的竞争系数 α_{ij} 为：

$$\alpha_{ij}=\max_{s}[y_{kij}(s)\wedge\Pi_{kij}(s)]/\max_{s}[y_{kii}(s)\wedge\Pi_{kii}(s)]\ (k=1,2,\cdots,m)$$

推论 t 个物种 $i_1,i_2,\cdots,i_t$ 关于资源竞争的竞争系数为：

$$\alpha_{i_1i_2\cdots i_t}=\frac{\max_{s}[y_{ki_1i_2\cdots i_t}(s)\wedge\Pi_{ki_1i_2\cdots i_t}(s)]}{\max_{s}[y_{i_qi_q\cdots i_q}(s)\coprod k_{i_qi_q\cdots i_q}(s)]}\ (q=1,2,\cdots,t)\text{。}$$

定理 7-1 给出了广食性物种对 m 个资源类型的完全竞争形式，该公式体现的内容更为接近现实环境，因此实用性更好。如果物种在资源较为丰富时，仅对主要资源(基本资源)感兴趣，而对其他资源很少(或不)食用，此时，物种对资源的竞争只发生在“主要的共享资源”。因此，竞争系数为：

$$\alpha_{ij}=\underset{s}{sax}\,y_{1ij}(s)/\max_{s}y_{1ii}(s)\text{。}$$

对于多物种来说

$$\alpha_{i_1i_2\cdots i_t}=\max_{s}y_{1i_1i_2\cdots i_t}(s)/\max_{s}y_{1iqiq\cdots iq}(s)\ (q=1,2,\cdots,t)\text{。}$$

如果是重要资源，$A=\sum f_1(s)/s$ 是正规的，也就是说，$\max_{s}f_1(s)=1$，则对主要资源类，其内所有资源的重要性是一样的，即对所有竞争者 $f_1(s)=1$。

$$y_{1ij}=\frac{f_1(s)f_{ij}(s)}{1+(1-f_1(s))(1-f_{ij}(s))}=f_{ij}(s)\text{。}$$

由此可得

$$\alpha_{ij}=\max_{s}f_{ij}(s)/\max_{s}f_{ii}(s)$$

表示两物种的最佳资源。

类似可得：

$$y_{1i_1i_2\cdots i_t}=\frac{f_1(s)f_{i_1i_2\cdots i_t}(s)}{1+[1-f_1(s)][1-f_{i_1i_2\cdots i_t}(s)]}=f_{i_1i_2\cdots i_t}(s)\text{，}$$

$$\alpha_{i_1i_2\cdots i_t}=\max_{s}f_{i_1i_2\cdots i_t}(s)/\max_{s}f_{i_qi_q\cdots i_q}(s)\ (q=1,2,\cdots,t)\text{。}$$

表示 t 个物种对最佳公共资源的竞争，这个结论是 Wang 等(2004)的结论的推广。

7.3.2 植物生态位的模糊表示

任何生物体都是与其生存的环境相适应的，在其生存环境里的任何生物因子或非生物因子的变化都会影响生物本身的生存和发展，而且在生物体的不同生长发育阶段所要求的生存环境条件也可能是不一样的。生态位就是描述有机体与其生存环境之间的关系的。

植物生态位隶属函数的建立：

所有植物，为了适应其生存的环境，植物生长也有自己的生态位。通过上面的陈述可知，生态位的描述可以用模糊集合理论来表示。假设与物种生存相关的因子集合为 $x=(x_1, x_2, \ldots, x_n)$，植物的生长是这些因子的综合反应。但对每一个因子，作物都有一个与之适应的范围。就拿玉米来说，玉米的最适生长温度为 20～24 ℃，其生长的上限温度约为 35 ℃，下限温度约为 10 ℃。按照模糊集合的理论，我们可以对每一个生态因子 $(x_1, x_2, \cdots, x_n)$（光照、温度、水分、养分……）建立一个中平正态型的隶属函数：

$$\mu(x_i)=\begin{cases} 0, & x_i \leqslant a_i-\sqrt{2}\sigma_i \\ 1-\dfrac{1}{2\sigma_i^2}(x_i-a_i)^2, & a_i-\sqrt{2}\sigma_i < x_i \leqslant a_i \\ 1, & a_i < x_i \leqslant b_i \\ 1-\dfrac{1}{2\sigma_i^2}(x_i-b_i)^2, & b_i < x_i \leqslant b_i+\sqrt{2}\sigma_i \\ 0, & x_i > b_i+\sqrt{2}\sigma_i \end{cases}$$

其中，a_i 和 b_i 分别表示第 i 个生态因子理论上最适宜的下限值和上限值，δ_i 为第 i 个生态因子的方差。在实际工作中应按下面的过程操作，比如在作物生长的某一阶段连续对某个研究的生态因子取样观测就会得到相应的方差(δ_i^2)值，从而可以确定该因子的隶属函数表达式，再代入观测到的该因子的值，就可得到作物对该因子的隶属值。依次类推可以得到作物对几个因子的隶属值。用向量表示为 $c=(c_1, c_2, \cdots, c_n)$。显然，$0\leqslant c_i \leqslant 1$，$i=1, 2, \cdots, n$。根据利比希的“最小因子定律”和谢尔福德的“耐受性定律”，定义 Min $c=(c_1, c_2, \cdots, c_n)$为作物在该发育阶段的生态位。显然，当 c_i $(i=1, 2, \cdots, n)$ 越接近于 1，也就是说该物种越接近最适宜的生长环境。相反，当 c_i $(i=1, 2, \cdots, n)$越接近于 0，则该物种在该环境中离最适宜的环境越远，越要经受考验。换句话说，当 c_i $(i=1, 2, \cdots, n)$越接近于 1，作物的生长状态越好；当 c_i $(i=1, 2, \cdots, n)$距离 1 越远时，生长状况越不好；当某一个 c_i 越小时，说明该生态因子对生长在该环境中的作物限制作用越大，因此，根据 c_i $(i=1, 2, \cdots, n)$值的大小，可以判断哪个生态因子对生长在该环境中作物的限制作用大，从而帮助我们如何改善生态因子，使作物在较适宜的环境中生长，从而提高作物产量。当然，也可以根据作物生长发育的不同阶段所得到的 c_i $(i=1, 2, \cdots, n)$值，判断在作物生长发育的不同阶段的限制因子，从而即时提供信息，帮助人们做出即时的决策去改善作物的生长环境。因此，作物生态位隶属函数的建立和隶属值的确定是具有一定的实践意义的。

根据植物的生长特点，利用模糊数学的思想，建立了其生长过程的各种生态因子(光照、温度、水分、养分……)的隶属函数 $c=(c_1, c_2, \cdots, c_n)$。从而根据利比希的“最小因子定律”和谢尔福德的“耐受性定律”，得到 Min $c=(c_1, c_2, \cdots, c_n)$为作物在该发育阶段的生态位。植物生态位的建立，可以指导人们在栽培植物品种的时候，根据植物的生长情况，及时增加植物所需要的养分，以利于植物的良好生长发育，具有一定的理论和实践意义。

参考文献

[1] Birch L C. The meanings of competition[J]. Am. Nat., 1957(91): 5-18.

[2] Odum E P. Fundamentals of Ecology[M]. 2ed edition. Saunders: Philadelphia, 1959.

[3] Williamson M H. An elementary theory of interspecific competition[J]. Nature, 1957(180): 422-425.

[4] Pontin A J. Competition and Coexistence of species[M]. London: Pitman books Limited, 1982.

[5] 王刚, 张大勇. 生物竞争理论[M]. 西安:陕西科学技术出版社, 1996.

[6] Clements F E, Weaver J E, Hanson H C. Plant competition: An analysis of Community founctions[M]. Washington: Carnegie Institution, 1929.

[7] Hutchinson G E. Concluding remarks[J]. Cold Spring Harbor Symp. Quant. Biol., 1957(22): 415-427.

[8] MacArthur R H, Levins R. The limiting similarity, Convergence, and divergence of coexisting species[J]. Am. Nat., 1967(101): 377-385.

[9] May R M. Stability and Complexity in Model ecosystems[M]. Princeton: Princeton Univ. Press, NJ, 1973.

[10] Wang W X, Li Y M, Li Z Z, et al. A fuzzy description on some ecological concept[J]. Ecol. Model., 2003(169): 361-366.

[11] Wang W X, Li Z Z, Li Y M, et al. Fuzzy expression related to biotic community[J]. Ecol. Model., 2004(179): 367-372.

第 8 章　有关生态概念的模糊表示

生态位的概念最早是 Grinnell 在 1917 年提出的，他为生态位是物种的基本分布单位。Elton(1933) 强调物种的功能，指出生态位(niche)是在生物环境中的地位或在群落中的角色。Grinnell 和 Elton 认为生态位是定性的，与实施量化的运用是不同的。

生态位的量化概念由 Hutchinson 于 1957 年提出。根据他的定义，生态位是生物生活于其中的 n 维资源的超体积，因此生态位能够通过物种在 n 维资源轴上的坐标定量地描述(Hutchinson, 1957)。基于 Hutchinson 的生态位的概念，尽管仍有工作要做，但生态位重叠的问题就能够解决(Giller, 1982)。“竞争排斥原理”可根据 Hutchinson 的生态位概念被更精确地说明：两个物种在相同的生态位内不能共存；如果两个无物种的生态位增加，则它们的竞争将更加激烈，竞争的结果是允许一个物种续存而另一物种灭绝(Christiansen et al, 1977)。

正如 Hutchinson 的概念暗示，生态位的边界是不分明的。事实上，生态位的边界在物种的分布和资源利用两方面都有模糊的特点。

模糊集理论由 Zadeh (1965)引入，一个模糊集是允许部分隶属的集合，模糊集合是被对论域中的所有元素定义隶属函数等级的论域定义的，对给定的元素，该函数的值描述这个元素是与之联系的模糊集合的一个元素的程度。按照习惯，数值 1 记作完全隶属，数值 0 记作完全不隶属，0 和 1 之间的数值记为部分隶属的不同程度。如果对论域中的所有元素，隶属级别是 0 或 1，则与之联系的模糊集合是一个经典(普通)集合，这说明普通集合是模糊集合的特殊情形。

因为模糊集允许部分隶属，所以消除了确切地分类一个物体的必要性，类似的，概率方法消除了确切地预测一事件的结果的必要性。然而模糊方法在本质上是非统计的，并且模糊方法应用于不同类的现象，或者至少应用于消除不同的细节。

在数学上描述模糊性和不确定性的模糊集理论，也被其他生态学家采用，比如 Bosserman 和 Ragade(1982)用来进行生态系统分析，Salski(1992)用来建立一个包含不确定生态数据的生态过程的模型。本章我们利用模糊集定义一些生态概念。

8.1　两物种的模糊竞争系数

考虑物种 i 和 j 竞争许多类型的资源，除取食基本资源外，广食性物种还取食次要食物、偶吃食物和替代性食物。在自然环境中，物种间对资源的竞争主要是基本资源，同时也对次主要食物、偶吃食物和替代性食物竞争。在一定时期内，广食性物种有稳定的资源和营养结构，记为论域 U={基本资源，次要资源，偶吃资源，替代性资源}，其中{基本资源}、{次要资源}、{偶吃资源}和{替代性资源}是模糊集合，分别记为 $\underset{\sim}{A}_1,\underset{\sim}{A}_2,\underset{\sim}{A}_3,\underset{\sim}{A}_4$。

两个广食性物种对资源的竞争依赖于它们的食单(营养结构)的相似程度。直观地说，如果两个物种的食单非常接近，则物种之间的竞争就较激烈；如果两个物种的食单(营养结构)在很大程度上不相似，则物种之间的竞争就不激烈。因此我们可以根据两个物种食单的相似性来描述物种之间的竞争。

假设每个物种的食单(营养结构)是一个模糊集

$$U=\{s_1,s_2,\cdots,s_n\}=\{\underset{\sim}{A}_1,\underset{\sim}{A}_2,\underset{\sim}{A}_3,\underset{\sim}{A}_4\}。$$

也就是说，n 种资源类型分解成 4 个资源等级，它们分别表示{基本资源}、{次要资源}、{偶吃资源}和{替代性资源} 4 个模糊集合。

假设 $\underset{\sim}{A}$ 是重要资源，则其隶属函数可写成

$$\underset{\sim}{A}(s)=\frac{K(s)W(s)/r(s)}{\max\limits_{s}K(s)W(s)/r(s)}。$$

其中，$K(s)$ 是资源环境 s 的容纳量，$r(s)$ 是资源 s 的内禀增长率，$W(s)$ 是资源 s 的权数。

对广食性物种来说，$K(s)$ 和 $r(s)$ 是自然增长力对竞争的影响，在 $K(s)$ 和 $r(s)$ 给定的情况下，$W(s)$ 表示该资源 s 对某物种而言隶属于 $\underset{\sim}{A}_i$ 的权数。$W(s)$ 的测定可通过各种食物类型在动物胃中出现的频率确定。例如，紫貂的食物组成的变化(在胃中出现的频率)(见表 8-1[13])。

表 8-1 $W(s)$的测定值 %

食物	年份						
	1923—1924	1924—1925	1925—1926	1926—1927	1927—1928	1928—1930	1930—1931
小型啮齿动物	60.0	75.0	37.5	78.6	12.5	15.4	34.4
松鼠	10.0	25.0	25.0	2.4	33.3	23.1	15.6
花鼠	20.0	20.0	6.2	19.0	8.3	15.4	9.4
雪兔	10.0	0	12.5	7.1	12.5	30.8	3.1
栗齿鼩鼱	10.0	0	0	21.4	8.3	15.4	9.4
鸟	10.0	0	18.7	14.3	12.5	15.4	18.8
昆虫	0	0	6.2	7.1	25.0	15.4	6.2
松果	20.0	50.0	62.5	35.7	79.2	53.8	68.8
干果	0	0	6.2	9.5	4.2	7.7	3.1
紫貂	1.3	0.8	0.9	0.9	0.5	0.6	0.8

我们可以计算在某一时期内紫貂对给定食物的等级权数，如 1923—1924 年，

小型啮齿动物 $W(s)=0.6$

松果　　　　　　　　$W(s)=0.2$。

两物种之间的竞争是由它们共同食用资源及其重要性等级所确定的。各资源等级的隶属函数由模糊集理论的语气算子给出(Luo,1989)。设语气算子为

$$H_{\varepsilon}: F(u)\rightarrow F(u)\ (\varepsilon\ 是正实数);$$

$$(H_{\varepsilon}\bullet A)(s)=[\underset{\sim}{A}(s)]^{\varepsilon},\ A\in F(u)。$$

当 $\varepsilon>1$ 时，H_{ε} 称为集中算子；当 $\varepsilon<1$ 时，H_{ε} 称为散漫化算子。

例如，假设主要(基本)资源的隶属函数为 $X_1(s)$，则

$$(H_{\varepsilon}\bullet A_i)(s)=[A(s)]^{\varepsilon}=[X_1(s)]^{\varepsilon}。$$

次要资源的隶属函数为

$$A_2=\sum X_2(s)/s,$$

$$X_2(s)=[X_1(s)]^{1/2}=\left[\frac{K(s)W(s)/r(s)}{\max\limits_{s}K(s)W(s)/r(s)}\right]^{1/2}。$$

偶食资源的隶属函数为

$$A_3=\sum X_3(s)/s,$$

$$X_3(s)=[X_1(s)]^{1/4}=\left[\frac{K(s)W(s)/r(s)}{\max\limits_{s}K(s)W(s)/r(s)}\right]^{1/4}。$$

替代性资源的隶属函数为

$$A_4=\sum X_4(s)/s,$$

$$X_4(s)=[X_1(s)]^{1/8}=\left[\frac{K(s)W(s)/r(s)}{\max\limits_{s}K(s)W(s)/r(s)}\right]^{1/8}。$$

因此，我们也可以假设物种 i 和 j 的共同资源集合为

$$S_{ij}=\sum X_{ij}(s)/s。$$

则它们在各个等级上的共同资源为

$$F_{kij}=A_k\ \varepsilon\ S_{ij}=\sum y_{kij}(s)/s,\ (k=1,2,3,4)。$$

其中 ε 是 Einstain 算子 (Luo,1989)。

如果 C_{ij} 记作物种 i 和 j 的共同分享资源集合，则

$$C_{ij}=F_{1ij}\cup F_{2ij}\cup F_{3ij}\cup F_{4ij}=\sum_{s}C_{ij}(s)/s。$$

设 X 在资源集合 U 上取值，表示物种 i 和 j 在每个等级上的公共资源，令 $R(X)=F_{kij}$ (k=1,2,3,4)，则与 X 相关的可能分布 (Luo,1989) 为

$$n_{kij}=R(X)=F_{kij},$$

$$\text{Poss}\ (X\ 是\ s)=\Pi(s)=\max_{s}\,[y_{kij}(s)\wedge \pi_{kij}(s)]。$$

所以，我们能得到下面的结论：

物种 i 和物种 j 对资源的竞争系数是

$$\alpha_{ij}=\max_s[(y_{kij}(s)\wedge\Pi_{kij}(s)]/\max_s[y_{kij}(s)\wedge\Pi_{kij}(s)]。$$

上式给出的竞争系数不仅贴近现实，而且更实用。$\Pi_{kij}(s)$ 表示任意资源成为 k 级公共分享资源的可能性，记 $\Pi_{kij}(s)=y_{kij}(s)$，则

$$\alpha_{ij}=\max_s y_{kij}(s)\ /\max_s\ y_{kii}(s)。$$

如果资源较为丰富，两个物种仅对主要资源感兴趣，而对其他资源很少食用，则竞争只在“主要分享资源”，此时

$$\alpha_{ij}=\max_s y_{1ij}(s)\ /\max_s y_{1ii}(s)。$$

如果主要资源 $\underset{\sim}{A}=\sum X_1(s)/s$ 是正规的，即 $\max_s X_1(s)=1$，则对主要资源类其内所有资源的重要性是一样的，也就是说对所有的竞争者

$$X_1(s)=1,$$

$$y_{1ij}=\frac{X_1(s)\cdot X_{ij}(s)}{1+[1-X_1(s)][1-X_{ij}(s)]}=X_{ij}(s)。$$

所以

$$\alpha_{ij}=\max_s X_{ij}(s)\ /\max_s X_{ii}(s)$$

表示两物种对最佳公共资源的竞争系数。

8.2　模糊生态位

现在最流行的生态位概念是由 Hutchinson(1957)给出的：一个生物体的生态位就是一个 n 维超体积，这个超体积包含的是该生物生存和生殖所需要的全部生活条件，因此与该生物体生活有关的所有变量都必须包含在内，而且它们必须是彼此独立的。因为生态位在生态系统中是重要的，所以许多生态学家对此特别感兴趣。

假设 A 是 n 维实空间中的一个模糊集，那么

$$A_\lambda=\{X\mid\mu_A(x)\geqslant\lambda,0\leqslant\lambda\leqslant1\}$$

称为 λ 的弱截集。

$$A_\lambda=\{X\mid\mu_A(x)>\lambda,0\leqslant\lambda\leqslant1\}$$

称为 λ 的强截集(Luo,1989)。其中 $\mu_A(x)$ 是模糊集 A 的隶属函数。这两个模糊集合可看作基础生态位和现实生态位。令

$$H:[0,1]\to Q(z),\Lambda\to H(\Lambda)$$

满足

$$A_\Lambda\subseteq H(\Lambda)\subseteq A_\Lambda,\forall 0\leqslant\Lambda\leqslant1。$$

H 称为模糊集合 A 的集合套，当 $\Lambda_1<\Lambda_2$ 时，$\Rightarrow H(\Lambda_1)\supseteq H(\Lambda_2)$。

假设 Λ 是 n 维实空间中的一个向量，表示物种生存空间的某一种状态，$\Lambda=(\lambda_1,\lambda_2,\cdots,\lambda_n)$ 是物种能够忍耐的生存空间，$\lambda_1,\lambda_2,\cdots,\lambda_n$ 分别表示生物体生存和繁殖的全部生态因子(生物因子和非生物因子)的坐标，则集合套 $H(\Lambda^*)$ 就是生物体 X 所占据的生态位，其中 $\Lambda^*\overset{\Delta}{=}\|\Lambda\|$.

(1)如果 $H(\Lambda^*)$ 是由物种 X 占据的生态位，则 $X\in H(\Lambda^*)$，表示物种所能够容忍的生态空间(包括气候、资源等)。此时有

$$\mu_A(x)\geqslant\Lambda^*\Rightarrow\|X\|\leqslant R(\Lambda^*)。$$

从几何意义上来讲，$R(\Lambda^*)$ 是 n 维超球体的半径，物种 X 占据的生态位的空间界面就是以 $R(\Lambda^*)$ 为半径的 n 维超球体，其内包含与物种生存和繁殖有关的所有生态因子(生物因子和非生物因子)，如温度、湿度、海拔梯度、pH、资源、竞争等。

(2)如果 $\Lambda_1^*<\Lambda_2^*$，特别，$\left|\lambda_1^i\right|<\left|\lambda_2^i\right|, i=1,2,\cdots,n$，则 $H(\Lambda_1^*)\supseteq H(\Lambda_2^*)$。

说明生态因子 $\lambda^i(i=1,2,\cdots,n)$的绝对值越大，物种占据的生态位 $H(\Lambda^*)$ 相应缩小。

(3)模糊数学的表现定理 $A=\bigcup\limits_{\Lambda\in[0,1]}\Lambda H(\Lambda)$ (Luo,1989)，表示占据一定区域的所有种群，生态学称之为群落，它的模糊表示一个模糊集合 A。

更一般的，$\Lambda=(\lambda_1,\lambda_2,\cdots,\lambda_n)$ 是 R^n 中的 n 维向量，假设物种 X 在每一个生态因子 λ_i (i=1,2, …,n) 上有“最佳耐受范围”，用模糊数 λ_i (i=1,2, …,n) 表示。显然 λ_i (i=1,2, …,n) 是有界闭模糊数，它的隶属函数为

$$\lambda_i(\alpha)=\begin{cases}1,\alpha\in[m,n]\neq\varphi\\ L(\alpha),\alpha<n\\ R(\alpha),\alpha>n\end{cases}$$

其中，$L(\alpha)$ 是增函数且左连续，$\lim\limits_{\alpha\to-\infty}L(\alpha)=0$，$0\leqslant L(\alpha)<1$。

$R(\alpha)$ 是减函数且右连续，$\lim\limits_{\alpha\to+\infty}R(\alpha)=0$，$0\leqslant R(\alpha)\leqslant1$。

因此

$$\lambda_i=\left\{\left[m_{\lambda i},n_{\lambda i}\right],L_{\lambda i}(\alpha),R_{\lambda i}(\alpha)\right\},(i=1,2,\cdots,n)$$

表示物种 X 在生态因子 λ_i 上的最佳耐受范围。

根据模糊数学的扩张原理，我们假设

$$H:(\lambda_1,\lambda2,\cdots,\lambda_n)=\Lambda^*\to H(\Lambda^*)=V$$

表示物种 X 的最适生态位。在这个生态位中，生物种的所有物化环境条件是最佳的，物种隶属最佳生态位 V 的隶属函数为

$$\mu_V(u)=\begin{cases}0, & if\ H^{-1}(v)\neq0\\ \vee(\bigwedge\limits_{i=1}^{n}\mu_{\lambda i}(u_i)),otherwise,(u_1,\cdots,u_n)\in H^{-1}(v)\end{cases}$$

其中，$H^{-1}(v)=\left\{(u_1,u_2,\cdots,u_n)\middle|H(u_1,u_2,\cdots,u_n)=v\right\}$。

因此，每一个物种都对应一个最适生态位 $H(\Lambda^*)$，它是一个 n 维模糊集合，从几何上来

说就是一个 n 维超模糊球体。特别的，假设 λ_i 是一个特殊的模糊数，即区间数记为 $\lambda_i=\left[m_{\lambda i},n_{\lambda i}\right]$ $(i=1,2,\cdots,n)$，表示物种的生态幅。根据 Shelford 的"耐受性定理"，每一种生物对每一种环境因子都有一个耐受范围，即由一个生态上的最低点(或最低度)和一个生态上的最高点(或最高度)，在最高点和最低点之间的范围称为生态幅。因此

$$\Lambda^*=(\lambda_1,\lambda_2,\cdots,\lambda_n)=\left([m_{\lambda 1},n_{\lambda 1}],[m_{\lambda 2},n_{\lambda 2}],\cdots,[m_{\lambda n},n_{\lambda n}]\right)$$

是一个 n 维闭区间组成的向量。

$$H(\Lambda^*)_\alpha=H(\underset{\sim}{\lambda_1},\underset{\sim}{\lambda_2},\cdots,\underset{\sim}{\lambda_n})_\alpha=H(\lambda_{1,\alpha},\lambda_{2,\alpha},\cdots,\lambda_{n,\alpha}),\quad \alpha\in[0,1]$$

称为模糊集 H (Λ^*)的截集。当 n 维生态因子 λ_i $(i=1,\ 2,\ \cdots,n)$是一个模糊数时，$\Lambda^*=(\lambda_1,\lambda_2,\cdots,\lambda_n)$就表示生物体生存空间的最适状态。所以 $H(\Lambda^*)$ 表示生物体 X 占据的最适生态位。由分解定理：$\alpha=0$ 或 1 表示物种 X 在最低点或最高点的生态位。

8.3 模糊生态位的宽度和重叠

过去的几十年对生态位形式和生态位关系的研究，是群落生态学最活跃的领域之一。Abrams(1980) 和 Slobodlkichoff 等 (1980) 曾全面详细地评价了有关生态位的宽度和重叠的计测方法。我们在此使用模糊方法讨论这个问题。

8.3.1 生态位宽度

当区间数 $\lambda_i\,(i=1,\ 2,\ \cdots,n)$ 是一个模糊数时，$\Lambda^*=(\lambda_1,\lambda_2,\cdots,\lambda_n)$ 是物种生活空间的可选择最适状态，$H(\Lambda)$ 表示生物体 X 隶属的生态位。因此，由物种 X 占据的生态位 $H(\Lambda)$ 在每个资源轴上都有投影 $H(\lambda_i)$，$H(\lambda_i)$ 表示物种 X *在第* i 维轴的投影生态位，其宽度为 $w(H(\lambda_i))=n_{\lambda i}-m_{\lambda i}$。由物种 X 占据的生态位的宽度可表示为

$$B(H(\Lambda))=w(w(H(\lambda_1)),w(H(\lambda_2)),\cdots,w(H(\lambda_n))\overset{\Delta}{=}\left\{\sum_{i=1}^{n}(w(H(\lambda_i)))^2\right\}^{1/2}。$$

此定义充分反映了生物或生物单位对资源利用的多样化程度，即物种 X 对 n 个生态因子的耐受(或利用)范围。如果实际被利用的资源只占整个资源谱的一小部分，则一定有某些投影 $W(H(\lambda_i))$ 很小或等于 0，所以 $B(H(\Lambda))$ 就小。对于这种情形，我们就说该物种具有较窄的生态位。

8.3.2 生态位重叠

假设 $H(\Lambda_1)$ 和 $H(\Lambda_2)$ 分别是物种 X 和 Y 的生态位，则生态位重叠的公式可写成下列形式

$$\begin{aligned}H_{XY}(\Lambda)&=H(\Lambda_1)\cap H(\Lambda_2))\\&=[H(\lambda_{11}),H(\lambda_{12}),\cdots,H(\lambda_{1n})]\cap[H(\lambda_{21}),H(\lambda_{22}),\cdots,H(\lambda_{2n})]\end{aligned}$$

$$\stackrel{\Delta}{=}[H_{XY}(\lambda_1), H_{XY}(\lambda_2), \cdots, H_{XY}(\lambda_n)]。$$

其中，$H_{XY}(\lambda_i) = H_X(\lambda_{1i}) \cap H_Y(\lambda_{2i}) \stackrel{\Delta}{=} \left[\max(m_{\lambda_{1i}}, m_{\lambda_{2i}}), \max(n_{\pi_{1i}}, n_{\lambda_{2i}})\right]$，$i$=1, 2,⋯, n，$\lambda_{1i} = \left[m_{\lambda_{1i}}, n_{\lambda_{1i}}\right]$，$\lambda_{2i} = \left[m_{\lambda_{2i}}, n_{\lambda_{2i}}\right]$。

因此，$H_{XY}(\Lambda)$就是 n 维闭模糊向量，生态位的重叠就是在各环境梯度因子 λ_{1i} 和 λ_{2i} 上投影生态位 $H_X(\lambda_{1i})$ 和 $H_Y(\lambda_{2i})$ 的重叠。

由上述可知，$H_{xy}(\lambda_i)$ 越大，物种 X 和物种 Y 的生态位重叠就越多，从而说明物种 X 和物种 Y 在很相似的生态位中生活，物质之间的竞争将很激烈，结果是一个物种被消除或生态位分离。

根据本章定义的生态位重叠可知，它是一个综合指标。如果生态位重叠仅发生在某些环节因子 λ_i 上，物种可能不发生竞争，当然，当重叠的生态位是某些决定性因子时，物种可能发生竞争。

物种的模糊生态位概念在某些程度上与 Hutchinson 的概念相似，但是它在传统的概念上有所改进。为了使模糊概念更合理，并且更容易使用，仍然有许多工作要做。

参考文献

[1] Abrams P. Some comments on measuring niche overlap[J]. Ecology, 1980, 61(1):44-49.

[2] Bosserman R W, Ragade R K. Ecosystem analysis using fuzzy set theory[J]. Ecol. Model., 1982 (16): 191-208.

[3] Christiansen F B, Fenchel T M. Theories of population in biological communities[M]. Berlin: Springer, 1977.

[4] Elton C. The ecology of the animals[M]. London: Méthuen, 1933.

[5] Giller P S. Community structure and the niche[M]. S. l.: Chapman and Hall, 1982.

[6] Grinnell J. The niche relationships of the California thrasher[J]. Auk, 1917(21): 364-382.

[7] Horn H S. Measurement of overlap in comparative ecological studies[J]. Am. Nat., 1966(100): 419-424.

[8] Hutchinson G E. Concluding remarks[J]. Cold Spring Harbor Synp. Quant. Biol., 1957(22): 415-427.

[9] Luo C Z. Introduction of fuzzy sets[M]. Beijing: Beijing Normal Univ. Press, 1989.

[10] Pielou E C. Niche width and overlap: a method for measuring them[J]. Ecology., 1971, 53(4): 687-692.

[11] Salski A. Fuzzy knowledge-based models in ecological research[J]. Ecol. Model., 1992(63): 103-112.

[12] Slobodkichoff C N, Schulz W C. Measures of niche overlap[J]. Ecology, 1980(61): 1051- 1055.

[13] Sun R Y. The principle of animal ecology[M]. Beijing: Beijing Normal University Press, 1988.

[14] Yang X W, Ma J S. A review on some terms related to niche and their measurement[J]. Chinese Journal of ecology, 1992, 11(2): 44-49.

[15] Zadeh L A. Fuzzy sets[J]. Information and Control., 1965(8): 338-353.

第 9 章　模糊集在生物群落中的应用

生物群落是在一定地段或一定生境里的各种生物种群结合在一起的一个结构单元，就像许多生态术语一样，不同的学者在使用生物群落这个词时，其所指的含义往往是有些区别。某些生态学家把群落这个概念用于某一类生物的集合体，例如森林鸟类群落、荒漠蜥蜴群落等。另一些学者把群落应用于更狭隘的范围，如在森林垂直结构研究中使用的食虫鸟类群落。此外，生物群落这个术语，也能够在更广泛的意义上使用，如指生态系统中有生命的那一部分组合，包括一切动物、植物和微生物。换句话说，生物群落有下列特点：一个群落中所有的生物，在生态上是相互联系的；群落与其环境的不可分割性；生物群落中的各个成员，在群落生态学上有不同的重要性；群落的空间和时间结构；群落结构的松散性和边界的模糊性。一般来说，群落可以严格地确定和彼此区分开来，但是，当群落生境(栖息地)里在空间上显现不出突然的改变时，明显的界限可能是群落本身相互作用的结果，然后，极为常见的是群落与群落之间的逐渐混乱，明显的边界因此也就不存在了(Sun,1988)。

Zadeh(1965)引入的模糊集合是允许部分隶属的集合。模糊集合是被对论域中的所有元素定义隶属函数等级的论域定义的，对给定的元素，该函数的值描述这个元素是与之联系的模糊集合的一个元素的程度。Edward 和 Abraham(1983)利用模糊集理论研究了生态系统中的竞争问题。为了量化人类活动的生态影响，Silvert(1997)利用模糊集理论的方法处理了这些困难问题，另有学者(Bosserman,1982; Salski,1992)为了生态系统分析和建立一个包含不确定生态数据的生态过程的模型，也采用了模糊集理论。其他许多学者(Lawlor,1980; NcNaughton,1970; M'scloskey,1976;Pianka,1972)关于生态系统中的优势种和生态位、群落结构也做了报道。Guangxia(1995)研究了由模糊集理论定义的一维资源的生态位定义，本章通过模糊集理论的方法说明生物群落的有关概念。

9.1　群落的分层结构

在群落的模糊表示 $A=\bigcup_{\Lambda^*\in[0,1]}\Lambda^* H(\Lambda^*)$ 中，通过对 Λ^* 取离散值和连续值，从相应的生态位 $H(\Lambda^*)$ 的层次上，我们可以知道：

(1)当生态因子 Λ^* 取离散值且离散程度很大时，相应的生态位 $H(\Lambda^*)$ 的层次就越明显，表现出生态位的不连续性，因而导致群落的不连续性。

(2)当 Λ^* 取连续值时，生态位 $H(\Lambda^*)$ 的层次相对模糊，并且群落的生境界限也不明显。

(3)群落空间结构的一个明显特点是它的分层现象，也就是说，$A=\bigcup_{\Lambda^*\in[0,1]}\Lambda^* H(\Lambda^*)$。

显然群落的分层的程度是由生态因子 $\Lambda=\left(\lambda_1,\lambda_2,\cdots,\lambda_n\right)$ 决定的。

9.1.1 群落的优势种

当模糊集 A 表示生物群落时，模糊集 A 的核(假设 $Ker\ A\neq\varphi$)记为 $Ker\ A=A_1=\{Z\mid\mu_A(Z)=1\}$，称为该群落的优势种占据的生态位。如果 $Ker\ A=\varphi$，我们可以假设 $\max\Lambda^*$ 是 $\Lambda^*\in[0,1]$的最大值，则 $H(\max\Lambda^*)$ 为该群落的优势种的生态位。

模糊集 $A=\sup A=\{Z\mid\mu_A(Z)>0\}$ 称为群落的生态位，则 $\sup A-KerA$ 称为群落 A 的边界。由此我们可以得到结论：

(1)如果 $\mu_A(Z)=1$，则表示生物种 Z 完全隶属于群落 A，该种群 Z 便是群落 A 的优势种。群落 A 可以用优势种 Z 命名，种群 Z 是该群落的核心。

(2)如果 $\mu_A(Z)<1$，此时 $KerA$ 是空集，根据前面的叙述，我们可以找到 $\max\Lambda^*$，使得下式成立：

$$\mu_A(Y)=\max\Lambda^*。$$

因此，物种 Y 就是该群落的优势种，它也是该群落的核心。

9.1.2 群落的交错区

群落的交错区是两个或多个不同群落之间的过渡，设 A^1，$A^2,\cdots,A^k$ 表示 k 个不同的群落，根据模糊集理论，它们的交错区能够表示为模糊集的交集

$$\bigcap_{i=1}^{k}A^i=\bigcap_{i=1}^{k}(\bigcup_{\Lambda^*\in[0,1]}\Lambda^* H_i(\Lambda^*))。$$

由此得出结论：群落的交错区是各群落的种群在各个环境梯度上的重叠。

9.1.3 群落的分离度

假设模糊集 $\underset{\sim}{A}$ 和 $\underset{\sim}{B}$ 分别表示两个群落，由模糊集理论，我们可以定义群落 $\underset{\sim}{A}$ 和 B 的分离度。

定义 9-1　表达式

$$m(\underset{\sim}{A},\underset{\sim}{B})=1-\mu_{\underset{\sim}{A}\cdot\underset{\sim}{B}}$$

称为群落的分离度，其中 $\mu_{A\cdot B}\overset{\Delta}{=}\vee(\mu_A(Z)\wedge\mu_B(Z))$。

例如，我们考虑隶属函数是正态分布的两个群落 $\underset{\sim}{A}$ 和 B，也就是说

$$\mu_{\underset{\sim}{A}}(Z)=\exp\{-(\frac{Z-a}{\delta_1})^2\},\delta_1>0;$$

$$\mu_{\underset{\sim}{B}}(Z)=\exp\{-(\frac{Z-b}{\delta_2})^2\},\delta_2>0。$$

其中 δ_1 和 δ_2 分别表示群落 $\underset{\sim}{A}$ 和 $\underset{\sim}{B}$ 的分散程度，a 和 b 分别表示它们分布的集中点。假设 $a \leqslant b$，则我们可以得到两曲线的交点

$$Z_0 = \frac{a\delta_2 + b\delta_1}{\delta_1 + \delta_2}。$$

因此

$$\mu_{\underset{\sim}{A}\cdot\underset{\sim}{B}} = \exp\{-(\frac{Z_0 - a}{\delta_1})^2\} = \exp\{-(\frac{a-b}{\delta_1 + \delta_2})^2\}。$$

所以两群落 $\underset{\sim}{A}$ 和 $\underset{\sim}{B}$ 的分离度为

$$m(\underset{\sim}{A}\cdot\underset{\sim}{B}) = 1 - \exp\{-(\frac{a-b}{\delta_1 + \delta_2})^2\}。$$

令 $1 - \exp\{-(\frac{a-b}{\delta_1 + \delta_2})^2\} = c$， 则可以得到下面的结论：

(1)如果 $0 < \Lambda^* < c$，则生态位 $H(\Lambda^*)$ 之间有重叠，在交错区内，我们将观察到群落 $\underset{\sim}{A}$ 和 $\underset{\sim}{B}$ 之间的物种竞争。

(2)如果 $c < \Lambda^* < 1$，两群落 $\underset{\sim}{A}$ 和 $\underset{\sim}{B}$ 是分离的。在该梯度以上的物种几乎没有竞争。

(3)如果 $\Lambda^* = c$，则存在 Z_0，使得

$$\mu_{\underset{\sim}{A}\cdot\underset{\sim}{B}}(Z_0) = \Lambda^*$$

成立，因此物种 Z_0 是群落 $\underset{\sim}{A}$ 和 $\underset{\sim}{B}$ 的相似种。

(4)当 c 越大时，说明生态位 $H(\Lambda^*)$ 的重叠层次越多，群落 $\underset{\sim}{A}$ 和 $\underset{\sim}{B}$ 的交错区就越大；如果 c 越小，则生态位 $H(\Lambda^*)$ 的重叠层次越少，因此，群落 $\underset{\sim}{A}$ 和 $\underset{\sim}{B}$ 的交错区就越小。特别的，当 $c=1$，即 $a=b$ 时，群落 $\underset{\sim}{A}$ 和 $\underset{\sim}{B}$ 的种群的分布都集中于 a 点，也就是说，分离度 $m(\underset{\sim}{A},\underset{\sim}{B})$ 等于 0。

(5) δ_1 和 δ_2 越小，群落 $\underset{\sim}{A}$ 和 $\underset{\sim}{B}$ 的分布曲线越陡峭，那么群落在交错区的种群数目以及种群密度要比相邻群落大，这种增大的密度趋势就是群落 $\underset{\sim}{A}$ 和 $\underset{\sim}{B}$ 生境的边缘效应。

9.2 群落的相似性度量

9.2.1 群落的相似性

假设模糊集 A 和 B 分别表示两个不同的群落，由模糊集合的理论，表达式

$$N(A,B) = (A \odot B) \wedge (A \odot B)$$

称为群落 A 和 B 的相似度。其中 $A \circ B = \mu_{A\circ B} = \vee[\mu_A(Z) \wedge \mu_B(Z)]$ 称为模糊内积，表示种群 Z 隶属于交错区的程度，

$$A\odot B=\mu_{A\odot B}=\vee[\mu_A(Z)\wedge\mu_B(Z)]$$

称为模糊外积，表示种群 Z 隶属于交错区以外的程度。

显然，当内积越大同时外积越小时，群落 A 和 B 的交错区就越大，并且散布在交错区以外的区域越小，这说明群落 A 和 B 就越相似。在上述例子中，

$$A^c\cdot B^c=\vee_z[(1-\mu_A(Z))\wedge(1-\mu_B(Z))]=1\text{。}$$

所以，下列表达式

$$N(A,B)=\exp\{-(\frac{a-b}{\delta_1+\delta_2})^2\}$$

表示群落 $\underset{\sim}{A}$ 和 $\underset{\sim}{B}$ 的相似程度。

9.2.2 生态位和群落之间的关系

根据模糊集理论的表现定理，对给定的生态位 $H(\Lambda)$，群落 A 能够表示成下列的形式

$$A=\bigcup_{\Lambda\in[0,1]}\Lambda H(\Lambda)\text{。}$$

它是一个构造单位，各种不同的种群在有规律的方式下共处，种群分布的曲线呈钟形，有明显的层次结构。反之，由分解定理，对一模糊集 A 表示的群落，存在集合套 $H'(\Lambda)$，使得

$$A=\bigcup_{\Lambda\in[0,1]}\Lambda H'(\Lambda)$$

成立。生态位和群落之间有密切的关系，这种关系可用模糊集合理论的表现定理和分解定理清楚地表现出来。

根据 Wang 等(2003)给出的概念，本章我们讨论了关于生物群落的分层结构、群落的优势种、群落交错区、群落的相似性度量以及群落和生态位之间关系的模糊表示。Guangxia(1995)的研究是关于一维资源的，而本章给出的是关于 n 维资源的，并且通过模糊集理论对分层结构给予解释。

参考文献

[1] Bosserman R W, Ragade R K. Ecosystem analysis using fuzzy set theory[J]. Ecol. Model., 1982(16): 191-208.

[2] Edward W G III, Abraham K. The application of fuzzy set theory to the modeling of competition in ecological systems[J]. Fuzzy sets and systems, 1983(9): 103-127.

[3] Lawlor L R. Overlap, similarity, and competition coefficients[J]. Ecology, 1980, 61(2): 245- 251.

[4] MacArthur R H, Levins R. The limiting similarity, convergence and divergence of coexisting species[J]. Am. Nat., 1967(101): 377-385.

[5] M'closkey R T. Community structure in sympatric rodents[J]. Ecology, 1976(57):

728-739.

[6] NcNaughton S J, Wolf L L. Dominance and the niche in ecological systems[J]. Science, 1970(167): 131-139.

[7] Pianka E R. The structure of lizard communities[J]. Ann. Rev. Ecol. Syst., 1972(4): 53-74.

[8] Salski A. Fuzzy knowledge-based models in ecological research[J]. Ecol. Model., 1992 (63):103-112.

[9] Silvert W. Ecological impact classification with fuzzy sets[J]. Ecol. Model., 1997(96): 1-10.

[10] Sun R Y. The principle of animal ecology[M]. Beijing: Beijing Normal University Press, 1988.

[11] Wang W X, Li Z Z, Li Y M, et al. A fuzzy description on some ecological concept[J]. Ecol. Model., 2003(169): 361-366.

[12] Zadeh L A. Fuzzy sets[J]. Information and Control., 1965(8):338-353.

第 10 章 生物防治与模糊评价

在害虫的研究与防治过程中，一个基本的问题是：为害引起的作物损失究竟为多少时才能与防治代价等价？多大密度的害虫才能造成这样的为害？普遍的看法是经济阈值(economic threshold，简称 ET)能回答这类问题，因此它是现代害虫防治的基本决策依据，也是经济昆虫学和害虫防治中谈论得最多的问题(Pitre 等，1979； Gutierrez 等 1984； Pedigo 等，1986)。

ET 的概念起源于 19 世纪(Herpin, 1842; Pierce, 1934)，Stern 等(1959)第一次将 ET 明确定义为害虫的某一密度，对此密度应采取防治措施，以防害虫种群达到经济为害水平(economic injury level, 简称 EIL)，即引起经济损失的最低虫口密度，后来还有许多学者(Beirne, 1966; Edwards 等，1964； Pedigo 等 1972； Headley, 1972; Hall 等， 1973； Headley, 1982)对于 ET 给出了不同的定义。Norgarrd(1976)提出了损害阈值(damage threshold)，定义为引起经济损失的最低种群密度。有关 ET 定义的名词还有控制阈值和关键为害阈值，行动和不行动水平(Sterling, 1984)，处理阈值和控制行动阈值等。这些不同的定义，引起了激烈而持久的争论。

盛承发(1989)认为，在实际防治害虫的过程中，一般只有两个密度最为重要，第一个是产值损失阈值，产值开始下降的害虫密度，即 Tammes 产量反应曲线上的拐点，不依赖于产品价格，防治代价或杀虫效率，与社会经济因素无直接关系，可视为纯生物学参数，因此对于了解产值与害虫密度关系尤其有用。第二个是 ET，使产值损失等于防治代价的害虫密度，是个经济生态学参数。简单说来，如果不包括防治代价，这个密度就是产值损失阈值；若包括防治代价，它就是 ET。他认为昆虫学家和农业经济学家从不同的角度阐述的 ET 的两种定义在本质上是一致的(1984，1987)。

根据不同的经济阈值定义，不同的学者也建立了其相应的数学模型。Pierce(1934)由基本概念出发，给出 ET 的基本模型为：

$$\mathrm{ET}=\frac{c}{L/P}=\frac{c}{YHD} \tag{10-1}$$

其中，ET 为经济阈值，c 为防治代价，L 为作物产值损失，P 为害虫种群密度，Y 为无虫时产量，H 为产品单价，D 为单位害虫量引起的产量损失率。Chiang(1979)对上式加以修改，得

$$\mathrm{ET}=\frac{CF}{EYHDS} \tag{10-2}$$

其中，E 为杀虫效率，S 为害虫种群的自然存活率，F 为社会调节因子且 $F\geqslant 1$，其他符号同(10-1)式。不少学者误认为 ET 与 E 成正比关系，片面追求残虫量的低标准。

(10-1)和(10-2)式仅适用于线性损失函数，Headley(1972)提出一个二次损失函数。

$$L = a\{b[P_{t-n}(1+r)^n]^2 - A\} \tag{10-3}$$

其中，a, b 为常数，P_{t-n} 为 $t-n$ 时的害虫密度，r 为害虫种群增长率，A 为反映作物忍受能力的常数，L 的定义与(10-1)式相同，代价函数假定为：

$$Q = \frac{G}{P_{t-n}} \tag{10-4}$$

其中，Q 为总防治代价，G 为常数。

Ruesink(1975)给出了下面的损失函数：

$$L = \frac{HYU_K}{100} \tag{10-5}$$

其中，$U_k = aV_k + bV_k^2$，U 为产量损失率，V 为去叶百分率(为害率)，K 为作物发育阶段，Y 上 a 及 b 的定义同(10-1)和(10-3)式。

Southwood 等(1973)和 Onstad(1987)给出了一个更一般的损失函数

$$L = f\{P_t[g(W_0)] - P_t[g(W_{1t})]\} \tag{10-6}$$

其中，W_0 为不防治，W_1 为防治，t 为时间，$f\{\}$，$P_t\{\}$ 和 $g(\cdot)$ 为函数符号，P 为害虫密度，L 的定义同前。

盛承发(1984)提出了 N 维条件下，满足下式的 P 为目标害虫的 ET：

$$\frac{\partial B(p, x_1, \cdots, x_{N\text{-}1})}{\partial p} = \frac{\partial C(p, x_1, \cdots, x_{N\text{-}1})}{\partial p} \tag{10-7}$$

其中 $x_1, \cdots, x_{N-1}$ 为 N-1 个因子，p 为害虫种群密度。

如果知道任一因素取不同状态的概率，就可用贝叶斯矩阵求得不同的阈值所产生的期望收益(Norton, 1976)，第 i 种阈值的期望收益为：

$$B_i = \sum_j V_j B_{ij} \tag{10-8}$$

其中，B 为经济收益，V 为随机因素的状态概率，j 为该随机因素的第 j 种状态。盛承发(1987)认为，ET 的动态化可通过模拟模型来实现，这些都说明了 ET 是多维的、动态的、随机的事实。

为了控制害虫，达到经济阈值，早期的做法是化学方法，施用农药杀死害虫。随着害虫对化学农药产生抗性，化学农药对有益动物和人畜的毒害作用，以及其对环境造成污染，引起了人们的高度重视。在控制害虫方面，自从 20 世纪 60 年代以来，利用生物方法防治害虫已成为国内外植物保护工作的重要措施之一。随着生物防治工作的进一步发展，要求有一个较为系统的、符合经济学原则的定量方法来指导害虫的防治工作，从而促进了数学生态学中“天敌—害虫”作用系统的数学模型的迅速发展。

由于天敌与害虫之间存在着极为复杂的相辅相克关系，这种关系不仅表现在相互简单的数量消长动态上，而且包含着复杂的两物种间的空间结构、行为特性以及对环境因素的适应等。所以，在天敌—害虫系统的数学模型中，最初的很多文献主要描述一种天敌与一种害虫的两物种间相互作用关系的模型，并且将天敌与害虫行为特性中的一些重要成分(如密度效应、寻找效应、干扰效应等)不断地引入模型，使模型日趋完善，这些工作对田间生物防治起了一定的作用，并收到较好的效果(Rabbage, 1976; Varley 等，1976)。

众所周知，自然界中的种间关系是非常复杂的。就天敌—害虫系统来说，常常存在一种天敌同时攻击两种或两种以上害虫的现象，在此情况下，描述此类关系的模型除了包括上述两物种关系的参数外，又增加了害虫之间的竞争参数，以及天敌对害虫的选择参数(May, 1976；李超等，1962)。

除此之外，一种害虫也不仅仅受一种天敌的作用，而同时要经受两种或两种以上天敌的攻击，与此同时也会出现其中一种天敌既攻击害虫也攻击另一种天敌的情况，关于此类模型，由于天敌—害虫系统相互作用关系比较复杂，因此，相关文献也较少。Beddington-Hammond(1977)提出如果第一种拟寄生天敌(P)寄生于一种寄主(N)上，而第二种拟寄生物(Q)寄生于已被 P 寄生过的 N 中的个体上，则其数学模型为：

$$\begin{cases} N_{t+1} = N_t F_0(N_t) F_1(P_t) \\ P_{t+1} = N_t[1 - F_1(P_t)] F_2(Q_t) \\ Q_{t+1} = N_t[1 - F_1(P_t)][1 - F_2(Q_t)] \end{cases} \tag{10-9}$$

其中，具有下标 t 及 t+1 的 N、P、Q 分别为寄主与两种拟寄生物在 t 及 t+1 世代的数量或密度；$F_0(N_t)$ 为寄主增长率，与寄主本身的密度有关，如 $F_0(N_t) = \exp[r(1 - \frac{N_t}{k})]$；$F_1(P_t)$ 为寄主没有被 P 寄生的概率；$F_2(Q_t)$ 为第一寄生物中没有被 Q 寄生的概率。

针对这种复杂系统的情况，Hassell(1979)、May 与 Hassell(1981)也提出过下面的模型：

$$\begin{cases} N_{t+1} = \lambda N_t F_1(P_t) F_2(Q_t) \\ P_{t+1} = N_t[1 - F_1(P_t)] \\ Q_{t+1} = N_t F_1(P_t)[1 - F_2(Q_t)] \end{cases} \tag{10-10}$$

他们认为在实际系统中常出现的两种截然不同的情况下可应用这种模型：(i)P 先寄生于 N，Q 是紧随在 P 作用完了才对 N 的余存者进行寄生。具体情况是：世代不重叠的寄主种群是在它的不同发展阶段上被寄生的。或者(ii)P 和 Q 一起寄生于 N 的同一个发育阶段的成员中，但 P 的幼虫对付 Q 的幼虫总是竞争的获胜者。也就是说，发生多寄生(Multi-Parasitoid)情况。

兰仲雄等(1985)针对(10-9)和(10-10)式，提出了天敌—害虫系统中两种天敌与一种害虫相互作用形式的几个数学模型。分别探讨了随机寻找情况，即

$$F_1(P_t) = e^{-aP_t}, F_2 = e^{-bQ_t} \tag{10-11}$$

和非随机寻找情况，即

$$\begin{cases} F_1(P_t) = \left(1 + \dfrac{a_1 P_t}{k_1}\right)^{-k_1} \\ F_1(Q_t) = \left(1 + \dfrac{a_1 Q_t}{k_2}\right)^{-k_2} \end{cases} \tag{10-12}$$

其中，a_1 和 a_2 分别表示 P 和 Q 对 N 的导找效应，k_1 和 k_2 分别为负二项分布的参数 k 值。

这些模型从概率的思想出发，对若干相关模型中的作用率(捕食率、寄生率)给出了确切的概率涵义，并对两种天敌与一种害虫相互作用的形式，引入了种间竞争和种内干扰。这些模型的具体形式如下：

(1)如果两种天敌 P、Q 同时作用于一种害虫，并且它们的作用是互不相容的，则相应的模型为：

$$\begin{cases} N_{t+1} = N_t f_o(N_t)[1-p_1(P_t)] - p_2(Q_t) \\ P_{t+1} = C_1 N_t p_1(P_t) \\ Q_{t+1} = C_2 N_t p_2(Q_t) \end{cases} \tag{10-13}$$

其中，带下标的 N、P、Q 分别表示在 t+1 和 t 世代的害虫和两种天敌的数量或密度。$f_o(N_t)$ 表示害虫种群每个个体的增长率，是害虫密度的函数。

(2)如果 P 先对 N 作用，Q 是紧随 P 作用完了才对 N 的余存者作用，则相应的数学模型为：

$$\begin{cases} N_{t+1} = f_o(N_t[1-p_1(P_t)][1-p_2{}'(Q_t)] \\ P_{t+1} = C_1 N_t p_1(P_t) \\ Q_{t+1} = C_2 N_t [1-p_1(P_t)][p_2'(Q_t)] \end{cases} \tag{10-14}$$

其中，$p_2'(Q_t)$ 表示 Q 对 N 的余存者的作用概率。

(3)如果 P、Q 同时拟寄生于 N，但它们的作用是相互独立的，并考虑它们在寄生中的竞争效应，则相应的模型为：

$$\begin{aligned} N_{t+1} &= N_t f_o(N_t)[1-p_1(P_t)][1-p_2(Q_t)] \\ P_{t+1} &= N_t[p_1(P_t) - \frac{b}{a+b} p_1(P_t) p_2(Q_t)] \\ Q_{t+1} &= [p_2(Q_t) - \frac{a}{a+b} p_1(P_t) p_2(Q_t)] \end{aligned} \tag{10-15}$$

其中，a:b 是 P、Q 在多寄生(multi-Parasitoid)中通过对营养物的竞争，决定出的 P 对 Q 的成活比。

(4)如果 P 作用于 N，Q 紧随着作用于 P，则数学模型为：

$$\begin{cases} N_{t+1} = N_t f_o(N_t)[1-p_1(P_t)] \\ P_{t+1} = C_1 N_t p_1(P_t)[1-p_2'(Q_t)] \\ Q_{t+1} = C_2 N_t p_1(P_t) p_2'(Q_t)] \end{cases} \tag{10-16}$$

其中，$p_2'(Q_t)$ 是 Q 作用于对 N 起过作用的那些 P 中成员的概率。

(5)如果 P 寄生于 N，同时 Q 捕食 N，但它们的作用是相互独立的，而 Q 也捕食 P，则相应的数学模型为：

$$\begin{cases} N_{t+1} = N_t f_o(N_t)[1-p_1(P_t)][1-P_2(Q_t)] \\ P_{t+1} = C_1 N_t P_1(P_t)[1-P_2'(Q_t)] \\ Q_{t+1} = C_2 N_t [P_2(Q_t) + P_t P_{21}(Q_t)] \end{cases} \tag{10-17}$$

其中，$P_{21}(Q_t)$ 是 Q 对 P 的捕食概率。

吴进才和庞雄飞(1991)应用二次回归设计方法，研究了 4 种天敌(拟水狼蛛、食虫瘤胸蛛、粽管巢蛛、菱头跳蛛)和一种害虫(褐稻虱)共存系统捕食量的数学模型。针对此种情况，汤进龙等(2001)利用了灰色系统理论从另一角度对该多物种问题建立了一个数学模型，并进行了有关的探讨。

总之，有关捕食者—猎物系统的研究一直是种群生态学的活跃课题，而捕食者—猎物系统数学模型的研究，绝大多数是围绕着微分方程模型、统计回归模型展开的，但是，一种天敌捕食多种害虫，多种天敌捕食一种害虫或多种天敌捕食多种害虫的相关文献仍然较少。

至于对害虫防治的效果，通常是以作用因子组配的生命表方法，研究种群趋势指数(庞雄飞等，1995)，即在各虫期的基础上，按作用因子的顺序依次统计其相对应的存活率(S_i, i=1, 2, 3 …)。因此种群趋势指数(I, index of population trend)，即下代预期卵量(N_1)与当代卵量(N_o)的比值相当于各虫期相对应的存活率，设定的标准卵量(F)，达标准卵量的概率和雌性比率的乘积，即

$$I = N_1/N_2 = S_1S_2S_3\cdots FP_F\,\mathrm{P}_{♀} \tag{10-18}$$

种群趋势指数亦即为下代种群数量的增长指数。

在生物防治过程中，常用的概念与方法有种群控制指数(index of population control)，排除分析法(exclusion analysis method)、添加分析法(addition analysis method)和干扰分析法(interference analysis method)，而种群趋势指数是在这三种分析法的基础上提出的。此外，还有重要因子(important factors)分析和关键因子(key factors)分析(庞雄飞等，1995)。

所谓种群控制指数是对种群数量发展趋势控制作用的一个指标，以被作用的种群趋势指数(I')与原有的种群趋势指数(I)的比值表示。

在排除分析法中，如果排除一个因子的作用，其相对应的存活率 S_i=1，则某种群趋势指数将由原来的 I 改变为 I'，即

$$I' = S_1S_2\cdots S_{i-1}1S_{i+1}\cdots S_kFP_F\,P_{♀}。$$

相应的种群控制指数(IPC)为

$$\mathrm{IPC}_{(si)} = \frac{I'}{I} = \frac{S_1S_2\cdots S_{i-1}1S_{i+1}\cdots S_kFP_F\mathrm{P}}{S_1S_2\cdots S_{i-1}S_iS_{i+1}\cdots S_kFP_FP} = \frac{1}{S_i} \tag{10-19}$$

在添加分析法中，如果添加一个因子 a 的作用，即在组成 I 的组人中添加存活率 S_a，其种群趋势指数 I 将成为 $I_{(a)}$，即

$$I = I_{(a)} = S_1S_2\cdots S_iS_aS_{i+1}\cdots S_kFP_F\,P_{♀}。$$

相应的控制指数为

$$IPC_{(Sa)} = I_{(a)}/I = S_a。$$

在干扰分析法中，如果一个因子 i 的作用被干扰，原来该因子相对应的存活率 S_i 将改变为 S_i'，其种群趋势指数由原来的 I 改变为 $I_{(i)}$，控制指数为

$$IPC_{(S_i')} = \frac{I_{(i)}}{I} = \frac{S_i'}{S_i}。$$

另外，害虫的预测预报还涉及非线性动力学、景观生态学、生物地理统计学、异质种

群和生态系统链接理论等有关内容。

本章我们将用模糊数学的方法来评价天敌对害虫的作用。

10.1 一种天敌控制多种害虫作用的模糊数学评价方法及应用

生物防治研究和实践中的一个重要问题是怎样评价天敌的作用。截至目前，已有许多从控制害虫种群数量的角度对天敌的作用进行评价的研究方法[1-5]。但从生态经济学的观点出发，用对害虫种群数量的控制程度作为评价天敌的作用的标准不太合理[6]。因为决定天敌对害虫控制效果的因子不仅有对害虫种群数量的控制，还有控制所发生的时间，而后者是决定天敌控制害虫是否造成为害的重要因素。也就是说，对害虫种群控制程度相当的天敌，在害虫为害之前进行控制可使害虫不为害；而在害虫为害之后进行控制则有可能害虫仍造成严重为害。因此应该用天敌对害虫造成为害的减免能力这一新标准评价天敌的作用。

生态系统中含有大量的不确定性，生态学家 Bosserman 和 Ragade [7]为了生态系统分析，Salski [8]为了对一个含有不确定生态数据的生态过程建模，都利用了模糊集理论， Gierimg 和 Kandel [9]把模糊集理论应用于生态系统中竞争的建模。本节将把模糊集理论应用于对一种天敌控制多种害虫的评价，是夏云龙 [10]模型的推广。

10.1.1 天敌控制能力的隶属函数

为说明各种害虫的为害特点，将每一害虫的生育期进行模糊划分，并形成一有限论域

$$U=\{x_{i1},x_{i2},\cdots x_{im},1\leqslant i\leqslant n\} \tag{10-1-1}$$

其中，i 表示第 i 种害虫，m 表示害虫生长发育的第 m 阶段。

由于在任何环境中，天敌集合是通过营养关系与害虫集合相联系的，因此某种天敌的控制能力 A 可看作害虫 U 上的映射组成的模糊子集，可以表示为

$$A=\sum_{i=1}^{n}\sum_{k=1}^{m}G_{ik}H_{ik}\omega(x_{ik})/x_{ik} \tag{10-1-2}$$

其相应的隶属函数表示为

$$\mu_A(x_{ik})=\sum_{i=1}^{n}\sum_{k=1}^{m}G_{ik}H_{ik}\omega(x_{ik}) \tag{10-1-3}$$

其中，G_{ik} 为天敌对第 i 种害虫生长发育的第 k 阶段的作用率，H_{ik} 为相应的作用强度，$\omega(x_{ik})$ 为相应的权数，其定义和量化方法如下：

作用率 G 指天敌种群对寄主某生长发育阶段作用的头数占该生长发育阶段总数的比例。这里的“作用”概念是广义的，包括天敌对寄主某害虫施加的一切影响。

计算寄生性天敌的作用率公式为：

$$G_{ik}=\frac{n_{ik}}{N_{ik}}\ (k=1,2,\cdots m;\ i=1,2,\cdots n)$$

$$G_{\cdot k}=\sum_{i=1}^{n}G_{ik}\ (k=1,2,\cdots m) \tag{10-1-4}$$

其中，n_{ik} 为第 i 种害虫第 k 生长发育阶段被天敌作用的头数，N_{ik} 为第 i 种害虫第 k 生长发育阶段的总数。

对捕食性天敌，其作用率可通过 Holling(1959)提出的功能反应模型估计出[6]

由

$$N_\alpha=\frac{\alpha T_t N}{1+\alpha T_h N}$$

得

$$G=\frac{N_\alpha}{N}=\frac{\alpha T_t}{1+\alpha T_h N}。$$

其中，N 为害虫密度，N_α 为被捕食的害虫数量，T_t 为捕食总时间，α 为瞬间攻击率，T_h 为吃掉一头害虫所需要的时间，显然有 $G\in[0,1]$。

作用强度 H，指天敌种群作用于寄主的平均剧烈程度。用寄主在天敌作用后摄食量的变化来度量，其隶属函数为：

$$H_{ik}=\begin{cases}1-\dfrac{q_{ik}}{Q_{ik}} & (Q_{ik}\neq 0),\\ 1 & (Q_{ik}=0)。\end{cases}\quad (k=1,\ 2,\ \ldots,\ m;\quad i=1,\ 2,\ \ldots,\ n) \tag{10-1-5}$$

其中，q_{ik} 为第 i 种害虫第 k 生长发育阶段被天敌作用后的摄食量，Q_{ik} 为其正常摄食量。

同样，$H\in[0,1]$。

作用效率 V，指天敌的作用对减免害虫为害的效率，其计算方法是：

$$V_{ik}=G_{ik}\cdot H_{ik}\ (k=1,2,\cdots m;\ i=1,2,\cdots n) \tag{10-1-6}$$

式中 $V\in[0,1]$。

权数，指天敌作用于害虫不同生长发育阶段对减免害虫为害的能力的贡献大小的分布，要求归一化，即

$$\sum_{i=1}^{n}\sum_{k=1}^{m}\omega(x_{ik})=1 \tag{10-1-7}$$

它的计算在后面给出。

设 $F(U)$为 U 上的模糊全集，则天敌总体的作用可描述为：

$$F(U)=\sum_{i=1}^{n}\sum_{k=1}^{m}\frac{G_{ik}H_{ik}\omega(x_{ik})}{x_{ik}} \tag{10-1-8}$$

或用隶属函数来表示为：

$$\mu_{F(U)}=\sum_{i=1}^{n}\sum_{k=1}^{m}G_{ik}H_{ik}\omega(x_{ik}) \tag{10-1-9}$$

其中，G_{ik} 是作用于第 i 种害虫第 k 生长发育阶段的作用率，H_{ik} 为相应的作用强度。

10.1.2　控制能力大小的评价

设某作物对所讨论害虫的经济为害水平为 EIL，对应的害虫种群密度为 $P=\sum_i P_i$，害虫在所评价天敌(单独或总体)的单独作用下(害虫只有此致死因子)的种群密度为 $M=\sum_i M_i$，其中 P_i 为第 i 种害虫的密度，M_i 为天敌作用下的第 i 种害虫的相应密度，则权数可用下面的方程组求得：

$$\begin{cases}\omega(x_{i(k+1)})=T_i\omega(x_{ik})\\ \omega(x_{(i+1),k})=R_i\omega(x_{ik})\\ \sum_{i=1}^{n}\sum_{k=1}^{m}\omega(x_{ik})=1\end{cases} \tag{10-1-10}$$

定义控制指数

$$T_i=\frac{P_i}{M} \tag{10-1-11}$$

则方程组(10-1-10)有通解

$$\omega(x_{ik})=\frac{T_i^{(k-1)}}{\sum_{i=1}^{n}\frac{1-T_i^m}{1-T_i}\cdot\prod_{i=0}^{i=1}R_l}\ (k=1,2,\cdots m;\ i=1,2\cdots n) \tag{10-1-12}$$

其中，R_i 为天敌对不同种害虫的相对摄食量，应该归一化。

上面方程组(10-1-10)确立权数的指导思想是：对同一害虫权数的分布服从几何级数规律，这对应着 $x_{i1}\to x_{im}$ 方向害虫的取食为害成倍增长的生物学特性，而对不同害虫种之间的权数分布亦服从几何级数规律，说明天敌对不同种的害虫具有一定的偏好 $R_i(i=1,2,\cdots n)$。如果天敌对不同害虫的相同生长发育阶段具有相同的喜好，则 $R_i=1$，这样就有

$$\omega(x_{ik})=\frac{T_i^{(k-1)}}{\sum_{i=1}^{n}\frac{1-T_i^{(m)}}{1-T_i}}\ (k=1,2,\cdots m;\ i=1,2,\cdots n) \tag{10-1-13}$$

$$\omega(x_{\cdot k})=\sum_{i=1}^{n}\omega(x_{ik})=\sum_{i=1}^{n}\frac{T_i^{(k-1)}}{\sum_{i=1}^{n}\frac{1-T_i^{(m)}}{1-T_i}\prod_{l=0}^{i-1}R_l} \tag{10-1-14}$$

(10-1-10)式说明，当 $T_i<1$ 时，$\omega(x_{\cdot(k+1)})<\omega(x_{\cdot k})$ 表明天敌作用于害虫的第 k 生长发育阶段比第 k+1 生长发育阶段重要。当 $T_i=1$ 时，$\omega(x_{\cdot(k+1)})=\omega(x_{\cdot k})$ 表明天敌作用在害虫的任何时间的效能相等。这种动态的加权方式是完全符合实际情况的(忻介六等，1980)。

(10-1-10)式中的 M 为一假设参数，计算方法是：

由 Morris-Watt 数学模型知

$$I=S_e\cdot S_u\cdot S_{L2}\cdots S_{pp}\cdot S_p\cdot S_A\cdot F\cdot P_♀P_F \tag{10-1-15}$$

$$M=\sum_{i=1}^{n} I_i \cdot N_{i0}=\sum_{i=1}^{n} S_{i1}\cdot S_{i2}\cdots S_{im}\cdot F_i\cdot P_{Fi}\cdot\ P_{♀i}N_{i0} \tag{10-1-16}$$

不失一般性 $S_{ik}=1-G_{ik}H_{ik}$，因此有

$$M=\sum_{i=1}^{n}\prod_{k=1}^{m}(1-G_{ik}H_{ik})\cdot F_i\cdot P_{Fi}\cdot\ P_{♀i}N_{i0} \tag{10-1-17}$$

其中 I 为害虫的种群趋势指数，$N_0=\sum_{i=1}^{n}N_{i0}$ 为害虫发生基数，S 为存活率，G 和 H 为前面的定义，R_i 的计算可按李医民(1996)等提出的方法计算。

M 也可采用类似庞雄飞等(1984)提出的方法求出：

$$M=I'\cdot N_0。$$

I' 为生命表中只有所评价天敌这一致死因子时的害虫种群趋势指数。

现定义 U 上的一普通集合 $\underset{\approx}{A}$：

$$\underset{\approx}{A}=\sum_{i=1}^{n}\sum_{k=1}^{m}\frac{0}{x_{ik}} \tag{10-1-18}$$

$\underset{\approx}{A}$ 是天敌对害虫“无作用”时的情况。

这样，天敌 $\underset{\approx}{A}$ 的控制能力的大小可用 $\underset{\sim}{A}$ 与 $\underset{\approx}{A}$ 之间的海明距离来度量：

$$\begin{aligned} d(\underset{\sim}{A},\underset{\approx}{A})&=\sum_{i=1}^{n}\sum_{k=1}^{m}\left|\mu_{\underset{\sim}{A}}(x_{ik})-\mu_{\underset{\approx}{A}}(x_{ik})\right| \\ &=\sum_{i=1}^{n}\sum_{k=1}^{m}G_{ik}H_{ik}\omega(x_{ik}) \end{aligned} \tag{10-1-19}$$

可以证明，$d(\underset{\sim}{A},\underset{\approx}{A})\in[0,1]$，当 $d(\underset{\sim}{A},\underset{\approx}{A})=1$ 时，天敌可控制害虫不为害作物。

又定义一模糊子集 $\underset{\sim}{B}$：

$$\underset{\sim}{B}=\sum_{i=1}^{n}\sum_{k=1}^{m}\frac{G'_{ik}H'_{ik}/mn}{x_{ik}} \tag{10-1-20}$$

$\underset{\sim}{B}$ 为 T_i=1，R_i=1 时的特殊情况，表示害虫不造成经济为害所需要的天敌作用，其中 G'_{ik} 满足

$$\prod_{k=1}^{m}(1-G'_{ik}H'_{ik})\cdot F_i\cdot P_{Fi}\cdot P_{♀i}\cdot N_{i0}=P_i \tag{10-1-21}$$

$$\sum_{i=1}^{m}\ \prod_{k=1}^{m}(1-G'_{ik}H'_{ik})\cdot F_i\cdot P_{Fi}\cdot\ P_{♀i}\cdot N_{i0}=P \tag{10-1-22}$$

当 T_i=1 时，可令 $G'_{i,k+1}=G'_{ik}$ $(k=1,2,\cdots m\text{-}1;\ i=1,2,\cdots n)$ 进行求解，可以证明，这与 $G'_{i,k+1}\neq G'_{ik}$ $(k=1,2,\cdots m\text{-}1;\ i=1,2,\cdots n)$ 在采用拓广的海明距离进行分析时是等价的。

由(10-1-22)式和 $G'_{i,k+1}=G'_{ik}(k=1,2,\cdots m-1;\ i=1,2,\cdots n)$ 得

$$G'_{ik}=\frac{1}{H'_{ik}}\left(1-\sqrt[m]{\frac{P_i}{F_i\cdot P_{F_i}\cdot P_{\ i}\cdot N_{i0}}}\right) \tag{10-1-23}$$

安全度 SD 定义为 A 与 B 之间的拓广海明距离(贺仲雄，1985)，有

$$\mathrm{SD}=d(A,B)=\sum_{i=1}^{n}\sum_{k=1}^{m}[\mu_A(x_{ik})-\mu_B(x_{ik})]$$

采用(10-1-10)式的判别方法：当 $\mathrm{SD}=d(A,B)>0$ 时，为“正距离”，表明天敌可安全地控制害虫不造成经济为害；当 $\mathrm{SD}=d(A,B)<0$ 时，为“负距离”，表示不能安全地控制，其绝对值为控制能力的相差程度；当 $\mathrm{SD}=d(A,B)=0$ 时，为 T_i=1、R_i=1 时的特殊情形。

10.2　多种天敌控制多种害虫的模糊数学模型

在生物防治和实践中，一个很重要的问题是如何评价天敌的作用。自从 Zadeh(1965)提出模糊集以来，模糊集理论被应用于很多学科。由于生物环境中有大量的不确定性，生态学家也利用模糊集原理研究生态系统中的不确定性。Giering 和 Kandel (1983)用模糊集理论建立了生态系统中的竞争模型，Bosserman 等(1982)把模糊集理论应用于生态系统分析，Salski (1992)在生态研究中提出了基于模糊知识的模型。本节我们在研究评价天敌作用的方法时，从天敌对害虫种群数量的控制和控制所发生的时间两方面进行综合考虑来评价天敌的作用，提出一种天敌控制多种害虫的评价方法。在此基础上，本节讨论多种天敌控制多种害虫的模糊数学模型，这种评价方法用天敌对害虫造成为害的减免能力这一新标准评价天敌的作用，不同于其他作者从控制害虫种群数量的角度对天敌的作用进行评价的方法，符合生态经济学的观点，是一种天敌控制多种害虫模糊模型的推广，从而更加符合实际。

10.2.1　多种天敌控制多种害虫的隶属函数

类似于一种天敌控制多种害虫的情形[10]，为了反映害虫的为害特点，将每种害虫的生育历期进行模糊划分，并形成有限论域，则所有害虫的生育历期也为有限论域，记为 U，

$$U=\{x_{i1}\ x_{i2}\cdots x_{im},\ 1\leqslant \mathrm{i}\leqslant \mathrm{n}\}\tag{10-2-1}$$

天敌的控制能力 A 可看作 U 上的映射组成的模糊子集。

$$A=\sum_{j=1}^{p}\underset{\sim}{A}_j=\sum_{j=1}^{p}\sum_{i=1}^{n}\sum_{k=1}^{m}G_{jkj}H_{ikj}\omega(x_{ikj})/x_{ikj}\tag{10-2-2}$$

其中，A 为第 j 种天敌的控制能力，p 为天敌的总种数，并且

$$A_j=\sum_{i=1}^{n}\sum_{k=1}^{m}G_{ikj}H_{ikj}\omega(x_{ikj})/x_{ikj}\quad(j=1,2,\ \cdots,p)\tag{10-2-3}$$

其隶属函数分别为

$$\mu_A=\sum_{j=1}^{P}\sum_{i=1}^{n}\sum_{k=1}^{m}G_{ikj}H_{ikj}\omega(x_{ikj})\tag{10-2-4}$$

$$\mu_{Aj}=\sum_{i=1}^{n}\sum_{k=1}^{m}G_{ikj}H_{ikj}\omega(x_{ikj})\ (j=1,2,\cdots,p)\tag{10-2-5}$$

其中，G_{ikj} 为第 j 种天敌对第 i 种害虫的第 k 虫期的作用率，H_{ikj} 为第 j 种天敌对第 i 种害虫的第 k 虫期的作用强度，$\omega(x_{ikj})$ 为相应的权数，它们的定义和量化方法如下(为简单起见，假设各天敌对每一害虫及其生活历期的作用是相互独立的)：

作用率 G，指天敌种群对寄主某虫期作用的头数占该虫期总数的比例。

$$G_{ikj}=\frac{n_{ikj}}{N_k}\ (i=1,\ 2,\ \cdots,\ n;\ j=1,\ 2,\ \cdots P;\ \ k=1,\ 2,\ \cdots,\ m)$$

$$G_{\cdot k\cdot}=\sum_{j=1}^{p}\sum_{i=1}^{n}G_{ikj}=\sum_{j=1}^{p}\sum_{i=1}^{n}\frac{n_{ikj}}{N_k}=\frac{n_k}{N_k}(k=1,\ 2,\ \cdots,p) \tag{10-2-6}$$

其中，n_{ikj} 为第 i 种害虫的第 k 虫期被第 j 种天敌作用的头数，N_k 为所有害虫第 k 虫期的总头数，$n_{ik.}$ 为第 j 种害虫的第 k 虫期被所有天敌作用的头数，并且

$$n_k=\sum_{i=1}^{n}n_{ik}=\sum_{i=1}^{n}\sum_{j=1}^{p}n_{ikj}\ \ (k=1,2,\ \cdots,p) \tag{10-2-7}$$

为所有害虫第 k 虫期被所有天敌作用的头数。

对捕食性天敌，其作用率可按文献[1](福建农学院主编，1982)中的方法计算。显然 $G\in[0,1]$。

作用强度 H，指天敌种群作用于寄主的平均剧烈程度，用寄主在天敌作用后摄食量的变化来度量，其隶属函数为：

$$H_{ikj}=\begin{cases}1-\dfrac{q_{ikj}}{Q_{ik}} & (Q_{ik}\neq 0)\\ 1 & (Q_{ik}=0)\end{cases} \tag{10-2-8}$$

其中，q_{ikj} 为第 i 种害虫的第 k 虫期被天敌 j 作用后的摄食量，Q_{ik} 为其正常摄食量。

同样，对所有 i、k、j 有 $H_{ikj}\in[0,1]$。

作用效率 V，指天敌的作用对减免害虫为害的效率。

$$V_{ikj}=G_{ikj}\cdot H_{ikj} \tag{10-2-9}$$

显然 $V\in[0,1]$。

权数，指天敌作用于害虫不同虫期对减免害虫为害能力的贡献大小的分布，要求归一化，即

$$\sum_{i=1}^{n}\sum_{k=1}^{m}\omega(x_{ikj})=1 \tag{10-2-10}$$

$$\overline{\omega}(x_{\cdot k\cdot})=\frac{1}{p}\sum_{j=1}^{p}\sum_{i=1}^{n}\omega(x_{ikj})\ (k=1,\ 2,\ \cdots,\ m) \tag{10-2-11}$$

表示所有天敌对所有害虫的第 k 虫期的平均权数，$\omega(x_{ikj})$ 的计算将在后面给出。

设 $F(U)$为 U 上的模糊全集，则天敌总体的作用可描述为

$$F(U)=\sum_{k=1}^{m}\sum_{i=1}^{n}\sum_{j=1}^{p}\frac{G_{ikj}\cdot H_{ikj}\cdot\omega(x_{ikj})}{x_{ikj}} \tag{10-2-12}$$

用隶属函数表示为

$$\mu_{F(U)} = \sum_{k=1}^{m}\sum_{i=1}^{n}\sum_{j=1}^{p} G_{ikj} \cdot H_{ikj} \cdot \omega(x_{ikj}) \tag{10-2-13}$$

G_{ikj} 是第 j 种天敌作用于第 i 种害虫的第 k 虫期的的作用率，H_{ikj} 和 $\omega(x_{ikj})$为相应的作用强度和权数。

10.2.2　控制能力大小的评价分析

设某作物对所讨论害虫的经济为害水平为 EIL，对应的害虫种群密度为

$$Q = \sum_{i=1}^{n}\sum_{k=1}^{m} Q_{ik} = \sum_{k=1}^{m}\sum_{i=1}^{n} Q_{ik} \tag{10-2-14}$$

Q_{ik} 为第 i 种害虫第 k 虫期的种群密度。害虫在所评价天敌的作用下(害虫只有此致死因子)的种群密度为 M。

$$M = \sum_{k=1}^{m}\sum_{i=1}^{n}\sum_{j=1}^{p} M_{ikj} \tag{10-2-15}$$

M_{ikj} 为第 j 种天敌作用下第 i 种害虫的第 k 虫期的种群密度。

定义控制指数 T 为

$$\begin{aligned} T_j &= \frac{Q_j}{M} \\ T &= \sum_{j=1}^{p} T_j = \sum_{j=1}^{p} \frac{Q_j}{M} = \frac{Q}{M} \end{aligned} \tag{10-2-16}$$

其中，$Q_j = \sum_{k=1}^{m}\sum_{i=1}^{n} Q_{ikj}$ 为第 j 种天敌作用下的害虫种群密度，T_j 为第 j 种天敌的控制指数，T 为所有天敌的控制指数。

则权数可用下述方程组求得：

$$\begin{cases} \omega(x_{i,k+1,j}) = T_{ij}\omega(x_{ikj}) \\ \omega(x_{(i+1),k,j}) = R_j\omega(x_{ikj}) \\ \sum_{k=1}^{m}\sum_{i=1}^{n} \omega(x_{ikj}) = 1 \end{cases} \tag{10-2-17}$$

解此方程组得

$$\omega(x_{ikj}) = \frac{T_{ij}^{(k-1)}}{\sum_{i=1}^{n}\sum_{s=1}^{m} T_{ij}^{(m-s)} R_j^{(i-1)}} \tag{10-2-18}$$

对不同的天敌 j 有

$$\omega(x_{\cdot\cdot j})=\sum_{i=1}^{n}\sum_{k=1}^{m}\omega(x_{ikj})=\sum_{i=1}^{n}\sum_{k=1}^{m}\frac{T_{ij}^{(k-1)}}{\sum_{i=1}^{n}\sum_{s=1}^{m}T_{ij}^{(m-s)}R_{j}^{(i-1)}}$$

$$=\sum_{i=1}^{n}\left[\frac{1-T_{ij}^{(m)}}{1-T_{ij}}\Bigg/\sum_{i=1}^{n}\sum_{s=1}^{m}T_{ij}^{(m-s)}R_{j}^{(i-1)}\right] \tag{10-2-19}$$

特别的，当 R_j=1，j=1，2，…，P 时

$$\omega(x_{ikj})=\frac{T_{ij}^{(k-1)}}{\sum_{i=1}^{n}\sum_{s=1}^{m}T_{ij}^{(m-s)}} \tag{10-2-20}$$

(10-2-17)式确立权数的思想是：论域 U 的权数服从几何级数规律，这对应着 $x_{i1j}\to x_{imj}$ 方向害虫的为害成倍增长的生物学特性，而在不同种的害虫之间，权数亦按比例增长，说明同一种天敌对不同的害虫具有不同的控制能力。R_j 的计算可参照李医民等(1996)提出的方法计算。

$$\bar{\omega}(x_{\cdot k\cdot})=\frac{1}{p}\sum_{i=1}^{n}\sum_{j=1}^{p}\omega(x_{ikj})=\sum_{i=1}^{n}\sum_{j=1}^{p}\frac{T_{ij}^{(k-1)}}{\sum_{i=1}^{n}\sum_{s=1}^{m}T_{ij}^{(m-s)}R_{j}^{(i-1)}}$$

$$=\frac{1}{P}\sum_{j=1}^{p}\frac{T_{\cdot j}^{(k)}}{\sum_{i=1}^{n}\sum_{s=1}^{m}T_{ij}^{(m-s)}R_{j}^{(i-1)}}\quad(k=1,2,\cdots,m) \tag{10-2-21}$$

$$\bar{\omega}(x_{\cdot(k+1)\cdot})=\frac{1}{p}\sum_{j-1}^{p}\frac{T_{\cdot j}^{(k)}}{\sum_{i=1}^{n}\sum_{s=1}^{m}T_{ij}^{(m-s)}R_{j}^{(i-1)}} \tag{10-2-22}$$

其中，$T_{\cdot j}^{(k-1)}=\sum_{i=1}^{n}T_{ij}^{(k-1)}$，$T_{\cdot j}^{(k)}=\sum_{i=1}^{n}T_{ij}^{(k)}$ 。

$$\omega(x_{\cdot\cdot(j+1)})=\sum_{i=1}^{n}\sum_{k=1}^{m}\omega(x_{ik(j+1)})=\sum_{i=1}^{n}\sum_{k=1}^{m}\frac{T_{i,j+1}^{(k-1)}}{\sum_{i=1}^{n}\sum_{s=1}^{m}T_{i,j+1}^{(m-s)}R_{j+1}^{(i-1)}}$$

$$=\sum_{i=1}^{n}\left[\frac{1-T_{i,j+1}^{m}}{1-T_{i,j+1}}\Bigg/\sum_{i=1}^{n}\sum_{j=1}^{m}T_{i,j+1}^{(m-s)}R_{j+1}^{(i-1)}\right] \tag{10-2-23}$$

由 $\omega(x_{\cdot\cdot j})$ 与 $\omega(x_{\cdot\cdot j+1})$ 的大小可以比较不同天敌对控制害虫的贡献大小。

由上面的计算可知，当 T<1 时，$\omega(x_{\cdot k\cdot})>\omega(x_{\cdot k+1\cdot})\ (k=1,2,\cdots,m-1)$，表明天敌作用于害虫的为害期前重要；$T$>1 时，$\omega(x_{\cdot k\cdot})<\omega(x_{\cdot k+1\cdot})$ ，说明天敌作用于害虫的为害期后重要；T=1 时，$\omega(x_{\cdot k\cdot})=\omega(x_{\cdot k+1\cdot})$ ，表明天敌作用在害虫的任何时间的效能相等，这种动态加权方式是完全符合实际情况的。

(10-2-17)式中 M 为一假设参量，计算方法如下：

由 Morris-Watt 数学模型知：

$$I = S_e \cdot S_{L1} \cdot S_{L2} \cdots S_{pp} \cdot S_p \cdot S_A \cdot F \cdot P_F \cdot P_♀$$

$$I_i = \prod_{j=1}^{p} S_{i1j} S_{i2j} \cdots S_{imj} F_i P_{Fi} \quad P_{♀i}$$

$$M = \sum_{i=1}^{n} I_i N_{i0} = \sum_{i=1}^{n} \prod_{j=1}^{p} S_{i1j} S_{i2j} \cdots S_{imj} F_{ik} P_{F_{ik}} \quad P_{♀ik} N_{i0} \tag{10-2-24}$$

不失一般性，设 $S_{ikj} = 1 - G_{ikj} H_{ikj}$，则

$$M = \sum_{i=1}^{n} \prod_{j=1}^{p} \prod_{k=1}^{m} (1 - G_{ikj} H_{ikj}) F_{ik} \cdot P_{Fik} P_{ik} N_{i0}$$

式中，I 为害虫的种群趋势指数，N_{i0} 为第 i 种害虫的发生基数，$N_0 = \sum_{i=1}^{n} N_{i0}$ 为所有害虫发生的基数，S 为存活率，G 和 H 为前述的定义。

M 也可采用类似庞雄飞等(1984)提出的方法求出：

$$M' = I' \cdot N_0 ,$$

I' 为生命表中只有所评价天敌这一致死因子时的害虫种群趋势指数。

定义 U 上的一个普通集合 $\underset{\approx}{A}$

$$\underset{\approx}{A} \underset{=}{\Delta} \sum_{j=1}^{p} \sum_{i=1}^{n} \sum_{k=1}^{rn} \frac{0}{x_{ikj}} , \tag{10-2-25}$$

$\underset{\approx}{A}$ 是天敌对害虫“无作用”时的情况。

因此天敌 $\underset{\sim}{A}$ 的控制能力的大小可用 $\underset{\sim}{A}$ 与 $\underset{\approx}{A}$ 之间的平均海明距离来度量：

$$d(\underset{\sim}{A}, \underset{\approx}{A}) = \frac{1}{p} \sum_{j=1}^{p} \sum_{i=1}^{n} \sum_{k=1}^{m} \left| \mu_{\underset{\sim}{A}}(x_{ikj}) - \mu_{\underset{\approx}{A}}(x_{ikj}) \right|$$

$$= \frac{1}{p} \sum_{j=1}^{p} \sum_{i=1}^{n} \sum_{k=1}^{n} G_{ikj} H_{ikj} \omega(x_{ikj}) \tag{10-2-26}$$

同样可以证明，$d(\underset{\sim}{A}, \underset{\approx}{A}) \in [0.1]$，当 $d(\underset{\sim}{A}, \underset{\approx}{A})=1$ 时，天敌种群可控制害虫不为害作物。

又定义一模糊子集 $\underset{\sim}{B}$

$$\underset{\sim}{B} \underset{=}{\Delta} \sum_{j=1}^{P} \sum_{i=1}^{n} \sum_{k=1}^{m} \frac{G'_{ikj} H'_{ikj} / nmp}{x_{ikj}} \tag{10-2-27}$$

$\underset{\sim}{B}$ 是 T=1、R_j=1 时的特例，表示控制害虫不造成经济为害所需要的天敌作用。

这里 G'_{ikj} 和 H'_{ikj} 满足：

$$\sum_{i=1}^{n} \prod_{j=1}^{P} \prod_{k=1}^{m} (1 - G'_{ikj} H'_{ikj}) F_{ik} P_{Fik} P_{ik} N_{i0} = Q = \sum_{i=1}^{n} \sum_{k=1}^{m} Q_{ik} \tag{10-2-28}$$

因此

$$\prod_{j=1}^{P} \prod_{k=1}^{m} (1 - G'_{ikj} H'_{ikj}) F_{ik} P_{Fik} P_{ik} N_{i0} = \sum_{k=1}^{m} Q_{ik} = Q_{i\cdot} \tag{10-2-29}$$

当 T_{ij}=1、R_j=1 时，可令 $G'_{(ik+1j)}=G'_{ikj}$ (k=1,2, …, m-1; j=1, 2, …, P), $G'_{ik(j+1)}=G'_{ikj}$ (k=1, 2, …,

m；j=1，2，…，P-1)求解，同样可以证明，这与 $G'_{i(k+1)j} \neq G'_{ikj}$ ，$G'_{(ikj+1)} \neq G'_{ikj}$ 在采用拓广的海明距离进行分析时是等价的。

由(10-2-29)得

$$G'_{ikj} = \frac{1}{H'_{ikj}}\left(1 - \sqrt[mp]{\frac{Q_{i\cdot}}{\prod\limits_{k=1}^{m} F_{ik} p_{Fik} P_{ik} N_{i0}}}\right) \tag{10-2-30}$$

定义安全度为拓广的海明距离(贺仲雄，1985)，有

$$SD \overset{\Delta}{=} d(A,B) = \sum_{j=1}^{p}\sum_{i=1}^{n}\sum_{k=1}^{m}[\mu_A(x_{ikj}) - \mu_B(x_{ikj})] \tag{10-2-31}$$

采用(10-2-17)式的判别方法：当 $\mathrm{SD} = d(A,B) > 0$ 时，为“正距离”，说明天敌可安全地控制害虫不造成经济为害；当 $\mathrm{SD} = d(A,B) < 0$ 时，为“负距离”，说明天敌不能安全地控制天敌，其绝对值为控制能力的相差程度；SD=$d(AB)$=0 时，为 T=1 和 R_j=1 时的特例。

本节给出了关于一种天敌控制多种害虫的模糊数学评价模型。从经济学的观点出发，是全面评价天敌在“社会—经济—自然”复合生态系统中所起作用的一种尝试。

(10-2-17)式的通解给出的权数计算方法，可真实地描述昆虫益害性的动态变化和益害属性的对立统一关系，同时也说明了天敌种群对害虫控制大小的动态变化和天敌对不同种类的害虫控制能力大小的动态变化。因此，本节给出的天敌控制害虫的能力大小的模糊数学模型，具有一定的应用价值。

本节所给的天敌控制害虫的模糊数学评价方法，既适合于捕食性天敌，也适合于寄生性天敌，同时也可用于对人工释放天敌效果的评价，对于当今发展绿色农业，进行生物控制，具有一定的实践作用。是夏云龙(1989)评价天敌控制害虫模型的推广。

本节提出了多种天敌控制多种害虫的模糊数学模型，是从经济学的观点出发，全面评价天敌在“社会—经济—自然”复合生态系统中所起的作用的一种尝试，是一种天敌控制多种害虫的模糊数学评价方法的推广，因此，该模型更加符合实际情况。

本节所给多种天敌控制多种害虫的模糊数学模型既适合于捕食性天敌，也适用于寄生性天敌，同时也可用于对人工释放天敌效果的评价，还可用于定量比较多种天敌控制能力的大小，对于当今发展生态经济，进行生物控制具有一定的指导作用。

10.2.3 实例分析

现给出 n=1，m=5 时的特例。

假如对害虫所经历的生育生长发育阶段进行模糊划分，形成一有限论域 U={卵，幼龄幼虫，老龄幼虫，蛹，成虫}，即

$$U = \{x_1, x_2, x_3, x_4, x_5\}\text{。}$$

其中“幼龄幼虫”是“老龄幼虫”之外的幼虫期，指能大量为害之前的幼虫阶段，根据具体对象模糊判定。

现以评价某地区冬小麦上两种瓢虫幼虫对麦长管蚜的控制作用为例，做两种瓢虫幼虫的

室内捕食试验，结果见表 10-1。

表 10-1　两种瓢瓜幼虫对麦生长管蚜的捕食量

种　类		龟 纹 瓢 虫			七 星 瓢 虫		
蚜虫龄期		幼龄蚜虫	高龄蚜虫	成 蚜	幼龄蚜虫	高龄蚜虫	成蚜
瓢虫龄期	一龄	9.8	13.8	12.6	7.8	12.3	12.6
	二龄	9.4	12.2	15	13.6	11.1	13.5
	三龄	15	11.6	11.4	15.6	12.2	15.4
	四龄	41	20	45	25	20	61
	平均	18.8	14.4	21	15.5	13.9	25.625
	Σ		54.2			55.025	

表 10-1 中，麦长管蚜基数 $\bar{N}_{幼龄}=\bar{N}_{高龄}=\bar{N}_{成蚜}=48.5$ 头；$\bar{N}_{总龟}=\bar{N}_{总七}=130.5$ 头，由此表可求出两种瓢虫的作用率向量为

$$G_{龟纹}=(0.39, 0.30, 0.43),$$

$$G_{七星}=(0.32, 0.29, 0.53)。$$

由(10-2-8)式知，$H_{龟纹}=H_{七星}=1$。

郑炳宗(1983)[12]给出了麦长管蚜的防治指标为 10 头/株，即 P=10 头/株。

在捕食试验中，两种天敌的平均密度是龟纹瓢虫 1.54 头，七星瓢虫 2.05 头，因此

$$M_{龟纹}=130.5-54.2\times1.54=47.032,$$

$$M_{七星}=130.5-55.025\times2.05=17.699。$$

所以

$$K_{龟纹}=\frac{P}{M_{龟纹}}=\frac{10}{47.032}=0.213,$$

$$K_{七星}=\frac{P}{M_{七星}}=\frac{10}{17.699}=0.565。$$

由(10-2-18)式可求出两种瓢虫的权向量为：

$$\omega_{龟纹}=(0.794, 0.170, 0.036),$$

$$\omega_{七星}=(0.531, 0.30, 0.169)。$$

这样，可求出两种瓢虫幼虫对麦长管蚜为害的控制能力为：

$$C_{龟纹}=\sum_{i=1}^{3}G_{i龟}\cdot H_{i龟}\cdot\omega_{i龟}$$

$$=0.39\times1\times0.794+0.30\times1\times0.17+0.43\times1\times0.036=0.376。$$

同理可得

$$C_{七星}=\sum_{i=1}^{3}G_{i七}\cdot H_{i七}\cdot\omega_{i七}=0.346。$$

由表 10-1 可知：七星瓢虫幼虫日捕食量(55.025 头)大于龟纹瓢虫(54.2 头)，但龟纹瓢虫控制表长管蚜不为害的能力却比七星瓢虫大。原因是龟纹瓢虫“食谱”中幼龄蚜虫占的比重

较大，这一结论是其他方法所揭示不出来的。

参考文献

[1] 福建农学院. 害虫生物防治[M]. 北京:农业出版社, 1982.

[2] 贺仲雄. 模糊数学及其应用[M]. 天津:天津科学技术出版社, 1985.

[3] 兰仲雄, 丁岩钦, 陈玉平. 天敌—害虫系统中两种天敌与一种害虫相互作用形式的几个数学模型[J]. 生态学报, 1985, 5(1): 43-53

[4] 李医民, 王万雄, 杨风翔. 广食性物种间竞争的模糊模型[J]. 兰州大学学报: 自然科学报, 1996(32): 48-51.

[5] 李超, 丁岩钦, 马世骏. 草间小黑蛛对棉铃虫幼虫的捕食作用及其模拟模型的研究 II 捕食者—多种猎物系统的研究[J]. 生态学报, 1982, 2(4): 363-373.

[6] 庞雄飞, 梁广文. 害虫种群系统的控制[M]. 广州: 广东科技出版社, 1995: 15-36.

[7] 庞雄飞,梁广文, 曾玲. 天敌作用的评价[J]. 生态学报, 1984, 4 (1): 46-56.

[8] 深谷昌次, 桐谷佳治. 综合防治 [M]. 上海:上海科学技术出版社,1980.

[9] 盛承发.害虫经济阈值的研究进展[J].昆虫学报, 1989, 32(4): 492-499.

[10] 盛承发. 经济阈值定义的商榷[J]. 生态学杂志, 1984(3): 52-54.

[11] 盛承发. 防治棉铃虫的新策略[M]. 北京：科学出版社, 1987.

[12] 汤进龙, 吴进才, 李国生, 等. 稻田多种蜘蛛对褐飞虱捕食量的数学模型及关联度研究[J]. 生态学报, 2001, 21(7): 1212-1215.

[13] 吴进才,庞雄飞. 多物种复合种群捕食量的数学模型及在褐稻虱数量预测中的应用[J]. 生态学报, 1991, 11(2): 139-145.

[14] Beddington J R, Hammond P S. On the dynamics of hostparasite-hypreparasite interactions[J]. J. Anim. Ecol., 1977(46): 811-821.

[15] Hassell M P. The dynamics of predator-prey interactions:polyphagous predators, competing predators and hyperparasitoids[M]. London: The 20th Symposium of the British Ecological Society, 1979: 283-306.

[16] May R M. Theoretical Ecology: Principles and Applications[M]. Oxford: Blackwell Scientific Publication, 1976.

[17] Rabbae R. Biological control of fruit-tree red spider mite[M]. S.l.: Centre for Agricultural publishing and Documentation, 1979.

[18] Varley G C. Insect Population Ecology[M]. Blackwell Scientific Publications, Oxford: 1976.

[19] Logan J A. Nonlinear dynamics and chaos in insect populations[J]. Ann. Rev. Entomol., 1992(37): 455-477.

[20] Morris W F. Problems in detecting chaotic behavior in natural populations by fitting

simple disreate modes[J]. Ecology, 1990(71): 1849-1862.

[21] Sugihara G. Nonlinear forecasting as a way of distinguishing chaos from measurement error in time series[J]. Nature, 1990, 344(19): 734-741.

[22] Daniel T C. Data visualization for forest health management decision support[C] // Resource technology 1997, Beijing international symposium proceedings. Beijing: China forestry publishing house, 1998: 239-249.

[23] Jones C G. Chain reactions linking acorns to gypsy moth outbreaks and Lyme disease risk[J]. Science, 1998, 279(13): 1023-1026.

[24] Zadeh L A. Fuzzy sets[J]. Information and control, 1965(8): 338-353.

[25] Giering E W III, Kandel A. The application of fuzzy set theory to the modeling of competition in ecological systems[J]. Fuzzy sets and systems, 1983(9): 103-127.

[26] Bosserman R W, Ragade R K. Ecosystem analysis using fuzzy set theory[J]. Ecol. Model., 1982(16): 191-208.

[27] Salski A. Fuzzy knowledge-based models in ecological research[J]. Ecol. Model., 1992(63): 103-112.

[28] Huffaker C B. Some aspects of assessing efficiency of natural enemies[J]. Canad. Entomol., 1976(101): 425-447.

[29] Huffaker C B, Messenger P S. Theory and practice of biological control[M]. New York: Academic Press, 1976.

[30] Watt K E F. Mathematical models for use in insect pest control[J]. Canad. Entomol. Suppl., 1961(19): 5-62.

[31] Beirne B P. Pest Management[M]. Cleveland: CRC Press, 1966.

[32] Chiang H C. A general model of the economic threshould level of pest population[J]. FAO Plant. Prot. Bull., 1979(27): 71-73.

[33] Edwards C A. The Priciple of Agricultural Entomoloty[M]. Illinois: Charles thomas, Springfield, 1964.

[34] Gutierrex A P. Economic thresholds for cotton pests in Nicargua: Ecological and evolutionary perspectives[M]. Chichester: Wiley-Interscience, 1984: 184-205.

[35] Hall D C. On the timing and application of pesticides[J]. Am. J. Agric. Econ., 1973, 55(2): 198-201.

[36] Headley J C. Defining the economic threshold in Pest Control Strategies for the Future[M]. Washington D.C: NAS, 1972: 100-108.

[37] Headley J C. Defining the economic threshold in Pest Control Strategies for the Future[M]. Washington D.C: NAS, 1982: 100-108.

[38] Herpin J C. Menoire surdivers insects outsibles a I'agriculture[M]. S.l.: Mem. Agric. Econ. Rurale Demest., 1842: 340-368.

[39] Norgaard R B. The economics of improving pesticide use[J]. Ann. Rev. Entomol., 1976

(21): 45-60.

[40] Norton G A. Pest control decision making-an overview[J]. Ann. Appl. Biol., 1976(84): 444-447.

[41] Onstad D W. Calculation of economic-injury levels and economic thresholds of pest management[J]. J. Econ. Entomol., 1987(80): 297-303.

[42] Pedigo L P. Economic levels of insect pests[M]. S.l.: Coop. Ext. Ser., Lowa State University Publ., 1972: 713.

[43] Pedigo L P. Economic injury levels in theory and practice[J]. Ann. Rev. Entomol., 1986 (31): 341-68.

[44] Pierce W D. At what point does insectattack become damage[J]. Entomol. News., 1934, 45(1):1-4.

[45] Pitre H N. Economic thresholds. Concept and techniques Economic Thresholds and Sampling of Heliothis Species[J]. Bull. South Coop. Ser., 1979(231): 12-31.

[46] Ruesink W G. Analysis and modeling in pest management[M]. New York: Wiley-Intersciences, 1975: 353-376.

[47] Southwood T R E. Economic aspects of pest management strategies and decisions[J]. Ecol. Soc. Aus. Mcm., 1973(1):168-184.

[48] Sterling W L. Action and inaction levels in pest management[J]. Bull. Tex. Agric. Sta., 1984(20):80.

[49] Stern V M. The integration of chemical and biological control of the spotted aphid[J]. Hilgardia, 1959, 29(2): 81-101.

第 11 章 HIV 病毒感染种群中的模糊模型

本章对阳性 HIV 种群和 AIDS 的表现形式的进化引入一个模型，焦点在 HIV 到 AIDS 的转移率的特点上。专家知识表明，转移率是不确定的，并且极强地依赖于病毒负荷和感染个体的 $CD4^+$水平，Rosana 等 (2004)建议把转移率看作病毒负荷和 $CD4^+$水平值的一个模糊集合，在这个情形中，模糊模型中的动态模型结果保持转移率 λ 的生物意义和性质，其形式为适合医学领域中报道的 HIV 感染的自然史。Jafelice 等(2004)的研究也包括了利用文献中报道的数据，对模糊模型和经典的 Anderson 模型(Murray,1990)的比较。

在过去的十几年中，有关不确定的数字文献突飞猛进地增长，特别是在系统建模、优化、控制和模式识别领域。最近，有几位作者倡导在流行病学问题(Jafelice 等，2002a, 2003；Barros 等，2003；Ortega 等，2003)和种群动力系统(Krivan 等，1998)中应用模糊集理论。自从 HIV 病毒感染出现以来，已经有几个数学模型描述其动态(Murray，1990；Novak 等，1996；Novak，1999)。Jafelice 等 (2004)建议用由 Zadeh(1965)引入的模糊集理论来处理从阳性 HIV 种群到 AIDS 表现的进化的不确定性，经典的 Anderson 模型(Murray，1990)的转移率参数 λ，他们看成了一个语言变量，其值为模糊集，依赖于病毒负荷 v 和 $CD4^+$的水平。$CD4^+$是主要的 T 淋巴细胞，当 HIV 病毒到达血液时，受 HIV 逆行病毒的攻击，转移概率 λ 作为具有模糊值的一个语言变量的概念捕捉了其生物意义。当要使用抗逆行病毒治疗时，更有利于分类疾病阶段和帮助决定。另外，由转移概率和病毒的近似值可以说明，对每个时刻 $t>0$，有症状的种群比例的期望值如何才能找到。

11.1 基于模糊规则的系统

论域集 X 的一个模糊子集 A 由隶属函数 A 定义，如果隶属函数达到 1，则称模糊集是正规的。如果模糊集 A 的隶属函数对任何 $x_1, x_2 \in X$，且 $\gamma \in [0,1]$，有

$$A[\gamma x_1 + (1-\gamma)x_2] \geqslant \min[A(x_1), A(x_2)] \tag{11-1-1}$$

则称为凸模糊集。

通过允许一论域元素之间结合的部分隶属函数的概念，模糊概念可延伸关系的一般概念。因此，一般的，它可以看作多维模糊集。

在模糊集理论中，三角模和余模的概念分别通过提供交集和并集的一般模型有很关键的作用。三角模也提供了一种把笛卡儿积的思想推广到积空间的方法。三角模($t-$模)是二元算子 $t:[0,1]\times[0,1]\to[0,1]$，满足下列要求：

(1)交换律：$xty = ytx$。

(2)结合律：$xt(ytz) = (xty)tz$。

(3)单调性：如果 $x \leqslant y$ 且 $w \leqslant z$，则 $xtw \leqslant ytz$。

(4)边界条件：$0tx = 0$，$1tx = x$。

一个三角余模($s-$模)可类似地定义，但是边界条件变为：

$0sx = x$，$1sx = 1$。

min 和 max 分别是 $t-$模和 $s-$模的例子，它们相应于标准的交、并运算。

两个模糊集 A 和 B 的乘积空间 $(A\times B)(x,y)$ 定义为 $(A\times B)(x,y) = A(x)B(y)$，对任意的 $(x,y)\in X\times Y$。注意到，如果我们采用了 $\min t-$模，则乘积空间变成了笛卡儿积。

为了在有 HIV 病毒感染症状的种群中建立模糊模型，基于模糊规则系统的概念(Pedrycz et al, 1998) 是重要的，其结构如图 11-1 所示。

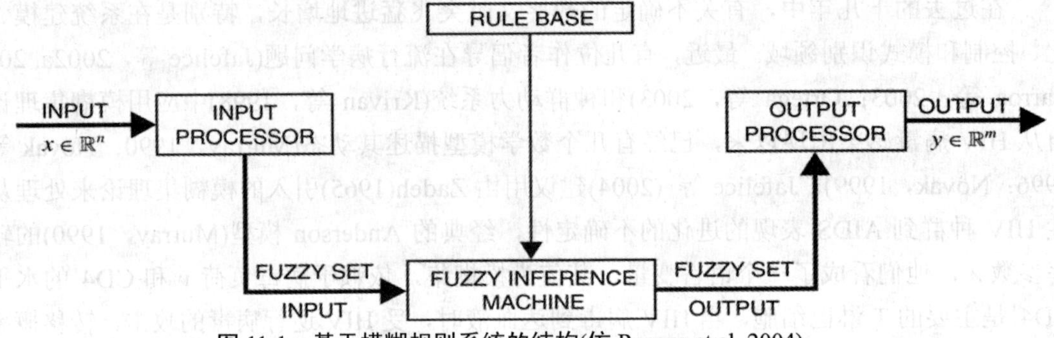

图 11-1　基于模糊规则系统的结构(仿 Rosana et al, 2004)

在本章中，一个重要的概念是基于模糊规则系统的概念(Pedryce et al, 1998)，基于模糊规则的系统有四部分：一个输入处理器、一个称之为规则基的模糊集合的规则、一个模糊推理机和一个输出处理器，这个系统可以处理实值输入，提供实值输出，具体如下：

输入处理器(模糊化) 输入被转化成所期望论域的模糊集，对数值输入，最普遍的使用方法是把实值转换成一个模糊集。在一般情况中，对于输入有关的每个模糊集，专家知识对建立隶属函数有重要作用。

规则基 这是关键，知识编码基于模糊规则的系统的成分，由模糊条件陈述以 if-then 规则的形式的集合组成。模糊规则对以语言陈述的形式表述的专家知识编码提供了有效的手段。从本质上说，模糊规则是有趣变量论域的笛卡儿积的模糊关系。特别的，一个模糊规则的形式“如果 X 是 A，则 Y 是 B”，能够本身定义为 A 和 B 的笛卡儿积 $A\times B$，模糊关系的隶属函数为 $(A\times B)(x,y) = \min[A(x), B(y)]$，对任意的 $(x,y)\in X\times Y$ 的一种模糊关系。在这种情形中，$A\times B$ 可解释为 $X\times Y$ 的点。

模糊推理机 模糊推理机利用推理的组成规则执行近似的推理。Jafelice 等 (2004)使用了有趣的 Mamddani 方法，在该情形中，每个模糊规则是一个模糊点，即 if-then 陈述是规则前提和结果的笛卡儿积；规则基是由相应于规则集合(规则基)关系的并运算定义的一种关系。规则前提中建议的合取也是由笛卡尔积诱导的模糊关系。在规则基中具有两个规则的一FRBS 的一个简单的两个输入单一输出的例子被图 11-2 描述。规则如下：

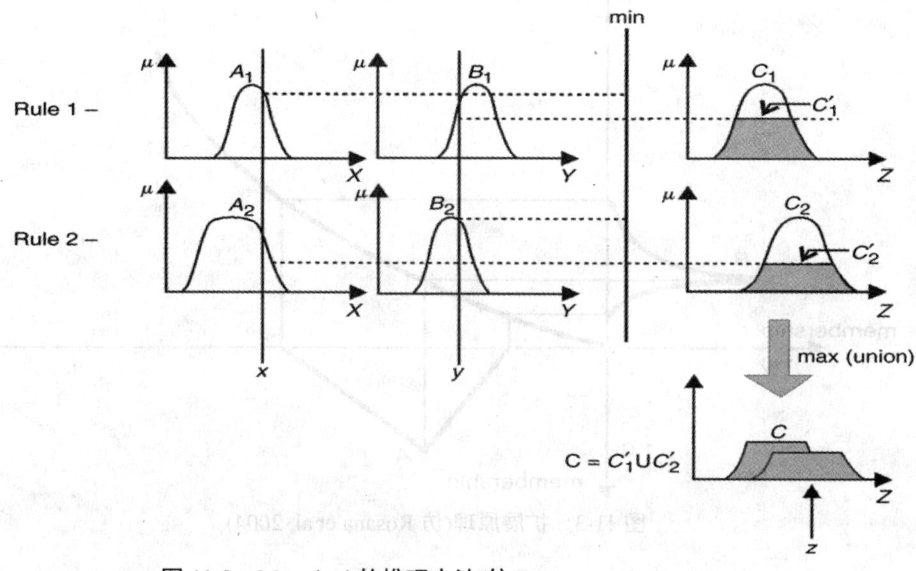

图 11-2　Mamdani 的推理方法(仿 Rosana et al, 2004)

规则 1：如果 x 是 A_1，且 y 是 B_1，则 z 是 C_1。

规则 2：如果 x 是 A_2，且 y 是 B_2，则 z 是 C_2。

输出处理器　在基于模糊规则的系统中，输入通常是一个模糊集，特别是在系统建模中，我们要求输出一个实数，输出处理器是通过清晰化提供实数输出的一个机器，是用于选择一个代表相应的模糊集的实数的过程。典型的清晰化方法是重心法，定义如下：

设 C 是输出变量 z 的隶属函数，则实数值输出 $\bar{z}$ 选择如下：

$$\bar{z}=\frac{\int zC(z)\mathrm{d}z}{\int C(z)\mathrm{d}z} \tag{11-1-2}$$

一般的，以 if-then 陈述的形式描述的关系涉及变量的语言描述，比如，如果病毒负荷低且 $CD4^+$ 水平中度，则转移率是中度的。在模糊集合理论中，其值为词语的变量称为语言变量(Pedrycz et al, 1998)，例如，我们可以定义病毒负荷为语言变量 V，其值是词语集{低，中，高}，每个词语的意义由基本变量是 v 的论域的一个模糊集给出。类似的，$CD4^+$ 水平和转移率由语言变量 $CD4^+$ 和 Λ 定义，其值分别是词语集{很低，低，中，高}和{弱，中弱，中，强}，意义分别由具有基变量 c 和 λ 期望论域的模糊集给出。

模糊集理论中另一极其重要的概念是 Zadeh 的扩张原理，扩张原理用于经过函数转换模糊关系。设 X 和 Y 是两个模糊集，f 是从 X 到 Y 的一个映射：$f:X\rightarrow Y$。设 A 是 X 的一个模糊集，扩展原理说明在这个映射下，A 的像是 Y 中的模糊集 $B=f(A)$，使得对每个 $y\in Y$，

$$B(y)=\sup_{x} A(x) \tag{11-1-3}$$

满足 $x \in X$，且 $y = f(x)$ (图 11-3)。

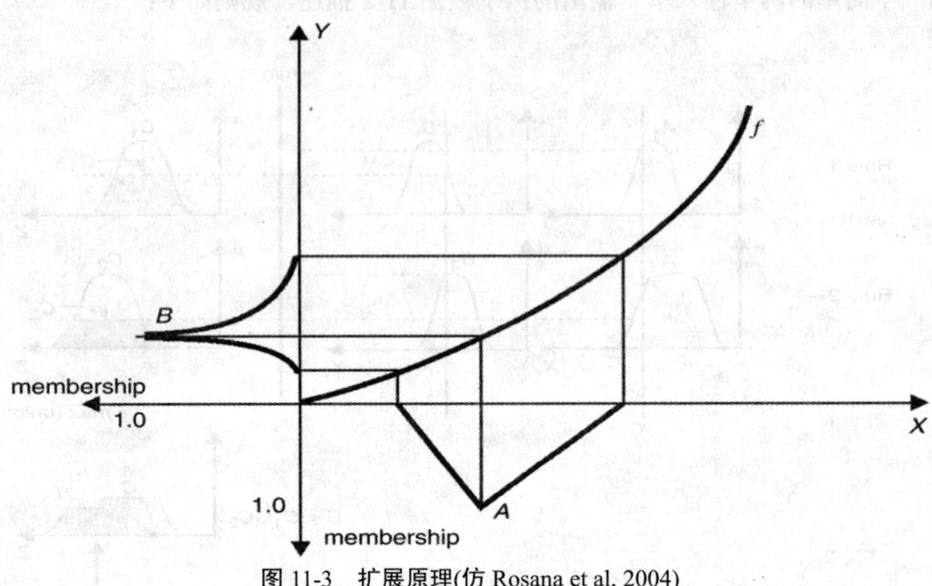

图 11-3 扩展原理(仿 Rosana et al, 2004)

对更详细的内容，建议读者参考 Pedrycz 和 Gomide(1998)、Nguyen 和 Walker(2000)的模糊集基础及其系统论和应用的内容。

我们在下一节，简述经典的正 HIV 宏观种群模型和 HIV 感染，没有抗逆转录酶病毒的动力系统的微观行为。值得强调的是，宏观模型指种群模型，而微观模型反映每个种群个体的感染动态。

11.2 经典的 AIDS 模型

经典的 Anderson 模型(Murray, 1990)是艾滋病的宏观模型，具体由下面的方程给出：

$$\frac{\mathrm{d}x}{\mathrm{d}t} = -\lambda(t)x，\quad x(0) = 1$$

$$\frac{\mathrm{d}y}{\mathrm{d}t} = -\lambda(t)x = \lambda(t)(1-y)，\quad y(0) = 0 \tag{11-2-1}$$

其中，$\lambda(t)$ 是感染个体(infected individuals)和已经发展为 AIDS 的感染个体之间的转移率，x 是仍然没有 AIDS 症状的感染种群的比例，y 是已经发展为 AIDS 症状的种群的比例。Anderson 假设(Murray, 1990) $\lambda(t) = at, a > 0$ 。因此(11-2-1)的解为

$$x(t) = \mathrm{e}^{-\frac{at^2}{2}}，\quad y(t) = 1 - \mathrm{e}^{-\frac{at^2}{2}} \tag{11-2-2}$$

Peterman 及其合作者(Peterman et al，1985)提供了 194 例与输血有关的 AIDS 病例。通过 Peterman 等 (1985)的数据，Murray(1990)说明 Anderson 的模型(11-2-1)能够通过最佳拟合

程序找到参数 a 的值来校正，已经发展成 AIDS 症状种群的比例为时间的函数，由 Anderson 模型(11-2-1)提供，由图 11-4 中的连续曲线说明，它提供了一个最佳的拟合数值解，而没有清楚的生物学解释。

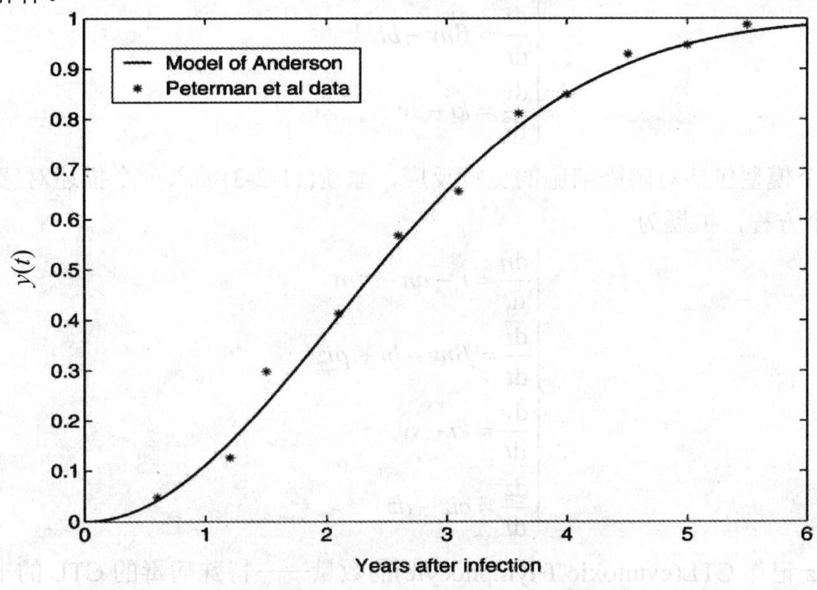

图 11-4　数据拟合曲线(仿 Rosana et al, 2004)

图 11-4 中，在 $t=0$ 时，具有一 HIV(通过血液转移)感染后发展为 AIDS 病的种群比例，来源于 Peterman 等(1985)的数据说明了模型(11-2-1)的最佳拟合解($a=0.273yr^{-1}$)。

Novak 和 Bangham(1996)引入单个有机体中 HIV 感染动态的三个微观模型，不具有抗逆转录酶病毒的治疗，Jafelice 等(2004)的研究使用了其中的两个模型。第一个模型是复制病毒和宿主细胞之间的相互作用的模型，在这个情形中，有三个变量：易感染的细胞 n，感染的细胞 i 和自由病毒微粒数 v。感染细胞产生于易感染细胞和自由病毒以比率($\beta=n/v$)，且以比率 bi 死亡，自由病毒以比率 ki 产生于已感染细胞，且以比率 sv 下降，易感染细胞以常数率 r 产生于前体细胞库，且以比率 an 死亡(见图 11-5，Novak, 1999)。

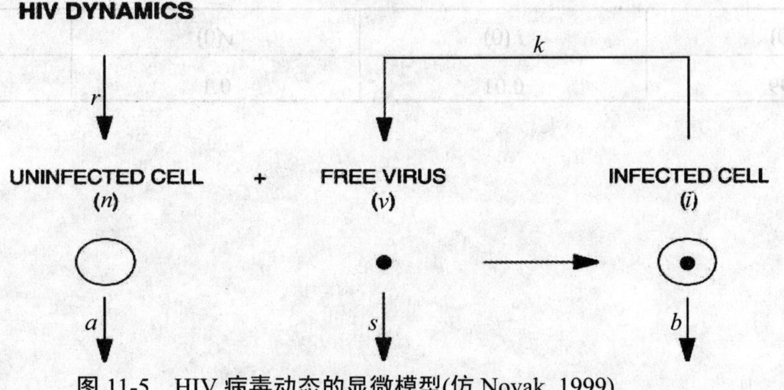

图 11-5　HIV 病毒动态的显微模型(仿 Novak, 1999)

这些假设产生了下列的微分方程系统：

$$\begin{cases}\dfrac{\mathrm{d}n}{\mathrm{d}t}=r-an-\beta nv\\\dfrac{\mathrm{d}i}{\mathrm{d}t}=\beta nv-bi\\\dfrac{\mathrm{d}v}{\mathrm{d}t}=ki-sv\end{cases}\tag{11-2-3}$$

第二个模型包括对感染细胞的免疫反应，系统(11-2-3)加入一个描述对感染细胞的免疫反应的一个方程，扩展为

$$\begin{cases}\dfrac{\mathrm{d}n}{\mathrm{d}t}=r-an-\beta nv\\\dfrac{\mathrm{d}i}{\mathrm{d}t}=\beta nv-bi-piz\\\dfrac{\mathrm{d}v}{\mathrm{d}t}=ki-sv\\\dfrac{\mathrm{d}z}{\mathrm{d}t}=ciz-dz\end{cases}\tag{11-2-4}$$

变量 z 记作 CTL(cytotoxic T lymphocyte)的数量——特殊病毒的 CTL 的丰富度。相应抗原的 CTL 的繁殖率由 ciz 给出。在没有刺激的情况下，CTL 以率 dz 衰减，感染细胞由 CTL 以比率 piz 杀死。图 11-6 显示了使用表 11-1 的参数和表 11-2 的初始条件的解。这些数据来源于 Caetano 和 Yoneyama(1999)。

表 11-1　显微 HIV 模型的参数

$r=0.3$	$a=0.1$	$\beta=1$
$b=0.01$	$p=0.03$	$k=0.5$
$s=0.01$	$c=0.01$	$d=0.01$

表 11-2　显微 HIV 模型的初始条件

$n(0)$	$i(0)$	$v(0)$	$z(0)$
0.99	0.01	0.1	0.01

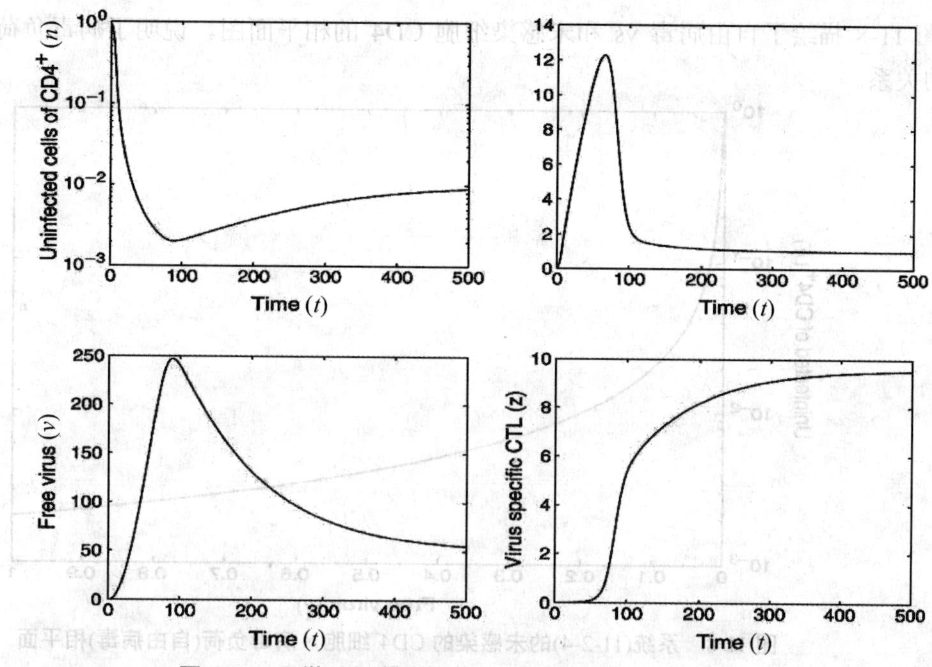

图 11-6　显微 HIV 模型的解(仿 Rosana et al, 2004)

在对数尺度上来说，$CD4^+$的未感染细胞第一周显示快速下降，且当淋巴细胞的数目接近于最大值时慢慢恢复。淋巴细胞数目的增加与感染细胞的出现(presence)以及由感染细胞为中介的病毒复制有关(图 11-6)。

比较图 11-6 显示的系统(11-2-4)的解和图 11-7 结构，我们注意到，未感染细胞的 $CD4^+$认为是 $CD4^+$水平，自由病毒认为是 HIV 病毒，特殊 CTLs 病毒认为是 HIV 抗体。图 11-7 是一个在医学中目前已接受的 HIV 感染的自然史的示意图。

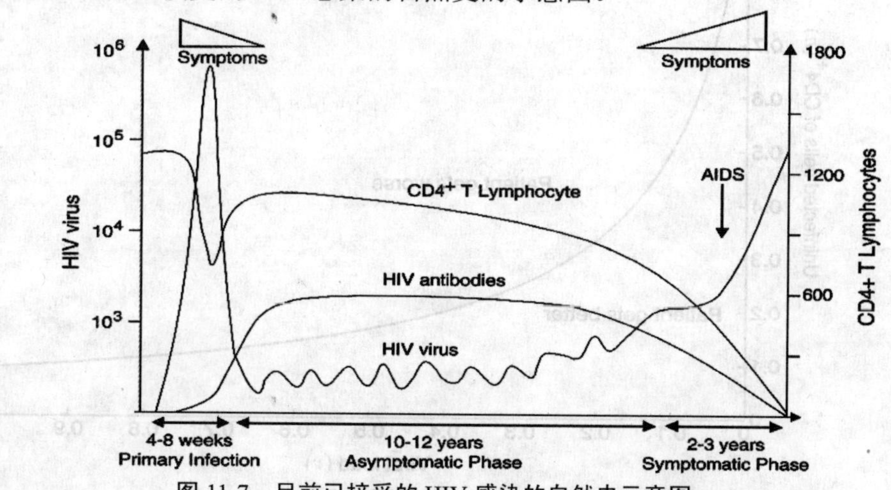

图 11-7　目前已接受的 HIV 感染的自然史示意图
(仿 Saag, 1995; Perelon et al, 1999; Coutinho et al, 2001)

图 11-8 描绘了自由病毒 vs 和未感染细胞 CD4$^+$的相平面图。说明了病毒负荷和 CD4$^+$水平的关系。

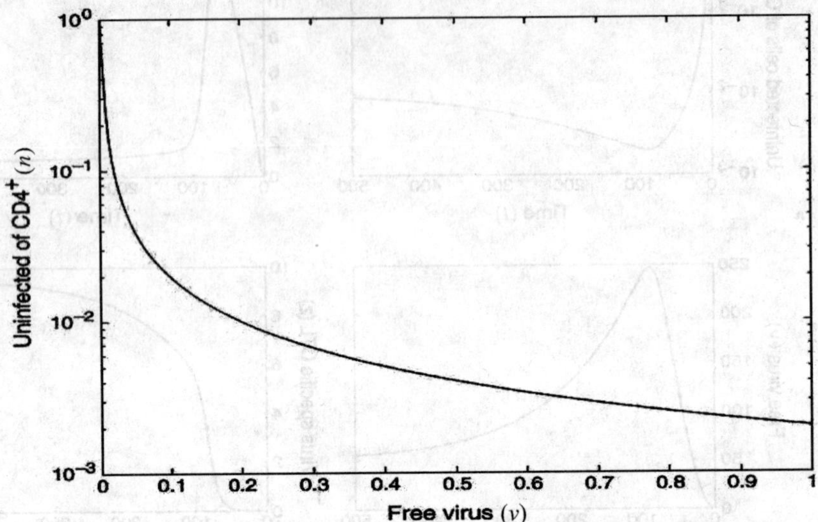

图 11-8 系统(11-2-4)的未感染的 CD4$^+$细胞×病毒负荷(自由病毒)相平面

(仿 Rosana et al, 2004)

在图 11-7 中，我们也可以看出，在渐进阶段期间，未感染细胞 CD4$^+$的变化是小的。因此，我们可以假设 $\dfrac{\mathrm{d}n}{\mathrm{d}t} \cong 0$，这意味着 $n(v) \cong \dfrac{r}{a+\beta v}$。图 11-9 中 $n(v)$ 的图说明其性质相似于图 11-8 显示的。

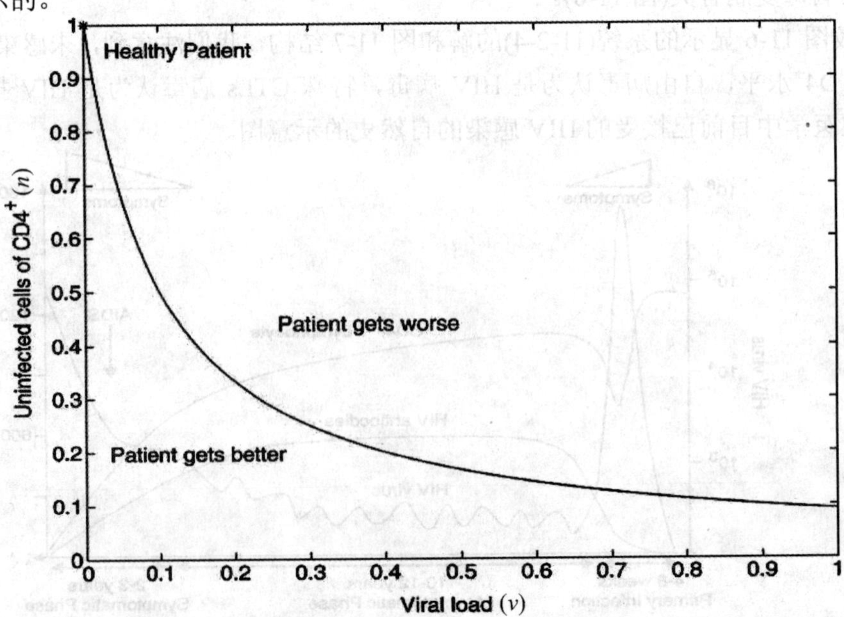

图 11-9 未感染细胞的 CD4$^+$ 与病毒负荷(v) (仿 Rosana et al, 2004)

更有甚者，在直接计算后，我们注意到：

(1)如果 $n(v)=\dfrac{r}{a+\beta v}$，则 $\dfrac{dn}{dt}=0$。因此，$n(t)$ 是常数。

(2)如果 $n(v)<\dfrac{r}{a+\beta v}$，则 $\dfrac{dn}{dt}>0$。因此，$n(t)$ 是增加的。这意味着感染个体正在改善，因为细胞 $CD4^+$的数量正在增加。

(3)如果 $n(v)>\dfrac{r}{a+\beta v}$，则 $\dfrac{dn}{dt}<0$。因此，$n(t)$ 是减少的。这意味着感染个体正在恶化，因为细胞 $CD4^+$的数量正在减少。

11.3　模糊 AIDS 模型

当 HIV 到达血液时，主要攻击 $CD4^+$型的淋巴细胞 T，在周围血液中的细胞 $CD4^+$的数量在有 HIV 的感染进化中有前兆暗示。目前，免疫能力细胞的数量是最有临床用处的，且对由 HIV 感染的个体的治疗是可接受的措施(尽管它不只是唯一的方法)。我们可以在四个范围内的周围血液中分类 $CD4^+$细胞 ml^{-1} 的数量(Braizilian Ministry of Health, 2004)：

(1) $CD4^+>0.5$cells ml^{-1}：受 HIV 感染的阶段，具有发展成疾病的低风险。

(2)$CD4^+$在 0.2～0.5cells ml^{-1} 之间：是由病症的表现和较短的症状或者构成的交替(appearance of signs and shorter symptoms or constitutional alteration)表示的特征阶段，具有发展成疾病的中度风险阶段。

(3) $CD4^+$在 0.05～0.2cells ml^{-1} 之间：是正在发展成机会疾病(developing opportunist diseases)的高概率阶段。

(4)$CD4^+<0.05$cells ml^{-1}：是被机会疾病(比如 Kaposi 肉瘤)制服的高风险阶段，这一阶段具有高死亡风险和低存活风险。

另一方面，低的 HIV 病毒负荷不能摧毁有机体中所有的淋巴细胞，因此抗体有机会反抗机会致病菌疾病，相比之下，高病毒负荷摧毁大量的淋巴 $CD4^+$，且使得免疫系统可能丧失其功能。在开始[或抗逆病毒的治疗(anti-retroviral therapy)的改变发生]时，有文献推荐在 1 到 2 个月内检查病毒负荷去评估治疗，应该解释的结果如下：

(1)负荷低于每毫升 RNA 的 10.000 个复制：低风险的疾病进展(development)。

(2)负荷在每毫升 RNA 的 10.000～100.000 个复制：中度风险的疾病进展。

(3)负荷高于每毫升 RNA 的 100.000 个复制：高风险的疾病进展。

疾病阶段的辨识以及期望治疗是以病毒负荷和 $CD4^+$水平之间的关系为基础的，病毒负荷和 $CD4^+$水平的控制能够干扰控制转移率 λ。因此，从一个无症状的个体到一个有症状的个体的转移依赖于个体的特性，正如通过病毒负荷(v)和 $CD4^+$的水平(c)测定的一样。因此，Jafelice 等 (2004)提出下列模型：

$$\frac{dx}{dt} = -\lambda(v,c)x \qquad x(0)=1$$
$$\frac{dy}{dt} = \lambda(v,c)x = \lambda(v,c)(1-y) \qquad y(0)=0 \tag{11-3-1}$$

Jafelice 等提出的模型(11-3-1)和经典的模型(11-2-1)之间的差异是：(11-3-1)中的参数 $\lambda=\lambda(v,c)$，且 v 和 c 的值利用微观模型信息找到，该假设具有明显的生物学意义，因而是 λ 的一个更忠实的特性，所以说模型(11-3-1)提供了一个使用微观信息确定转移率参数 v 和 c 的宏观建模方法。从数学的观点出发，(11-3-1)式可看作系统的参数族，λ 可能由 v 和 c 控制，结果是感染个体 y 的种群受 v 和 c 的控制，这似乎是合理的。由(11-3-1)式，我们可得

$$x(t) = \mathrm{e}^{-\lambda(v,c)t}$$
$$y(t) = 1-\mathrm{e}^{-\lambda(v,c)t}, t>0 \tag{11-3-2}$$

11.3.1 语言变量和规则基

正如我们所见，模糊集是一种表示不精确信息和知识的方法。在实际中，从 HIV 感染到 AIDS 表现的转移率的精确值是少有的，但是专家不知道如何从他们对 c、v 和 λ 之间的关系的感觉估计转移率。转移率 $\lambda=\lambda(v,c)$ 的估计是建立在以模糊 if-then 规则形式的语言医学信息基础上的。因此，他们采用基于模糊规则的建模方法(正如它是具有医学知识的情形)，假设病毒负荷(v)、$CD4^+$的水平(c)和转移率(λ)是语言变量，分别记为 V、$CD4^+$和 Λ。病毒负荷的值为{低，中，高}，$CD4^+$为{很低，低，中，中偏高，高}，Λ 的词语集为{弱，中弱，中，强}。$CD4^+$的水平在 0.2～0.5cells ml^{-1} 之间分成两个阶段，因为它关系到从无症状到有症状种群转移的重要阶段，对病毒负荷、$CD4^+$水平和转移率，我们可以建立详细说明语言变量的意义的隶属函数见图 11-10、图 11-11、图 11-12。根据专家医学知识建议，编码 c、v 和 λ 之间的关系的规则基如下：

(1)V 低且 CD4+很低，则 Λ 强。

(2)V 低且 CD4+低，则 Λ 中。

(3)V 低且 CD4+中，则 Λ 中。

(4)V 低且 CD4+中偏高，则 Λ 中弱。

(5)V 低且 CD4+高，则 Λ 弱。

(6)V 中且 CD4+很低，则 Λ 强。

(7)V 中且 CD4+低，则 Λ 强。

(8)V 中且 CD4+中，则 Λ 中。

(9)V 中且 CD4+中高，则 Λ 中弱。

(10)V 中且 CD4+高，则 Λ 弱。

(11)V 高且 CD4+很低，则 Λ 强。

(12)V 高且 CD4+低，则 Λ 强。

(13) V 高且 CD4+中，则 Λ 中。

(14)V 高且 CD4+中高，则 Λ 中。

(15)V 高且 CD4+高，则 Λ 中。

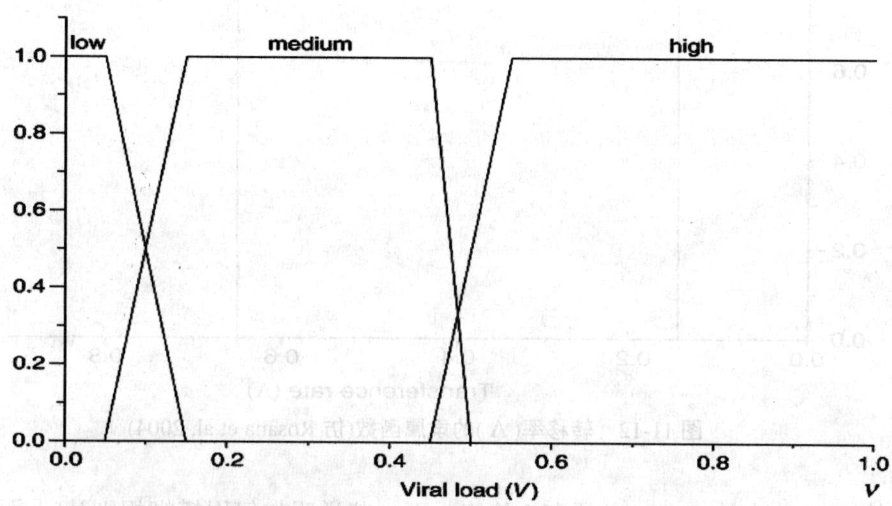

图 11-10　病毒负荷(V)的隶属函数(仿 Rosana et al, 2004)

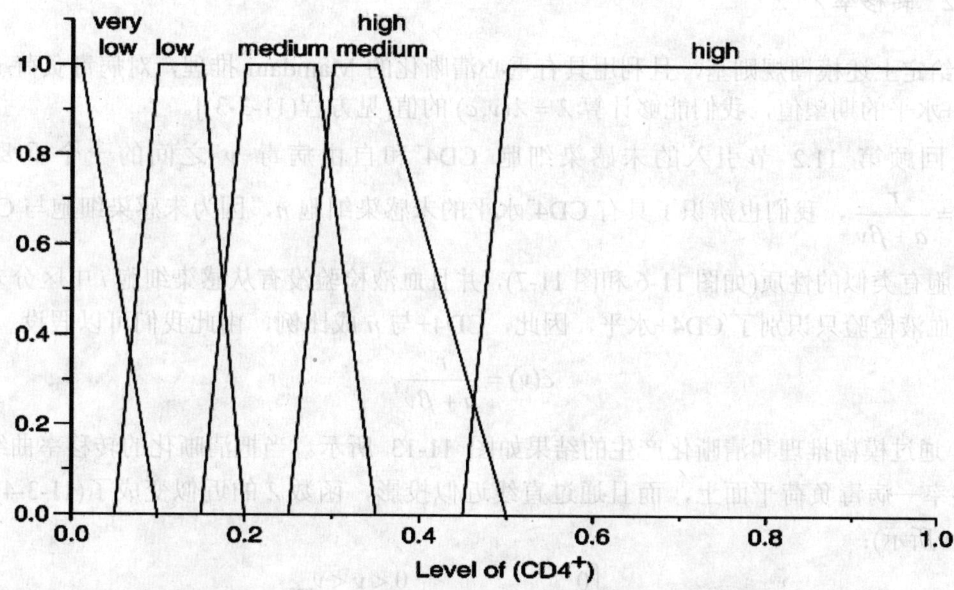

图 11-11　$CD4^+$水平的隶属函数(仿 Rosana et al, 2004)

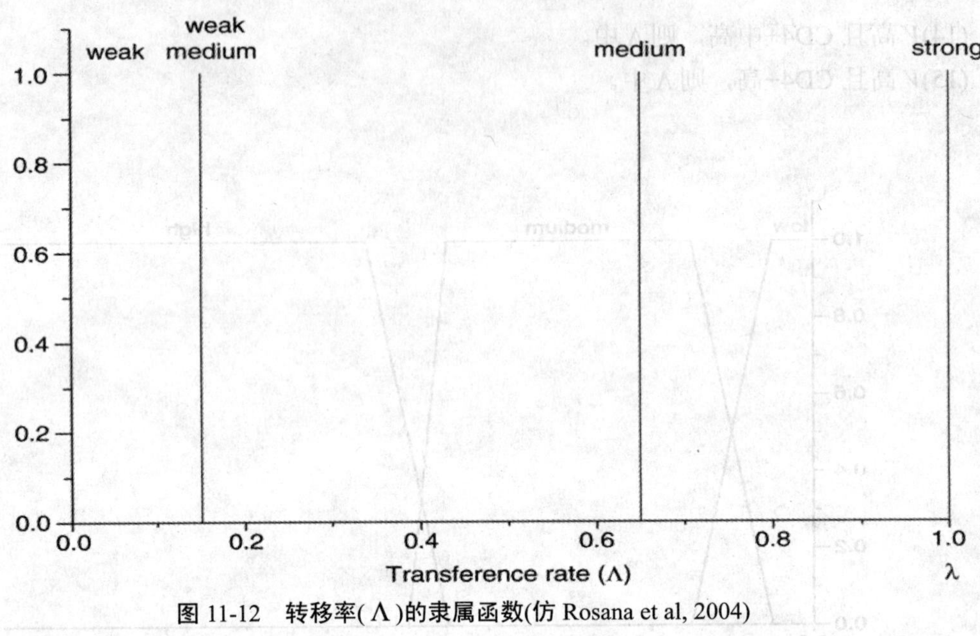

图 11-12 转移率(Λ)的隶属函数(仿 Rosana et al, 2004)

为了计算(11-3-1)中的 $y(t)$，必须有 λ 的值。下一节说明如何用模糊规则基[上面给出的规则 1 到(15)]、模糊推理和清晰化给出的语言模型获得 λ 作为 v 和 c 函数的一个分析表达式。

11.3.2 转移率 λ

给定上述模糊规则基，且利用具有重心清晰化的 Mamdani 推理，对病毒负荷 v 的值和 CD4+水平的期望值，我们能够计算 $\lambda=\lambda(v,c)$ 的值[见方程(11-3-3)]。

回顾第 11.2 节引入的未感染细胞 $CD4^+$ 和自由病毒 v 之间的一个重要关系：$n(v)=\dfrac{r}{a+\beta v}$，我们也辨识了具有 $CD4^+$ 水平的未感染细胞 n，因为未感染细胞与 $CD4^+$T 淋巴细胞有类似的性质(如图 11-6 和图 11-7)，并且血液检验没有从感染细胞 i 中区分未感染细胞，血液检验只识别了 CD4+水平，因此，CD4+与 n 成比例，由此我们可以假设

$$c(v)=\frac{r}{a+\beta v} \tag{11-3-3}$$

通过模糊推理和清晰化产生的结果如图 11-13 所示。当把清晰化的转移率曲线投影在转移率—病毒负荷平面上，而且通过直线近似投影，函数 λ 的近似变成了(11-3-4)式(如图 11-14 所示)：

$$\lambda(v,c)=\begin{cases}0 & 0<v<v_{\min}\\ \dfrac{v-v_{\min}}{v_M-v_{\min}} & v_{\min}<v<v_M\\ 1 & v\geqslant v_M\end{cases} \tag{11-3-4}$$

注意到，在上述一定量的病毒 v_M 这种情况下，对疾病进化需要有一个最小数量的病毒

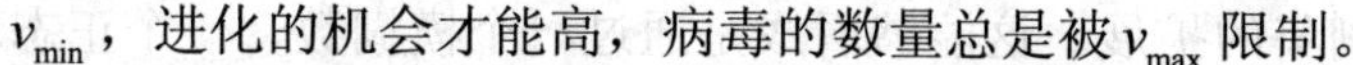

v_{min}，进化的机会才能高，病毒的数量总是被 v_{max} 限制。

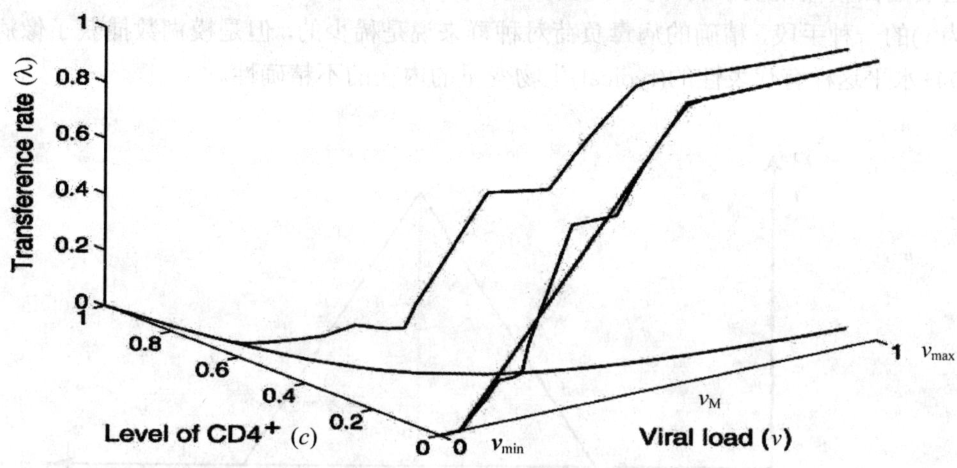

图 11-13　对 $c(v)$ 的值的转移率及其投影(仿 Rosana et al, 2004)

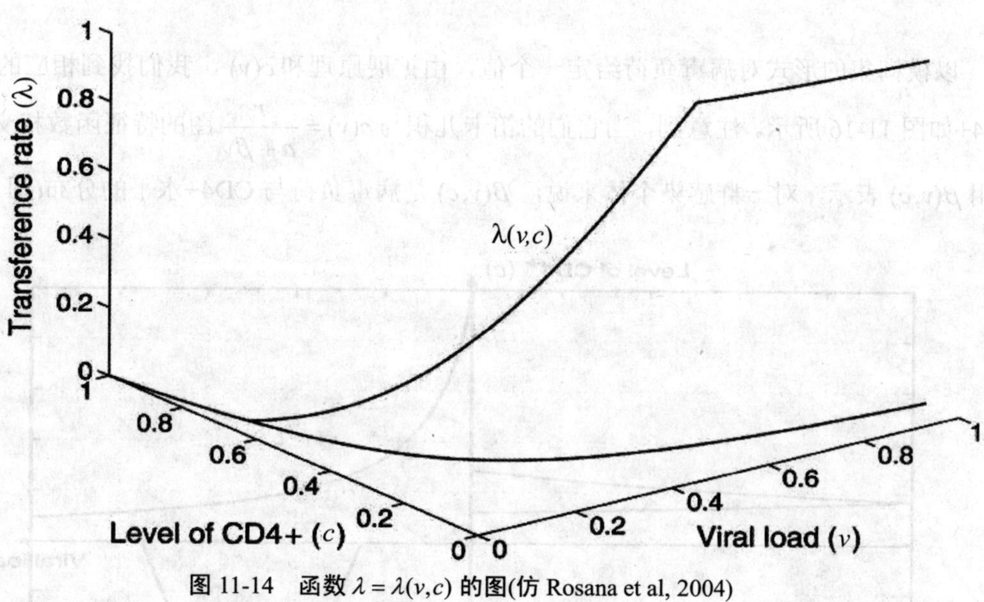

图 11-14　函数 $\lambda=\lambda(v,c)$ 的图(仿 Rosana et al, 2004)

医学知识暗示，病毒负荷能够由三角模糊数表示(图 11-15)，其形式为

$$\rho(v)=\begin{cases}0 & v\leqslant \underline{v}-\delta \\ \dfrac{1}{\delta}(v-\underline{v}+\delta) & \underline{v}-\delta<v\leqslant \underline{v} \\ \dfrac{-1}{\delta}(v-\underline{v}-\delta) & \underline{v}<v\leqslant \underline{v}+\delta \\ 0 & v>\underline{v}+\delta\end{cases} \tag{11-3-5}$$

参数 $\underline{v}$ 和 δ 分别是模态值和模糊集的扩展。这能够看成是通过一个模糊数、一个正态的并且实的凸模糊集表示病毒负荷值的一种方法。模糊数是量化不精确值(比如，病毒负荷大约为 v)的一种手段，精确的病毒负荷对种群来说是稀少的，但是模糊数捕获了像病毒负荷和 CD4+水平这样有代表性的(typical)生物变量的内在的不精确性。

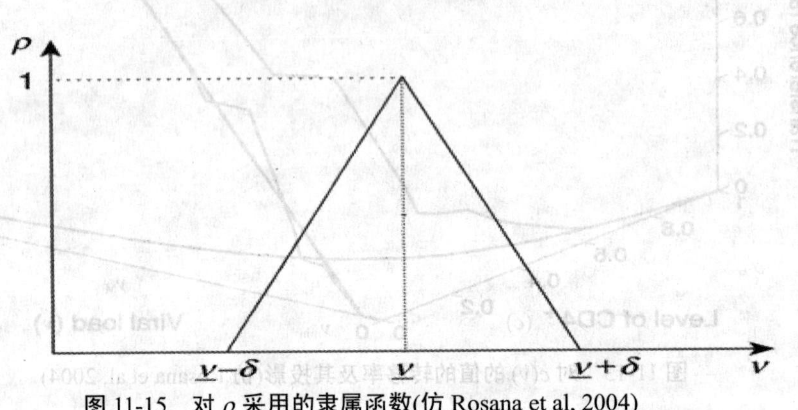

图 11-15　对 ρ 采用的隶属函数(仿 Rosana et al, 2004)

以模糊集的形式对病毒负荷给定一个值，由扩展原理和 $c(v)$，我们找到相应的模糊集 CD4+如图 11-16 所示。注意到，当它们的笛卡儿积与 $c(v)=\dfrac{r}{a+\beta v}$ 图的特征函数相交时，结果用 $\beta(v,c)$ 表示，对一群感染个体来说，$\beta(v,c)$ 是病毒负荷与 CD4+水平的分布(图 11-17)。

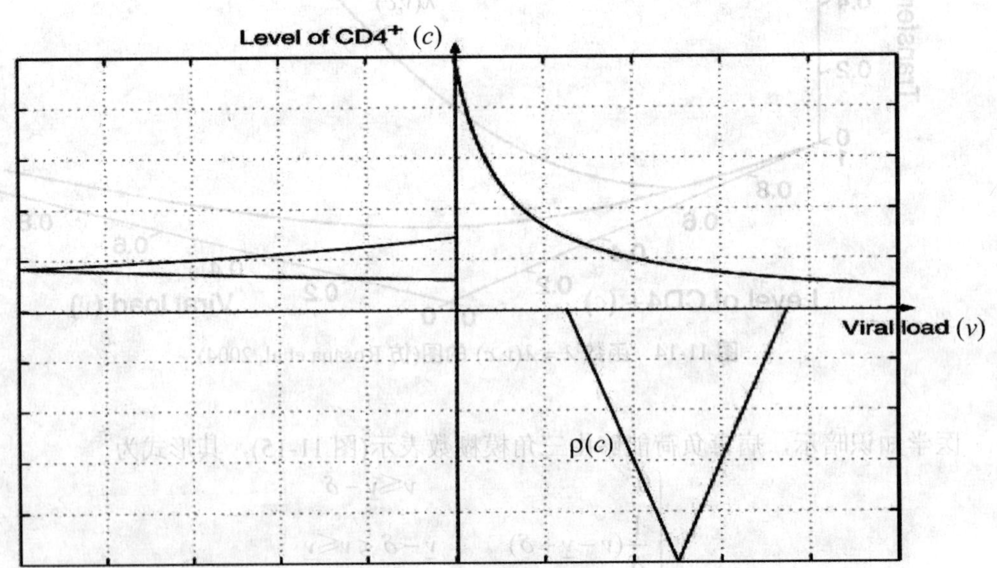

图 11-16　经过扩展原理找到 CD4+的模糊集(仿 Rosana et al, 2004)

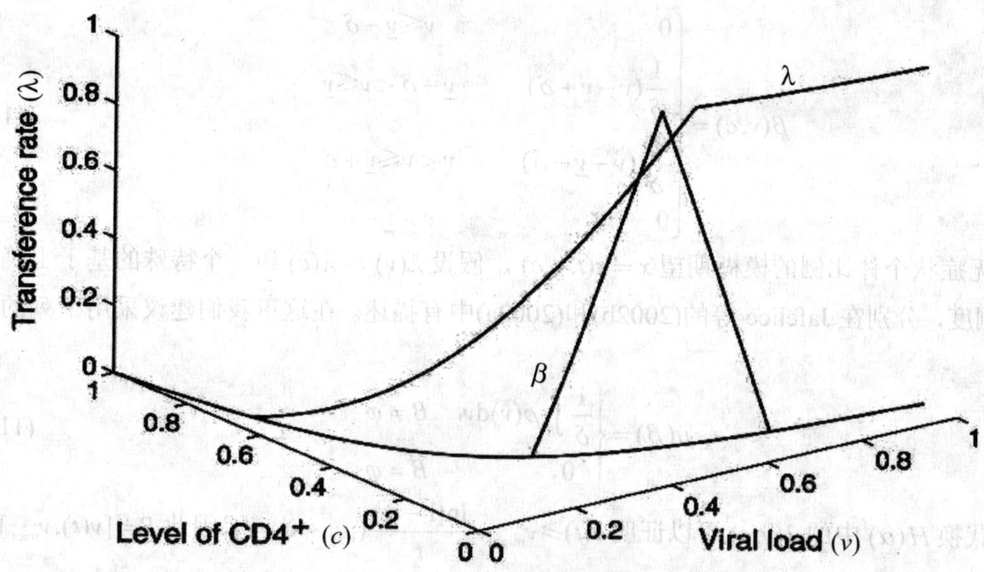

图 11-17 $c(v)$ 的图与 V 和 CD4+的笛卡尔积之间的交(仿 Rosana et al, 2004)

现在的任务如下：给定病毒负荷和转移率函数的一个分布，对一个时间水平，找到有症状种群的期望值。正如我们下一节将要看到的，病毒负荷 $\rho(v)$ 对找到期望值扮演一个本质的角色。

11.3.3 有症状种群的模糊期望

这里使用的模糊期望是确定对每个时刻 $t>0$，有症状种群 $y(t)=1-\mathrm{e}^{-\lambda(v,c)t}$ 的比例的期望值的概念，模糊期望用模糊测度的思想。

设 Ω 是一个非空集合，$P(\Omega)$ 是 Ω 的部分集合，函数 $\mu: P(\Omega)\to[0,1]$ 是一个模糊测度(Nguyen et al, 2000; Ralescu et al, 2001; Barros et al, 2003)。如果 $\mu(\varphi)=0$，则 $\mu(\Omega)=1$；如果 $A\subseteq B$，则 $\mu(A)\leqslant\mu(B)$。

使用 Sugeno(1974)引入的模糊期望的定义，对每个 $t>0$，有症状种群 $y=y(t,v,c)$ 的模糊期望值 $FEV[y]$ 是

$$FEV[y]=\sup_{0\leqslant\alpha\leqslant1}\inf[\alpha,\mu\{y\geqslant\alpha\}] \tag{11-3-6}$$

其中 $\{y\geqslant\alpha\}=\{(v,c)\in R^{+}\times A: y(v,c)\geqslant\alpha\}$，$\alpha\in[0,1]$，是模糊测度，$A=\{c: c(v)=\dfrac{r}{a+\beta v}\}$。

对每个 $t>0$，令

$$H(\alpha)=\mu\{(v,c): y(t,v,c)\geqslant\alpha\}=\mu\{(v,c):\lambda(v,c)\geqslant-\frac{\ln(1-\alpha)}{t}\} \tag{11-3-7}$$

由图 11-17 和 $c(v)=\dfrac{r}{a+\beta v}$，我们可得

$$\beta(v,c)=\begin{cases}0 & v\leqslant \underline{v}-\delta \\ \dfrac{1}{\delta}(v-\underline{v}+\delta) & \underline{v}-\delta<v\leqslant \underline{v} \\ \dfrac{-1}{\delta}(v-\underline{v}-\delta) & \underline{v}<v\leqslant \underline{v}+\delta \\ 0 & v>\underline{v}+\delta\end{cases} \tag{11-3-8}$$

无症状个体比例的模糊期望 $x=x(t,v,c)$，假设 $\lambda(v)$、$\lambda(c)$ 和一个特殊的基于上确界的模糊测度，分别在 Jafelice 等的(2002b)和(2002a)中有描述。在这里我们建议采用下列的模糊测度：

$$\mu(\beta)=\begin{cases}\dfrac{1}{\delta}\displaystyle\int_B \rho(v)\mathrm{d}v, & B\neq\varphi \\ 0, & B=\varphi\end{cases} \tag{11-3-9}$$

代换 $H(\alpha)$ 中的 $\lambda(v,c)$ 可以证明 $v(t)\geqslant v_{\min}-\dfrac{\ln(1-\alpha)}{t}(v_M-v_{\min})$。因此 $B=[v(t),v_{\max}]$，其中 $v(t)=v_{\min}+[\dfrac{-\ln(1-\alpha)}{t}](v_M-v_{\min})$，$\alpha=FEV[y]$，对每个 $t>0$，$v_{\min}<v(t)<v_{\max}$。

为了找到症状比例的期望值，分别讨论下面感兴趣的三种情形：

情形 1，病毒负荷低(V_-)，我们假设 $v_{\min}>\underline{v}+\delta$。因此，$FEV[y]=0$。

情形 2，病毒负荷高(V^+)，我们假设 $v_M\geqslant\underline{v}-\delta$，且 $\underline{v}+\delta\geqslant v_{\max}$。因此，$FEV[y]=1-\mathrm{e}^{-t}$。

情形 3，病毒负荷中(V_-^+)，我们假设 $\underline{v}-\delta>v_{\min}$，且 $\underline{v}+\delta<v_M$。第三种情形对我们的目的是最感兴趣的，因为个体的最大部分常常是在这个范围。在简单但是冗长的处理之后，我们可得：

$$H(\alpha)=\begin{cases}1 & 0\leqslant\alpha\leqslant 1-\mathrm{e}^{\left(\frac{-\underline{v}+\delta+v_{\min}}{v_M-v_{\min}}\right)t} \\ 1-\dfrac{1}{2}\left(\dfrac{v(t)-\underline{v}}{\delta}+1\right)^2 & 1-\mathrm{e}^{\left(\frac{-\underline{v}+\delta+v_{\min}}{v_M-v_{\min}}\right)t}<\alpha\leqslant 1-\mathrm{e}^{\left(\frac{-\underline{v}+v_{\min}}{v_M-v_{\min}}\right)t} \\ \dfrac{1}{2}\left(\dfrac{\underline{v}-v(t)}{\delta}+1\right)^2 & 1-\mathrm{e}^{\left(\frac{-\underline{v}+v_{\min}}{v_M-v_{\min}}\right)t}<\alpha\leqslant 1-\mathrm{e}^{\left(\frac{-\underline{v}-\delta+v_{\min}}{v_M-v_{\min}}\right)t} \\ 0 & 1-\mathrm{e}^{\left(\frac{-\underline{v}-\delta+v_{\min}}{v_M-v_{\min}}\right)t}\leqslant\alpha<1-\mathrm{e}^{-t}\end{cases} \tag{11-3-10}$$

因为 $H(\alpha)$ 是连续并且递减的，所以有唯一定点，满足 $FEV[y]$ (Kandel, 1986)。因此我们可以得到下面的不等式：

$$1-\mathrm{e}^{\left(\frac{-\underline{v}+\delta+v_{\min}}{v_M-v_{\min}}\right)t}<FEV[y]<1-\mathrm{e}^{\left(\frac{-\underline{v}-\delta+v_{\min}}{v_M-v_{\min}}\right)t} \tag{11-3-11}$$

我们用 $FEV_{\mathrm{low}}=1-\mathrm{e}^{\left(\frac{-\underline{v}+\delta+v_{\min}}{v_M-v_{\min}}\right)t}$ 记症状种群的乐观比例，而用 $FEV_{\mathrm{upper}}=1-\mathrm{e}^{\left(\frac{-\underline{v}-\delta+v_{\min}}{v_M-v_{\min}}\right)t}$ 记症状种群的悲观比例，则有

$$FEV_{\mathrm{low}}<FEV[y]<FEV_{\mathrm{upper}} \tag{11-3-12}$$

另外，我们有下面的命题。

命题 11-1　对每个 $t>0$，存在一个唯一的 $v(t)\in(\underline{v}-\delta,\underline{v}+\delta)$，使得 $FEV[y]=1-\mathrm{e}^{\left(\frac{-v(t)+v_{\min}}{v_M-v_{\min}}\right)t}$。

证明　因为函数 $H(\alpha)$ 是连续的、递减的，且有定点 $FEV[y]$。由不等式(18)和介质定理，在区间 $(\underline{v}-\delta,\underline{v}+\delta)$ 中存在唯一的 $v(t)$，使得

$$FEV[y]=1-\mathrm{e}^{\left(\frac{-v(t)+v_{\min}}{v_M-v_{\min}}\right)t} \tag{11-3-13}$$

更有甚者，我们有

$$v(t)=v_{\min}+[\frac{-\ln(1-\alpha)}{t}](v_M-v_{\min}) \tag{11-3-14}$$

其中 $\alpha=FEV[y]$。

我们应该强调模糊期望值不是(11-3-1)的解。命题 4.1 说明的是，对每个瞬时时刻 t，存在(11-3-1)的解，其在 t 处的值等于 t 时刻 $FEV[y]$ 的值。实际上，容易证明 $FEV[y]$ 是可微的，且满足具有时间依赖的参数 $v(t)$ 的下列微分方程：

$$\frac{\mathrm{d}y}{\mathrm{d}t}=\left[\frac{v(t)-v_{\min}}{v_M-v_{\min}}+\frac{t}{v_M-v_{\min}}\frac{\mathrm{d}v(t)}{\mathrm{d}t}\right](1-y) \tag{11-3-15}$$

有趣的是，自治微分方程的模糊期望值 $FEV[y]$ 是相应的非自治微分方程的一个解。

11.4　症状种群的模糊期望和实际数据

正如第 11.2 节讨论的，Murray (1990)提出 Anderson 的模型(11-2-1)可由 Peterman 等(1985)的数据经过一个最佳拟合程序的调节而找到 a。这一节，我们利用 Murray (1990)的数据(图 11-4)推导一个模糊模型且计算感染个体的模糊期望值。一开始，我们假设被感染的症状的个体部分 x 是 1(maximum)，AIDS 症状的个体部分 y 是 0。注意到，$FEV[y]$(20)依赖于参数 $v(t)$、$v_{\min}$ 和 v_M。因为 $y(t)$ 的值能够由图 11-4 显示的数据中得到，由命题 11-1，方程(11-3-13)和(11-3-1)，对每个 t，我们能够找到 v 的值，通过 v 的这些值，对 $v(t)$，最小二乘拟合提供了下列的估计(图 11-18)：

$$v(t)=0.067t+0.036 \tag{11-4-1}$$

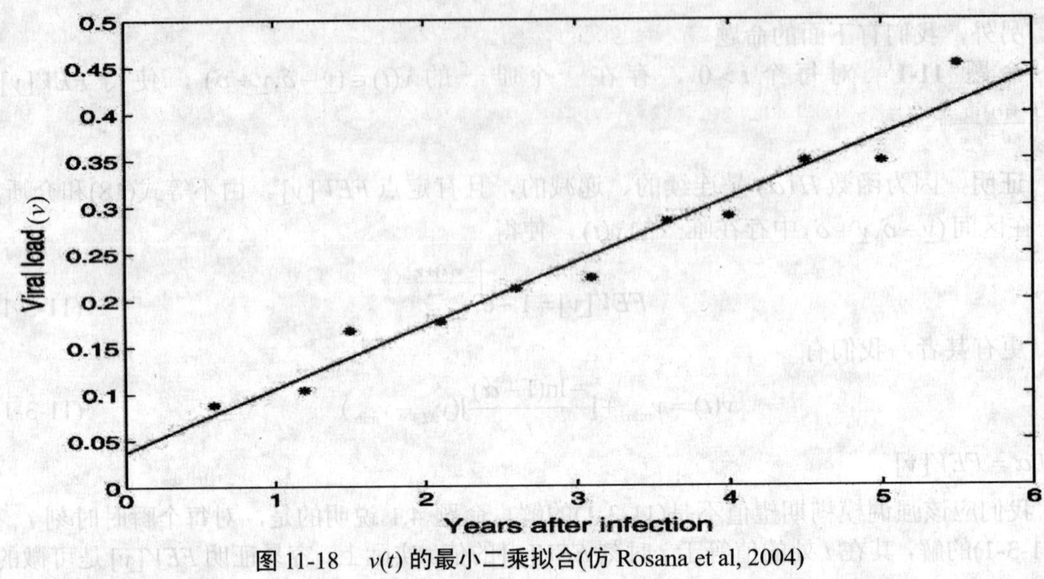

图 11-18　$v(t)$ 的最小二乘拟合(仿 Rosana et al, 2004)

接下来，通过图 11-13，我们估计 $v_{\min}=0.046$，$v_M=0.56$，且使用(11-3-13)式计算 $FEV[y]$。回顾到巴经典的 Anderson 模型(11-2-1)拟合数据的转移率是 $\lambda(t)=0.237t$ (Murray , 1990)。

在我们的情形中，如果把由(11-4-1)式给出的 $v(t)$ 的值代入(11-3-4)式，我们可以找到转移率的时间性质的清楚的观点。由下面的(11-4-2)给出的结果是(11-3-1)的转移率 λ 的一个估计。图 11-19 给出了 $0<t<6$ 的描述。

$$\lambda=\begin{cases}0, & 0<v<0.046\\ 0.12t-0.019, & 0.046<v<0.56\end{cases} \tag{11-4-2}$$

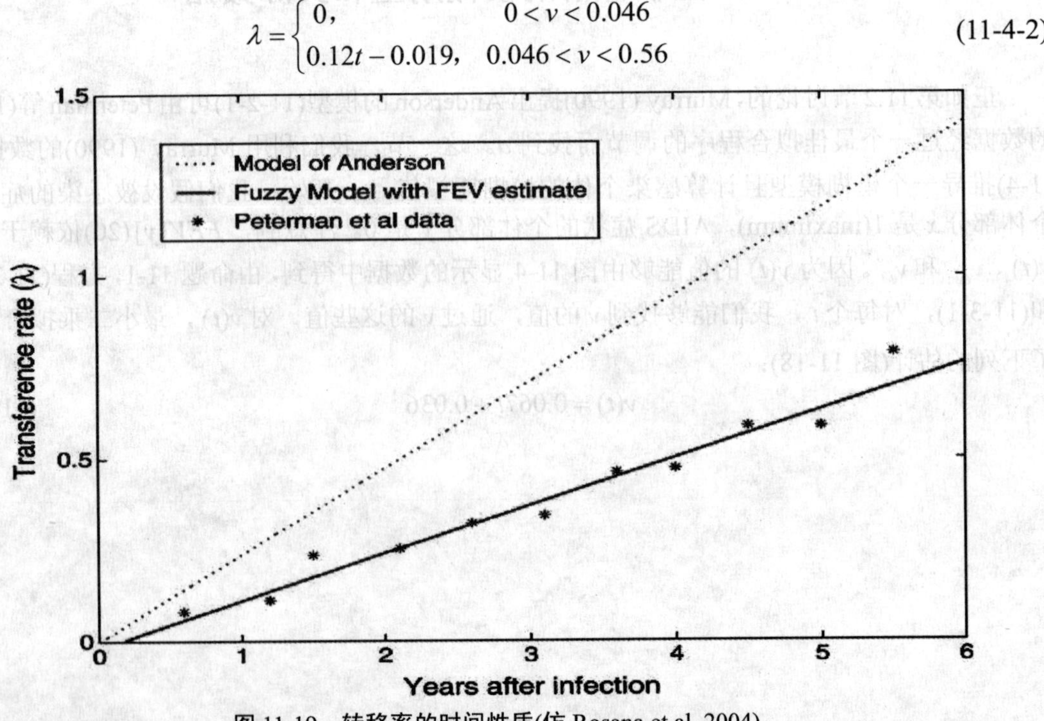

图 11-19　转移率的时间性质(仿 Rosana et al, 2004)

由图 11-19 我们注意到，这部分建议的模糊模型发展的转移率的估计，拟合实际数据比由经典模型提供的估计更精确。

给出 λ 的估计值(图 11-19)，对每个 $t>0$，由(11-3-13)式我们容易计算 $FEV[y]$。图 11-20 说明了(11-3-11)式中 $FEV[y]$ 的上确界、下确界，$FEV[y]$ 的估计值，连同由 Anderson 模型给出的值和由 Murray(1990)报道的数据的图。显然，$FEV[y]$ 确实提供了一个比 Anderson 模型更接近实际数据的解。更有甚者，模糊模型使用来自医学专家的信息和生物原理去确定转移率的估计值。

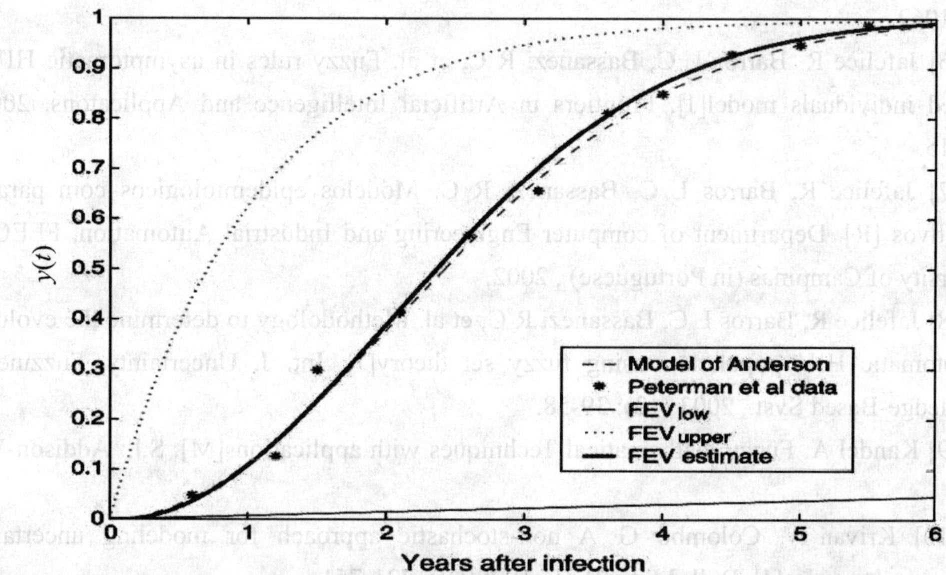

图 11-20　Anderson 模型，和 Peterman 等的数据的 $FEV[y]$ 的边界——症状种群的模糊期望值

(仿 Rosana et al, 2004)

本章提出阳性 HIV 种群的进化和 AIDS 显示的一个模型，集中在 HIV 到 AIDS 的转移率的本性上。经典模型(11-2-1)和模糊模型(11-3-1)之间的差异是模糊模型利用参数的不确定性，而经典模型不是。在某种意义上，经典模型是模糊模型的特殊形式。另外，我们看到 Anderson 模型是由最佳拟合数据得到的，而模糊模型是由生物原理构建的。当 $v=v(t)$，(11-3-1)式的转移率符合文献中报道的实际数据时，是非常有意义的，可对医学上控制 AIDS 进化给出更好的估计。

参考文献

[1] Rosana M J. Fuzzy modeling in symptomatic HIV virus infected population[J]. Bull. Math. Biol., 2004(66): 1597-1628.

[2] Barros L, Bassanezi R C, Leite M B. The epidemical models SI with fuzzy parameter of transmission[J]. Comput. Math. Appl., 2003(45):1619-1628.

[3] Brazilian Ministry of Health[R]. http://www.aids.gov.br. , 2004.

[4] Caetano M, Yoneyama T. A comparative evaluation of open loop and closed loop drug and administration strategies in the treatment of AIDS[J]. Acad. Brasil. Cien., 1999 (71): 589-597.

[5] Coutinho F, Lopez L F, Burattini M N, et al. Modelling thr natural history of HIV infection in individuals and its epidemiological implications[J]. Bull. Math. Biol., (2001)63: 1041-1062.

[6] Jafelice R, Barros L C, Bassanezi R C, et al. Fuzzy rules in asymptomatic HIV virus infected individuals model[J]. Frontiers in Artificial Intelligence and Applicatons, 2002(85): 208-215.

[7] Jafelice R, Barros L C, Bassanezi R C. Modelos epidemiologicos com parametros subjectivos [R]. Department of computer Engineering and Industrial Automation, FEEC, State University of Campinas (in Portuguese) , 2002.

[8] Jafelice R, Barros L C, Bassanezi R C, et al. Methodology to determine the evolution of asymptomatic HIV population using fuzzy set theory[J]. Int. J. Uncertainty, Fuzziness and Knowledge-Based Syst., 2003 (13): 39-58.

[9] Kandel A. Fuzzy mathematical Techniques with applications[M]. S.l.: Addison-Wesley, 1986.

[10] Krivan V, Colombo G. A non-stochastic approach for modeling uncertainty in population dynamics[J]. Bull. Math. Biol., 1998(60): 721-751.

[11] Murray J. Mathematical Biology [M]. Berlin: Springer, 1990.

[12] Nguyen H, Walker E A. A First Course in Fuzzy Logic[R]. Chapman and Hall/CRC, 2000.

[13] Nowak M. The mathematical biology of human infections[J]. Conserv. Ecol., 1999 (3): 12.

[14] Nowak M, Bangham C R M. Population dynamics of immune response to persistence viruses[J]. Science 1996 (272): 74-79.

[15] Ortega N, Barros L C, Massa E. Fuzzy gradual rules in epidemiology[J]. Kybernetes: Int. J. Syst. Cybernetics, 2003(32): 460-477.

[16] Pedrycz W, Gomide F. An introduction to fuzzy sets: Analysis and design[M]. S.l.: Massachusetts Institute of Technology, 1998.

[17] Perelson A, Nelson P W. Mathematical analysis of HIV-1 dynamics in vivo[J]. SIAM Rev., 1999(41): 3-44.

[18] Peterman T, Drotman D P, Curran J W. Epidemiology of acquired immunodeficiency syndrome AIDS[J]. Epidemiol. Rev., 1985(7): 7-21.

[19] Ralescu D, Ogura Y, Li S. Set defuzzyfication echoquet integral[J]. Int. J. Uncertain, Fuzziness Knowl-Based Syst., 2001(9): 1-12.

[20] Saag M. Diagnostico laboratorial da AIDS presente e uture, in Tratamento Clinico da AIDS[M]. 3rd ed. Revinter: Sande M and Volberding P A (Eds), 1995: 27-43.

[21] Sugeno M. Theory of fuzzy integrals and its applications[D]. Tokyo: Tokyo Institute of Technology, 1974.

[22] Zadeh L. Fuzzy sets[J]. Inf. Control, 1965(8): 338-353.

第 12 章　生物种群模型及其建模的生态机制

12.1　动力系统研究方法

12.1.1　动力系统

自然界的各种生物个体、种群及其非生物因子相互联系、相互作用是非常普遍的现象。生物界中的特定子系统都是通过其内外部要素相互作用以及系统对这些相互作用的响应和反馈来体现的，要准确刻画客观世界中的系统，揭示系统的演化机理，最关键的就是对相互作用进行描述，建立与之匹配的动力系统。动力系统是对客观世界中相互作用进行描述的数学形式，即微分系统形式的数学模型、方程。从数学与物理角度出发，动力系统分为线性和非线性两类。线性动力系统对客观动力系统的近似描写，往往适用于描写系统局部和短时的行为，其特点是数学上简单和物理上一目了然。非线性动力系统对客观动力系统的描写是较客观的和全局性的，不仅可以描写整个空间域，还可以描写整个全时间域的动态行为，但是这会带来数学上求解困难，物理上失去直观性，从而理解困难[1-3]。

现假设有一个单位质量的质点受到力 f 的作用而运动，则根据牛顿运动定律，质点的运动规律表示为 $f = a = \mathrm{d}v/\mathrm{d}t$。这样质点运动的速度、加速度等量就与导数相联系了。若用 x 来表示质点运动的位移状态，则可以用如下的微分方程组

$$\begin{cases} v' = f(x,\ v) \\ x' = v \end{cases} \tag{12-1-1}$$

来描述质点的运动，显而易见 (x,v) 代表着质点系统的位置和速度。由于 x 和 v 刻画了该质点系统在任一时刻的状态，因此称为“相”。由状态变量 $x — v$ 所支撑的空间就叫作相空间，因为它是 2 维的，故此相空间 $x — v$ 叫作相平面。 一般的，我们称由两个状态变量支撑起来的抽象平面叫作相平面。

采用完全相同的思想，我们可以理解下面更为一般形式的二维自治动力系统

$$\begin{cases} x' = f(x,\ y) \\ y' = g(x,\ y) \end{cases} \tag{12-1-2}$$

所谓自治动力系统，就是方程右边函数 $f(x,y)$和$g(x,y)$ 都不含自变量 t。反之如果方程右边的函数是 $f(x,y,t)$和$g(x,y,t)$，则对应非自治动力系统。在 $x — y$ 相平面里，向量场

$$v(x,y) = f(x,y)\vec{i} + g(x,y)\vec{j}$$

直观地描写了系统(12-1-1)的演化行为。该向量场在相平面上表现为一族带箭头方向的曲线，即相轨道，或称相速度流[$v(x,y)$]。每一条相轨道都由无穷多的相点所组成。由于运动是有方向的，所以相点不仅代表系统某时刻的相位置，还表示相流的方向(相轨道的切线方向)。

显然在相平面上，系统的状态由其位置和运动方向唯一地确定了，因此相空间里的相点与系统的状态是一一对应的，一个相点对应于一个状态;反过来，一个状态可以唯一地用一个相点来表示。

12.1.2　动力系统的相平面图解法

(1)动力系统的相空间

所谓相空间，指的是用状态变量 $\{x_i\}, i=1,2,...,n$ 支撑起来的抽象物理空间。它是一个比 3 维位置空间 $\bar{r}$ 与 4 维时间一空间 t—$\bar{r}$ 更为一般的虚构几何对象。相空间的维数可以是有限维的(研究对象的状态变量数是有限的)或无穷维的，其坐标可以代表一个状态变量，也可以是状态变量的某个分量。构成相空间的状态变量可以是位置、速度、温度，也可以是生殖率、虫口密度等。引入相空间的目的就是能直观地描写各状态变量的运动和系统的拓扑结构。

由任意两个状态变量支撑起来的抽象的物理空间(抽象平面)叫作相平面。为了理解方便，我们通过简单例子来说明考虑问题的基本思想和主要手段。

例 12-1　考虑方程组 $\begin{cases} x' = x, \\ y' = y \end{cases}$

易知此方程有通解: $x = c_1 e^t, y = c_2 e^t$，其中 c_1、c_2 为积分常数。容易看出解有以下性质:
若 $x_0 > 0$，则随着 t 增大 $t \to \infty$，有 $x(t)$ 单调减少 $x(t) \to \infty$；若 $x_0 < 0$，则随着 t 增大 $t \to \infty$，有 $x(t)$ 单调增大 $x(t) \to -\infty$。同样的，若 $y_0 > 0$，则随着 t 增大 $t \to \infty$，有 $y(t)$ 单调减少 $y(t) \to \infty$；若 $y_0 < 0$，则随着 t 增大 $t \to \infty$，有 $y(t)$ 单调增大 $y(t) \to -\infty$。

因而方程有解曲线图，如图 12-1 所示(图 12-1 中箭头表示 t 增加的方向)。

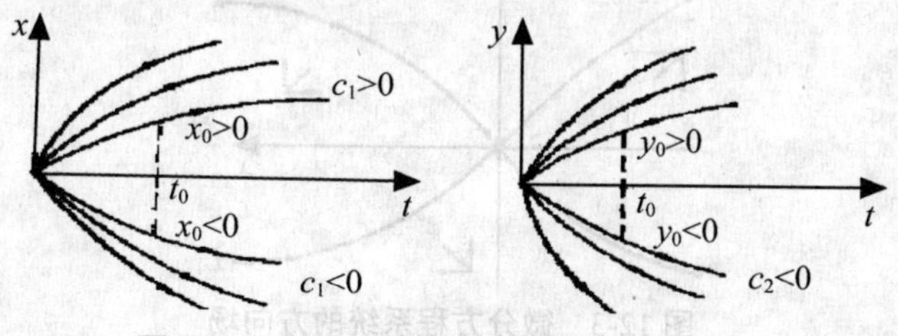

图 12-1　微分方程系统的积分曲线(a) (b)

例 12-2　考虑方程组 $\begin{cases} \dot{x} = -y, \\ \dot{y} = x \end{cases}$

其等价方程形式为 $\mathrm{d}y / \mathrm{d}x = -x / y$，此系统具有通积分 $x^2 + y^2 = C$。系统的积分曲线如图 12-2 (a)所示，而图 12-2(b)则为方程组 $\begin{cases} \dot{x} = y, \\ \dot{y} = -x \end{cases}$ 的积分曲线。

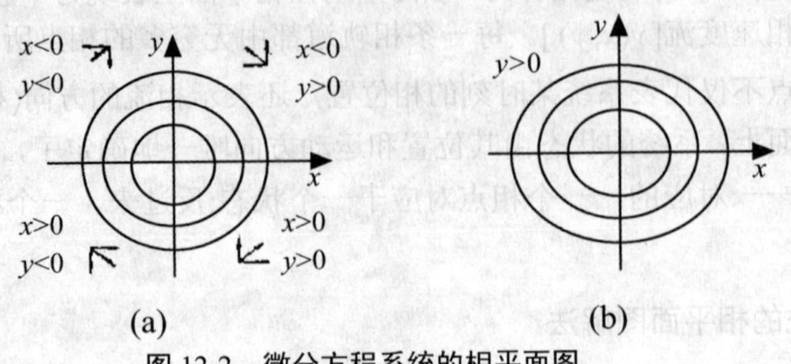

图 12-2　微分方程系统的相平面图

例 12-3　考虑以下一般的二维方程组

$$\begin{cases} \dot{x} = f_1(x,y), \\ \dot{y} = f_2(x,y) \end{cases} \tag{12-1-3}$$

我们假设这里的 $f_1(x,y)$和 $f_2(x,y)$ 满足解存在唯一性定理的要求，并记 $f_1(x,y)=0$ 在相平面上的图形为曲线 L_1，而 $f_2(x,y)=0$ 在相平面上的图形为曲线 L_2，如果其位置如图 12-3 所示，L_1 和 L_2 把 (x,y) 相平面划分为四个区域：

$$\text{I: } \dot{x}<0,\ \dot{y}>0；\quad \text{II: } \dot{x}>0,\ \dot{y}<0；$$

$$\text{III: } \dot{x}<0,\ \dot{y}<0；\quad \text{IV: } \dot{x}>0,\ \dot{y}>0。$$

这里我们是假定在 L_1 之上有 $f_1(x,y)<0$，而在 L_1 之下有 $f_1(x,y)>0$；在 L_2 之上有 $f_2(x,y)<0$，而在 L_2 之下有 $f_2(x,y)>0$，这样由 $f_1(x,y)$和 $f_2(x,y)$ 的符号我们就可以确定在这个区域内的方向场，从而知道在这个区域中积分曲线的走向，而不必去求解微分方程，其方向场如图 12-3 所示。

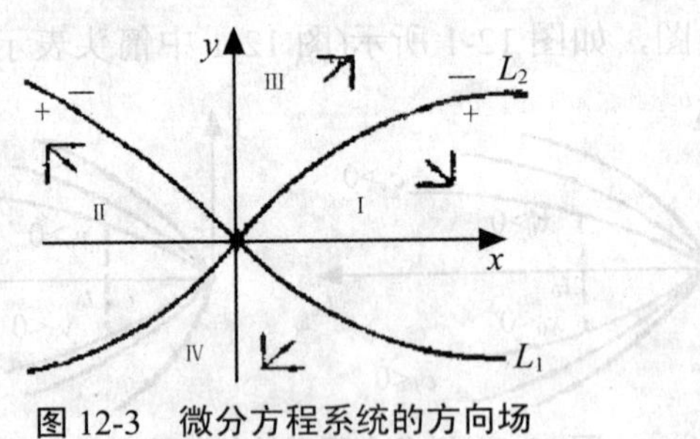

图 12-3　微分方程系统的方向场

为了分析问题方便，还要经常用到等倾线的概念。对于二维方程组(12-1-3)，我们称 $\dfrac{f_2(x,y)}{f_1(x,y)}=\text{Const}$ 在相平面上所代表的曲线为等倾线，将曲线 L_2：$f_2(x,y)=0$ 称为零等倾线(或水平等倾线)，而将曲线 L_1：$f_1(x,y)=0$ 称为无穷等倾线(或垂直等倾线)。如果在各区域 I—IV 中 $f_1(x,y)$和$f_2(x,y)$ 的符号如例 12-3 中所设，则在零等倾线或水平等倾线上积分曲线的走向如图 12-4 所示。

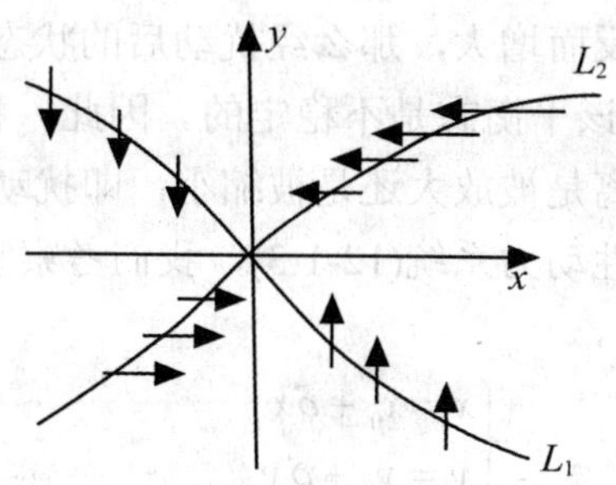

图 12-4　微分方程系统等倾线上的积分曲线走向

(2)动力系统的平衡态(定态)

所谓动力系统的平衡态，指的是在一定参数下不随时间变化的态，也就是在相空间里静止不动的点，即满足以下条件的点：

$$\begin{cases} x' = f(x, y) = 0 \\ y' = g(x, y) = 0 \end{cases} \tag{12-1-4}$$

平衡态的物理意义是指在相空间使状态变量广义相速度为零的点。因为广义速度为零，系统是静止不动的，所以平衡态也称为定态，理解为 $t \to \infty$ 时，系统最终到达的状态。

在动力系统定性研究中，平衡态是一个非常重要的概念。从某种意义上说，知道了系统的平衡态的个数和平衡态的各自特性，我们就基本知道了系统的演化特性和物理场的空间分布(拓扑结构)。由于(12-1-4)式是一个代数方程组，因此求平衡态的过程就是将一个复杂甚至无法求解、析解的微分方程组转化为简单、可解的代数方程组。这是分析问题的一个质的飞跃。

在数学上，又把满足条件(12-1-4)式的解所处状态叫作奇点。从字面含义理解，“奇”就是“奇怪和不真实”。因为(12-1-4)式左边为一组导数等于零的方程，导数等于零就意味着没有确定的切线方向。所以从数学角度来看，所有满足(12-1-4)式的解点(平衡态)可以有任意的切线方向。换句话说，在任意一个平衡态上可以存在无穷多的轨线，这显然违背了状态与相点唯一对应的唯一性定理，所以平衡态是不真实的态，是“奇怪”的。

12.1.3　动力系统的一次近似理论

1.基本思想及其直观含义[1-5]

一次近似理论又称系统平衡态的局部稳定性分析。所谓系统平衡态的稳定性，是指系统不随参数或物理量的微小涨落而远离该态。现假设某系统的初始状态为其平衡态 (x_0, y_0)，给系统施加一个扰动 $(\delta x, \delta y)$，这里 $(\delta x, \delta y) \ll (x_0, y_0)$。关于平衡态 (x_0, y_0)，很多情况下我们所关注的是系统在某个扰动下是仍然会恢复到初始状态，还是要远离该平衡态。

所谓平衡态的稳定性分析，直观地理解就是研究系统的扰动变量 $(\delta x, \delta y)$ 是随时间推移放大，还是随时间推移衰减。如果经过充分长的时间后，扰动变量 $(\delta x, \delta y) \to 0$，即系统将回到原来的平衡态，$(x, y) \to (x_0, y_0)$，则称该平衡态是稳定的；相反，如果扰动变量 $(\delta x, \delta y)$

不随时间的增大而衰减于零，反而增大，那么经扰动后的状态 (x,y) 将随时间的增加而远离初始状态 (x_0,y_0)，此时我们称该平衡态是不稳定的。因此，稳定性的研究实质就是考察系统状态经扰动而引起的微小偏离是被放大还是被缩小，即扰动 $(\delta x,\delta y)$ 是否趋于零。

对于上述给定的二维非线性动力系统(12-1-3)，我们考察它的一个平衡态 (x_0,y_0)。由于系统经扰动后的状态为

$$\begin{cases} x = x_0 + \delta x \\ y = y_0 + \delta y \end{cases} \tag{12-1-5}$$

将式(12-1-5)代入式(12-1-2)并按照泰勒公式展开，由于扰动量 $(\delta x,\delta y)$ 相对于 (x_0,y_0) 为微小量，故只取泰勒展开式的一阶及以下各项，并分出 δx、δy 方程的一次近似系统，从而有

$$\begin{cases} \dfrac{\mathrm{d}(\delta x)}{\mathrm{d}t} = (\dfrac{\partial f}{\partial x})\big|_{(x_0,y_0)}\,\delta x + (\dfrac{\partial f}{\partial y})\big|_{(x_0,y_0)}\,\delta y \\ \dfrac{\mathrm{d}(\delta y)}{\mathrm{d}t} = (\dfrac{\partial g}{\partial x})\big|_{(x_0,y_0)}\,\delta x + (\dfrac{\partial g}{\partial y})\big|_{(x_0,y_0)}\,\delta y \end{cases} \tag{12-1-6}$$

我们记

$$a_{11} = (\frac{\partial f}{\partial x})\big|_{(x_0,y_0)},\ a_{12} = (\frac{\partial f}{\partial y})\big|_{(x_0,y_0)},\ a_{21} = (\frac{\partial g}{\partial x})\big|_{(x_0,y_0)},\ a_{22} = (\frac{\partial g}{\partial y})\big|_{(x_0,y_0)}。$$

则上述一次近似系统可以简写为

$$\begin{cases} \dfrac{\mathrm{d}(\delta x)}{dt} = a_{11}\delta x + a_{12}\delta y \\ \dfrac{\mathrm{d}(\delta y)}{\mathrm{d}t} = a_{21}\delta x + a_{22}\delta y \end{cases} \quad 即 \quad \begin{pmatrix} (\delta x)' \\ (\delta y)' \end{pmatrix} = A\begin{pmatrix} \delta x \\ \delta y \end{pmatrix} \tag{12-1-7}$$

其中系数矩阵 $A = \begin{pmatrix} a_{11} & a_{12} \\ a_{21} & a_{22} \end{pmatrix}$ 称为雅可比矩阵。

显然非线性微分方程组(12-1-2)在 (x_0,y_0) 位置的扰动方程(12-1-7)是线性微分方程组，这是由于我们在进行泰勒展开时只取到一阶所致，而这样做的前提是要求扰动量 $(\delta x,\delta y)$ 为 (x_0,y_0) 的高阶无穷小量，因此扰动方程(12-1-7)仅仅刻画了系统(12-1-2)在位置 (x_0,y_0) 附近的局部空间和长时间演化行为，故又称局部稳定性分析。

说明：(12-1-6)式的下角标 (x_0,y_0) 代表系统的任意一个平衡态。一个系统如果有多个平衡态，则每一个平衡态都有一个与之对应的雅可比矩阵和线性扰动方程，比如有 n 个平衡态就有 n 个扰动方程组和 n 个雅可比矩阵。

2.二维动力系统平衡态的分类[6-7]

首先注意到，对于一维线性微分方程

$$\frac{\mathrm{d}x}{\mathrm{d}t} = ax \tag{12-1-8}$$

而言，方程(12-1-8)的解为指数函数的形式，$x = x_0\mathrm{e}^{at}$。由此我们推断二维线性微分方程组也存在类似的结果，即

$$\begin{pmatrix}(\delta x)' \\ (\delta y)'\end{pmatrix} = A\begin{pmatrix}\delta x \\ \delta y\end{pmatrix} \text{ 隐含着 } \begin{cases}\delta x \sim \mathrm{e}^{\lambda t} \\ \delta y \sim \mathrm{e}^{\lambda t}\end{cases} \tag{12-1-9}$$

也就是说，线性扰动方程解的形式是指数型的。

由于 $\lambda > 0$，扰动 $(\delta x, \delta y)$ 随时间增大，$\lambda < 0$，扰动 $(\delta x, \delta y)$ 随时间减少，所以 λ 的正负决定了系统平衡态 (x_0, y_0) 的稳定与不稳定。而 λ 的实部和虚部则决定系统平衡态的物理性质和空间的拓扑结构，如系统的平衡态是结点、焦点还是鞍点等。

将扰动方程的解(12-1-9)代入扰动方程组(12-1-7)，并利用事实 $\mathrm{d}(\mathrm{e}^{\lambda t})/\mathrm{d}t = \lambda \mathrm{e}^{\lambda t}$ 可得

$$\begin{pmatrix}\omega(\delta x) \\ \omega(\delta y)\end{pmatrix} = A\begin{pmatrix}\delta x \\ \delta y\end{pmatrix},$$

即 $(A - \lambda I)\begin{pmatrix}\delta x \\ \delta y\end{pmatrix} = 0$。

这里 I 为二阶单位矩阵。所以，要使扰动量为非零解的充分条件是 $\det(A - \omega I) = 0$，　即

$$\begin{vmatrix}a_{11} - \lambda & a_{12} \\ a_{21} & a_{22} - \lambda\end{vmatrix} = 0 \tag{12-1-10}$$

我们把式(12-1-10)叫作系统平衡态 (x_0, y_0) 的特征方程，而 λ 则为特征方程的特征根。平衡态的稳定性分析的关键就是对 λ 取值的讨论。

由式(12-1-10)可得

$$\lambda^2 - (a_{11} + a_{22})\lambda + (a_{11}a_{22} - a_{12}a_{21}) = 0 \tag{12-1-11}$$

令 $T = (a_{11} + a_{22}),\ \Delta = (a_{11}a_{22} - a_{12}a_{21})$，则式(12-1-11)的零点即特征方程的特征值，为

$$\lambda_{1,2} = \frac{1}{2}[-T \pm \sqrt{T^2 - 4\Delta}]。$$

定理 12-1　记 $\mathrm{Re}\lambda$、$\mathrm{Im}\lambda$ 分别为特征值 λ 的实部与虚部，则有以下关于稳定性的条件判据：

(1)如果 $\mathrm{Re}\lambda_1 < 0$ 且 $\mathrm{Re}\lambda_2 < 0$，则扰动得到衰减，平衡态是稳定的；

(2)如果 $\mathrm{Re}\lambda_1 > 0$ 或 $\mathrm{Re}\lambda_2 > 0$，则扰动得到放大，平衡态是不稳定的；

(3)如果 $\mathrm{Re}\lambda_i = 0$，而 $\mathrm{Re}\lambda_j < 0\ (j \neq i)$，则平衡态是临界稳定的。

证明：(1) $\Delta > 0, T^2 - 4\Delta > 0$

此时方程(12-1-11)的两个根 λ_1 和 λ_2 为同号、不等的实根，这意味着系统(12-1-7)将不出现震荡(即非周期的曲线或直线)地趋近或远离足态，该平衡点叫作结点。如果 $T > 0$，两个实根都大于零，扰动将随时间增加而放大，解远离平衡点，奇点为不稳定的结点，如图 12-1-5(a)所示。如果 $T < 0$，两个实根都小于零，扰动将随时间增加而减小，最终趋于零，解趋于平衡点，奇点为稳定的结点，如图 12-1-5(b)所示。

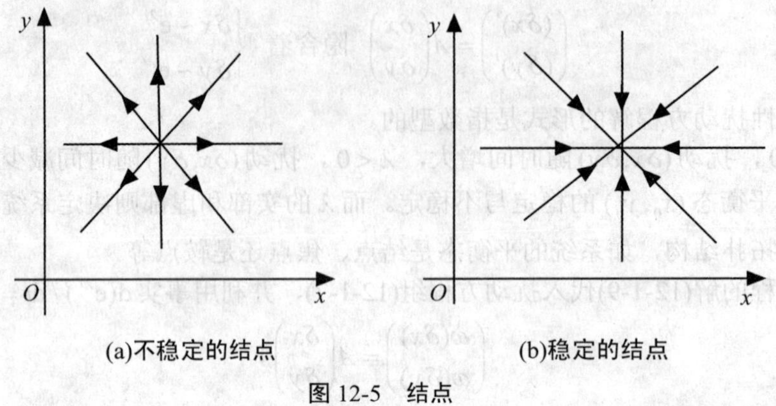

(a)不稳定的结点　　(b)稳定的结点

图 12-5　结点

(2) $\Delta < 0$

此时方程(12-1-11)特征值 λ_1 和 λ_2 是一正一负的异号实根(平衡点不稳定)，即系统(12-1-7)的解轨线有两支，一是趋于平衡点，一是远离平衡点。此时系统相平面被划分为 4 个区域，系统的演化轨线整体呈现为马鞍形，其附近轨线具有这种特征的平衡态称为鞍点，鞍点永远是不稳定的。如图 12-6 所示。

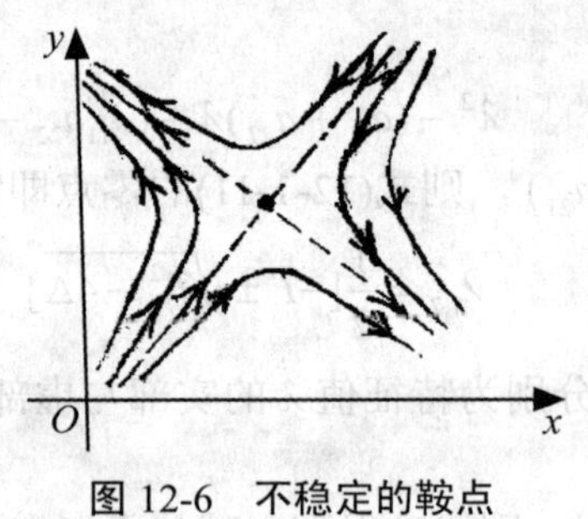

图 12-6　不稳定的鞍点

(3) $T \neq 0, T^2 - 4\Delta < 0$

此时方程(12-1-11)特征值是两个不等的复数根 $\lambda_i = \mathrm{Re}\,\lambda_i \pm i\,\mathrm{Im}\,\lambda_i$，而且这两个复数根的实部都不为零。此时解的行为是震荡形的，即做不等振幅的周期运动。我们把该平衡点称为焦点。如果 $T > 0$，即实部大于零，则扰动随时间增加而放大，解振荡远离平衡点(振幅不断增加)，奇点为不稳定的焦点。如图 12-1-7(a)所示。如果 $T < 0$，即实部小于零，扰动随时间增加而减小，解振荡趋近平衡点(振幅不断衰减)，奇点为稳定的焦点，如图 12-1-7 (b)所示。

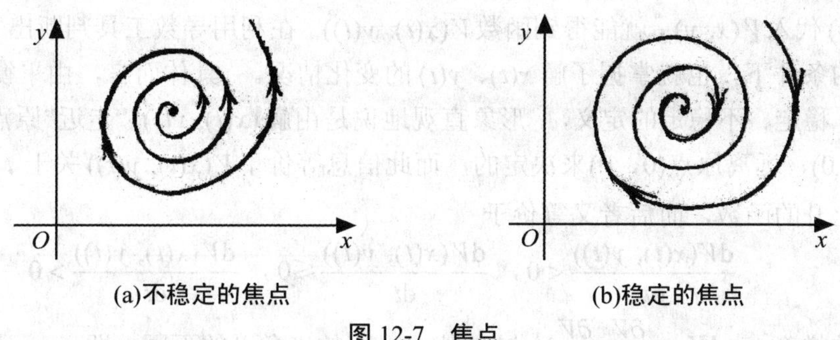

(a)不稳定的焦点　　(b)稳定的焦点

图 12-7　焦点

(4) $T=0,\ \Delta>0$

此时方程(12-1-11)特征值为纯虚数($\operatorname{Re}\lambda_i=0$)，解为周期振荡，奇点为中心点，中心点是临界稳定的，如图 12-1-8 所示。

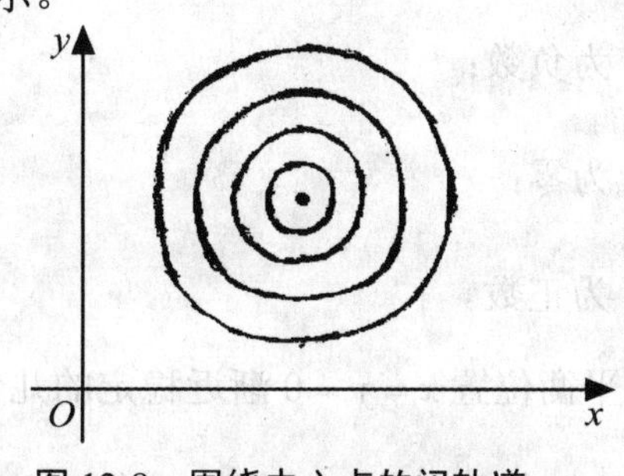

图 12-8　围绕中心点的闭轨道

12.1.4　动力系统的全局稳定性分析—Lyapunov 理论[5-10]

前面我们已经指出，动力系统的一次近似形式扰动方程仅仅刻画了原非线性系统在点(x_0,y_0)附近空间局部和长时间演化行为，要求扰动量$(\delta x,\delta y)$为(x_0,y_0)的高阶无穷小量。因此扰动$(\delta x,\delta y)$不能太大，否则动力系统的一次近似理论将失效。但是在很多情形下，往往要求我们分析扰动$(\delta x,\delta y)$变化较大所引起的后果，把握动力系统在大范围内的动态行为。为此就要用到动力系统的 Lyapunov 理论。

众所周知，对于一般的二维自治系统

$$\begin{cases}x'=f(x,y)\\ y'=g(x,y)\end{cases}\tag{12-1-12}$$

其中，$f(0,0)=0$，$g(0,0)=0$，即$x=y=0$为系统(12-1-12)的一个平衡点。

在很多情形中，实际问题往往要求我们研究系统(12-1-12)在包含$x=y=0$在内的足够大区域范围的稳定性情况，如果通过先求出解$x(t)=x(t,\ t_0,\ x_0,\ y_0)$，$y(t)=y(t,\ t_0,\ x_0,\ y_0)$的具体形式，然后再讨论它在平衡位置$x=y=0$的演化行为，这在绝大多数情况下是一件不可能的事情。

但是假如人们能找到一个正定的、可微的且单调的 Lyapunov 函数$V(x,\ y)$，使得$V(x,\ y)$的变化趋势与规律能够反映自变量x、y的变化趋势与规律。这样一旦我们把方程(12-1-10)

的解 $x(t)$、$y(t)$ 代入 $V(x, y)$，就能得到函数 $V(x(t), y(t))$，在利用导数工具判断出 $V(x(t), y(t))$ 的变化趋势的条件下，也就掌握了解 $x(t)$、$y(t)$ 的变化情况。 具体而言，由平衡位置(0，0)的渐近稳定、稳定、不稳定的定义， 形象直观地说是由解 $(x(t), y(t))$"走近"原点(0，0)、不远离原点(0，0)、远离原点(0，0)来决定的，而此信息等价于 $V(x(t), y(t))$ 关于 t 是下降的、不增的还是上升的函数，而后者又等价于

$$\frac{\mathrm{d}V(x(t), y(t))}{\mathrm{d}t}<0,\quad \frac{\mathrm{d}V(x(t), y(t))}{\mathrm{d}t}\leqslant 0,\quad \frac{\mathrm{d}V(x(t), y(t))}{\mathrm{d}t}>0 \tag{12-1-13}$$

于是按照 V 的梯度 $\mathrm{grad}V=(\frac{\partial V}{\partial x},\frac{\partial V}{\partial y})^T$ 与向量 $(f,g)^T$ 的夹角 θ 的不同，即

$$\frac{\mathrm{d}V(x(t), y(t))}{\mathrm{d}t}=\frac{\partial V}{\partial x}\frac{\mathrm{d}x}{\mathrm{d}t}+\frac{\partial V}{\partial y}\frac{\mathrm{d}y}{\mathrm{d}t}=\mathrm{grad}V\cdot(f,g)^T \tag{12-1-14}$$

的不同取值结果会分别出现以下结果：

当 $\theta>\frac{\pi}{2}$ 时，$\frac{\mathrm{d}V}{\mathrm{d}t}<0$，为负数；

当 $\theta=\frac{\pi}{2}$ 时，$\frac{\mathrm{d}V}{\mathrm{d}t}=0$，为零；

当 $\theta<\frac{\pi}{2}$ 时，$\frac{\mathrm{d}V}{\mathrm{d}t}>0$，为正数。

如图 12-9 反映了(12-1-12)的平衡位置 $x=y=0$ 渐近稳定的几何意义。

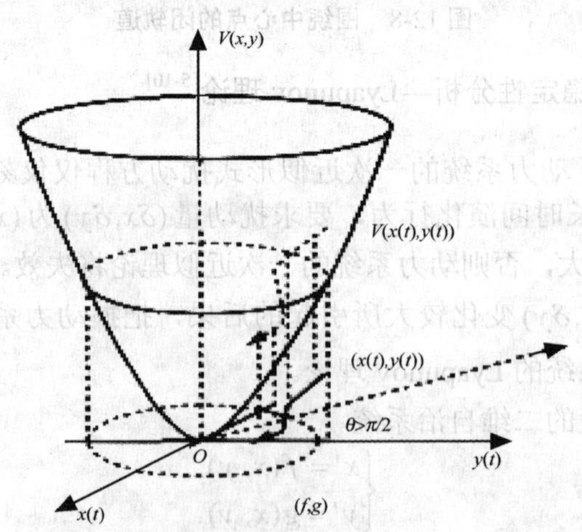

图 12-9　系统(12-1-12)平衡位置 $x=y=0$ 渐近稳定的几何意义

注意到最后得到的表达式(12-1-14)已不再依赖系统(12-1-11)的解的解析表达式，而仅依赖于 V 的梯度与向量 $(f,g)^T$ 的夹角，即平衡态的稳定性不需要求解方程就可以判断出最终结果。利用 Lyapunov 函数法判断平衡态的稳定性并不需要求解复杂甚至无法求解的微分方程，而只需要计算(12-1-14)，并校验所得结果，这在数理分析史上也可以说是一个巨大的质的飞跃。同时，由于这一转化过程也甩掉了扰动量 $(\delta x,\delta y)$ 为一个高阶无穷小量这个限制性

条件，利用这种方法，我们仍然能够分析当扰动 $(\delta x, \delta y)$ 变化较大时，动力系统在远离平衡态范围内的动态行为。

Lyapunov 函数是由 Lyapunov 受能量函数的启发和 Poincare 的地形系思想的影响，但又不拘泥于能量函数，通过把它抽象化推广而引进的。依赖这个 Lyapunov 函数的梯度和微分方程右端所定义的向量之间的内积的符号，来得到稳定与否的判断的前所未有的方法。它最大的优越性就是不依赖微分方程解的本身，逾越了求解微分方程这个极难逾越的鸿沟[5-6]。因为哪怕是一个最简单的微分方程，都无法求出解的解析表达式。如果根据解的解析表达式的形式来判定稳定与否，必然是相当狭窄的，适用范围绝对不可能很广。下面通过具体实例来看 Lyapunov 直接法的几何思想。

例 12-4　考察二维微分系统 $\{x' = -x,\ y' = -y$，则我们前面已经求出该系统的通积分，并且画出它的积分曲线的相图，显然 $O(0,0)$ 是全局稳定的。

现在利用 Lyapunov 函数方法来判定 O 的稳定性是怎么回事。对于系统

$$\{x' = -x,\ y' = -y$$

我们定义 Lyapunov 函数

$$V(x, y) = x^2 + y^2,$$

并把此系统的解 $x(t)$、$y(t)$ 代入 $V(x, y)$ 并求导数得

$$\frac{\mathrm{d}V}{\mathrm{d}t} = \frac{\partial V}{\partial x} x' + \frac{\partial V}{\partial y} y' = -2(x^2 + y^2) < 0,$$

因此该系统的平衡点 $O(0,0)$ 是全局稳定的。

这个 Lyapunov 函数的几何意义：显然 $V(x, y) = x^2 + y^2 = c$ 是一簇以原点为中心的圆，其性质：当 c 增大时逐渐扩大；当 c 减少时逐渐收缩，而 $\mathrm{d}V / \mathrm{d}t < 0$ 则表示沿着方程的任意一条轨线当 t 增加时，V 的值单调减少，显然最终 $V \to 0$。这说明方程的轨线当 $t \to \infty$ 时趋于原点，即 $x(t) \to 0, y(t) \to 0$。

例 12-5　我们考虑方程 $\{x' = y + \varepsilon(x^3 - x),\ y' = -x\ (\varepsilon > 0)$，

显然 $O(0,0)$ 是该系统的平衡点。定义 Lyapunov 函数

$$V(x,y) = \frac{1}{2}(x^2 + y^2),$$

并把此系统的解 $x(t)$、$y(t)$ 代入 $V(x, y)$ 并求导数得

$$\frac{\mathrm{d}V}{\mathrm{d}t} = \frac{\partial V}{\partial x} x' + \frac{\partial V}{\partial y} y' = \varepsilon x^2 (\frac{1}{3} x^2 - 1) < 0,\ |x| < \sqrt{3}.$$

因此该系统的平衡点 $O(0,0)$ 在 $G = \{(x, y) : |x| < \sqrt{3}\}$ 范围内是渐近稳定的。也就是说，方程从区域 G 内每一点出发的轨线当 $t \to \infty$ 时趋于原点，即 $x(t) \to 0, y(t) \to 0$。显而易见，这一结论并不是对 $x - y$ 相平面上所有初始点都是有效的。

Lyapunov 函数法判断稳定性的核心技巧是构造 Lyapunov 函数，虽然人们针对不同实际问题已经运用诸如能量函数法、类比法、梯度法、变梯度法、微分矩方法等多种方法，但是具体构造出满足需要的 Lyapunov 函数，并无一般规律可循，纯粹是研究工作者本人的经验

和技巧。这些方法都是试探性的，没有构造性的必然成功程序可言。就如何构造 Lyapunov 函数，文献[3]做了简略的概述，下面简要介绍其中 3 种试探性凑合的思想方法。

(1)凑合 V 函数法：先试探构造出正定的函数 V (或变号 V)，然后沿系统的解对 V 求导数 $\mathrm{d}V/\mathrm{d}t$，看条件能否保证 $\mathrm{d}V/\mathrm{d}t$ 负定、半负定。如能，便可断定系统的平衡位置是渐近稳定(不稳定)、稳定的，否则任何结论也不能得到，只得再找其他的 Lyapunov 函数 V。目前，大部分 V 函数的构造，都是用这种试探凑合法。

(2)倒推 V 函数法：先设计 $\mathrm{d}V/\mathrm{d}t$ 负定(或半定)，然后积分求出 V，来看 V 是否正定。若正定，便能断定系统平衡位置渐近稳定(稳定)；否则，也只好重新再找其他合适的 V 函数。

(3)微分矩方法：同时构造 V 和 $\mathrm{d}V/\mathrm{d}t$，看能否满足所需条件，即微分矩方法。这种方法实际问题中应用较少。需要补充的一点是 Lyapunov 泛函 V 的构造方法也一样，但更复杂。

下面就几个具体的动力系统来说明构造 Lyapunov 函数 V 的过程。

(1)考虑如下形式的非线性系统

$$\frac{\mathrm{d}x}{\mathrm{d}t}=Ax+f(x)\text{。} \tag{12-1-15}$$

其中，$f(0)=0,\quad f(x)/\|x\|\to 0$，当 $x\to 0$，即对线性系统 $\mathrm{d}x/\mathrm{d}t=Ax$ 在原点(0，0)进行持续的扰动。如果不知道 A 是否稳定，可尝试构造 $V=x^TBx$，这里为 B 正定矩阵。

沿式(12-1-15)的解计算导数得

$$\frac{\mathrm{d}V}{\mathrm{d}t}=x^TBx+x^TBx=x^T(BAx+A^TB)x+x^TBf(x)+f^T(x)Bx\text{，}$$

若 $BA+A^TB$ 负定，立即可断定系统(12-1-15)的平衡位置 $x=0$ 渐近稳定。另外，也可以根据矩阵 $BA+A^TB$ 的最大特征值 $\lambda\max\left(BA+A^TB\right)$ 来估计 $x=0$ 的吸引域，这是根据方法(1)所述的思想；如果已知 A 为 Hurwitz 矩阵，只是希望知道非线性系统在多大的区域内仍然渐近稳定，则对任意给定负定矩阵 $-C$，构造 $V=x^TBx$，使得 B 为线性矩阵不等式 $BA+A^TB=-C$ 的解。这是根据(2)所述方法的思想。

(2)考虑如下分离变量形式的非线性系统

$$\frac{\mathrm{d}x_i}{\mathrm{d}t}=\sum_{j=1}^{n}a_{ij}f_{ij}(x_j)\text{。} \tag{12-1-16}$$

(i)加权和 1 次型绝对值 Lyapunov 函数

$V=\sum\limits_{i=1}^{n}c_i\,|\,x_i\,|$。对 $a_{ij},f_{ij}(\cdot)$ 加一定条件，使得

$$D^+\dot{V}\,|_{(1.13)}=\sum_{i=1}^{n}c_i\dot{x}_i\,\mathrm{sgn}(x_i)=\sum_{i=1}^{n}c_i\sum_{j=1}^{n}a_{ij}f_{ij}(x_j)\,\mathrm{sgn}(x_i)<0\text{。}$$

在 R^n 中原点的邻域内负定，则一定能保证 $x=0$ 渐近稳定(全局渐近稳定)。

(ii)如果 $f_{ii}(x_i)x_i>0$，$x_i\neq 0$，则可适当选取 $c_i>0\ (i=1,2,\cdots,n)$，并构造如下形式的 Lyapunov 函数

$$V=\sum_{i=1}^{n}c_i\sum_{j=1}^{n}\int_0^{x_i}f_{ii}(x_i)\mathrm{d}x_i\text{。}$$

若 $V=\sum_{i=1}^{n}c_i\sum_{j=1}^{n}\int_0^{x_i}f_{ii}(x_i)\mathrm{d}x_i=+\infty$ ，　并且 V 还是径向无界的，则看保证所选的 $c_i>0\ (i=1,2,\cdots,n)$ 是否存在，使得 $\mathrm{d}V/\mathrm{d}t$ 负定，则式(12-1-16)的平衡位置 $x=0$ 局部(全局)渐近稳定。

说明：许多自动控制系统、生物数学系统、神经网络系统、基因调控网络系统、复杂网络系统等都可以通过适当的变形化为这种系统。 其 Lyapunov 函数的构造可参看文献[2，3，9-11]。

(3)考虑如下分离变量形式的时滞系统

对与如下分离变量的时滞系统

$$\frac{\mathrm{d}x_i}{\mathrm{d}t}=\sum_{j=1}^{n}a_{ij}f_{ij}(x_j(t))+\sum_{j=1}^{n}b_{ij}g_{ij}(x_j(t-\tau_{ij}(t)))\tag{12-1-17}$$

其中， $f_{ij}(0)=0,g_{ij}(0)=0$ ，并且 $1-\tau'_{ij}(t)\leqslant\eta_{ij}$ 。

(i)作加权和与积分项的 Lyapunov 泛函

$$V=\sum_{i=1}^{n}c_i\,|\,x_i\,|+\sum_{i=1}^{n}\sum_{j=1}^{n}\frac{|\,b_{ij}\,|}{\eta_{ij}}\int_{t-\tau_{ij}(t)}|\,g(x_i(s))\,|\,\mathrm{d}s\,,$$

找到使 $D^{+}\dot{V}|_{(1.14)}$ 负定的条件，便可断言(12-1-17)的平衡位置 $x=0$ 全局渐近稳定。

(ii)若 $f_{ii}(x_i)x_i>0$ ， $\int_0^{x_i}f_{ii}(x_i)\mathrm{d}x_i=+\infty$ 。则可适当选取 $c_i>0\ (i=1,2,\cdots,n)$ ，并构造如下形式的 Lyapunov 泛函

$$V=\sum_{i=1}^{n}c_i\int_0^{x_i}f_{ii}(x_i)\mathrm{d}x_i+\sum_{i=1}^{n}\frac{|\,b_{ii}\,|}{\eta_{ii}}\int_{t-\tau_{ii}(t)}g^2(x_i(s))\mathrm{d}s\,,$$

找到使 $D^{+}\dot{V}|_{(1.14)}$ 负定的条件，便可断言(12-1-17)的平衡位置 $x=0$ 局部(全局)渐近稳定。

说明：对于其中系数已知的动力系统， 一些常用不等式以及矩阵不等式往往可以解决 $c_i>0$ 的存在与否的问题。

12.2　单种群模型

单种群是组成整个生态系统的基本单元，任何的数学模型都是建立在单种群模型的基础之上的。单种群模型的建立和分析能够帮助我们了解复杂模型的整体结构，比如种内种间竞争、种内种间合作、种间捕食与被捕食、种内自相残食等行为。为分析复杂模型动态行为一般规律提供可能。与此同时，由于单种群模型对许多经典数据(如 Gause 和 Nilcholson 的实验数据)能够完美拟合，使其一开始就受到生物学研究工作者的广泛关注。了解和掌握生物现象背后的生态机制就不得不了解单种群模型及其理论研究和实践工作中的应用。

12.2.1　种群的指数增长模型

种群的指数增长又称为“J”增长，是种群中常见的两个模型之一。如果种群的增长被认为是一个连续过程，并假设：

①在无限的环境(空间、资源)中增长；②无迁入迁出；③无年龄结构。

则种群规模变化就可用微分方程引出。设 $N(t)$ 为 t 时刻种群(甲虫)的数量，则种群的瞬时增长率 $\mathrm{d}N(t)/\mathrm{d}t$ 由如下方程描述：

$$\mathrm{d}N(t)/\mathrm{d}t = rN(t) \tag{12-2-1}$$

其中，r 为种群的内禀增长率，其值等于出生率减去死亡率。如果在时间 $t=0$ 时种群的数目为 N_0，则(12-2-1)的解为

$$N(t) = N_0\,\mathrm{e}^{rt} \tag{12-2-2}$$

根据方程(12-2-2)不难看出，对于增长模型(12-2-1)，存在以下一般规律：

若 $r>0$，则生物种群密度持续上升；

若 $r<0$，则生物种群密度持续下降；

若 $r=0$，则生物种群密度保持稳定；

若 $r=-\infty$，则生物种群将趋于灭绝。

显然保持模型种群持久而不灭绝的基本条件是 $r>0$，采用传染病建模理论中基本再生数 R_0 表述这个结论，就是种群的内禀增长率(基本再生率) r 为正。并且由(12-2-2)可以看出该指数增长曲线为光滑的 J 型曲线。当 $\mathrm{d}N/\mathrm{d}t=0$ 时，要么有 $r=0$，种群稳定在某一点上；要么有 $N=0$，即将趋于种群灭绝。

1945 年，Crombic 做了一个人工饲养小谷虫的试验，在 10 克麦粒中养一对甲虫(小谷虫)，每星期将麦粒过筛一次，又将新鲜麦粒补足到 10 克，这一程序可使食物资源大致不变，每 2 个星期计数一次存活成虫的个数，则得到一条曲线如图 12-10 所示。

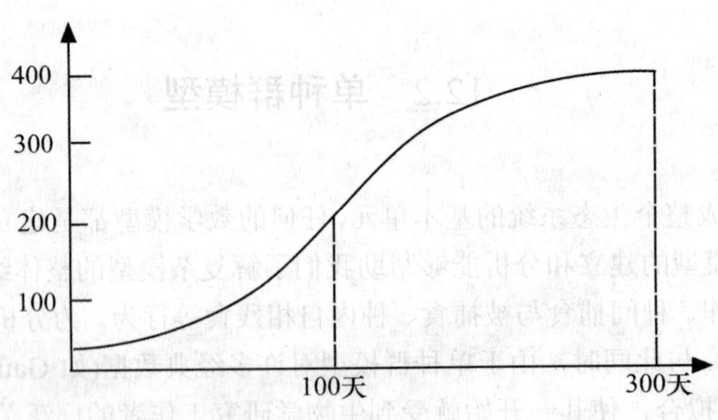

图 12-10　指数增长模型

小谷虫的 Crombic 试验与此是相符合的，方程(12-2-l)即为非密度制约的 Logistic 方程，

这里假定增长率 r 始终是一个常数。由(12-2-2)可以看出，当 $t \to \infty$ 时有 $N(t) \to \infty$，即种群增长是无界的，或可供种群不断增长的空间是无限大，没有任何限制的。这显然是与实际情况不相符的，也就是说(12-2-1) 在短时间内可以与试验结果吻合，而为了使(12-2-1)在长时间范围内与试验相一致，则需要对方程(12-2-1)进行修正。

12.2.2 Logistic 阻滞增长模型

(1)Logistic 模型的建立

由于种群在指数增长方式下最终是无界的，但现实中自然种群不可能增长为无穷大，即长期地按几何级数方式增长不符合现实。1938 年 Verhulst-Pearl 发现，当种群在一个有限的空间中增长时，随着种群密度的上升，对有限空间资源和其他生活必需条件的种内竞争也将增加。进而必然影响到种群的出生率和存活率，从而降低了种群的实际增长率，反映这种现实状况的最基本模型应该考虑种群增长率随其密度大小而变化的因素，因而应该具密度影响效应，我们称之为 Logistic 模型，又称为阻滞增长模型。对 Logistic 增长模型，按实际情况做如下假定：

(i)在一定的栖息环境中，种群的增长总存在一个上限 K，称环境容纳量。当种群的数量(或密度) N (约逐渐向着它的上限 K 值上升时，实际增长率就要逐渐地减少一直到停止增长。当种群大小达到 K 值时，将不再增长，即 $\mathrm{d}N / \mathrm{d}t = 0$；

(ii)随着种群密度的增加，使种群增长率降低的影响(密度阻滞效应)是逐渐地、按比例地增加的。 具体地，种群每增加一个个体就对增长率降低产生 $1/K$ 的影响。则由此模型描述的种群增长规律由下式给出

$$\frac{dN}{dt} = rN(K-N)/K \tag{12-2-3}$$

其中，K 表示空间被该个体所饱和时的密度称为环境容纳量；r 表示种群中每个个体的瞬时增长率。

这时生物种群实际增长率为 $r(K-N)/K$，并且当种群数值达到 K 值时，$r \to 0$ (出生率=死亡率)，即种群增长率与种群密度成反比的关系。当密度增大时增长率则下降，体现了种群密度变化对增长率的密度制约效应。 如果在时间 $t=0$ 时种群的数目为 N_0，则(12-2-3)的解为

$$N(t) = KN_0[(K-N_0)\mathrm{e}^{-rt} + N_0]^{-1} \tag{12-2-4}$$

此积分曲线如图 12-11 所示，有一个全局稳定的平衡位置 $N = K$。

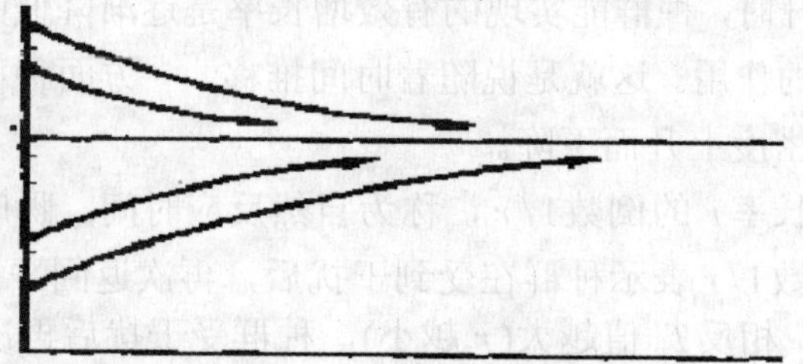

图 12-11 Logistic 阻滞增长模型相图

(2)Logistic 模型的生物学含义

Logistic 方程微分式的基本结构与指数增长方程相同，但增加了一个修正项$(1-N/K)$，它所代表的生物学含义是“剩余空间”(residual space)或称未利用的增长机会，即种群尚未利用的，或为种群可利用的最大容纳空间中还剩余的、可供种群继续增长用的空间(或机会)。这个修正项具有以下几方面的特征：

(i)如果种群数量N趋于 0，那么$(1-N/K)$项就逼近于 1，表示几乎全部容纳空间K尚未被利用，种群接近于指数增长，或种群潜在的最大增长能充分地实现。

(ii)如果种群数量N趋于K，那么$(1-N/K)$项就逼近于 0，这表示几乎全部K空间已被利用，种群潜在的最大增长不能实现。

(iii)当种群数量N由 0 逐渐地增加到K值，那么$(1-N/K)$项则由 1 逐渐地下降为 0，这表示种群增长的“剩余空间”逐渐变小，种群潜在的最大增长的可实现程度逐渐降低，并且种群数量每增加一个个体，这种抑制性定量地增加$1/K$。许多学者将这种抑制性影响称为拥挤效应，因为其影响定量的大小与种群的拥挤程度呈正比。这几方面的变化规律及其趋势由图 12-12 给出。

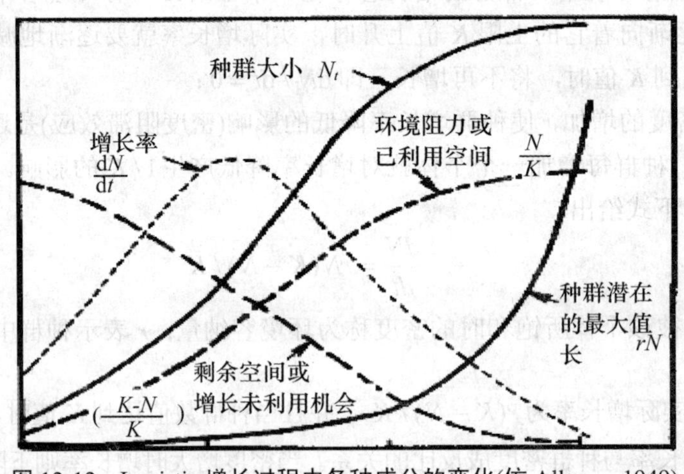

图 12-12 Logistic 增长过程中各种成分的变化(仿 Allee， 1949)

说明：①Logistic 方程描述这样一种机制，种群密度与增长率之间存在着负反馈的作用机制，即种群密度上升时，种群能实现的有效增长率是逐渐降低的，我们称为种群增长的密度效应，或者密度制约作用。这就是说随着时间推移，一方面种群密度在不断上升，另一方面种群的增长率随着密度上升而下降。

②模型中瞬时增长率r的倒数$1/r$，称为自然反应时间。瞬时增长率r越大，表示种群增长越迅速，而其倒数$1/r$表示种群在受到干扰后，再次返回平衡状态所需要的时间越短，即$1/r=T_R$的值越小；相反T_R值越大(r越小)，种群受干扰后再次返回到平衡状态的自然反应时间就越长。因此T_R度量了种群在受到干扰之后再次恢复原来状态的时间长短，它也是一个很有用的参数，在研究生态系统平衡态的稳定性问题中起到关键作用。

(3)Logistic 模型的验证

高斯(Gause, 1934)的大草履虫(*P. caudatum*)种群实验：在 0. 5 毫升的培养液中放置了 5 条大草履虫，以后每隔 24 小时统计其数量，将实际观察结果用逻辑斯谛曲线拟合，其效果如图 12-13。

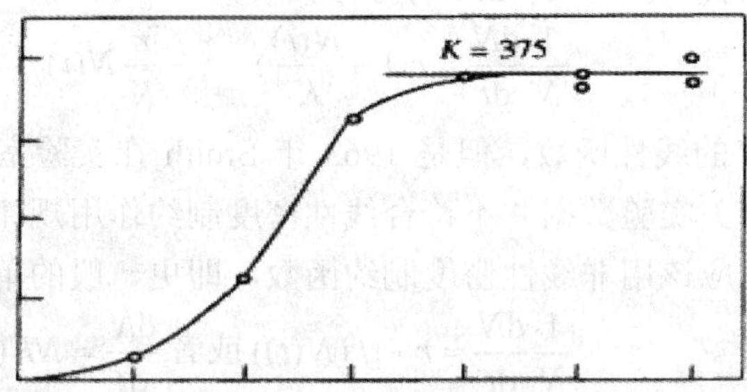

图 12-13　大草履虫实验种群的增长和逻辑斯谛方程的拟合结果(仿 Allee 等，1949)

珀尔将卡尔森(Carlson，1913)培养酵母的结果配了逻辑斯谛曲线(图 12-14)，酵母菌培养的结果同样能很好地与逻辑斯谛曲线相拟合。

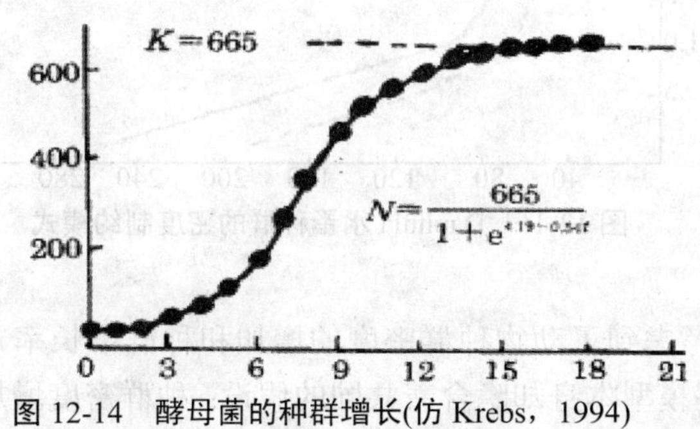

图 12-14　酵母菌的种群增长(仿 Krebs，1994)

珀尔(Pearl，1927)对生长于牛奶瓶中的黑腹果绳的实验种群的增长结果，配以逻辑斯谛曲线，结果良好(结果如图 12-15)。

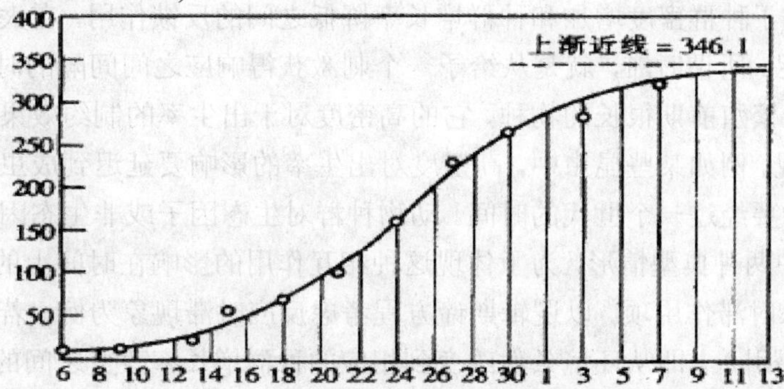

图 12-15　果蝇实验种群的增长：白圈表示观察值，曲线表示拟合增长(仿 Krebs，1994)

大量实验证明模型(12-2-3)比(12-2-1)更接近实际，能够准确刻画诸如细菌、酵母、浮游藻类或拟谷盗、米象等食物资源易于控制的低级动物，但是方程(12-2-3)仍有缺点，它不能准确反映所有种群的密度制约现象，对于具有年龄分布的、寿命周期长的、世代重叠多的高等级动物种群，用此方程描述仍存在很大的偏差。人们认为偏差的产生是由于对密度制约效应的线性化假设所致，我们把方程(12-2-3)写为

$$\frac{1}{N}\frac{\mathrm{d}N}{\mathrm{d}t}=r(1-\frac{N(t)}{K})=r-\frac{r}{K}N(t) \tag{12-2-5}$$

显然上式右端是 N 的线性函数，但是 1963 年 Smith 在实验室中研究一种名叫 Daphnia 的水蚤时发现该种群有关实验数据并不符合线性密度制约作用规律[16](图 12-16)。因此若要更为接近实际情况，则应该用非线性密度制约函数，即更一般的单种群模型

$$\frac{1}{N}\frac{\mathrm{d}N}{\mathrm{d}t}=r-f(N(t))\text{或者}\frac{\mathrm{d}N}{\mathrm{d}t}=NF(N(t)) \tag{12-2-6}$$

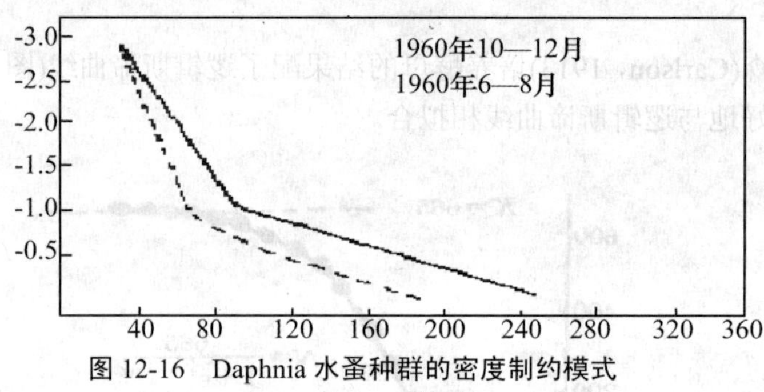

图 12-16　Daphnia 水蚤种群的密度制约模式

虽然前面的模型考虑到了动物种群密度的增加和种群增长率 r 的降低二者之间的负反馈作用机制。但是这些模型本身却隐含着共同的假设：种群密度增加对于增长率的抑制作用是即刻发生的，没有任何时间上的滞后，即生物种群对外界刺激做出响应的时滞因素。显然这对于自然界的多数种群是难以符合的。

(4)具时滞的种群增长模型[12, 15]

现实中，由于种群密度增加和种群增长率降低之间的反馈作用，在大多数情况下往往存在一定时间延迟。所谓时滞，就是从给予一个刺激获得响应之间间隔的时间延迟。在种群生态学方面，对于繁殖前期很长的物种，它的高密度对于出生率的制约效果往往要延迟一段时间以后才会显现。例如某些昆虫中，高密度对出生率的影响要延迟到成虫种群减少时才表现出来，而这大约要经过一个世代的时间。动物种群对生态因子或非生态因子的反应时滞与生殖时滞是生态中两种典型情形，为了体现这种相互作用的影响在时间上的异步性，需要在原有基础上，引入时滞作用项。以逻辑斯谛方程考虑反应时滞现象为例，若将种群对外界扰动因素的反应时滞引入，即从环境条件改变到相应的种群增长率改变之间的时滞，则可通过改变逻辑斯谛方程中($K-N/K$)项为：

$$\frac{\mathrm{d}N}{\mathrm{d}t}=rN(t)[1-\frac{N(t-T)}{K}] \tag{12-2-7}$$

其中，T 是反应时滞。逻辑斯谛方程在增加这种时滞以后，它所形成的增长曲线有很多变形。图 12-17 表示了某些例子。具时滞的逻辑斯谛方程的数学方面比较复杂，但是应用模拟计算机技术很易获得解答。数值模拟结果表明：时滞越长，一般说来种群的数量越不稳定。当 rT 是 0.35 时，种群增长呈平滑地趋向一个稳定点(即 K 值，图 12-17 中的水平线)；当这个乘积 rT 逐渐增大时，就产生振荡，先是减幅或阻尼振荡，以后是稳定的周期性振荡[14]。

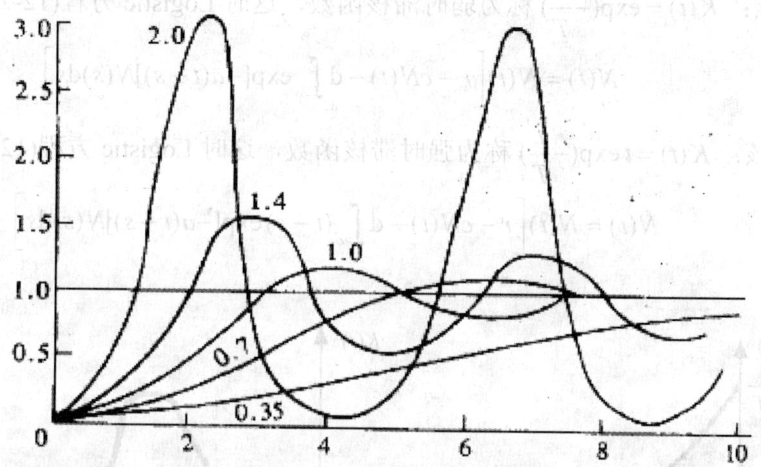

图 12-17 具不同时滞的逻辑斯谛方程产生的种群增长曲线：数字代表 rT 值(仿 Krebs, 1978)

时滞逻辑斯谛方程正解表现的定性行为可以总结为：系统的稳定性依于比值 T/T_R，即 rT 值。rT 值小，时滞短，速度慢，系统稳定；rT 值大，时滞长，速度快，系统不稳定。

我们将决定这种演化动态的生态机制理解为：如果系统反馈作用中的时滞 T 比自然反应时间 $1/r$ 长，则将会出现超越和超补偿。具体而言，如果这个时滞值 T 不太长，则这种超越将产生一种阻尼振荡，逐渐回到原来平衡点 K 值；而如果这个时滞值 T 继续增大，以至于超过一定限度，则系统动态就会由趋于平衡位置 K 而转变为做周期性振荡，即出现一个极限环，产生所谓的霍普夫分歧，其中出现的极限环周期总是大约等于 $4T$。May(1954)[17]和 Smith (1968)[18]按照模型试验的结果，进行了如下总结：

(i)当 $0<rT<\mathrm{e}^{-1}$ 时，种群规模单调地趋向一个平衡位置，或称为单调的阻尼稳定点；

(ii)当 $\mathrm{e}^{-1}<rT<\pi/2$ 时，种群规模的变化表现为减幅的振荡，并最终返回到平衡状态，或称为振荡的阻尼稳定点；

(iii)当 $rT>\pi/2r$ 时，种群规模变化表现为稳定的周期性循环，或称为稳定极限环，周期性循环的周期长短和振幅大小决定于方程式中的参数 r 和 T。

总之，在简单的种群增长模型中加进了时滞以后，可以使逻辑斯谛曲线在上渐近线的稳定被下面三种可能所取代：①单调平滑地趋向稳定点；②一个趋向平衡点的减幅振荡；③一个围绕平衡点的稳定振荡。

前面的 Logistic 时滞模型(12-2-7)考虑的密度调节因子为$[1-N(t-T)/K]$，也就是说，时刻t种群的增长率不仅与时刻t时的种群密度有关，而且与在此以前时刻$t-T$的种群密度有关($T>0$是一个常数)，但通常更加切合实际的情况是，应使得这个密度增长率与时刻t以前过去所有时间的种群密度都有关系，这种情况下，具有时滞的 Logistic 方程(12-2-7)变成

$$\frac{\mathrm{d}N}{N\mathrm{d}t}=r-cN(t)-\mathrm{d}\int_{-\infty}^{t}K(t-s)N(s)\mathrm{d}s \tag{12-2-8}$$

这里$K(t)$称为核函数。在实际中常用的核函数分为以下两种简单形式[19]：

(i)弱时滞核：$K(t)=\exp(-\frac{t}{T})$称为弱时滞核函数，这时 Logistic 方程(12-2-7)写为

$$\dot{N}(t)=N(t)\left[r-cN(t)-\mathrm{d}\int_{-\infty}^{t}\exp[-a(t-s)]N(s)\mathrm{d}s\right] \tag{12-2-9}$$

(ii)强时滞核：$K(t)=t\exp(-\frac{t}{T})$称为强时滞核函数，这时 Logistic 方程(12-2-7)写为

$$\dot{N}(t)=N(t)\left[r-cN(t)-\mathrm{d}\int_{-\infty}^{t}(t-s)\exp[-a(t-s)]N(s)\mathrm{d}s\right] \tag{12-2-10}$$

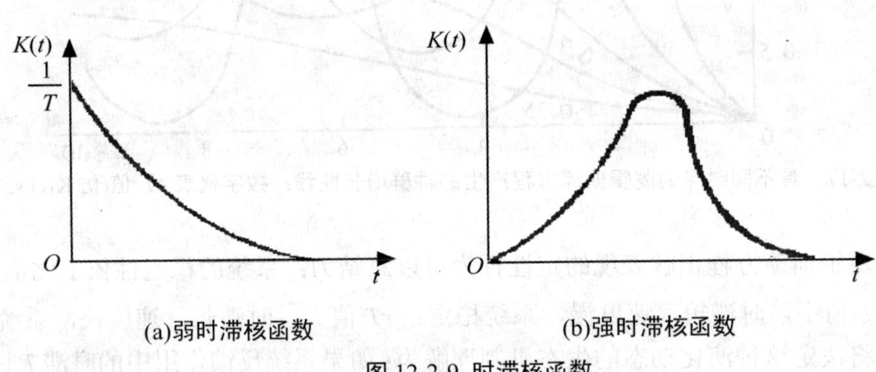

图 12-2-9 时滞核函数

尽管我们已经考虑了生物种群增长率的密度制约作用，同时也考虑了生物种群的密度对外界环境变化的响应时滞要素，但是以上的模型没有考虑种群的年龄结构问题，即假定出生率和死亡率与种群中不同年龄阶段的个体状态无关，这很显然是不合常理的。为了弥补这一缺陷，需要在此基础上进一步考虑种群的出生率和死亡率随年龄变化这一因素。

(5)具年龄阶段的种群增长模型

从实际的生态角度观察，许多种群的幼体都是依赖其亲体或者依靠卵中的营养而得以逐渐成熟；相对于成熟个体，幼体的生命力一般非常脆弱，不具有产仔的能力。 这显然隐含着种群个体的出生率和死亡率随着年龄阶段的不同而改变这一假设，因此应该考虑种群的年龄结构这一影响因素，然而前面的模型及其现有的很多文献均没有考虑这一因素，而是默认了如下苛刻的假定：①在种群个体的整个生命阶段，不同阶段不同时刻点的个体都具有相同的密度制约率；②在不同阶段的任何时点上，各个个体都具有相同的出生率、死亡率和产仔率。

显然，这些假定均把自然界的复杂情况大大地理想化了。事实上种群在这些不同生命阶

段所表现出的这些生理差异说明建立并研究具有年龄结构的、能体现同一个个体在不同生命阶段中的生理差异的种群模型具有实际意义。

为了更好地说明问题，我们仅介绍最基本的具有两个年龄阶段的情形。

1)非时滞型阶段结构模型[20]

Cui 和 Chen (2000) 结合实际的生态背景，做了如下的假定：

(i)种群中所有个体划分为两个阶段：幼体阶段与成体阶段，并分别用 $I(t)$、$M(t)$ 表示幼体种群与成体种群在 t 时刻的密度；

(ii)成熟个体具有繁殖产仔的能力，而幼体则不具有繁殖的能力；

(iii)经历幼年期并且幸存下来的幼体将转为成熟个体。

为了数学讨论方便，这里假定所有幼体都能够转为成熟个体，且这种转化是在即时瞬间完成的。 通过种群动力学建模手段，他们提出并建立如下阶段结构的模型：

$$\begin{cases}\dot{I}(t)=\alpha M(t)-\gamma I(t)-\Omega I(t)-\eta I^2(t)\\ \dot{M}(t)=\Omega I(t)-\theta M(t)-\beta M^2(t)\end{cases}\tag{12-2-11}$$

这里 α、γ、Ω、η、θ、β 均为非负常数。Ω 表示在单位时间内幼体转化为成熟个体的数量，即成熟率 $\Omega=1/\tau$ (τ 代表着从幼体到成熟个体所需要的统计平均成熟期长度)； α、γ、η 与 θ、β 则依次表示幼体的出生率、死亡率、密度制约率和成熟个体的死亡率、密度制约率。在模型中，引起 t 时刻成体种群密度发生改变源于两方面因素：①到 t 时刻为止，发育成熟的幼体数量；②在 t 时刻所损失的成熟个体总和。由于我们考虑了成熟种群的密度制约效应，故与 Logistic 模型做对照，不难发现其中包含的项 $\eta I^2(t)$ 和 $\beta M^2(t)$。

2)时滞型阶段结构单种群模型[21,22]

阶段结构的单种群模型作为对 Logistic 模型的推广，真正有意义的工作是由 Aiello、Freedman (1990)及 Wood 等(1989)进行的。他们假定所考虑的物种处于一个封闭的、无地域差异性的环境中，其幼体的统计平均成熟期长度通过进行观察或者合理假设是已知的。若记 $\tau>0$ 为幼体的平均成熟期长度，则在已经获得 $-\tau\leqslant t\leqslant 0$ 这段时期内幼体种群和成体种群的增长规律的条件下，即用已知道的 $\phi(t)$ 反映幼体种群在 $-\tau\leqslant t\leqslant 0$ 期间的变化情形时，便得到如下的模型：

当 $0<t\leqslant\tau$ 时，种群增长规律遵从

$$\begin{cases}\dot{I}(t)=\alpha M(t)-\gamma I(t)-\alpha \mathrm{e}^{-\gamma\tau}\phi(t-\tau)\\ \dot{M}(t)=\alpha \mathrm{e}^{-\gamma\tau}\phi(t-\tau)-\beta M^2(t)\end{cases}\tag{12-2-12}$$

而当 $t>\tau$ 时，种群增长规律遵从

$$\begin{cases}\dot{I}(t)=\alpha M(t)-\gamma I(t)-\alpha \mathrm{e}^{-\gamma\tau}I(t-\tau)\\ \dot{M}(t)=\alpha \mathrm{e}^{-\gamma\tau}M(t-\tau)-\beta M^2(t)\end{cases}\tag{12-2-13}$$

其中， $I(t)$ 和 $M(t)$ 表示幼体种群与成体种群在 t 时刻的密度。常数 τ 表示幼体的平均成熟期长度， α、β、γ 则依次表示成体种群的繁殖率、密度制约率和幼体种群死亡率。 为了保证系统(12-2-13)中解对初始条件的连续性，可进一步假设 $I(0)=\int_{-\tau}^{0}\phi(t)\mathrm{e}^{\gamma t}\mathrm{d}t$。这里 $\int_{-\tau}^{0}\phi(t)\mathrm{e}^{\gamma t}\mathrm{d}t$ 项

表示幼体种群在经历了 $-\tau \leqslant t \leqslant 0$ 这段时期之后仍然生存幼年个体的总数量。

在模型(12-2-13)中，种群的平均成熟期体现为一个常数时滞 τ，体现了已经出生的幼体种群规模对于成熟种群所产生的滞后影响。同时也兼顾到了在幼体成熟过程中，幼体的死亡率 γ 对其正在经历幼年期并逐渐成熟，最终完成幼年阶段的发育而转变为成熟个体这一过程的影响也得到了定量的体现。因此，相对于 Logistic 模型而言，阶段结构模型当然更具实际意义，其建模思想将对以后针对种群的多阶段结构系统研究产生重要影响。

(6)具有性别结构的种群模型[23,24]

性比(例)是指种群中雄性与雌性个体数的比例，通常认为性比是 1∶1。但对野生动物实际的种群来说，种群的性比将随动物的种类、环境条件、社群行为、适应以及遗传等方面的不同而有一定的变化。动物在不同生活史阶段中的性比将随动物种的不同而变化，例如在鸟类中随着年龄的增长雄性个体趋于增多，而在兽类中存在着相反的变化趋势，即较老的雌性增多。性比是分析种群动态的一个基本出发点，性比的变化对种群动态有着重要影响。造成性比偏离 1∶1 是由于雄性个体与雌性个体的出生率不同，不同性别、年龄的个体死亡率、迁移率也存在差异。

设 $m(t)$ 和 $f(t)$ 分别为在时刻 t 种群中雄性个体与雌性个体的数目，d_1和d_2 分别表示种群中雄性个体和雌性个体的瞬时死亡率，b_1和b_2 $(b_1 > b_2)$ 则分别为雄性和雌性的幼崽出生率，记 $\beta = b_1 - b_2$。 假设雌性个体不会因为没有配偶而不能生育。参照 Logistic 种群增长模型可以建立如下有性别结构的种群模型

$$\begin{cases}\dot{m}(t) = b_1 f(t) - d_1 m(t) - k[m(t) + f(t)]m(t), \\ \dot{f}(t) = \beta f(t) - k[m(t) + f(t)]f(t)。\end{cases} \tag{12-2-14}$$

模型(12-2-14)中每个方程右边最后一项代表种群增长过程中的线性密度制约作用，反映了种群随着密度的上升，对环境的有限食物、空间等资源的种内竞争也将加剧，导致种群的出生率下降和死亡率上升，从而降低种群的实际增长率， 直到停止增长作用过程。而其系数 $k[m(t) + f(t)]$ 则反映密度制约作用强度，即个体的拥挤程度。该性别结构系统存在平衡点 $O(0,0)$ 与 $E^*(m^*, f^*)$，其中

$$m^* = \frac{b_1\beta}{k(b_1 + d_1 + \beta)}, \quad f^* = \frac{\beta(d_1 + \beta)}{k(b_1 + d_1 + \beta)}。$$

若取 $R = b_2 / d_2$， 则显然有结论：

定理 12-2-1 当 $R > 1$ 时，系统(12-2-14)有平衡态解 E^*；当 $R \leqslant 1$ 时，系统(12-2-14)只有零平衡解 $O(0,0)$。

定理 12-2-2 当 $R < 1$ 时，平衡点 O 不稳定，E^* 全局稳定； 当 $R \geqslant 1$ 时，平衡点 O 稳定，E^* 不稳定。

说明：若假设在 t 时刻种群中个体的性别比为 $s(t)$，即 $s(t) = m(t) / f(t)$，则利用其基本关系 $s'(t) = [m'(t) f(t) - m(t) f'(t)] / f^2(t)$ 及系统本身形式得知 $s(t)$ 应满足的方程为 $s'(t) = (b_1 - k) - (d_1 + \beta)s(t)$，其解 $s(t)$ 形如

$$s(t)=\frac{b_1}{\beta+d_1}+\left(\frac{m(t_0)}{s(t_0)}-\frac{b_1}{\beta+d_1}\right)\exp\{-(\beta+d_1)(t-t_0)\} \tag{12-2-15}$$

这表明种群的增长关键取决于雌性个体的密度，所以要想控制种群的规模关键是控制种群中雌性个体的数量[23]。

尽管上述模型从不同的方面考虑，然而在生态种群建模时，需要考虑的生态因素有万万千，我们无法将它们穷举，因此这些模型仍然存在众多不足之处，例如它忽略了对于种群增长影响甚大的其他许多因素，诸如扩散、收获、放养、脉冲出生、自食、合作等方面的生态因素。 若要进一步考虑这些因素，则需要建立更为复杂，形式更加一般的种群模型，在此我们不再赘述。

(7)单种群模型的平衡态与稳定性

对于单种群模型，所要关心的两个基本论题是：首先是其正平衡位置的存在问题，其次是正平衡位置的稳定性问题。对于前一问题，可以从几何角度出发去考虑，从种群增长率图形出发，如果种群增长率曲线与 x 轴的正半轴产生交点，或者种群的单位增长率曲线与 x 轴的正半轴产生交点，则我们称系统存在正平衡位置；对于第二个问题，则涉及一定规模水平的种群在受到某种干扰后，是否还将恢复到原来的平衡状态？若答案肯定，则进一步需要估计经过多长的时间 T_R 方能恢复。一般说来，干扰的大小会直接影响问题的答案，对于局部稳定的情形，系统可能永远不会恢复，即 $T_R=\infty$；但在正平衡位置为全局渐近稳定的情形下，干扰的大小会影响到 T_R 的大小，但从数量级来说却是大致不变的，这个时间称为特征返回时间。这样对于方程(12-2-6) 的不同形式，其特征返回时间 T_R 是什么，将变成一个十分有趣而富有挑战的问题。关于 Logistic 方程(12-2-3)， R. May 等[17]最早进行了研究，他们得出的结论是 $T_R\sim 1/r$。

这里我们将问题限制于考虑正平衡位置的存在性问题与平衡位置的局部稳定性和大范围稳定性问题，也就是种群是否保持生态平衡的问题。我们知道一般性的单种群模型为

$$\dot{N}=N(t)F(N(t)) \tag{12-2-16}$$

定理 12-2-3[15]　如果函数 $F(N)$ 满足下列条件：

(i) 存在一个正平衡位置 N^*，即存在 $N^*>0$ 使得 $F(N^*)=0$。

(ii) 对于 $0<N<N^*$，有 $F(N)>0$；而对于 $N>N^*$，有 $F(N)<0$。

则模型(12-2-16)的平衡位置 $N=N^*$ 是全局稳定的。

说明：①条件(i)是保证模型(12-2-16)的正平衡位置 $N=N^*$ 存在。具体而言，会出现如图 12-19 所示的 3 种情形：

(I) $F(0)>0$，$F(N)$ 是递减函数，即 $F'(N)<0$；

(II) $\lim\limits_{x\to+\infty}F(x)=F_\infty<0$，且 $M=\max\limits_{x\in R}\{F(x)\}>0$；

(III) $\lim\limits_{x\to+\infty}F(x)=F_\infty>0$，且 $m=\min\limits_{x}\{F(x)\}<0$。

考虑到模型(12-2-16)的实际生态意义，我们利用传染病模型中基本再生数 R_0 的基本思想，只有当生物种群的内禀增长率(或者基本再生率) $r=F(0)>0$ 时，问题才是我们感兴趣的，

并且是有意义的。在这一前提之下，根据连续函数的零点定理：使得(I)成立的一个充分性条件就是：$F(N)$ 是递减函数，即 $F'(N)<0$。

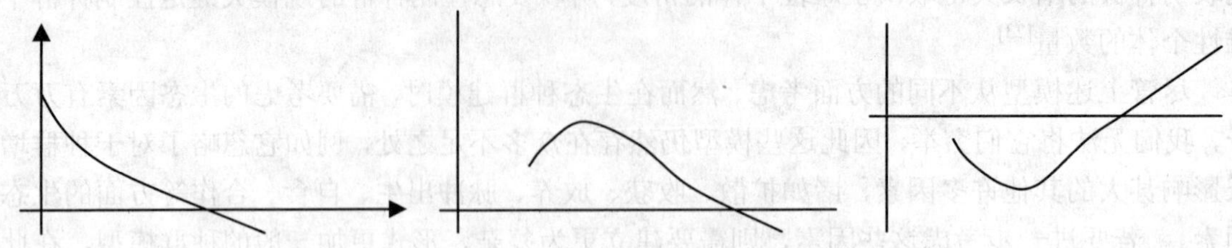

图 12-19　函数 $F(N)$ 存在正平衡位置的 3 种可能情形

②条件(ii)保证了模型(12-2-16)的正平衡位置是大范围稳定的。这是基于如下事实：$f'(N)>0$，则 $f(N)$ 是递增函数；$f'(N)<0$，则 $f(N)$ 是递减函数。

以下是我们常见的一些单种群模型，由上述定理可知：基本繁殖率或者基本再生率大于零，是保证单种群模型正平衡位置的存在性与大范围稳定性所共有的唯一条件。

应用举例　若在系统(12-2-16)中，我们分别选如下种群增长模式[15]，则有：

(1)Logistic 模型

$\dot{N}=rN(t)[1-\frac{N(t)}{K}]$。其中 r、K 是正常数。在这种情况下，函数 $F(N)=1-N/K$ 是 N 的线性函数，满足性质：(i) $F(0)=r,\ F'(N)=-1/K<0,\ F(K)=0$；(ii) $0<N<K$ 时有 $F(N)>0$，而当 $N>N^*$ 时有 $F(N)<0$。由定理 12-2-1，Logistic 模型的平衡位置是 $N=K$ 全局稳定。

(2) Gilpin-Ayala 模型

$\dot{N}=rN(t)[1-(\frac{N(t)}{K})^{\theta}]$。其中 r、K、θ 是正常数。这种情况下，函数 $F(N)=1-(N/K)^{\theta}$ 是 N 的非线性函数，满足性质：(i) $F(0)=r,\ F'(N)=-\frac{\theta}{K}(\frac{N}{K})^{\theta-1}<0,\ F(K)=0$；(ii) $0<N<K$ 时有 $F(N)>0$，而 $N>K$ 时，$F(N)<0$。由定理 12-2-1，Gilpin-Ayala 模型的平衡位置是 $N=K$ 全局稳定。

(3) Swann & Vincent 对数模型

$\dot{N}=-rN(t)\ln[\frac{N(t)}{K}]$。其中 r、K 是正常数。这种情况下，函数 $F(N)=-r\ln[N/K]$ 是 N 的非线性函数，满足性质：(i) $\lim_{N\to 0^+}F(N)=\infty,\ F'(N)=-r/N<0,\ F(K)=0$；(ii) $0<N<K$ 时有 $F(N)>0$，而当 $N>K$ 时有 $F(N)<0$。由定理 12-2-1，对数模型的平衡位置是 $N=K$ 全局稳定。

12.3　Lotka-Volterra 种群作用模型

种间关系是指不同物种种群之间的因相互作用而形成的关系。按照相互作用对各物种种群影响分为正相互作用与负相互作用。正相互作用又可按其程度分为偏利共生、原始协作和互利共生三类，而负相互作用则包括竞争、捕食、寄生和偏害等[12]。

Lotka-Volterra 两个种群方程最早是由 Lotka(1925)和 Volterra (1926)提出来的，根据种群动态建模的基本思想，两种相互作用的 Lotka-Volterra 模型的一般形式可写成

$$\begin{cases}\dot{N}_1 = N_1[r_1 + a_{11}N_1 + a_{12}N_2] \\ \dot{N}_2 = N_2[r_2 + a_{21}N_1 + a_{22}N_2]\end{cases} \tag{12-3-1}$$

其中，N_1 表示种群 X 的密度，N_2 表示种群 Y 的密度。模型(12-3-1)的参数 a_{ij} $(i, j = 1,2)$ 的符号，可以反映两个种群互相作用的不同类型，按其生态意义模型(12-3-1)可以分为以下三类[15,19]：(1)捕食与被捕食关系；(2) 竞争关系；(3)互惠共存关系。

12.3.1　两个种群竞争作用

竞争是塑造生物形态、生活史以及生物群落结构和动态特征的主要因素，也是决定生态系统结构和功能的关键生态过程。当两个物种共同利用同一资源而受到相互干扰或抑制时，称为种间竞争，物种之间产生竞争是由多种原因引起的，由于共同资源短缺而引起的竞争称资源利用性竞争；由于寻找资源而损害其他个体引起的竞争，称相互干扰性竞争；在不同营养层间，两个物种由于拥有共同捕食者而产生的竞争称似然竞争。因为此时存在着与资源利用性竞争在性质上类似的竞争，一个物种个体数量的增加将会导致捕食者种群个体数量增加，从而加重对另一物种的捕食作用。

(1)生态背景及种群竞争作用模型的建立

Gause (1932，1934)以三种草履虫作为竞争对手，以细菌或酵母作为食物，进行竞争实验。各种草履虫在单独培养时都表现出典型的“S”形增长曲线。当把大草履虫和双小核草履虫一起混合培养时，由于双小核草履虫增长快，最后排挤了大草履虫的生存，双小核草履虫在竞争中获胜(图 12-20)。但当把大草履虫和袋状草履虫在一起培养时，获得了两种共存的结局(图 12-21)，共存中两种草履虫的密度都低于单独培养，所以这是一种竞争中的共存[25,26]。

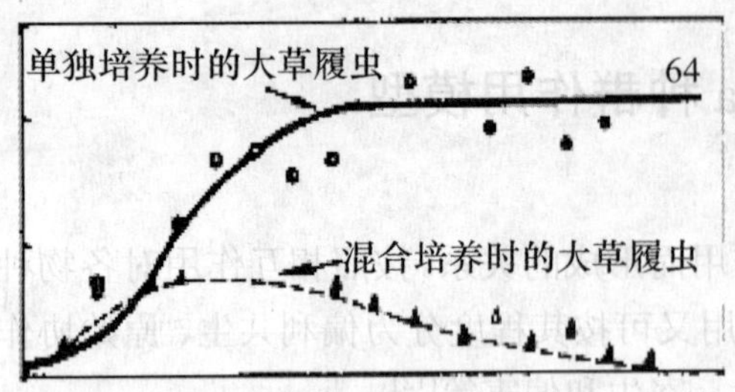

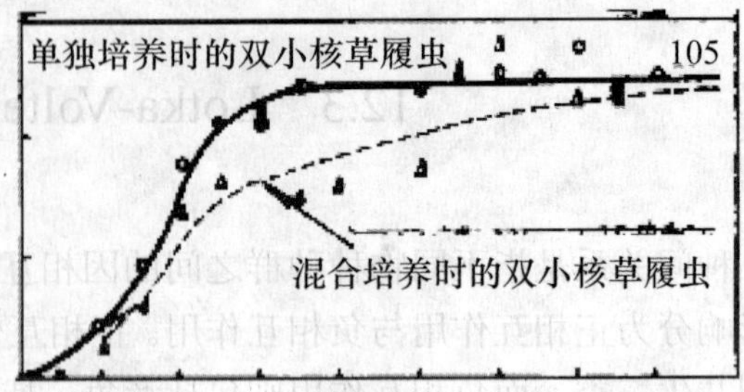

图 12-20 大草履虫和双小核草履虫单独和混合培养时的种群动态(仿 Odum，1971)

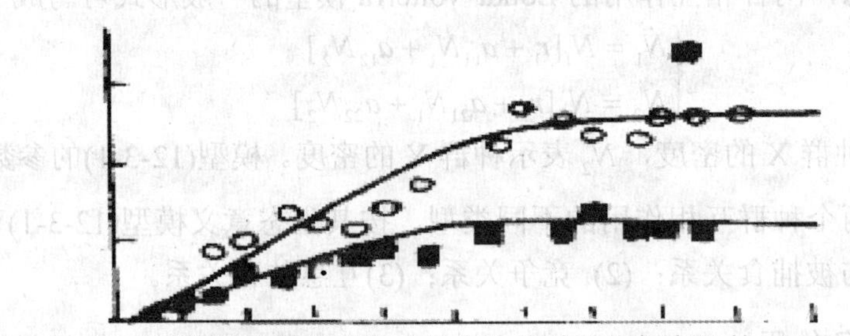

图 12-21 大草履虫和袋状草履虫混合培养时的共存结局(仿 Begon，1996)

1946 年 Crombic 把两种甲虫 A(锯谷盗)和 B(杂拟谷盗)放在一起混合饲养，并给它们以充分的面粉，发现在一定的时间以后，因为 B 吃掉许多 A 的蛹，所以最终使 A 绝灭。但如果把一支玻璃管放入面粉中，使 B 的较大的成虫进不去，则 A 的幼虫就有了一个避难所，使得 A 最终不致于绝灭，结果两种甲虫同时共存。

从各种实验结果可以看出，两个物种在一起竞争时，如果物种 1 对物种 2 的抑制性效应较强，那么物种 1 将取胜，反之物种 2 将取胜。其可能产生各种不同结局有：①物种 1 被挤掉，物种 2 取胜而生存下来；②物种 2 被挤掉，物种 1 取胜而生存下来；③物种 1 和物种 2 取得共存的局面。

若把竞争的种群分别记为 N_1 和 N_2，则如上所述，在某种条件下 N_1 淘汰了 N_2，而在另一条件下 N_2 淘汰了 N_1； 或界于这些条件之间的，在一定条件范围内的两个种群能够共存，无非是上述三种结果。为了从数学上解释上述现象，下面来建立两个种群互相竞争的数学模型[12, 18, 27, 28]。设两竞争种群在时刻 t 的密度分别为 N_1 和 N_2， 并做如下假设：

假设 1：种群 1 和种群 2 单独存在时，均符合逻辑斯谛增长规律，即

$$\frac{dN_1}{dt}=r_1N_1[\frac{K_1-N_1}{K_1}],\quad \frac{dN_2}{dt}=r_2N_2[\frac{K_2-N_2}{K_2}] \tag{12-3-2}$$

假设 2：每一种群除了按自己的规律增长外，还要受到另一种群增长的竞争性影响，记两个种群的竞争系数分别为 α 和 β。 即 α 表示在种群 1 的环境中，每存在一个种群 2 的个体，对种群 1 的效应； β 则表示在种群 2 的环境中，每存在一个种群 1 的个体，对种群 2 的效应。其数学模型为：

$$\begin{cases} \dot{N}_1 = r_1 N_1 [\dfrac{K_1 - N_1 - \alpha N_2}{K_1}], \\ \dot{N}_2 = r_2 N_2 [\dfrac{K_2 - N_2 - \beta N_1}{K_2}] \end{cases} \tag{12-3-3}$$

其中，α 表示在物种 1 的环境中，每存在一个物种 2 的个体对物种 1 产生的竞争抑制效应，具体而言：$\alpha = 1$ 表示每个物种 2 对物种 1 所产生的效应与每个物种 1 对自身所产生的效应相等；$\alpha > 1$ 表示物种 2 的竞争抑制效应比物种 1(对 N_1 种群)的大；$\alpha < 1$ 表示物种 2 的竞争抑制效应比物种 1(对 N_1 种群)的小。$1/K_1$ 和 $1/K_2$ 这两个值可被视为物种 1 和物种 2 的种内竞争强度的指标，其道理很简单：在一个空间中，如果能"装下"更多的同种个体(K_1 越大)，则其种内竞争就相对小($1/K_1$ 越小)，因此 $1/K_1$ 值的大小可以作为种内竞争强度的指标。同理，β/K_2 值可以被视为物种 1(对物种 2)的种间竞争强度指标，而 α/K_1 可以视为物种 2(对物种 1)的种间竞争强度指标。竞争的结局是取决于种内竞争和种间竞争的相对大小。如果某物种的种间竞争强度大，而种内竞争强度小，则该物种将取胜。反之，若某物种的种间竞争强度小，而种内竞争强度大，则该物种将失败。

竞争方程的稳定性特征是：假如种内竞争比种间竞争强烈，就可能有两种共存的稳定平衡点；假如种间竞争比种内竞争强烈，那就不可能有稳定的共存；而当两个物种以同样方式利用资源的特殊情况时，即 $\alpha = \beta = 1$ 和 $K_1 = K_2$ 时，其结果是两个种群不可能共存。

(2)竞争排斥原理[12,18,27,28]

在 Gause(1934)的草履虫竞争试验中，提出如下假说：由于竞争的结果，两个相似的物种不能占有相同的生态位，而是通过取食位置、取食方法或营巢地点等的不同方式来利用不同的资源，即生活在同一地区内的近缘物种，由于激烈竞争，它们之间必然出现栖息地、食性、活动时间或其他特征上的生态位分化。后人把它发展为竞争排斥原理。

Lotak-Volterra 种间竞争模型告诉我们：竞争共存或者要求种内竞争强度大于种间竞争强度，或者两个共存种必须出现生态位的分化。事实上，如果两个物种的资源利用曲线很窄、完全分开，那么就会存在某些未利用资源，首先扩充利用范围的物种将在竞争中获得更多好处。一方面物种的生态位越是狭窄，其越加激烈的种内竞争将促使其不断扩展资源利用范围[如图 12-22 (a)]，导致两物种的生态位逐渐靠近、重叠增加，从而种间竞争加剧。另一方面，两物种的生态位越接近，重叠越多，种间竞争也就越激烈[如图 12-22 (b)]，则会导致某一物种灭亡，或者通过生态位分化而得以共存。总之，种内竞争促使两物种的生态位变宽、彼此接近，而种间竞争又促使两竞争物种生态位变窄、彼此分开[26]。

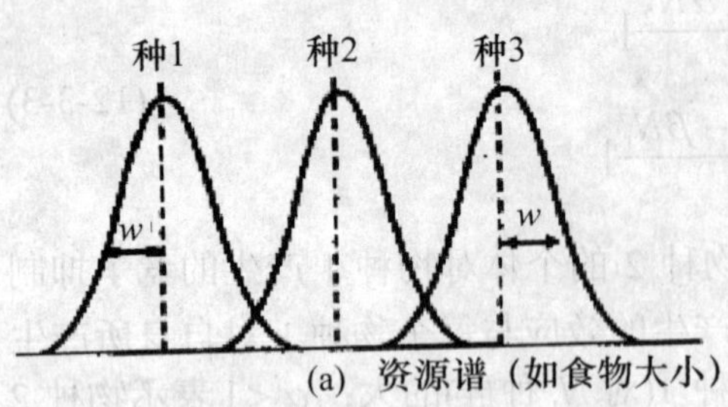

(a) 资源谱（如食物大小）

(a)生态位狭，相互重叠少

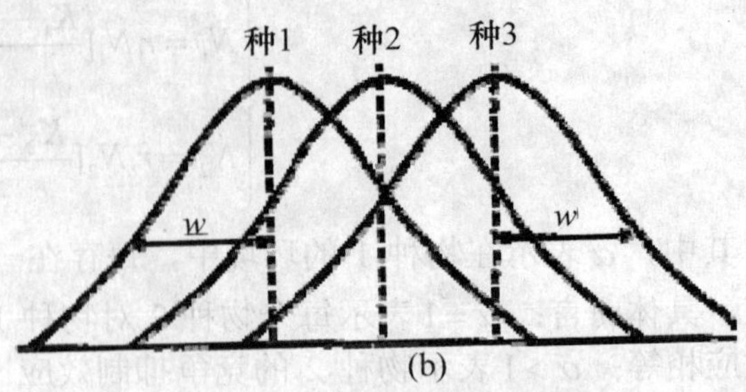

(b)

(b)生态位宽，相互重叠多

图 12-22 三个共存物种的资源利用曲线(仿 Begon 等，1998)

12.3.2 两个种群捕食作用[12,18,19,27]

捕食是指某种生物消耗另一种其他生物活体的全部或部分身体，直接获得营养以维持自己生命的现象。前者称为捕食者，后者称为食饵。捕食关系包括四种类型：①食肉动物，捕杀其他动物并以后者为食物，即狭义捕食关系；②昆虫拟寄生者，某些昆虫(如寄生蜂)，其成虫自由生活，成虫产卵于宿主(卵、幼虫、蛹等)，待卵孵化为幼虫后便从宿主获得营养，直到宿主死亡，从而间接杀死其宿主；③食植动物取食绿色植物，在这种关系中，植物不一定全部被吃掉因而可能只受损伤；④同类相食，捕食者和食饵属于同一物种。

Lotka-Volterra 捕食模型的建立源于意大利生物学家 U. D'Anona 在研究鱼类变化规律时，无意中发现意大利 Finme 港在一战期间收购站的软骨掠肉鱼(鳖鱼等食肉鱼)在鱼类收购量中的下述比例资料

表 12-1 软骨掠肉鱼在鱼类收购量中的比例

1914 年	1915 年	1916 年	1917 年	1918 年	1919 年	1920 年	1921 年	1922 年	1923 年
11.9%	21.4%	22.1%	21.2%	36.4%	27.3%	16%	15%	14.8%	10.7%

D'Anona 发现一个令人费解的现象：在战争期间掠肉鱼捕获的比例不是减少，而是显著地增加。起初他认为这是由于战争使捕鱼量减少，掠肉鱼获得了更充裕的食物，从而促进了它们更快地繁殖生长，但再转念一想，捕获量的减少也应同样有利于非掠肉鱼，为什么会导致掠肉鱼的比例上升呢? D'Anona 无法用生物学的观点给出解释。

为了解释这一现象，Volterra 把鱼分成了两大类：掠肉鱼和食用鱼。前者在鱼类中是捕食种群，后者是被捕食种群或称食饵种群。为了建立数学模型，他用 $P(t)$ 表示 t 时刻 Finme 港中掠肉鱼的数量，$N(t)$ 表示 t 时刻食用鱼的数量。尽管一些假设在自然种群中很难获得证实，但为了分析简单，亦然作出如下理想化的基本假设：

(i) 捕食者在随机分布的食饵种群中，随机地运动和寻找食饵；(ii) 捕食者每一次与食饵相遇，都导致后者被捕杀和被消费(吃掉)；(iii) 没有捕食者存在时，食饵种群呈指数增长；而在没有食饵的条件下，捕食者种群按指数减少，即它们符合 Malthus 方程；(iv)一切反应都是即时的，即没有因吞食和处理食饵的时滞考虑。

因而对于食饵，由于在没有捕食者的条件，种群按几何级数增长：$\mathrm{d}N / \mathrm{d}t = r_1 N$，其中 N 为食饵密度，t 表示时间，r_1 是食饵的内禀增长能力。对于捕食者，由于在没有食饵的条件下，种群按几何级数减少：$\mathrm{d}N / \mathrm{d}t = -r_2 P$，其中 P 表示捕食者密度，$-r_2$ 代表捕食者在没有食饵时的瞬时死亡率。

当两者共存于一个有限空间内，食饵增长将因捕食而降低，降低程度决定于：①捕食者和食饵的相遇，相遇随 N 和 P 密度增高而增加；②捕食者发现和进攻食饵的效率，称为压力常数，即平均每一捕食者捕杀食饵的常数。因此食饵方程为：

$$\mathrm{d}N / \mathrm{d}t = N[r_1 - \varepsilon P] \qquad (12\text{-}3\text{-}4)$$

显而易见，如果 $\varepsilon = 0$，则 εPN 这一项等于零，表示食饵完全地逃脱了捕食者的捕食。ε 值越大，种群也将依赖于食饵而增长，就表示捕食者对于食饵的压力也越大。同样的，捕食者增长决定于：①N 和 P 的数量；②捕食者利用食饵而转变为更多捕食者的常数，θ 即捕食效率常数。因此捕食者方程为：

$$\mathrm{d}P / \mathrm{d}t = P[-r_2 + \theta N] \qquad (12\text{-}3\text{-}5)$$

θ 是测度捕食者利用食饵而转变为更多捕食者效率的常数。这个值愈大，捕食效率越大，对于捕食者种群的增长的效应也就愈大。

若把捕食者和食饵的两个零增长线叠合在一起，就能说明模型的行为，如图 12-23(a) 两个种群密度按封闭环的轨道做周期性数量变动。在垂直线(捕食者零增长线)右面捕食者种群增加，在左面减少；在水平线(食饵零增长线)下面，食饵种群增加，在上面减少。这样，捕食者和食饵的种群动态分 4 个时期：①食饵增加，捕食者减少；②食饵和捕食者都增加；③食饵减少，捕食者继续增加；④食饵和捕食者都减少。即 Lotka-Volterra 模型所预测的捕食者和食饵种群动态是[图 12-23(b)]：随着时间的改变，食饵密度逐渐增加，捕食者密度也追随它而增加，但在时间上落后一步(时滞)；由于捕食者密度上升，必将减少食饵的密度，而食饵密度的减少，捕食者将减少；而后者又造成了食饵增加的条件，于是又重复以前的过程，如此循环不息[26]。

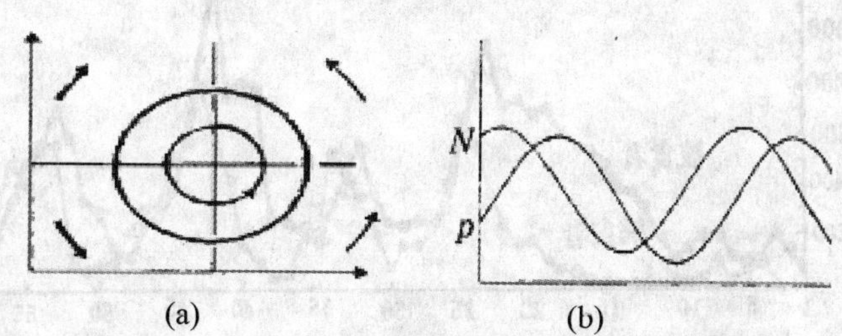

(a)捕食者和食饵零增长线叠合后捕食者-食饵密度的周期性振荡，如(b)所示。(仿 Begon，1986)

图 12-23 Lotka-Volterra 的捕食者-食饵模型动态行为

说明： Lotka-Volterra 捕食系统所预测的捕食者与食饵种群的周期性振荡具有中性稳定性，即封闭环对外界的干扰是很敏感的。如果没有外界干扰，则它将是无限循环的，如果受到外界干扰，将把封闭环推到一个新的位置，开始一个新的中性稳定的周期性振荡。

我们自然要问在野外环境的条件下，具有捕食关系的种群系统是否会出现如模型所预测的动态行为呢？为解决这个问题，不少生态学研究学者设法在实验室环境下去再现由 Lotka-Volterra 捕食系统所预测的周期性振荡。其中最为著名的实验是高斯的栉毛虫—草履虫实验和赫夫卡的捕食性螨实验。

1934 年，高斯用栉毛虫作为捕食者，大草履虫作为食饵，在定期更新的小麦浸出液中培养。开始是以均匀的液体介质作为培养环境，其结果总是草履虫种群先增长，随后栉毛虫种群上升，然后栉毛虫将草履虫捕食殆尽，随之栉毛虫也因饥饿而死亡(图 12-24)。并未出现 Lotka-Volterra 模型所预测的振荡或周期性波动。

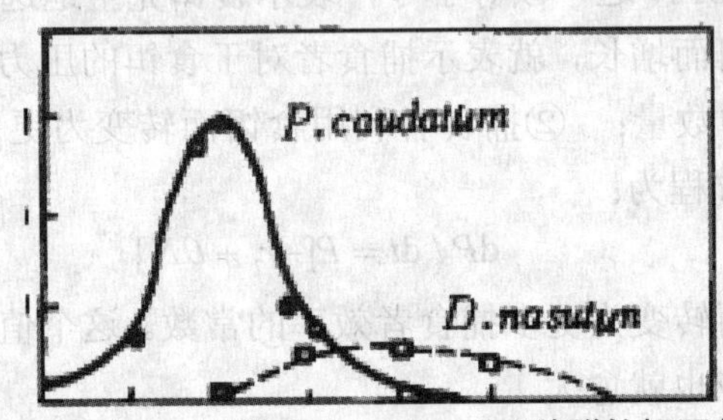

图 12-24 大草履虫(*P. caudatum*)和栉毛虫(*D.nasutum*)种群的相互关系(仿 Krebs，1994)

1958 年，赫夫卡选择了一种危害柑橘的螨作为食饵，一种捕食性螨作为捕食者进行实验。当将捕食者放入简单的由食饵感染的柑橘以后，像高斯实验一样食饵被消灭，捕食者饿死。于是赫夫卡逐渐地将实验系统复杂化，如将柑橘放在方盘上，有的柑橘用石蜡或纸盖住以减少有效摄食面积，或以橡皮球代替柑橘增加人工阻隔等，使系统内的空间异质性提高，终于在 252 个柑橘的复杂系统中产生了振荡(图 12-25)。据此赫夫卡认为：在实验系统中有可能建立起捕食者—食饵的相互关系的周期性振荡[14]。

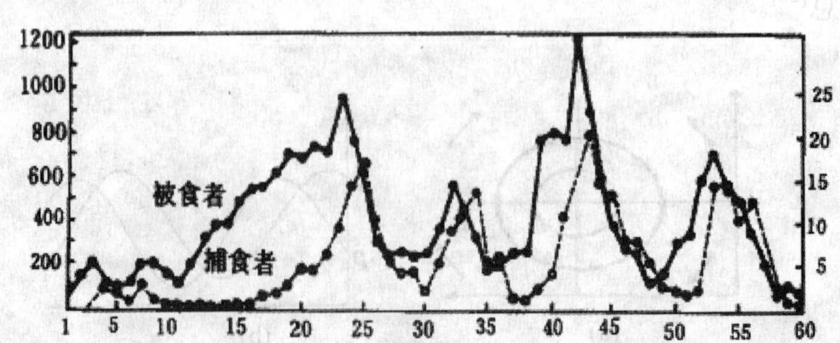

图 12-25 系统中捕食螨(*T.occidentalis*)和食饵螨(*E.sexmaculatus*)种群动态(仿 Krebs，1978)

在野外环境条件下的种群捕食系统的确会出现如 Lotka-Volterra 模型所预测的周期性振荡行为。加拿大哈德逊湾公司从 18 世纪中叶开始就成为北美唯一的毛皮商业中心，它保存了多年的毛皮收购统计资料。1937 年，Maclulich 根据哈德逊湾毛皮公司的记录而分析得出：北美的美洲兔种群和加拿大猞猁种群捕食表现出 9～10 年为周期的周期性波动，并且猞猁的数量高峰出现在美洲兔数量高峰的平均两年之后。兔的数量上升，导致猞猁数量上升，而兔数量的下降，则是由于本身种群密度太大而导致大量死亡的结果(见图 12-26)[29]。

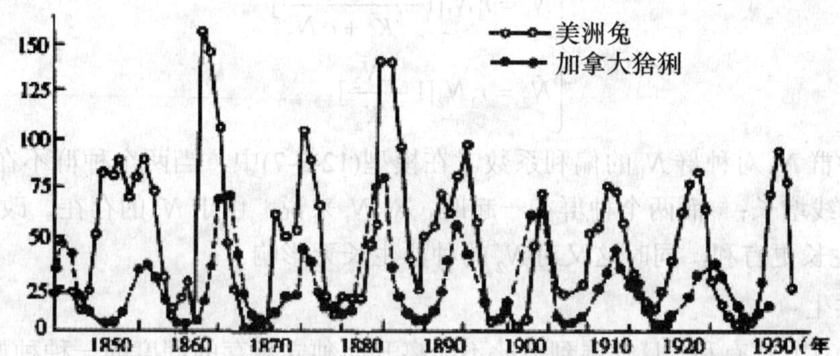

图 12-26　北美的美洲兔和猞猁的种群数量 9～10 年周期性变动(仿 Smith，1980)

前面建立的系统(12-3-4)和(12-3-5)是一个比较简单的 Volterra 捕食模型，其建立过程中没有考虑种群的密度制约因素。 如果考虑种群自身的密度制约负反馈，则在无其他种群干扰时，种群的增长适合 Logistic 方程，即需要在两个方程中分别加上一项与种群规模成正比的密度制约项，从而两个种群捕食模型的一般形式可写成

$$\begin{cases}\dot{N}_1 = N_1[r_1 - a_{11}N_1 - a_{12}N_2] \\ \dot{N}_2 = N_2[r_2 + a_{21}N_1 - a_{22}N_2]\end{cases} \tag{12-3-6}$$

其中，N_1、N_2 分别为食饵与捕食者密度，r_1 表示食饵在没有捕食者时的内禀增长率，r_2 表别捕食者在没有食饵时的瞬时死亡率，a_{12} 表示捕食者对于食饵的压力，a_{21} 是度量捕食者将食饵转变为更多捕食者的效率常数，即捕食效率常数。

12.3.3　两个种群间的正相互作用[12,18,27,28]

种群之间的正相互作用是指种间相互作用对参与作用的任何一方不存在负面影响(要么有利，要么无影响)，并且至少有一方受益。 因此按其作用程度分为偏利共生、互利共生和原始协作三类。偏利共生指的是对一个物种有利，对另一个物种无关紧要的情况；互利共生指的是两物种长期共同生活在一起，彼此互相依赖、相互共存、双方获利，如果离开了对方就不能生存；原始协作则指两个种群相互作用，双方获利，但协作是松散的，分离后，双方仍能独立生存。

(1)偏利共生

附生植物和被附生植物之间是一种典型的偏利共生关系，如地衣、苔藓等附在树皮上，但对附生植物种群无多大影响。动物的例子很多，如某些海产蛤贝的外套腔内共栖着豆蟹，豆蟹偷食其宿主的残食和排泄物，但不构成对宿主的危害。一种小型的双锯鱼，具有鲜艳的色彩，它经常与珊瑚岛中一种大海葵在一起，虽然海葵的触手能使别的小鱼麻痹，但双锯鱼却能在这种触手之间自由游动，甚至能出入海葵的胃腔而不受伤害。

借鉴 Lotka 和 Volterra 关于捕食种群模型的建立思想，我们容易给出如下能描述偏利共生关系的两个种群作用模型：

$$\begin{cases}\dot{N}_1 = r_1N_1[1-\dfrac{N_1}{K_1+\alpha N_2}] \\ \dot{N}_2 = r_2N_2[1-\dfrac{N_2}{K_2}]\end{cases} \tag{12-3-7}$$

式中，α 为种群 N_2 对种群 N_1 的偏利系数。在模型(12-3-7)中，当两个种群不在一起时，均按逻辑斯谛曲线增长；　而两个种群在一起时，对 N_1 来说，由于 N_2 的存在，改进了 N_1 的环境，使 N_1 的生长更有利，同时这又对 N_2 的种群生长无影响。

(2)互利共生

表现为对双方都有利，且发展到彼此不能离开而独立生存的程度的一种种群关系，如白蚁及其肠道内的鞭毛类的共生。大多数依赖动物传粉的植物，提供蜜或花粉以吸引传粉动物，形成的蜜是一种消耗，但植物由此获得传粉的好处。鞭毛类以白蚁吞入的木质作为食物和能量的来源，同时它分泌出能消化木质素的酶来协助白蚁消化食物。如果没有鞭毛类的共生，白蚁就消化不了木质素。实验说明，用人工除去白蚁肠道里的鞭毛类，它们就会活活饿死。

为了描述种群之间的这类互利共生关系，May(1976)在 Lotka-Volterra 种群模型的基础上，提出如下两个种群互利共生模型：

$$\begin{cases}\dot{N}_1 = r_1N_1[1-\dfrac{N_1}{K_1+\alpha_1 N_1}] \\ \dot{N}_2 = r_2N_2[1-\dfrac{N_2}{K_2+\alpha_2 N_2}]\end{cases} \tag{12-3-8}$$

式中，α_1、α_2 分别为两个种群的互惠共生系数。　在模型(12-3-8)中每个种群均遵从 Logistic 方程，但由于另一个种群存在，增加了它的容纳量。如果进一步考虑两个互惠共存种群之间的种群密度制约因素，则需要在模型的两个方程中分别加上一项与种群规模成正比的密度制约反馈项，从而上述 May 的互惠共存的两个种群模型又可写为：

$$\begin{cases}\dot{N}_1 = r_1N_1[1-a_{11}N_1-\dfrac{N_1}{K_1+\alpha_1 N_2}] \\ \dot{N}_2 = r_1N_2[1-\dfrac{N_2}{K_2+\alpha_2 N_2}-a_{22}N_2]\end{cases} \tag{12-3-9}$$

这里考虑的两个种群都具有线性密度制约的作用，即如果没有 Y 种群存在，则 X 种群的增长模型为 $\dot{N}_1 = r_1N_1[K_1-N_1]/K_1$，$K_1$ 为常数。但是现在有 Y 种群存在，而且由于 Y 种群的存在有利于 X 种群的增长。也就是说，Y 种群的存在会使 X 种群的容纳量增大。如果假设这时的容纳量为 $K_1+\alpha_1N_2$，则 X 种群的增长由如下方程来描述：

$$\dot{N}_1 = r_1N_1[1-a_{11}N_1-\frac{N_1}{K_1+\alpha_1N_2}]。$$

用同样的方法考虑 Y 种群的增长即得所需的互惠共生模型。

(3)原始协作

表现为对双方都有利，但这种协作又不是必需的，即离开协作，双方仍能独立生存的种群关系。 蟹背上的腔肠动物对蟹能起伪装保护作用，而腔肠动物又利用蟹作运输工具，从而得以在更大范围内获得食物。有蹄类身上的体外寄生虫，当食肉动物来临之际，又能为其报警。 能够刻画这类原始协作关系的种群相互作用模型为：

$$\begin{cases} \dot{N}_1 = N_1[r_1 - a_{11}N_1 + a_{12}N_2] \\ \dot{N}_2 = N_2[r_2 + a_{21}N_1 - a_{22}N_2] \end{cases} \tag{12-3-10}$$

其中所有系数均为正常数。

12.3.4　两个种群相互作用模型的进一步改进

(1)时滞两个种群用模型[15,18,19]

如同单种群的模型一样，有时我们必须考虑时滞作用对种群增长的影响。 动物种群对自然环境中的生态因子或非生态因子的反应时滞是生态中普遍存在的现象，为了体现这种种群相互作用的影响在时间上的异步性，需要在原有模型基础上，引入时滞作用项。若将种群对自身的密度制约的反馈和系统中其他物种的影响所形成的反应时滞引入，即从环境条件改变到种群作出相应的调节响应之间的时滞，则会形成具有时滞的两个种群相互作用的模型。以捕食与被捕食系统为例，其中最简单的是只考虑食饵种群的滞后影响。也就是说，如果食饵种群增长符合 Logistic 方程，则滞后的增长符合方程(12-2-7)。若两个种群间的关系用 Volterra 方程描述，则有：

$$\begin{cases} \dfrac{\mathrm{d}N_1}{\mathrm{d}t} = rN_1(t)[1 - a_{11}N_1(t-\tau)] - a_{12}N_1(t)N_2(t) \\ \dfrac{\mathrm{d}N_2}{\mathrm{d}t} = -\mathrm{d}N_2(t) + a_{21}N_1(t)N_2(t) \end{cases} \tag{12-3-11}$$

其中，$N_1(t)$和$N_2(t)$ 分别代表两个种群在时刻t时的密度。

如果考虑连续时滞影响，也就是说过去任何时刻种群的密度均对现在种群的增长速度有影响，那么和单种群模型一样考虑核函数 $K_1(t)$；又若两个种群作用符合 Volterra 模型，则最为简单的模型为：

$$\begin{cases} \dfrac{\mathrm{d}N_1}{\mathrm{d}t} = N_1(t)[r - a_{12}N_2(t)] \\ \dfrac{\mathrm{d}N_2}{\mathrm{d}t} = N_2(t)[-d + a_{21}\int_{-\infty} K_1(t-s)N_1(s)\mathrm{d}s] \end{cases} \tag{12-3-12}$$

其中， r、d、a_{12}、a_{21} 为正常数。这是考虑非密度制约的情况。

若考虑密度制约的情况，则应该建立模型：

$$\begin{cases} \dfrac{\mathrm{d}N_1}{\mathrm{d}t} = rN_1(t)[1 - a_{11}N_1(t)] - a_{12}\int_{-\infty} K_1(t-s)N_2(s)\mathrm{d}s \\ \dfrac{\mathrm{d}N_2}{\mathrm{d}t} = N_2(t)[-d + a_{21}\int_{-\infty} K_1(t-s)N_1(s)\mathrm{d}s] \end{cases} \tag{12-3-13}$$

其中，$K_1(t)$和$K_2(t)$为核函数，r、d、a_{11}、a_{12}、a_{21}为正常数。

(2)具年龄阶段的种群相互作用模型[30-32]

从建模背景上来看 Lotka-Volterra 种群作用模型，显然方程假定了每一个种群从其幼体阶段到成熟阶段再到其衰老阶段，都是具有一成不变的密度制约率、繁殖率及与其他种群相互作用的能力。 然而这种假定并不符合生物个体生长发育的实际背景。

对于许多生物种群(如哺乳动物和许多种鸟类)，其幼仔(鸟)相对其成年的种群非常弱小，其发育需要其亲体(鸟)的抚养，一般不具备繁殖和与其他种群竞争的能力。所以考虑这类背景的种群模型时，我们必须考虑到种群个体在不同年龄阶段具有的生理、行为等多方面差别因素。其中最为简单的情形就是将所有物种划分为成年和幼年两个阶段，在分别考虑其成年种群和幼年种群的基础上建立相应的模型，这样才能比较准确地建模。 在本节内容中，我们将建立并分析具有阶段结构的两个种群相互作用模型。

假设系统由两个相互作用的种群组成，分别记这两个种群为种群 1 和种群 2。 将每一个种群分为两个阶段：成体和幼体，并分别以$M_i(t)$和$I_i(t)$ ($i=1,2$)表示种群在 t 时刻的成体和幼体的密度，τ_i为种群i幼体的成熟期长度。为了建立模型，还需要如下几个假定：

(H1) 幼体i [$I_i(t)$]的出生率与成体[$M_i(t)$]($i=1,2$)的数目成正比，比率常数为$b_i>0$；

(H2) 两个种群由于其生态位的联系而产生相互作用，但是只有成体才能相互作用，而幼体由于相对弱小，故假定其不参与作用；

(H3) 幼体$I_i(t)$没有生殖能力，其死亡率与幼体$I_i(t)$个数成正比，比率常数为$d_i>0$；

(H4) 种群i的成熟期长度分别为$\tau_i>0$ ($i=1,2$)，即$t-\tau_i$时刻时出生的幼体$I_i(t)$如果能成活到t时刻，则将脱离幼体变成成年个体。我们可以推出在t时刻种群i成熟的幼体的数目为$b_i e^{-d_i\tau_i}M_i(t-\tau_i)$。

根据以上的 4 点假设，我们得到如下具有阶段结构的两个种群相互作用系统：

$$\begin{cases}\dot{I}_1(t)=b_1M_1(t)-d_1I_1(t)-b_1e^{-d_1\tau_1}M_1(t-\tau_1)\\ \dot{M}_1(t)=b_1e^{-d_1\tau_1}M_1(t-\tau_1)+a_{11}M_1{}^2(t)+a_{12}M_1(t)M_2(t)\\ \dot{I}_2(t)=b_2M_2(t)-d_2I_2(t)-b_2e^{-d_2\tau_2}M_2(t-\tau_2)\\ \dot{M}_2(t)=b_2e^{-d_2\tau_2}M_2(t-\tau_1)+a_{21}M_1(t)M_2(t)+a_{22}M_2{}^2(t)\end{cases}\tag{12-3-14}$$

系统(12-3-14)的初始条件为$I_i(t)=\phi_i(t), M_i(t)=\varphi_i(t)$ ($i=1,2$)。 如果要保证系统的解对初始条件的连续性，还要进一步假设$I_i(0)=\int_{-\tau_i}^{0}\phi_i(t)e^{d_it}\mathrm{d}t$。

有关研究表明[30,33]：种群i ($i=1,2$)不同阶段结构度$\zeta_i=d_i\tau_i$对模型(12-3-14)的平衡态解存在一定影响，但却不影响其稳定性。例如在两个种群呈竞争关系的情形，学者 Liu 等 [34] 对其系统的全局渐近行为进行了系统的研究，并对阶段结构竞争种群的影响做了细致的分析。这里进行简要介绍。

由于竞争种群的幼体完全由其成年种群决定，故只需研究(12-3-14)对应的如下子系统：

$$\begin{cases}\dot{M}_1(t)=b_1e^{-d_1\tau_1}M_1(t-\tau_1)-a_{11}M_1{}^2(t)-a_{12}M_1(t)M_2(t)\\ \dot{M}_2(t)=b_2e^{-d_2\tau_2}M_2(t-\tau_1)-a_{21}M_1(t)M_2(t)-a_{22}M_2{}^2(t)\end{cases}\tag{12-3-15}$$

对系统(12-3-15)，令 $\dot{M}_1=\dot{M}_2=0$，并求解如下代数方程组：

$$\begin{cases}b_1e^{-d_1\tau_1}M_1-a_{11}M_1{}^2-a_{12}M_1M_2=0\\ b_2e^{-d_2\tau_2}M_2-a_{21}M_1M_2-a_{22}M_2{}^2=0\end{cases}$$

即可得到以下三个非负平衡点 $E_0(0,0)$、$E_1(b_1e^{-d_1\tau_1}/a_{11},0)$、$E_2(0,b_2e^{-d_2\tau_2}/a_{22})$。

此外若条件

$$\frac{a_{12}}{a_{22}}<\frac{b_1e^{-d_1\tau_1}}{b_2e^{-d_2\tau_2}}<\frac{a_{11}}{a_{21}} \tag{12-3-16}$$

或者条件

$$\frac{a_{12}}{a_{22}}>\frac{b_1e^{-d_1\tau_1}}{b_2e^{-d_2\tau_2}}>\frac{a_{11}}{a_{21}} \tag{12-3-17}$$

成立，则系统(12-3-15)有一个唯一的正平衡点 $E^*(M_1^*,M_2^*)$，其中

$$M_1^*=\frac{a_{22}b_1e^{-d_1\tau_1}-a_{12}b_2e^{-d_2\tau_2}}{a_{11}a_{22}-a_{12}a_{21}},\ M_2^*=\frac{a_{11}b_2e^{-d_2\tau_2}-a_{21}b_1e^{-d_1\tau_1}}{a_{11}a_{22}-a_{12}a_{21}}。$$

定理 12-3-1 如果阶段结构的竞争系统(12-3-15)满足条件(12-3-16)时，则平衡点 E^* 是全局渐近稳定的；满足条件(12-3-17)时，则平衡点 E^* 不稳定。

定理 12-3-2 若阶段结构的竞争系统(12-3-15)满足

$$\frac{b_1e^{-d_1\tau_1}}{b_2e^{-d_2\tau_2}}>\frac{a_{11}}{a_{21}},\ \frac{b_1e^{-d_1\tau_1}}{b_2e^{-d_2\tau_2}}>\frac{a_{12}}{a_{22}} \tag{12-3-18}$$

则平衡点 E_1 全局渐近稳定。

定理 12-3-3 若阶段结构的竞争系统(12-3-15)满足

$$\frac{b_1e^{-d_1\tau_1}}{b_2e^{-d_2\tau_2}}<\frac{a_{11}}{a_{21}},\ \frac{b_1e^{-d_1\tau_1}}{b_2e^{-d_2\tau_2}}<\frac{a_{12}}{a_{22}} \tag{12-3- 19}$$

则平衡点 E_2 全局渐近稳定。

说明：①定理 12-3-1、13-3-2、12-3-3 的生态含义就是 Lotka-Volterra 种群竞争系统所揭示的竞争排斥原理。具体而言，就是某物种的种间竞争强度大，而种内竞争强度小，则该物种将取胜；反之，若某物种的种间竞争强度小，而种内竞争强度大，则该物种将失败。例如平衡点 E_1 全局稳定的条件意味着：$a_{11}<\frac{b_1e^{-d_1\tau_1}a_{21}}{b_2e^{-d_2\tau_2}},a_{22}>\frac{b_2e^{-d_2\tau_2}a_{12}}{b_1e^{-d_1\tau_1}}$，这表示物种 1 的种内竞争强度小，种间竞争强度大；而物种 2 的种内竞争强度大，种间竞争强度小。因此，竞争结局是物种 1 取胜。同理，平衡点 E_2 全局渐近稳定条件则反映了物种 2 取胜的竞争结局。

②若定义物种 2 的阶段结构度为 $\zeta_2=d_2\tau_2$，通过比较系统(12-3-14)与不考虑阶段结构因素的情形，根据其系统平衡点 E_2 的稳定性条件发现，在种群竞争系统中，引入阶段结构将对种群持续生存产生负面影响，而有利于与其竞争物种的持续生存。其影响程度与阶段结构度有关，即如果阶段结构度为 ζ_2，则对该物种影响的程度为 e^{ζ_2}。

(3)具有性别结构的种群作用模型[24]

种群由不同的个体组成，个体间的主要差别是性别和年龄，这两方面的差异通过形态学、生理学、遗传学以及行为学等方面的变化具体地表现出来。种群动态的参数(出生率、死亡率、迁入迁出等)与种群的性别结构和年龄结构密切相关。

性比(例)是指种群中雄性与雌性个体数的比例。通常认为性比是 1∶1，但对野生动物实际的种群来说，种群的性比将随动物的种类、环境条件、社群行为、适应以及遗传等方面的不同而有一定的变化。 竞争者带有性别歧视、捕食者有性别偏食、雄性与雌性个体在自然环境下生存有关的生理与形态差异等现象，都是造成性比偏离 1∶1 的重要原因。下面以物种间具有捕食关系为例，来简要介绍模型中如何考虑性别差异因素。

①具性别结构的食饵—捕食者模型

若考虑食饵种群的性比偏离 1∶1 这一生态因素，则应该将 Lotka-Voltera 捕食模型进行适当的修正。设 $m(t)$ 、$f(t)$ 分别为在时刻 t 种群中雄性个体与雌性个体的数目。d_1、d_2 分别表示种群中雄性个体和雌性个体的瞬时死亡率，b_1、b_2 $(b_1 > b_2)$ 则分别为雄性和雌性的幼体出生率，记 $\beta = b_1 - b_2$，并假设雌性个体不会因为没有配偶而不能生育。设在时刻 t 捕食者种群个体数为 $p(t)$，则参照 Lotka-Voltera 系统可以建立如下食饵种群有性别结构的食饵—捕食者模型：

$$\begin{cases} \dot m(t) = b_1 f(t) - d_1 m(t) - k[m+f]m(t) - c_1 m(t)p(t) \\ \dot f(t) = \beta f(t) - k[m+f]f(t) - c_1 f(t)p(t) \\ \dot p(t) = p(t)[-a - bp(t) + c_2 m(t) + c_2 f(t)] \end{cases} \tag{12-3-20}$$

模型中常数 $c_1 >$ 和 $c_2 > 0$ 为捕食者个体与雌雄性种群的捕食作用强度系数。该性别结构的捕食系统存在平衡点 $O(0,0)$ 、$E_1(m_1, f_1, 0)$ 与 $E^*(m^*, f^*, p^*)$，其中

$$m_1 = \frac{b_1\beta}{k(b_1 + d_1 + \beta)},\quad f_1 = \frac{\beta(d_1+\beta)}{k(b_1 + d_1 + \beta)},\quad p^* = \frac{\beta c_2 - ak}{bk + c_1 c_2},$$

$$m^* = \frac{b_1(b\beta + ac_1)}{(bk + c_1c_2)(b_1 + d_1 + \beta)},\quad f^* = \frac{(d_1+\beta)(b\beta + ac_1)}{(bk + c_1c_2)(b_1 + d_1 + \beta)}。$$

若记 $R = \beta c_2 - ak$，则显而易见当 $R > 0$ 时，正平衡点 $E^*(m^*, f^*, p^*)$ 有意义。

定理 12-3-4 (i)系统(12-3-20)的平衡点 O 不稳定；(ii)系统(12-3-20)的平衡点 E_1 当 $R > 0$ 时不稳定，当 $R < 0$ 时渐近稳定；(iii)系统(12-3-20)的正平衡点 E^* 当 $R > 0$ 时渐近稳定。

②具性别结构和性别偏食现象的食饵—捕食者模型[24, 35]

如果食饵种群由于各种生物、非生物方面原因造成某种性别的个体更容易被捕食，这就产生了性别偏食现象。 若用符号 $m_b(t)$、$f_b(t)$ 表示在时刻 t 食饵种群的雄性和雌性个体被捕食数目，并令 $m_b / m = \sigma f_b / f$，则当 σ >1 时表示捕食者偏食雄性，而当 0< σ <1 时表示捕食者偏食雌性，当 σ =1 时表示没有偏食，于是我们称系数 σ 为捕食者的偏食系数。 由前面等式可得： $m_b / f_b = \sigma m / f$，并结合上面性别结构的捕食模型的假设，不难建立如下具性别结构和性别偏食的捕食模型：

$$\begin{cases} \dot m(t) = b_1 f(t) - d_1 m(t) - k[m+f]m(t) - \sigma c_1 m(t)p(t) \\ \dot f(t) = \beta f(t) - k[m+f]f(t) - c_1 f(t)p(t) \\ \dot p(t) = p(t)[-a - bp(t) + \sigma c_2 m(t) + c_2 f(t)] \end{cases} \tag{12-3-21}$$

其中所有系数均为正常数，具体的生物学意义类似于性别结构的捕食模型。

说明：若假设在 t 时刻种群中个体的性别比为 $s(t)$，即 $s(t) = m(t) / f(t)$，利用其基本事

实 $s'(t)=[m'(t)f(t)-m(t)f'(t)]/f^2(t)$ 及捕食模型(12-3-21)形式知 $s(t)$ 满足方程

$$s'(t)=b_1-(d_1+\beta)s(t)-(\sigma-1)c_1s(t)p(t)。$$

显然食饵种群的性比 $s(t)$ 的变化除了依赖于自身密度，还取决于捕食者种群的大小。但是比较明显的一点是，在平衡点 E^* 处的性比 s^* 为 $m^*/f^*=b_1/(d_1+\sigma\beta)$，即在平衡点 E^* 的局部范围内食饵种群的性比 $s(t)$ 依赖于偏食系数 σ。这反映出考虑捕食者的偏食因素，的确能明显改变捕食系统的动态行为[24]。

12.3.5　Lotka-Volterra 种群模型的平衡点及稳定性

Lotka-Volterra 两个种群相互作用模型的一般形式可写成：

$$\begin{cases}\dot{N}_1=N_1[r_1+a_{11}N_1+a_{12}N_2]\\ \dot{N}_2=N_2[r_2+a_{21}N_1+a_{22}N_2]\end{cases} \tag{12-3-22}$$

其中，r_1 与 r_2 分别表示两个种群的内禀增长率，a_{11}、a_{22} 分别反映两个种群密度制约的反馈作用因素，称为种内作用系数；a_{12}、a_{21} 反映了两个种群相互作用的因素，称为种间作用系数。

对于由两个相互作用种群所构成的生态系统，生态学家所感兴趣的主要问题与单种群一样，仍是其正平衡位置的存在问题与正平衡位置稳定性问题。对于前一问题，仍然需要从几何角度出发，从两个种群各自的零等倾线相互位置关系去考虑。由于此时种群 1 的增长率除了要受到自身密度制约和环境因素的影响外，它还要受到因与种群 2 相互作用而产生的影响。显然，如果两个种群零等倾线在第一象限产生交点，则就能使系统存在正平衡位置；对于第二个问题，则涉及一定规模水平的种群在同时受到自身密度制约影响、环境因素影响以及与其他种群相互作用影响等多方面干扰后，是否还将恢复到原来的平衡状态？若答案肯定，则进一步需要估计经过多长的时间方能恢复。显而易见，此时的问题要比单种群的情形更为复杂，一个种群的增长率会影响到其生态位在多种群群落中的位置和地位，从而也就决定了在既定环境下的种内竞争强度和与其他种群作用时的种间作用强度。不管如何，问题的本质和关键仍然是保证所考虑系统中所有种群的内禀增长率或者基本再生率 $R_0>0$。由基本繁殖率 R_0 为正的种群相互作用系统必然存在正平衡位置，由基本繁殖率 R_0 为正的种群作用系统的正平衡位置是稳定的。

由于系统正平衡点的稳定性也是种群动力学理论研究的一个重要论题，因此建立使这些系统的平衡点稳定的条件同样是很有意义的工作。从目前已有的文献资料看，证明系统稳定性的方法基本而言，都可归入以下几类：一，先利用线性稳定性理论获得局部稳定的条件，然后结合其他途径获得全局稳定性；二，利用构造 Lyapunov 函数的方式直接得到全局渐近稳定条件；三，以微分不等式比较定理为基本工具，利用 Picard 迭代序列逼近的方式，建立系统全局稳定性的结论。第一种方法仅仅适用于自治系统与特殊周期性模型的稳定性研究，第二种方法不仅适用于各种形式的自治生态系统，而且很多情况下对非自治系统的研究仍然具有举足轻重的作用。相对于前两种证明方法，第三种方法的使用范围则更加广泛，不仅在解决简单生态系统的稳定性时发挥作用，而且对于形式复杂的泛函微分系统也相当有效，尤其是自治系统的稳定性问题。

对一般 Lotka-Volterra 种群作用系统(12-3-22)，我们仅限于考虑正平衡位置的存在性与稳定性问题，也就是种群是否保持生态平衡的问题。对于系统(12-3-22)的稳定性，讨论问题的基本手段是动力系统一次近似理论和 Lyapunov 函数方法。下面一些定理建立系统(12-3-22)平衡点 E 的稳定性结论，其目的在于说明局部渐近稳定性和全局稳定性的常用数学方法[15,19]。

定理 12-3-5 设系统(12-3-22)有正平衡点 $E(N_1^*, N_2^*)$，则

(i) E 点局部渐近稳定的充分必要条件是： $N_1^* a_{11} + N_2^* a_{22} < 0,\ a_{11}a_{22} - a_{12}a_{21} > 0$ 。

(ii) 当(12-3-22)是竞争或互惠系统时，E 点局部渐近稳定的必要条件是两个种群均是密度制约的，即 $a_{11} < 0, a_{22} < 0$ 。

说明：对于捕食与被捕食系统来说，密度制约并非局部渐近稳定的必要条件。

从定理 12-3-5 (i)可以看到，对于竞争和互惠作用的种群模型而言，其平衡位置局部渐近稳定的条件从生物角度看，显得相当一般和自然。于是一个自然的问题是，这些系统的局部稳定是否是全局稳定的呢? 关于 Lotka-Volterra 两个种群作用模型，下列定理 12-3-6 给出了正平衡点 (N_1^*, N_2^*) 全局稳定的充分条件。

定理 12-3-6 两个种群互相作用的 Lotka-Volterra 模型为全局稳定的充分条件：

(i) 非平凡平衡点 (N_1^*, N_2^*) 是正的；

(ii) 正平衡点 (N_1^*, N_2^*) 是局部稳定的；

(iii) $a_{11} < 0, a_{22} < 0$ (每一种群本身是密度制约的)。

定理 12-3-7 设系统(12-3-25)有正平衡点 $E(N_1^*, N_2^*)$，则 E 点全局稳定的充分条件为：

(i) E 点是局部渐近稳定的；

(ii) 两个种群均是密度制约的。

为了使上述定理 12-3-5 至定理 12-3-7 在形式上能明确体现模型(12-3-25)蕴含的生态机制，我们引入如下概念：

定义 12-3-1[15] 矩阵 A 是一个 M 矩阵。如果当 $i \neq j$ 时，$a_{ij} \leqslant 0$，并且下列条件之一成立：

(1) A 的所有特征值具有正实部；

(2) A 的顺序主子式全部为正，即 $\Delta_k = \det(a_{i_k j_k}) > 0$，$k = 1, 2, \cdots n$ 都成立；

(3) A 是非奇异矩阵的，并且 $A^{-1} \geqslant 0$；

(4) 存在一个向量 $\alpha > 0$ 使得 $A\alpha > 0$；

(5) 存在一个向量 $\beta > 0$ 使得 $A^T \beta > 0$ 。

根据定义 12-3-1 不难证明如下引理 12-3-1，这里我们不予证明而直接给出其结果。

引理 12-3-1[15] 如果 A 是一个 M 矩阵，则存在正的对角线矩阵 D，使得矩阵 $\frac{1}{2}(DA + A^T D)$ 为正定的，其中 $D = \mathrm{diag}\{d_1, d_2, \cdots, d_n\}$，$d_i > 0,\ i = 1, 2, \cdots, n$ 。

由于两个种群均是密度制约与 E 点局部渐近稳定，意味着模型(12-3-25)的系数矩阵 A 是 M 矩阵。因此上述几个定理又可表述为：

定理 12-3-8　模型(12-3-25)为全局稳定的充分条件是：

(i)存在一个正的平衡位置 (N_1^*, N_2^*)；

(ii)模型中系数矩阵 A 是一个 M 矩阵。

推论 12-3-4　如果模型是竞争或互惠系统，并且系数矩阵 A 是 M 矩阵，则系统必然全局稳定。

说明：我们应该看到，模型系数矩阵 A 的主对角线元素代表了相同生物种内部个体间的相互作用，即种内作用强度；而非主对角线的元素代表着不同生物种之间个体的相互作用，即种间作用强度。由此不难建立定理 12-3-8 与决定模型(12-3-22)动态的生态机制之间的联系。

对于如下一般形式的时滞种群作用系统(12-3-23)，我们将以微分不等式比较定理为基本工具，利用 Picard 迭代序列逼近的方式，建立系统全局稳定性的结论问题。利用 Picard 迭代序列逼近建立的稳定性条件更加一般、有效、实用。然而相对而言，这种方法在文献中的出现频率较少。因此在这里通过具体实例来说明采用这种方法处理系统稳定性的主要思想及技巧，其目的在于介绍研究局部渐近稳定性和全局稳定性的常用数学方法。

例 12-1　考虑如下具连续时滞的两个种群竞争系统[15,19]：

$$\begin{cases} \dfrac{\mathrm{d}N_1}{\mathrm{d}t} = N_1\left[r_1 - a_1 N_1 - b_1 \int_{-\tau}^{0} K_1(s) N_2(t+s)\mathrm{d}s\right] \\ \dfrac{\mathrm{d}N_2}{\mathrm{d}t} = N_2\left[r_1 - a_2 \int_{-\tau}^{0} K_2(s) N_1(t+s)\mathrm{d}s - b_2 N_2\right] \end{cases} \tag{12-3-23}$$

其中，r_1、r_2、a_1、a_2、b_1、b_2 均为正常数，$K_1(s)$ 和 $K_2(s)$ 为定义在 $[-\tau, 0]$ 上的非负连续核函数，并有 $\int_{-\tau}^{0} K_1(s)\mathrm{d}s = 1$，$\int_{-\tau}^{0} K_2(s)\mathrm{d}s = 1$ (这里 τ 为任意正数)。

初始条件为：

$$N_1(t) = \varphi_1(t) \geqslant 0,\quad N_2(t) = \varphi_2(t) \geqslant 0,\quad t \in [-\tau, 0] \tag{12-3-23a}$$

我们已经知道，对于经典的 Lotka-Volerra 两个种群竞争系统：

$$\begin{cases} \dfrac{\mathrm{d}N_1}{\mathrm{d}t} = N_1[r_1 - a_1 N_1 - b_1 N_2] \\ \dfrac{\mathrm{d}N_2}{\mathrm{d}t} = N_2[r_1 - a_2 N_1 - b_2 N_2] \end{cases} \tag{12-3-24}$$

当不等式

$$\frac{a_1}{a_2} > \frac{r_1}{r_2} > \frac{b_1}{b_2} \tag{12-3-25}$$

成立时，(12-3-24)具有有唯一正平衡位置 (N_1^*, N_2^*)，并且 (N_1^*, N_2^*) 还是全局渐近稳定的。

利用 Picard 迭代序列逼近建立关于模型(12-3-23)的全局稳定性的结果[15]。

定理 12-3-9　假设条件(12-3-25)成立，则对系统(12-3-23) 的任意正解 $[N_1(t), N_2(t)]$，都满足：当 $t \to \infty$ 时有 $[N_1(t), N_2(t)] \to (N_1^*, N_2^*)$。这里 (N_1^*, N_2^*) 为(12-3-24)的平衡位置，即：$N_1^* = \dfrac{r_1 b_2 - r_2 b_1}{a_1 b_2 - a_2 b_1}, N_2^* = \dfrac{a_1 r_2 - a_2 r_1}{a_1 b_2 - a_2 b_1}$。

采用完全相同的 Picard 序列迭代法思想和运算过程，我们可以建立最初由 R. M. May 提出并研究的，但在这里比当初模型更一般的 n-种群互惠作用模型的正平衡态及其全局渐近稳定性结果。

例 12-2 考虑如下具连续时滞的两个种群竞争系统[36]：

$$\left\{\dot{N}_i = r_i N_i[1 - N_i(a_i + \sum_{j=1,(j\neq i)}^{n} b_j \int_{-\tau}^{0} k_j(s) N_j(t+s)\mathrm{d}s)^{-1} - c_j N_i]\right. \tag{12-3-26}$$

其中，r_i、a_i、b_i、c_i 均为正常数，$k_j(s)$ 为定义在 $[-\tau,0]$ 上的非负连续核函数，并且 $\int_{-\tau}^{0} k_j(s)\mathrm{d}s = 1$ $(j=1,2,\cdots,n)$ (这里 τ 为任意正数)。

初始条件为：

$$N_i(t) = \varphi_i(t) \geqslant 0, \quad t \in [-\tau, 0] \tag{12-3-26a}$$

首先，对系统(12-3-26)做如下的一般假设：

(H0) 系统(12-3-26)存在唯一的正平衡点 $(N_1^*, N_2^*, \cdots, N_n^*)$ 使得

$$N_i^*(a_i + \sum_{j=1,(j\neq i)}^{n} b_j N_j^*)^{-1} + c_j N_i^* = 1 \tag{12-3-27}$$

定理 12-3-10[36] 假设条件(H0)成立，则具初始条件(12-3-26a)的系统(12-3-26)对所有 $t \geqslant 0$ 总存在一个正解 $(N_1(t), N_2(t), \cdots, N_n(t))$，并且对任意正解，当 $t \to \infty$ 时有

$$(N_1(t), N_2(t), \cdots, N_n(t)) \to (N_1^*, N_2^*, \cdots, N_n^*)。$$

证明：由于证明过程与前面定理完全相同，故在此我们予以省略，感兴趣的读者可参见文献[36]。

参考文献

[1] 林振山. 种群动力学[M]. 北京:科学出版社, 2006.

[2] 廖晓昕. 动力系统稳定性理论和应用[M]. 北京:国防工业出版社, 2000.

[3] 廖晓昕. 稳定性的数学理论和应用[M]. 武汉:华中师范大学出版社, 2001.

[4] Liao X X, Wang L Q, Yu P. Stability of dynamical systems[M]. S.l.: Elsevier, 2007.

[5] 廖晓昕.漫谈 Lyapunov 稳定性的理论、方法和应用[J]. 南京信息工程大学学报:自然科学版, 2009, 1(1): 1-15.

[6] Lasalle J, Lesfchtg S. Stability by Lyapunov's direct method with applications[M]. NewYork: Academic Press, 1961.

[7] Liao X X. Stability of general ecological systems and neural networks systems[C] // Proc. of the first world congress of nonlinear analysis. Berlin: Wotter de Gruyter, 1996: 1325-1335.

[8] Liao X X, Li J. Stability in Gilpin-Ayala competition models with diffusion[J]. Nonlinear Analysis: TMA, 1997, 28(10): 1751-1758.

[9] Liao X X, Chen G R. Chaos synchronization of general Lurie system via time-delay

feedback control[J]. Int. J. Bifur & Chaos, 2003, 13(1): 207-213.

[10] Reissing R,Sansone G, Cont R. Nonlinear differential equations of higher order[M]. S.l.: Noordhoff International Publishing Ledger, 1974.

[11] 阮炯，蔡志杰，顾凡及. 神经动力学模型方法和应用[M]. 北京:科学出版社, 2002.

[12] 孙儒泳. 动物生态学原理[M]. 北京:北京师范大学出版社, 2001.

[13] Allee W C, Emerson A E. Principles of Animal Ecology[M]. Philadelphia and London: W. B. Saunders Company, 1949.

[14] Krebs C J. Ecology:The experimental Analysis of Distribution and Abundance[M]. New York: Harper & Row, Publishers, 2001.

[15] 陈兰荪. 数学生态学模型与研究方法[M]. 北京:科学出版社, 1988.

[16] Smith F E. Population dynamics in Daphnia magna and a new model for population growth[J]. Ecology, 1980(44): 655-663.

[17] May R M, Conway G R, Hassell M P, et al. Time Delays, Density-Dependence and Single- Species Oscillations[J]. J. Animal Ecol., 1974, 43(3): 747-770.

[18] Smith J M. Models in Ecology[M]. Cambridge: Cambridge Univ. Press, 1975

[19] 马知恩. 种群生态学的数学建模与研究[M]. 合肥:安徽教育出版社, 1996.

[20] Cui J A, Chen L S, Wang W D. The effect of dispersal on population growth with stage- structure[J]. Comput. Math. Appl., 2000 (39): 91-102.

[21] Aiello W G, Freedman H I. A time-delay model of single-species growth with stage-structure [J]. Math. Biosci., 1990 (101): 139-153.

[22] Aiello W G, Freedman H I, Wu J H. Analysis of a model representing stage-structure population growth with state-dependent time delay[J]. SIAM J. Appl. Math., 1992(52): 855-869.

[23] 刘汉武. 两性具有不同出生率和死亡率的种群动态[J]. 生态学杂志，2003，22(1): 63-65.

[24] 刘汉武，王荣欣，刘建新. 具有性别结构的食饵-捕食者模型[J]. 生物数学学报, 2005, 20(2): 179-182.

[25] Odum E P. Fundamentals of Ecology[M]. Philadelphia: W. B. Saunders, 1971.

[26] Begon M, Harper J L, Townsend C R. Ecology:individuals,populations and Communities[M]. S.l.: Blackwell Scientific Publications, 1996.

[27] 戈峰. 现代生态学[M]. 北京:科学出版社, 2007.

[28] May R M. Theoretical Ecology[M]. Oxford: Blackwell, 1981.

[29] Smith R L. Ecology and Field Biology[M]. 3nd ed. New York: Harper & Row, 1980.

[30] Liu S Q, Chen L S, Agarwal R. Recent progress on stage-structured population dynamics[J]. Math. Comput. Model., 2002 (36): 1319-1360.

[31] Gourley S A, Kuang Y. A stage structured predator-prey model and its dependence on through- stage delay and death rate[J]. J. Math. Biol., 2004 (49): 188-190.

[32] Liu S Q, Zhang J H. Coexistence and stability of predator-prey model with

Beddington- DeAngelis functional response and stage structure[J]. J. Math. Anal. Appl., 2008(342): 446-460.

[33] Liu S Q, Chen L S, Luo G L. Extinction and permanence in competitive stage structured system with time delays[J]. Nonl. Anal., 2002(51): 1347-1361.

[34] Liu S Q, Chen L S, Luo G L, et al. Asymptotic behavior of competitive Lotka-Volterra system with stage structure[J]. J. Math. Anal. Appl., 2002(271): 124-138.

[35] 刘秀湘, 冯佑和. 具性别偏食的二种群捕食者—食饵系统模型[J].生物数学学报, 2002, 17 (l): 5-11.

[36] Cui J A. Global asymptotic stability in n-species cooperative system with time delays[J]. Systems Science and Mathematical Sciences, 1994, 7(1): 45-48.

第 13 章　生物种群的非线性作用模式及其系统建模

13.1　种群的功能反应模式及系统分析的生态原理

由于生物现象的复杂多样性，而 Lotka-Volterra 模型又具有很多缺陷和不足，因而不可能利用这种简单模型去描述和解释这些花样繁多的生物现象。生态学家根据研究对象的不同而提出了许许多多形式各异的具体模型，其中最为典型的就是在 Lotka-Volterra 模型基础上，引入生态种群相互作用的各种功能反应模式[1-5]。

描述两个种群相互作用的 Lotka-Volterra 模型尽管应用广泛，也能反映并揭示决定着两种群相互作用的主要生态机制，但正如前面所述，存在着明显不合理之处。下面将以捕食与被捕食系统(13-1-1)为例来说明 Lotka-Volterra 方程的简单线性关系会引出不合常理的生物现象

$$\begin{cases}\dfrac{\mathrm{d}x}{\mathrm{d}t}=x(a_1-b_1x-c_1y)\\[2mm] \dfrac{\mathrm{d}y}{\mathrm{d}t}=y(a_2+b_2x-c_2y)\end{cases}\tag{13-1-1}$$

其中，c_1xy 项表示单位时间内被 y 个捕食者所吃掉的食饵数量，从而 c_1x 表示单位时间内被每一个捕食者所吃掉的食饵数量。它除与 x 有关外，还反映了捕食者的捕食能力大小，称为捕食者对食饵的功能性反应。在这个捕食关系的例子中，功能性反应被确定与食饵的数量成正比。比例系数 c_1 标志着捕食能力。食饵数量越大，被每个捕食者在单位时间内吃掉的就越多。这在 x 较小时是合理的，但由于捕食者总有吃饱的时候，因此当 x 变得很大时，就会失去其合理性。显然，功能性反应与食饵数量成正比的假定忽略了消化饱和因素，与实际情况是不完全吻合的。

13.1.1　捕食作用和竞争作用的功能反应

根据种群作用方式的不同，功能性反应分为捕食作用的功能反应、竞争作用的功能反应以及互惠作用的功能反应。而捕食作用的功能反应，又可根据其不同的生物现象、不同物种类型而分为三类。下面分别予以介绍。

捕食作用功能反应是指每个捕食者的捕食率随猎物密度变化的一种反应，即捕食者对猎

物的捕食效应。1965 年，Holling 在实验的基础上，对不同类型的物种提出了三种不同的功能性反应函数 $\varphi(x)$ [2] (图 13-1)。

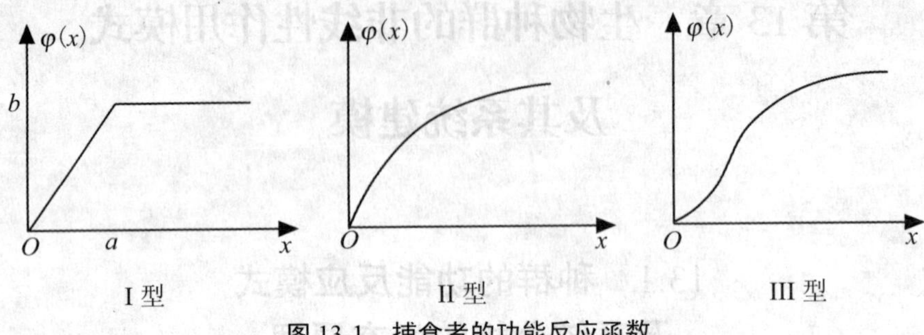

图 13-1　捕食者的功能反应函数

从行为生态学角度理解，影响捕食者种群变化的因素来源于捕食者自身的捕食行为策略与食饵种群的反捕食效率两方面。Holling 型功能反应是从捕食者自身出发，寻求影响捕食率变化的关键因素(例如搜寻时间、处理时间、攻击成功率和相互间的协作与干扰等等)以及这些要素影响捕食率的实现方式[4-7]。

I 型功能反应，又称线性功能反应。捕食者的捕食量随猎物密度增加，开始呈直线上升，之后达到一个平衡值。捕食率在前一阶段因捕食量与猎物成正比而不变，直到食物多于捕食者能取食的水准而下降。大多见于滤食者如大型蚤对藻类和酵母的取食。其数学模型为 $\varphi(x)=\begin{cases}cx, & x\leqslant\tau\\ c\tau, & x>\tau\end{cases}$，或者 $\varphi(x)=\begin{cases}a'T_s x, & x\leqslant\tau\\ a'T_s\tau, & x>\tau\end{cases}$。

其中，a' 表示捕食者对猎物的攻击率，T_s 为捕食者搜寻猎物的寻找时间，$\varphi(x)$ 则代表被成功捕食的猎物个体数量。

II 型功能反应，又称凸型反应或“无脊椎动物型”或负加速型。捕食者的捕食量随猎物密度增加而上升，直到饱和水平。其数学模型为 $\varphi(x)=ax/[1+bx]$。

从捕食者个体的行为特征观察，捕食率的负加速出现是由于在高猎物密度下饥饿程度降低了，搜索成功的比率降低了，用于搜索的时间(消化间歇)增大所致。为了看到这一点，我们将 $\varphi(x)$ 改写为 $\varphi(x)=a'Tx/[1+a'T_{s+h}x]$。

其中，T 为实验的总时间，T_{s+h} 为捕食者搜寻并完成处理的总时间，其他参数同前。

III 型功能反应(图 13-1c)，又称“脊椎动物型”或 S 型。捕食者的捕食量随猎物密度增加呈 S 形变化。捕食率开始时有正加速期，接着是负加速期，而后达到饱和水平，其负加速期的出现同无脊椎动物型。其数学模型为：

$$\varphi(x)=ax^2/[1+bx^2] \tag{13-1-2}$$

若要说明 III 型功能反应(13-1-2)的生物学意义，则需要将 $\varphi(x)$ 与行为生态学中的种群觅食理论联系起来。从捕食者个体觅食行为角度观察，早期出现正加速期可以解释为个体觅食过程中多增加了一个学习的环节。在猎物密度极低时，捕食者与猎物接触太少，它们不能建立条件反射以很快地发现和识别食物。随密度上长，频繁的接触使捕食者通过学习反应变快。

为了方便从捕食者个体觅食角度给出合理解释，　我们将 III 型功能反应 $\varphi(x)$ 改写为

$$\varphi(x) = bTx / [1 + cx + bT_h x] \tag{13-1-3}$$

其中，b 表示捕食者对猎物的攻击率，c 为捕食者对猎物捕食的初期学习效率，T 为实验的总时间，T_h 为捕食者的猎物处理时间。

我们认为，III 型功能反应(13-1-2)与(13-1-3)在本质上是一致的。其一，它们的图形在形状上都表现为 S 型;其二，正如 L. A. Real 所指出的那样，存在的一个合理的生态机制解释是，包含在 Holling III 型功能反应中的指数 $n = 2$ 刻画了生态的一种现象，捕食者与猎物的相遇概率为 λx^2，这个指数同时反映了捕食效率达到最高之前，捕食者个体必须要遇到的猎物数目[6]。 基于这种关系，L. A. Real 引入更为一般的功能反应函数表示形式：

$$\varphi(x) = a'x^n / [1 + a'T_h x^n]。 \tag{13-1-4}$$

其中，T_h 为捕食者对猎物的处理时间，a' 和 n 则是刻画捕食者与猎物的遇敌率大小的参数[6,7]。指数 n 很好地描述了功能反应函数的形状，其中包括，当 $n = 1$ 时的 Holling II 型功能反应和对于 $n > 1$ 时 Holling III 型(S 型)功能反应这些特殊情形。如果 $n \to 0$，则(13-1-4)逐渐逼近于密度无关的功能反应形式，它能够很好地描述某些捕食性螨所显示的功能反应[8]。此外如果 $0 < n \leqslant 1$，则在猎物密度较低时，捕食者个体对猎物的平均捕食率反而较高，即如果忽略由于捕食者密度改变而导致的反馈作用，则仅仅捕食作用就可形成由 Stephens 等所定义的 Allee 效应现象[9]。

类似捕食作用的功能反应，竞争作用的功能反应是指种群本身大小的变化(种内竞争压力变化)和竞争种群大小变化(种间竞争压力变化)对该种群增长速度的影响，分别称为种内竞争功能反应和种间竞争功能反应[10]。 Lotka-Volterra 竞争模型与 Malthus 方程中，种群的种内和种间竞争的功能反应分别是一条下降直线和一条水平直线，对于更一般的情形，更加合理的竞争模型而言，此功能反应则应该是一条曲线，并允许在前二者形成的广泛区域内变动。

13.1.2　单调性功能反应和非单调性功能反应

不同的捕食与被捕食系统，需要采用不同类型功能性反应来描述。上面由 Holling[2]提出的三种功能反应函数 $g(x) = x, x/(m+x), x^2/(m+x^2)$ 都是单调性的。但是在自然界中也存在许多生物现象，其相互作用的功能响应函数却是非单调的[11-19]，例如微生物种群动态的“抑制”(对环境生物净化过程的研究中，发现污染物慢慢会对净化物产生抵制作用，甚至使得净化物净化功能失效[11-16])和存在“群体防御”(当猎物的数量足够大时，由于其保护或伪装自己、抵御能力的增加而致使捕食效率降低，甚至完全避免被猎食的现象)种群动态的情况下。再如研究害虫的生物防治过程中，当虫害密度太大时，生物天敌不能再以虫害为食，也使得生物防治技术失效[17-19]。 不像单调性功能反应那样，非单调性功能反应是单峰的，在猎物密度 x 较小情形下递增，但在猎物密度 x 很高时递减下降，　而且当 x 无限增大时趋向于零，如图 13-2 所示。

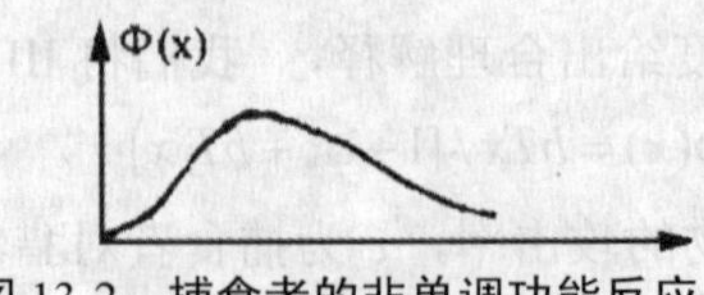

图 13-2　捕食者的非单调功能反应

在微生物动态或化学动力学中，功能响应描述的是微生物对底物的吸收，在一般的功能响应函数 $\Phi(x)$ 是单调的。但也有实验表明，在微生物水平也可能会发生非单调的功能反应，养分浓度达到高水平上时的特定生长速率的抑制效果。例如在对环境生物净化过程的研究中，发现污染物慢慢会对净化物产生抵制作用，甚至使得净化物净化功能失效，这通常被用于废物分解或用于水净化的微生物时[14]。Holling IV 型功能反应已被提出并用于模拟在高浓度下对微生物生长速率的抑制效果[11-13]。Holling IV 型功能反应函数 $g(x)=x/(x^2/m+x+a)$，即所谓的 Monod–Haldane 功能响应函数是非单调的[11,16]。

假定一般非单调功能响应函数 $\Phi:[0,\infty)\to[0,\infty)$ 是连续的，且满足所谓的非单调条件(NM)[20]：

(i) $\Phi(0)=0$；（ii）存在一个常数 $M>0$，使得 $(x-M)\Phi'(x)<0$ 对任意 $x\neq M$。显然函数 $\Phi(x)$ 在 $[0,M)$ 上递增，而在 (M,∞) 上递减，并且对于 $x\geqslant 0$ 有 $\Phi(x)\leqslant\Phi(M)$。

此外，很容易地看到如下功能反应函数形式：

$$g(x)=\frac{x^2}{m+x^2},\ g(x)=xe^{-\beta x},\ g(x)=\frac{x}{(x^2/m)+x+a}。$$

均满足非单调条件(NM)中的(i)和(ii)。

13.1.3　猎物依赖的功能性反应与捕食者依赖的功能性反应

根据种群相互作用中功能性反应的因素不同，功能性反应可分为两类：猎物依赖功能性反应与捕食者依赖功能性反应。猎物依赖功能性反应是指只有猎物密度者一个因素影响功能性反应，而捕食依赖功能性反应是一个函数中猎物和捕食者的密度。在文献中占据主导地位的功能反应方程，如 Holling 功能反应函数簇是严格猎物依赖的。自 1959 年 Holling 提出捕食者的功能性反应[2]以来，具严格猎物依赖的 Holling II 功能反应一直作为大量文献关于捕食与被捕食系统的理论基础[21]。

然而猎物依赖功能性反应未能模拟捕食者之间的干扰这一现象，并且一直备受生物学和生理学领域内众多问题的质疑和挑战[22-24]。一些生物学家认为，在通常情况下，尤其是在捕食者搜寻食物并由此共享或争夺食物时，功能反应应该是捕食者依赖型的。很多证据表明：捕食者依赖功能性反应在实验室和自然生态系统中屡有发生[21,24-28]。同时大量实验和观测表明：捕食个体之间的活动确实存在相互干扰，从而导致一种竞争效应，使得在面临不断增加捕食者的威胁时，猎物会改变其活动行为，捕食者依赖的功能响应模型理所当然地成为猎物功能反应模型的合理替代形式[21]。

13.1.4　比率依赖的功能反应与 Beddington-DeAngelis 型功能反应

既然功能性反应的猎物依赖与捕食者依赖是自然界中普遍存在的现象，一个自然的想法是，自然界中是否存在着需要考虑两方面因素才能描述的生态现象?答案是肯定的，这就是比率依赖的功能性反应 $g(x)=cx/(ax+by)$，这与著名的 Holling II 型功能性反应在形式上有所相似。许多学者将这种功能性反应引入模型，经过研究发现，可以表现出更丰富、更复杂、更合理或可接受的动态行为，但是它在低密度时存在一些奇异的行为，这一点是其备受质疑和批评的主要原因。尽管如此，它仍然反映了自然界生态系统中捕食者密度对捕食者的功能反应具有强烈的影响。

Beddington-DeAngelis 功能反应 $g(x)=\beta x/(a+bx+cy)$ 最初是由 Beddington 和 DeAngelis 等[29,30]独立地提出的。Beddington-DeAngelis 功能反应与著名的 Holling II 型功能反应相似，但却在其功能性反应的分母中出现额外的一项 cy，用于模拟捕食者之间存在的相互干扰效应，并且具有一些与比率依赖形式相同的定性特征，但同时又避免了比率依赖模型在密度很低时产生奇异行为这个质疑理由。在数学上，我们可以认为传统的猎物依赖和比率依赖模型都是一般的 Beddington-DeAngelis 型捕食系统在特殊情形下的极限结果(对于前者 $c=0$，而当 $a=0$ 时则为后者)。Beddington-DeAngelis 功能反应可以通过考虑捕食过程的时间利用或空间限制而形式地推导得出[30-32]。

Skalski 和 Gilliam 通过仔细研究，从 19 个不同的捕食与被捕食模型中提出了在一定捕食者和食饵的丰度范围内，能对捕食者的功能反应现象提供良好描述的统计性证据[21]，这其中包括了 3 个捕食者依赖的功能反应模型(Beddington-DeAngelis、Crowley-Martin 和 Hassell-Varley)。在某些情况下，Beddington-DeAngelis 型功能反应能做得甚至更好，其中最显著的发现是捕食者依赖的功能性反应是所有被验证的实验数据集所共同具有的最普遍的特征。需要补充的一点是，虽然捕食者依赖的功能反应模型能很好地拟合那些已经存在的实验数据，并且其整体效果还算不错，但是我们知道还没有哪一个功能反应模式能够最准确地描述所有的实验数据。理论研究表明：捕食者依赖的功能反应模型与猎物依赖的功能性反应系统的动力学特征差异可以很大。这一点需要在建模过程中仔细斟酌，以选择能最好地描述需要解释的生物现象。

13.1.5　非线性种群作用模式下进行模型分析的生态原理

对具非线性作用模式的生态种群模型，生态学家感兴趣的主要问题仍是其正平衡位置的存在问题与正平衡位置稳定性问题。其本质和关键仍然是保证所考虑系统中所有种群的内禀增长率或者基本再生率 $R_0>0$，由基本繁殖率 R_0 为正的种群相互作用系统必然存在正平衡位置，并且当生物种群的种内作用强度占优时，正平衡态还是稳定的。

对于种群之间的相互竞争作用，已有的研究表明，适当的种内竞争强度是保证一个物种能够稳定续存的必备条件。我们周围世界所能观察到许多种群、群落生态系统都是稳定共存的，是因为系统中每一类物种都找到了与之匹配的生态位置，这既保证了适当强度的种内竞争，又使各个物种之间的相互作用强度恰如其分。而所有这一切都是通过生物进化力量的驱动而实现的，因为种内竞争促使两个物种的生态位接近，而种间竞争又促使两个物种生态位分离。为了稳定共存条件，我们需要获得相关种群的基本繁殖率 R_0，只不过这时我们需要把由于各方面因素所造成的种群密度损耗排除掉，而这当然先要估算或者测量这些种群个体的损失量。这一点就如同我们在前面考虑种群竞争作用时所考虑的那样，为了得到物种 1 的增长率，先把由于现有的物种 1 对环境中资源的消耗排除，然后利用物种 2 对物种 1 的竞争系数 α 将物种 2 的个体数折算成为与物种 1 形式的等效果当量，并也将由此造成的资源消耗排除，最后以现有环境中所剩余的各个物种尚未利用资源为依据，确定出物种 1 的增长率[2,33]。

而所有这一切工作的依据是决定物种相互竞争的生态学机制：任何一个生物种在某一生态位维度上的分布呈现正态曲线，它能表示该物种具有的食谱喜好位置(如喜食昆虫的大小)及其散布在食谱喜好位置周围的变异度，这种曲线称为资源利用曲线。比较两个物种的资源利用曲线，就能分析其生态位的重叠和分离情形，进而探讨物种竞争作用下的共存与灭绝问题。根据竞争排斥原理[2,33]：竞争作用要么导致某一物种灭亡，或者通过生态位分化而得以共存。如果两个物种的资源利用曲线完全分开，则存在某些未被利用的资源，则首先扩充资源范围的物种将在竞争中获得更多优势。然而对于生态位狭窄的物种，激烈的种内竞争更将促使其扩展资源利用范围。这是两种方向相反的进化驱动力，它一方面导致两个物种的生态位靠近、重叠增加，种间竞争加剧；另一方面生态位越接近，重叠越多，种间竞争也就越激烈。总之，种内竞争促使两物种的生态位接近，种间竞争又促使两个竞争物种生态位分开。例如斑块环境下竞争中的逃命共存机制形成了两个种群共存格局，其原因是：竞争力强的物种大多作用于种群自身，而竞争力弱的物种则具有很强扩散和空斑侵占能力，是扩散与侵占上的强者。生物的聚集分布促成各物种稳定共存，是因为聚集分布加剧了种内竞争强度而减弱了种间竞争强度，造成种内竞争大于种间竞争。

纵观现有的生态文献，捕食者—食饵模型基本上可以分为供体(食饵)控制型与受援者(捕食者)控制型两类，因此对于种群的捕食作用模型，需要按照供体(食饵)控制型与受援者(捕食者)控制型两种不同情形区别对待。对于前者需要保证受援者(捕食者)的基本繁殖率 R_0 为正，而对于后者需要保证供体(食饵)的基本繁殖率 R_0 为正。一个捕食者—食饵系统称为是供体(食饵)控制的，如果食饵种群方程不明确地依赖于捕食者的密度，在一般的食物链营养级联情况下，供体(食饵)控制型捕食模型又称为自下向上控制的捕食模型；一个捕食者—食饵系统称为是受援者(捕食者)控制的，如果食饵种群密度只是随着捕食者密度的变化，而不受其环境容纳量变动的任何影响，受援者(捕食者)控制型捕食模型也称为自上而下控制的捕食模型[34]。

如果将食饵依赖的捕食关系模型推广到具有多个营养级层水平的食物链情形时，便表现出一种自上而下营养级联：顶级营养水平的捕食者可直接抑制其低一级水平上的物种动态，随着级联层逐渐向下延伸和生物营养浓度不断增加，这种抑制作用强度则会间接地从顶级物种的捕食压力中释放出来。鉴于此， Hairston 等[35]提出一个假设：食饵依赖的捕食型食物链的整个营养级联建立于“绿色世界”这个基础之上，并已经发现这种营养级联更多地发生在一些水生生态系统环境中，但需要指出的是，这种自上而下控制型的营养级联在自然界中并不常见，其中绝大多数都以藻类作为生存基地，而且大多数分布在孤立的、离散的淡水生境，溪流和营养湖泊中[36]。

与自上而下控制相对应的另一种方式是自下向上(或供体)的控制。术语“供体控制”最早是由 Pimm[37]在描述捕食者—食饵系统中供体(食饵)控制着受援种群(捕食者)的密度这一现象时提出的，但这种关系反之并不成立。在数学上，这意味着食饵种群方程并不明确地依赖于捕食者密度。这类系统中食饵的环境容纳量直接决定了其平衡密度，食饵平衡密度随着其环境容纳量的变化而变化。这是相对自上而下的控制占主导地位的系统而言，如食饵依赖的捕食模型。供体控制型模型的一个经典例子是捕食系统中当捕食者杀死绝大多数食饵后会因为饥饿、年龄过大和其他方面原因可能灭亡[37]。Menge 指出在多个营养级层的食物链情形，供体控制是指群落结构(包括物种丰度、分布、多样性)直接或间接地依赖于能够导致低级层营养水平变化的诸多因素[38]。

在捕食者—食饵模型中，如果功能反应被假定为一个仅与食饵密度有关的函数，即体现为食饵依赖的捕食关系，则这一假设意味着捕食者的密度大小不会对同一时间的捕食者个体的进食率有任何直接影响。其直接后果是食饵的平衡态密度并不依赖于食饵的增长率函数，而是可以利用捕食者方程中的捕食者平衡密度直接解出。也就是说，这个食饵依赖的捕食关系假设将使得食饵种群的环境容纳量变动不会对其平衡密度产生任何影响，而它只是随着捕食者平衡密度的变化而变化，因此在这类系统中，捕食者完全控制着食饵密度，即低级层营养水平的变化动态完全取决于高级层水平上营养浓度状况，显然 HollingⅡ型功能性反应的捕食模型是此类模型的一个实例[34]。

13.2　具功能反应的种群作用模型

我们在两个种群相互作用的 Lotka-Volterra 模型基础上，进一步引入种群相互作用的功能反应，便可形成具功能性反应的两个种群相互作用模型。根据前面所介绍的种群相互作用模式，各种能反映各式各样的生态现象的功能性反应函数，就可以建立形式多样、变化万千的种群动态模型。为了使讨论的范围不至于过于广泛，我们仅仅以具有 Holling 功能性反应的捕食与被捕食模型为例加以说明。其模型一般形式可写为：

$$\begin{cases}\dfrac{\mathrm{d}N_1}{\mathrm{d}t}=N_1g(N_1)-N_2\Phi(N_1)\\[2ex]\dfrac{\mathrm{d}N_2}{\mathrm{d}t}=-dN_2+eN_2\Phi(N_1)\end{cases}\tag{13-2-1}$$

其中，$g(N_1)$ 为被捕食种群的增长率，d 为捕食者种群的死亡率，$\Phi(N_1)$ 为捕食者的功能反应。

13.2.1 非密度制约的情况

如果被捕食者种群增长是非密度制约的，即有 $g(x)=r$。则模型为：

$$\begin{cases}\dfrac{\mathrm{d}N_1}{\mathrm{d}t}=rN_1-N_2\Phi(N_1)\\ \dfrac{\mathrm{d}N_2}{\mathrm{d}t}=-dN_2+eN_2\Phi(N_1)\end{cases} \tag{13-2-2}$$

这里 r 和 e 是正常数。设 (N_1^*,N_2^*) 是模型(13-2-2)的正平衡位置，则 (N_1^*,N_2^*) 满足方程组：$rN_1^*-N_2^*\Phi(N_1^*)=0,\ -dN_2^*+eN_2^*\Phi(N_1^*)=0$， 即有 $\Phi(N_1^*)=\dfrac{d}{e},\ N_2^*=\dfrac{er}{d}N_1^*$。

显然，只要模型参数为正数，捕食系统(13-2-2)总是存在正平衡点 (N_1^*,N_2^*)。

13.2.2 具有密度制约的情况

1. 考虑被捕食者种群具有一般性密度制约的情况。被捕食者种群的密度制约作用函数，它既可以像 Logistic 模型那样是线性密度制约形式，也可以是非线性密度制约模式。则此时模型为：

$$\begin{cases}\dfrac{\mathrm{d}N_1}{\mathrm{d}t}=N_1g(N_1)-N_2\Phi(N_1)\\ \dfrac{\mathrm{d}N_2}{\mathrm{d}t}=N_2[-d+e\Phi(N_1)]\end{cases} \tag{13-2-3}$$

其中，a、d、e、w 为正常数，$g(x)$ 是无捕食者时被捕食者种群的密度制约作用函数，由于函数 $g(x)$ 表示食饵的增长率，受其本身密度的制约，因此可对其做如下一般性假设：

(H) $g(x)$ 可微，且存在 $M>0$，使得 $g(M)=0$ 对所有的 $x\neq M$ 满足 $(x-M)g(x)<0$。

容易验证以下常见的几种 $g(x)$ 具体形式：

$$g(x)=r(1-\frac{x}{K}),\quad g(x)=r(\frac{K-x}{K+cx}),\quad g(x)=r[1-(\frac{x}{K})^{\theta}]\ (0<\theta\leqslant 1),$$

均满足条件(H)。

显然如果系统(13-2-3)具有正平衡点 (N_1^*,N_2^*)， $N_1^*>0,\ N_2^*>0$，则它满足方程：

$$g(N_1^*)-N_2^*\Phi(N_1^*)/N_1^*=0,\ -d+\Phi(N_1^*)=0。$$

同时我们不难验证有如下结论成立[39,40]：

定理 13-1 系统(13-2-3)存在正平衡点的必要条件是 $N_1^*<M$。

定理 13-2 如果系统(13-2-3)参数满足 $N_1^*>M$，则平凡平衡点$(M,0)$在$\{(x,y)\mid x>0,y>0\}$内全局渐近稳定。

从生态意义上看，当食饵的环境容量 M 小于捕食者捕捉食饵的能力时，系统在 $\{(x,y)\mid x>0,y>0\}$ 的轨线均为绝种轨线，其结果将导致捕食者种群绝灭，而食饵种群受其自身的密度制约而稳定在 M 这个水平上。

定理 13-3　在系统(13-2-3)中，(i)如果$\frac{d}{dx}[g(x)(1+wx)]|_{x=N_1^*}<0$，则平衡位置$(N_1^*,N_2^*)$是稳定的焦点或结点；(ii)如果平衡位置$(N_1^*,N_2^*)$是局部稳定的，则它也是全局渐近稳定的。

2.下面我们考虑具有线性密度制约的情况。

(1)被捕食者种群为线性密度制约的情况

无捕食者时被捕食者种群为线性密度制约的，即$g(x)=r-bx$。我们先考虑食饵种群为线性密度制约的，而捕食者种群没有密度制约时捕食与被捕食群模型，此时模型为：

$$\begin{cases}\dfrac{dN_1}{dt}=N_1(r-bN_1)-N_2\Phi(N_1)\\[2mm]\dfrac{dN_2}{dt}=-dN_2+eN_2\Phi(N_1)\end{cases}\tag{13-2-4}$$

(2)捕食者种群为线性密度制约的情况

这里与情况(1)的考虑正好相反，假设食饵种群是非密度制约增长的，而捕食者种群有线性密度制约，这种情况在现实中也是常有的，虽然食饵种群很丰富，可以无限地增长，但由于其他环境的约束，捕食者种群仍会有密度制约效应。这时我们考虑模型为：

$$\begin{cases}\dfrac{dN_1}{dt}=rN_1-N_2\Phi(N_1)\\[2mm]\dfrac{dN_2}{dt}=N_2[-d-bN_2+e\Phi(N_1)]\end{cases}\tag{13-2-5}$$

(3)捕食者与食饵种群均具有线性密度制约的情况

如果同时考虑捕食者与被捕食者种群的线性密度制约，并且$\Phi(x)$是 Holling 第 II 类功能性反应，即有：$\Phi(x)=\dfrac{\alpha x}{1+wx}$，其中$\alpha$、$w$是正常数。这就是说$\Phi(x)$是$x$的严格单调增加函数，而且$\Phi'(x)$的斜率是严格单减少的，此时模型(13-2-1)的具体形式如下：

$$\begin{cases}\dfrac{dN_1}{dt}=N_1\left[r-aN_1-\dfrac{\alpha N_2}{1+wN_1}\right]\\[2mm]\dfrac{dN_2}{dt}=N_2\left[-d-bN_2+\dfrac{e\alpha N_1}{1+wN_1}\right]\end{cases}\tag{13-2-6}$$

假设这个模型有正平衡点(N_1^*,N_2^*)，$N_1^*>0, N_2^*>0$，则满足方程组：

$$r-aN_1^*-\frac{\alpha N_2^*}{1+wN_1^*}=0,\ -d-bN_2^*+\frac{e\alpha N_1^*}{1+wN_1^*}=0。$$

如果$\Phi(x)$是 Holling 第 III 类功能性反应，即有：$\Phi(x)=\dfrac{\alpha x^2}{\beta^2+x^2}$。其中$\alpha$、$\beta$是正常数。由定义其图形是一个$S$形的曲线；此时模型(13-2-1)的具体形式如下：

$$\begin{cases}\dfrac{dN_1}{dt}=N_1\left[r-aN_1-\dfrac{\alpha N_1N_2}{\beta^2+N_1^2}\right]\\[2mm]\dfrac{dN_2}{dt}=N_2\left[-d-bN_2+\dfrac{e\alpha N_1^2}{\beta^2+N_1^2}\right]\end{cases}\tag{13-2-7}$$

假设这个模型存在正平衡点(N_1^*, N_2^*)，$N_1^* > 0, N_2^* > 0$，则它满足方程组：

$$r - aN_1^* - \frac{\alpha N_1^* N_2^*}{w^2 + N_1^{*2}} = 0,\ -d - bN_2^* + \frac{e\alpha N_1^{*2}}{w^2 + N_1^{*2}} = 0\text{。}$$

更一般的，具有 Holling 功能性反应的捕食与被捕食系统可写为：

$$\begin{cases} \dfrac{\mathrm{d}x}{\mathrm{d}t} = xf(x) - y\varphi(x) \\ \dfrac{\mathrm{d}y}{\mathrm{d}t} = ky\varphi(x) - yg(y) \end{cases} \tag{13-2-8}$$

其中，假定$f(0) > 0, f'(x) \leqslant 0$(密度非助长)，存在$R > 0$，使$f(R) = 0$($R$为无捕食种群时食饵种群的容纳量); $g(0) \geqslant 0$, $g'(x) \geqslant 0$(密度非助长); $\varphi(x)$如前所述。

13.3　生物种群间非线性作用模式的形成机制

两个物种间的相互作用包括竞争、捕食、寄生和互利共生等关系，其相互作用的动态及其内在机制是当今生态学研究的热点问题。针对种间相互作用的研究，主要集中于两个方面：其一，两物种作用过程中的相互动态，即在种群动态上的相互影响;其二，两个物种作用过程中的协同进化，即彼此在进化过程中的相互适应策略。前者是表面的、现象的，而后者是内在的、本质的，前者是定量的形式，后者是定性的结论，是决定前者的真正内在机制。在上一节中，我们系统地介绍了描述两个物种相互作用动态的种群动力学模型。下面的这部分内容中，我们简要概述两个物种作用过程中的协同进化机制以及能引起种间非线性作用模式的生态现象。

经过长期的捕食者与食饵的协同进化，捕食者发展形成了一整套捕食特征，以便顺利地捕杀食饵，但是食饵也产生一系列相应的反捕食特征，以逃避捕食者的捕食，这些特征是多方面的，有形态和生理上的，也有行为上的。一方面，捕食者在进化过程中发展了锐齿、利爪、尖喙和毒牙等工具，运用诱饵追击、集体围猎等方式，以便有力地捕食食饵；另一方面，食饵也相应地发展了保护色、警戒色、拟态、假死、集体抵御、逃跑、隐蔽等种种方式以逃避捕食者的捕食[4,5,33]。同时植物在进化过程中也发展了相应的防卫机制，通过新陈代谢产生一些植物次生化学物质，在长期进化过程中逐渐转为有用的物质。把这些物质释放到周围环境中则可以抑制别种植物，形成异种抑制效应，而把这些物质聚集在茎叶中则可以形成对食草动物的化学防卫机制。与此同时，食草动物亦随之而产生了有关的适应性，为了对付植物防卫机制而发展了特殊的酶进行解毒，或者调整食草时间以避开植物的有毒化学物。于是在植物和食草动物之间就出现了协同进化。同样，寄生物与其寄主间紧密的关联经常会提高彼此相反的进化选择压力。在这种压力下，当寄主提高其防御机制时，遇到寄生物为克服这些防御而发展相应的方法进行反击，即寄主对寄生反应的进化变化会提高寄生物的进化变化，这是一种协同进化，例如大豆与其真菌寄生物锈菌之间的协同进化。总之在捕食关系的进化中，形成了复杂的协同进化。

影响捕食者—食饵系统动态结果的因素是很多的，除诸如种群的密度制约、捕食者(或寄生物)的功能反应等因素外，还有在生态中普遍存在的众多生态现象，比如生物种群的捕获—投放效应、Allee 效应、援救效应(PIF)与似然 Allee 效应(POF)、庇护所效应(Refugees)、稀疏效应、集体防御效应、自食和厌食行为效应、捕食者之间的相互干扰、捕食者追逐(PP)效应、猎物逃逸(PE)效应以及生物种群的聚集扩散等生态现象。

13.3.1　捕获投放效应

前面所考虑的模型是描述种群在自然环境下增长的规律模型，这些模型并没有考虑到种群会受到人类生产活动的影响。 例如在渔业中，鱼类资源在自然环境下生长的同时，还要遭到人类的捕捞，如果把人类的捕捞因素考虑进去，则模型就要做相应的修正。一个种群相互作用的数学模型在加上常数收获率或常数存放率之后，它的解的性质就会发生本质性变化。 很多原来是全局稳定的数学模型，加上常数收获或常数存放后会变成不是全局稳定的，甚至变成不稳定系统。为了说明这一问题，我们以基本的 Lotka-Volterra 两个种群捕食模型为例，若食饵种群是密度制约的，捕食者种群是非密度制约的，则这些假设下的捕食模型为：

$$\begin{cases}\dfrac{\mathrm{d}N_1}{\mathrm{d}t}=N_1[r-a_{11}N_1-a_{12}N_2]\\ \dfrac{\mathrm{d}N_2}{\mathrm{d}t}=N_2[-d+ea_{12}N_1]\end{cases}\tag{13-3-1}$$

若考虑具有常数收获率的模型[40]，则有：

$$\begin{cases}\dfrac{\mathrm{d}N_1}{\mathrm{d}t}=N_1[r-a_{11}N_1-a_{12}N_2]-F\\ \dfrac{\mathrm{d}N_2}{\mathrm{d}t}=N_2[-d+ea_{12}N_1]-G\end{cases}\tag{13-3-2}$$

为简单起见，我们就 $G=0,F>0$ 的情形加以说明：这时(13-3-2)有平衡位置 $(\bar{N}_1,\bar{N}_2)$，其中 $\bar{N}_1=\dfrac{d}{ea_{12}}$，$\bar{N}_2=\dfrac{1}{a_{12}}[r-a_{11}\bar{N}_1-\dfrac{F}{\bar{N}_1}]\triangleq\dfrac{1}{a_{12}}[r-\dfrac{a_{11}d}{ea_{12}}-\dfrac{ea_{12}}{d}F]$。我们记 $F^*=\dfrac{d}{ea_{12}}[r-\dfrac{a_{11}d}{ea_{12}}]$，则当 $F<F^*$ 时，$\bar{N}_2>0$。因而正的平衡位置 $(\bar{N}_1,\bar{N}_2)$ 存在；而当 $F>F^*$ 时，这样的常数收获率将导致系统的食饵种群的绝灭，我们称 F^* 为临界收获率。

下面不妨假设 $F<F^*$，则经过计算(13-3-2)在平衡位置 $(\bar{N}_1,\bar{N}_2)$ 的线性化系统的特征值知，当 $a_{11}\bar{N}_1>\dfrac{F}{\bar{N}_1}$，即 $F<a_{12}\bar{N}_1^2=a_{11}(\dfrac{d}{ea_{12}})^2$ 时，平衡位置 $(\bar{N}_1,\bar{N}_2)$ 局部稳定。若记 $F_*=a_{11}(\dfrac{d}{ea_{12}})^2$，则我们发现只有当 $F<F_*$ 时，平衡位置 $(\bar{N}_1,\bar{N}_2)$ 才保持局部稳定。显然当食饵种群有常数收获率时，即使正的平衡位置仍然存在，也会产生失稳。 也就是说当 $F_*<F<F^*$ 时，模型(13-3-2)存在一个正平衡点，但却是不稳定的。

1. 具有常数收获率的捕食者—食饵模型

为了能清楚而又系统地说明问题，我们仍然以具有 Holling 功能性反应的捕食与被捕食模型为例，并分别以 G 、H 作为食饵与捕食者的常数收获率加以说明。其模型一般形式可写为：

$$\begin{cases}\dfrac{\mathrm{d}N_1}{\mathrm{d}t}=N_1g(N_1)-N_2\Phi(N_1)\\ \dfrac{\mathrm{d}N_2}{\mathrm{d}t}=-dN_2+eN_2\Phi(N_1)\end{cases} \tag{13-3-3}$$

其中，$g(N_1)$ 为食饵种群的增长率，d 为捕食者种群的死亡率，$\Phi(N_1)$ 为功能性反应。

(1)捕食者种群具有常数收获率的模型：

$$\begin{cases}\dfrac{\mathrm{d}N_1}{\mathrm{d}t}=N_1g(N_1)-N_2\Phi(N_1)\\ \dfrac{\mathrm{d}N_2}{\mathrm{d}t}=-\mathrm{d}N_2+eN_2\Phi(N_1)-H\end{cases} \tag{13-3-4}$$

(2)食饵种群具有常数收获率的模型：

$$\begin{cases}\dfrac{\mathrm{d}N_1}{\mathrm{d}t}=N_1g(N_1)-N_2\Phi(N_1)-G\\ \dfrac{\mathrm{d}N_2}{\mathrm{d}t}=-\mathrm{d}N_2+eN_2\Phi(N_1)\end{cases} \tag{13-3-5}$$

(3)两个种群都具有常数收获率的模型：

$$\begin{cases}\dfrac{\mathrm{d}N_1}{\mathrm{d}t}=N_1g(N_1)-N_2\Phi(N_1)-G\\ \dfrac{\mathrm{d}N_2}{\mathrm{d}t}=-\mathrm{d}N_2+eN_2\Phi(N_1)-H\end{cases} \tag{13-3-6}$$

2.按比例收获的捕食者—食饵模型

对于按比例收获的捕食者—食饵模型而言，本质上与上一节中考虑的具 Holling 功能反应的捕食被捕食模型的情形是一致的。例如在 $g(x)=r$ 时，若以 G 为比例系数对食饵进行收获，则相当于将食饵种群的增长率减少 G 后进行讨论;而若以 H 为比例系数进行对捕食者收获，则相当于将捕食者种群的增长率增加 H 后进行讨论。

3.具有常数存放率的捕食者—食饵模型

如果前面情形 1 之中模型所含的收获率系数 $G<0$ ，并且 $H<0$ ，则 G 、H 分别称为对食饵与被捕食的常数存放率，而相应的模型称具有常数存放率的捕食者—食饵模型。有关于常数存放率的捕食者—食饵模型，其定性性质是与无存放的情形一致的，即出现常数存放时不会影响原有系统的生态平衡，例如对于系统(13-3-3)我们容易得：

定理 13-4[40]　如果系统(13-3-3)存在正平衡位置 (N_1^*,N_2^*) ，并且 $F\leqslant 0,G\leqslant 0$ ，则 (N_1^*,N_2^*) 是全局稳定的。

证明　构造 Lyapunov 函数：

$$V(N)=e[(N_1-N_1^*)-N_1^*\ln\frac{N_1}{N_1^*}]+[(N_2-N_2^*)-N_2^*\ln\frac{N_2}{N_2^*}] \tag{13-3-7}$$

沿着系统(13-3-3)的解对 $V(N)$ 计算导数，我们有

$$\dot{V}(N)=-ea_{11}(N_1-N_1^*)^2+\frac{eF}{N_1N_1^*}(N_1-N_1^*)^2+\frac{G}{N_2N_2^*}(N_2-N_2^*)^2\text{。}$$

显然当 $F\leqslant 0$、$G\leqslant 0$ 时，除 (N_1^*,N_2^*) 外恒有 $\dot{V}(N)<0$，所以 (N_1^*,N_2^*) 是全局稳定的。

说明：定理 13-4 告诉我们具有常数存放率不会影响原有系统的生态平衡，而由前面的内容我们知道，具有常数收获率情形则不一样。

13.3.2　Allee 效应

20 世纪 30 年代，Allee 观察到在有金鱼的水里放入的金鱼会比没有金鱼的水里放入的金鱼长得快，随后进行一系列实验和研究表明：大规模种群或适当强度的拥挤(种内竞争)反而有利于增加个体的平均增长率，促进繁殖，使物种在不利环境中生存。这充分说明生物种群的增长速度除了资源和空间等限制之外，它还与初始时刻种群的密度有关。当种群的初始密度低于某一临界值时，由于种群繁殖的条件或其他条件的限制，种群最终将趋于灭绝，称这种现象为 Allee 效应。也就是说，同种的个体数量将与个体平均增长率之间出现所谓的正相关关系，即所谓的“正密度依赖”现象[9]。Allee 效应描述了在自然环境条件下，种群规模可能因同物种的存在而受益，其中捕食者分散、同系繁殖的减少、遗传漂变和捕食者湮灭、个体寻找食物困难、找到或很难找到配偶，以及种群密度维持在很低水平时遭遇正密度依赖作用等，都会引起 Allee 效应。

Allee 效应根据其严重程度被划分为两种类型[43]：强 Allee 效应和弱 Allee 效应。当种群具有弱 Allee 效应时，种群密度的增长速度非常低，尽管不能达到种群的最大值，但一直是保持正的，然而系统的长期性态不同于与系统的初始值有关的情形。当种群具有强 Allee 效应时，种群密度的增长速率为负且非常低，会出现一个极限阈值：种群密度大于阈值时，种群获益;小于阈值时，种群遭遇负效应。相对于这个极限阈值，还存在着一个灭绝阈值[44]：一个具有繁殖能力的小种群，当个体种群数量小于阈值时，种群必然趋于灭绝。如在半干旱气候的系统中，植物可能通过减少水分的流失促进自身的生长，如果水分流失导致土壤轻度退化，植物种群具有了弱 Allee 效应;如果导致土壤重度退化，那植物种群就具有了强 Allee 效应[45]。

Allee 效应对一个种群的动态行为具有非常大的影响，当它的强度处于一定范围时，可使 Logistic 种群增长模型产生一个除了环境容纳量 K 以外的局部稳定状态。由于 Allee 效应描述了当种群水平低于某一阈值时会发生种群负增长的生态现象，因此在模型中考虑种群的 Allee 效应的基本方式就是对种群增长率设置一个临界阈值，从而具 Allee 效应 Logistic 模型形式为：

$$\frac{\mathrm{d}N}{\mathrm{d}t}=rN(t)[\frac{N(t)}{K_0}-1][1-\frac{N(t)}{K}] \tag{13-3-8}$$

其中，K_0 是 Allee 效应强度，表示该种群能够存活的最小种群密度。

13.3.3 援救效应(PIF)与似然 Allee 效应(POF)

若将捕食—食饵系统视作一个封闭的生态系统，而其中猎物种群具有可再生性，则这个系统将会因为与自然界中其他生态系统、群落的相互联系、生物个体的可移动性等因素而与外界不断交换物质、能量、信息等，在与外界进行交换的过程中，必然包含了相关种群个体的迁入与迁出等迁移变动。以所考虑的生态系统作为参照，一个种群可以通过扩充所拥有的有限资源的环境容纳量，或者通过援助所需的可再生食物资源而增加它的密度与规模。在一般的模型中，将这种通过迁入导致种群密度的增大现象，在数学上统一按照具有存放率项的方式处理。然而若将这种迁入导致的种群密度增大现象以影响并变其食饵种群增长率的方式加以考虑，则就是所谓的对猎物的援救效应(PIF)。事实上可更新食饵种群除了竞争之外，还可能会依赖于其他方面的众多因素，例如猎物更新速率通过外界迁入的提高、从内部迁出到外界的减缓等都会导致食饵更新速率增大，从而产生猎物的援救效应[46,47]。

似然 Allee 效应(POF)是与猎物的援救效应相对应而言的一个概念，它是指由于系统中猎物个体的迁出而对系统动态形成的影响、导致的结果[47]。我们知道 Allee 效应就是假定种群具有一个阈值密度：小于阈值时，由于种群密度趋近于零、交配机会稀缺而遭遇的负效应；种群密度大于阈值时，种群获益并不断增长。种群表现出的 Allee 效应动态可能由不与成功交配直接联系的其他各种原因引起，这些诱因包括降低反捕食防御、密度低、取食效率较低、警惕性和反捕食防御的有效性降低。总之任何一个导致种群的数量或密度与个体平均增长率之间出现正相关关系的机制，都可以被称为 Allee 效应的机制[9]。在我们考虑的系统中，猎物个体的迁出直接造成了猎物种群平均增长率降低，是一种正密度相关关系，即一种 Allee 效应的机制。因此我们称猎物个体的迁出现象为似然 Allee 效应。

综上所述，建立能反映这种影响因素的捕食模型的基本方法是，在一般模型基础上，通过援救效应参数或似然 Allee 效应参数来修正模型中猎物种群的增长率而实现，例如考虑具 Holling III 类功能反应的捕食者—食饵系统：

$$\begin{cases} \dfrac{\mathrm{d}N_1}{\mathrm{d}t} = rN_1[(1-\dfrac{N_1}{K}) - \dfrac{aN_1N_2}{\beta^2+N_1^2}] \\ \dfrac{\mathrm{d}N_2}{\mathrm{d}t} = N_2[-\mathrm{d} + \dfrac{eaN_1^2}{\beta^2+N_1^2}] \end{cases} \tag{13-3-9}$$

则相应的具有援救(PIF)效应的捕食者—食饵模型表示为：

$$\begin{cases} \dfrac{\mathrm{d}N_1}{\mathrm{d}t} = (r+F)N_1[(1-\dfrac{N_1}{K}) - \dfrac{aN_1N_2}{\beta^2+N_1^2}] \\ \dfrac{\mathrm{d}N_2}{\mathrm{d}t} = N_2[-\mathrm{d} + \dfrac{eaN_1^2}{\beta^2+N_1^2}] \end{cases} \tag{13-3-10}$$

其中，$F>0$ 称为食饵种群的拯救效应(PIF)的强度[46];如果 $F<0$，则上述模型就为具有似然 Allee 效应(POF)的捕食—食饵模型，并称 $F<0$ 为食饵种群的似然 Allee 效应强度[47]。

结果表明，PIF 对食饵种群的平衡密度几乎不产生影响，而 PIF 效应不仅可以增加捕食者种群的平衡密度，而且能增加系统的稳定性产生影响。这里系统的稳定性增加是指系统的正平衡点随着 PIF 效应的增强由不稳定状态转变为渐进稳定状态在 PIF 效应作用下具有唯一渐进稳定的正平衡点[46-48]。

13.3.4　空间庇护所效应

空间庇护所是影响捕食模型动态行为的众多生态因素之一，是指由于环境异质性所形成的捕食者很少能到达，但同时却能被一定数量的猎物开发或使用的特定场所，这种情形下有一部分猎物种群由于庇护所保护而在一定程度上不被捕食者侵害。猎物的庇护所效应就是猎物种群利用空间庇护所而减少甚至避免被捕食，从而在一定程度上得到保护，达到最终影响捕食效率的作用。

庇护所效应对种群增长的影响由两部分组成。第一部分称之为初始效应，即食饵种群死亡率的下降，食饵为了躲避捕食者的捕食而进入庇护空间，使得能够被捕食的食饵数量减少，从而降低了食饵种群的死亡率，同时由于能够捕食到的食饵数量下降，致使捕食者面临被饿死的风险，这对捕食者来说是极其不利的。由此可见，庇护所效应的初始效应对食饵种群产生了正面效应，而对捕食者产生了负面效应。然而由于庇护空间中的生存环境相对恶劣，交配机会相对较少，食物资源相对匮乏，必然导致食饵种群的出生率降低，这就是庇护所效应的第二效应，故而对躲避于庇护空间中的食饵而言，也产生了另一方面的影响。因此食饵种群必须要权衡进入庇护空间而产生的两种相反作用[48]。

最早研究庇护所的学者是 Crombic，他在 1946 年做了这样一个试验：把甲虫 A(锯谷盗)和 B(杂拟谷盗)放在一起混合饲养，并给它们以充分的面粉，发现在一定时间以后，因为 B 吃掉许多 A 的蛹而致使 A 最终灭绝，而 B 获得了应有的增长。但如果把一支玻璃管放入面粉中使得 B 的较大的成虫进不去，则 A 的幼虫就有了一个庇护所，结果两种甲虫同时共存。

Hassell 于 1978 年发现，当寄生者 *Nemeritis canescens* 攻击粉蛾(*Ephestia* spp.)的毛虫时，只能够将产卵管刺入一定深度的粉蛾培养基中。因此，那些处于培养基较深层次的粉蛾毛虫将躲过被寄生的可能性[49]。

Connell 等 1978 发现，藤壶在躲避蛾螺的捕食中也建立了庇护空间，藤壶的成体主要分布在海岸带的最高地区，幼体分布范围很广，而捕食者蛾螺主要在较低地区捕食藤壶的幼体，只有在两次短暂的、高潮位的时间去捕食较高地区的藤壶成体，这样较高地区就成了一个能够隐蔽固定数量食饵的庇护所。

为了建模的方便，Taylor(1954)将庇护所分为两类：一类是保护一定比例的食饵，如 *Nemeritis caneseens* 攻击粉蛾毛虫的例子[50]；另一类是保护固定数量的食饵，如蛾螺捕食藤壶。从理论研究的角度出发，最初的做法是将庇护所效应作为一个新的参数，通过修正捕食者对食饵的功能反应函数而引入捕食—食饵模型。例如对 Holling 第 II 类功能性反应捕食模型：

$$\begin{cases}\dfrac{\mathrm{d}N}{\mathrm{d}t}=N[r(1-\dfrac{N}{K})-\dfrac{aP}{1+wN_1}] \\ \dfrac{\mathrm{d}P}{\mathrm{d}t}=P[-\mathrm{d}+\dfrac{eaN}{1+wN}]\end{cases} \tag{13-3-11}$$

如果我们假定上述模型中由于存在庇护所的保护，而使其中一部分 mN 猎物避免被捕食，其中参数 $m\in(0,1)$，则剩余的那部分猎物 $(1-m)N$ 就会被捕食，由此，上述模型可被修正为：

$$\begin{cases}\dfrac{\mathrm{d}N}{\mathrm{d}t}=N[r(1-\dfrac{N}{K})-\dfrac{a(1-m)P}{1+w(1-m)N_1}] \\ \dfrac{\mathrm{d}P}{\mathrm{d}t}=P[-\mathrm{d}+\dfrac{ea(1-m)N}{1+w(1-m)N}]\end{cases} \tag{13-3-12}$$

研究结果表明，庇护所效应能够增加模型的稳定性，促使捕食者与食饵更加稳定的续存，减少食饵种群灭绝的概率。Gonzalez 等[48]研究了庇护所效应对于简单捕食者—食饵系统动态结果的影响，其结果表明，庇护所效应不仅可以增加系统的稳定性，而且在一定条件下能够增加捕食者与食饵两个种群的平衡密度，并且保护固定数量的庇护所效应比保护一定比例的庇护所效应对模型的动态结果具有更强的稳定化作用[46-51]。这里稳定化作用是指随着庇护所效应的增强，捕食—食饵模型的正平衡点由不稳定变为局部渐近稳定，或者由局部渐近稳定变为全局渐近稳定。

13.3.5 稀疏效应

稀疏效应又称稀释效应，从字面含义理解，就是由于生物种的密度低，个体相遇困难，繁殖率降低，集体防御能力弱等生理、行为方面的不足而引起的生态现象，生物种群为了克服这些缺陷而发展的进化策略之一就是稀疏效应。其基本思想是当种群规模变得很大时，则一个外界作用发生在某一个指定个体身上的可能性会逐渐降低，例如一个由 100 只斑马组成的斑马群，其中每只斑马在每次受到攻击时被猎杀的概率只有 1%，而这个斑马群吸引捕食者攻击的次数不可能比单个斑马大 100 倍。在两个种群的捕食作用中，猎物往往采取反捕食行为来产生稀释效应。虽然猎物群体比个体更引人注目，但是群体数目总比个体数目少许多，所以一个捕食者找到一个猎物群体要比找到一个猎物困难一些。对于捕食者的攻击来说，猎物群体越大，其每个个体被捕杀的机会就越小，因而一个猎物个体会由于同其他同种动物生活在一起而得到保护，这都是“稀释和保护效应”现象。

自然界中体现稀释效应的例子有很多。Kenward 利用一只受过训练的苍鹰攻击正在取食的林鸽，发现随着鸽群的增大，苍鹰攻击成功的机会也就越来越低。鸵鸟社群的增大使其警觉性增加了，但更重要的是这大大地减少了每个个体被狮子吃掉的可能性[52]。某些鸟类，如鸵鸟和鹊鸭，当两只雌鸟相遇时，每只雌鸟都试图偷取或绑架对方的幼鸟加入自己的家庭，即偷雏行为。其好处是，在捕食压力很大时，自己的幼鸟可以因稀释效应而得到保护[4,5]。水黾的捕食者是沙瑙鱼，由于这种小鱼从水中捕食水黾，因此不存在警觉性随群体增大而增加的问题。沙瑙鱼对不同大小水黾群的攻击率都是一样的，因此对每一只水黾来说，沙瑙鱼的攻击率就只取决于稀释效应，这就是稀释效应的结果。

在数学建模时，这可以通过将一般捕食模型中含有猎物种群的常数增长率 r 的项 rN 来体现。例如 1987 年 Kuno[53]首次提出考虑稀疏效应因素影响的系统更具有现实意义，对于一般的 Lotka-Volterra 捕食模型：

$$\begin{cases} \dfrac{\mathrm{d}N}{\mathrm{d}t} = N[(b-a)N - P\Phi(N)] \\ \dfrac{\mathrm{d}P}{\mathrm{d}t} = P[-\mathrm{d} + eP\Phi(N)] \end{cases} \tag{13-3-13}$$

利用类似于 Holling II 型功能反应形式的相对增长率 $b(x) = bx/(s_x + x)$ 来代替含有被捕食者种群的常数增长率 b，这样上述模型可表示为：

$$\begin{cases} \dfrac{\mathrm{d}N}{\mathrm{d}t} = N[\dfrac{bN}{s_N + N} - aN - P\Phi(N)] \\ \dfrac{\mathrm{d}P}{\mathrm{d}t} = P[-\mathrm{d} + eP\Phi(N)] \end{cases} \tag{13-3-14}$$

这里内禀增长率 r 与常数增长率 b 间有关系 $r = b - d$，s_N 为稀疏系数，它表示稀疏效应的强度。

13.3.6　集体防御

在捕食者—猎物两个种群的捕食作用中，集体防御是猎物的一种反捕食行为，它对捕食作用的影响是直接降低了捕食者的捕食效率，最明显的特征就是在猎物密度较高时，捕食效率反而很低，形成了与非单调功能反映类似的效果。如果被捕食的动物并不比捕食动物小多少或具有专门的防御武器，那么有时靠几个或更多个体联合一致的行动，就可以抵挡或挫败捕食动物的进攻。例如蜜蜂、胡蜂的舌体较小，比攻击它的捕食者小很多，它们靠特殊的防御武器。燕子、乌鸦、红嘴鸥等鸟类，在遇到偷袭鸟蛋或雏鸟的捕食者时，常常会群起攻击驱逐捕食者。在较大的动物群体中，特别容易受到攻击的个体常常躲在其他个体的后面而不易被捕食者发现，如角马的幼马总是被母马引导到角马群的另一面，以远离斑鬣狗的攻击。麝牛遇到狼群的时候，围成一圈，身体强壮的麝牛在最外圈，把容易受到攻击的个体保护在中间，头一律向外，用角对着狼群，这样形成的防御防线，一般是不能被狼群攻破的[16-18,54,55]。一般来说，参与集体防御行动的个体越多，捕食者就越难得手。

在种群动态建模中，猎物集体防御的集体防御现象可以利用非单调性功能反应来表示。例如功能反应函数 $\Phi(x) = ax/(1 + wx^2)$，如图 13-3 所示。

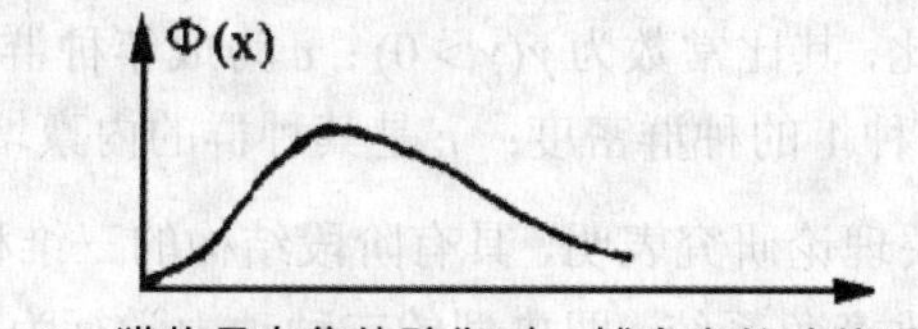

图 13-3　猎物具有集体防御时，捕食者的功能反应

此函数最明显的特征是：当 x 较大时 $\Phi(x)$ 关于 x 递减，而且当 x 无限增大时 $\Phi(x)$ 趋向于零。这一点恰好与猎物的群体抗捕现象保持一致，即当猎物数量较少时，其抗捕能力弱，所以 $\Phi(x)$ 递增;而当猎物数量较大时，其抗捕能力增强，所以 $\Phi(x)$ 就变为递减了;特别是猎物数量很大时，抗捕能力大大增强，捕食者就几乎捕不到食了。

因此，要建立考虑猎物集体防御现象的生态种群模型，只需要在已有的种群作用模型中引入非单调性功能反应就可以了。

13.3.7 自食现象(同类相食)

自食作用是指以同类作为食物、同物种之间相互残杀的一种行为，普遍存在于生物界，从原生动物到哺乳动物皆有发生[56,57]，其严格定义为通过部分或整个吞食同种类其他个体而导致被吞食者死亡的现象[58]。同类相食在海洋世界中更为常见，Davis(1985)观察到几乎所有的捕食性鱼类都存在自残现象，并且自残现象普遍存在于鱼类各个发育阶段，包括从早期的胚胎、仔鱼、稚鱼到幼鱼及成鱼阶段[59]。从生态和进化的角度来看，自然界中的自残现象对于种群的繁衍具有一定的优势，如营养作用、减缓食物以及交配的压力。

从种群之间的捕食作用角度看，自食现象通过两种方式影响捕食者的捕食效率，从而改变捕食者对食饵的功能反应作用。其一，在捕食系统中，若食饵种群存在自食现象，则会增加食饵种群的死亡率，间接降低食饵的内禀增长率，抑制食饵种群的增长，这对食性专化的捕食者而言，将会影响对食饵的搜寻效率，对食饵而言捕食压力增大，进而影响到其功能反应;其二，在捕食系统中，若捕食者种群存在自食现象，则捕食者将增长受到源于自身的潜在控制，形成一种与庇护所效应、集体防御、厌食行为相等效的作用机制，对食饵而言捕食压力减小，从而也影响到功能反应。

文献[60]在传统的二维 Lotka-Volterra 竞争模型基础上，一是假设竞争物种 2 具有两个发育阶段，即幼年阶段和成年阶段，以反映幼年种群没有能力和物种 1 竞争食物、空间资源，幼年种群不具有生育能力的现象;二是假定成年种群具有捕食幼年种群的自食行为。这里假设幼年向成年的转化与幼年种群的数量成正比，其比例常数为 $d\ (d>0)$，并且成年种群与幼年种群的捕食作用是双线性的，建立具有阶段结构和自食现象的竞争模型：

$$\begin{cases}\dot{N}_1(t)=N_1(t)[r_1-a_{11}N_1(t)-a_{12}N_2(t)]\\ \dot{N}_2(t)=N_2(t)[dI(t)-a_{21}N_1(t)-a_{22}N_2(t)+kcI(t)]\\ \dot{I}(t)=r_2N_2(t)-dI(t)-\gamma I(t)-cI(t)N_2(t)\end{cases} \tag{13-3-15}$$

其中，$I(t)$、$N_2(t)$ 表示物种 2 幼年种群和成年种群的密度；r_2 是成年种群的繁殖率，幼年种群的死亡率与其数量成正比，其比常数为 $\gamma(\gamma>0)$；c 为成年种群的自食效率；$k(0<k<1)$ 是正常数；$N_1(t)$ 表示竞争物种 1 的种群密度；r_1 是其种群的内禀增长率；常数 $a_{ij}(i,j=1,2)$ 为两个种群的竞争系数。有关理论研究表明，具有阶段结构的三维种群系统的动态行为类似于一般的没有阶段结构的二维竞争系统，即典型的三种动力学行为都可能存在。自食能挽救种群的灭绝，因而具有使系统稳定化的作用[60,61]。

13.3.8　厌食行为效应

所谓厌食行为就是由于捕食者种群产生了食谱结构改变、食性泛化等生理的和行为的特征变动，而引起的对特定猎物不爱进食的现象，尽管其食饵量充沛，密度也很高。厌食行为能直接降低捕食者将食饵转化为种群增长率的效率，从而间接地影响捕食作用中捕食者的捕食效率。因此与猎物种群的反捕食行为—集体防御机制类似，可以利用非单调性功能反应描述厌食行为。例如功能性反应函数 $\varphi(x)=ax/(1+bx+cx^2)$，其中 a、b、c 均为正常数，如图 13-4 所示。显然 $x\to\infty$ 时，$\varphi(x)\to 0$。a、b 称为 II 类功能反应标识，c 为厌食性标识，a/c 为食饵容量。

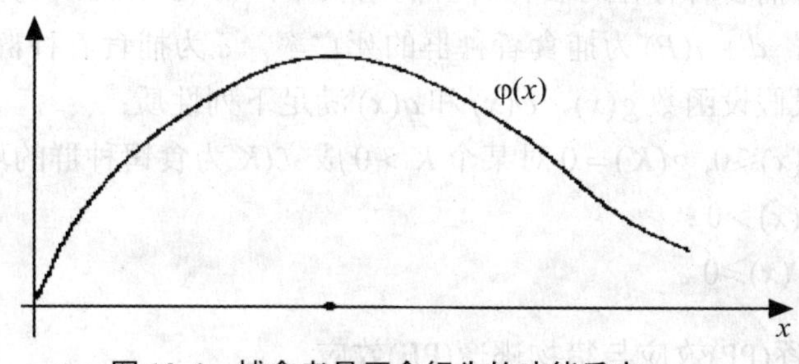

图 13-4　捕食者具厌食行为的功能反应

显然当食饵数量增大时，由于捕食者的厌食行为现象，捕食者对食饵的捕食效率受到潜在控制而不会无限增大，显然在食饵 $x\to\infty$ 的极端情形下，捕食者对食饵的消耗量显得微乎其微。例如在对环境生物净化过程的研究中，发现污染物慢慢会对净化物产生抵制作用，甚至使得净化物净化功能失效。这种现象就是典型的厌食行为。

1975 年，Dubois 和 Closset [62] 首次考虑 Holling II 型功能反应来体现厌食行为捕食系统

$$\begin{cases}\dot{N}=k_1[1-\alpha N]-\Phi(N)P\\ \dot{P}=P[-k_3+\beta\Phi(N)]\end{cases}，\text{其中 }\Phi(x)=\begin{cases}k_2x, & x\leqslant\tau\\ k_2\tau, & x>\tau\end{cases}\tag{13-3-16}$$

以同样的方式，1994 年 Dai 和 Xu [63]建立并讨论了有常数捕获率和厌食行为的捕食系统：

$$\begin{cases}\dot{N}=N[k-N]-\Phi(N)P-\mu_1\\ \dot{P}=P[-d+c\Phi(N)]-\mu_2\end{cases}，\quad\Phi(x)=\begin{cases}ax, & x\in[0,\tau]\\ a\tau, & x\geqslant\tau\end{cases}\tag{13-3-17}$$

随后，文献[64]在此基础上，进一步引入了厌食行为强度的概念，并仍然以 Holling II 型功能反应来体现厌食行为，建立了如下厌食性捕食系统：

$$\begin{cases}\dot{N}=N[a-bN]-\Phi(N)P\\ \dot{P}=P[-d+e\Phi(N)]\end{cases}，\quad\Phi(x)=\begin{cases}cx, & x\leqslant\beta\\ c\beta^2/x, & x\geqslant\beta\end{cases}\tag{13-3-18}$$

13.3.9　捕食者间的相互干扰效应

每一种生态因素对种群间捕食动态的影响都是通过改变捕食者的捕食效率，包括搜寻效

率和处理猎物的效率两方面来实现的。当然，捕食者个体之间的相互干扰因素也不例外，1971 年，Hassell 研究圆柄姬蜂攻击它们的寄主粉斑螟(一种面粉蛾)时的行为特征，发现当两个搜寻的寄生物相遇时，其中之一或这两个都具有离开该相遇地方的趋势，因此寄生物本身在搜寻寄主时相互间有干扰(破坏它们的搜寻效率)[65]。显然这个干扰必定会随寄生物密度的增加而增加，由此 Hassell 提出考虑这种干扰与寄生物密度之间关系的数学模型，并引进干扰常数 m 的概念。随后 Freedman 又提出一个既考虑到密度制约、功能反应，又考虑到相互干扰时捕食者与食饵(或寄生物与寄主)之间竞争的一般数学模型[66]：

$$\begin{cases} \dot{N} = Ng(N) - P^m\varphi(N) \\ \dot{P} = P[-d + cP^{m-1}\varphi(N) - q(P)] \end{cases} \tag{13-3-19}$$

其中，$g(N)$ 为没有捕食者存在时食饵种群的增长率，m $(0 < m \leqslant 1)$ 为干扰常数，$\varphi(N)$ 为捕食者的功能性反应，$d + q(P)$ 为捕食者种群的死亡率，c 为捕食者种群将猎物变换为增长率的效率系数。一般假设函数 $g(x)$、$\varphi(x)$ 和 $q(x)$ 满足下列性质：

(1) $g(0) = a,\ g'(x) \leqslant 0,\ g(K) = 0$ 对某个 $K > 0$ 成立(K 为食饵种群的环境容纳量)；

(2) $\varphi(0) = 0,\ \varphi'(x) > 0$；

(3) $q(0) = 0,\ q'(x) \geqslant 0$。

13.3.10 捕食者追逐(PP)效应与猎物逃逸(PE)效应

自然环境是非匀质的，非生物和生物因素共同形成了复杂的结构，物种生活在一个非均匀的修改的空间方式。同时捕食在空间也是异质性，相同的两个种群，捕食压力从一个地方到另一个地方不断地变化，有的地方捕食强，而有的地方捕食较弱。这就是说除了其他因素外，捕食作用还受空间因素的影响[34]。

另一方面，种群间的捕食作用在个体行为的时间尺度上，就捕食者的一次捕猎活动来说，猎物通过快速奔跑来逃避捕食，即猎物逃逸现象;而捕食者则通过追逐、几个个体的联合围攻等方式来达到成功猎食的目的，表现出捕食者追逐现象。捕食者追逐与猎物逃逸是长期的协同进化中形成的一对捕食、反捕食策略，这在种群动态层次的时间尺度下，体现为密度依赖的种群空间迁移规律：捕食者总是倾向于朝着捕食者密度较低，猎物密度较高的位置扩散与迁移，猎物则倾向于朝着捕食者密度较低，并且猎物密度较低的空间迁移与扩散[67-71]。

采用数学理论来描述捕食者追逐(PP)效应与猎物逃逸(PE)现象，由于进一步考虑了生物种群作用的空间影响因素，Dubey 和 Hussain[67]、Arditi 和 Tyutynov 等[68]曾先后针对这种特殊生态现象建立扩散—反应—对流模型，并对此类问题进行了研究。受 Dubey、Hussain 以及 Arditi 等建模思想的启发，文献[69-71]通过假定种群沿其梯度变化的方法来体现捕食者追逐与猎物逃逸现象，以不同方式建立并讨论反映捕食者追逐与猎物逃逸现象的扩散—反应系统。假设 $u(x,t)$ 为 t 时刻空间位置 x 处猎物种群的密度，$v(x,t)$ 表示在 t 时刻空间位置 x 处捕食者种群的密度，并用 $w(x,t)$ 表示捕食者奔跑的速度向量，则以 Logistic 方程为基础能反映捕食者追逐与猎物逃逸的空间捕食—食饵模型可以表示为[70]：

$$\begin{cases}\dfrac{\partial u}{\partial t}=\rho u(1-\dfrac{u}{K})-ef(u,v)v+d_1\Delta u\\ \dfrac{\partial v}{\partial t}=-\gamma v+\sigma f(u,v)v-\mathrm{div}(vw)+d_2\Delta v\\ \dfrac{\partial w}{\partial t}=T\nabla u+d_3\Delta w\end{cases}\tag{13-3-20}$$

其中，Δ 为向量场的 Laplacian 算子 $\mathrm{div}(\cdot)\cdot\mathrm{grad}(\cdot)$，$\rho$ 表示没有捕食者的情况下食饵的内禀增长率，K 为环境容纳量，γ 为在缺少食饵的情况下捕食者的死亡率，e 为一个捕食者在单位时间内捕食的食饵数目，σ 为捕食者的食物转化效率，d_1和d_2 分别为食饵和捕食者的非负扩散常数，d_3 为捕食者追逐速度的非负扩散常数(捕食者追捕猎物产生的加速度)，T 是用于表示方向的系数。

Tsyganov 等[69]研究了描述捕食者追逐与猎物逃逸的反应—扩散模型，并由此发现，追逐—逃逸扩散系统存在的空间波、孤立波。 Dubey 和 Hussain[68]研究表明，交叉扩散使得捕食者—猎物的相互作用变稳定。McCann 等[72]发现捕食者追逐可导致宿主—寄生蜂集合种群的静态空间格局和局域种群爆发。 Biktaskev 等[73]的研究表明：刻画捕食者追逐和猎物逃逸的反应扩散系统的时空动态是极端复杂的，系统往往会呈现出扭曲的螺旋波。

由于反应扩散方程存在理论研究上的困难，因此生态学家提出了一种简单易行的替代方法——空间隐含的斑块扩散模型。这在一定程度上既简化了问题，又考虑了空间的影响因素。而另一方面，正如陈兰荪所指出的，人类活动范围在不断扩大，如建设新兴工业设施、修建交通道路、开采矿山，甚至发展旅游业，以及人类对自然资源的过度掠取等，都导致昔日连绵不断的生态景观破碎化为斑块隔离状，形成由非常适宜的和非常不适宜的生境组成的镶嵌体。这种环境斑块化现象使得种群的扩散和迁移成为自然界中非常普遍的行为。基于上述两方面的考虑， Li 和 Gao 等[71]建立如下空间隐含的两个斑块扩散模型：

$$\frac{\mathrm{d}N_i}{\mathrm{d}t}=rN_i(1-\frac{N_i}{K})-\frac{bN_iP_i}{b+N_i}+\frac{a}{1+w}\left[\frac{N_j-N_i}{N_i+N_j}+w\frac{P_j-P_i}{P_i+P_j}\right](N_i+N_j)$$

$$\frac{\mathrm{d}P_i}{\mathrm{d}t}=\frac{bN_iP_i}{b+N_i}-\mathrm{d}P_i+\frac{g}{1+v}\left[\frac{P_j-P_i}{P_i+P_j}-v\frac{N_j-N_i}{N_i+N_j}\right](P_i+P_j)\tag{13-3-21}$$

以及多斑块扩散模型

$$\frac{\mathrm{d}N_i}{\mathrm{d}t}=rN_i(1-\frac{N_i}{K})-\frac{bN_iP_i}{b+N_i}+\frac{1}{\#\Omega}\sum_{j\in\Omega}\frac{a}{1+w}\left[\frac{N_j-N_i}{N_i+N_j}+w\frac{P_j-P_i}{P_i+P_j}\right](N_i+N_j)$$

$$\frac{\mathrm{d}P_i}{\mathrm{d}t}=\frac{bN_iP_i}{b+N_i}-dP_i+\frac{1}{\#\Omega}\sum_{j\in\Omega}\frac{g}{1+v}\left[\frac{P_j-P_i}{P_i+P_j}-v\frac{N_j-N_i}{N_i+N_j}\right](P_i+P_j)\tag{13-3-22}$$

这里规定捕食者追逐与猎物逃逸为两个密度依赖的斑块迁移规律。捕食者追逐表明捕食动物迁移不仅从捕食者密度较高的斑块到那些捕食者密度较低的斑块，而且也从猎物密度较低的斑块到猎物密度高的斑块;猎物逃逸表明猎物迁移不仅从猎物密度较高的斑块向猎物密度较低的斑块，而且也从捕食者密度较高的斑块到捕食者密度较低的斑块[67-69]。通过数值模拟的手段，他们研究了捕食者追逐效应和猎物逃逸效应对于空间捕食者—食饵系统的影响，结果表明，捕食者追逐和猎物逃逸通过增强系统的空间复杂性和种群动态的异步性而增加集合种群的长期续存。也就是说，在空间异质的栖息环境中，捕食者追逐和猎物逃逸对系统也具有稳定化作用。

运用同样的建模思想，文献[74]将捕食者追逐和猎物逃逸作用引入到更为复杂的群落系统之中，提出了捕食者追逐和猎物逃逸效应的两个斑块三种食物链的集合群落模型。他们规定的捕食者追逐与猎物逃逸规则是：基础物种需要逃避中间物种，中间物种不仅要求逃避种数量最多，并且同时也要追逐基础物种，而顶层物种只允许追逐中间物种。利用数值模拟及其结果展示了捕食者追赶和猎物逃逸对种群的空间同步性的影响。集合种群中猎物逃逸降低空间同步性的结论在集合群落中有所改变，3 个物种食物链的基层物种逃逸并没有保护自己，反而增加了所有这 3 个物种集合种群的空间同步性，因此也增加了灭绝的风险。

13.3.11　生物种群的聚集效应

聚集是动物界的一种常见现象，能够对群体中的许多动态过程产生影响。聚集行为能产生种群的群体效应，如减少水分损失，降低能量代谢，提高取食效率，增强繁殖力，增强抵御天敌等效应，对于个体很小、表面积—体积比很大的昆虫来说，具有极其重要的意义。例如瓢虫和蝴蝶等以成虫越冬的昆虫在越冬期间会发生聚集行为，是昆虫抵御逆境、提高生存能力的一种生态对策。

生物种群的聚集在自然界的昆虫、寄生蜂、微生物等中是普遍存在的现象。由于寄生—宿主关系作为特殊的捕食—被捕食作用关系，具有一般捕食作用所共有特征，如捕食者追逐和猎物逃避等捕食与反捕食策略，同时考虑到寄生者对宿主猎物攻击带有明显的聚集性，这是捕食者追逐行为在寄生—宿主关系中的具体表现形式。同时文献[75]的研究表明，寄生蜂的迁移扩散能力以及寄生蜂的觅食与攻击宿主的行为密切相关。为了探讨捕食者追逐对寄生—宿主系统动态的影响，文献[76]建立了寄生者对宿主的攻击具有聚集效应的寄生—宿主模型：

$$\begin{cases} N_{t+1} = N_t \exp\{r(1 - N_t / K)\}(1 + aP_t / k)^{-k} \\ P_{t+1} = P_t[1 - (1 + aP_t / k)^{-k}] \end{cases} \tag{13-3-23}$$

其中，a 为寄生者的搜寻效率；k 为聚集指数，k 值越小，寄生者对宿主的攻击越聚，从而其聚集效应越强烈。

Hassell 和 May 等的研究表明：不同程度的异质性，或者风险的聚集，有助于维持宿主—寄生物系统的稳定性[77-80]，例如当寄生蜂在空间分布上存在足够差异时，就有可能保证寄主—寄生蜂系统的长期生存[23]。 1991 年，Hassell 等提出了寄生种群控制的“$(CV)^2 > 1$”法则：如果每个寄生蜂寄生机遇的协方差 $(CV)^2$ 大于 1，则寄主—寄生蜂系统可以持久地稳定续存[78]。显然该法则成功地将捕食风险的聚集与寄主—寄生蜂系统稳定性联系起来了，并为评估密度依赖异质性和非密度依赖的异质性对宿主(猎物)—寄生物(捕食者)系统的稳定性作用提供了一个重要判别依据。文献[76]研究结果显示，寄生物对宿主的攻击的聚集效应明显地减少了系统的不稳定因素，能够促进种群的稳定共存，这与 Hassell 和 May 等的研究结果一致。

13.4　生态种群模型的数据拟合技术

生态学中的模型就是对现实生态系统的数学描述，这种数学描述可用于两种截然不同的目的，一是实践的，一是理论的。以理论为目的的描述就是根据生态学机理与生态系统要素的相互作用关系，先行建立能描述生态系统的理论模型，然后充分利用数学手段与技巧来分析模型所具有的各种可能状态以及动态行为，所获结果是一般性的，带有普适性，只能用于指导实践研究或工作。以实践为目的的描述则是以已获得的实验数据出发，构建描述生态系统数学模型。 例如为了解每年从毛皮用途的海豹种群中捕捉多少而不威胁其将来的生存，就必须尽可能详尽地记录该种群在其特定环境中的有关细节，包括具有年龄属性的出生率和死亡率，这些变化率如何随着种群密度以及环境中将来可能改变的其他特点而变化，然后用这些资料构建数学模型，并用所得模型预测某种管理政策的效应。

13.4.1　数据拟合种群模型的现实意义

以实践为目的的生态系统建模，是生态学理论研究的重要组成部分，生态学中提出的许多具有重大现实意义的理论和观点，都是以生态实验和数据为支撑的，观察、测量实际数据是其研究工作的先导和出发点。其主导思想是以已获得的实验数据出发，构建描述生态系统数学模型。实际上这与生物数学中根据实际观测数据确定模型参数与对给定模型进行动力学行为分析是相对应的，前者因为其具有更强的应用性并能普遍被生物学家所接受。 在实际应用中，研究模型的一个主要目的就是利用模型来预测种群的发展动态，为决策部门提供理论指导和决策依据，所以为了精确地实现模型的预测功能，我们必须慎重地选择模型并根据已知的数据对模型参数进行估计。 模型参数估计的方法是多种多样的，传统的方法包括最小二乘法、回归分析法、极大似然法等。

另一方面，生物科学中的数据不论是抽样调查或者样本分析还是实验，都必须经测量而获得。 由于观测精度总存在一个极限值，所以任何测量(或观测)都不能精确无误，超过这个极限值将导致模型失真或测量与分析仪器分辨率失效，或者两者兼具，超过这个极限值，重复观察的结果之间不会彼此完全符合。 例如用米尺测量某一木棒的长度，其极限精度是 0.5 毫米。如果把测量结果按最接近它的毫米做记录，则记录结果将基本一致，这是因为棒的末端接近某一毫米刻度是可以明确分辨出来的;如果精度提高到 0.1 毫米，并进行多次测量并做记录，则多次结果将不一致。 所以对利用数据拟合种群模型这一问题，我们更多关注的是现实生态系统的机理及其运行模式，而刻意追求其拟合精确度是没有任何现实意义的，因为数据本身具有误差。

13.4.2 数据拟合种群模型的基本原理

由于一个数学模型可能仅涉及一个变量同另一个变量之间的关系，这时用单一的方程式来描述，例如单种群增长的数学模型。复杂一些的涉及几个变量之间的相互关系则要由若干方程式加以描述，例如多种群的捕食—被捕食的数学模型。 进一步涉及整个系统的动态行为，构造出更为复杂的方程(组)，所以数据拟合种群模型的问题本质上就是用数据去拟合函数。 任何时候在获得一组数据以后，我们的任务就是找到一个合适的函数类，并在这个类中确定出一个逼近函数，使该函数对原始数据有良好的近似。 所谓“良好近似’就是确定一个合理的标准，按此标准去衡量，找到一个最合标准的逼近函数，这个过程称为数据拟合。

(1)函数的选择

两个变量之间的关系可以写为解析式：$Y=f(X)$。如果由测量或实验获得了一组(X,Y)的数据(X_k,Y_k)。我们首先就是选择一个合适的函数类作为逼近的工具，例如一次函数、指数函数或样条函数等等。这种函数的选择不是任意的，一方面要根据数据点的分布，先分析数据点散布图;另一方面又要求函数类具有一些满意性质，例如函数的光滑性，在计算机上可实现，且还易于求导数、求积分等，保证在做进一步分析时不致产生更大困难。

实际中，如果拟合的理论曲线函数是已知的，我们只要计算一个好的参数就行了。如果目的是要找一个经验函数，这种选择要加以细心分析，然后做出决定。一般说来并无固定程序可以作为挑选函数的依据，只有凭借经验、数据的散点图及对问题本身的理解去做决定。

(2)最小二乘曲线拟合

在工作中获得了一组实验数据，这些数据往往不可能再次重复测量获得，并且误差的范围也无法得知。如果我们要确定拟合函数(或逼近函数)，则设数据为$\{(X_k,Y_k)\}_0^n$，拟合函数为$Y=f(X,\alpha)$，其中$\alpha=(\alpha_1,\alpha_2,\cdots,\alpha_m)^T$是参数向量。目的是通过这一组观察数据来确定参数向量，使得方程能较好地反映区组已知数据。一个最自然的评价好坏的标准是使其误差和为最小，即：

$$LSQE_1=\min\{\sum|Y_k-f(X_k,\alpha)|\} \tag{13-4-1}$$

更一般的，估计值$Y=f(X,\alpha)$与实测值之差别就总体来说达到最小，可以通过求解

$$LSQE_p=\min\{\sum[|Y_k-f(X_k,\alpha)|^p]^{1/p}\} \tag{13-4-2}$$

当$p=2$时，省略开放运算后便有$LSQE_2=\min\{\sum[|Y_k-f(X_k,\alpha)|^2]\}$ (13-4-3)

因消除了计算绝对值所引起的困难，所以在一般情况下求解方便，这在统计学中占有特殊地位，在几乎所有情况下成为评价拟合优劣的标准，这就是最小二乘数据拟合问题。 有时由数据的采集过程可以确定每个数据在拟合中所占的比重，即所起的作用不完全一样，这就可以赋予每个数据以权重$p_k(p_k\geqslant 0,\sum\limits_k p_k=1)$，问题变为确定$\alpha$使得

$$LSQE_2=\min\{\sum p_k[|Y_k-f(X_k,\alpha)|^2]\} \tag{13-4-4}$$

有时所测数据尽管有误，但是误差的范围大体可以估计，求得的拟合函数只要经过这些点所限制的范围即可。另一方面，还要求未知的拟合函数具有良好的光滑性，例如要求拟合函数

的曲率累计值较小，这就是数据的光顺问题，此时可有

$$LSQE_2 = \min\{\int_{\alpha}^{p}[f''(X)]^2\,\mathrm{d}X + p\sum[|Y_k - f(X_k,\alpha)|^2]\} \tag{13-4-5}$$

这里 p 是权重，可在拟合误差及拟合函数的光滑性之间进行调节。

例 13-1　Gause 草履虫实验拟合

Gause(1934)的草履虫实验[81]是公认的最精巧的种群生长实验之一，半个多世纪以来人们一直用对该实验数据的拟合效果检验改进模型的性能及参数估计的精度。以下是 Gause 草履虫实验数据结果（表 13-1），我们的目的是确定一条最适合的曲线，使得拟合实验数据的残差平方和 SQE_2 达到最小，即以残差平方和 SQE_2 作为选择拟合曲线的基本标准。

表 13-1　Gause 草履虫实验数据表

横坐标 t	0	1	2	3	4	5	6	7	8	9	10	11	12	13	14	15	16
一环(I)	2	6	24	75	182	264	318	373	396	443	454	420	438	492	468	400	472
半环(II)	2	3	29	92	173	210	210	240	245	258	249	219	255	252	270	240	249
一环(III)	2	6	31	46	76	115	118	140	125	137	162	124	135	133	110	113	127
半环(IV)	2	5	22	16	39	52	54	47	50	76	69	51	57	70	53	59	57

只要曲线的线形符合实验数据的分布散点图，原则上这些凡是反映实验数据的理论曲线都可以选择为待拟合函数曲线。考虑不同的模型曲线与实验数据来源的背景，我们分别选择 Logistic 种群模型与崔-Lawson 种群模型为待拟合函数。

首先，若我们选择以 Logistic 种群模型为待拟合函数，则有

$$\mathrm{d}X/\mathrm{d}t = rX\left(1 - X/K\right) \tag{13-4-6}$$

对(13-4-6)进行分离变量，得

$$\frac{K\mathrm{d}X}{X(K-X)} = r\mathrm{d}t\text{，}\quad 即\left(\frac{1}{X}+\frac{1}{K-X}\right)\mathrm{d}X = r\mathrm{d}t$$

两边同时进行不定积分，不难得出该模型有如下积分解：

$$\ln\frac{X}{K-X} - \ln\frac{X_0}{K-X_0} = r\left(t-t_0\right) \tag{13-4-7}$$

这里有参数 K、r、X_0，其中 t_0 是初始时刻，由自己人为给定，实际中往往令其为 0，即时间是从 0 开始的，这样比较方便。为了解决问题，并采用最小二乘法求解。我们构造一个函数，然后将一系列观察数值代入，而其参数待定(为了简单令 $t_0 = 0$)。我们立刻看出，该方程 t 为自变量，x 为因变量。为了列出像(13-4-3)那样的最小二乘目标函数，首先应该就 t 解出 x 的显式表达式 $x = f(t)$，并构造评价拟合优劣的误差平方和函数

$$SQE_2 = \sum|Y_k - f(X_k,\alpha)|^2 = \sum_{i=1}^{n}[f(t_i) - X_i]^2$$

$$=\sum_{i=1}^{n}[\frac{X_0K}{X_0+(K-X_0)e^{-rt_i}}-X_i]^2 \tag{13-4-8}$$

右端的前面一项是以 t_i 代入 $X(t)$ 后所给出的估计值 $\hat{x}_i$，而 X_i 是实测值。即 SQE_2 是 $X(t)$ 的测量值与拟合值之间差异的平方和。 我们是想通过 SQE_2 求出其中参数 (K,r,X_0) 使得这个差异或误差越小越好。简而言之，就是要求

$$\min\{SQE_2(K,r,X_0)\} \tag{13-4-9}$$

从(13-4-9)可以看出，该问题关于 K、r 以及 X_0 是非线性函数。所以这是一个种群模型的典型非线性最小二乘问题，采用求极值的方法，容易求出最优参数。

其次，若我们以崔-Lawson 种群模型为待拟合函数，则有

$$\frac{\mathrm{d}X}{X\cdot \mathrm{d}t}=\mu_c\left(1-\frac{X}{X_m}\right)/\left(1-\frac{X}{X'_m}\right) \tag{13-4-10}$$

在一般假定下，该模型有如下积分解：

$$\ln\frac{X}{X_0}-\ln\frac{X_m-X}{X_m-X_0}+\frac{X_m}{X'_m}\ln\frac{X_m-X}{X_m-X_0}=\mu_c\left(t-t_0\right) \tag{13-4-11}$$

这里有 4 个参数，X_m、X'_m、μ_c、X_0，其中 t_0 是初始时刻，由自己人为给定，实际中往往令其为 0，即时间是从 0 开始的，这样比较方便。为了解决问题，我们仍然需要构造一个函数，将一系列观察数值代入，而其参数待定(为了简单，令 $t_0=0$)。我们立刻看出，该方程 t 为自变量，x 为因变量。为了列出像(13-4-3)那样的最小二乘目标函数，首先应该就 t 解出 x 的显式表达式 $x=f(t)$，从(13-4-11)可以看出，这是相当困难的。 但我们从(13-4-11)的特点出发，从问题的对立面着手，应用其反函数。即以 t 为因变量，x 为自变量，把原方程看作是 t 对 x 的函数，这样做和原来的方程形式、效果一样。于是我们构造评价拟合优劣的误差平方和函数

$$SQE_2=\sum|Y_k-f(X_k,\alpha)|^2=\sum_{i=1}^{n}[\mu_c t_i-\mu_c t_i]^2$$

$$=\sum_{i=1}^{n}[\left(\ln\frac{X_i}{X_0}-\ln\frac{X_m-X_i}{X_m-X_0}+\frac{X_m}{X'_m}\ln\frac{X_m-X_i}{X_m-X_0}\right)-\mu_c t_i]^2 \tag{13-4-12}$$

右端的前面一项是以 x_i 代入后所给出 t_i 的估计值 $\hat{t}_i$，而 t_i 是实测值。即 SQE_2 是 t 的测量值与拟合值之间差异的平方和。我们是想通过 SQE_2 求出其中参数 (X_m,X'_m,μ_c,X_0) 使得这个差异或误差越小越好。简而言之，就是要求

$$\min\{SQE_2(X_m,X'_m,\mu_c,X_0)\} \tag{13-4-13}$$

从(13-4-13)可以看出该问题关于 μ_c 是线性的，关于 $1/X'_m$ 也是线性的，但是对于 X_m 与 X_0 却是非线性函数了。所以，这是一个典型的线性—非线性最小二乘问题单种群模型，采用高数中求极值的方法，容易求出最优参数。 采用 Logistic 模型或崔-Lawson 模型[82]对 4 组草履虫实验数据的拟合结果见表 13-2。

表 13-2　Gause (1934)草履虫 4 组实验数据用 Logistic 模型或崔-Lawson 模型拟合结果

模型名称	参数	一环	半环	一环	半环
Logistic 模型	K	448	244	131	60
	r	0.806	1.245	1.057	0.817
	X_0	3.822	4.269	3.708	2.81
	SQE_2	8640	2366	2222	956
崔-Lawson 模型	X_m	449	245	131	61
	μ_c	0.795	1.26	1.071	0.814
	X'_m	1.011	0.985	1.007	1.018
	X_0	3.803	4.262	3.712	2.806
	SQE_2	8503	2275	2191	919

纵观已有的文献资料，曲线拟合的最小二乘法，主要是针对能够求出显示解析表达式的单种群模型而言的。例如人们运用 Logistic 方程处理实验数据，给出了种种曲线拟合方法。这些不同的方法只侧重于单个种群的 Logistic 模型中的参数确定，它们共同的目的旨在寻找一种方法使方程中的参数达到最优化，其具体步骤均是先对微分方程进行求解，即确定种群数量的具体表达式，然后再利用其他方法确定表达式中的参数。这其实与我们在崔-Lawson 种群模型的数据拟合中，首先从种群模型中解出状态变量 x 的显式表达式 $x = f(t)$，然后再利用已有数据来拟合此函数的做法是一致的。然而并不是所有的单种群模型都满足这一要求，更不用说多种群模型的情形。

对于描述两个种群相互作用的 Lotka-Volterra 方程组，由于其求解更加困难，三个或三个以上的多种群模型，方程组的求解甚至是不可能的事。因而这些方法都没有给出在 Logistic 方程基础上建立起来的两个种群或多个种群的 Volterra 模型中的参数确定。事实上，在进行生态学分析时，我们不一定要知道每个种群数量的具体表达式，只要知道方程中的参数就可以把握其动态特性和相互关系。另外在实际应用中，我们讨论最多的还是彼此之间有相互作用的种群，因而如何建立一种普适的方法能够同时确定 Logistic 和 Lotka-Volterra 模型中的参数具有重要的理论意义和现实意义。

13.4.3　数据生态拟合种群模型的实现—模型参数的灰色辨识方法

在此我们介绍李新运与姜文明[83]的工作，基于灰色系统理论的 Lotka-Volterra 型多种群模型参数的灰色辨识方法，在此对作者的工作予以感谢。

1. Logistic 单种群方程参数辨识

Logistic 方程是自组织理论中简单而应用广泛的一种方程，它适用于描述系统宏观变量在环境饱和和介质影响下的增长演化情况。由于在物质资源和环境空间有限的情况下，

任何种群的增长都是受密度制约的，故 Logistic 模型的数学形式为

$$\frac{\mathrm{d}x}{\mathrm{d}t}=rx[1-x/K] \tag{13-4-14}$$

其中，r 表示状态变量 x 的内禀增长率，K 表示外界条件容许状态变量所能取得的最大稳定值。

为了讨论问题方便，我们将(13-4-14)式改为如下更为一般的形式：

$$\frac{\mathrm{d}x}{\mathrm{d}t}=a_0x+a_1x^2 \tag{13-4-15}$$

设 $X(0)=\{x^{(0)}(i),i=1,2,\ldots,n\}$ 为一非负原始数据序列，将一个序列建成具有微分、差分和近似指数律兼容的模型，称为灰色建模[84]。灰色建模的思想是以定性为前提，定量为后盾，它采用微分方程描述研究对象的动态行为，而且直接对方程中的参数进行估计，因而适合于处理上述的生态学系统。然而，灰色系统建模方法的首要步骤就是对 $\{x(i)\}$ 的观测序列 $\{x^{(0)}(i)\}$ 进行累加生成新序列 $x^{(1)}(i)=\sum_{j=1}^{i}x^{(0)}(j)$，然后再用该生成序列 $\{x^{(1)}(i)\}$ 建立形如(13-4-15)所示的 Logistic 方程，以估计参数 a_1 和 a_2。显然这已失去了生态学意义，因为若原始数据序列 $\{x^{(0)}(i)\}$ 满足(13-4-15)式，则其累加序列 $\{x^{(1)}(i)\}$ 并不能同时满足(13-4-15)式。事实上，由于离散时间序列的累加等价于连续时间函数的积分 $x^{(1)}(t)=\int_0^t x^{(0)}(s)\mathrm{d}s$，所以有 $\frac{\mathrm{d}x^{(1)}(t)}{\mathrm{d}t}=x^{(0)}(t)$，代入(13-4-15)并两边积分可得到：

$$\frac{\mathrm{d}x^{(1)}(t)}{\mathrm{d}t}=a_0x^{(1)}(t)+a_1\int_0^t\left[\frac{\mathrm{d}x^{(1)}(s)}{\mathrm{d}s}\right]^2\mathrm{d}s\ 。$$

显然，若 $\{x^{(1)}(t)\}$ 满足方程(13-4-15)，则有 $[x^{(1)}(t)]^2=\int_0^t\left[\frac{\mathrm{d}x^{(1)}(s)}{\mathrm{d}s}\right]^2\mathrm{d}s$，对其两边求导并整理有 $[x^{(1)}(t)]'=2x^{(1)}(t)\dot{x}^{(1)}(t)$，考虑到 $x^{(0)}(t)$ 与 $x^{(1)}(t)$ 的累加关系，可得到 $x^{(0)}(t)$ 应满足 $x^{(0)}(t)=ce^{2t}$。这显然与假定原始数据 $\{x^{(0)}(i)\}$ 满足方程(13-4-15)矛盾，所以累加生成数据 $x^{(1)}(i)$ 不满足 Logistic 方程。

下面结合导数的几何意义，采用一种变通的可替代方式来解决问题。假设原始序列的采样间隔相对于种群变化的时间间隔足够小，当种群很大时，取单位时间间隔，有 $\mathrm{d}x/\mathrm{d}t=x(t+1)-x(t)$。由灰色理论中灰导数和偶对数的映射关系可知[84]，$\mathrm{d}x/\mathrm{d}t$ 与偶对数 $[x(t+1),x(t)]$ 构成一映射关系，取 t 时刻 $\mathrm{d}x/\mathrm{d}t$ 的背景值为 $[x(t+1)+x(t)]/2$，所以(13-4-15) 式可被离散化为

$$x(t+1)-x(t)=a_0\left[\frac{x(t)+x(t+1)}{2}\right]+a_1\left[\frac{x(t)+x(t+1)}{2}\right]^2 \tag{13-4-16}$$

将 $t=1,2,\ldots,n-1$ 时的原始数据依次代入(13-4-15) 式可得下面的方程组：

$$\begin{cases} x(2)-x(1)=a_0[\dfrac{x(1)+x(2)}{2}]+a_1[\dfrac{x(1)+x(2)}{2}]^2 \\ x(3)-x(2)=a_0[\dfrac{x(2)+x(3)}{2}]+a_1[\dfrac{x(2)+x(3)}{2}]^2 \\ \cdots \\ x(n)-x(n-1)=a_0[\dfrac{x(n-1)+x(n)}{2}]+a_1[\dfrac{x(n-1)+x(n)}{2}]^2 \end{cases} \tag{13-4-17}$$

用矩阵表示为 $B\hat{a}=Y_N$，其中

$$\hat{a}=[a_0,a_1]^T,\quad Y_N=[x(2)-x(1),x(3)-x(2),\cdots,x(n)-x(n-1)]^T$$

$$B=\begin{pmatrix} \dfrac{x(1)+x(2)}{2} & \dfrac{x(2)+x(3)}{2} & \cdots & \dfrac{x(n-1)+x(n)}{2} \\ [\dfrac{x(1)+x(2)}{2}]^2 & [\dfrac{x(2)+x(3)}{2}]^2 & \cdots & [\dfrac{x(n-1)+x(n)}{2}]^2 \end{pmatrix}^T$$

于是根据(13-4-12)式可得方程(13-4-11)中参数的最小二乘估计为

$$\hat{a}=[a_0,a_1]^T=(B^TB)^{-1}B^TY_N\text{。} \tag{13-4-18}$$

同时将(13-4-14) 式和(13-4-15) 式比较可得 $r=a_0,K=-a_0/a_1$。

因而，求得 a_0 和 a_1 就可方便地计算出 r 和 K，从而也就知道了方程的演化规律。

2.两种群 Lotka-Volterra 方程参数辨识

简单的单物种模型表明旧物种的淘汰是由环境变化引起的，而对于多物种来说，由于它们之间存在着竞争，即使在环境不发生变化时旧物种的灭亡和新物种的产生也会发生。因而在上述单物种 Logistic 方程的基础上可得到两个种群相互作用的 Lotka-Volterra 模型[39]，描述两个种群相互作用的 Lotka-Volterra 模型可表示为：

$$\begin{cases} \dfrac{dx_1}{dt}=r_1x_1[1-x_1/K_1]+\alpha x_1x_2 \\ \dfrac{dx_2}{dt}=r_2x_2[1-x_2/K_2]+\beta x_2x_1 \end{cases} \tag{13-4-19}$$

将 (13-4-19) 式写成如下一般形式：

$$\begin{cases} \dfrac{dx_1}{dt}=a_{10}x_1+a_{11}x_1^2+a_{12}x_1x_2 \\ \dfrac{dx_2}{dt}=a_{20}x_2+a_{21}x_2x_1+a_{22}x_2^2 \end{cases} \tag{13-4-20}$$

先讨论方程组中的第一个方程，仿照 Logistic 方程中参数的确定，可得以下离散化方程：

$$x_1(t+1)-x_1(t)=a_{10}[\frac{x_1(t)+x_1(t+1)}{2}]+a_{11}[\frac{x_1(t)+x_1(t+1)}{2}]^2+ \\ a_{12}[\frac{x_1(t)+x_1(t+1)}{2}][\frac{x_2(t)+x_2(t+1)}{2}] \tag{13-4-21}$$

将 $t=1,2,\ldots,n-1$ 时的原始数据依次代入上式，可得矩阵方程 $B_1\hat{\alpha}_1=Y_{1N}$，其中：

$$\hat{\alpha}=[a_{10},a_{11},a_{12}]^T,\quad Y_{1N}=[x_1(2)-x_1(1),x_1(3)-x_1(2),\cdots,x_1(n)-x_1(n-1)]^T$$

$$B_1=\begin{pmatrix} \frac{x_1(1)+x_1(2)}{2} & [\frac{x_1(1)+x_1(2)}{2}]^2 & [\frac{x_1(1)+x_1(2)}{2}][\frac{x_2(1)+x_2(2)}{2}] \\ \frac{x_1(2)+x_1(3)}{2} & [\frac{x_1(2)+x_1(3)}{2}]^2 & [\frac{x_1(2)+x_1(3)}{2}][\frac{x_2(2)+x_2(3)}{2}] \\ \cdots & \cdots & \cdots \\ \frac{x_1(n-1)+x_1(n)}{2} & [\frac{x_1(n-1)+x_1(n)}{2}]^2 & [\frac{x_1(n-1)+x_1(n)}{2}][\frac{x_2(n-1)+x_2(n)}{2}] \end{pmatrix}$$

在最小二乘准则下，可得方程组中第一个方程的参数估计为

$$\hat{\alpha}=[a_{10},a_{11},a_{12}]^T=(B_1^TB_1)^{-1}B_1^TY_{1N} \tag{13-4-22}$$

比较(13-4-19) 式和(13-4-20)式，可得种群 x_1 的自然增长率 $r_1=a_{10}$;环境容纳量 $K_1=-a_{10}/a_{11}$;种群 x_2 对它的作用系数 $\alpha=-a_{12}/a_{11}$。

同理得第二个方程的参数的表达式为：种群 x_2 的自然增长率 $r_2=a_{20}$;环境容纳量 $K_2=-a_{20}/a_{22}$；种群 x_1 对它的作用系数 $\beta=-a_{21}/a_{22}$。

3. 多种群 Lotka-Volterra 方程参数辨识

m 个种群相互作用的 Lotka-Volterra 方程的一般形式为：

$$\begin{cases} \dot{x}_1=a_{10}x_1+a_{11}x_1^2+a_{12}x_1x_2+\cdots+a_{1m}x_1x_m \\ \dot{x}_2=a_{20}x_2+a_{21}x_2x_1+a_{22}x_2^2+\cdots+a_{2m}x_2x_m \\ \cdots \\ \dot{x}_m=a_{m0}x_m+a_{m1}x_mx_1+a_{2m}x_mx_2+\cdots+a_{mm}x_m^2 \end{cases} \tag{13-4-23}$$

对第 i 个方程，其通式为：

$$\dot{x}_i=a_{i0}x_i+a_{i1}x_ix_1+a_{i2}x_ix_2+\cdots+a_{im}x_ix_m,\quad i=1,2,\cdots,m。$$

根据灰色系统方法，对其离散化后的矩阵形式为 $B_i\hat{\alpha}_i=Y_{iN}$，其中：

$$\hat{\alpha}_i=[a_{i0},a_{i1},\cdots,a_{im}]^T,\quad Y_{iN}=[x_i(2)-x_i(1),x_i(3)-x_i(2),\cdots,x_i(n)-x_i(n-1)]^T,$$

$$B_i=\begin{pmatrix} \frac{x_i(1)+x_i(2)}{2} & [\frac{x_i(1)+x_i(2)}{2}][\frac{x_1(1)+x_1(2)}{2}] & [\frac{x_i(1)+x_i(2)}{2}][\frac{x_m(1)+x_m(2)}{2}] \\ \frac{x_i(2)+x_i(3)}{2} & [\frac{x_i(2)+x_i(3)}{2}][\frac{x_1(2)+x_1(3)}{2}] & [\frac{x_i(2)+x_i(3)}{2}][\frac{x_m(2)+x_m(3)}{2}] \\ \cdots & \cdots & \cdots \\ \frac{x_i(n-1)+x_i(n)}{2} & [\frac{x_i(n-1)+x_i(n)}{2}][\frac{x_1(n-1)+x_1(n)}{2}] & [\frac{x_i(n-1)+x_i(n)}{2}][\frac{x_m(n-1)+x_m(n)}{2}] \end{pmatrix}$$

由最小二乘法得到的第 i 个方程中参数估计式为

$$\hat{\alpha}_i=[a_{i0},a_{i1},\cdots,a_{im}]^T=(B_i^TB_i)^{-1}B_i^TY_{iN},\quad i=1,2,\cdots,m \tag{13-4-24}$$

类似的，由这些参数也可计算出每个种群的环境容纳量、自然增长率及相互作用系数。

按上述方法，计算步骤如下：

(i)选择适当的时间间隔。

(ii)将所取数据经过适当的运算，代入矩阵 Y_{iN} 和 B_i。

(iii) 将 Y_{iN} 和 B_i 代入(13-4-23) 式计算即可得出 $\hat{\alpha}_i$。

例 13-2　已知通过某实验调查得到的数据如表 13-3 和表 13-4，此数据为每隔 2 个月田间调查一次而产生，得到的田鼠及其天敌种群数量的记录，数量的单位经过处理。试建立合理的数学模型。

表 13-3　田鼠种群数量记录

29.7	33.1	32.5	69.1	134.2	236.0	269.6	162.2	69.6	39.8	34.0
20.7	22.0	37.6	57.6	124.6	225.0	272.7	195.7	94.5	41.9	25.7
10.9	22.5	33.5	48.2	92.5	183.3	268.5	230.6	115. 5		

表 13-4　天敌种群数量记录

1.6	1.3	1.1	1.2	1.1	1.3	1.8	2.2	2.4	2.2	1.9
1.5	1.5	1.2	0.9	1.1	1.3	1.6	2.3	2.4	2.2	1.7
1.8	1.5	1.2	1.0	0.9	1.1	1.3	1.9	2.3		

基于田鼠及其天敌调查数据的生态背景， 田鼠与天敌间的作用呈捕食关系，因此我们选择最简单的 Lotka-Volterra 系统作为拟合数据的模型，即：

$$\begin{cases} \dot{N} = N[r - a_{12}P] \\ \dot{P} = P[-d + a_{21}N] \end{cases}$$

通过灰色辨识方法获得模型参数如下

$$r = 0.5843, a_{12} = 0.3645, d = 0.0692, a_{21} = 0.0007。$$

相应田鼠与天敌的捕食模型对观察数据的拟合效果及其系统种群动态如图 13-5。

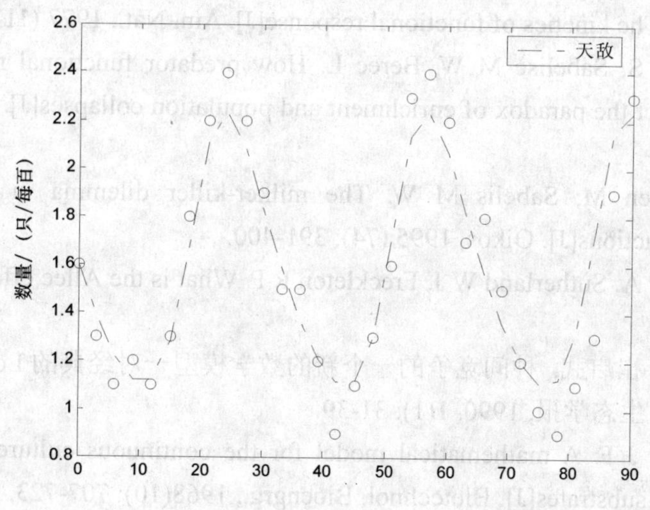

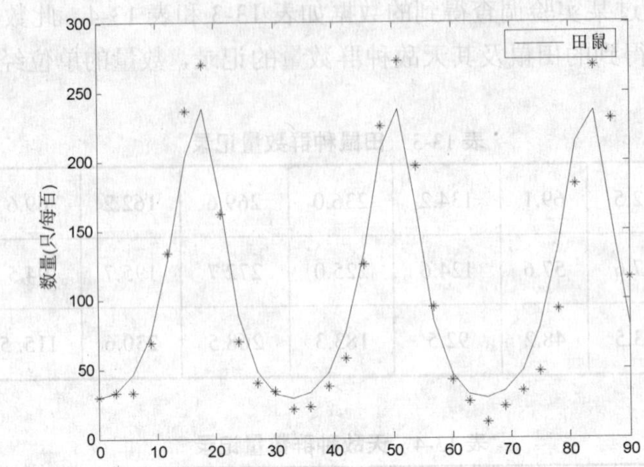

图 13-5　田鼠与天敌捕食模型的种群动态，N_0=29.7，P_0=1.6，$t\in[0,90]$

参考文献

[1] Smith F E. Population dynamics in Daphnia magna and a new model for population growth [J]. Ecology, 1980(44): 655-663.

[2] Holling C S.The Functional Response of Predators to Prey Density and its Role in Mimicry and Population Regulation[J]. Memoirs of the Entomological Society of Canada, 1965 (45): 5-60.

[3] Holling C S. The Functional Response of Invertebrate Predators to Prey Density[J]. Memoirs of the Entomological Society of Canada, 1966 (45): 5-86.

[4] 孙儒泳. 动物生态学原理[M]. 北京:北京大学出版社, 2001.

[5] 尚玉昌. 行为生态学[M]. 北京:北京师范大学出版社, 2001.

[6] Real L A. The kinetics of functional response[J]. Am. Nat., 1977 (111): 289-300.

[7] Boukal D S, Sabelisc M W, Berec L. How predator functional responses and Allee effects in prey affect the paradox of enrichment and population collapses[J]. Theor. Popul. Biol., 2007(72): 136-147.

[8] Van Baalen M, Sabelis M W. The milker-killer dilemma in spatially structured predator-prey interactions[J]. Oikos, 1995 (74): 391-400.

[9] Stephens P A, Sutherland W J, Freckleton R P. What is the Allee effect? [J]. Oikos, 1999 (87): 185-190.

[10] 孙国炜, 崔启武. 种间竞争的一个新的数学模型一对经典的 Lotka-Volterra 竞争方程的扩充[J]. 应用生态学报, 1990, 1(1): 31-39.

[11] Andrews J F. A mathematical model for the continuous culture of microorganisms utilizing inhibitory substrates[J]. Biotechnol. Bioengrg., 1968(10): 707-723.

[12] Bush A W, Cook A E. The effect of time delay and growth rate inhibition in the bacterial treatment of wastewater[J]. J. Theoret. Biol., 1976 (63): 385-395.

[13] Edwards V H. Influence of high substrate concentrations on microbial kinetics[J]. Biotech- nol. Bioeng., 1970 (12): 679-712.

[14] Boon B, Landelout H. Kinetics of nitrite oxidation by nitrobacter winogradski[J]. J. Biochem., 1962 (85): 440-447.

[15] Yang R D, Humphrey A E. Dynamics and steady state studies of phenol biodegeneration in pure and mixed cultures[J]. Biotechnol. Bioeng., 1975 (17): 1211-1235.

[16] Sokol W, Howell J A. Kinetics of phenol oxidation by washed cells[J]. Biotechnol. Bioengrg., 1980(23): 2039-2049.

[17] Davidowicz P, Gliwicz Z M, Gulati R D. Can Daphnia prevent a blue-green algalbloom in hypertrophic lakes? A laboratory test[J]. Limnologica, 1988 (19): 21-26.

[18] Holmes J C, Bethel W M. Modification of intermediate host behavior by parasites[J]. Zoolog. J. Linnean Soc., 1972 (51): 123-149.

[19] Tener J S. Musk oxen[M]. Ottawa: Queen's Printer, 1965.

[20] Hale J K, Somolinos A S. Competition for fluctuating nutrient[J]. J. Math. Biol., 1983 (18): 255-280.

[21] Skalski G T, Gilliam J F. Functional responses with predator interference: viable alternatives to the Holling type II model[J]. Ecology, 2001(82): 3083-3092.

[22] Gutierrez A P. The physiological basis of ratio-dependent predator–prey theory: a metabolic pool model of Nicholson's blowflies as an example[J]. Ecology, 1992 (73):1552-1563.

[23] Arditi R, Saiah H. Empirical evidence of the role of heterogeneity in ratio-dependent con- sumption[J]. Ecology, 1992 (73): 1544–1551.

[24] Arditi R, Ginzburg L R. Coupling in predator–prey dynamics: ratio-dependence[J]. J. Theoret. Biol., 1989 (139): 311-326.

[25] Arditi R, Perrin N, Saiah H. Functional response and heterogeneities: an experimental test with cladocerans[J]. Oikos, 1991 (60): 69-75.

[26] Dolman P M. The intensity of interference varie s with resource density: evidence from a field study with snow buntings, Plectrophenax nivalis[J]. Oecologia, 1995 (102): 511-514.

[27] Jost C, Arditi R. From pattern to process: identifying predator-prey models from time-series data [J]. Popul. Ecol., 2001 (43): 229-243.

[28] Jost C, Ellner S. Testing for predator dependence in predator-prey dynamics: a nonparametric approach[J]. Proc. Roy. Soc. London, 2000(267): 1611-1620.

[29] DeAngelis D L, Goldstein R A, O'Neill R V. A model for trophic interaction[J]. Ecology, 1975(56): 881-892.

[30] Beddington J R. Mutual interference between parasites or predators and its effect on searching efficiency[J]. J. Animal Ecol., 1975(44): 331-340.

[31] Thieme H, Yang J L. On the complex formation approach in modeling predator prey relations, mating and sexual disease transmission[J]. Electron. J. Differential Equation Conf., 2000(5): 255- 283.

[32] Cosner C, DeAngelis D L, Ault J S, et al. Effects of spatial grouping on the functional response of predators[J]. Theoret. Population Biol., 1999(56): 65-75.

[33] May R M. Theoretical Ecology[M]. Oxford: Blackwell, 1981.

[34] Poggiale J C, Michalski J, Arditi R. Emergence of Donor Control in Patchy Predator-Prey Systems[J]. Bull. Math. Biol., 1998 (60): 1149-l166.

[35] Hairston N, Smith F, Slobodkin L. Community structure, population control and competit- ion[J]. Am. Nat., 1960 (94): 421-425.

[36] Strong D R. Are tropic cascades all wet? Differentiation and donor-control in specious eco- systems[J]. Ecology, 1992 (73): 747-754.

[37] Pimm S L. Food Webs[M]. London: Chapman and Hall,1982.

[38] Menge B A. Community regulation: under what conditions are bottom-up factors important on rocky shores? [J]. Ecology, 1992 (73): 755-765.

[39] 陈兰荪. 数学生态学模型与研究方法[M]. 北京: 科学出版社, 1988.

[40] 孙继涛. 具Holling II型功能反应的食饵—捕食系统的定性分析[J]. 华东冶金学院学报, 1992, (9)(1): 87-92.

[41] 江佑霖. 具有Holling第II类功能性反应的捕食者—食饵系统的定性分析[J]. 应用数学与计算数学学报, 1987, 1(2): 34-41.

[42] 郁德懋,孙继涛. 具III类功能性反应系统的定性分析[J]. 生物数学学报, 1994, 9(3): 99-104.

[43] Taylor C M, Hastings A. Allee effects in biological invasions[J]. Ecol. Lett., 2005(8): 895-908.

[44] Morgan M T, Wilson W G, Knight T M. Plant population dynamics, pollinator foraging,and the selection of self-fertilization[J]. Am. Nat., 2005 (166): 169-183.

[45] Koppel J. van de, Rietkerk M. Herbivore regulation and irreversible vegetation change in semi-aric grazing systems[J]. Oikos, 2000 (90): 253-260.

[46] 马智慧, 李自珍, 李文龙, 等. PIF效应对于具 Holling III 类功能反应的捕食者—食饵系统的影响[J]. 兰州大学学报：自然科学版, 2008, 44(1): 43-46.

[47] Adam K, Patrick D C, Tim S. Consequences for predators of rescue and Allee effect on prey[J]. Ecol. Model., 2003(162): 233-245.

[48] Gonzalez-Olivares E, Romos-Jiliberto R. Dynamic consequence of prey refuges in a simple model system, more prey, fewer predators and enhanced stability[J]. Ecol. Model, 2003(166): 135-146.

[49] Hassell M. The dynamics of arthropod predator-prey systems[M]. Princeton: Princeton Univ. Press, 1978.

[50] Holt R D. Optimal foraging and the form of the predator isocline[J]. Am. Nat., 1983(122): 521-541.

[51] Ma Z H, Li W L, Zhao Y, et al. Effects of prey refuges on a predator-prey model with a class of functional response: the role of refuges[J]. Math.Biosci., 2009 (218): 73-79.

[52] Kenward R. Hawks and doves:attack success and selection in Goshawk flights at Wood Pigeons[J]. J. Anim. Ecol., 1978(47): 449-460.

[53] Kuno E. Mathematical models for predator-prey interaction[J]. Advances in ecological research, 1987 (16): 252-261.

[54] Edmunds M. Defence in animals: A survey of anti-predator defences[M]. New York: Longman, 1974.

[55] Ives A R, Dobson A P. Anti-predator behavior and the population dynamics of simple predator-prey systems[J]. Am. Nat., 1987(130): 431-447.

[56] Fox L R. Cannibalism in Natural Populations [J]. Annual Review of Ecology, Evolution and Systematics, 1975 (6): 87-106.

[57] Elgar M A, Crespi B J. Cannibalism: Ecology and Evolution among Diverse Taxa [M]. Oxford: Oxford Science Publications, 1992.

[58] Fox L R. Factors influencing cannibalism, a mechanism of population limitation in the predator Notonecta hoffmanni [J]. Ecology, 1975 (56): 933-41.

[59] Pienaar A G. A study of coeval sibling cannibalism in larval and juvenile fishes and its control under culture conditions [M]. Grahamstown: Rhodes University, 1990.

[60]肖燕妮, 陈兰荪. 具有阶段结构的竞争系统中自食的稳定性作用[J]. 数学物理学报, 2002, 22(2): 210-216.

[61] Kohlmeier C, Ebenhoh W. The stabilizing role of cannibalism in a predator-prey system[J]. Bull Math Bio.l, 1995(57): 401-410.

[62] Dubois D M, Closset P L. Patchiness in primary and secondary production in the southern bright: a math theory[C]. Proc. of European Symposium on Marine Biology. Wettern: Belgium University Press, 1975: 211-229.

[63] Dai G R, Xu C X. Predator–Prey system with Holling-type I functional response and constant harvest in the prey species[J]. Acta Math. Sci., 1994, 14(2):134-144.

[64] Wang L L, Fan Y H, Quan H S. Predator–Prey system with Holling-type I functional respone while the prey population has group defense ability[J]. J. Lanzhou Univ., 2000, 36(5): 24-29.

[65] Hassel M P. Mutual interference between searching insect parasites[J]. Anim. Ecol., 1971, 40(3): 473-486.

[66] Freedman H I. Stability analysis of a predator-prey system with mutual interference and den- sity dependent death rate[J]. Bull. Math. Biol., 1979, 11(1): 67-78.

[67] Arditi R, Tyutynov Y, Morgulis A. Directed movement of predators and the emergence

of density-dependence in predator-prey, models[J]. Theoret. Popul. Biol., 2001(59): 207-221.

[68] Dubey B, Hussain B D J. A predator–prey interaction model with self- and cross-diffusion[J]. 1984(6):38-41.

[69] Tsyganov M A, Brindeley J, Holden A V. Soliton-like phenomena in one-dimensional cross- diffusion systems: a predator-prey pursuit and evasion example[J]. Physica D, 2004(197): 18-33.

[70] Chakraborty A. Numerical Study of Biological Problems in a Predator-Prey System[M]. Swinburne: Swinburne University of Technology, 2006.

[71] Li Z Z, Gao M, Hui C, et al. Impact of predator pursuit and prey evasion on synchrony and spatial patterns in metapopulation[J]. Ecol. Model., 2005 (185): 245-254.

[72] McCann K, Hastings A, Harrison S, et al. Population outbreaks in a discrete world[J]. Theoret. Popul. Biol., 2000 (57): 97-108.

[73] Biktaskev V N, Brindley J, Holden A V. Pursuit-evasion predator prey waves in two spatial dimensions[J]. Chaos, 2004(14): 988-994.

[74] Zhang F P, Li Z Z, Zhu G F. Influence of predator pursuit and prey evasion on synchrony in the metacommunity of a three trophic-food chain[J]. J. Lanzhou Univ., 200844(1): 36-42.

[75] Walde S J, Murdouch W W. Spatial density dependence in parasitoid[J]. Ann. Rev. Entorml., 1988 (33) : 441-44

[76] 刘华, 刘志广, 苏敏, 等.聚集效应对宿主-寄生物种群模型动态行为的影响[J]. 山东大学学报：理学版, 2008, 43(8): 31-34.

[77] Hassell M P, May R M. Aggregation in predators and insect parasites and its effect on stability[J]. J. of Animal Ecol., 1974(43): 567-594.

[78] Hassell M P, May R M, Pacala S W. The persistence of the host-parasitoid associations in patch environments I: A general criterion[J]. Am. Nat., 1991(138): 568-583.

[79] Hassell M P, May R M. Stability in insect host-parasites models[J].J. of Animal Ecol., 1973 (42): 693-726

[80] Hassell M P, May R M. Host-parasitoid system in patchy environments: a phenomenological model [J]. J. of Animal Ecol., 1978(47): 833-843.

[81] Gause G F. The struggle for existence[M]. Baltimore: Williams&Wilkins, 1934: 90-103,145.

[82] 唐启义, 胡国文, 冯明光, 等. Logistic 方程参数估计中的错误与修正[J]. 生物数学学报, 1996, 11(4): 135-138.

[83] 李新运, 姜文明. Logistic 和 Volterra 模型的灰色辨识方法及应用实例[J]. 山东师大学报：自然科学版, 1994, 9(4): 83-88.

[84] 袁嘉祖. 灰色系统理论及其应用[M]. 北京:科学出版社, 1991.

[85] 王莽莽, 李典谟.用麦夸方法最优拟合逻辑斯蒂曲线[J]. 生态学报, 1986, 6(2):

142-147.

[86] 马占山. 单纯形加速法拟合生态学中非线性模型[J].生物数学学报, 1992, 7 (2): 160-167.

[87] 万昌秀. 逻辑斯谛曲线的一种拟合方法[J]. 生态学报, 1983, 3(3): 288 -296.

[88] 王振中. 逻辑斯谛曲线的四点式平均值估计法[J]. 生态学报, 1987, 7 (3): 193-198.

第 14 章　非自治生态种群模型的正周期解

种群动力学的一个典型特征是种群密度的波动现象，生态环境的周期性变动是导致种群密度出现波动的重要原因之一。因为环境恒定不变的理想假设在现实世界中是少之又少的，大多数自然环境的物理形态是随时间而高度变化的，作为对环境变动的响应，生物种群的出生率、死亡率以及种群的其他重要变化率随时间不同而差别很大。然而到目前为止，关于种群和群落动态的理论模型的主要焦点仍然集中于探讨一个种群如何随着其自身密度或其他生物群落组织的种群密度变化而变化，并没有深入有效地研究作为对外界物理环境变动的响应，一个种群是如何调节、约束、规范自身的行为，以作出与环境变动相适应的改变。虽然人们早就已经认识到，物理环境的时间性波动是种群密度波动的主要驱动力，却少有理论去关注、预测由种群波动所造成的后果。 在很多情况下，忽略物理环境的变化或者有足够理由取其平均值，被看作是建立模型、进行理论研究的第一阶段。 许多研究者欣然认为，现在应该是进行下一个阶段研究工作的时间了，在这个阶段关注物理环境变化的作用应该被作为理论模型研究的焦点。 理论的证据表明，许多种群和群落代表了生物学和物理环境变化之间的复杂的相互作用[1-3]。

考虑物理环境变化作用的一种方式就是假定模型的参数为时间依赖的函数，即采用非自治动力系统模型描述所关注的自然生态系统。 出于简化问题、便于数学讨论的目的， 往往需要进一步假定模型参数具有周期性或概周期性的特征。 事实上现实世界中，环境的变化的确呈现出一定的周期性特点，例如栖息环境、食物供应、生物的繁衍交配以及定时播收等都有明显的季节性。 然而引入时间依赖参数的种群模型，将明显增大数学研究的难度。从而研究具有周期系数的生态种群模型是有现实意义且具有挑战性的工作。

对与具有周期系数的生态种群而言，研究模型正周期解的存在性及其全局渐近稳定性是两个重要而又基本的论题。 尽管研究非自治生态种群模型存在巨大的数学难度，但是由于周期性生态种群模型的正周期解等效于自治模型的正平衡态解。因此，其研究方法可以从自治的种群模型关于正平衡态解的结论中得到启发。一个基本理念就是对模型的所有参数取其平均值，将其转化为自治的种群模型，然后由正平衡态的结论过渡到正周期解的情形。尽管这一思想并不能对所有的模型奏效，但这毕竟是我们今后研究工作的努力方向。周期性种群作用模型的另一个重要话题就是生物种群持久生存性问题，由于生物种群持久生存性与模型正周期解的存在性在一定程度上具有内在一致性，即在系统所含物种持久生存的条件下，利用非线性分析中的 Poincare 映射或者适当的不动点定理就可知模型的正周期解必定存在；反之模型具有稳定正周期解的条件下，系统所含物种必定持久生存，这可从利用非线性分析的重合度理论证明正周期解存在的任何文献中看到。所以在很多情形下，这两个方面往往交叉出现。

为了保证所考虑的问题不至于太过宽广，本章我们只限于探讨生态种群模型正周期解的存在性问题。现有的文献中关于种群动力学模型正周期解存在性证明往往会归入以下三种类型之一[4]：(1)应用压缩不动点或波动性原理，建立时滞周期性模型周期解存在和全局渐进稳定性的结果；(2)通过简单观察，发现无时滞周期性模型存在周期解，并由此推断当时滞为方程周期的整数倍时周期解仍然保持存在；(3)通过应用恰当的不动点定理而获得的结论。由于这些方法往往在要求保证存在周期解的同时还要具有稳定性的性质，而这些条件对于周期解的存在性往往是多余的、繁琐的、不必要并且严格来讲难以满足的。所以真正实用而有效的手段是先从自治系统的平衡点获得有用的信息，然后再设法用合适的数学手段证明与平衡点相对应的正周期解存在。纵观现有的生态种群文献，真正具有现实工作意义的结果并不多见，只是凤毛麟角。 本章结合编者本人的研究结果与亲身体验，将这些有意义的结果作简要概述。

14.1　单种群模型的正周期解

对于一般性自治单种群模型 $\dot{N}=N(t)F(N(t))$，通过利用传染病理论中基本再生数 R_0 的基本思想，只要保证种群的基本繁殖率或者基本再生率大于零，就可使生态种群模型出现正平衡态。我们已经发现出现在大量文献中的绝大多数单种群生态模型都使 $F(N)$ 是递减函数，即 $F'(N)<0$。于是连续函数的零点定理告诉我们，种群的单位增长率 $r=F(0)>0$ 能够保证模型正平衡态是存在的。既然非自治生态系统的正周期解是与自治模型的正平衡态解相对应的，那么我们自然要问：对于一般性非自治单种群模型 $\dot{N}=N(t)F(t,N)$ 而言，其正周期解存在的条件是什么呢？是否仍然像自治的情形那样与种群的单位增长率 $r=F(t,0)$ 有关。其实前面我们已经提到过，对模型的所有参数取其平均值，就可将其转化为相应的自治种群模型，据此可推测一般性非自治单种群模型正周期解存在的条件是种群在一个周期内的平均单位增长率 $\int_0^{\omega}F(t,0)\mathrm{d}t>0$，这是一个非常自然的条件。下面我们来说明实际情况的确如此，首先看一个具体而又特殊的情形，时变环境中生存的生物种群，如果其模型参数函数 $r(t)$和$K(t)$ 是时间 t 的周期函数时，则如下描述该种群的 Logistic 系统存在正周期解并且此解还是稳定的。

考虑非自治 Logistic 模型

$$\frac{\mathrm{d}N}{\mathrm{d}t}=r(t)N(t)[1-\frac{N(t)}{K(t)}] \tag{14-1-1}$$

其中 $r(t)$和$K(t)$ 是连续的周期函数，其周期为 ω。

对于模型(14-1-1)，实际上容易求得过任意初值 N_0 的解的解析表达式为

$$N(t)=\left[\frac{1}{N_0}\exp\left(-\int_{t_0}^{t} r(s)\mathrm{d}s\right)+\int_{t_0}^{t}\exp\left(-\int_{s}^{t} r(\tau)\mathrm{d}\tau\right)\frac{r(s)}{K(s)}\mathrm{d}s\right]^{-1} \tag{14-1-2}$$

不妨假设 $t_0=0$，如果 $N(t+\omega)=N(t)$ 成立，特别是如果有 $N(\omega)=N_0$，则模型(14-1-1)存在一个以 N_0 为初值的周期解，即

$$\left[\frac{1}{N_0}\exp\left(-\int_{0}^{\omega} r(s)\mathrm{d}s\right)+\int_{0}^{\omega}\exp\left(-\int_{s}^{\omega} r(\tau)\mathrm{d}\tau\right)\frac{r(s)}{K(s)}\mathrm{d}s\right]^{-1}=N_0,$$

求解 N_0 并记它为

$$N_0^*=\left[1-\exp\left(-\int_{0}^{\omega} r(s)\mathrm{d}s\right)\right]\left[\frac{1}{N_0}\exp\left(-\int_{0}^{\omega} r(s)\mathrm{d}s\right)+\int_{0}^{\omega}\exp\left(-\int_{s}^{\omega} r(\tau)\mathrm{d}\tau\right)\frac{r(s)}{K(s)}\mathrm{d}s\right]^{-1}。$$

把 N_0^* 代入(14-1-2)就得到周期解的解析表达式。 在实际应用中，我们需要下面的解析公式

$$N^*(t)=\left[\exp\left(\int_{0}^{\omega} r(s)\mathrm{d}s\right)-1\right]\left[\int_{t}^{t+\omega}\exp\left(-\int_{s}^{\omega} r(\tau)\mathrm{d}\tau\right)\frac{r(s)}{K(s)}\mathrm{d}s\right]^{-1} \tag{14-1-3}$$

事实上，可以根据周期解的定义来验证由(14-1-3)给出的解是模型(14-1-1)的一个周期解，又由周期解的存在唯一性，周期解(14-1-3)和过 N_0^* 的周期解应是同一个解。并且容易看出：如果 $\bar{r}=\int_0^{\omega} r(t)\mathrm{d}t>0$，则(14-1-3)确定的 $N^*(t)$ 函数严格为正。 这表明正周期解的存在只需要种群在一个周期内的平均增长率则可存在全局稳定的正周期解，而不需要在任何时刻种群的内禀增长率都大于零。

将这个例子与下面方程(14-1-4)进行对照发现，非自治 Logistic 种群模型对应着函数 $F(t,N)=r(t)[1-N/K(t)]$，于是有 $\bar{r}=\int_0^{\omega}F(t,0)\mathrm{d}t>0$。故而我们的猜测对 Logistic 系统的情形是正确的。 下面将进一步证明我们的猜测对一般性非自治单种群模型也是有效的。

考虑一般性非自治单种群模型

$$\dot{N}(t)=N(t)F(t,N) \tag{14-1-4}$$

其中，$F:R_+^2\to R$ 上的 ω-周期连续函数，$R_+^2=\{(t,N)\in R^2\mid t\geqslant 0,N\geqslant 0\}$。为了保证微分方程解的存在唯一性定理成立，不妨假设函数 F 关于变元 N 满足局部 Lipschitz 条件，关于 t 为连续函数，即对任意的 $(t_0,N_0)\in R_+^2$，存在包含该点的领域 Ω 使得对任 $(t,N_1),(t,N_2)\in\Omega$，存在常数 L 使得 $|F(t,N_1)-F(t,N_2)|\leqslant L|N_1-N_2|$，进一步假设函数 F 满足如下条件：

(H1)如果 $0<N_1<N_2$，则有 $F(t,N_1)>F(t,N_2)$；

(H2)存在正常数 M 使得对所有的 t 函数 $F(t,M)<0$ 成立；

(H3) $\int_0^{\omega}F(t,0)\mathrm{d}t>0$。

如果函数 $F(t,N)$ 满足假设(H1)至(H3)，如下结论成立[5]：

定理 14-1-1 假设函数 $F(t,N)$ 满足(H1)至(H3)，则模型(14-1-1)存在唯一的正周期解 $N^*(t)$ 且满足 $N^*(t)\leqslant M$，而且对满足初始 $N(t_0)=N_0$ 的解 $N(t)$ 有 $\lim\limits_{t\to\infty}[N(t)-N^*(t)]=0$。

定理 14-1-1 三个假设的生物意义：(H1)说明了函数 F 关于 N 是严格递减的，即种群密度越大，则其密度制约作用越强； (H2)说明了当种群规模超过一定的数量后，种群数量不

再增长，此时 M 与自治 Logistic 模型中的环境容纳量的作用相同；(H3)说明了要使生物种群在一个周期内的平均增长率为正，例如当 $F(t,N)=r(t)[1-N(t)/K(t)]$ 时有 $\int_0^\omega r(t)\mathrm{d}t=\int_0^\omega F(t,0)\mathrm{d}t$，即周期系统并不需要种群在一个周期的任何时刻增长率都为正。

说明： ①如果 $F(t,M)\equiv 0$，则常数 M 是模型的平凡正周期解。此时系统(14-1-4)的周期解 $N^*(t)$ 退化为一个常数 M。

②当非自治系统(14-1-4)退化为相应自治系统形式

$$\dot{N}(t)=NF(N(t)) \tag{14-1-5}$$

其中函数 F 连续可微。如果将前面的假设条件(Hl)和(H2)分别替换为

(H'l) 函数 F 关于 N 是单调递减的，即 $F'<0$；

(H'2) 存在正常数 M 使得 $N>M$ 时，函数 $F(N)<0$ 成立。

据此不难看出自治系统(14-1-5)的动态行为完全依赖于种群的最大单位增长率 $F(0)$：

如果 $F(0)<0$，则当 $t\to\infty$ 时模型(14-1-5)的解趋于零，即生物种群最终灭绝；

如果 $F(0)>0$，则当 $t\to\infty$ 时模型(14-1-5)的解趋于唯一的正平衡态，即(14-1-5) 存在一个正平衡位置 N^*，使 $F(N^*)=0$。

事实上学者 Huo[4]等早在 2004 年就相当一般的生态种群模型情形，给出了基于这种基本思想的正周期解的存在性结论。需要特别强调的基本思想是：对于自治系统(14-1-5)，如果代数方程 $F(x)=0$ 存在正根，则相应非自治模型存在(14-1-4)的正周期解。下面就 Huo 等所获得的结果作一简要介绍。

考虑一般的非线性非自治时滞微分方程系统

$$\left\{\dot{N}(t)=\pm F(t,N(t-\tau_1(t)),\cdots,N(t-\tau_n(t)))\right. \tag{14-1-6}$$

其中，$F(t,z_1,z_2,\cdots,z_n)\in C(R^{n+1},R)$，$F(t+\omega,z_1,z_2,\cdots,z_n)=F(t,z_1,z_2,\cdots,z_n)$，时滞 $\tau_i(t)\in C(R,(0,\infty))(i=1,2,\cdots,n)$ 为 ω-周期函数，$\omega>0$ 为常数。

定理 14-1-2 如果以下条件成立：

(i) 存在一个正常数 $C>0$ 使得给定 ω-周期函数 $x(t)$ 满足

$$\int_0^\omega F(t,x(t-\tau_1(t)),\cdots,x(t-\tau_n(t)))\mathrm{d}t=0,$$

则我们有 $\int_0^\omega |F(t,x(t-\tau_1(t)),\cdots,x(t-\tau_n(t)))|\mathrm{d}t\leqslant C$。

(ii) 存在一个正常数 $H>0$ 使得 $v_i\geqslant H\quad(i=1,2,\cdots,n)$，

$$F(t,v_1,v_2,\cdots,v_n)>0, F(t,-v_1,-v_2,\cdots,-v_n)<0.$$

对于 $t\in[0,+\infty)$ 一致成立，则系统 (14-1-6) 至少存在一个 ω-正周期解。

如果考虑如下一般形式的周期性单种群生态系统

$$\left\{\dot{N}(t)=\pm N(t)G(t,N(t-\tau_1(t)),\cdots,N(t-\tau_n(t)))\right. \tag{14-1-7}$$

定理 14-1-3 如果以下条件成立：

(i) 存在一个正常数 $C>0$ 使得给定 ω-周期函数 $x(t)$ 满足

$$\int_0^\omega G(t,e^{x(t-\tau_1(t))},\cdots,e^{x(t-\tau_n(t))})\mathrm{d}t=0$$

则我们有 $\int_0^{\omega}|G(t,e^{x(t-\tau_1(t))},\cdots,e^{x(t-\tau_n(t))})|\mathrm{d}t\leqslant C$。

(ii) 存在一个正常数 $H>0$ 使得 $v_i\geqslant H\ (i=1,2,\cdots,n)$

$$F(t,v_1,v_2,\cdots,v_n)>0, F(t,-v_1,-v_2,\cdots,-v_n)<0。$$

对于 $t\in[0,+\infty)$ 一致成立，则系统 (14-1-7) 至少存在一个 ω-正周期解。

作为前面定理 14-1-1 至定理 14-1-3 的直接应用，我们列举一些常见的单种群模型，它们都是一般性非自治单种群模型(14-1-4)的特例。

例 14-1 Gilpin-Ayala 模型

$$\dot{N}=r(t)N[1-(N/K(t))^{\theta}] \tag{14-1-8}$$

其中，$r(t)$和$K(t)$均为ω-周期函数，θ是正常数。这种情况下函数$F(N)=r[1-(N/K)^{\theta}]$是N的非线性函数，满足性质：$F(0)=r,\ F'(N)=-\frac{\theta}{K}(\frac{N}{K})^{\theta-1}<0,\ F(K)=0$。由定理 14-1-1 知：当$\int_0^{\omega}r(t)\mathrm{d}t>0$时，系统(14-1-8)存在唯一一个全局渐进稳定的ω-正周期解。若我们选取函数 $r(t)$=0.2+cos (2t)，$K(t)$= 2+sin(2t)， 并分别取初始值 $N(0)$=1，2，3，4，5。则系统(14-1-8)的演化动态如图 14-1，存在渐近稳定的π-正周期解。

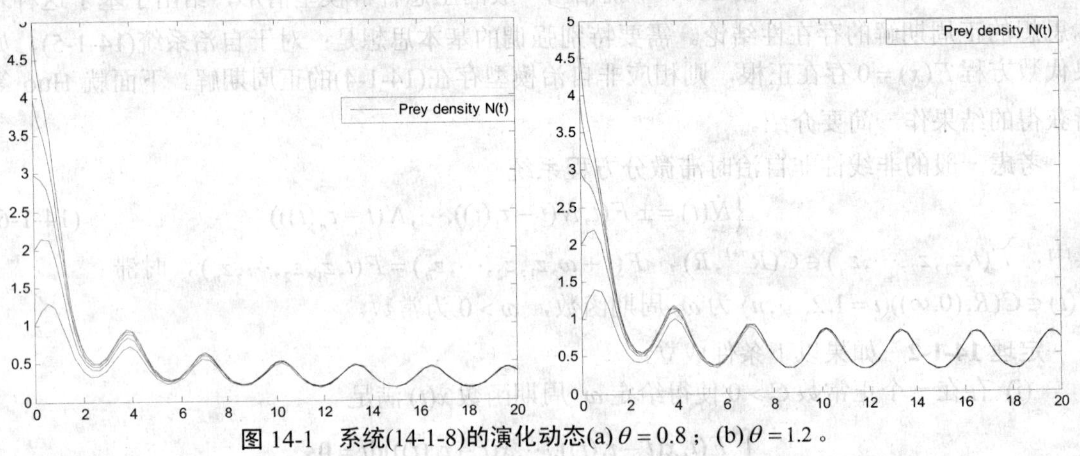

图 14-1 系统(14-1-8)的演化动态(a) $\theta=0.8$；(b) $\theta=1.2$。

说明： 对于更为一般的非线性单种群模型 $\dot{N}(t)=N(t)[b(t)-\sum_{k=1}^{m}a_k(t)(N(t))^{\beta_k}]$，已有的结论表明如果$b(t)$和$a_k(t)$是连续的$\omega$-周期函数，并且满足$\int_0^{\omega}b(t)\mathrm{d}t>0$，$a_k(t)>0$，则系统存在唯一全局渐近稳定的$\omega$-正周期解，其中$\beta_k\ (k=1,2,\cdots,m)$是正常数。即定理 14-1-1 对于这种多非线性项叠加的形式仍然保持有效。

例 14-2 Swann 和 Vincent 对数模型

$$\dot{N}=-r(t)N\ln[N/K(t)] \tag{14-1-9}$$

其中，$r(t)$和$K(t)$均为ω-周期函数。这种情况下函数$F(N)=-\bar{r}\ln[N/\bar{K}]$是$N$的非线性函数，满足性质：$F(0)=\bar{r},\ F'(N)=-\bar{r}/N<0, F(\bar{K})=0$。由定理 14-1-1 知：当$\int_0^{\omega}r(t)\mathrm{d}t>0$时，系

统(14-1-9)存在唯一全局渐近稳定的ω-正周期解。若我们选取函数 $r(t)$=0.2+cos(2t)，$K(t)$=2+sin(2t)，并分别取初始值$N(0)$=1，2，3，4，5。则系统(14-1-9)的演化动态如下图 14-2，存在渐近稳定的π-正周期解。

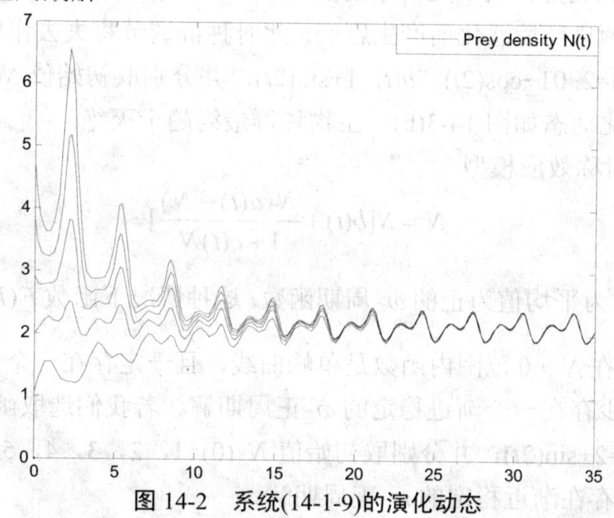

图 14-2　系统(14-1-9)的演化动态

例 14-3　Odum Allee 效应模型

$$\dot{N} = N[-d(t) + b(t)N - a(t)N^2] \tag{14-1-10}$$

其中，$a(t)$、$b(t)$、$d(t)$均为ω-正周期函数。这种情况下函数$F(N) = -\overline{d} + \overline{b}N - \overline{a}N^2$是$N$的二次线性函数，当$N > 0$时函数曲线是单峰的，如果$\overline{b}^2 > 4\overline{a}\overline{d}$，则方程$F(N) = 0$有两个不同正平衡位置：$N_1 = \dfrac{1}{2\overline{a}}[\overline{b} - \sqrt{\overline{b}^2 - 4\overline{a}\overline{d}}]$与$N_2 = \dfrac{1}{2\overline{a}}[\overline{b} + \sqrt{\overline{b}^2 - 4\overline{a}\overline{d}}]$。于是由定理 14-1-3 知系统(14-1-10)至少存在一个渐近稳定的ω-正周期解。若选取函数 $d(t)$=0.3+sin(2t)/2，$b(t)$=1.2+cos(2t)，$a(t)$=1+sin(2t)，并分别取初始值 $N(0)$=1，2，3，4，5，则系统(14-1-10)的演化动态如图 14-3(a)，存在渐近稳定的π-正周期解。

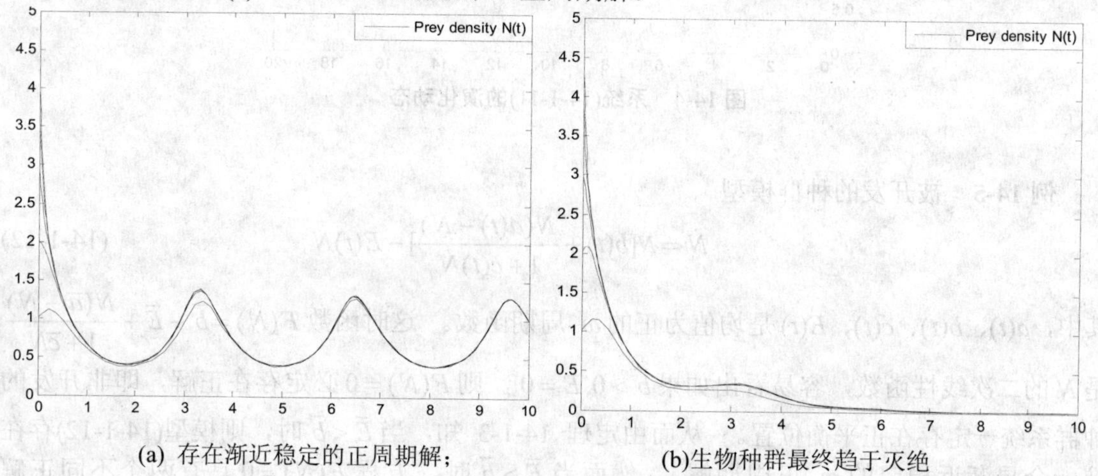

(a) 存在渐近稳定的正周期解；　　(b)生物种群最终趋于灭绝

图 14-3　系统(14-1-10)的演化动态

需要指出的是，系统(14-1-10)通过种群内在的正反馈机制实现其增长，即种群为适应外界环境而采取的自我约束，自发调节种群规模而形成的自适应增长。我们知道，这要求生物所栖息的物理环境状态良好，反映死亡率的参数 $d(t)$ 取值较小，种群能够实现平稳发展为前提，否则种群会因为栖息环境恶化而产生剧变，此时种群调节将失去作用和意义。例如若选取 $d(t)=1+\sin(2t)$，$b(t)=2.01+\cos(2t)$，$a(t)=1+\sin(2t)$，并分别取初始值 $N(0)=1$，2，3，4，5，则系统(14-1-10)的演化动态如图 14-3(b)，生物种群最终趋于灭绝。

例 14-4 Piank 对称效应模型

$$\dot{N}=N[b(t)+\frac{N(a(t)-N)}{1+c(t)N}] \tag{14-1-11}$$

其中，$a(t)$、$b(t)$、$c(t)$ 为平均值为正的 ω-周期函数。这种情况下函数 $F(N)=\overline{b}+\dfrac{N(\overline{a}-N)}{1+\overline{c}N}$ 是 N 的二次线性函数，在 $N>0$ 范围内函数是单峰曲线，且一定存在一个正解。由定理 14-1-3 知：系统(14-1-11)至少存在一个渐进稳定的 ω-正周期解。若我们选取函数 $a(t)=1.0+\cos(2t)$，$b(t)=0.4+\sin(2t)$；$c(t)=2+\sin(2t)$，并分别取初始值 $N(0)=1$，2，3，4，5，则系统(14-1-11)的演化动态如图 14-4，存在渐近稳定的 π-正周期解。

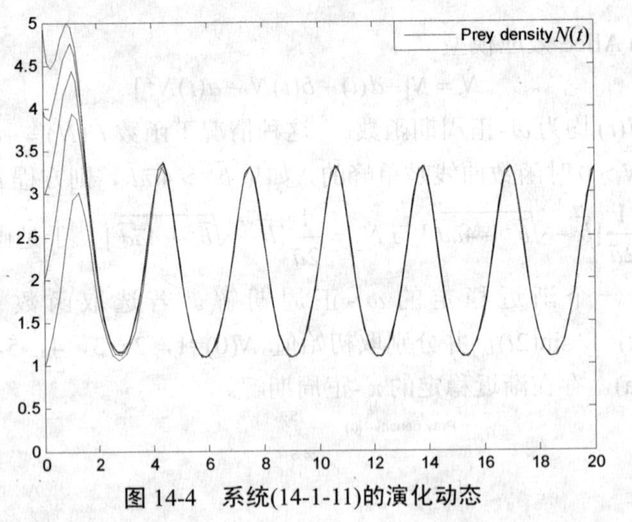

图 14-4　系统(14-1-11)的演化动态

例 14-5 被开发的种群模型

$$\dot{N}=N[b(t)+\frac{N(a(t)-N)}{1+c(t)N}]-E(t)N \tag{14-1-12}$$

其中，$a(t)$、$b(t)$、$c(t)$、$E(t)$ 是均值为正的 ω-周期函数。这时函数 $F(N)=\overline{b}-\overline{E}+\dfrac{N(\overline{a}-N)}{1+\overline{c}N}$ 是 N 的二次线性函数，容易看出如果 $\overline{b}>0, E=0$，则 $F(N)=0$ 必定存在正解，即非开发的种群系统一定存在正平衡位置。从而由定理 14-1-3 知，当 $\overline{E}<\overline{b}$ 时，则模型(14-1-12)存在唯一全局渐近稳定的 ω-正周期解。然而当 $\overline{E}>\overline{b}$ 时，方程 $F(N)=0$ 具有两个不同正解

$N_1 = \frac{1}{2}[(\overline{a} - \overline{c}\overline{d}) - \sqrt{(\overline{a} - \overline{c}\overline{d})^2 - 4\overline{d}}\,]$ 与 $N_2 = \frac{1}{2}[(\overline{a} - \overline{c}\overline{d}) + \sqrt{(\overline{a} - \overline{c}\overline{d})^2 - 4\overline{d}}\,]$,其中 $d = \overline{E} - \overline{b}$ 。我们发现它们作为正平衡位置均不是稳定的。若选取函数 $a(t)$=1.0+cos(2t)，$b(t)$=0.4+sin(2t)，$c(t)$=2+sin(2t)，$E(t)$=0.4+cos(2t)，则系统的演化动态如下图 14-5(a)，存在渐近稳定的 π -正周期解。若我们选取函数 $a(t)$=1.0+cos(2t)，$b(t)$=0.4+sin(2t)，$c(t)$=2+sin(2t)，$E(t)$=0.5+cos(2t)，则系统的演化动态如图 14-5(b)，生物种群最终趋于灭绝，其初始条件分别取 $N(0)$=1，2，3，4，5。

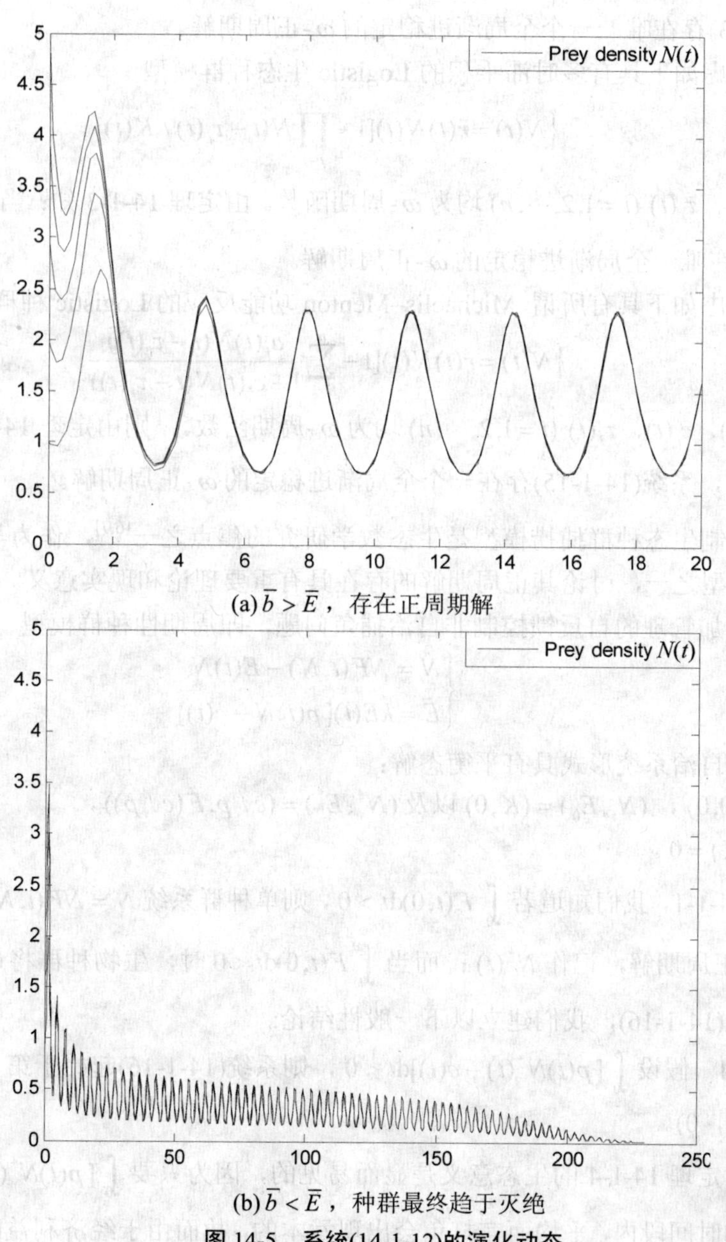

(b) $\overline{b} < \overline{E}$，种群最终趋于灭绝

图 14-5 系统(14-1-12)的演化动态

运用完全相同的思想和方法，我们知道定理 14-1-1 至定理 14-1-3 对于如下一些在形式上更为一般、复杂的单种群模型仍然适用。

例 14-6 考虑如下具有多时滞 Logistic 生态种群模型

$$\left\{\dot{N}(t)=N(t)[r(t)-\sum_{i=1}^{n}a_i(t)N(t-\tau_i(t))]\right. \tag{14-1-13}$$

其中，$r(t)$、$a_i(t)$、$\tau_i(t)\ (i=1,2,\cdots,n)$ 均为 ω-周期函数。则由定理 14-1-3 知：当 $\int_0^{\omega}r(t)dt>0$ 时，系统(14-1-13)存在唯一一个全局渐进稳定的 ω-正周期解。

例 14-7 考虑如下具有多时滞乘积的 Logistic 生态种群模型

$$\left\{\dot{N}(t)=r(t)N(t)[1-\prod_{i=1}^{n}N(t-\tau_i(t)/K(t)]\right. \tag{14-1-14}$$

其中，$r(t)$、$K(t)$、$\tau_i(t)\ (i=1,2,\cdots,n)$ 均为 ω-周期函数。由定理 14-1-3 知：当 $\int_0^{\omega}r(t)dt>0$ 时，系统(14-1-14)存在唯一全局渐进稳定的 ω-正周期解。

例 14-8 考虑如下具有所谓 Michaelis–Menton 功能反应的 Logistic 种群增长模型

$$\left\{\dot{N}(t)=r(t)N(t)[1-\sum_{i=1}^{n}\frac{a_i(t)N(t-\tau_i(t))}{1+c_i(t)N(t-\tau_i(t))}]\right. \tag{14-1-15}$$

其中，$r(t)$、$a_i(t)$、$c_i(t)$、$\tau_i(t)\ (i=1,2,\cdots,n)$ 均为 ω-周期函数。则由定理 14-1-3 知：当 $\int_0^{\omega}r(t)dt>0$ 时，系统(14-1-15)存在一个全局渐进稳定的 ω-正周期解。

具自反馈控制生态种群捕捞模型是生态数学研究的焦点之一[6,7]，作为与单种群生态系统紧密联系的模型之一，讨论其正周期解的存在具有重要理论和现实意义。

例 14-9 不加管理的自反馈控制非自治捕鱼问题，即周期性种群模型

$$\begin{cases}\dot{N}=NF(t,N)-E(t)N\\ \dot{E}=kE(t)[p(t)N-c(t)]\end{cases} \tag{14-1-16}$$

这个模型的自治系统形式具有平衡态解：

$(N_0,E_0)=(0,0)$，$(N_1,E_0)=(K,0)$ 以及 $(N^*,E^*)=(c/p,F(c/p))$，
其中 K 满足 $F(K)=0$。

根据定理 14-1-1，我们知道若 $\int_0^{\omega}F(t,0)\mathrm{d}t>0$，则单种群系统 $\dot{N}=NF(t,N)$ 存在一个全局渐进稳定的 ω-正周期解，记作 $N^*(t)$；而当 $\int_0^{\omega}F(t,0)\mathrm{d}t<0$ 时，生物种群将最终趋于灭绝。因此对应于模型(14-1-16)，我们建立以下一般性结论:

定理 14-1-4 假设 $\int_0^{\omega}[p(t)N^*(t)-c(t)]\mathrm{d}t<0$，则系统(14-1-16)起始于第一象限的任意解将趋于于($N^*(t)$，0)。

直观地看，定理 14-1-4 的生态意义是显而易见的，因为只要 $\int_0^{\omega}[p(t)N^*(t)-c(t)]\mathrm{d}t<0$，即在一个周期的时间段内，平均而言打鱼会出现亏本的，故而由于经济利益而出现的人工捕捞作业将退出种群系统，种群就回到自发调节、自然发展状态。

定理 14-1-5 若 $\int_0^{\omega} F(t,0)\mathrm{d}t < 0$，则系统(14-1-16)中生物种群最终将趋于灭绝。

定理 14-1-6 如果 $\int_0^{\omega} F(t,0)\mathrm{d}t > 0$，且 $\int_0^{\omega}[p(t)N^*(t) - c(t)]\mathrm{d}t > 0$，则系统(14-1-16)存在一个全局渐近稳定的 ω-正周期解。

例 14-10 若在系统(14-1-16)中，分别选如下种群增长模式：

(1) $F(t,N) = r(t)[1 - N / K(t)]$，即种群增长服从 Logistic 模型，则系统具体为

$$\begin{cases}\dot{N}(t) = r(t)N[1 - N / K(t) - E] \\ \dot{E}(t) = kE[p(t)N - c(t)]\end{cases}$$

此时系统的演化动态如图 14-6 所示。若选取(a) $r(t)$=0.3+cos(2t)， $K(t)$=2+sin(2t)， $p(t)$=2+sin(2t)，$c(t)$=2+sin(2t)，由定理 14-1-6 知，系统存在全局渐近稳定的正周期解；(b) $r(t)$=0.3+cos(2t)，$K(t)$=1.2+sin(2t)，$p(t)$=0.5+sin(2t)，$c(t)$=0.6+sin(2t)，由定理 14-1-4 知，系统中 $E(t)$趋于零；(c) $r(t)$=-0.05+cos(2t)，$K(t)$=2+sin(2t)，$p(t)$=3+sin(2t)，$c(t)$=2+sin(2t)，由定理 14-1-5 知，$N(t)$趋于零。

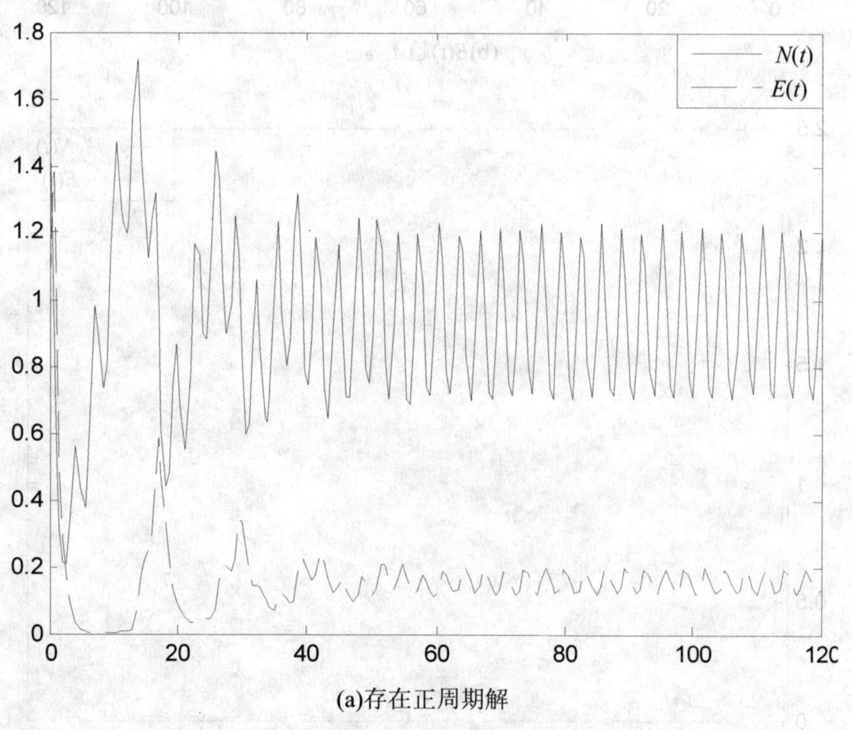

(a)存在正周期解

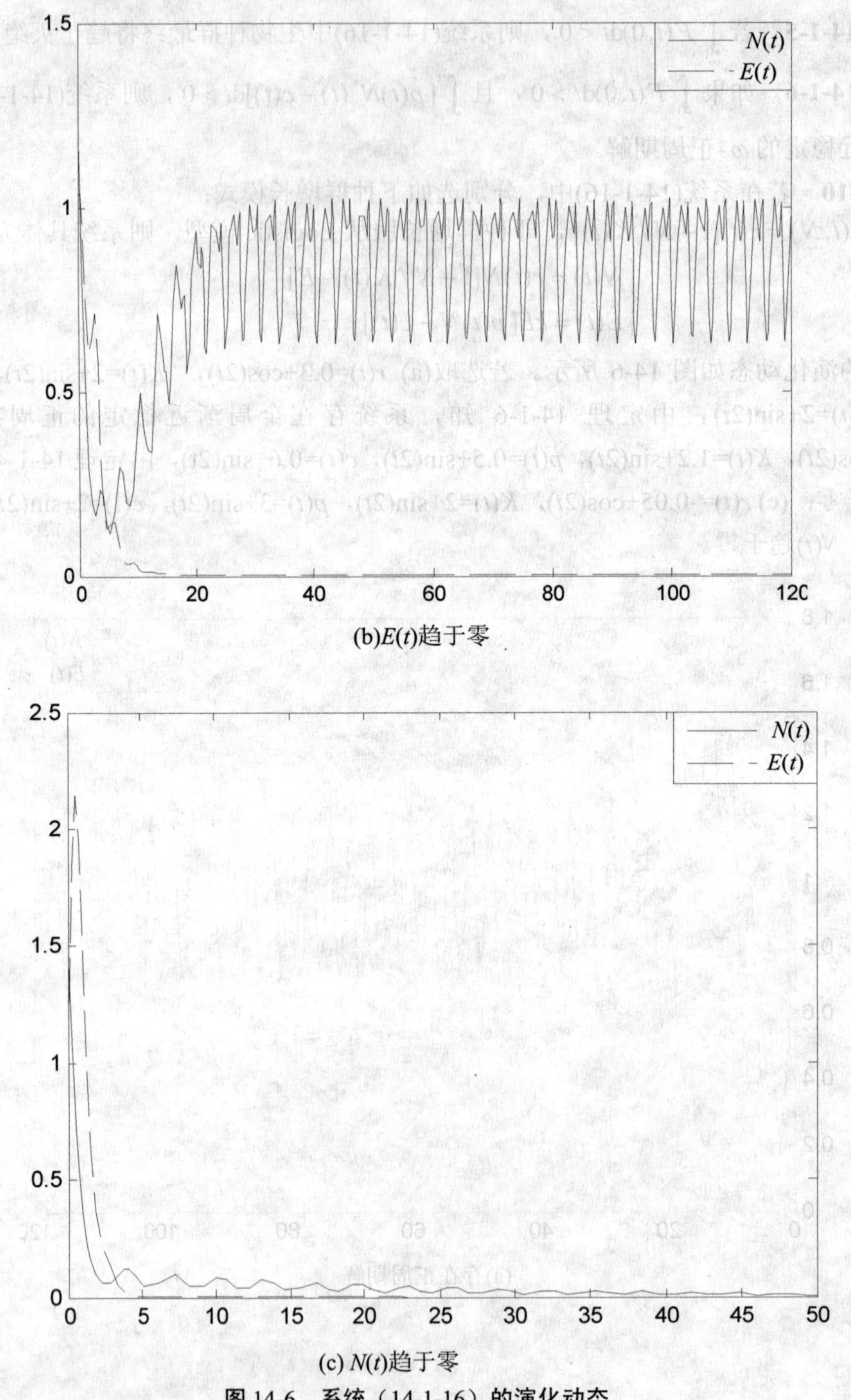

(b)$E(t)$趋于零

(c) $N(t)$趋于零

图 14-6　系统（14-1-16）的演化动态

(2) $F(t,N)=r(t)[1-(N/K(t))^{\theta}]$，即种群增长服从 Gilpin-Ayala 模型，则系统具体为

$$\begin{cases} \dot{N}(t) = r(t)N[1-(N/K(t))^{\theta} - E] \\ \dot{E}(t) = kE[p(t)N - c(t)] \end{cases}$$

此时系统的演化动态如图 14-7 所示。若选取(a) $r(t)$=0.3+cos(2t)，$K(t)$=2+sin(2t)，θ=0.8，$p(t)$=2+sin(2t)， $c(t)$=2+sin(2t)，由定理 14-1-6 知，系统存在全局渐近稳定的正周期解；(b) $r(t)$=0.3 +cos(2t)，$K(t)$=1.2+sin(2t)，θ=0.8，$p(t)$=0.5+sin(2t)，$c(t)$=0.6+sin(2t)，由定理 14-1-4 知，系统中 $E(t)$趋于零；(c) $r(t)$=-0.05+cos(2t)，$K(t)$=2+sin(2t)，θ=0.8，$p(t)$=3+sin(2t)，$c(t)$=2+sin(2t)，由定理 14-1-5 知，$N(t)$趋于零。

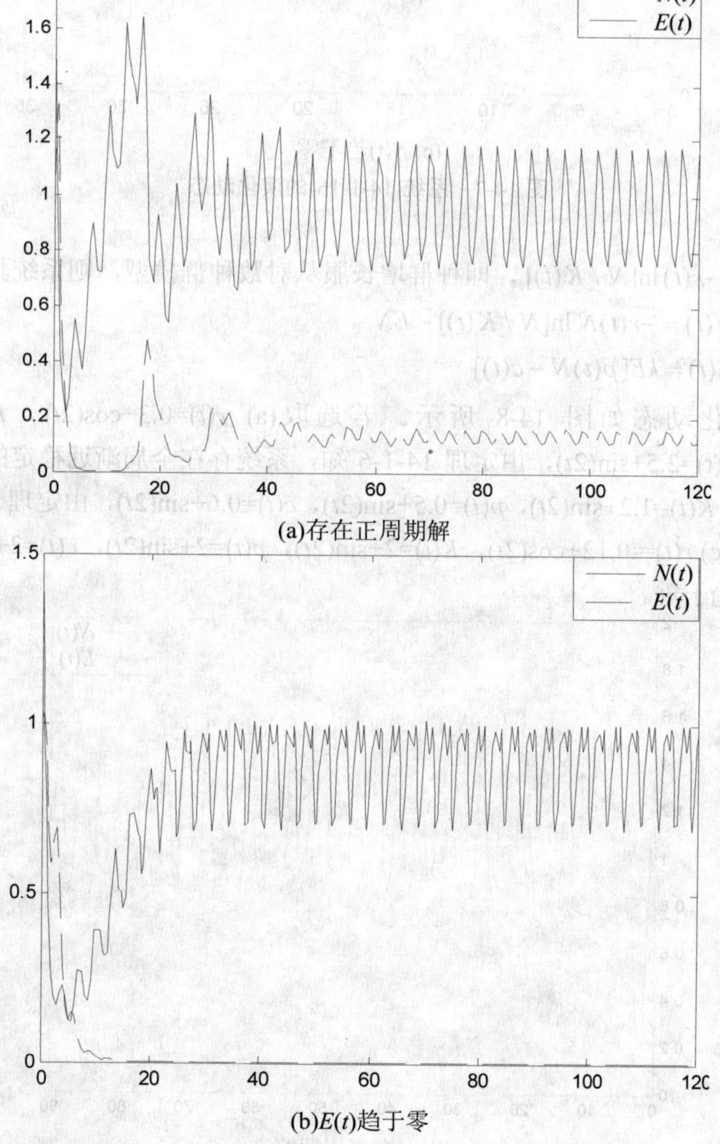

(a)存在正周期解

(b)$E(t)$趋于零

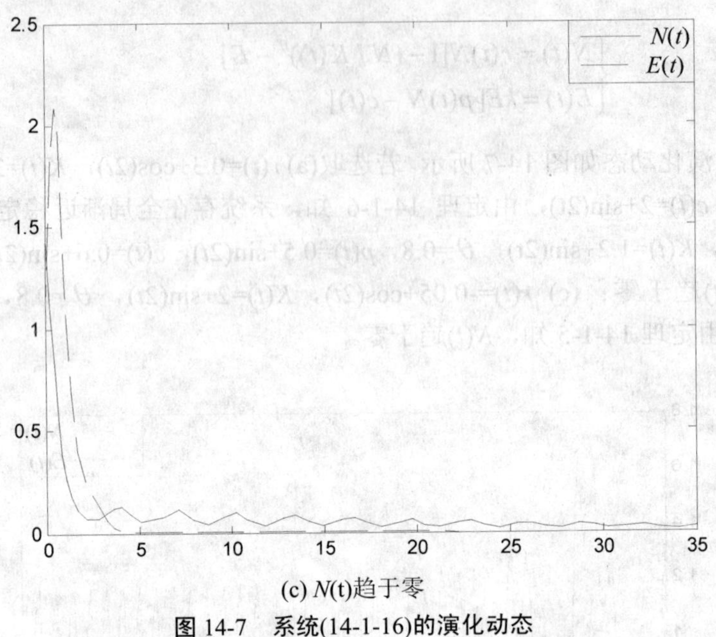

(c) N(t)趋于零

图 14-7　系统(14-1-16)的演化动态

(3) $F(t,N) = -r(t)\ln[N/K(t)]$，即种群增长服从对数种群模型，则系统具体为

$$\begin{cases} \dot{N}(t) = -r(t)N\ln[N/K(t)] - EN \\ \dot{E}(t) = kE[p(t)N - c(t)] \end{cases}$$

此时系统的演化动态如图 14-8 所示。若选取(a) $r(t)$=0.3+cos(2t)，$K(t)$=2+sin(2t)，$p(t)$=2+sin(2t)，c(t)=2.5+sin(2t)，由定理 14-1-6 知，系统存在全局渐近稳定的正周期解；(b) $r(t)$=0.3+cos(2t)，$K(t)$=1.2+sin(2t)，$p(t)$=0.5+sin(2t)，$c(t)$=0.6+sin(2t)，由定理 14-1-4 知，系统中 $E(t)$趋于零；(c) $r(t)$=-0.12+cos(2t)，$K(t)$=2+sin(2t)，$p(t)$=2+sin(2t)，$c(t)$=2+sin(2t)，由定理 14-1-5 知，$N(t)$趋于零。

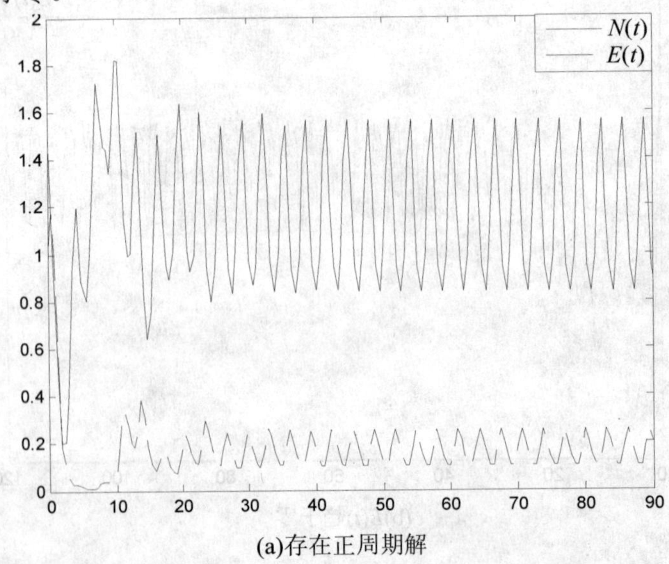

(a)存在正周期解

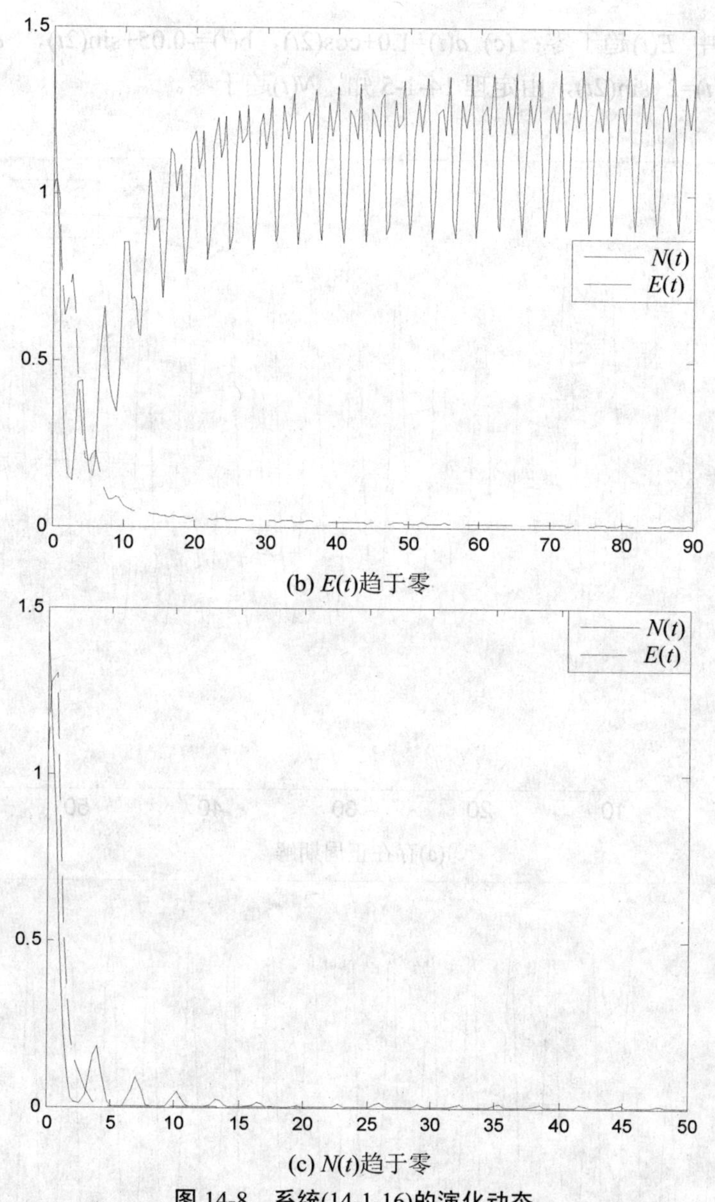

(b) $E(t)$趋于零

(c) $N(t)$趋于零

图 14-8　系统(14-1-16)的演化动态

(4) $F(t,N)=N[b(t)+\dfrac{N(a(t)-N)}{1+c_1(t)N}]$，种群增长服从 Piank 对称模型，则系统为

$$\begin{cases}\dot{N}(t)=N[b(t)+\dfrac{N(a(t)-N)}{1+c_1(t)N}-E]\\ \dot{E}(t)=kE[p(t)N-c(t)]\end{cases}$$

系统的演化动态如图 14-9 所示。若选取(a) $a(t)$=1.0+cos(2t)，$b(t)$=0.4+sin(2t)，$c_1(t)$=2+sin(2t)，$p(t)$=1+sin(2t)，$c(t)$=2.3+sin(2t)，由定理 14-1-6 知，系统存在全局渐近稳定的正周期解；(b) $a(t)$=1.0+cos(2t)，$b(t)$=0.4+sin(2t)，$c_1(t)$=2+sin(2t)，$p(t)$=1+sin(2t)，　$c(t)$=2.6 +sin(2t)，由定理

14-1-4 知，系统中 $E(t)$趋于零；(c) $a(t)$=1.0+cos(2t)，b(t)=-0.05+sin(2t)，$c_1(t)$=2+sin(2t)，p(t)=4+sin(2t)，$c(t)$=2+sin(2t)，由定理 14-1-5 知，$N(t)$趋于零。

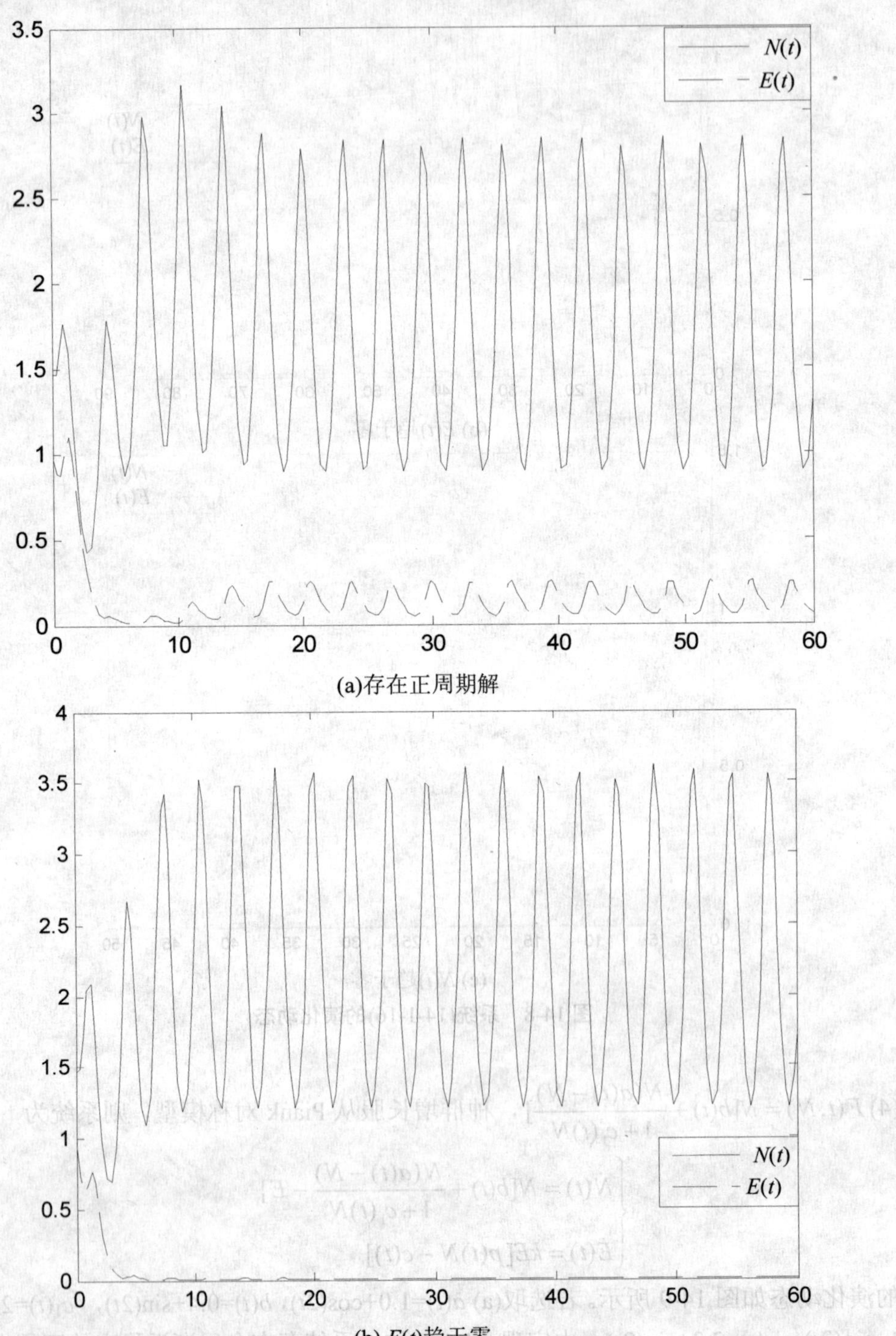

(a)存在正周期解

(b) $E(t)$趋于零

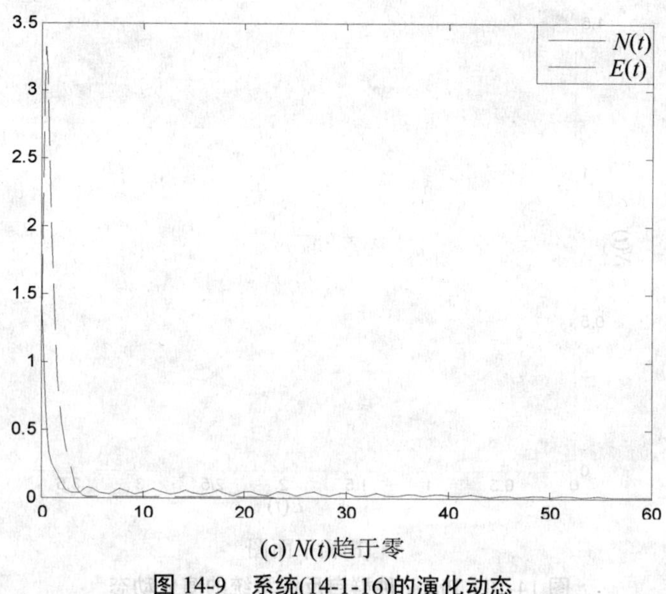

(c) $N(t)$趋于零

图 14-9　系统(14-1-16)的演化动态

在这里需要补充的是，在 Piank 对称模型中，当种群密度低于一定值后，引入到种群系统的反馈作用变量 $E(t)$ 的调节作用将失效，在外界物理环境相对稳定的条件下，种群仅凭自发调节作用就可消除由于死亡等不利因素引起的负面效应，形成其自适应增长。例如若选取 $a(t)$=1.0+cos(2t)，$b(t)$=-0.02+sin(2t)，$c_1(t)$=1+sin(2t)，$p(t)$=4+sin(2t)，$c(t)$=2+sin(2t)，则系统的演化动态如图 14-10 所示。Piank 对称模型形式揭示了一种新的种群增长机制，即当种群密度低于一定阈值时，种群增长会出现正反馈密度激励作用，也就是 Allee 效应。这是种群适应外界环境变化而进行种群自发调节作用的具体表现。有关研究表明，当生物栖息的物理环境持续恶化时，种群内部个体之间的相互作用会经历由竞争、欺骗到合作的转变。

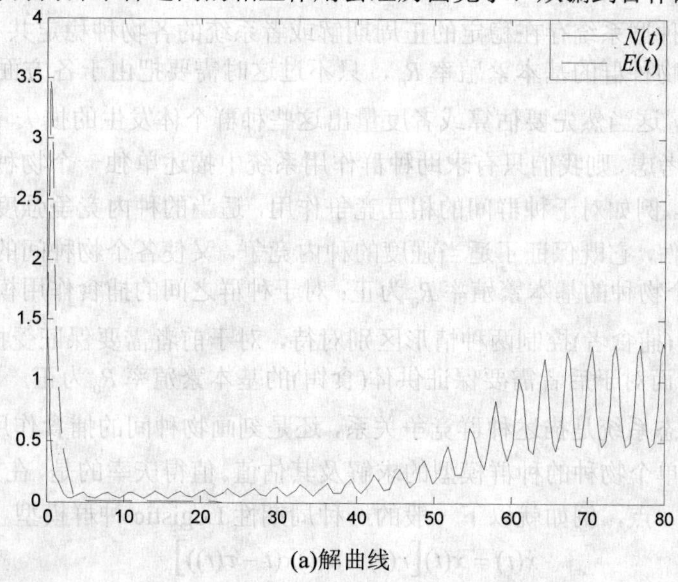

(a)解曲线

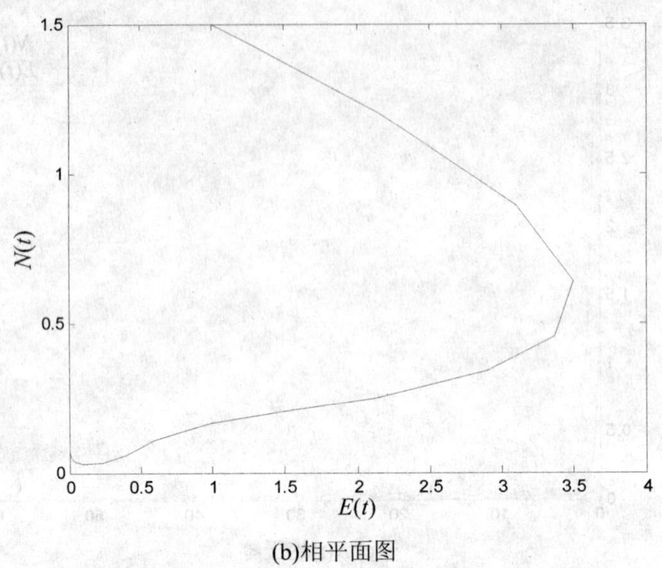

(b)相平面图

图 14-10 Piank 种群自反馈系统的演化动态

14.2 Lotka-volterra 种群模型的周期解与稳定性

若考虑环境的波动因素时，则模型就应变成非自治的形式，一般来说此类模型在数学上进行分析的难度大大增加。但是为了能够进行分析并使结果带有一般性和自然性，我们要设法利用这些参数的变动属性与决定着种群之间相互作用的生态学机制。不管如何，正如我们在前面所指出的，问题的本质和关键仍然是保证所考虑系统中所有种群的基本繁殖率或者基本再生率 $R_0 > 0$。

为了使生态种群系统存在稳定的正周期解或者系统的各物种稳定共存，我们仍然需要设法获得系统中生物种群的基本繁殖率 R_0，只不过这时需要把由于各方面因素所造成的种群密度损耗排除掉，这当然先要估算或者度量出这些种群个体发生的损失量，若继续朝着这个解决问题的方向考虑，则我们只有求助种群作用系统中描述单独一个物种的种群增长模型才能实现这一目的。例如对于种群间的相互竞争作用，适当的种内竞争强度是保证一个物种稳定续存的必备条件，它既保证了适当强度的种内竞争，又使各个物种间的相互作用强度恰如其分，以保证每个物种的基本繁殖率 R_0 为正；对于种群之间的捕食作用模型，则要分供体(食饵)控制与受援者(捕食者)控制两种情形区别对待，对于前者需要保证受援者(捕食者)的基本繁殖率 R_0 为正，而对于后者需要保证供体(食饵)的基本繁殖率 R_0 为正。

显然不管生态系统是描述种群竞争关系，还是刻画物种间的捕食作用，问题最终都归结到对系统中描述单个物种的种群模型的求解及其估值。值得庆幸的是，在几乎所有情形之下，我们都能做到这一点，例如就以下一般的一种周期性 Logistic 种群模型

$$\dot{x}(t) = x(t)\left[r(t) - a(t)x(t-\tau(t))\right] \tag{14-2-1}$$

作者在文献[8]中证明了如下周期解存在性结论。

定理 14-2-1[8] 如果 $r(t)$、$a(t)$、$\tau(t)\in C(R,[0,\infty))$ 是 ω-周期函数，且满足

$$\int_0^{\omega} r(t)\mathrm{d}t>0\,,\quad \int_0^{\omega} a(t)\mathrm{d}t>0\,,$$

则系统(14-2-1)总存在一个 ω-正周期解。

在本节内容中，我们将以上面所论述的基本思想方法为核心，并就周期性 Lotka-volterra 两种群时滞系统为基本内容，分别就不同文献建立的关于系统周期解的存在性和稳定性结果进行深度剖析与相应研究方法作了延伸和汇总，我们以 Liu 在文献[9]所作的综述性工作思路为主线而进行。不同的文献分别就竞争、捕食、互惠多时滞周期系统正周期解的存在性与全局渐近稳定性问题，采用不同方法对生态模型解的先验界进行了估计，建立了正周期解的存在和稳定的充分条件。而所有一切工作都是为了获得系统中生物种群的基本繁殖率 R_0 而对由于各方面因素所造成的种群密度损耗进行的必要估算或者度量。这些条件能与对应无时滞自治系统的正平衡态的存在和全局渐近稳定的充分条件在形式上很好地对应起来。

14.2.1 Lotka-Volterra 两种群作用模型

尽管 Lotka-Volterra 生态种群模型相对简单，但他们却是描述两种群相互作用的最基本而又重要的模型。众所周知，自然现象的周期性变化是影响生物种群增长的重要因素，生物的周期性就是对这些周期现象适应的结果。 正如 Cushing[10]指出的：考虑生态系统的周期干扰和生态参数的周期性变化是重要且合理的。 因此将系统的参数周期化来模拟生态系统及其参数受环境季节变化、食物增减等因素的影响是一种好的途径和方法。 另外考虑到种群的密度变化对于增长率的影响效应都不是瞬时发生的，而是有时间延迟的，还应考虑时滞因素。 基于上述诸多方面的考虑，Freedman 和 Wu[11]在 Halbach[12]研究小组的基础上提出如下时滞单种群生态系统

$$N'(t)=N(t)[\,r(t)-a(t)N(t)+b(t)N(t-\tau(t))] \tag{14-2-2}$$

$$N'(t)=N(t)[\,r(t)-a(t)N(t)-b(t)N(t-\tau(t))] \tag{14-2-3}$$

其中，$r(t)$ 是内禀增长率，$a(t)$ 表示种群自身抑制效率，$b(t)$ 为再生率，$\tau(t)$ 代表时滞因素。它们都是连续可微的 ω-周期函数且对任意的 $t\in R$，有 $r(t)>0$，$a(t)>0$，$b(t)\geqslant 0$，$\tau(t)\geqslant 0$。显然在种群的增长函数中含有一个正的反馈项[$b(t)N(t-\tau(t))$] (时滞项系数是正的)，这个时滞与生物种群的孕育现象有关。系统(14-2-2)是一个具有遗传效应的单种群时滞模型[13-17]，它的增长函数中则含有一个负的反馈项[$-b(t)N(t-\tau(t))$] (时滞项系数是负的)， 它可以理解为生物物种时滞竞争项对种群增长的抑制作用。

许多学者指出对于一个时滞系统，考虑有限个离散时滞作用比单独的一个时滞更符合实际[18,19]，因此若考虑两个种群 $N_1(t)$ 和 $N_2(t)$，则相应的 Lotka-Volterra 系统写成如下形式：

$$N_1'=N_1[r_1(t)-a_1(t)N_1+\sum_{i=1}^{n}b_{1i}(t)N_1(t-\tau_i(t))+\sum_{j=1}^{m}c_{1j}(t)N_2(t-\delta_j(t))]$$

$$N_2'=N_2[r_2(t)-a_2(t)N_2+\sum_{j=1}^{m}b_{2j}(t)N_2(t-\sigma_j(t))+\sum_{i=1}^{n}c_{2i}(t)N_1(t-\rho_i(t))] \tag{14-2-4}$$

对模型(14-2-4)，总是假设：$a_1(t)$、$a_2(t)\in C(R,[0,\infty))$，$b_{1i}(t)$、$b_{2j}(t)$，$c_{1j}(t)$、$c_{2i}(t)$ $\in C(R,R)$，$\tau_i(t)$、$\delta_j(t)$、$\sigma_j(t)$、$\rho_i(t)\in C^1(R,[0,\infty))$ 为 ω-周期函数，并且 $\tau_i'(t)<1$, $\delta_j'(t)<1$，$\sigma_j'(t)<1$，$\rho_i'(t)<1$ 对所有 $t\in[0,\omega]$ 成立。

显而易见，函数 $t-\tau_i(t)$, $t-\rho_i(t)$，$t-\delta_j(t)$ 以及 $t-\sigma_j(t)$ 均存在各自的反函数，不妨记这些反函数分别为 $u_i(t),v_i(t)$，$\phi_j(t),\psi_j(t)$，则有 $u_i(t),v_i(t)$，$\phi_j(t)$ 以及 $\psi_j(t)\in C(R,R)$。

当 $c_{1j}(t)<0, c_{2i}(t)<0$ 时，系统(14-2-4)为竞争系统；当 $c_{1j}(t)c_{2i}(t)<0$ 时，系统(14-2-4)为捕食系统。若 $c_{1j}(t)<0, c_{2i}(t)>0$ 时，则 $N_1(t)$ 为被捕食者(食饵)，$N_2(t)$ 为捕食者；反之若 $c_{1j}(t)<0$, $c_{2i}(t)>0$，则 $N_2(t)$ 为被捕食者(食饵)，$N_1(t)$ 为捕食者。当 $c_{1j}(t)>0, c_{2i}(t)>0$ 时，系统(14-2-4)为互惠系统。

考虑到外界环境对种群增长可能的破坏作用，进一步作出如下假设：

$r_k(t)\in C(R,R)$，$c_{1j}(t),c_{2i}(t)$ 是连续的 ω-周期函数且 $\int_0^{\omega} r_k(t)\mathrm{d}t>0$, $k=1,2$。

在这部分内容中统一地采用以下符号：

$$A_1(t)=a_1(t)-\sum_{i=1}^{n}\frac{b_{1i}(u_i(t))}{1-\tau_i'(u_i(t))},\qquad C_1(t)=\sum_{j=1}^{m}\frac{c_{1j}(\phi_j(t))}{1-\delta_j'(\phi_j(t))};$$

$$A_2(t)=a_2(t)-\sum_{j=1}^{m}\frac{b_{2j}(\psi_j(t))}{1-\sigma_j'(\psi_j(t))},\qquad C_2(t)=\sum_{i=1}^{n}\frac{c_{2i}(v_i(t))}{1-\rho_i'(v_i(t))}。$$

则由定积分的换元法容易计算得出：

$$\overline{A}_1=\overline{a}_1-\sum_{i=1}^{n}\overline{b}_{1i},\quad \overline{C}_1=\sum_{j=1}^{m}\overline{c}_{1j},\quad \overline{A}_2=\overline{a}_2-\sum_{j=1}^{m}\overline{b}_{2j},\quad \overline{C}_2=\sum_{i=1}^{n}\overline{c}_{2i}。$$

对于一个连续的 ω-周期函数 $f(t)$，我们令：

$$\overline{f}=\frac{1}{\omega}\int_0^{\omega} f(t)dt,\quad f^L=\min_{t\in[0,\omega]}\{f(t)\},\quad f^U=\max_{t\in[0,\omega]}\{f(t)\}。$$

纵观现有的文献关于生态种群模型正周期解存在性的讨论，有大量文献问题解决思路是：先对模型所含参数取其周期内的最大值、最小值，以这种方式将模型转化为自治生态种群系统，然后再对原来非自治模型的周期解进行先验界估计，这样做的最大弊端是所获得的结果与对应自治系统关于平衡点的结果相差甚远，适用范围不广，究其本质原因是对于种群模型解的先验界估计太过于粗略而不够精确，例如对于系统(14-2-4)中无时滞竞争作用的情形，Ahmad [21]、Alvarez 和 Lazer[22]利用微分不等式和重合度证明得到如下结论：

如果 $r_k^L>0$ $(k=1,2)$ 且 $r_1^L A_2^L>r_2^U C_1^U$，$r_2^L A_1^L>r_1^U C_2^U$ (14-2-5)

成立，那么无时滞时的竞争系统(14-2-4)存在一个全局渐近稳定性的 ω-正周期解，其中：

$$r_k^L=\min_{t\in[0,\omega]}\{r_k(t)\},\ r_k^U=\max_{t\in[0,\omega]}\{r_k(t)\},\quad C_1^U=\max_{t\in[0,\omega]}\{\sum_{j=1}^{m}c_{1j}(t)\},\ C_2^U=\max_{t\in[0,\omega]}\{\sum_{i=1}^{n}c_{2i}(t)\},$$

$$A_1^L=\min_{t\in[0,\omega]}\{a_1(t)-\sum_{i=1}^{n}b_{1i}(t)\},\ A_2^L=\min_{t\in[0,\omega]}\{a_2(t)-\sum_{j=1}^{m}b_{2j}(t)\}。$$

然而与单生态种群模型的情形相比，这种类型的结论条件太过于强烈，并且与第一章中给出的相应自治 Lotka-Volterra 系统的平衡点结果相比，差异也十分明显。显然这些文献的结果存在很大局限性，它对模型参数的取值提出了很高的要求，例如这类结论往往要求食饵种群的内禀增长率 $r_i(t)$ 以及捕食种群的内禀增长率 $r_j(t)$ 的最小值足够大，同时要求种群本身密度制约强度的最大值足够小。这在某些情形下给应用带来很大的不便，比如对于 $r_i(t)=99\sin t+100$，则 $r_i(t)$ 的最小值 1 对于很多情形就很难实现。但是其在一个周期的平均值为 100 是比较大的数，使得食饵的内禀增长率以及捕食种群的内禀增长率满足所要求的不等式则要容易得多。这就启发我们利用模型所含参数的平均值来探讨 Lotka-Volterra 系统正周期解的存在性条件。

2006 年，Tang 和 Zou[23]考虑了以下具多偏差变元的周期性 Lotka-Volterra 竞争种群模型

$$\dot{x}_i(t)=x_i(t)\Big[r_i(t)-\sum_{j=1}^{n}a_{ij}(t)x_j(t-\tau_{ij}(t))\Big] \tag{14-2-6}$$

其中，$r_i(t)$、$a_{ij}(t)\in C(R,[0,\infty))$ 和 $\tau_{ij}(t)\in C(R,R)$ 是 ω-周期函数，且满足

$$\overline{r_i}=\frac{1}{\omega}\int_0^{\omega}r_i(t)\mathrm{d}t,\ \overline{a}_{ij}=\frac{1}{\omega}\int_0^{\omega}a_{ij}(t)\mathrm{d}t\ 。$$

他们利用非线性分析中的 Krasnoselskii 不动点定理研究了方程(14-2-6)的周期解的存在性问题，并建立了如下一般性结论。

定理 14-2-2[23]　假设线性方程组(H)：$\sum_{j=1}^{n}\overline{a}_{ij}x_j=\overline{r_i}$ 具有唯一的正解，则种群竞争系统(14-2-6)至少具有一个 ω-正周期解。

Tang 和 Zou[23]同时也指出他们所采用的方法也适用于其他形式更为复杂的 Lotka-Volterra 周期性系统，这就是说其他的 Lotka-Volterra 周期系统也存在着类似于定理 14-2-2 的结论。所以定理 14-2-2 的结果正是由于他们研究工作，才使得周期性 Lotka-Volterra 系统的周期解与其相应自治系统的平衡点真正地对应起来。

另外一方面，关于 Lotka-Volterra 周期系统周期解的全局渐近稳定性问题，大量数值模拟研究表明：只要模型中由参数平均值构成的系数矩阵是 M 矩阵，就能够保证所获周期解是全局渐近稳定的，由此我们推断这一规律对于理论情形也成立。事实上，Chen 等[24]与 Liu 等[25]就更为一般的生态种群模型情况，分别应用波动性原理和反证法思想证明这一猜想的正确性。因此最简单的非自治 Lotka-Volterra 两种群模型

$$\begin{cases}\dot{N}_1(t)=N_1[r_1(t)+a_{11}(t)N_1+a_{12}(t)N_2]\\ \dot{N}_2(t)=N_2[r_2(t)+a_{21}(t)N_1+a_{22}(t)N_2]\end{cases} \tag{14-2-7}$$

其中，当 $a_{12}(t)<0,a_{21}(t)>0$ 时，两种群为捕食与被捕食者的关系；当 $a_{12}(t)<0,a_{21}(t)<0$ 时，两种群是相互竞争的关系；当 $a_{12}(t)>0,a_{21}(t)>0$ 时，两种群是互惠共存的关系。我们有如下正周期解的存在性结论，这与其自治系统平衡点的结果是对应的。

定理 14-2-3　如果 $\overline{r}_k>0\,(k=1,\ 2)$ 并且有 $\dfrac{\overline{a}_{21}}{\overline{a}_{22}}<\dfrac{\overline{r_1}}{\overline{r_2}}<\dfrac{\overline{a}_{11}}{\overline{a}_{12}}$ 成立，那么系统(14-2-7)存在一个全局渐近稳定性的 ω-正周期解。

说明：前面提到的关于 Lotka-Volterra 周期系统的全局渐近稳定性规律和定理 14-2-3 中全局渐近稳定性结论，主要是针对种群密度制约项不存在时滞以及种群密度制约项存在比较小的时滞这些情形而言是成立的。对于 Lotka-Volterra 纯时滞系统，当种群密度制约项反映的时间滞后量相对较大时，Lotka-Volterra 周期系统存在的周期解有可能失去稳定性，但是周期解的存在性结论不受影响。因此从严格意义上说种群增长函数中包含的具有时滞的密度负反馈因素对 Lotka-Volterra 周期系统的全局渐近稳定性有一定的影响。

14.2.2　系统(14-2-4)为种群竞争作用模型[$c_{1j}(t)<0, c_{2i}(t)<0$]

如果在系统(14-2-4)中不考虑时滞的作用[$\tau_i(t), \delta_j(t)$，$\sigma_j(t)$，$\rho_i(t)$ 全等于 0]，那么对应的无时滞竞争系统可以写成：

$$N_1' = N_1[r_1(t) - a_1(t)N_1 + \sum_{i=1}^{n} b_{1i}(t)N_1 - \sum_{j=1}^{m} c_{1j}(t)N_2]$$

$$N_2' = N_2[r_2(t) - a_2(t)N_2 + \sum_{j=1}^{m} b_{2j}(t)N_2 - \sum_{i=1}^{n} c_{2i}(t)N_1] \tag{14-2-8}$$

对于这样一个竞争系统(14-2-8)，我们有如下结论成立：

定理 14-2-4　如果 $\overline{r}_k > 0\ (k=1, 2)$ 并且有 $\dfrac{\overline{C}_1}{\overline{A}_2} < \dfrac{\overline{r}_1}{\overline{r}_2} < \dfrac{\overline{A}_1}{\overline{C}_2}$ (14-2-9)

成立，那么系统(14-2-8)存在一个全局渐近稳定性的 ω-正周期解。

说明：这里定理 14-2-4 所给的结论可以看作是相应自治系统的正平衡点结果的自然推广，显然要弱于 Ahmad[20]、Alvarez 和 Lazer[21]利用微分不等式和拓扑度证明得到的定理：

推论 14-2-1　如果 $r_k^L > 0\ (k=1, 2)$且 $r_1^L A_2^L > r_2^U C_1^U$，$r_2^L A_1^L > r_1^U C_2^U$ (14-2-10)

成立，那么系统(14-2-8)存在一个全局渐近稳定性的 ω-正周期解。

如果我们进一步考虑系统(14-2-8)的所有系数均为正的常数时的自治情形：

$$N_1'(t) = N_1(t)[r_1 - a_1N_1(t) + \sum_{i=1}^{n} b_{1i}N_1(t) - \sum_{j=1}^{m} c_{1j}N_2(t)],$$

$$N_2'(t) = N_2(t)[r_2 - a_2N_2(t) + \sum_{j=1}^{m} b_{2j}N_2(t) - \sum_{i=1}^{n} c_{2i}N_1(t)] \tag{14-2-11}$$

对于 Lotka-Volterra 自治系统 (14-2-11)，由文献[26]中的结论可知如下定理成立。

定理 14-2-5　如果条件 $r_1[a_2 - \sum_{j=1}^{m} b_{2j}] > r_2 \sum_{j=1}^{m} c_{1j}, r_2[a_1 - \sum_{i=1}^{n} b_{1i}] > r_1 \sum_{i=1}^{n} c_{2i}$ (14-2-12)

成立，那么自治系统(14-2-11)的正平衡态存在且是局部稳定的，若再加上种群本身是密度制约的条件，则自治系统(14-2-11)的正平衡态存在且全局渐近稳定。

显然由条件(14-2-9)和(14-2-12)可以看出它们形式上是相似的，也就是说系统(14-2-8)正周期解的存在性和全局渐近稳定性对应着它的自治系统(14-2-11)正平衡态的存在性和全局渐近稳定性。在下面定理 14-2-6 中，将无时滞周期系统(14-2-8)的假设(14-2-9)及结论推广到一般竞争系统(14-2-4)上，使得两个周期系统(时滞和无时滞情形)正周期解的存在性和稳定性条件在形式上与自治系统(14-2-11)正平衡态的存在性和稳定性也对应起来。

定理 14-2-6　如果系统(14-2-4)满足：

$$\frac{\overline{C}_1}{\overline{\Lambda}_2} < \frac{\overline{r}_1}{\overline{r}_2} < \frac{\overline{\Lambda}_1}{\overline{C}_2} \tag{14-2-13}$$

那么竞争系统(14-2-4)有一个全局渐近稳定的 ω-正周期解，其中：

$$\Lambda_1(t) = a_1(t) - \sum_{i=1}^{n} \frac{|b_{1i}(u_i(t))|}{1-\tau_i'(u_i(t))}, \quad \Lambda_2(t) = a_2(t) - \sum_{j=1}^{m} \frac{|b_{2j}(\psi_j(t))|}{1-\sigma_j'(\psi_j(t))} \tag{14-2-14}$$

说明：

① 这里所给结论可以理解为相应自治系统的正平衡点结果的自然推广，显然要远远弱于文献[27]得到的结论， 即：

如果竞争系统(14-2-4)满足 $\overline{r}_1\Lambda_2^L > \overline{r}_2 C_1^U$，$\overline{r}_2\Lambda_1^L > \overline{r}_1 C_2^U$，那么系统(14-2-4)存在一个全局渐近稳定性的 ω-正周期解。

② 比较式(14-2-12)、(14-2-13)和(14-2-9)， 我们发现竞争系统(14-2-8)和(14-2-4)的假设和结论与相应自治无时滞系统(14-2-11)在形式上十分相似。 由于定理 14-2-6 的判别条件(14-2-13)只与竞争系统(14-2-4)的参数有关，并不依赖于系统解的上界，因此假设条件是易验证的。

例 14-11　考虑如下多时滞 Logistic 种群模型

$$N'(t) = N(t)[r(t) - a(t)N(t) + \sum_{i=1}^{n} b_i(t)N(t-\tau_i(t))] \tag{14-2-15}$$

其中，$a(t)$、$b_i(t) \in C(R,[0,\infty))$，$\tau_i(t) \in C^1(R,[0,\infty))$ 是 ω-周期函数，$r(t)$ 是连续的 ω-周期函数且 $\int_0^{\omega} r(t)dt > 0$，则有如下定理 14-2-7 成立。

定理 14-2-7　如果条件 $\overline{a}_1 > \sum_{i=1}^{n} |\overline{b}_i|$ 成立，　(14-2-16)

则系统(14-2-15)存在一个正的全局渐近稳定 ω-周期解。

推论 14-2-2　如果 $\overline{a} > \overline{b}$，那么系统(14-2-2)和(14-2-3)存在一个正的全局渐近稳定的 ω-周期解。

为了相互之间的比较方便，下面直接给出源于文献[15]和[28]的两个结论。

定理 14-2-8[15]　在系统(14-2-15)中，如果 $r(t)$、$a(t)$、$b(t)$ 及时滞 $\tau(t)$ 都是连续可微的 ω-周期函数，$r(t) > 0$、$a(t) > 0$、$b(t) \geqslant 0$、$\tau(t) \geqslant 0$ 对任意 $t \in R$ 成立，并且满足(H)：
方程 $r(t) - a(t)K(t) + b(t)K(t-\tau(t)) = 0$ 有一个正的连续可微的 ω-周期解 $K(t)$，
那么系统有一个正的 ω-周期解 $Q(t)$。进一步，如果对所有的 $t \in [0,\omega]$ 有：

$$a(t) > b(t)Q(t-\tau(t))/Q(t) \tag{14-2-17}$$

成立， 那么 $Q(t)$ 是全局渐近稳定的。

定理 14-2-9[28]　假设以下条件(H)成立，那么系统(14-2-2)有一个正的 ω-周期解 $Q(t)$。
此外如果有(H)：$\min_{t\in[0,\omega]}\{b(t)K(t)\} > \max_{t\in[0,\omega]}\{c(t)K(t-\tau(t))/[1-\tau'(t)]\}$　(14-2-18)

那么 $Q(t)$ 是全局渐近稳定的。

说明：由定理 14-2-8 和定理 14-2-9 可以看出文献[15]和[28]中周期解存在的充分条件是一样的。 但是关于全局渐近稳定的条件(14-2-18)是可验证的，而条件(14-2-17)依赖于未知的 $Q(t)$，因而我们的结论仅与系统(14-2-2)的参数有关，更易于验证。

例 14-12 考虑下面具有常数时滞的竞争系统

$$\begin{aligned} N_1'(t) &= N_1(t)[r_1(t) - a_1(t)N_1(t) - c_1(t)N_2(t-\rho)], \\ N_2'(t) &= N_2(t)[r_2(t) - a_2(t)N_2(t) - c_2(t)N_1(t-\sigma)] \end{aligned} \tag{14-2-19}$$

其中，$r_k(t)$、$a_k(t)$、$c_k(t)$（$k=1,2$）是连续的-ω 周期函数，且 $a_k(t)>0$, $\int_0^\omega r_k(t)\mathrm{d}t>0$，$c_k(t)>0$，$\rho$ 和 σ 是非负常数。 则有：

推论 14-2-3 如果竞争系统(14-2-19)满足：

$$\frac{\overline{c}_1}{\overline{a}_2} < \frac{\overline{r}_1}{\overline{r}_2} < \frac{\overline{a}_1}{\overline{c}_2} \tag{14-2-20}$$

成立，那么系统(14-2-19)存在一个全局渐近稳定的 ω-正周期解。

说明：

① 范猛等[29]也讨论系统(14-2-19)， 得到如果

$$\overline{r_1}\,\overline{a}_2 > \overline{r_2}\,\overline{c}_1 e^{(\overline{r}_2+\overline{R}_2)\omega}, \quad \overline{r_2}\,\overline{a}_1 > \overline{r_1}\,\overline{c}_2 e^{(\overline{r}_1+\overline{R}_1)\omega}, \quad a_1^L > c_2^U, \quad a_2^L > c_1^U \tag{14-2-21}$$

成立， 那么系统存在全局渐近稳定的 ω-正周期解。

显然我们的假设条件并不需要严格的限制条件 $a_1^L > c_2^U$，$a_2^L > c_1^U$。 而且给论完全可以和自治系统的正平衡点的情形对应起来，因此结果是新的且更一般。

②Gopalsamy[30]考虑了系统(14-2-19)的一个特殊情形，即 $a_k(t)\equiv a_k, c_k(t)\equiv c_k$（$k=1,2$）为常数且 $\rho=\sigma=0$。通过应用 Krasnoselski 定理证明了如果满足条件：

$$r_1^L a_2 > r_2^U c_1, \quad r_2^L a_1 > r_1^U c_2 \tag{14-2-22}$$

则意味着 ω-正周期解存在且全局渐近稳定。

比较式(14-2-20)和式(14-2-22)， 看出假设和结论在形式上是非常相似的， 但我们的假设条件(14-2-20)要比(14-2-22)更弱更一般许多。

例 14-13 考虑竞争系统(14-2-4)的如下一种特殊情况：

$$\begin{aligned} N_1' &= N_1[r_1(t) - a_1(t)N_1 + b_1(t)N_1(t-\tau(t)) - c_1(t)N_2(t-\delta(t))], \\ N_2' &= N_2[r_2(t) - a_2(t)N_2 + b_2(t)N_2(t-\sigma(t)) - c_2(t)N_1(t-\rho(t))] \end{aligned} \tag{14-2-23}$$

其中，系数 $r_k(t)$、$a_k(t)$、$b_k(t)$ 和 $c_k(t)$ 的定义与竞争系统(14-2-4)相同。

推论 14-2-4 如果竞争系统(14-2-23)满足条件：

$$\frac{\overline{C}_1}{\overline{\Lambda}_2} < \frac{\overline{r}_1}{\overline{r}_2} < \frac{\overline{\Lambda}_1}{\overline{C}_2} \tag{14-2-24}$$

那么竞争系统(14-2-23)有一个全局渐近稳定的 ω-正周期解，其中：

$$\Lambda_1(t) = a_1(t) - \frac{|b_1(u(t))|}{1-\tau'(u(t))}, \qquad C_1(t) = \frac{|c_1(\phi(t))|}{1-\delta'(\phi(t))};$$

$$\Lambda_2(t)=a_2(t)-\frac{|b_2(\psi(t))|}{1-\sigma'(\psi(t))},\quad C_2(t)=\frac{|c_2(v(t))|}{1-\rho'(v(t))} \tag{14-2-25}$$

而函数 $u(t)$、$v(t)$，$\phi(t)$、$\psi(t)$ 分别是函数 $t-\tau(t)$、$t-\rho(t)$、$t-\delta(t)$ 以及 $t-\sigma(t)$ 的反函数。

说明： 王稳地等[31]讨论了上面系统(14-2-23)，他们通过利用 Burton 定理[32]得到结论，如果竞争系统(14-2-23)满足下列条件：

(H1) $b_1(t)>|c_1(t)|,\ b_2(t)>|c_2(t)|$；

(H2) $\overline{a}_k>0$；

(H3) $\Lambda_1^L>0$ 且 $\Lambda_2^L>0$；

(H4) $\overline{a}_2\Lambda_1^L-\overline{a}_1C_2^U>0$；

(H5) $\overline{a}_1\Lambda_2^L-\overline{a}_2C_1^U>0$ 成立。

那么系统(14-2-23)存在一个正周期解且全局渐近稳定。

显而易见，由假设(H2)、(H4)和(H5)可知，条件(H3)显然成立。比较(14-2-24)和文献[31]的结果，容易看出推论 14-2-4 假设形式上更简单且易于验证，特别是不需要假设条件(H1)。

从生物学角度理解，我们可将定理 14-2-6 的不等式 $\dfrac{\overline{C}_1}{\overline{\Lambda}_2}<\dfrac{\overline{r}_1}{\overline{r}_2}<\dfrac{\overline{\Lambda}_1}{\overline{C}_2}$，即 $\overline{\Lambda}_1\overline{\Lambda}_2>\overline{C}_1\overline{C}_2$ 解释为两个物种在一个周期时间段内平均而言，种内竞争大于种间竞争，这样的生物假设与结论与对应的无时滞自治系统的生物假设和结论是一致的[33]。

14.2.3　系统(14-2-4)为捕食系统[$c_{1j}(t)c_{2i}(t)<0$]

定理 14-2-10　如果捕食系统(14-2-4)满足条件：

$$\overline{r}_2>0,\ \overline{\Lambda}_1>0,\ \overline{\Lambda}_2>0 \text{ 并且 } \overline{r}_1\overline{\Lambda}_2-\overline{r}_2\overline{C}_1>0 \tag{14-2-26}$$

那么捕食系统(14-2-4)有一个正的 ω-周期解。进一步如果：

$$\overline{\Lambda}_1\overline{\Lambda}_2>\overline{C}_1\overline{C}_2 \tag{14-2-27}$$

成立，那么这个正周期解是全局渐近稳定的，其中 $\Lambda_k(t)$ 由(14-2-14)所定义。

定理 14-2-11　如果捕食系统(14-2-4)满足

$$\overline{r}_2<0,\ \overline{\Lambda}_1>0,\overline{\Lambda}_2>0 \text{ 并且 } \overline{r}_1\overline{C}_2+\overline{r}_2\overline{\Lambda}_1>0 \tag{14-2-28}$$

那么捕食系统(14-2-4)存在一个正的 ω-周期解。进一步，如果假设条件(14-2-27)成立，那么正周期解是全局渐近稳定的，其中 $\Lambda_k(t)$ 由(14-2-14)所定义。

说明： 文献[34]中，Liu 等就捕食系统(14-2-4)建立了如下两个关于正周期解的存在结论。

推论 14-2-5 [34]　如果捕食系统(14-2-4)满足条件：

$$\overline{r}_2>0,\ \Lambda_1(t)>0,\ \Lambda_2(t)>0 \text{ 且 } \overline{r}_1A_2^L-\overline{r}_2C_1^U>0,$$

那么捕食系统(14-2-4)有一个正的 ω-周期解。进一步如果 $\Lambda_1^L\Lambda_2^L>C_1^UC_2^U$ 成立，那么这个正周期解是全局渐近稳定的。

推论 14-2-6 [34]　如果捕食系统(14-2-4)满足

$$\overline{r}_2<0,\ \Lambda_1(t)>0,\ \Lambda_2(t)>0 \text{ 且 } \overline{r}_1C_2^L+\overline{r}_2A_1^U>0,$$

则系统(14-2-4)存在一个正的 ω-周期解。进一步如果 $\Lambda_1^L\Lambda_2^L>C_1^UC_2^U$ 成立，那么正周期解是全

局渐近稳定的。

说明：众所周知， 如果 $r_1a_2-r_2c_1>0,\ r_1a_2-r_2a_1>0$ 成立，(14-2-29)

那么自治捕食系统：

$$N_1'(t)=N_1(t)[r_1-a_1N_1(t)-c_1N_2(t)],$$
$$N_2'(t)=N_2(t)[r_2-a_2N_2(t)+c_2N_1(t)] \tag{14-2-30}$$

有一个正的平衡态：$(N_1^*,N_2^*)=\left(\dfrac{r_1a_2-r_2c_1}{a_1a_2+c_1c_2},\dfrac{r_1c_2+r_2a_1}{a_1a_2+c_1c_2}\right)$。

其中，r_1、a_1、a_2、c_1、c_2 是正实数，r_2 是任意常数。

通过比较式(14-2-26)、(14-2-28)和(14-2-29)， 我们发现它们在形式上非常相似，也就是说捕食系统(14-2-4)具有一个"正周期解"对应着自治捕食系统(14-2-30)存在一个"正平衡态"，文献[10,26,34]证明了上面自治系统的正平衡态是全局稳定的。在非自治系统中我们还需要假设条件(14-2-27)保证正周期解是全局渐近稳定的。 此外定理 14-2-10 和定理 14-2-11 都显示周期时滞对周期解的存在性和全局渐近稳定性没有影响，但对于系统(14-2-4)为纯时滞模型且密度负反馈项的时滞较大的情况则应该另当别论。

例 14-14　考虑如下一个具有常数时滞的捕食系统：

$$N_1'(t)=N_1(t)[r_1(t)-a_1(t)N_1(t)-c_1(t)N_2(t-\rho)],$$
$$N_2'(t)=N_2(t)[r_2(t)-a_2(t)N_2(t)+c_2(t)N_1(t-\sigma)] \tag{14-2-31}$$

其中，$a_k(t)$、$c_k(t)\ (k=1,2)$ 是连续正的 ω-周期函数， 时滞 ρ 和 σ 是非负常数，$r_k(t)$ 是连续的 ω-周期函数，且满足 $\int_0^\omega r_1(t)\mathrm{d}t>0$，则我们有：

推论 14-2-7　如果系统(14-2-31)满足 $\overline{r_2}>0$，$\overline{r_1a_2}-\overline{r_2c_1}>0$　(14-2-32)

或者　$\overline{r_2}<0$，$\overline{r_1c_2}+\overline{r_2a_1}>0$　(14-2-33)

那么系统(14-2-31)存在一个正的 ω-周期解。 进一步， 如果 $\overline{a_1}\overline{a_2}>\overline{c_1}\overline{c_2}$ 成立， 那么正周期解是全局渐近稳定的。

说明：Amine 和 Ortega[35]讨论了系统(14-2-31)的所有时滞都是零的情况，证明了结论：如果 $\inf\limits_{t\in R}\{r_1(t)a_2^L-r_2(t)c_1^U\}>0$，$\inf\limits_{t\in R}\{r_1(t)c_2^L+r_2(t)a_1^U\}>0$　(14-2-34)

成立，那么相应系统有一个正的 ω-周期解(见文献[29]的推论 2)。

比较式(14-2-32)至(14-2-34)可以看出，推论 14-2-7 中关于系统(14-2-31)正周期解存在性条件要比文献[35]更弱、更一般和实用。

例 14-15　考虑如下具有多个常数时滞的捕食系统

$$N_1'(t)=N_1(t)[r_1(t)-\sum_{j=1}^m d_{1j}(t)N_1(t-\tau_j)-\sum_{j=1}^m c_{1j}(t)N_2(t-\delta_j)],$$
$$N_2'(t)=N_2(t)[r_2(t)-\sum_{j=1}^m d_{2j}(t)N_2(t-\sigma_j)+\sum_{j=1}^m c_{2j}(t)N_1(t-\rho_j)] \tag{14-2-35}$$

其中，$r_k(t)$ 是连续的 ω-周期函数， 满足 $\int_0^\omega r_1(t)\mathrm{d}t>0$，$d_{kj}(t),c_{kj}(t)$ 是连续非负的 ω-周期函

数，时滞τ_j、δ_j、σ_j、ρ_j是非负常数$(k=1,2; j=1,2,...,m)$。

推论 14-2-8 如果系统(14-2-35)满足：$\bar{r}_2>0$，$\bar{r}_1\bar{D}_2-\bar{r}_2\bar{C}_1>0$ (14-2-36)

或者 $\bar{r}_2<0$，$\bar{r}_1\bar{C}_2+\bar{r}_2\bar{D}_1>0$ (14-2-37)

成立，那么系统(14-2-35)有一个正的ω-周期解，其中：

$$D_1(t)=\sum_{j=1}^{m}d_{1j}(t+\tau_j),\quad C_1(t)=\sum_{j=1}^{m}c_{1j}(t+\delta_j);$$

$$D_2(t)=\sum_{j=1}^{m}d_{2j}(t+\sigma_j),\quad C_2(t)=\sum_{j=1}^{m}c_{2j}(t+\rho_j)。$$

说明：当系统(14-2-35)的系数$d_{kj}(t)$、$c_{kj}(t)$、τ_j、δ_j、σ_j、ρ_j均为非负常数，$d_{1j}(t)$和$d_{2j}(t)$ $(k=1,2; j=1,2,\cdots,m)$不全为零，$r_1(t)\equiv r_1>0$，r_2是实数时，Wang&Ma[36]证明了系统(14-2-35) 是一致持续生存的，如果下面条件成立：

$$r_1\sum_{j=1}^{m}d_{2j}(t+\sigma_j)-r_2\sum_{j=1}^{m}c_{1j}(t+\delta_j)>0,$$

$$r_1\sum_{j=1}^{m}c_{2j}(t+\delta_j)+r_2\sum_{j=1}^{m}d_{1j}(t+\sigma_j)>0 \tag{14-2-38}$$

事实上，该条件还可以进一步弱化为

$$r_1\sum_{j=1}^{m}\bar{d}_{2j}-r_2\sum_{j=1}^{m}\bar{c}_{1j}>0,\quad r_1\sum_{j=1}^{m}\bar{c}_{2j}+r_2\sum_{j=1}^{m}\bar{d}_{1j}>0。$$

这恰好是系统(14-2-35)正周期解的存在性条件，因此他们获得的一致持续生存性条件是系统(14-2-35)的正周期解存在性条件的特殊情形。

例 14-16 考虑捕食系统(14-2-4)如下的一种特殊情形：

$$\begin{aligned}N_1'&=N_1[r_1(t)-a_1(t)N_1+b_1(t)N_1(t-\tau(t))-c_1(t)N_2(t-\delta(t))],\\ N_2'&=N_2[r_2(t)-a_2(t)N_2+b_2(t)N_2(t-\sigma(t))+c_2(t)N_1(t-\rho(t))]\end{aligned} \tag{14-2-39}$$

其中，系数$r_k(t)$、$a_k(t)$、$b_k(t)$和$c_k(t)$的定义与捕食系统(14-2-4)相同。

推论 14-2-9 假设系统(14-2-39)满足$\bar{\Lambda}_1>0, \bar{\Lambda}_2>0$。如果

$$\bar{r}_2>0,\quad \bar{r}_1\bar{A}_2-\bar{r}_2\bar{C}_1>0 \tag{14-2-40}$$

或者 $\bar{r}_2<0$，$\bar{r}_1\bar{C}_2+\bar{r}_2\bar{A}_1>0$成立， (14-2-41)

那么系统(14-2-39)存在一个ω-正周期解。进一步如果：

$$\bar{\Lambda}_1\bar{\Lambda}_2>\bar{C}_1\bar{C}_2\text{成立}, \tag{14-2-42}$$

那么正周期解是全局渐近稳定的，其中：

$$A_1(t)=a_1(t)-\frac{b_1(u(t))}{1-\tau'(u(t))},\quad C_1(t)=\frac{c_1(\phi(t))}{1-\delta'(\phi(t))};$$

$$A_2(t)=a_2(t)-\frac{b_2(\psi(t))}{1-\sigma'(\psi(t))},\quad C_2(t)=\frac{c_2(v(t))}{1-\rho'(v(t))};$$

$$\Lambda_1(t)=a_1(t)-\frac{|b_1(u(t))|}{1-\tau'(u(t))},\quad \Lambda_2(t)=a_2(t)-\frac{|b_2(\psi(t))|}{1-\sigma'(\psi(t))} \tag{14-2-43}$$

说明：Wen 和 Wang[37]应用微分不等式比较定理和构造 Lyapunov 函数的方法讨论了系统(14-2-39)，建立了如下正周期解的存在性结论。

更进一步，如果 $\overline{r_2}>0$， $\int_0^{\omega}[r_1(t)-c_1(t)X_2^*(t-\delta(t))]\mathrm{d}t>0$ (14-2-44)

或者 $\overline{r_2}<0$， $\int_0^{\omega}[r_2(t)-c_2(t)X_1^*(t-\rho(t))]\mathrm{d}t>0$ (14-2-45)

成立，那么系统(14-2-39)存在一个 ω-正周期解， 其中 $X_1^*(t)$ 和 $X_2^*(t)$ 分别是方程：

$$N_1'(t)=N_1(t)[r_1(t)-a_1(t)N_1(t)+b_1(t)N_1(t-\tau(t))] \tag{14-2-46}$$

$$N_2'(t)=N_2(t)[r_2(t)-a_2(t)N_2(t)+b_2(t)N_2(t-\sigma(t))] \tag{14-2-47}$$

唯一的正周期解； 进一步如果有

$$a_1^L>B_1^U,\ a_2^L>B_2^U \text{ 与 } (a_1^L-B_1^U)(a_2^L-B_2^U)>C_1^UC_2^U \tag{14-2-48}$$

成立， 那么正周期解是全局渐近稳定的， 这里：

$B_1(t)=\dfrac{|b_1(u(t))|}{1-\tau'(u(t))}$， $B_2(t)=\dfrac{|b_2(\psi(t))|}{1-\sigma'(\psi(t))}$，而 $C_1(t)$ 和 $C_2(t)$ 则由(14-2-43)所定义。

由于这个唯一解($X_1^*(t),X_2^*(t)$)是无法利用方程(14-2-46)和(14-2-47)解出的，这使得这个判别方法难以验证。显然推论 14-2-9 的假设 (14-2-40)和(14-2-41)是系统(14-2-39)参数的显式表达形式，易于验证。特别是比较 (14-2-42)和(14-2-48)可以看出，条件是新的且更一般。

从生物学角度理解，我们可将定理 14-2-10 与定理 14-2-11 解释为：$\overline{r_1}>0,\overline{r_2}>0$ 分别表示食饵和捕食者种群一个周期内的平均内禀增长率为正。$\overline{r_2}<0$ 表示捕食者种群一个周期内的负内禀增长率。$\overline{\Lambda}_k>0\ (k=1,2)$ 意味着一个周期内平均的种内无时滞瞬时竞争大于种内有时滞的时间延迟竞争。而不等式 $\overline{\Lambda}_1\overline{\Lambda}_2>\overline{C}_1\overline{C}_2$ 则表示一个周期内平均的种内竞争大于种间捕食。

14.2.4 系统(14-2-4)为互惠系统[$c_{1j}(t)>0,c_{2i}(t)>0$]

当互惠系统(14-2-4)的所有系数是正常数且时滞为零时，那么互惠系统(14-2-4)退化为如下一个无时滞自治互惠系统：

$$\begin{aligned}N_1'(t)&=N_1(t)[r_1-a_1N_1(t)+\sum_{i=1}^{n}b_{1i}N_1(t)+\sum_{j=1}^{m}c_{1j}N_2(t)],\\ N_2'(t)&=N_2(t)[r_2-a_2N_2(t)+\sum_{j=1}^{m}b_{2j}N_2(t)+\sum_{i=1}^{n}c_{2i}N_1(t)]\end{aligned} \tag{14-2-49}$$

由 Goh[38]的研究结果我们知道，系统(14-2-49)正平衡态的局部稳定性蕴涵着全局渐近稳定，也就是说如果 $a_1-\sum_{i=1}^{n}b_{1i}>0$， $a_2-\sum_{j=1}^{m}b_{2j}>0$，

$$(a_1-\sum_{i=1}^{n}b_{1i})(a_2-\sum_{j=1}^{m}b_{2j})>\sum_{j=1}^{m}c_{1j}\sum_{i=1}^{n}c_{2i} \tag{14-2-50}$$

成立， 那么系统(14-2-49)的所有解趋于系统的唯一正平衡态。

下面的定理 14-2-12 将上面结果(14-2-50)的形式推广到非自治的互惠系统(14-2-4)， 获

得了系统正周期解存在且全局渐近稳定的充分条件。

定理 14-2-12 [39]　如果 $\overline{\Lambda}_k > 0\ (k=1,2)$，$\overline{\Lambda}_1\overline{\Lambda}_2 > \overline{C}_1\overline{C}_2$　(14-2-51)
成立，那么捕食系统(14-2-4)存在全局渐近稳定的 ω-正周期解，其中 $\Lambda_k(t)$ 由(14-2-14)定义。

说明： 比较式(14-2-50)和(14-2-51)，可以看出非自治互惠系统(14-2-4)的假设和结论与自治系统(14-2-49)的结果在形式上十分相似，并且定理 14-2-12 的结果显示周期时滞对 Lotka-Volterra 互惠系统周期解的存在性和全局渐近稳定性没有影响，但对于系统(14-2-4)为纯时滞模型且密度负反馈项的时滞较大的情况则应该另当别论。

例 14-17　考虑如下一个多时滞两种群互惠系统：

$$N_1' = N_1[r_1(t) - \sum_{i=1}^{n} b_{1i}(t)N_1(t-\tau_i(t)) + \sum_{j=1}^{m} c_{1j}(t)N_2(t-\delta_j(t))],$$

$$N_2' = N_2[r_2(t) - \sum_{j=1}^{m} b_{2j}(t)N_2(t-\sigma_j(t)) + \sum_{i=1}^{n} c_{2i}(t)N_1(t-\rho_i(t))] \quad (14\text{-}2\text{-}52)$$

其中，$b_{1i}(t)$、$b_{2j}(t) \in C(R,[0,\infty))$，其余参数定义与互惠系统(14-2-4)一样。

推论 14-2-10　如果 $\overline{B}_1\overline{B}_2 > \overline{C}_1\overline{C}_2$ 成立，那么系统(14-2-52)存在一个 ω-正周期解，其中

$$B_1(t) = \sum_{i=1}^{n} \frac{b_{1i}(u_i(t))}{1-\tau_i'(u_i(t))}, \quad B_2(t) = \sum_{j=1}^{n} \frac{b_{2j}(\psi_j(t))}{1-\sigma_j'(\psi_j(t))} \quad (14\text{-}2\text{-}53)$$

说明： 在文献[40]中，Yang 等讨论了系统(14-2-52)的一种特殊形式，即

$$N_1'(t) = N_1(t)[r_1(t) - b_1(t)N_1(t-\tau(t)) + c_1(t)N_2(t-\sigma(t))],$$
$$N_2'(t) = N_2(t)[r_2(t) - b_2(t)N_2(t-\sigma(t)) + c_2(t)N_1(t-\tau(t))] \quad (14\text{-}2\text{-}54)$$

其中，$r_k(t)$、$b_k(t)$、$c_k(t)$、$\tau(t)$、$\sigma(t)$ 均是严格正的 ω-周期函数。他们证明得到结论：

如果 $b_1^L b_2^L > c_1^U c_2^U$ 成立，那么系统(14-2-54)存在一个正的 ω-周期解。

同时 Chen 等也在文献[41]中讨论了系统(14-2-52)中的另外一种特殊情形。他们证明：如果 $\tau_i(t)=\rho_j(t)$，$\delta_j(t)=\sigma_j(t)$ 并且

$$\text{(i)} \sum_{i=1}^{n}\overline{b}_{1i}\sum_{j=1}^{m}\overline{b}_{2j} > \sum_{j=1}^{m}\overline{c}_{1j}\sum_{i=1}^{n}\overline{c}_{2i}\text{；(ii)}\ B_1^L B_2^L > C_1^U C_2^U \quad (14\text{-}2\text{-}55)$$

成立，那么对应系统存在一个正的 ω-周期解，其中：

$$B_1^L = \min_{t\in[0,\omega]}\{b_{1i}(t), 1\leqslant i\leqslant n\},\quad B_2^L = \min_{t\in[0,\omega]}\{b_{2j}(t), 1\leqslant j\leqslant m\},$$

$$C_1^U = \min_{t\in[0,\omega]}\{c_{1j}(t), 1\leqslant j\leqslant m\},\quad C_2^U = \min_{t\in[0,\omega]}\{c_{2i}(t), 1\leqslant i\leqslant n\}。$$

显然上述假设条件(ii)蕴涵着条件(i)是成立的，但这个假设条件(ii)比推论 14-2-10 严格得多。另外文献[40,41]讨论的特殊情形得到正周期解存在的充分条件与相应系统的时滞是无关的。在生物中我们将这些结论解释为：$\overline{A}_k > 0\ (k=1,2)$ 表示无时滞的即时种内竞争大于有时滞的时间延迟的种内竞争；而不等式 $\overline{A}_1\overline{A}_2 > \overline{C}_1\overline{C}_2$ 表示一个周期内平均的种内竞争大于种间合作。

14.3 具功能反应的生态种群模型的周期解

14.3.1 周期性生态种群模型求解思想及其分析技术

众所周知，具有功能反应的生态系统的动力学行为要比 Lotka-Volterra 系统的情形复杂很多，除具有正平衡点外，还会出现极限环、多平衡态及混沌等动态行为。就正周期解问题，保证系统所含生物种群的基本繁殖率或者基本再生率 $R_0>0$，仍然是解决问题的基本思想。在自治 Lotka-Volterra 生态系统的情形下由基本繁殖率 R_0 为正的种群生态系统必然存在正平衡态；并且当生物种群的种内作用强度占优时，正平衡态还是稳定的。

根据非自治生态系统正周期解与自治系统的正平衡态相对应这个主导思想，为使生态种群模型存在稳定正周期解，在一般性具有功能反应的系统中，对于种群的相互竞争作用，既要保证适当的种内竞争强度，又要使物种间的相互作用强度恰如其分，因为适当的种内竞争强度是保证一个物种能够稳定续存的必备条件；而对于种群之间的捕食作用关系，则要按照供体(食饵)控制与受援者(捕食者)控制两种情形区别对待，对于前者需要保证供体(食饵)的基本繁殖率 R_0 为正，而对于后者需要保证受援者(捕食者)的基本繁殖率 R_0 为正。需要指出的是，本节中涉及的捕食者—食饵模型主要属于受援者(捕食者)控制这一类，因而所获正周期解的存在性结论主要针对受援者(捕食者)的基本繁殖率 R_0 为正而给出的。

基于上面的朴素思想以及利用模型参数的平均值探讨系统正周期解存在性的目的，Fan 和 Wang 等[29]通过重合度理论方法，研究以下具多偏差变元的周期性 Lotka-Volterra 种群竞争模型

$$\dot{x}_i(t)=x_i(t)\Big[r_i(t)-\sum_{j=1}^{n}a_{ij}(t)x_j(t-\tau_{ij}(t))\Big] \tag{14-3-1}$$

其中，$r_i(t)$、$a_{ij}(t)\in C(R,[0,\infty))$ 和 $\tau_{ij}(t)\in C(R,R)$ 是 ω-周期函数，且满足

$$\overline{r}_i=\frac{1}{\omega}\int_0^{\omega}r_i(t)\mathrm{d}t,\ \overline{a}_{ij}=\frac{1}{\omega}\int_0^{\omega}a_{ij}(t)\mathrm{d}t\text{。}$$

他们通过利用研究方程(14-3-1)的周期解的存在性问题，并建立了以下结果。

定理 14-3-1[29] 假设 $\overline{a}_{ii}>0$，并且有

$$\overline{r}_i>\sum_{j=1(j\neq i)}^{n}\overline{a}_{ij}\frac{\overline{r}_j}{\overline{a}_{jj}}e^{(\overline{R}_j+\overline{r}_j)\omega}\quad(i,j=1,2,\cdots,n) \tag{14-3-2}$$

则系统(14-3-1)至少存在一个 ω-正周期解，这里 $\overline{R}_j=[\int_0^{\omega}|r_j(t)|\,\mathrm{d}t]/\omega$。

然而相对于单种群生态模型的情形，这个结论的条件显然太过于强烈，并且与第一章中给出的，相应自治 Lotka-Volterra 系统平衡点的结果相比，差异也十分明显。究其原因，发现是由于对于模型中解的先验界的估计太过于粗略、不够精确造成的。我们知道，对于既定的生物种群的内禀增长率而言，对解的先验界估计越是精确，其结果越是一般、自然、合乎

逻辑，并且其形式也越接近对应自治系统关于平衡点的存在性结果。简而言之，对系统解的先验界估计精确，则所获结论越接近于正周期解存在的充要条件，这一点在后面内容中将会看到。

定理 14-3-1 中条件(14-2-2)作为对模型周期解的先验界进行估计而得出结果。下面我们来解释(14-2-2)还有进一步改进的空间和余地。首先看到公式 $\overline{r}_j e^{(\overline{R}_j+\overline{r}_j)\omega}/\overline{a}_{jj}$ 是对模型中的周期解 $x_j(t)$ 的上界限的一个估计。事实上假设 $x_j(t)$ 为如下周期性生态方程的 ω-正周期解，

$$\dot{x}_j(t)=x_j(t)\left[r_j(t)-\sum_{k=1}^{n}a_{jk}(t)x_k(t-\tau_{jk}(t))\right]。\tag{14-3-3}$$

并将 $x_j(t)$ 代入方程，并在 $[0,\omega]$ 上对方程(14-3-3)两端积分得

$$\sum_{k=1}^{n}\int_0^{\omega}a_{jk}(t)x_k(t-\tau_{jk}(t))\mathrm{d}t=\overline{r}_j\omega。\tag{14-3-4}$$

由(14-3-4)式可看出

$$\int_0^{\omega}a_{jj}(t)x_j(t-\tau_{jj}(t))\mathrm{d}t\leqslant\overline{r}_j\omega。$$

利用 $\tau_{jj}(t)$ 的周期性与积分中值定理得：

至少存在一点 $\xi\in[0,\omega]$ 使得 $x_j(\xi)\leqslant\overline{r}_j/\overline{a}_{jj}$。(14-3-5)

另一方面 $\int_0^{\omega}|\ln\dot{x}_j(t)|\mathrm{d}t<\int_0^{\omega}|r_j(t)|\mathrm{d}t$

$$+\int_0^{\omega}\left|\sum_{k=1}^{n}a_{jk}(t)x_k(t-\tau_{jk}(t))\right|\mathrm{d}t\leqslant(\overline{R}_j+\overline{r}_j)\omega。\tag{14-3-6}$$

结合(14-3-5)、(14-3-6)两式可知

$$x_j(t)<x_j(\xi)+\int_0^{\omega}|\ln\dot{x}_j(t)|\mathrm{d}t\leqslant\overline{r}_je^{(\overline{R}_j+\overline{r}_j)\omega}/\overline{a}_{jj}。\tag{14-3-7}$$

将(14-3-7)带入系统(14-2-1)得

$$\dot{x}_i(t)\geqslant x_i(t)\left[r_i(t)-\sum_{j=1(j\neq i)}^{n}a_{ij}(t)\frac{\overline{r}_j}{\overline{a}_{jj}}\mathrm{e}^{(\overline{R}_j+\overline{r}_j)\omega}-a_{ii}(t)x_i(t-\tau_{ii}(t))\right]。$$

由此根据微分不等式比较原理知系统(14-2-1) ω-周期解的第 i 个分量一定为正。

其实这个估计值还可以按以下方式改进。首先我们知道如下 Logistic 单种群模型

$$\dot{x}(t)=x(t)\left[r(t)-a(t)x(t-\tau(t))\right]$$

具有一个全局渐近稳定的 ω-正周期解,如果 $r(t)$、$a(t)$、$\tau(t)\in C(R,[0,\infty))$ 是 ω-周期函数，且满足 $\int_0^{\omega}r(t)\mathrm{d}t>0$ 和 $\int_0^{\omega}a(t)\mathrm{d}t>0$。

其次，若我们记生态种群模型

$$\dot{u}_j(t)=u_j(t)\left[r_j(t)-a_{jj}(t)u_j(t-\tau_{jj}(t))\right]\tag{14-3-8}$$

的唯一全局渐近稳定的 ω-正周期解为 $X_j^*(t)$。则由于

$$\dot{x}_j(t)\leqslant x_j(t)\left[r_j(t)-a_{jj}(t)x_j(t-\tau_{jj}(t))\right]。$$

故而如果以 ω-正周期解 $X_j^*(t)$ 作为模型周期解的上界估计值，则可使估计结果得到改

善，因为 $X_j^*(t) < \bar{r}_j e^{(\bar{R}_j+\bar{r}_j)\omega} / \bar{a}_{jj}$ 最终必然成立。特别的，当我们以模型参数的平均值来建立生态种群模型正周期解的存在性条件时，其效果就非常显著了，其最终结果非常接近于充要条件。

然而 Liu 在文献[9]中曾指出这样做固然效果更好，但也存在不足之处：所得到的周期解的存在性条件在实际问题中不容易验证，因为模型(14-3-8)的全局渐近稳定的周期解 $X_j^*(t)$ 由于时滞项的出现而难以给出具体解析表达式。

为了克服这一不足之处，一种变通的方法就是退一步考虑问题，先将上述时滞系统设法转化为无时滞的 Logistic 生态种群模型，然后再求解出其唯一的周期解 $X_j^*(t)$，并以此为依据建立 Lotka-Volterra 生态种群模型的 ω-正周期解存在性条件。 具体而言，
由于 $\dot{x}_j(t) \leqslant r_j(t)x_j(t)$，故可在区间 $[t-\tau_{jj}(t), t]$ 对此式进行积分得

$$x_j(t) \leqslant x_j(t-\tau_{jj}(t))\exp\{\int_{t-\tau_{jj}(t)}^{t} r_j(s)\mathrm{d}s\}\text{。} \tag{14-3-9}$$

由(14-3-9)我们推出

$$\dot{x}_j(t) \leqslant x_j(t)\left[r_j(t) - a_{jj}(t)\exp\{-\int_{t-\tau_{jj}(t)}^{t} r_j(s)\mathrm{d}s\}x_j(t)\right]\text{。} \tag{14-3-10}$$

故而如果以方程(14-3-10)的确定全局渐近稳定的 ω-正周期解 $X_j^*(t)$ 作为模型周期解的上界估计值，则也可使估计结果得到改善，因为这时仍然有 $X_j^*(t) < \bar{r}_j e^{(\bar{R}_j+\bar{r}_j)\omega} / \bar{a}_{jj}$ 最终必然成立。从而当我们以模型参数的平均值建立系统正周期解的存在性结论时，其效果也非常显著。

14.3.2 具 Holling 功能反应的生态种群模型的周期解

Holling 型功能反应指每个捕食者的捕食率随猎物密度变化的一种反应，即捕食者对猎物的捕食效应，从捕食者自身出发，寻求影响捕食率变化的关键因素以及这些因素影响捕食率的实现方式。文献[42]考虑了如下一类具有 Holling III 型功能反应的捕食者—食饵模型

$$\begin{cases} \dot{N}(t) = N[F(t,N) - \dfrac{\alpha(t)NP}{1+mN^2}] \\ \dot{P}(t) = P[-d(t) + \dfrac{\beta(t)N^2}{1+mN^2}] \end{cases} \tag{14-3-11}$$

假设模型(14-3-11)中的函数满足：

(H1) $\alpha(t)$、$\beta(t)$ 是非负连续的 ω 周期函数，m 为非负常数。

(H2) $d(t)$ 是连续的 ω 周期函数，且 $\int_0^{\omega} d(t)\mathrm{d}t > 0$。

(H3) $F(t,x)$ 关于 t 是连续的 ω 周期函数，关于 x 严格单调递减，且存在正常数 k 使得 $\int_0^{\omega} F(t,k)dt = 0$。此外存在连续的 ω 周期函数 $h(t)$ 使得 $F(t,x) \leqslant h(t)$，且 $\int_0^{\omega} h(t)\mathrm{d}t > 0$。

定理 14-3-2 假设(H1)至(H4)成立，若 $m\bar{h} > \bar{\alpha}$，$\bar{\beta} > m\bar{d}$ 成立，则系统(14-2-1)至少存在一个 ω 正周期解。

说明：

①定理中 $m\overline{h} > \overline{\alpha}$ 意味着系统第一个方程具有唯一全局渐近稳定的正周期解 $X^*(t)$，若按照(14-3-11)第一个方程给出此周期解 $X^*(t)$ 的下界限的先验估计值 $k\exp\{-(\overline{H}+\overline{h})\omega\}$，则由模型第二个方程知：使得捕食者种群的基本繁殖率 R_0 为正的条件等价于 $k^2\overline{\beta}/[k^2m+\exp\{2(\overline{H}+\overline{h})\omega\}] > \overline{d}$。胡新利和金上海[42]研究了上述生态系统，并建立了使正周期解存在的充分性条件 $k^2\overline{\beta} > k^2m\overline{d} + \overline{d}\exp\{2(\overline{H}+\overline{h})\omega\}$，显然这里所给条件更一般、更简单且更为自然。

②显然胡新利和金上海[42]的结果保证了捕食者种群的基本繁殖率为正。因而可从刚才的分析知道，定理所给条件本质上就是为了保证捕食者种群的基本繁殖率为正。而我们知道，上述种群捕食模型属于受援者(捕食者)控制这一类，所以定理结论支持了我们前面的论断。

③类似于定理 14-3-2，从捕食者种群和食饵种群两个角度建立周期解的存在性条件更为一般、简单、自然，故而在后面要讨论的生态种群模型中，都将统一地以捕食者种群和食饵种群两个角度给出周期解存在的充分性条件，但需要牢记的是，它本质上就是为了保证受援(捕食者)种群的基本繁殖率为正。

例 14-18　$F(t,N)=r(t)-a(t)N$，食饵种群增长服从 Logistic 模型，则系统为

$$\begin{cases}\dot{N}(t)=N[r(t)-a(t)N-\dfrac{\alpha(t)NP}{1+mN^2}]\\[2ex]\dot{P}(t)=P[-d(t)+\dfrac{\beta(t)N^2}{1+mN^2}]\end{cases}\tag{14-3-11a}$$

其中，$r(t)$、$a(t)$ 是连续的 ω 周期函数且 $\overline{r}>0, a(t)\geqslant 0$，其他参数与系统(14-3-11)相同。

容易验证 $F(t,N)$ 满足假设条件(H1)至(H3)，且 $k=\overline{r}/\overline{a}, h(t)=r(t)$。则当 $\overline{\beta}\overline{r}^2/\overline{a}^2 > m\overline{d}\overline{r}^2/\overline{a}^2+\overline{d}\ \exp\{2(\overline{R}+\overline{r})\omega\}$ 时，系统(14-3-11a)至少存在一个 ω 正周期解。当系统(14-3-11a)中 $r(t)$、$a(t)$、$\alpha(t)$、$\beta(t)$、$d(t)$ 都是常数，且 $r\geqslant 0, a\geqslant 0$，$\beta r^2 > mdr^2+a^2d$ 时，容易求出该系统有一个正平衡解 $(\sqrt{d/(\beta-md)}, (\beta r\sqrt{d(\beta-md)}-\alpha d)/(\alpha d(\beta-md)))$。

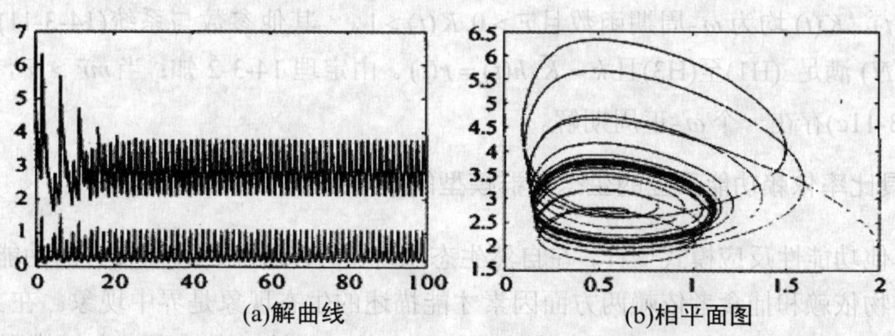

(a)解曲线　　(b)相平面图

图 14-11　系统(14-3-11a)中种群的演化动态(仿胡新利，2003)

(i)在系统(14-3-11a)中，选取参数 $r(t)$=0.5+sin(4t)/2，$a(t)$=0.2+sin(4t)/5，$\alpha(t)$ =5sin(4t)，m=0.5，$d(t)$=1+cos(4t)/2，$\beta(t)$=5+sin(4t)，并且取初始值 $N_1(0)$=2，$N_2(0)$=2。

(ii)在系统(14-3-11a)中，选取参数 $r(t)=2+\cos(t)/2$，$a(t)=\alpha(t)=d(t)=(1/3)$，$\beta(t)=1+\cos(t)/2$，$m=1$。并且初始值分别为 $N_1(0)=1$，$N_2(0)=1$ 和 $N_1(0)=2$，$N_2(0)=2$ 时。

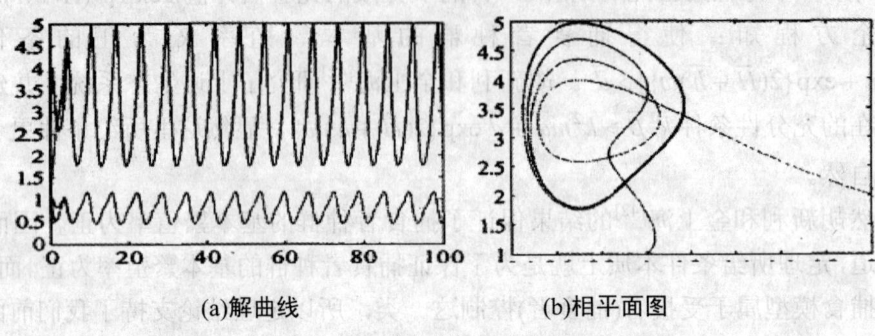

(a)解曲线　　(b)相平面图

图 14-12　系统(14-3-11a)的演化动态(仿胡新利，2003)

例 14-19　$F(t,N)=r(t)-(N/K(t))^{\theta}$，食饵种群增长满足 Gilpin-Ayala 模型，则系统为

$$\begin{cases}\dot{N}(t)=N[r(t)-(\dfrac{N}{K(t)})^{\theta}-\dfrac{\alpha(t)NP}{1+mN^2}]\\ \dot{P}(t)=P[-d(t)+\dfrac{\beta(t)N^2}{1+mN^2}]\end{cases}\tag{14-3-11b}$$

其中，$r(t)$、$K(t)$ 均为 ω-周期函数且 $\bar{r}>0,K(t)>0$，θ 是正常数。其他参数与系统(14-3-11)相同。容易验证 $F(t,N)$ 满足(H1)至(H3)且 $k=\bar{K},h(t)=r(t)$。由定理 14-3-2 知：当 $m\bar{r}>\bar{\alpha}$，$\bar{\beta}>m\bar{d}$ 时，系统(14-3-11b)存在一个 ω-正周期解。

例 14-30　$F(t,N)=-r(t)\ln(N/K(t))$，食饵种群增长满足对数模型，则系统为

$$\begin{cases}\dot{N}(t)=N[r(t)\ln K(t)-r(t)\ln N-\dfrac{\alpha(t)NP}{1+mN^2}]\\ \dot{P}(t)=P[-d(t)+\dfrac{\beta(t)N^2}{1+mN^2}]\end{cases}\tag{14-3-11c}$$

其中，$r(t)$、$K(t)$ 均为 ω-周期函数且 $\bar{r}>0,K(t)>1$。其他参数与系统(14-3-11)相同。容易验证 $F(t,N)$ 满足 (H1)至(H3)且 $k=\bar{K},h(t)=r(t)$。由定理 14-3-2 知：当 $m\bar{r}>\bar{\alpha}$，$\bar{\beta}>m\bar{d}$ 时，系统(14-3-11c)存在一个 ω-正周期解。

14.3.3　具比率依赖功能反应的生态种群模型的周期解

和其他功能性反应模式一样，在自然生态系统中，普遍存在着捕食者的功能反应需要同时利用猎物依赖和捕食者依赖两方面因素才能描述的生态现象是界中现象。在文献[43]中，作者 Fan 和 Li 等考虑如下具有比率依赖功能反应的一般性时滞捕食—食饵模型

$$\begin{cases}\dfrac{\mathrm{d}N}{\mathrm{d}t}=N(t)[a(t)-b(t)\displaystyle\int_{-\infty}^{t}K(t-s)N(s)\mathrm{d}s]-c(t)g(\dfrac{N}{P})P,\\ \dfrac{\mathrm{d}P}{\mathrm{d}t}=P(t)[-d(t)+e(t)g(\dfrac{N(t-\tau(t))}{P(t-\tau(t))})]\end{cases}\tag{14-3-12}$$

其中，$P(t)$、$N(t)$ 分别表示捕食者与食饵种群的密度，$a(t)$、$b(t)$、$c(t)$、$d(t)$、$f(t)$ 以及 $\tau(t)$ 均为连续的周期函数且有共同的周期 $\omega>0$，m 为正常数，$K(s):R^+\to R^+$ 可测得 ω 周期函数，并且使得 $\int_{-\infty} K(s)\mathrm{d}s=1$。

我们称功能反应 $g(u)$ 为单调性的函数，如果 $g(u)$ 满足如下单调性条件(M)：

(i) $g(0)=0$；　(ii) $g'(u)>0$ 对任意 $u\in[0,+\infty)$；　(iii) $\lim\limits_{u\to+\infty} g(u)=k$，$k$ 为常数。

事实上，很容易看出以下函数

$$g(u)=\frac{c_0u}{m+u},\ g(u)=\frac{c_0u^2}{m+u^2},\ g(u)=\frac{c_0u^2}{m+c_1u+u^2}\text{ 以及 }g(u)=\frac{c_0u^\alpha}{m+u^\alpha}\text{。}$$

都满足单调性条件(M)，其中 $\alpha\geqslant 2$。

首先给出系统(14-3-12)正周期解存在的必要性条件：

定理 14-3-3　假设单调性条件(M)成立。如果系统(14-3-12)存在一个 ω-正周期解，则必定有 $k\overline{e}\geqslant\overline{d}$。

在下面内容中，我们令 $h(z)=g(z)/z$，$M=\sup_{z\in[0,+\infty)}\{g(z)/z\}$，则显而易见 $h(z)$ 表示平面内原点 $O(0,0)$ 与曲线 $y=g(x)$ 上点 $A(z,g(z))$ 两点连线的斜率，而 $M\geqslant 0$ 则为该直线斜率的最大值。

推论 14-3-1　如果 $k\overline{e}<\overline{d}$，则系统(14-3-12)不存在 ω-正周期解。

定理 14-3-4　假设单调性条件(M)成立。此外如果 (H1) $\overline{a}\geqslant M\overline{c}$；(H2) $k\overline{e}>\overline{d}$。则系统(14-3-12)至少存在一个 ω-正周期解。

我们称功能反应 $g(u)$ 为非单调性的函数，如果它满足以下非单调性条件(NM)：

(i) $g(0)=0$；

(ii) $\lim\limits_{u\to+\infty} g(u)=0$；

(iii) 存在一个正常数使得 $p>0$，使得 $(x-p)g'(x)<0$ 对任意 $x\neq p$。

事实上容易看出以下函数

$$g(u)=\frac{c_0u}{m+u^2},\ g(u)=\frac{c_0u}{m+c_1u+u^2}\text{ 以及 }g(u)=\frac{c_0u^{\alpha-1}}{m+u^\alpha}$$

都满足非单调性条件(NM)，其中 $\alpha\geqslant 2$。

说明：当功能反应 $g(u)$ 为非单调函数时，建立 ω-正周期解存在的充分性条件会存在一些运算方面的困难，但是仍然具有类似的结果。

定理 14-3-5　设有如下条件：

(H1) $\overline{d}=g(p)\overline{e}$，(H2) $\overline{a}>\overline{b}p\exp\{(|\overline{a}|+\overline{a})\omega\}$ 成立，则系统(14-3-12)至少存在一个 ω-正周期解。

定理 14-3-6　假设 $\overline{d}<g(p)\overline{e}$，并且 $\overline{a}>M\overline{c}$ 成立，则系统(14-3-12)至少存在一个 ω-正周期解。

推论 14-3-2　假设 $\overline{d}<g(p)\overline{e}$，且 $\overline{a}>h(0)\overline{c}$，其中 $h'(z)<0,\ z\in(0,+\infty)$，则系统(14-3-12)至少存在一个 ω-正周期解。

说明：定理 14-3-6 的条件是一种形式化的结果：一方面，$\overline{d}<g(p)\overline{e}$ 反映了捕食者种群能够持久生存这个生态意义，实际上该条件还与系统(14-3-12)中食饵种群的参数有关。因为 $x=p$ 作为函数 $g(x)$ 的最大值，而其自变量为 $x=N/P$，显然就一个周期范围内平均值而言，只有食饵与捕食者种群密度比例大约保持在 $x=p$ 这个最大值点的水平上时，保证 $g(p)\overline{e}>\overline{d}$ 成立才是其真实含义。另一方面，$\overline{a}>M\overline{c}$ 反映了食饵种群能够持久生存的生态意义，实际上它还与系统(14-3-12)中捕食者的参数有关。因为 M 为函数 $h(z)=g(z)/z$ 的最大值，而其自变量 $z=N/P$，显然就一个周期范围内平均值而言，只有当食饵与捕食者种群密度比例大约保持在 z_M 这个 $h(z)$ 的最大值点水平上时，保证 $\overline{a}>h(z_M)\overline{c}$ 成立才是这一条件的真实含义，我们看到在推论 14-3-2 的条件下，后一条件的形式和本质将保持一致。具体而言，这是非单调比率依赖的功能反应系统与后面将要讨论的单调比率依赖的功能反应模型的正周期解存在性条件的最本质差异。在文献[43]中，作者 Fan 和 Li 根据非单调性条件(NM)以及基本事实：如果 $\overline{d}<g(p)\overline{e}$，则方程 $g(x)=\overline{d}/\overline{e}$ 具有两个正根，记为 r_1、r_2，假设 $r_1<r_2$。对食饵与捕食者种群密度比例保持在 z_M 水平的条件下，使得 $\overline{a}>h(z_M)\overline{c}$ 成立一组充分性条件，即通过基本的不等式比较关系和估值技术，他们得出以下正周期解的存在性结论。

更进一步，假设 $\overline{d}<g(p)\overline{e}$，$\overline{a}>h(0)\overline{c}$，并且 $H^*<\max\{u_2/u_1,(r_1u_2)/(r_2u_1)\}$ 成立，则系统(14-3-12)至少存在一个 ω-正周期解。其中 $h'(z)<0,\ z\in(0,+\infty)$，$H^*$、$u_1$ 与 u_2 分别为

$$M_1=r_1\exp\{2(\overline{a}+\overline{d})\omega\},\ m_1=r_1\exp\{-2(\overline{a}+\overline{d})\omega\};$$

$$u_i=\frac{\overline{a}\overline{e}r_i-\overline{c}\overline{d}}{\overline{b}\overline{e}r_i},\ H^*=\max\{B_1^*+2\overline{d}\,\omega,-B_2^*+2\overline{d}\,\omega\};$$

$$B_1^*=\ln[(\overline{a}-h(M_1)\overline{c})/\overline{b}u_1]+2\overline{a}\omega,\quad B_2^*=\ln[(\overline{a}-h(m_1)\overline{c})/\overline{b}u_1]-2\overline{a}\omega。$$

由定理 14-3-4，我们得出如下特殊形式的捕食系统正周期解的存在性结论。

例 14-21 考虑如下具有比率依赖功能反应的捕食系统

$$\begin{cases}\dfrac{\mathrm{d}N}{\mathrm{d}t}=N(t)[a(t)-b(t)\int_{-\infty}^{t}K(t-s)N(s)\mathrm{d}s-\dfrac{c(t)P}{mP+N}],\\ \dfrac{\mathrm{d}P}{\mathrm{d}t}=P(t)[-\mathrm{d}(t)+\dfrac{f(t)N(t-\tau(t))}{mP(t-\tau(t))+N(t-\tau(t))}]。\end{cases}\tag{14-3-12a}$$

该系统由 Fan 和 Wang [44]研究过，可以通过在系统(14-3-12)中令 $g(u)=\dfrac{u}{m+u}$ 而得到。

假设条件 $m\overline{a}>\overline{c}$ 与 $\overline{f}>\overline{d}$ 成立，则系统(14-3-12a)至少存在一个 ω-正周期解。

例 14-22 考虑如下具有 Holling III 型比率依赖的功能反应函数的捕食系统[45]

$$\begin{cases}\dfrac{\mathrm{d}N}{\mathrm{d}t}=N(t)[a(t)-b(t)\int_{-\infty}^{t}K(t-s)N(s)ds]-\dfrac{c(t)N^2P}{m^2P^2+eNP+N^2},\\ \dfrac{\mathrm{d}P}{\mathrm{d}t}=P(t)[-\mathrm{d}(t)+\dfrac{f(t)N^2(t-\tau(t))}{m^2P^2(t-\tau(t))+eN(t-\tau(t))P(t-\tau(t))+N^2(t-\tau(t))}]。\end{cases}\tag{14-3-12b}$$

该系统可以通过在系统(14-3-12)中选取 $g(u)=\dfrac{u^2}{m^2+eu+u^2}$ 而得到。

进一步，假设条件 $(2m+e)\overline{a}>\overline{c}$ 与 $\overline{f}>\overline{d}$ 成立。则系统(14-3-12b)至少存在一个 ω-正周

期解。

例 14-23　如果我们令 $g(u)=\dfrac{u^{\alpha}}{m^{\alpha}+u^{\alpha}}\ (\alpha\geqslant 1)$，则系统(14-3-12)简化为如下具有功能反应的捕食系统：

$$\begin{cases}\dfrac{\mathrm{d}N}{\mathrm{d}t}=N(t)[a(t)-b(t)\displaystyle\int_{-\infty}^{t}K(t-s)N(s)\mathrm{d}s]-\dfrac{c(t)N^{\alpha}P}{m^{\alpha}P^{\alpha}+N^{\alpha}},\\ \dfrac{\mathrm{d}P}{\mathrm{d}t}=P(t)[-d(t)+\dfrac{f(t)N^{\alpha}(t-\tau(t))}{m^{\alpha}P^{\alpha}(t-\tau(t))+N^{\alpha}(t-\tau(t))}]。\end{cases} \tag{14-3-12c}$$

其中所含的参数与前面相同。

进一步，假设条件 $\alpha m\overline{a}>\overline{c}(\alpha-1)^{(\alpha-1)/\alpha}$ 与 $\overline{f}>\overline{d}$ 成立，则系统(14-3-12c)至少存在一个 ω-正周期解。显而易见，如果 $\alpha=1$，则此结论即为例 14-21 的结论。

例 14-24　考虑如下具有 Holling III 型功能反应函数的捕食食饵系统

$$\begin{cases}\dot{N}(t)=N[a(t)-b(t)N-\dfrac{c(t)NP}{m^{2}P^{2}+N^{2}}],\\ \dot{P}(t)=P[-d(t)+\dfrac{f(t)N(t-\tau)}{m^{2}P^{2}(t-\tau)+N^{2}(t-\tau)}]。\end{cases} \tag{14-3-12d}$$

进一步，假定条件(H1) $2m\overline{a}>\overline{c}$，(H2) $\overline{f}>\overline{d}$，则系统(14-3-12d)至少具有一个 ω-正周期解。

在系统(14-3-12d)中，如果我们令 m=1，$a(t)$=1.0-cos(2t)，$b(t)$=1.0+cos(2t)，$c(t)$=1.8+cos(2t)，$d(t)$=2+sin(2t)，$f(t)$=2.1+2cos(2t)，τ=0.5，则显然有 $m^{2}\overline{a}>\overline{c}$，$\overline{e}>2m\overline{d}$ 成立，系统(14-3-12d)至少存在一个 ω-正周期解，系统的演化动态如图 14-13 所示。

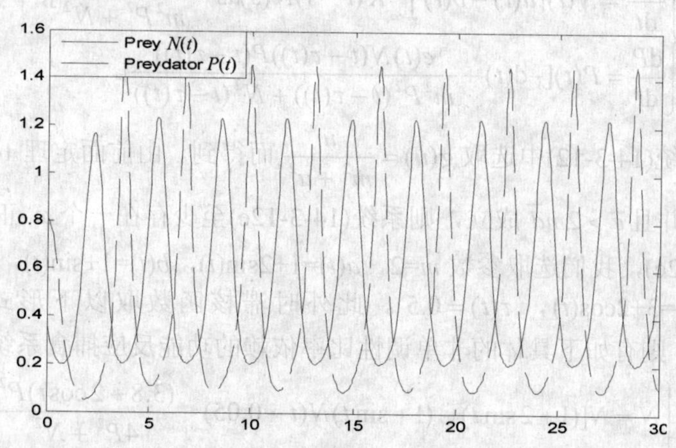

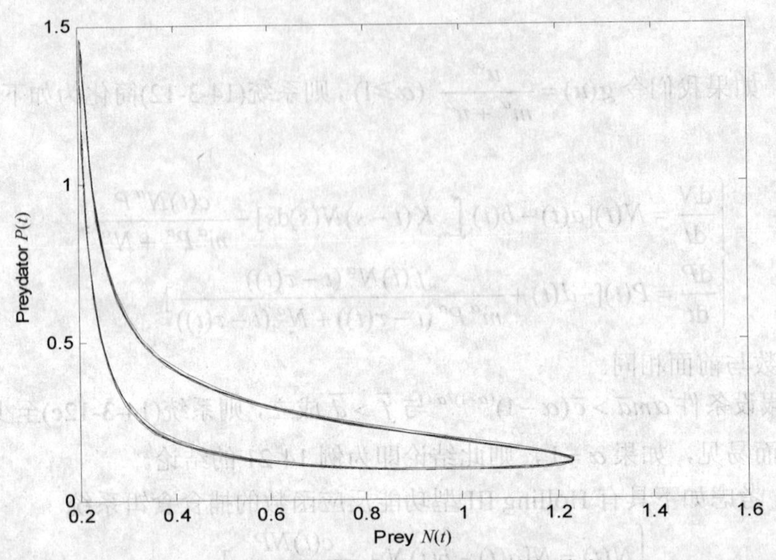

图 14-13　系统(14-3-12d)的演化动态及相平面图[初始条件为 $x(0)=0.4$，$y(0)=0.8$]

说明：从前面几个应用举例的结论条件看出，只要捕获半饱和状态常数 m 足够大，即使食饵平均增长率 a 较小，而捕食者的平均捕食能力系数 c 较大，保证 $\overline{a}>\overline{c}/m$，就必然存在正周期解。特别是当 m 充分大时，只要食饵平均增长率 $\int_0^\omega a(t)\mathrm{d}t>0$ 为正数，就必然存在正周期解。

例 14-25　考虑如下具有非单调性功能反应函数的捕食系统：

$$\begin{cases}\dfrac{\mathrm{d}N}{\mathrm{d}t}=N(t)[a(t)-b(t)\int_{-\infty}^{t}K(t-s)N(s)ds-\dfrac{c(t)P^2}{m^2P^2+N^2}],\\ \dfrac{\mathrm{d}P}{\mathrm{d}t}=P(t)[-\mathrm{d}(t)+\dfrac{e(t)N(t-\tau(t))P(t-\tau(t))}{m^2P^2(t-\tau(t))+N^2(t-\tau(t))}]。\end{cases}\tag{14-3-12e}$$

该系统可通过在系统(14-3-12)中选取 $g(u)=\dfrac{u}{m^2+u^2}$ 而得到。由前面定理 14-3-6，我们得出：

假设 $m^2\overline{a}>\overline{c}$，并且 $\overline{e}>2m\overline{d}$ 成立，则系统(14-3-12e)至少存在一个 ω-正周期解。

对应于(14-3-12e)，我们选取参数 $m=2$，$a(t)=1+2\sin(t)$，$b(t)=1+\sin(t)$，$c(t)=3.8+2\cos(t)$，$d(t)=0.5-\sin(t)$，$f(t)=3+2\cos(t)$，$\tau(t)=0.5$。此外时滞核函数取以下形式的脉冲 δ-函数 $K(t)=\delta(t-0.05)$，则有如下具体的非单调性比率依赖的功能反应捕食系统：

$$\begin{cases}\dot{N}=N[(1+2\sin t)-(1+\sin t)N(t-0.05)-\dfrac{(3.8+2\cos t)P^2}{4P^2+N^2}],\\ \dot{P}=P[-(0.5-\sin t/2)+\dfrac{(3+2\sin t)N(t-0.5)P(t-0.5)}{4P^2(t-0.5)+N^2(t-0.5)}]。\end{cases}\tag{14-3-12f}$$

则借助于数值积分手段对 $N(t)$ 及其对应的 $P(t)$ 进行估值，发现 $m^2\overline{a}>\overline{c}$, $\overline{e}>2m\overline{d}$ 成立，系统(14-3-12f)至少存在一个 ω-正周期解。

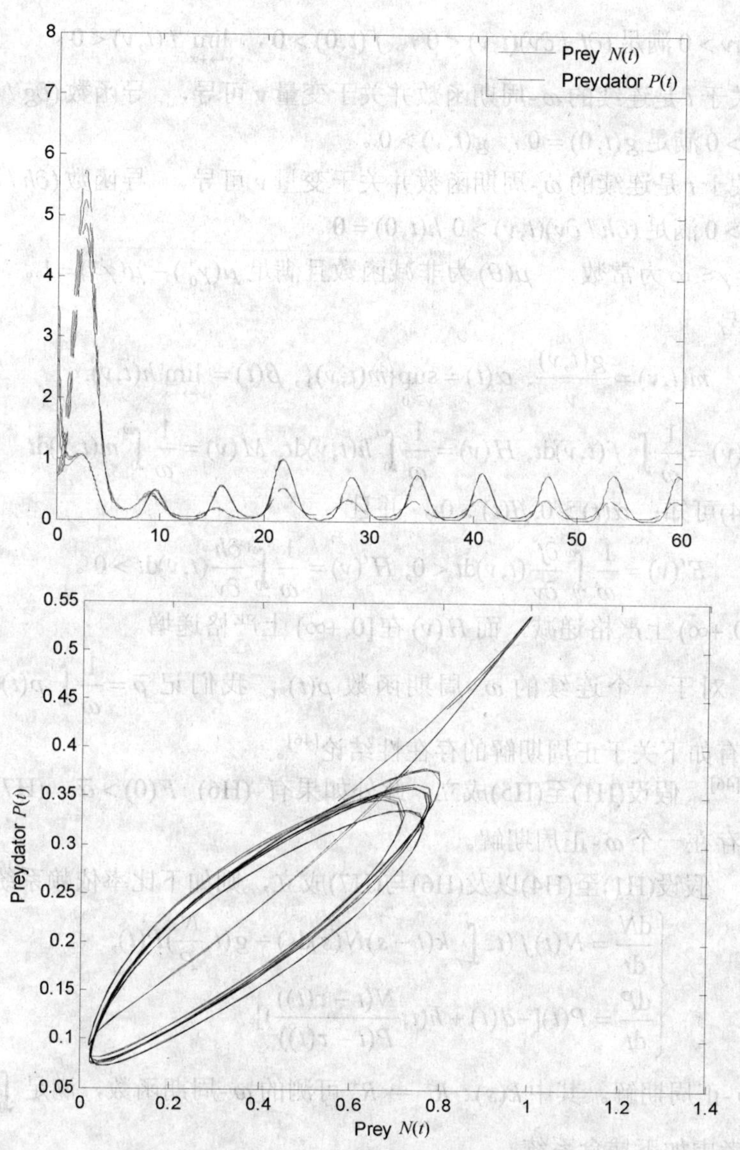

图 14-14　系统(14-3-12f)的演化动态及相平面图

[初始条件依次为 $N(\theta)$=2，4，6，8; $P(\theta)$=0.7，0.5，0.3，0.1]

在文献[46]中，作者 Ding 提出了如下更为一般的具比率依赖功能反应的捕食—食饵系统

$$\begin{cases}\dfrac{\mathrm{d}N}{\mathrm{d}t}=Nf(t,\int_{-\gamma}^{\gamma_0}N\mathrm{d}\mu(\theta))-g(t,\dfrac{N}{P})P,\\ \dfrac{\mathrm{d}P}{\mathrm{d}t}=P[-d(t)+h(t,\dfrac{N(t-\tau(t))}{P(t-\tau(t))})]。\end{cases}\tag{14-3-13}$$

对于生态种群模型(14-3-13)，我们根据其生物意义作如下一般性假设：

(H1) $d(t)$ 与 $\tau(t)$ 为连续的 ω-正周期函数。

(H2) $f(t,v)$ 关于 t 是连续的 ω-周期函数，关于变量 v 可导， 且导函数 $(\partial f/\partial v)(t,v)$ 连续

并且对任意 $t \in R, v > 0$ 满足 $(\partial f / \partial v)(t,v) < 0$， $f(t,0) > 0$， $\lim\limits_{v \to +\infty} f(t,v) < 0$。

(H3) $g(t,v)$ 关于 t 是连续的 ω-周期函数并关于变量 v 可导， 导函数 $(\partial g / \partial v)(t,v)$ 连续并且对任意 $t \in R, v > 0$ 满足 $g(t,0) = 0$， $g(t,v) > 0$。

(H4) $h(t,v)$ 关于 t 是连续的 ω-周期函数并关于变量 v 可导， 导函数 $(\partial h / \partial v)(t,v)$ 连续并且对任意 $t \in R, v > 0$ 满足 $(\partial h / \partial v)(t,v) > 0$ $h(t,0) = 0$。

(H5) $0 \leqslant \gamma_0 < \gamma \leqslant \infty$ 为常数， $\mu(\theta)$ 为非减函数且满足 $\mu(\gamma_0^+) - \mu(\gamma^-) = 1$。

我们采用下面记号

$$m(t,v) = \frac{g(t,v)}{v},\ \alpha(t) = \sup_{v \geqslant 0}\{m(t,v)\},\ \beta(t) = \lim_{v \to +\infty} h(t,v),$$

$$F(v) = \frac{1}{\omega}\int_0^\omega f(t,v)\mathrm{d}t,\ H(v) = \frac{1}{\omega}\int_0^\omega h(t,v)\mathrm{d}t,\ M(v) = \frac{1}{\omega}\int_0^\omega m(t,v)\mathrm{d}t$$

由假设(H2)至(H4)可知： $\alpha(t) > 0, \beta(t) > 0$，并且

$$F'(v) = \frac{1}{\omega}\int_0^\omega \frac{\partial f}{\partial v}(t,v)\mathrm{d}t < 0,\ H'(v) = \frac{1}{\omega}\int_0^\omega \frac{\partial h}{\partial v}(t,v)\mathrm{d}t > 0。$$

从而有 $F(v)$ 在 $[0,+\infty)$ 上严格递减，而 $H(v)$ 在 $[0,+\infty)$ 上严格递增。

为了方便，对于一个连续的 ω-周期函数 $p(t)$，我们记 $\overline{p} = \frac{1}{\omega}\int_0^\omega p(t)\mathrm{d}t$。对于系统(14-3-13)，我们有如下关于正周期解的存在性结论[46]。

定理 14-3-7[46] 假设(H1)至(H5)成立，此外如果有 (H6) $F(0) > \overline{\alpha}$，(H7) $\overline{\beta} > \overline{d}$，则系统(14-3-13)至少存在一个 ω-正周期解。

推论 14-3-3 假设(H1)至(H4)以及(H6)与(H7)成立，则如下比率依赖系统

$$\begin{cases} \dfrac{\mathrm{d}N}{\mathrm{d}t} = N(t) f(t, \int_{-\infty}^{t} k(t-s)N(s)\mathrm{d}s) - g(t, \dfrac{N}{P})P(t), \\ \dfrac{\mathrm{d}P}{\mathrm{d}t} = P(t)[-d(t) + h(t, \dfrac{N(t-\tau(t))}{P(t-\tau(t))})]。\end{cases} \tag{14-3-13a}$$

至少存在一个 ω-正周期解。其中 $k(s)$: $R^+ \to R^+$ 可测的 ω-周期函数，满足 $\int_0^{+\infty} k(s)ds = 1$。

例 14-26 考虑如下捕食系统

$$\begin{cases} \dfrac{\mathrm{d}N}{\mathrm{d}t} = N(t)[a(t) - b(t)\int_{-\infty}^{t} k(t-s)N(s)\mathrm{d}s] - \dfrac{c(t)NP}{m(t)P+N}, \\ \dfrac{\mathrm{d}P}{\mathrm{d}t} = P(t)[-d(t) + \dfrac{f(t)N(t-\tau(t))}{m(t)P(t-\tau(t)) + N(t-\tau(t))}]。\end{cases} \tag{14-3-13b}$$

当 $m(t)$ 为常数时，该系统已被 Fan 和 Wang [44]研究过。此模型可以通过令

$$f(t,v) = a(t) - b(t)v,\ g(t,v) = \frac{c(t)v}{m(t)+v},\ h(t,v) = \frac{f(t)v}{m(t)+v} \text{ 而得到。}$$

在系统(14-3-13b)中，$a(t)$、$b(t)$、$c(t)$、$d(t)$、$f(t)$ 以及 $\tau(t)$ 是连续的 ω-正周期函数，而 $k(t)$ 由推论 14-3-3 所定义。由定理 14-3-7 知如下结论成立：

假设 $\overline{a} > \overline{(c/m)}, \overline{f} > \overline{d}$ 成立， 则系统(14-3-13b)至少存在一个 ω-正周期解。

例 14-27　考虑如下系统

$$\begin{cases}\dfrac{\mathrm{d}N}{\mathrm{d}t}=N(t)[a(t)-b(t)\int_{-\infty}^{t}k(t-s)N(s)\mathrm{d}s]-\dfrac{c(t)N^2P}{m^2(t)P^2+N^2},\\ \dfrac{\mathrm{d}P}{\mathrm{d}t}=P(t)[-d(t)+\dfrac{f(t)N^2(t-\tau(t))}{m^2(t)P^2(t-\tau(t))+N^2(t-\tau(t))}]。\end{cases} \tag{14-3-13c}$$

当 $m(t)$、$\tau(t)$ 为常数时，该系统已被 Wang 和 Li[47]研究过。此模型为系统(14-3-13)的特殊情形，可以通过令

$$f(t,v)=a(t)-b(t)v,\ g(t,v)=\frac{c(t)v^2}{m^2(t)+v^2},\ h(t,v)=\frac{f(t)v^2}{m^2(t)+v^2}\text{ 而得到。}$$

其中所有函数与前面的定义相同。 由推论 14-3-3 知，有以下结论成立：

假设 $2\bar{a}>\overline{(c/m)},\bar{f}>\bar{d}$ 成立， 则系统(14-3-13c)至少存在一个 ω-正周期解。

例 14-28　如果我选取

$$f(t,v)=a(t)-b(t)\ln v,\ g(t,v)=\frac{c(t)v^n}{m^n(t)+v^n},\ h(t,v)=\frac{f(t)v^n}{m^n(t)+v^n}。$$

其中 $n>1$ 为常数， 则系统(14-3-13)可以简化为以下形式

$$\begin{cases}\dfrac{\mathrm{d}N}{\mathrm{d}t}=N(t)[a(t)-b(t)\int_{-\infty}^{t}k(t-s)\ln N(s)\mathrm{d}s]-\dfrac{c(t)N^nP}{m^n(t)P^n+N^n},\\ \dfrac{\mathrm{d}P}{\mathrm{d}t}=P(t)[-\mathrm{d}(t)+\dfrac{f(t)N^n(t-\tau(t))}{m^n(t)P^n(t-\tau(t))+N^n(t-\tau(t))}]。\end{cases} \tag{14-3-13d}$$

其中所有函数与前面的定义相同。由定理 14-3-7 知，有以下结论成立：

假设 $n\bar{a}>(n-1)^{(n-1)/n}\overline{(c/m)},\bar{f}>\bar{d}$ 成立， 则系统(14-3-13d)至少存在一个 ω-正周期解。

参考文献

[1] Chesson P L, Warner R R. Environmental variability promotes coexistence in lottery com- petitive systems[J]. Am. Nat., 1981(117): 923-943.

[2] Chesson P L, Huntly N. The roles of harsh and fluctuating conditions in the dynamics of eco-logical communities[J]. Am. Nat., 1997(150): 519-553.

[3] Chesson P L. Understanding the role of environmental variation in population and community dynamics[J]. Theoret. Population Biol., 2003(64): 253-254.

[4] Huo H F, Li W T. Positive periodic solutions of a class of delay differential system with feedback control[J]. Appl. Math. Comput. ,2004(148): 35-46.

[5] 唐三一，肖燕妮. 单种群生物动力系统[M]. 北京:科学出版社, 2008.

[6] 刘彦平，张亚锋，雒志学.具有阶段结构与延迟自反馈的生态经济模型的周期解[J]. 高校应用数学学报, 2010, 25(3): 300-306.

[7] 张伟鹏,范猛,叶丹.一类数学生物经济模型的周期性[J]. 应用数学学报, 2004, 27(2): 345- 352.

[8] Li Y K. On a periodic delay logistic type population model[J]. Ann. Diff. Eqs., 1998 (14): 29- 36.

[9] 刘志军. 两种群多时滞 Lotka-volterra 系统正周期解的存在性与吸引性[J]. 湖北民族学院学报：自然科学版, 2008, 26(3): 312-320.

[10] Cushing J M. Periodic time-dependent predator-prey systems[J]. SAIM J. Appl Math, 1997(34): 82-95.

[11] Freedman H I,Wu J H. Periodic solution of single species models with periodic delay[J]. SIAM J. Math. Anal., 1992 (23): 689-701.

[12] Halbach U. Life table data and population dynamics of the rotifer Brachionus calyciflorus Pallas as influenced by periodically oscillating temperature: in effects of Temperature on Ectothermic organisms[M]. Heidelberg: Springer-Verlag, 1973: 217-228.

[13] Fan M, Wang K. Periodic solutions of single population model with hereditary effect[J]. Appl Math, 2003(13): 58-61.

[14] Seifert G. On delay differential equation for single species population variations[J]. Nonlinear Analysis TMA, 1987 (9): 1051-1059.

[15] Freedman H I, Xia H. Periodic solution of single species models with delay differential equations, dynamical systems and control science[J]. Lecture Note in Pure and Appl Math, 1994 (152): 55-74.

[16] Fujimoto H. Dynamical behaviours for population growth equations with delays[J]. Non- linear Analysis TMA, 1998(31): 549-558.

[17] Chen B S, Liu Y Q. On the stable periodic solutions of single species models with hereditary effect[J]. Math. Appl., 1999 (12): 42-46.

[18] Gopalsamy K. Stability and Oscillation in Delay Differential Equations of Population Dynamics, in Mathematics and Its Applications[M]. Dordrecht: Kluwer Academic, 1992.

[19] Wang W D, Ma Z E. Harmless delay for uniform persistemce[J]. J. Math. Anal. Appl., 1991 (158): 256-268.

[20] Ahmad S. Convergence and ultimate bounds of solutions of the nonautonomous Volterra- Lotka competition equations[J]. J. Math. Anal. Appl., 1987 (127): 377-387.

[21] Alvarez C, Lazer A. An application of topological degree to the periodic competing species problem[J]. J. Austral. Math. Soc., 1986(28): 202-219.

[22] Gutierrez A P. The physiological basis of ratio-dependent predator–prey theory: a metabolic pool model of Nicholson's blowflies as an example[J]. Ecology, 1992(73):1552-1563.

[23] Tang X H, Zou X F. On positive periodic solutions of Lotka-Volterra competition systems with deviating arguments[J]. Proc. Am. Math. Soc., 2006, 134(10): 2967–2974.

[24] Liu Y P, Luo Z X. Persistence,extinction and stability for nonlinear plankton

allelopathy model with delayed negative feedbacks[J]. Int. J. Biomath., 2012, 5(2):1-40.

[25] Chen F D, Chen Y M, Shi J L. Stability of the boundary solution of a nonautonomous predator-prey system with the Beddington-DeAngelis functional response[J]. J. Math. Anal. Appl., 2008(344): 1057-1067.

[26] 马知恩. 种群生态学的数学建模与研究[M]. 合肥:安徽教育出版社, 1996.

[27] Liu Z J, Fan M, Chen L S. Globally asymptotic stability in two periodic delayed competitive systems[J]. Appl. Math. Comput., 2008(197): 271-287.

[28] Tang B R, Kuang Y. Existence, uniqueness and asymptotic stability of periodic solutions of periodic functional differential systems[J]. Tohoku Math J., 1997(49): 217-239.

[29] Fan M,Wang K, Jiang D Q. Existence and global attractivity of positive periodic solutions of periodic n-species Lotka-Volterra competition systems with several deviating arguments[J]. Math. Biosci., 1999(160): 47-61.

[30] Gopalsamy K. Exchange of equilibria in two species Lotka-Volterra competition models[J]. J. Austral. Math. Soc., 1982(24): 160-170.

[31] Wang W D, Chen L S, Lu Z Y. Global stability of a competition model with periodic coefficients and time delays[J]. Canad Appl Math Quart, 1995(3): 365-378.

[32] Burton T A. Stability and Periodic solutions of Ordinary and Functional Equations[M]. Orlando: Acad- emic Press, 1985.

[33] Smith J M. Models in Ecology[M]. Cambridge: Cambridge University, 1974.

[34] Liu Z J, Tan R H, Chen L S. Global stability in a periodic delayed predator-prey system[J]. Appl Math Comput, 2007, 186: 389-403.

[35] Amine Z, Ortega R. A periodic prey-predator system[J].J. Math. Anal. Appl., 1994(185): 477-489.

[36] Wang W D, Ma Z E. Harmlessdelay for uniform persistemce[J]. J. Math. Anal. Appl., 1991 (158): 256-268.

[37] Wen X Z, Wang Z C. Global attractivity of positive periodic solution of multi-species ecological delay system[J]. Acta. Math. Sci., 2004(24): 641-653.

[38] Goh B S. Stability in models of mutualism[J]. Am. Nat., 1979(113): 216-275.

[39] Liu Z J, Tan R H, Chen Y P, et. al On the stable periodic solutions of a delayed two-species model of facultative mutualism[J]. Appl Math Comput, 2008, 196: 105-117.

[40] Yang F, Jiang D Q, Wan A Y. Existence of positive solution of multidelays facultative mutualism system[J]. J. Eng. Math., 2002(19): 64-68.

[41] Chen F D, Shi J L, Chen X X. Periodicity in Lotka-Volterra facultative mutualism system with several delays[J]. J. Eng. Math., 2004(21): 403-409.

[42]胡新利,金上海.一类捕食者—食饵模型正周期解的存在性[J]. 纺织高校基础科学学报, 2003,16(3): 200-204.

[43] Fan Y H, Li W T, Wang L L. Periodic solutions of delayed ratio-dependent

predator–prey models with monotonic or nonmonotonic functional responses[J]. Nonlinear Analysis: RWA, 2004 (5): 247-263

[44] Fan M, Wang K. Periodicity in a delayed ratio-dependent predator-prey system[J]. J. Math. Anal. Appl., 2001(262): 179-190.

[45] Wang L L, Li W T. Existence and global stability of positive periodic solutions of a predator- prey system with delays[J]. Appl. Math. Comput., 2003, 146(1): 157-185.

[46] Ding X Q. Positive periodic solutions in generalized ratio-dependent predator–prey systems[J]. Nonlinear Analysis: RWA, 2008, 9(2): 394-402.

[47] Wang L L, Li W T. Periodic solutions and permanence for a delayed nonautonomous ratio- dependent predator–prey model with Holling type functional response[J]. J. Comput. Appl. Math., 2004(162): 341-357.

第 15 章　生态种群模型周期解的进一步探讨

在生态种群动力学研究中，存在一些和单种群模型紧密联系而又非常有趣的情形，其中斑块环境下生物种群的传播扩散作用，考虑生物个体由于年龄不同而导致其在生理、行为方面出现的众多差异，比如生育、竞争、捕食、逃逸等能力，就是两种典型的代表。

15.1　考虑迁移扩散影响的生态种群模型的周期解

在扩散作用下，由于不同斑块之间存在物种的扩散与迁移的种群调节作用，各斑块中的种群动态行为呈现出趋于一致的变化趋势，即所谓种群动态的同步化效应：其中一个斑块的物种能够持久生存，则其他斑块的物种也能持久续存;反之如果有一个斑块，栖息于其中的物种出现灭绝现象，则栖息于各个不同斑块的整个种群灭绝的风险显著提高，从而引起整个物种的灭绝。因此，从这个意义上来理解，尽管存在多个相互分离的生物种群小组，在种群动力学中往往需要用多个单种群模型描述，但就模型的动态行为和结果来理解，却又与用单个方程描述的生物种群基本一致，可以按照单一的种群去处理、对待。这一点可以从下面将要给出的结论当中看到。

在这一节的内容中，我们将以保证系统中捕食者与食饵种群能够持久续存为出发点，通过系统持久续存的基本条件，建立生态种群模型存在周期解的一般性条件。

15.1.1　具有迁移扩散作用的单种群模型的周期解

随着工业化程度、经济发展水平的逐渐提高，人类的活动范围在不断扩大，如建设新兴工业设施、修建交通道路、开采矿山、发展旅游业，以及人类对自然资源的过度掠取等都导致昔日连绵不断的生态景观破碎化为斑块隔离状，形成由非常适宜的和非常不适宜的生境组成的镶嵌体。这种环境斑块化现象使得种群的扩散和迁移成为自然界中非常普遍的行为。因此斑块环境下考虑迁移扩散影响的种群模型研究成为种群动力学的热点之一。

首先考虑了如下一般的非线性单种群模型

$$\dot{N}(t)=N(t)[b(t)-\sum_{k=1}^{m}a_k(t)(N(t))^{\beta_k}] \qquad (15\text{-}1\text{-}1)$$

其中，$b(t)$ 、$a_k(t)$ 均为连续的 ω-周期函数，且至少存在一个 $k_0(1\leqslant k_0\leqslant m)$ 使得 $\overline{a}_{k_0}>0$，β_k $(k=1,2,\cdots,m)$是正常数。文献[1]建立了使系统(15-1-1)存在正周期解的条件。

定理 15-1-1　假设 $\overline{b}>0$，则系统(15-1-1)具有唯一正的全局渐近稳定的 ω-周期解

$N^*(t)$；反之如果 $\overline{b}<0$，则系统(15-1-1)有初始条件 $N(t_0)>0$ 的任何解都满足 $\lim_{t\to\infty} N(t)=0$。

特别的，对于如下的周期性 Logistic 单种群模型

$$\dot{N}=N[a(t)-b(t)N] \tag{15-1-1a}$$

推论 15-1-1 如果 $\overline{a}>0$，$\overline{b}>0$ 成立， 则系统(15-1-1a)具有唯一全局渐近稳定的 ω-正周期解 $N^*(t)$。 此外若 $\overline{a}>0$，则 $N^*(t)>0$ 对所有 $t\in R$；而若 $\overline{a}\leqslant 0$，则 $N^*(t)\to 0$ 当 $t\to\infty$ 时。

说明： 因为系统(15-1-1a)是一个 Riccatti 方程，通过对此种群系统求积分，不难获得其 ω-正周期解 $N^*(t)$

$$N^*(t)=\{1-\exp[-\int_0^{\omega} a(s)\mathrm{d}s]\}\{\int_0^{\omega} b(t-s)\exp[-\int_0^{s} a(t-\tau)\mathrm{d}\tau]\mathrm{d}s\}^{-1} \tag{15-1-1b}$$

利用文献[2,3,5]的证明思路可以验证，在推论 15-1-1 条件下周期解 $N^*(t)$ 是全局渐近稳定的。

接着，我们设想某个生物种群栖息于两个在地域上相互分离，但又通过生物个体的迁移和扩散作用而相互联系的斑块环境中。 在文献[2]中作者考虑如下非线性单种群扩散模型：

$$\begin{cases}\dot{N}_1(t)=N_1[b_1(t)-a_{11}(t)N_1^{\beta_1}]+D_1(t)[N_2(t)-N_1(t)]\\ \dot{N}_1(t)=N_2[b_2(t)-a_{22}(t)N_2^{\beta_2}]+D_2(t)[N_1(t)-N_2(t)]\end{cases} \tag{15-1-2}$$

其中，$b_i(t)$、$a_{ii}(t)$、$D_i(t)$ 是连续的 ω-周期函数，并且 $\beta_i\ (i=1,2)$ 是正常数。并建立使系统(15-1-2)存在正周期解的基本条件。

定理 15-1-2 假设 $\overline{b}_1>\overline{D}_1$ 或 $\overline{b}_2>\overline{D}_2$，则系统(15-1-2)具有唯一全局渐近稳定的 ω-正周期解 $(N_1^*(t),\ N_2^*(t))$。

定理 15-1-3 假设 $\overline{\phi}>0$，则系统(15-1-2)存在唯一全局渐近稳定的 ω-正周期解 $(N_1^*(t),N_2^*(t))$。 其中 $\phi(t)=\min\{b_1(t)-D_1(t)+D_2(t),b_2(t)-D_2(t)+D_1(t)\}$。

一般的，我们可考虑如下非自治的单种群 n-斑块非线性扩散系统[3]：

$$\dot{N}_i(t)=N_i[b_i(t)-\sum_{k=1}^{l_i} a_{ik}(t)N_i^{\beta_{ik}}]+\sum_{i=1}^{n} D_{ij}(t)[N_j(t)-\alpha_{ij}(t)N_i(t)] \tag{15-1-3}$$

其中，$b_i(t)$、$a_{ik}(t)$、$\alpha_{ij}(t)$、$D_{ij}(t)$ 均为连续的 ω-周期函数，并且对任意 $i\in\{1,2,\cdots,n\}$，总存在

$k\in\{1,2,\cdots,l_i\}$ 使得 $\overline{a}_{ik}>0$。

定理 15-1-4 假设以下(H1)或者(H2) 成立：

(H1) 存在正整数 $i_0\,(1\leqslant i_0\leqslant n)$ 使得 $\overline{\Omega}>0$，其中：$\Omega(t)=b_{i_0}(t)-\sum_{j=1}^{n} D_{i_0 j}(t)\alpha_{i_0 j}(t)$；

(H2) $\overline{\Phi}>0$，其中：$\Phi(t)=\min_{1\leqslant i\leqslant n}\{b_i(t)-\sum_{j=1}^{n} D_{ij}(t)\alpha_{ij}(t)+\sum_{j=1}^{n} D_{ji}(t)\}$。

则系统(15-1-3)持久生存，即对系统的任何正解 $N_i(t)$，存在正常数 $\delta_i>0$ 及 $T>0$ 使得 $x_i(t)\geqslant\delta_i$ 对所有 $t\geqslant T$ 成立。其中 $\delta_i\,(i=1,2,\cdots,n)$ 与假设条件 (H1)和(H2)有关。

定理 15-1-5 假设(H1)或(H2)成立， 则系统(15-1-3)至少存在一个 ω-正周期解。

定理 15-1-6 假设 $\overline{\psi}<0$ 成立， 则系统(15-1-3)的任何解 $N_i(t)$，都有 $\lim_{t\to\infty} N_i(t)=0$，即

所有斑块的种群小组趋于灭绝。其中$\psi(t)=\max\limits_{1\leqslant i\leqslant n}\{b_i(t)-\sum\limits_{j=1}^{n}D_{ij}(t)\alpha_{ij}(t)+\sum\limits_{j=1}^{n}D_{ji}(t)\}$。

综合定理 15-1-4 与定理 15-1-6 的结果，容易得出如下结论：

定理 15-1-7　如果存在正整数集 $I\subset\{1,2,\cdots,n\}$ $(I\neq\varnothing)$，$J=\{1,2,\cdots,n\}/I$ 使得 $\bar{\Omega}_I>0,\bar{\Omega}_J<0$，则其指标属于整数集 I 的斑块种群小组持久生存， 指标属于整数集 J 的斑块种群小组趋于灭绝。其中：$\Omega_I(t)=\min\limits_{i\in I}\{b_i(t)-\sum\limits_{j=1}^{n}D_{ij}(t)\alpha_{ij}(t)+\sum\limits_{j=1}^{n}D_{ji}(t)\}$，

$$\Omega_J(t)=\max_{i\in J}\{b_i(t)-\sum_{j=1}^{n}D_{ij}(t)\alpha_{ij}(t)+\sum_{j=1}^{n}D_{ji}(t)\}。$$

15.1.2　具有迁移扩散作用的 Lotka-Volterra 两种群模型的周期解

自然生态系统中任何种群都不是孤立的，而是与生物群落中其他种群密切相关的，单种群只在实验室环境中才可能存在。任何一个生态系统都是由多个种群相互作用而形成的。因此研究斑块环境下的多种群相互作用模型更具现实意义。为了揭示迁移扩散对种群捕食作用的影响，文献[3]全面系统地讨论了一般的 n-斑块单物种、两物种相互作用模型，建立了使得系统种群持久续存和具有周期解的一系列结论。

鉴于此，我们首先考虑具迁移扩散作用非自治的两物种 n-斑块捕食扩散系统：

$$\begin{cases}\dot{x}_i=x_i[b_i(t)-\sum\limits_{k=1}^{l_i}a_{ik}(t)x_i-\sum\limits_{k=1}^{h_i}c_{ik}(t)y_i]+\sum\limits_{j=1}^{n}D_{ij}(t)[x_j-\alpha_{ij}(t)x_i]\\ \dot{y}_i=y_i(t)[-d_i(t)+\sum\limits_{k=1}^{n_i}e_{ik}(t)x_i-\sum\limits_{k=1}^{m_i}f_{ik}(t)y_i]+\sum\limits_{j=1}^{n}\lambda_{ij}(t)[y_j-\beta_{ij}(t)y_i]\end{cases}\tag{15-1-4}$$

对应于该捕食—食饵扩散系统(15-1-4)，我们首先考虑如下 Logistic 单种群系统：

(i)如果前面假设(H1)或(H2)成立， 则相应的 Logistic 食饵种群系统

$$\dot{x}_i(t)=x_i[b_i(t)-\sum_{k=1}^{l_i}a_{ik}(t)x_i-\sum_{j=1}^{n}D_{ij}(t)\alpha_{ij}(t)+\sum_{j=1}^{n}D_{ji}(t)]$$

具有唯一全局渐近稳定的 ω-正周期解，记作 $X_i^*(t)$；

(ii)如果下面假设(H4)或(H5)成立， 则相应的 Logistic 捕食者种群系统

$$\dot{y}_i(t)=y_i(t)[-d_i(t)+\sum_{k=1}^{n_i}e_{ik}(t)X_i^*(t)-\sum_{k=1}^{m_i}f_{ik}(t)y_i-\sum_{i=1}^{n}\lambda_{ij}(t)\beta_{ij}(t)+\sum_{i=1}^{n}\lambda_{ji}(t)]$$

具有唯一全局渐近稳定的 ω-正周期解，记作 $Y_i^*(t)$；

(iii)如果前面假设(H3)或(H4)成立， 则相应的 Logistic 食饵种群系统

$$\dot{x}_i(t)=x_i[b_i(t)-\sum_{k=1}^{l_i}a_{ik}(t)x_i-\sum_{j=1}^{n}D_{ij}(t)\alpha_{ij}(t)-\sum_{k=1}^{h_i}c_{ik}(t)Y_i^*(t)+\sum_{j=1}^{n}D_{ji}(t)]$$

具有唯一全局渐近稳定的 ω-正周期解，记作 $x_i^*(t)$；

(iv)如果下面假设(H4)或(H5)成立， 则相应的 Logistic 捕食者种群系统

$$\dot{y}_i(t)=y_i(t)[-d_i(t)+\sum_{k=1}^{n_i}e_{ik}(t)X_i^*(t)-\sum_{k=1}^{m_i}f_{ik}(t)y_i-\sum_{i=1}^{n}\lambda_{ij}(t)\beta_{ij}(t)+\sum_{i=1}^{n}\lambda_{ji}(t)]$$

具有唯一全局渐近稳定的 ω-正周期解，记作 $y_i^*(t)$；

在上述讨论的基础上，对系统(15-1-4)作如下假设：

(H3) 存在正整数 $i_0(1\leqslant i_0\leqslant n)$ 使得 $\bar{\Omega}_{i_0}>0$，其中：

$$\Omega_{i_0}(t)=b_{i_0}(t)-\sum_{k=1}^{h_{i_0}}c_{i_0k}(t)Y_k^*(t)-\sum_{j=1}^{n}D_{i_0j}(t)\alpha_{i_0j}(t);$$

(H4) $\bar{\Lambda}>0$， 其中：$\Lambda(t)=\min\limits_{1\leqslant i\leqslant n}\{b_i(t)-\sum\limits_{k=1}^{h_i}c_{ik}(t)Y_k^*(t)-\sum\limits_{j=1}^{n}D_{ij}(t)\alpha_{ij}(t)+\sum\limits_{j=1}^{n}D_{ji}(t)\}$；

(H5) 存在正整数 $j_0(1\leqslant j_0\leqslant n)$ 使得 $\bar{\Phi}_{j_0}>0$

$$\Phi_{j_0}(t)=-d_{j_0}(t)+\sum_{k=1}^{n_{j_0}}e_{j_0k}(t)x_k^*(t)-\sum_{k=1}^{n}\lambda_{j_0k}(t)\beta_{j_0k}(t);$$

(H6) $\bar{\Gamma}>0$ 其中：$\Gamma(t)=\min\limits_{1\leqslant i\leqslant n}\{-d_i(t)+\sum\limits_{k=1}^{n_i}e_{ik}(t)x_k^*(t)-\sum\limits_{j=1}^{n}\lambda_{ij}(t)\beta_{ij}(t)+\sum\limits_{j=1}^{n}\lambda_{ji}(t)\}$。

定理 15-1-8 (1) 假设条件(H3)或(H4)成立，则系统(15-1-4)中食饵种群持久生存，即对任何正解 $(x_1(t),\cdots x_n(t),\quad y_1(t),\cdots,y_n(t))^T$，存在正常数 $\delta_i>0$ 及 $T>t_0$ 使得 $x_i(t)\geqslant\delta_i$ 对所有 $t\geqslant T$ 成立。其中 $\delta_i(i=1,2,\cdots,n)$ 与条件(H3)和(H4)有关。

(2) 假设条件(H5)或(H6)成立，则系统(15-1-4)中捕食者种群持久生存，即对系统的任何正解 $(x_1(t),\cdots x_n(t),\ y_1(t),\cdots,y_n(t))^T$，存在正常数 $\xi_i>0$ 及 $T>t_0$ 使得 $y_i(t)\geqslant\xi_i$ 对所有 $t\geqslant T$ 成立。其中 $\xi_i(i=1,2,\cdots,n)$ 与假设(H5)和(H6)有关。

定理 15-1-9 如果 $\bar{\psi}<0$，则系统(15-1-4)中捕食者种群趋于灭绝，即对任何解 $([x_1(t),\cdots x_n(t)],\quad [y_1(t),\cdots,y_n(t)])^T$， 均有 $\lim\limits_{t\to\infty}y_i(t)=0$。其中：

$$\psi(t)=\max_{1\leqslant i\leqslant n}\{-d_i(t)+\sum_{k=1}^{n_i}e_{ik}(t)X_k^*(t)-\sum_{j=1}^{n}\lambda_{ij}(t)\beta_{ij}(t)+\sum_{j=1}^{n}\lambda_{ji}(t)\}。$$

定理 15-1-10 假设条件(H5)或者(H6)成立，此外如果 $\bar{\Delta}<0$，则系统(15-1-4)中食饵种群趋于灭绝，即对任何解 $([x_1(t),\cdots x_n(t)],[y_1(t),\cdots,y_n(t)])^T$，均有 $\lim\limits_{t\to\infty}x_i(t)=0$。其中：

$$\Delta(t)=\max_{1\leqslant i\leqslant n}\{b_i(t)-\sum_{k=1}^{h_i}c_{ik}(t)y_k^*(t)-\sum_{j=1}^{n}D_{ij}(t)\alpha_{ij}(t)+\sum_{j=1}^{n}D_{ji}(t)\}。$$

定理 15-1-11 假设(H3)与(H4)，或(H5)与(H6)成立，则系统(15-1-4)至少具有一个 ω-正周期解。

说明： 或许有人认为要验证定理 15-1-8 至定理 15-1-11 所给的条件并非易事。 然而考虑到基本事实：系统(15-1-1a)是一个 Riccatti 方程，通过对系统直接求积分，不难获得其全局渐近稳定的 ω-正周期解(15-1-1b)。所以说对具体的捕食系统(15-1-4)而言，这些定理条件比较容易验证，是一项相当简单的工作。

例 15-1 对应于上述捕食系统(15-1-4)，我们考虑如下两种群捕食系统

$$\begin{cases}\dot{N}_1 = N_1[3-(2+\cos t)N_1-(2-\sin t)P] \\ \dot{P} = P[-(1-\dfrac{\sin t}{2})+(1.2+\cos t)N_1]\end{cases} \tag{15-1-4a}$$

对于相应的 Logistic 食饵种群模型：$\dot{N}_1 = N_1[3-(2+\cos t)N_1]$ 而言，显然具有唯一全局渐近稳定的 ω-正周期解：

$$N_1^*(t) = \frac{1-\exp(-6\pi)}{\int_0^{2\pi}[2+\cos(t-s)\exp(-3s)]\mathrm{d}s} = \frac{30}{20+9\cos t+3\sin t} \tag{15-1-4b}$$

于是我们有

$$\bar{\Phi} = (2\pi)^{-1}\int_0^{2\pi}[-(1-\sin t/2)+(1.2+\cos t)N_1^*(t)]\mathrm{d}t \geqslant -1+1.2>0。$$

因此由定理 15-1-8 知，捕食系统(15-1-4a)不但持久生存，而且该系统还存在一个 ω-正周期解。

作为 n-斑块两种群捕食扩散系统的特殊情形，Lou 和 Ma 在文献[6]中研究了如下自治两斑块捕食者—食饵系统

$$\begin{cases}\dot{N}_1(t) = N_1[b_1-a_1N_1-c_1P]+D(N_2-N_1) \\ \dot{N}_2(t) = N_2[b_2-a_2N_2]+D(N_1-N_2) \\ \dot{P}(t) = P[-d+c_2N_1-lP]\end{cases} \tag{15-1-5}$$

在假设模型(15-1-5)中所有参数为正常数的条件下，他们证明了如下结论：

系统(15-1-5)持久生存的充分必要条件是 $-d+c_2N_1^*(D)>0$，其中 $(N_1^*(D),N_2^*(D))$ 为以下食饵子系统

$$\begin{cases}\dot{N}_1(t) = N_1[b_1-a_1N_1]+D(N_2-N_1) \\ \dot{N}_2(t) = N_2[b_2-a_2N_2]+D(N_1-N_2)\end{cases} \tag{15-1-5a}$$

所确定的全局渐近稳定平衡点。

随后为了考虑环境随机波动因素对种群增长的影响，Cui 和 Song[7]进而讨论了相应的非自治的捕食者—食饵系统

$$\begin{cases}\dot{N}_1 = N_1[b_1(t)-a_1(t)N_1-c_1(t)P]+D(t)(N_2-N_1) \\ \dot{N}_2 = N_2[b_2(t)-a_2(t)N_2]+D(t)(N_1-N_2) \\ \dot{P} = P[-d(t)+c_2(t)N_1-l(t)P]\end{cases} \tag{15-1-6}$$

为了与自治性捕食扩散系统情形相对应，建立系统(15-1-6)正周期解的存在性结论，他们首先考虑以下周期性的捕食扩散子系统

$$\begin{cases}\dot{N}_1 = N_1[b_1(t)-a_1(t)N_1]+D(t)(N_2-N_1) \\ \dot{N}_2 = N_2[b_2(t)-a_2(t)N_2]+D(t)(N_1-N_2)\end{cases} \tag{15-1-6a}$$

其中，$b_i(t)$、$a_i(t)$ $(i=1,2)$ 与 $D(t)$ 均为连续的 ω-周期函数。

引理 15-1-1[2] 假设 $\bar{b}_1>\bar{D}$ 或 $\bar{b}_2>\bar{D}$，则系统(15-1-6a)存在唯一全局渐近稳定的 ω-正周

期解 $(N_1^*(t), N_2^*(t))$。

定理 15-1-12 系统(15-1-6) 持久生存的充要条件为 $\bar{\Omega}_P > 0$。其中 $(N_1^*(t), N_2^*(t))$ 为系统(15-1-6a)全局渐近稳定的 ω-正周期解，而 $\Omega_P(t) = -d(t) + c_2(t)N_1^*(t)$。

定理 15-1-13 如果 $\bar{\Omega}_P > 0$，则系统(15-1-6)至少存在一个 ω-正周期解;反之如果 $\bar{\Omega}_P \leqslant 0$，则系统(15-1-6)将不存在 ω-正周期解。

例 15-2 考虑如下周期性的 Lotka-Volterra 两种群捕食—食饵扩散系统

$$\begin{cases} \dot{N}_1 = N_1[1+\sin(t)/2 - N_1 - P] + (N_2 - N_1)/2 \\ \dot{N}_2 = N_2[1-\sin(t)/2 - N_2] + (N_1 - N_2)/2 \\ \dot{P} = P[-d_0 + N_1/2 - P] \end{cases} \tag{15-1-6b}$$

以及其相应的捕食扩散子系统：

$$\begin{cases} \dot{N}_1 = N_1[1+\sin(t)/2 - N_1] + (N_2 - N_1)/2 \\ \dot{N}_2 = N_2[1-\sin(t)/2 - N_2] + (N_1 - N_2)/2 \end{cases} \tag{15-1-6c}$$

则显而易见，食饵种群子系统(15-1-6c)存在唯一全局渐近稳定正周期解 $(N_1^*(t), N_2^*(t))$。

若令 $l_0 = (2\pi)^{-1}\int_0^{2\pi} N_1^*(t)\mathrm{d}t$，则显而易见 l_0 为正数，并且 $d_0 < l_0/2$ 自然成立，因而系统(15-1-6b)中种群持久生存，系统(15-1-6b)必定存在 ω-正周期解。

例 15-3 考虑如下周期性的 Lotka-Volterra 两种群捕食—食饵扩散系统，其中食饵种群在两个斑块环境下迁移，而捕食者种群即没有迁移扩散，也不存在密度制约作用，即

$$\begin{cases} \dot{N}_1 = N_1[a_1(t) - b_1N_1 - c(t)P] + d_{12}(N_2 - N_1) \\ \dot{N}_2 = N_2[a_2(t) - b_2N_2] + d_{21}(N_1 - N_2) \\ \dot{P} = P[-e + fN_1] \end{cases} \tag{15-1-6d}$$

及其相应的食饵种群扩散子系统：

$$\begin{cases} \dot{N}_1 = N_1[a_1(t) - b_1N_1] + d_{12}(N_2 - N_1) \\ \dot{N}_2 = N_2[a_2(t) - b_2N_2] + d_{21}(N_1 - N_2) \end{cases} \tag{15-1-6e}$$

同样道理，易知系统(15-1-6e)仍然具有唯一全局渐近稳定正周期解 $(N_1^*(t), N_2^*(t))$。

情形 1：在系统(15-1-6d)中， 如果选取参数：

$a_1(t)=1+2\sin(2\pi t)$， $a_2(t)=\sin(2\pi t)$， $b_1=0.4$， $b_2=0.4$， $c(t)=0.4$， $d_{12}=0.7$， $d_{21}=0.4$，$e=0.3$，$f=0.3$，则捕食扩散子系统(15-1-6e)存在唯一全局渐近稳定正周期解 $(N_1^*(t), N_2^*(t))$。 通过数值模拟结果， 很容易发现周期解 $N_1^*(t)$ 具有上界 2.0 和下界 1.3， 即 $1.3 \leqslant N_1^*(t) \leqslant 2.0$。由此可知

$$\bar{\Omega}_P = (2\pi)^{-1}\int_0^{2\pi}[-e + fN_1^*(t)]\mathrm{d}t = (2\pi)^{-1}\int_0^{2\pi}[-0.3 + 0.3N_1^*(t)]\mathrm{d}t > -0.3 + 0.3\times 1.2 > 0。$$

系统(15-1-6d)至少存在一个 ω-正周期解。上述数值模拟的结果如图 15-1 所示。

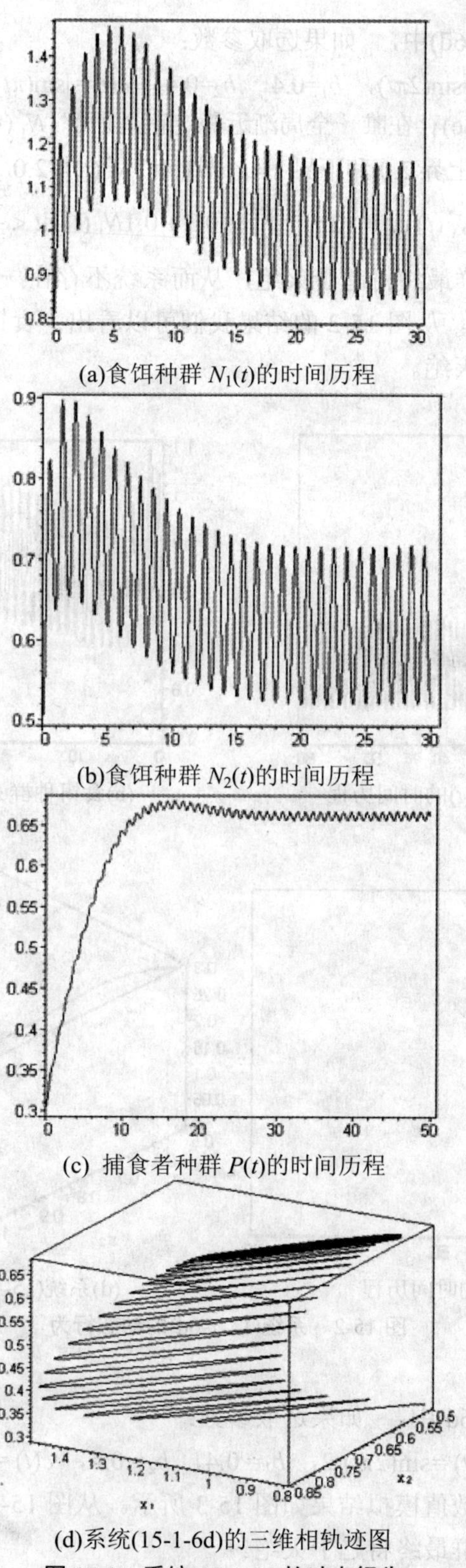

(a)食饵种群 $N_1(t)$的时间历程

(b)食饵种群 $N_2(t)$的时间历程

(c) 捕食者种群 $P(t)$的时间历程

(d)系统(15-1-6d)的三维相轨迹图

图 15-1　系统(15-1-6d)的动态行为

情形 2：在系统(15-1-6d)中，如果选取参数：

$a_1(t)$=1+sin(2πt)，$a_2(t)$=sin(2πt)，b_1=0.4，b_2=0.4，$c(t)$= |sin(πt)|，d_{12}=0.7，d_{21}=0.4，e=0.3，f=0.1，则食饵子系统(15-1-6e)存在唯一全局渐近稳定正周期解$(N_1^*(t), N_2^*(t))$。通过数值模拟结果，发现周期解$N_1^*(t)$具有上界 2.0 和下界 1.4，即$1.4 \leqslant N_1^*(t) \leqslant 2.0$。由此不难计算

$$\bar{\Omega}_P = (2\pi)^{-1}\int_0^{2\pi}[-e+fN_1^*(t)]\mathrm{d}t = (2\pi)^{-1}\int_0^{2\pi}[-0.3+0.1N_1^*(t)]\mathrm{d}t < -0.3+0.1\times 2 < 0\text{。}$$

系统(15-1-6d)中捕食者种群最终将趋于灭绝，从而系统不存在一个ω-正周期解。上述数值模拟的结果如图 15-2 所示。从图 15-2 的结果我们可以看出：食饵种群最终保持持久生存，而捕食者种群最终将趋于灭绝。

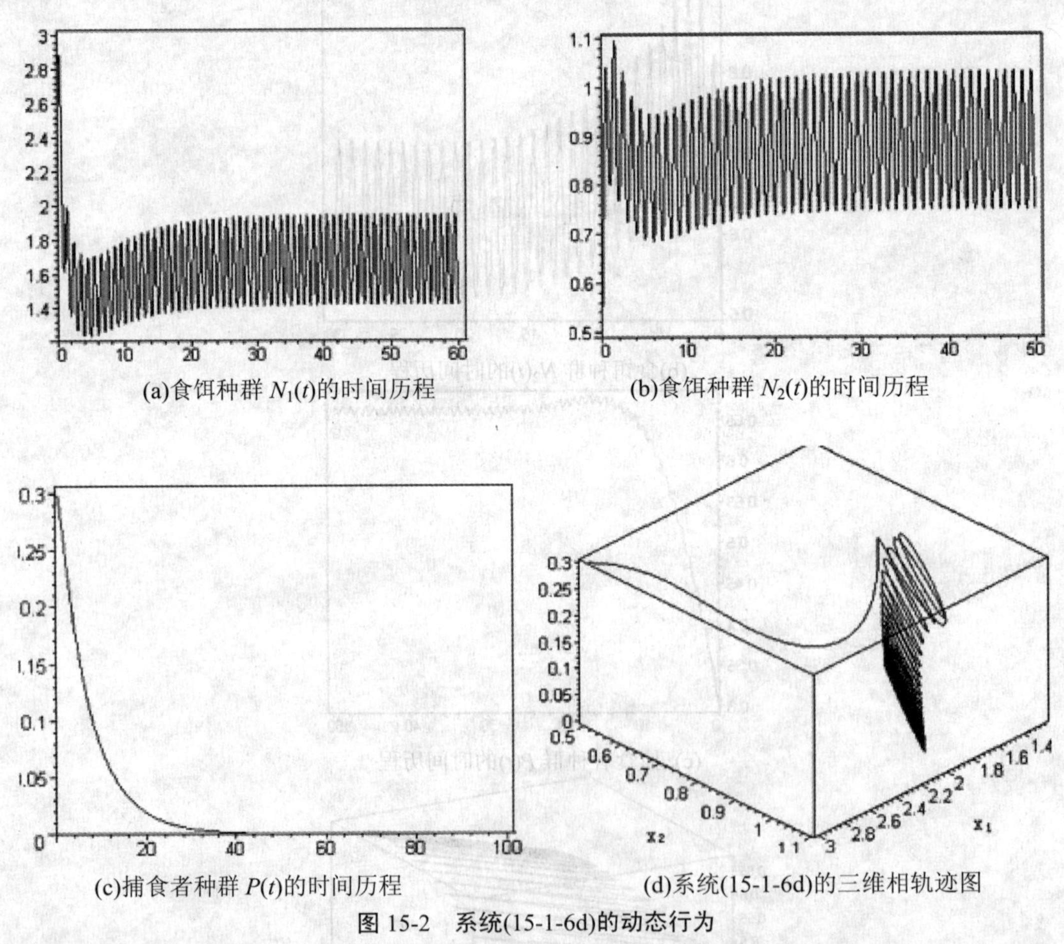

(a)食饵种群 $N_1(t)$的时间历程　　(b)食饵种群 $N_2(t)$的时间历程

(c)捕食者种群 $P(t)$的时间历程　　(d)系统(15-1-6d)的三维相轨迹图

图 15-2　系统(15-1-6d)的动态行为

情形 3：在系统(15-1-6d)中，如果选取参数：

$a_1(t)$ =sin(2πt) /2，$a_2(t)$ =sin(2πt)/2，b_1= 0.4，b_2= 0.4，$c(t)$ =|sin(πt)|，d_{12}=0.3，d_{21}=0.4，e=0.3，f = 0.5，则上述数值模拟结果如图 15-3 所示。从图 15-3 的结果易见捕食扩散系统(15-1-6d)中的所有生物种群最终将趋于灭绝。

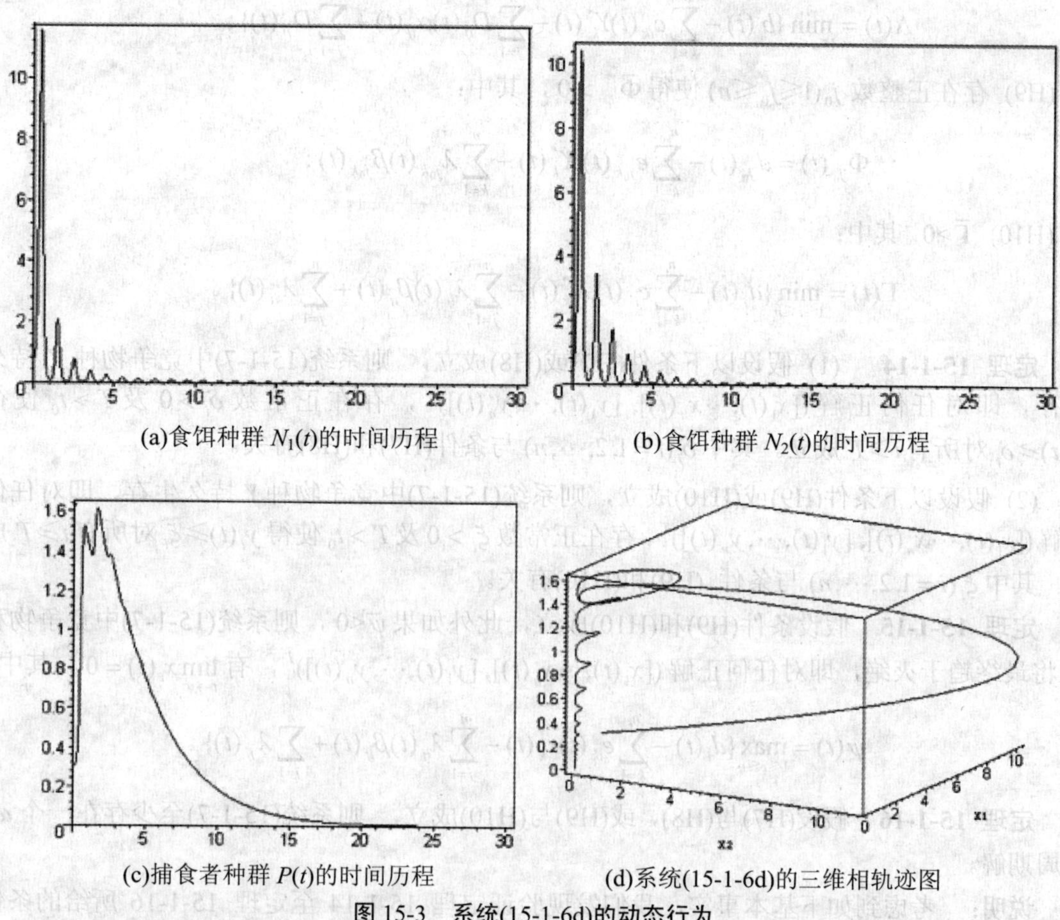

(a)食饵种群 $N_1(t)$的时间历程　(b)食饵种群 $N_2(t)$的时间历程

(c)捕食者种群 $P(t)$的时间历程　(d)系统(15-1-6d)的三维相轨迹图

图 15-3　系统(15-1-6d)的动态行为

其次，我们考虑如下非自治的两物种 n-斑块竞争扩散系统：

$$\begin{cases} \dot{x}_i(t) = x_i[b_i(t) - \sum_{k=1}^{l_i} a_{ik}(t)x_i - \sum_{k=1}^{h_i} c_{ik}(t)y_i] + \sum_{i=1}^{n} D_{ij}(t)[x_j - \alpha_{ij}(t)x_i] \\ \dot{y}_i(t) = y_i(t)[d_i(t) - \sum_{k=1}^{n_i} e_{ik}(t)x_i - \sum_{k=1}^{m_i} f_{ik}(t)y_i] + \sum_{i=1}^{n} \lambda_{ij}(t)[y_j - \beta_{ij}(t)y_i] \end{cases} \tag{15-1-7}$$

对于该种群竞争扩散系统(15-1-7)，类似于前面考虑的捕食扩散系统的情形，首先我们定义如下 ω-正周期函数 $X_i^*(t)$、$Y_i^*(t)$、$x_i^*(t)$ 以及 $y_i^*(t)$，它们分别对应着描述物种 1 与物种 2 的 Logistic 单种群系统的全局渐近稳定的 ω-正周期解。

在此基础上，我们对系统(15-1-7)进一步作如下假设：

(H7) 存在正整数 $i_0(1 \leqslant i_0 \leqslant n)$ 使得 $\bar{\Omega}_{i_0} > 0$，其中：

$$\Omega_{i_0}(t) = [b_{i_0}(t) - \sum_{k=1}^{h_{i_0}} c_{i_0 k}(t)Y_k^*(t) - \sum_{j=1}^{n} D_{i_0 j}(t)\alpha_{i_0 j}(t)];$$

(H8) $\bar{\Lambda}>0$，其中：

$$\Lambda(t)=\min_{1\leqslant i\leqslant n}\{b_i(t)-\sum_{k=1}^{h_i}c_{ik}(t)Y_k^*(t)-\sum_{j=1}^{n}D_{ij}(t)\alpha_{ij}(t)+\sum_{j=1}^{n}D_{ji}(t)\};$$

(H9) 存在正整数 $j_0(1\leqslant j_0\leqslant n)$ 使得 $\bar{\Phi}_{j_0}>0$，其中：

$$\Phi_{j_0}(t)=d_{j_0}(t)-\sum_{k=1}^{n_{j_0}}e_{j_0k}(t)X_k^*(t)-\sum_{k=1}^{n}\lambda_{j_0k}(t)\beta_{j_0k}(t);$$

(H10) $\bar{\Gamma}>0$ 其中：

$$\Gamma(t)=\min_{1\leqslant i\leqslant n}\{d_i(t)-\sum_{k=1}^{n_i}e_{ik}(t)X_k^*(t)-\sum_{j=1}^{n}\lambda_{ij}(t)\beta_{ij}(t)+\sum_{j=1}^{n}\lambda_{ji}(t)\}。$$

定理 15-1-14 (1) 假设以下条件(H7)或(H8)成立，则系统(15-1-7)中竞争物种 X 持久生存，即对任何正解 $([x_1(t),\cdots x_n(t)],[y_1(t),\cdots,y_n(t)])^T$，存在正常数 $\delta_i>0$ 及 $T>t_0$ 使得 $x_i(t)\geqslant\delta_i$ 对所有 $t\geqslant T$ 成立。其中 $\delta_i(i=1,2,\cdots,n)$ 与条件(H7)和(H8)有关。

(2) 假设以下条件(H9)或(H10)成立，则系统(15-1-7)中竞争物种 Y 持久生存，即对任何正解 $([x_1(t),\cdots x_n(t)],[y_1(t),\cdots,y_n(t)])^T$，存在正常数 $\xi_i>0$ 及 $T>t_0$ 使得 $y_i(t)\geqslant\xi_i$ 对所有 $t\geqslant T$ 成立。其中 $\xi_i(i=1,2,\cdots,n)$ 与条件 (H9)和(H10)有关。

定理 15-1-15 假设条件(H9)和(H10)成立，此外如果 $\bar{\psi}<0$，则系统(15-1-7)中竞争物种 X 将最终趋于灭绝，即对任何正解 $([x_1(t),\cdots x_n(t)],[y_1(t),\cdots,y_n(t)])^T$，有 $\lim_{t\to\infty}x_i(t)=0$。其中

$$\psi(t)=\max_{1\leqslant i\leqslant n}\{d_i(t)-\sum_{k=1}^{n_i}e_{ik}(t)x_k^*(t)-\sum_{j=1}^{n}\lambda_{ij}(t)\beta_{ij}(t)+\sum_{j=1}^{n}\lambda_{ji}(t)\}。$$

定理 15-1-16 假设(H7)与(H8)，或(H9)与(H10)成立，则系统(15-1-7)至少存在一个 ω-正周期解。

说明： 考虑到如下基本事实，我们发现验证定理 15-1-14 至定理 15-1-16 所给的条件是一项相当简单的工作，因为系统(15-1-1a)是一个 Riccatti 方程，通过直接积分不难获得其 ω-正周期解(15-1-1b)，并且在推论 15-1-1 的条件下，此周期解 $N^*(t)$ 还是全局渐近稳定的。所以说对具体的种群竞争系统(15-1-7)而言，这些定理的条件也是比较容易验证的。

例 15-4 考虑如下周期性两种群竞争系统

$$\begin{cases}\dot{N}_1(t)=N_1[4-(2+\cos t)N_1-2N_2(t-2\pi)]\\ \dot{N}_2(t)=N_2(t)[3-N_1(t-4\pi)-(2+\sin t)N_2]\end{cases}\tag{15-1-7a}$$

与之对应的竞争物种 1 的 Logistic 种群系统

$$\dot{N}_1(t)=N_1[4-(2+\cos t)N_1]\tag{15-1-7b}$$

具有全局渐近稳定的 ω-正周期解 $N_1^*(t)=34[17+2\sin t+8\cos t]^{-1}$，经简单计算发现

$$(2\pi)^{-1}\int_0^{2\pi}[3-N_1^*(t-4\pi)]dt=3-34\times221^{-1/2}>0,$$

从而竞争性物种 2 持久生存。

与之对应的竞争物种 2 的 Logistic 种群系统

$$\dot{N}_2(t)=N_2(t)[3-(2+\sin t)N_2]\tag{15-1-7c}$$

具有全局渐近稳定的 ω-正周期解 $x_2^*(t)=30[20+9\sin t-3\cos t]^{-1}$，经简单计算发现

$$(2\pi)^{-1}\int_0^{2\pi}[4-2N_2^*(t-2\pi)]\mathrm{d}t=4-2(30\times 310^{-1/2})>0\text{。}$$

从而有竞争性物种 2 持久生存。综合两方面的结果可以推断，系统(15-1-7a)持久生存，且至少具有一个 ω-正周期解。数值模拟的结果如图 15-4 所示。从图 15-4 的结果我们可以看出：两个竞争种群都保持持久生存，从而竞争系统也就至少存在一个 ω-正周期解。

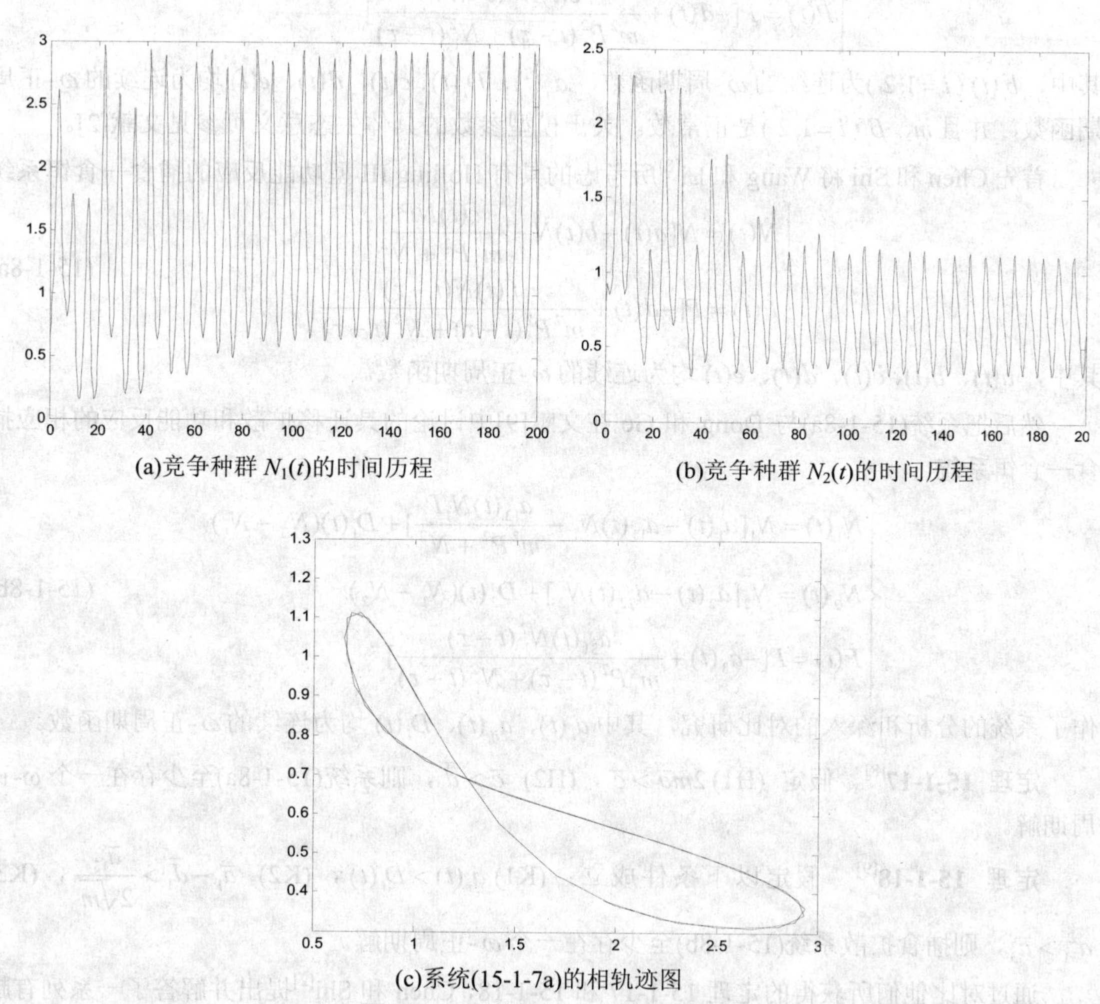

(a)竞争种群 $N_1(t)$的时间历程　　(b)竞争种群 $N_2(t)$的时间历程

(c)系统(15-1-7a)的相轨迹图

图 15-4　系统(15-1-7a)的动态行为

15.1.3　具有迁移扩散作用和功能反应的生态种群模型

前面我们所考虑的捕食种群系统和竞争种群作用系统都是以经典的 Lotka-Volterra 生态种群模型为基础而形成的。考虑到人类实践活动对自然环境的干扰与破坏导致生态景观不断破碎化，形成众多由适宜的和不适宜的生境组成的空间镶嵌体，因此考虑生物种群在斑块环境下的迁移扩散因素，构建更为一般的同时具有迁移扩散作用和功能反应种群作用的模型，具有非常重要的理论和现实意义。首先需要指出，Chen 和 Shi 在文献[2]中研究了具有

迁移扩散和比率依赖功能反应的捕食—食饵系统

$$\begin{cases}\dot{N}_1=N_1[b_1(t)-a_{11}(t)N_1^{\beta_1}-\dfrac{c(t)N_1P}{m^2P^2+N_1^2}]+D_1(t)[N_2-N_1]\\ \dot{N}_2=N_2[b_2(t)-a_{22}(t)N_2^{\beta_2}]+D_2(t)[N_1(t)-N_2(t)]\\ \dot{P}(t)=P[-d(t)+\dfrac{e(t)N_1^2(t-\tau)}{m^2P^2(t-\tau)+N_1^2(t-\tau)}]\end{cases}\tag{15-1-8}$$

其中，$b_i(t)$ ($i=1,2$)为连续的ω-周期函数，$a_{ii}(t)$、$D_i(t)$、$c(t)$、$d(t)$、$e(t)$均为连续的ω-正周期函数，并且m、β_i ($i=1,2$)是正常数。关于模型参数的具体生态意义可参见文献[2]。

首先Chen和Shi将Wang和Li[8]所考虑的具有Holling III型功能反应的捕食—食饵系统

$$\begin{cases}\dot{N}(t)=N[a(t)-b(t)N-\dfrac{c(t)NP}{m^2P^2+N^2}]\\ \dot{P}(t)=P[-d(t)+\dfrac{f(t)N(t-\tau)}{m^2P^2(t-\tau)+N^2(t-\tau)}]\end{cases}\tag{15-1-8a}$$

其中，$a(t)$、$b(t)$、$c(t)$、$d(t)$、$e(t)$均为连续的ω-正周期函数。

然后把系统(15-1-8a)与Dong和Ge在文献[9]中讨论的具迁移扩散和功能反应的相应捕食—食饵系统

$$\begin{cases}\dot{N}_1(t)=N_1[a_1(t)-a_{11}(t)N_1-\dfrac{a_{13}(t)N_1P}{m^2P^2+N_1^2}]+D_1(t)(N_2-N_1)\\ \dot{N}_2(t)=N_2[a_2(t)-a_{22}(t)N_2]+D_2(t)(N_1-N_2)\\ \dot{P}(t)=P[-a_3(t)+\dfrac{a_{31}(t)N_1^2(t-\tau)}{m^2P^2(t-\tau)+N_1^2(t-\tau)}]\end{cases}\tag{15-1-8b}$$

作了系统的分析和深入的对比研究，其中$a_i(t)$、$a_{ij}(t)$、$D_i(t)$均为连续的ω-正周期函数。

定理 15-1-17[8]　假定(H1) $2m\overline{a}>\overline{c}$，(H2) $\overline{e}>\overline{d}$，则系统(15-1-8a)至少存在一个ω-正周期解。

定理 15-1-18[9]　假定以下条件成立：(K1) $a_i(t)>D_i(t)$，(K2) $\overline{a}_1-\overline{d}_1>\dfrac{\overline{a}_{13}}{2\sqrt{m}}$，(K3) $a_{31}^L>\overline{a}_3$，则捕食扩散系统(15-1-8b)至少存在一个ω-正周期解。

通过对比他们所获得的定理15-1-17和15-1-18，Chen和Shi[2]提出并解答了一系列有趣的问题：

(1) 根据已有的结果以及定理15-1-17，他们指出系统(15-1-8a)正周期解的存在性条件足以保证系统(15-1-8a)的持久性。然而对于定理15-1-18的假设条件能否保证系统(15-1-8b)的持久生存性，仍然是悬而未决的问题。

(2) 考虑到环境随机波动因素，种群增长函数$a_i(t)$不一定总是取正值，或许会出现负值。事实上，在某些情况下，它可以是负的，具体原因可参见文献[1，2，10]更详细的讨论。这种情况下定理15-1-18的条件(K1)显然不再成立，自然要问什么样的条件可以保证系统(15-1-8b)的正周期解是存在的。另外在这种情况下定理15-1-17是否继续保持有效，仍然是未知数。

(3) 把定理 15-1-17 与定理 15-1-18 放在一起比较对照，提出定理 15-1-18 中的条件(K3)可能允许削弱为(K'3)：$\overline{a}_{31}>\overline{a}_3$，能给予这个猜想以肯定证明吗?我们知道在生态作用机制下，当研究者采用模型参数的平均值考虑问题时，这种由条件(K3)到条件(K'3)的削弱，是一种最自然不过的事情。

关于捕食扩散系统(15-1-8)，Chen 和 Shi[2]证明了以下关于捕食扩散系统结论的有效性。

定理 15-1-19[2]　假定以下条件成立：(H1) $\overline{\phi}>0$，(H2) $\overline{e}>\overline{d}$，则具有正初始条件的系统(15-1-8)持久生存，且至少具有一个ω-正周期解。 其中

$$\phi(t)=\min\{\overline{b}_1-\frac{\overline{c}}{2m}-\overline{d}_1+\overline{d}_2,\overline{b}_2-\overline{d}_2+\overline{d}_1\}\text{。}$$

而关于系统中捕食者种群的灭绝性问题，有如下结论：

定理 15-1-20[2]　假定 (H) $\overline{e}<\overline{d}$ 成立，则系统(15-1-8)中的捕食者种群将会趋于灭绝。

例 15-5 若在两斑块捕食与被捕食系统(15-1-8)中，选取参数

$a_1(t)=3+\sin(t)$，$a_{11}(t)=1$，$a_{13}(t)=1+\cos(t)/2$，$m=2$，$D_1(t)=5$，$D_2(t)=2$，$a_2(t)=1+\sin(t)/4$，$a_{22}(t)=1$，$a_3(t)=1/20$，$a_{31}(t)=1/4+\sin(t)/4$，

则由于$\overline{a}_1=3>\overline{a}_{13}/2m=1/4$，$\overline{a}_{31}=1/4>\overline{a}_3=1/20$，　因此系统(15-1-8) 至少具有一个$\omega$-正周期解。数值模拟的结果如图 15-5 所示。从图 15-5 的结果我们可以看出：此时捕食扩散系统持久生存，从而也就存在ω-正周期解。

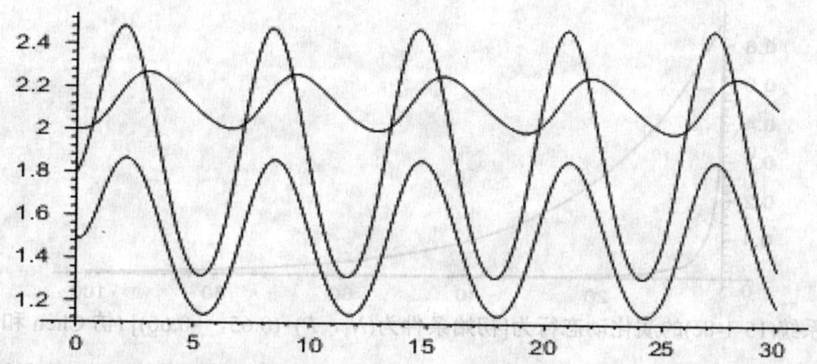

图 15-5　系统(15-1-8)的演化动态[初始条件为(N_1，N_2，P)=(1.8，1.5，2.0)](仿 Chen 和 Shi,2007)

例 15-6　若在两斑块捕食与被捕食系统(15-1-8)中，选取参数

$a_1(t)=-1/10+\sin(t)/10$，$a_{11}(t)=1$，$a_{13}(t)=5+\cos(t)/2$，$m=2$，$D_1(t)=5$，$D_2(t)=1/2$，$a_2(t)=1+\sin(t)/100$，$a_{22}(t)=1$，$a_3(t)=1/20$，$a_{31}(t)=1/4$，

则由于$\overline{a}_2=1>\overline{D}_2=1/2$，$\overline{a}_{31}=1/4>\overline{a}_3=1/20$，　因此我们推断系统(15-1-8) 至少具有一个ω-正周期解。数值模拟的结果如图 15-6 所示。从图 15-6 的结果我们可以看出：此时捕食扩散系统持久生存，从而也就存在ω-正周期解。

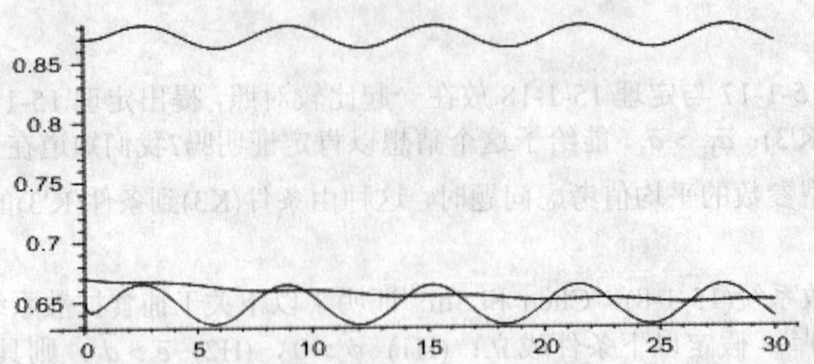

图 15-6　系统(15-1-8)的演化动态[初始条件为(N_1，N_2，P)=(0.65，0.87，0.66)] (仿 Chen 和 Shi,2007)

但是我们发现，食饵种群不存在斑块扩散现象的情形中，捕食扩散系统(15-1-8)将变为

$$\begin{cases}\dot{N}_1 = N_1[-\frac{1}{10}+\frac{1}{10}\sin(t)-N_1-(5+\frac{1}{2}\cos(t))\frac{N_1P}{4P^2+N_1^2}] \\ \dot{P} = P[-\frac{1}{20}+\frac{1}{4}\frac{N_1^2(t)}{4P^2(t)+N_1^2(t)}]\end{cases} \tag{15-1-8c}$$

考虑到条件 $\overline{a}_1=-1/10<\overline{a}_{13}/2m=5/4$，显然此条件的确不满足定理 15-1-17 中假设 (H1)，这种情况下系统(15-1-8c)中食饵种群将最终趋于灭绝，数值模拟的结果证实了这一点，如图 15-7 所示。从图 15-7 的结果我们可以看出：捕食系统瓦解，其中捕食者种群 $P(t)$与斑块 1 中的食饵种群 $N_1(t)$都将最终趋于灭绝。

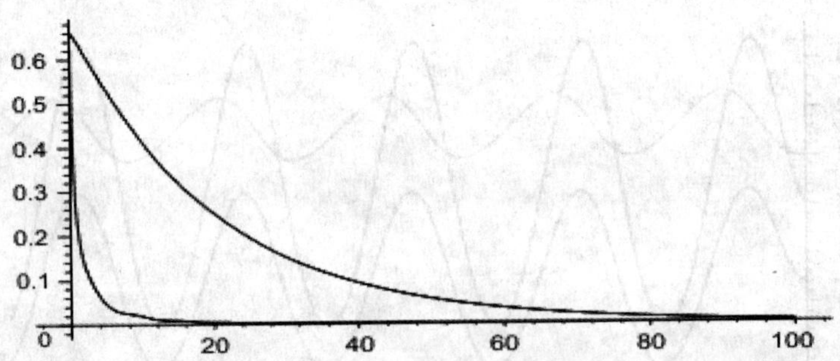

图 15-7　系统(15-1-8c)的演化动态行为[初始条件为(N_1，P)=(0.65，0.66)] (仿 Chen 和 Shi,2007)

说明： 通过对比图 15-6 与图 15-7 所示的结果，我们看到设置一个新斑块作为食饵种群的庇护所，食饵在这个斑块环境下可免受捕食者的捕食侵害，并选取适当的扩散系数，就可以避免食饵种群最终灭绝的命运。我们知道这对于受援(捕食者)种群控制的捕食系统是至关重要的，因为这种系统中，食饵种群趋于灭绝意味着捕食者种群将会趋于灭绝。

例 15-7 在两斑块捕食与被捕食系统(15-1-8)中，选取参数

$a_1(t)$=3+sin(t)，$a_{11}(t)$=1，$a_{13}(t)$=1+cos(t)/2，m=2，$D_1(t)$=5，$D_2(t)$=2，$a_2(t)$=1+sin(t)/4，$a_{22}(t)$=1，$a_3(t)$=1/2，$a_{31}(t)$=1/4+sin(t)/4，则由于 $\overline{a}_{31}=1/4<\overline{a}_3=1/2$，因此系统(15-1-8)中的捕食者种群最终将趋于灭绝。

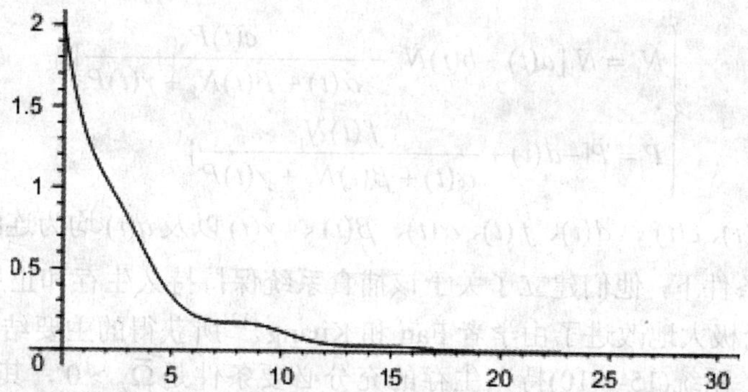

图 15-8　系统(15-1-8)中捕食者 $P(t)$的动态[初始条件为$(N_1, N_2, P)=(1.8, 1.5, 2)$] (仿 Chen 和 Shi,2007)

除了前面考虑的 Lotka-Volterra 系统和具有 Holling 型功能反应的种群模型，我们断言：对于其他非 Holling 型功能反应模式的系统而言，也能够建立对应于前面这些系统持久生存和存在 ω-正周期解的类似性条件。比如 Cui 在文献[11]中研究了如下具有 Beddington-DeAngelis 功能反应的周期性捕食—食饵扩散模型

$$\begin{cases}\dot{N}_1 = N_1[b_1(t) - a_1(t)N_1 - \dfrac{c(t)P}{\alpha(t) + \beta(t)N_1 + \gamma(t)P}] + D(t)(N_2 - N_1) \\ \dot{N}_2 = N_2[b_2(t) - a_2(t)N_2] + D(t)(N_1 - N_2) \\ \dot{P} = P[-d(t) + \dfrac{f(t)N_1}{\alpha(t) + \beta(t)N_1 + \gamma(t)P} - q(t)P]\end{cases} \tag{15-1-9}$$

在 $a_i(t)$、$b_i(t)$ $(i=1,2)$、$c(t)$、$d(t)$、$f(t)$、$D(t)$、$\alpha(t)$、$\beta(t)$、$\gamma(t)$ 以及 $q(t)$ 均为连续的 ω-正周期函数的假设条件下，他建立了如下周期性捕食—食饵扩散系统(15-1-9)持久生存和存在 ω-正周期解的充分必要条件。

首先考虑系统(15-1-9)对应的食饵种群斑块扩散模型

$$\begin{cases}\dot{N}_1 = N_1[b_1(t) - a_1(t)N_1] + D(t)(N_2 - N_1) \\ \dot{N}_2 = N_2[b_2(t) - a_2(t)N_2] + D(t)(N_1 - N_2)\end{cases} \tag{15-1-9a}$$

定理 15-1-21　系统(15-1-9)持久生存的充分必要条件是 $\bar{\Omega}_P > 0$，其中：$(N_1^*(t), N_2^*(t))$ 为系统(15-1-9a)全局渐近稳定 ω-正周期解，$\Omega_P(t) = [-d(t) + \dfrac{f(t)N_1^*(t)}{\alpha(t) + \beta(t)N_1^*(t)}]$。

定理 15-1-22　假设 $\bar{\Omega}_P > 0$，则系统(15-1-9)至少存在一个 ω-正周期解，其中 $\Omega_P(t)$ 由定理 15-1-21 所定义。

定理 15-1-23　如果条件 $\bar{\Omega}_P \leqslant 0$ 成立，则系统(15-1-9)中捕食者种群将最终趋于灭绝，即对系统的任何正解 $(N_1(t), N_2(t), P(t))$，有 $\lim\limits_{t\to\infty} N_i(t) = N_i^*(t)(i=1,2)$，$\lim\limits_{t\to\infty} P(t) = 0$。

在食饵种群不存在斑块间迁移扩散现象，并且捕食者种群没有个体相互拥挤与干扰效应(密度制约作用)的情形下，系统(15-1-9)就转化为由学者 Cui 和 Takeuchi[12]所考虑的捕食者有一般性 Beddington–DeAngelis 功能反应的周期性捕食—食饵系统：

$$\begin{cases}\dot{N}_1 = N_1[a(t) - b(t)N_1 - \dfrac{c(t)P}{\alpha(t)+\beta(t)N_1+\gamma(t)P}] \\ \dot{P} = P[-d(t) + \dfrac{f(t)N_1}{\alpha(t)+\beta(t)N_1+\gamma(t)P}]\end{cases} \tag{15-1-10}$$

在假设$a(t)$、$b(t)$、$c(t)$、$d(t)$、$f(t)$、$\alpha(t)$、$\beta(t)$、$\gamma(t)$以及$q(t)$均为连续的ω-周期函数，且$\bar{a}>0$，$\bar{b}>0$的条件下，他们建立了关于该捕食系统保持持久生存和正周期解存在的充分性条件。这些结论极大地改进了由学者 Fan 和 Kuang [13]所获得的主要结果。

定理 15-1-24 系统(15-1-10)持久生存的充分必要条件是$\bar{\Omega}_P>0$，其中：$N^*(t)$为系统(15-1-1a)的全局渐近稳定的ω-正周期解，$\Omega_P(t)=[-d(t)+\dfrac{f(t)N^*(t)}{\alpha(t)+\beta(t)N^*(t)}]$。

定理 15-1-25 假设$\bar{\Omega}_P>0$，则系统(15-1-10)至少存在一个ω-正周期解，其中$\Omega_P(t)$由定理 15-1-24 所定义。

定理 15-1-26 如果条件$\bar{\Omega}_P\leqslant 0$成立，则系统(15-1-10)中食饵种群保持续存，捕食者种群最终将趋于灭绝，即对任何解$(N(t),P(t))$，都有$\lim\limits_{t\to\infty}N(t)=N^*(t),\ \lim\limits_{t\to\infty}P(t)=0$。

说明：

①因为系统(15-1-1a)是 Riccatti 方程，通过对系统直接求积分，不难获得其全局渐近稳定的ω-正周期解 (15-1-1b)，因此验证定理 15-1-24 至 15-1-26 所给的条件是一项相当简单的工作，所以我们说对具体的 Beddington-DeAngelis 功能反应捕食系统(15-1-10)而言，定理 15-1-25 的条件$\bar{\Omega}_P>0$比较容易验证。

②在很多情形下，往往无法判断形如(15-1-9a))的捕食系统的正周期解是否存在，然而以定理 15-1-25 的条件则能够判断出系统(15-1-10)必定存在正周期解。作为说明问题的具体实例，我们考虑如下具 Beddington-DeAngelis 功能反应的周期性捕食系统，并由此说明这里所提供条件的有效性、一般性和实用性。

例 15-8 在捕食系统(15-1-10)中，选取参数

$a(t)$=3，$b(t)$=2+cos(t)，$c(t)$=2，$d(t)$=(1+1/2sin$t$)/10，$f(t)$=1，$\alpha(t)$=1/8+1/10 sin$t$，$\beta(t)$=8+4sin(t)，$\gamma(t)$=2+cos(t)，则系统(15-1-10)变为

$$\begin{cases}\dot{N} = N[3-(2+\cos t)N - \dfrac{2P}{1/8+\sin t/10+(8+4\sin t)N+(2+\cos t)P}] \\ \dot{P} = P[-(1+\dfrac{\sin t}{2}) + \dfrac{N}{1/8+\sin t/10+(8+4\sin t)N+(2+\cos t)P}]\end{cases} \tag{15-1-10a}$$

显然对于相应 Logistic 型食饵种群模型：$\dot{N}=N[3-(2+\cos t)N]$，此系统具有唯一全局渐近稳定的ω-正周期解

$$N^*(t)=\frac{1-\exp(-6\pi)}{\int_0^{2\pi}[2+\cos(t-s)\exp(-3s)]\mathrm{d}s}=\frac{30}{20+9\cos t+3\sin t}。$$

于是我们有

$$\bar{\Omega}_P = (2\pi)^{-1}\int_0^{2\pi}[-d(t)+\frac{f(t)N^*(t)}{\alpha(t)+\beta(t)N^*(t)}]\mathrm{d}t \approx 0.043 \text{。}$$

因此由定理 15-1-25 知，系统(15-1-10a)持久生存，从而存在一个 ω-正周期解。

15.2　考虑生物年龄结构因素的生态种群模型的周期解

当考虑种群中生物个体由于年龄不同而导致其在生态、生理、行为方面的差异因素时，和前文中考虑斑块扩散的情形类似，需要根据生物个体生长发育的不同年龄阶段，将单个生物种群划分为多个小组，　并利用多个单种群模型共同描述。但由于不同生物小组年龄的不断增长而相互联系，不同年龄小组的种群密度变化也存在密且的联系，出现类似于同步化效应的种群动态行为，即其中一个年龄小组的物种持久生存，则往往意味着其他年龄小组的物种能以较大的可能持久续存;反之如果有一个年龄小组的物种呈现出灭绝倾向，则其他各不同年龄小组的物种灭绝的概率将会明显增加，从而整个种群灭绝的风险显著提高。　就多个模型表现出的整体动态行为和结果来理解，与用单个方程描述的生物种群基本一致，　因此在这个意义上，尽管存在多个相互区别的生物种群小组，但我们仍然可以将它们按照单一的种群去处理、对待。　这一点可以从下面将要给出的结论当中看到。我们仅仅考虑将生物种群按照其年龄的区别而划分为两个小组的情形。

在这一节，我们将以保证系统中捕食者与食饵种群能够持久续存为出发点，通过系统持久续存的基本条件，建立生态种群模型存在周期解的一般性条件。

15.2.1　捕食者具单调功能反应食饵种群具有阶段结构的捕食—食饵系统

1965 年，Holling 在实验的基础上对不同类型的物种提出了三种不同的功能性反应函数，这些功能反应函数以不同角度和方式反映了捕食者的捕食率随猎物密度增加的变化规律。另一方面，许多自然的生物种群幼仔相对其成年个体显得非常弱小，并且其幼仔一般不具备繁殖和与其他种群竞争的能力。所以我们必须考虑种群个体的年龄阶段因素。在文献[14]中，Cui 和 Takeuchi 考虑了如下具有一般性功能反应与阶段结构的周期性捕食—食饵系统：

$$\begin{cases}\dot{N}_1 = a(t)N_2 - b(t)N_1 - d(t)N_1^2 - e(t)\phi(t,N_1)P\\ \dot{N}_2 = c(t)N_1 - f(t)N_2^2\\ \dot{P} = P[-g(t)+h(t)\phi(t,N_1)-q(t)P]\end{cases}\tag{15-2-1}$$

其中，$N_1(t)$ 和 $N_2(t)$ 分别表示食饵种群的未成熟个体与成熟个体的种群密度；$P(t)$ 为捕食者种群的密度，并且只捕食未成熟的食饵种群。$a(t)$、$b(t)$、$c(t)$、$d(t)$、$f(t)$、$h(t)$、$e(t)$、$q(t)$ 均为连续的 ω-正周期函数，　$g(t)$ 与 $\phi(t,N_1)$ 则为非负连续的 ω-周期函数。

一般的，我们假定功能反应函数 $\phi(t,u)$ 满足如下单调性条件(M)：

(i) $\phi(t,0)=0$； (ii) $\dfrac{\partial\phi}{\partial u}(t,u)>0$ 对任意 $u\in[0,+\infty)$； (iii) $\lim\limits_{u\to+\infty}\phi(t,u)=k(t)>0$。

事实上， 很容易看出系统(15-2-1)包含了如下一些经常性采用的捕食者功能反应函数，比如

$\phi(t,x)=\dfrac{B(t)x}{A(t)+x}$，Holling II 型功能反应[参见 Holling (1965)]；

$\phi(t,x)=\dfrac{B(t)x^2}{A(t)+x^2}$，Holling III 型功能反应[参见 Holling (1965)]；

$\phi(t,x)=a(t)[1-\exp(-cx)]$，Ivlev 功能反应[参见 Ivlev(1961)]；

$\phi(t,x)=a(t)x^q,(q<1)$，Rosenzweig 功能反应[参见 Rosenzweig(1971)]。

同样道理，为了准确地估计捕食者种群在一个周期时段内的平均增长率，可首先考虑如下阶段结构的食饵种群系统

$$\begin{cases}\dot{N}_1=a(t)N_2-b(t)N_1-d(t)N_1^2\\ \dot{N}_2=c(t)N_1-f(t)N_2^2\end{cases}\tag{15-2-1a}$$

引理 15-2-1[16] 若 $a(t)$、$b(t)$、$c(t)$、$d(t)$、$f(t)$ 均为连续的 ω-正周期函数，则阶段结构食饵种群系统(15-2-1a)具有唯一全局渐近稳定的 ω-正周期解 $(N_1^*(t),N_2^*(t))$。

利用这个全局渐近稳定的周期解，容易获得食饵对捕食者种群的营养供给率，即食饵种群系统周期解的取值状况，从而建立如下持久性与正周期解的结论。

定理 15-2-1 捕食系统(15-2-1)持久生存的充要条件是 $\bar{\Omega}_P>0$。其中：$\Omega_P(t)=[-g(t)+h(t)\phi(t,N_1^*(t))]$，$(N_1^*(t),N_2^*(t))$ 为食饵子系统(15-2-1a)全局渐近稳定的周期解，由引理 15-2-1 定义。

定理 15-2-2 在系统约定条件下，如果 $\bar{\Omega}_P>0$，则系统(15-2-1)至少存在一个 ω-正周期解;反之如果 $\bar{\Omega}_P\leqslant 0$，则系统(15-2-1)将不存在 ω-正周期解。

作为系统(15-2-1)的一些特殊情形，2006 年，Chen[17]讨论了如下捕食者具 Holling 型功能反应食饵具有阶段结构的周期性捕食—食饵系统

$$\begin{cases}\dot{N}_1=a(t)N_2-b(t)N_1-d(t)N_1^2-\dfrac{e(t)N_1^\gamma P}{m(t)+N_1^\gamma}\\ \dot{N}_2=c(t)N_2-f(t)N_2^2\\ \dot{P}(t)=P[-g(t)+\dfrac{h(t)N_1^\gamma}{m(t)+N_1^\gamma}-q(t)P]\end{cases}\tag{15-2-2}$$

显然，为了获得关于系统(15-2-2)的具有持久性与正周期解存在的一般性条件，这里仍然需要考虑系统(15-2-2)对应的具有阶段结构的食饵种群模型(15-2-1a)，并据此建立关于食饵对捕食者种群的营养供给率，即食饵种群系统周期解的取值状况，由于前面已经表明系统(15-2-1a)存在唯一全局渐近稳定的 ω-正周期解 $(N_1^*(t),N_2^*(t))$，利用这个全局渐近稳定的周期解，容易建立如下结论。

定理 15-2-3 捕食系统(15-2-2)持久生存当且仅当 $\bar{\Omega}>0$，其中 $(N_1^*(t),N_2^*(t))$ 为系统

(15-2-1a)全局渐近稳定的ω-正周期解，由引理 15-2-1 定义，$\Omega(t)=-g(t)+\dfrac{h(t)[N_1^*(t)]^\gamma}{m(t)+[N_1^*(t)]^\gamma}$。

定理 15-2-4　假设$\bar{\Omega}>0$，则系统(15-2-2)至少存在一个ω-正周期解，其中$\Omega(t)$由定理 15-2-3 所定义。

定理 15-2-5　如果条件$\bar{\Omega}\leqslant 0$成立，则系统(15-2-2)中捕食者种群将最终趋于灭绝，即对系统(15-1-3)的任何正解$(N_1(t),N_2(t),P(t))$，有$\lim\limits_{t\to\infty}N_i(t)=N_i^*(t)\ (i=1,2)$，$\lim\limits_{t\to\infty}P(t)=0$。其中$\Omega(t)$由定理 15-2-3 所定义。

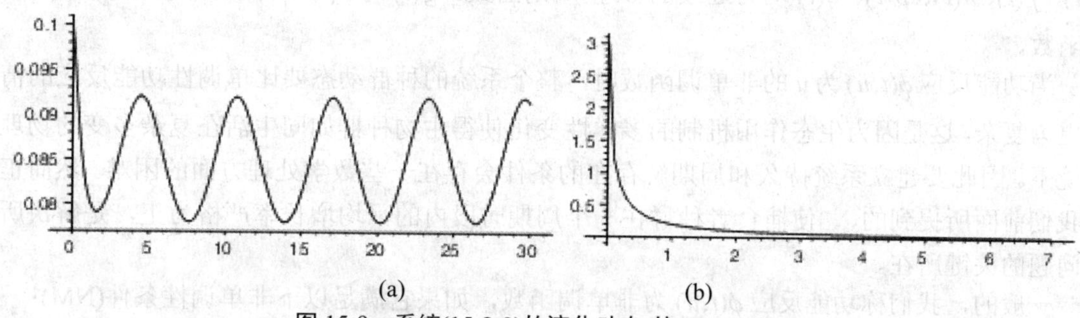

图 15-9　系统(15-2-2)的演化动态(仿 Chen,2006)

(a)当 c=5 时捕食者种群 $P(t)$的动态行为，其中$(N_1(0),\ N_2(0),\ P(0))=(2,1,1)$，$t\in[0,\ 30]$。

(b)当 c=2 时捕食者种群 $P(t)$的动态行为，其中$(N_1(0),\ N_2(0),\ P(0))=(2,1,3)$，$t\in[0,\ 7]$。

例 15-9　在系统(15-2-2)中，选取参数：

$a(t)=3,b(t)=1,d(t)=1,e(t)=1+\sin(t)/100,m(t)=10,c(t)=2,$

$f(t)=1,g(t)=1/2+\sin(t)/100,\ h(t)=1+\sin(t)/100,q(t)=3+\cos(t)$，

并考虑对应的阶段结构食饵种群模型

$$\begin{cases}\dot{N}_1(t)=3N_2(t)-N_1(t)-N_1^2(t)\\ \dot{N}_2(t)=2N_2(t)-N_2^2(t)\end{cases}\tag{15-2-2a}$$

显然该食饵系统具有唯一全局渐近稳定的2π-正周期解 $(N_1^*(t),N_2^*(t))$=(2，2)，此时的正周期解就是捕食扩散系统的正平衡点。经过简单计算可知

$$(2\pi)^{-1}\int_0^{2\pi}[-g(t)+\frac{h(t)(N_1^*(t))^\gamma}{m(t)+(N_1^*(t))^\gamma}]\mathrm{d}t=\frac{1}{2}\frac{-10+2^\gamma}{10+2^\gamma}。$$

令$\dfrac{1}{2}\dfrac{-10+2^\gamma}{10+2^\gamma}=0$，则通过计算机求解，不难得到方程的唯一正解$\gamma_0=3.321928095$。

所以当捕食者的功能反应函数中的捕食强度$\gamma>\gamma_0$时，系统至少存在一个2π-正周期解。

15.2.2　捕食者具有非单调功能反应食饵种群具有阶段结构的捕食—食饵系统

在生态系统中除了捕食者的单调功能反应现象之外，自然界中普遍存在需要用非单调功能反应描述的大量生物现象，例如微生物种群动态的“抑制”效应和动物种群的“群体防御”

现象。参考文献[18]中作者的建模思路，我们考虑如下捕食者有非单调性功能反应食饵种群具有阶段结构的周期性捕食—食饵系统：

$$\begin{cases}\dot{N}_1 = a(t)N_2 - b(t)N_1 - d(t)N_1^2 - p(t)\phi(t,N_1)P \\ \dot{N}_2 = c(t)N_1 - f(t)N_2^2 \\ \dot{P} = P[-g(t) + h(t)\phi(t,N_1) - q(t)P]\end{cases} \tag{15-2-3}$$

其中，$N_1(t)$、$N_2(t)$ 分别表示食饵种群的未成熟个体与成熟个体的种群密度，$P(t)$ 为捕食者种群的密度， 函数 $\phi(t,u)$ 为捕食者捕食未成熟的食饵种群的功能反应。$a(t)$、$b(t)$、$c(t)$、$d(t)$、$f(t)$、$h(t)$、$p(t)$、$q(t)$ 均为连续的 ω-正周期函数，$g(t)$ 与 $\phi(t,N_1)$ 则为非负连续的 ω-周期函数。

当功能反应 $\phi(t,u)$ 为 u 的非单调函数时，整个系统的种群动态要比单调性功能反应的情形更为复杂，这是因为生态作用机制的多样性变化使得生物种群如同生活在复杂多变的物理环境下。因此要建立系统持久和周期解存在的条件会存在一些数学处理方面的困难。然而正如我们前面所提到的， 使捕食者种群在一个周期时段内的平均增长率严格为正，是解决所有问题的关键所在。

一般的，我们称功能反应 $\phi(t,u)$ 为非单调函数，如果它满足以下非单调性条件(NM)：

(i) $\phi(t,0)=0$；

(ii) $\lim_{u\to+\infty}\phi(t,u)=0$；

(iii)存在一个函数 $p(t)>0$ 使得 $[x-M(t)]\phi(t,x)<0$ 对任意 $x\neq M(t)$。

事实上， 容易看出此系统包含了如下一些在文献中经常出现的非单调性功能反应函数，比如

$$\phi(t,u)=\frac{c(t)u}{m(t)+u^2},\ \phi(t,u)=\frac{c(t)u}{m(t)+n(t)u+u^2},\ \phi(t,u)=\frac{c(t)u^{\alpha-1}}{m(t)+u^{\alpha}}$$

等都满足非单调性条件(NM)， 其中 $\alpha\geqslant 2$。

显而易见，条件(i)至(iii)蕴含着：$\phi(t,z)$ 在 $[0,\infty)$ 范围内，存在着唯一的极大值点 M 使得

$$\phi(t,M)=\sup_{z\in[0,\infty)}\{\phi(t,z)\}。$$

同样道理， 为了准确地估计这种情况下捕食者种群在一个周期时段内的平均增长率，我们仍然需要考虑系统(15-2-3)对应的具阶段结构食饵种群模型(15-2-1a)，并且获得食饵对捕食者种群提供的营养水平，即食饵种群系统周期解的取值状况。

定理 15-2-6 如果 $\bar{\Omega}_P>0$，则系统(15-2-3)持久生存，并且至少存在一个 ω-正周期解。其中：$\Omega_P(t)=-g(t)+h(t)\phi(t,N_1^*(t))$，而 $(N_1^*(t),N_2^*(t))$ 为食饵种群系统(15-2-1a)的全局渐近稳定周期解，由引理 15-2-1 所定义。

定理 15-2-7 如果 $N_1^*(t)<M(t)$ 成立，则系统(15-2-3)持久生存的充要条件是 $\bar{\Omega}_P>0$，其中：$\Omega_P(t)=-g(t)+h(t)\phi(t,N_1^*(t))$，而 $(N_1^*(t),N_2^*(t))$ 为食饵种群系统(15-2-1a)的全局渐近稳定周期解，由引理 15-2-1 所定义。

定理 15-2-8 假设 $N_1^*(t)<M(t)$ 成立，如果 $\bar{\Omega}_P>0$，则系统(15-2-3)至少存在一个 ω-正

周期解；反之如果 $\bar{\Omega}_P \leqslant 0$，则系统(15-2-3)将不存在 ω-正周期解。

当捕食者的功能反应函数 $\phi(t, N_1)$ 为 $p(t)N_1(t)(t)/[k(t)+N_1^2(t)]$ 时，上述捕食系统(15-2-3)便成为 Yang 和 Li 在文献[19]中所考虑的捕食者有 Holling IV 型功能反应食饵种群具有阶段结构的周期性捕食—食饵系统：

$$\begin{cases} \dot{N}_1 = a(t)N_2 - b(t)N_1 - d(t)N_1^2 - \dfrac{p(t)N_1 P}{k(t)+N_1^2} \\ \dot{N}_2 = c(t)N_1 - f(t)N_2^2 \\ \dot{P} = P[-g(t) + \dfrac{h(t)N_1}{k(t)+N_1^2} - q(t)P] \end{cases} \tag{15-2-4}$$

令 $\phi(t, N_1) = N_1/[k(t)+N_1^2]$，则我们发现：

当 $0 < N_1(t) \leqslant \sqrt{k(t)}$ 时，$\dfrac{\partial \phi}{\partial u}(t, N_1) \geqslant 0$；

当 $N_1(t) > \sqrt{k(t)}$ 时，$\dfrac{\partial \phi}{\partial u}(t, N_1) < 0$。

显然，$N_1(t) = \sqrt{k(t)}$ 为功能反应函数 $\phi(t, N_1)$ 的极大值点，即当食饵对捕食者种群能产生最大化的营养供给率时，食饵种群的规模水平。

定理 15-2-9　如果 $\bar{\Omega}_P > 0$，则系统(15-2-4)持久生存，并且至少存在一个 ω-正周期解。其中：$\Omega_P(t) = [-g(t) + \dfrac{h(t)N_1^*(t)}{k(t)+(N_1^*(t))^2}]$，而 $(N_1^*(t), N_2^*(t))$ 为食饵种群系统(15-2-1a)的全局渐近稳定周期解，由引理 15-2-1 所定义。

定理 15-2-10　如果 $N_1^*(t) < \sqrt{k(t)}$ 成立，则系统(15-2-4)持久生存的充要条件是 $\bar{\Omega}_P > 0$，其中：$\Omega_P(t) = [-g(t) + \dfrac{h(t)N_1^*(t)}{k(t)+(N_1^*(t))^2}]$，而 $(N_1^*(t), N_2^*(t))$ 为食饵种群系统(15-2-1a)的全局渐近稳定周期解，由引理 15-2-1 所定义。

定理 15-2-11　假设 $N_1^*(t) < \sqrt{k(t)}$ 成立，如果 $\bar{\Omega}_P > 0$，则系统(15-2-4)至少存在一个 ω-正周期解；反之如果 $\bar{\Omega}_P \leqslant 0$，则系统(15-2-4)将不存在 ω-正周期解。

15.2.3　捕食者有 Beddington-DeAngelis 功能反应食饵具有阶段结构的捕食—食饵系统

一方面，由于猎物依赖的功能性反应与捕食者依赖的功能性反应在自然界是普遍存在的现象，同样，自然生态系统中也大量存在着同时考虑两方面因素的功能性反应；另一方面，由于前面的各种情形中，虽然考虑了食饵种群的阶段结构现象，但他们却都忽略了一个重要因素：食饵种群由未成熟个体发育成长到成熟个体需要一段时间。因此一个更加符合现实状况的模型就是考虑食饵种群个体发育成长所引起的时间滞后效应。

对于这类更一般的阶段结构捕食模型，一个自然的问题是：是否也存在类似于前面情形下得到的结论，建立系统持久生存、周期解存在的充分必要性条件。事实上早在 2008 年，Chen 和 You[20]就这一问题，进行了一系列相关的探索与研究，他们考虑了如下捕食者有

Beddington-DeAngelis 功能反应食饵具有阶段结构的捕食—食饵系统：

$$\begin{cases} \dot{N}_1 = b(t)N_2 - d(t)N_1 - B(t)N_2(t-\tau_1) - \dfrac{c(t)PN_1}{\alpha(t)+\beta(t)N_1+\gamma(t)P} \\ \dot{N}_2 = B(t)N_2(t-\tau_1) - a(t)N_2^2 \\ \dot{P} = P[-e(t) + \dfrac{f(t)N_1(t-\tau_2)}{\alpha(t)+\beta(t)N_1(t-\tau_2)+\gamma(t)P(t-\tau_2)} - q(t)P] \end{cases} \tag{15-2-5}$$

其中，$B(t)=b(t-\tau_1)e^{-\int_{t-\tau_1}^{t} d(s)\mathrm{d}s}$，$N_1(t)$、$N_2(t)$ 分别表示食饵种群的未成熟个体与成熟个体的种群密度，$P(t)$ 为捕食者种群的密度，且捕食者仅捕食未成熟的食饵种群个体。$b(t)$、$d(t)$、$c(t)$、$\alpha(t)$、$\beta(t)$、$\gamma(t)$、$a(t)$、$e(t)$、$f(t)$、$q(t)$ 均为连续的 ω-正周期函数，τ_1、τ_2 为正常数。

对于该模型他们作出了如下一般性假设：

(H1) 食饵种群：食饵种群的幼体出生率与现有的成熟个体密度成正比，其比例系数为 $b(t)>0$; 食饵种群的幼体死亡率与其密度成正比，比例系数为 $d(t)>0$; 食饵中的成年种群增长服从 Logistic 规律，即它的死亡率与其密度的平方成正比，比例系数为 $a(t)$。食饵种群由未成熟个体到成熟个体的转化用 $b(t-\tau_1)e^{-\int_{t-\tau_1}^{t} d(s)ds}N_2(t-\tau_1)$ 来表示，该项的含义是在 $t-\tau_1$ 时刻出生的食饵幼体，若在 t 时刻仍然存活的话，将经历完成生长发育阶段而转化为成熟个体。

(H2) 捕食者种群：成熟的捕食者仅仅捕食食饵种群的幼体，并且其死亡率与现有的种群密度成正比，其比例系数为 $e(t)>0$; $c(t)$成熟捕食者取食食饵的捕获率，$c(t)/f(t)$表示成熟捕食者将食饵携带的营养物质转化为其出生率的基本效率。成熟捕食者捕食食饵种群幼体的功能反应服从 Beddington-DeAngelis 功能反应函数，即 $N_1/[\alpha(t)+\beta(t)N_1+\gamma(t)P]$。$\tau_2$ 则代表捕食者由于消化处理食物而产生的时滞效应，也就是说只有成熟的捕食者才能增加整个种群的出生率，促进生物种群的增长。此外在捕食者种群方程中引入的项$-q(t)y(t)$使得我们进一步考虑到了由于捕食者个体的相互拥挤和干扰而导致的密度制约作用效应。

为使得捕食者种群的初始条件满足连续性要求，需要假定

$$N_1(0)=\int_{-\tau_1}^{0} b(s)\varphi_2(s)e^{-\int_s^0 d(u)du}\,\mathrm{d}s\ 。$$

然而，不考虑捕食者个体间的拥挤与相互干预因素，探讨捕食者种群不具有密度制约效应，食饵存在阶段结构的捕食—食饵系统仍然是一件非常有意义的工作，即考虑如下形式的系统

$$\begin{cases} \dot{N}_1 = b(t)N_2 - d(t)N_1 - B(t)N_2(t-\tau_1) - \dfrac{c(t)PN_1}{\alpha(t)+\beta(t)N_1+\gamma(t)P} \\ \dot{N}_2 = B(t)N_2(t-\tau_1) - a(t)N_2^2 \\ \dot{P} = P[-e(t) + \dfrac{f(t)N_1(t-\tau_2)}{\alpha(t)+\beta(t)N_1(t-\tau_2)+\gamma(t)P(t-\tau_2)}] \end{cases} \tag{15-2-6}$$

因此，Chen 和 You[20]在证明了系统(15-2-5) 持久生存和周期解存在的充要条件的同时，也建立了系统(15-2-6)持久生存与存在 ω-正周期解的基本结论。

为了准确地估计这种情况下捕食者种群在一个周期时段内的平均增长率，我们仍然需要建立与系统(15-2-5)以及(15-2-6)对应的具阶段结构食饵种群模型，并据此获得关于食饵种群对捕食者的营养供给率，即食饵种群系统周期解的取值状况。但由于此时考虑了食饵幼体成熟发育所需要的成熟期时滞因素，因此由前面引理 15-2-1[16]所建立的关于食饵系统(15-2-1a)存在全局渐近稳定 ω-正周期解 $(N_1^*(t), N_2^*(t))$ 的结论不再适用。针对这个问题， Wang[21]和 Liu[16]等先后在不同文献中提出解决方案，证明了在具有成熟期时滞的情形下， 使得引理 15-2-1[16]关于食饵系统(15-2-1a)的结论仍然有效，即引理 15-2-2 (参见 Liu 等[16])。考虑如下阶段结构的食饵种群系统

$$\begin{cases} \dot{N}_1 = b(t)N_2 - d(t)N_1 - B(t)N_2(t-\tau_1) \\ \dot{N}_2 = B(t)N_2(t-\tau_1) - a(t)N_2^2 \end{cases} \tag{15-2-5a}$$

则该食饵系统存在唯一全局渐近稳定的 ω-正周期解 $(N_1^*(t), N_2^*(t))$ 。

利用这个全局渐近稳定的周期解，容易建立如下结论：

定理 15-2-12 捕食系统(15-2-5)或(15-2-6)持久生存的充要条件是 $\bar{\Omega}_P > 0$。其中：$\Omega_P(t) = [-e(t) + \dfrac{c(t)N_1^*(t-\tau_2)}{\alpha(t)+\beta(t)N_1^*(t-\tau_2)}]$，$(N_1^*(t), N_2^*(t))$ 为食饵种群系统(15-2-5a)的全局渐近稳定周期解。

定理 15-2-13 如果 $\bar{\Omega}_P \leqslant 0$，则系统(15-2-5)或(15-2-6)中捕食者种群最终趋于灭绝，即对任何解 $(N_1(t), N_2(t), P(t))$，有 $\lim\limits_{t\to\infty} P(t) = 0$， $\lim\limits_{t\to\infty} N_i(t) = N_i^*(t)$。其中 $(N_1^*(t),\ N_2^*(t))$ 为食饵系统(15-2-5a)全局渐近稳定的周期解， $\Omega_P(t) =\ [-e(t) + \dfrac{c(t)N_1^*(t-\tau_2)}{\alpha(t)+\beta(t)N_1^*(t-\tau_2)}]$ 。

定理 15-2-14 如果 $\bar{\Omega}_P > 0$，则系统(15-2-5)或(15-2-6)至少存在一个 ω-正周期解;反之如果 $\bar{\Omega}_P \leqslant 0$，则系统(15-2-5)或(15-2-6)将不存在 ω-正周期解。

例 15-10 在系统(15-2-5)中，选取参数：

$b(t)$=2，$d(t)$=1，$c(t)$=5，$\alpha(t)$=2，$\beta(t)$=4+2sin(t)，$\gamma(t)$=1， $a(t)= 4e^{-0.5}(1-e^{-0.5})$ ，$e(t)$=1/10−sin(t)， $f(t)$=3+sin(t)， $\tau_1 = \tau_2 = 0.5$， $q(t)$为任意非负连续的 2π-周期函数，则捕食系统(15-2-5)变为：

$$\begin{cases} \dot{N}_1 = 2N_2 - N_1 - 2e^{-0.5}N_2(t-0.5) - \dfrac{5N_1P}{2+(4+2\sin t)N_1 + P} \\ \dot{N}_2 = 2e^{-0.5}N_2(t-0.5) - 4e^{-0.5}(1-e^{-0.5})N_2^2 \\ \dot{P} = P[-(\dfrac{1}{10} - \sin t) + \dfrac{(3+\sin t)N_1(t-0.5)}{2+(4+2\sin t)N_1(t-0.5)+P(t-0.5)} - q(t)P] \end{cases} \tag{15-2-7}$$

在这种情形之下，与系统(15-2-7)相对应的食饵种群子系统为：

$$\begin{cases} \dot{N}_1 = 2N_2 - N_1 - 2e^{-0.5}N_2(t-0.5) \\ \dot{N}_2 = 2e^{-0.5}N_2(t-0.5) - 4e^{-0.5}(1-e^{-0.5})N_2^2 \end{cases} \tag{15-2-7a}$$

存在唯一全局渐近稳定正周期解 $N_1^*(t) = 1,\ N_2^*(t) = 1/[2(1-e^{-0.5})]$，即此时系统的正周期解为

正平衡点。通过计算容易得知：

$$\int_0^{2\pi}[-(\frac{1}{10}-\sin t)+\frac{(3+\sin t)N_1^*(t-0.5)}{2+(4+2\sin t)N_1^*(t-0.5)}]\mathrm{d}t=-\frac{1}{10}+\frac{1}{2}>0。$$

因此$\overline{\Omega}_P>0$，系统(15-2-7)持久生存，从而至少存在一个2π-正周期解。

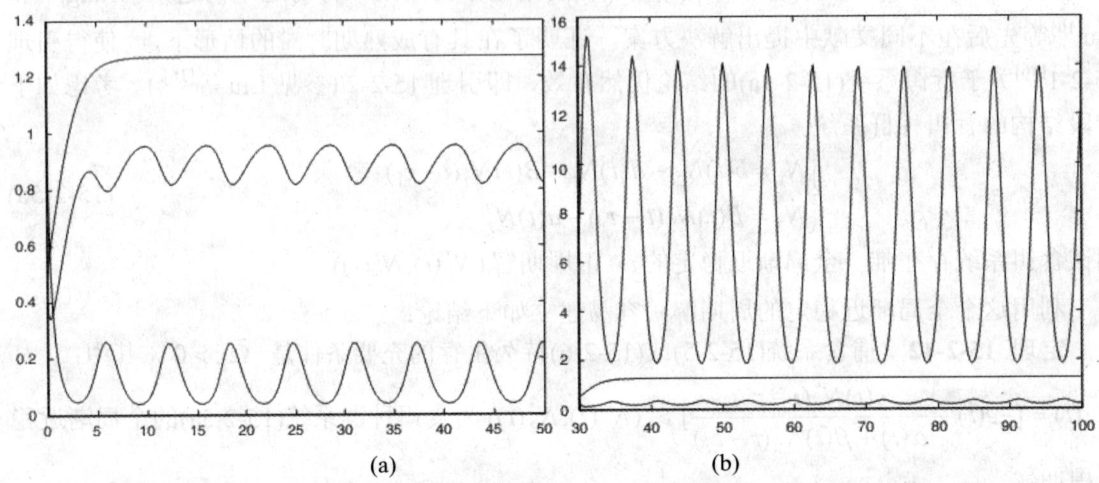

图 15-10　利用数值积分获得的系统(15-2-7)的周期解(仿 Chen 和 You,2008)

(a)当 $q(t)$=3 时，初始条件$(N_1(s),N_1(s),P(s))=(1-\exp\{-0.5\}，0.5，1)$，$s\in[-0.5，0]$，$t\in[0，50]$。

(b)当 $q(t)$=0 时，初始条件$(N_1(s),N_1(s),P(s))=(1-\exp\{-0.5\}，0.5，7)$，$s\in[-0.5，0]$，$t\in[30，100]$。

说明：图 15-10(a)反映了当捕食者种群的密度制约强度 $q(t)$=3 时，系统的动态行为，而图 15-10(b)则反映了当捕食者种群不存在密度制约作用，即个体拥挤效应强度 $q(t)$=0 时，系统的动态行为。通过定理 15-2-13 与定理 15-2-14 可以发现，捕食者种群的密度制约作用[即系统(15-2-5)中的$-q(t)P(t)$项]不影响系统的持久生存与正周期解的存在。这说明就我们关心的问题而言，个体拥挤效应对周期性捕食—食饵系统是无害的。然而图 15-10(a)与图 15-10(b)的结果表明：捕食者种群的个体拥挤效应的确又是影响捕食者与食饵种群动态水平的重要生态因素之一。图 15-10(a)显示：在具有个体拥挤效应的情况下，捕食者种群密度小，处于较低水平；图 15-10(b)显示：在没有个体拥挤效应时，捕食者种群密度大，处于较高水平。这反映了捕食者的个体拥挤效应是生物种群适应外界环境，调节约束种群自身的重要策略。

例 15-11　在系统(15-2-5)中，我们选取参数：

$b(t)$=2，$d(t)$=1，$c(t)$=5，$\alpha(t)$=2，$\beta(t)$=4+2sin(t)，$\gamma(t)$=1，$a(t)=4e^{-0.5}(1-e^{-0.5})$，$e(t)$=51/100+sin$t$/2，$f(t)$=3+sin($t$)，$\tau_1=\tau_2$=0.5，$q(t)$=3，则捕食系统(15-2-5)变为如下形式：

$$\begin{cases}\dot{N}_1 = 2N_2 - N_1 - 2e^{-0.5}N_2(t-0.5) - \dfrac{5N_1P}{2+(4+2\sin t)N_1+P} \\ \dot{N}_2 = 2e^{-0.5}N_2(t-0.5) - 4e^{-0.5}(1-e^{-0.5})N_2^2, \\ \dot{P} = P[-(\dfrac{51}{100}+\dfrac{\sin t}{2}) + \dfrac{(3+\sin t)N_1(t-0.5)}{2+(4+2\sin t)N_1(t-0.5)+P(t-0.5)} - 3P]\end{cases} \tag{15-2-8}$$

在这种情形之下，与系统(15-2-8)相对应的食饵种群子系统

$$\begin{cases}\dot{N}_1 = 2N_2 - N_1 - 2e^{-0.5}N_2(t-0.5) \\ \dot{N}_2 = 2e^{-0.5}N_2(t-0.5) - 4e^{-0.5}(1-e^{-0.5})N_2^2\end{cases} \tag{15-2-8a}$$

存在唯一全局渐近稳定正周期解 $N_1^*(t)=1, N_2^*(t)=1/[2(1-e^{-0.5})]$，即此时系统的正周期解为正平衡点。通过计算容易得知，

$$\int_0^{2\pi}[-(\frac{51}{100}+\frac{\sin t}{2}) + \frac{(3+\sin t)N_1^*(t-0.5)}{2+(4+2\sin t)N_1^*(t-0.5)}]\mathrm{d}t = -\frac{51}{100}+\frac{1}{2}<0\text{。}$$

因此 $\overline{\Omega}_P<0$，系统(15-2-8)中捕食者种群最终趋于灭绝，而食饵种群保持持久生存。

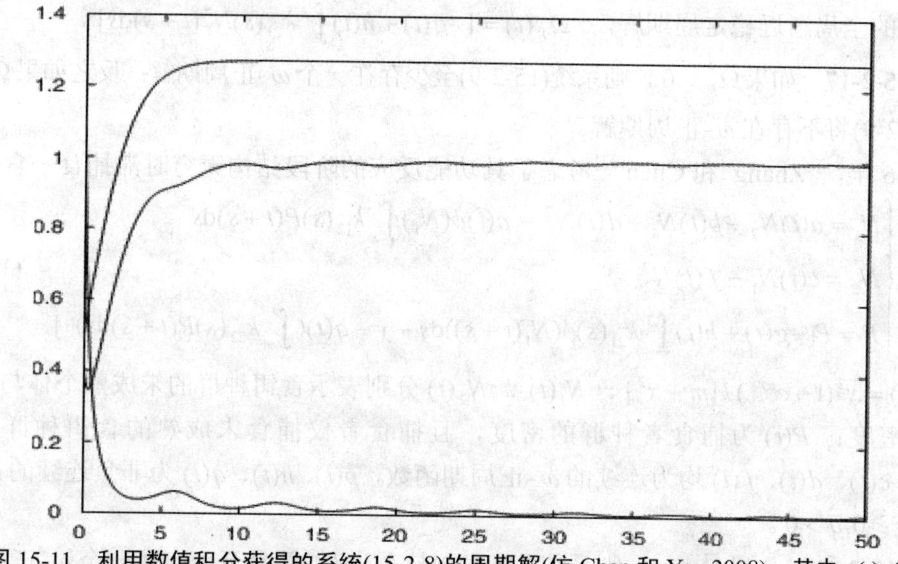

图 15-11　利用数值积分获得的系统(15-2-8)的周期解(仿 Chen 和 You,2008)，其中 $q(t)=3$，初始条件($N_1(s), N_1(s), P(s)$)= $(1-\exp\{-0.5\}, 0.5, 1)$ ，$s\in[-0.5,0]$，　$t\in[0,50]$

15.2.4　具有无穷时滞和阶段结构的生态种群捕食系统

在现实生态系统中，任何物种的种群密度增加和其增长率降低之间总存在负反馈作用，并且在多数情况下存在一定时间延迟，即种群增长率与时刻 t 以前某个时间点的种群密度有关。一个更为实际的种群模型应该使增长率与时刻 t 以前过去所有时间的种群密度都有关系，即无穷连续时滞系统。2004 年，Cui 和 Sun [22]在阶段结构的捕食系统中首次考虑了无穷时滞因素，并研究了如下形式的阶段结构性捕食模型：

$$\begin{cases}\dot{N}_1 = a(t)N_2 - b(t)N_1 - d(t)N_1^2 - p(t)N_1\int_{-\infty}^{0}k_{12}(s)P(t+s)\mathrm{d}s \\ \dot{N}_2 = c(t)N_1 - f(t)N_2^2 \\ \dot{P} = P[-g(t) + h(t)\int_{-\infty}^{0}k_{21}(s)N_1(t+s)\mathrm{d}s - q(t)\int_{-\infty}^{0}k_{22}(s)P(t+s)\mathrm{d}s]\end{cases} \tag{15-2-9}$$

其中，$N_1(t)$ 和 $N_2(t)$ 分别表示食饵种群的未成熟个体与成熟个体的种群密度，$P(t)$ 为捕食者种群的密度，且捕食者仅捕食未成熟的食饵种群个体。$a(t)$、$b(t)$、$c(t)$、$d(t)$、$f(t)$ 均为连续的 ω-正周期函数，$p(t)$、$h(t)$、$q(t)$ 为非负连续的 ω-周期函数，且 $\bar{g}\geqslant 0, \bar{q}>0$。

根据引理 15-2-1 得知，阶段结构的食饵系统存在全局渐近稳定的 ω-正周期解 $(N_1^*(t), N_2^*(t))$，据此获得食饵对捕食者的营养供给率，即食饵种群系统周期解的取值状况。

定理 15-2-15 捕食系统(15-2-9)持久生存的充要条件是 $\bar{\Omega}_P>0$，其中 $(N_1^*(t), N_2^*(t))$ 为食饵系统(15-2-1a)的全局渐近稳定周期解，$\Omega_P(t)=[-g(t)+h(t)\int_{-\infty}^{0}k_{21}(s)N_1^*(t+s)\mathrm{d}s]$。

定理 15-2-16 如果 $\bar{\Omega}_P\leqslant 0$，则系统(15-2-9)中捕食者种群最终趋于灭绝，即对任何解 $(N_1(t), N_2(t), P(t))$，有 $\lim\limits_{t\to\infty}P(t)=0$，$\lim\limits_{t\to\infty}N_i(t)=N_i^*(t)\ (i=1,2)$。其中 $(N_1^*(t), N_2^*(t))$ 为食饵系统(15-2-1a)的全局渐近稳定周期解，$\Omega_P(t)=[-g(t)+h(t)\int_{-\infty}^{0}k_{21}(s)N_1^*(t+s)\mathrm{d}s]$。

定理 15-2-17 如果 $\bar{\Omega}_P>0$，则系统(15-2-9)至少存在一个 ω-正周期解；反之如果 $\bar{\Omega}_P\leqslant 0$，则系统(15-2-9)将不存在 ω-正周期解。

在 2006 年，Zhang 和 Chen[23]考虑了具功能反应的阶段结构无穷时滞捕食—食饵系统

$$\begin{cases}\dot{N}_1 = a(t)N_2 - b(t)N_1 - d(t)N_1^2 - p(t)\phi(N_1)\int_{-\infty}^{0}k_{12}(s)P(t+s)\mathrm{d}s \\ \dot{N}_2 = c(t)N_1 - f(t)N_2^2 \\ \dot{P} = P[-g(t) + h(t)\int_{-\infty}^{0}k_{21}(s)\phi(N_1(t+s))\mathrm{d}s - y - q(t)(\int_{-\infty}^{0}k_{22}(s)P(t+s)\mathrm{d}s)^2]\end{cases} \tag{15-2-10}$$

其中，$\phi(x)=x^2(1-e^{-\gamma x})/[m+x^2]$、$N_1(t)$、$N_2(t)$ 分别表示食饵种群的未成熟个体与成熟个体的种群密度；$P(t)$ 为捕食者种群的密度，且捕食者仅捕食未成熟的食饵种群个体。$a(t)$、$b(t)$、$c(t)$、$d(t)$、$f(t)$ 均为连续的 ω-正周期函数，$p(t)$、$h(t)$、$q(t)$ 为非负连续的 ω-周期函数，且 $\bar{g}\geqslant 0, \bar{q}>0$。

定理 15-2-18 如果 $\bar{\Omega}_P>0$，则系统(15-2-10)持久生存，并且至少存在一个 ω-正周期解。其中：$\Omega_P(t)=[-g(t)+h(t)\int_{-\infty}^{0}k_{21}(s)\dfrac{N_1^{*2}(t+s)(1-e^{-\gamma N_1^*(t+s)})}{m+N_1^{*2}(t+s)}\mathrm{d}s]$，$(N_1^*(t), N_2^*(t))$ 为食饵系统(15-2-1a)全局渐近稳定的周期解。

假设 $\varepsilon(\ll 1)$ 为正常数，并令 $\lambda(t)=\Omega_P(t)+h(t)\varepsilon$，则有如下捕食种群趋于灭绝的结论。

定理 15-2-19 如果 $\bar{\Omega}_P\leqslant 0$，且 $l=\int_{-\infty}^{0}k_{22}(s)\exp\{\lambda^U s\}\mathrm{d}s<\infty$，则系统(15-2-10)中捕食者趋于灭绝，即对任何解 $(N_1(t), N_2(t), P(t))$，有 $\lim\limits_{t\to\infty}P(t)=0$，$\lim\limits_{t\to\infty}N_i(t)=N_i^*(t)\ (i=1,2)$。其中 $\Omega_P(t)=-g(t)+h(t)\int_{-\infty}^{0}k_{21}(s)\dfrac{N_1^{*2}(t+s)(1-e^{-\gamma N_1^*(t+s)})}{m+N_1^{*2}(t+s)}\mathrm{d}s$，$(N_1^*(t), N_2^*(t))$ 为食饵系统(15-2-1a)全局

渐近稳定的周期解。

例 15-12　在系统(15-2-10)中，我们选取参数：

$a(t)=2/(2+\sin t)$，$b(t)=1$，$d(t)=1$，$p(t)=1/2$，$m=2$，$\gamma=2$，$c(t)=2$，$f(t)=(2-\cos t)/(2+\sin t)^2$，$g(t)=1-1/e$，$h(t)=3(2+\sin t)$，$q(t)=1$，则食饵种群子系统

$$\begin{cases}\dot{N}_1=\dfrac{2}{2+\sin(t)}N_2-N_1-N_1^2\\ \dot{N}_2=2N_1-\dfrac{2-\cos t}{(2+\sin t)^2}N_2^2\end{cases}\tag{15-2-10a}$$

存在唯一全局渐近稳定正周期解 $N_1^*(t)=1,\ N_2^*(t)=2+\sin t$ 。 通过计算容易得知系统保持持久生存。

例 15-13　在系统(15-2-10)中，我们选取参数：

$a(t)=2/(2+\sin t)$，$b(t)=1$，$d(t)=1$，$p(t)=1/2$，$m=2$，$\gamma=2$，$c(t)=2$，$f(t)=(2-\cos t)/(2+\sin t)^2$，$g(t)=3-\cos t/2$，$h(t)=(e^2-1)(2+\sin t)/e^2$，$q(t)=5+\sin t/3$。则在这种情形之下，由于相应的食饵子系统(15-2-10a)具有唯一全局渐近稳定的正周期解 $N_1^*(t)=1,\ N_2^*(t)=2+\sin t$，所以经简单计算知：捕食者种群将最终趋于灭绝，而食饵种群则持久生存。

到现在为止，我们所关注的阶段结构捕食系统都仅是食饵种群具有阶段结构，且捕食者只取食未成熟的食饵种群，并存在捕食的功能反应。显然，这仅对捕食者种群规模小、其食饵供应富余过剩的条件下才会发生，而在自然环境中捕食者的食物来源往往是没有可靠保障的，更为现实的情况是捕食者不但会捕食未成熟食饵，而且常常涉险捕食成年食饵种群。为了描述生物种群之间这种一般的捕食关系，需要建立一个捕食者同时会捕食未成熟、成熟两类食饵种群的一般性阶段结构捕食系统，但我们的问题是：前面确定的规律对这种情形仍然适用吗？基于这种想法，在文献[24]中，Zhang 和 Chen 研究了如下捕食者有单调功能反应食饵种群具阶段结构的捕食—食饵系统：

$$\begin{cases}\dot{N}_1=a(t)N_2-b(t)N_1-d(t)N_1^2-p_1(t)\phi(N_1)\int_{-\infty}^0 k_{11}(s)P(t+s)\mathrm{d}s\\ \dot{N}_2=c(t)N_1-f(t)N_2^2-p_2(t)\phi(N_2)\int_{-\infty}^0 k_{12}(s)P(t+s)\mathrm{d}s\\ \dot{P}=P[-g(t)+\sum_{i=1}^2 h_i(t)\int_{-\infty}^0 k_{2i}(s)\phi(N_i(t+s))ds-y-q(t)(\int_{-\infty}^0 k_{23}(s)P(t+s)\mathrm{d}s)^2]\end{cases}\tag{15-2-11}$$

其中，$\phi(x)=x^\gamma/[m+x^\gamma]$；$N_1(t)$、$N_2(t)$ 分别表示食饵种群的未成熟个体与成熟个体的种群密度；$P(t)$ 为捕食者种群的密度，且捕食者仅捕食未成熟的食饵种群个体。$a(t)$、$b(t)$、$c(t)$、$d(t)$、$f(t)$ 均为连续的 ω-正周期函数，$p_i(t)$、$h_i(t)$、$q(t)$ 为非负连续的 ω-周期函数，且 $\bar{g}\geqslant 0,\bar{q}>0$。

定理 15-2-20　如果 $\bar{\Omega}_P>0$，则系统(15-2-11)持久生存，并且至少存在一个 ω-正周期解。其中：$\Omega_P(t)=[-g(t)+\sum_{i=1}^2 h_i(t)\int_{-\infty}^0 k_{2i}(s)\phi(N_i(t+s))\mathrm{d}s]$，$(N_1^*(t),N_2^*(t))$ 为食饵系统(15-2-1a)全局渐近稳定的周期解。

假设 $\varepsilon(\ll 1)$ 为正常数，并令 $\lambda(t)=\Omega_P(t)+h(t)\varepsilon$，则有如下捕食种群趋于灭绝的结论。

定理 15-2-21 如果 $\bar{\Omega}_P \leqslant 0$，且 $l=\int_{-\infty}^{0} k_{23}(s)\exp\{\lambda^U s\}\mathrm{d}s<\infty$，则系统(15-2-11)中捕食者趋于灭绝，即对任何解 $(N_1(t),N_2(t),P(t))$， 有 $\lim\limits_{t\to\infty}P(t)=0$，$\lim\limits_{t\to\infty}N_i(t)=N_i^*(t)\ (i=1,2)$。其中 $\Omega_P(t)=[-g(t)+\sum\limits_{i=1}^{2}h_i(t)\int_{-\infty}^{0}k_{2i}(s)\phi(N_i(t+s))\mathrm{d}s]$，$(N_1^*(t),N_2^*(t))$ 为食饵系统(15-2-1a)的全局渐近稳定周期解。

例 15-14 在系统(15-2-11)中，我们选取参数：
$a(t)=2/(2+\sin t)$，$b(t)=1$，$d(t)=1$，$p_1(t)=5$，$m=1$，$\gamma=3$，$c(t)=2$，$f(t)=(2-\cos t)/(2+\sin t)^2$，$p_2(t)=1$，$g(t)=2+\cos t/2$，$h_1(t)=4+\cos t$，$h_2(t)=2/3-\sin t/3$，$q(t)=1$，则食饵种群子系统

$$\begin{cases}\dot{N}_1=\dfrac{2}{2+\sin t}N_2-N_1-N_1^2\\\dot{N}_2=2N_1-\dfrac{2-\cos t}{(2+\sin t)^2}N_2^2\end{cases}\tag{15-2-11a}$$

存在唯一全局渐近稳定正周期解 $N_1^*(t)=1,N_2^*(t)=2+\sin t$。通过计算易知系统持久生存。

例 15-15 在系统(15-2-11)中， 如果我们选取：
$a(t)=2/(2+\sin t)$，$b(t)=1$，$d(t)=1$，$p_1(t)=5$，$m=1$，$\gamma=3$，$c(t)=2$，$f(t)=(2-\cos t)/(2+\sin t)^2$，$p_2(t)=2$，$g(t)=-3$，$h_1(t)=4$，$h_2(t)=1$，$q(t)=1$，则在这种情形之下，由于相应的食饵子系统(15-2-11a) 具有唯一全局渐近稳定正周期解 $N_1^*(t)=1,N_2^*(t)=2+\sin t$，所以经简单计算知： 捕食者种群将最终趋于灭绝，而食饵种群则持久生存。

15.3 生态种群模型存在性多周期解

在自治性生态种群模型的讨论中，系统多平衡点与多极限环的存在性及其稳定性是非常重要的一项研究课题，在过去的十来年中，有很多研究工作者进行了深入而又系统的探讨，产生了不计其数的理论研究成果。 其中不乏有一些非常优秀的工作，可以为我们讨论非自治种群模型多周期解的存在与稳定问题提供很好的启迪和思路。 由于非自治系统中的周期解充当了自治系统的平衡点的角色和作用，根据自治系统的一个平衡点对应着非自治系统中的一个周期解的设想与思路，我们推测对于出现多个平衡点的自治系统或者生态机制 (例如种群作用的非单调功能反应、生物种群的收获与投放等现象)，可以运用恰当的数学手段去获得相应非自治种群模型存在多个周期解。 然而迄今为止，有关这一方面问题的讨论并不深入，其优秀的研究成果少之又少。基于这一考虑，本节就以目前为止所出现的优秀结果为例，探讨非自治生态种群模型的多周期解存在性问题。

15.3.1 具有单调功能反应的生态种群模型的多周期解

我们知道：若在种群作用模型中考虑生物种群具有非单调功能反应因素， 则其系统的

水平等倾线与垂直等倾线的形状都将发生严重的非线性变化，致使系统的两条零等倾线允许出现多个不同交点的复杂情况，从而导致系统的全局动态发生根本改变，一个最为直观的解释是非单调功能反应使得相应自治系统可以形成多个平衡态解。在这部分内容中，我们介绍 Xia 等[25]的研究工作。2012 年，Xia 等[25]考虑如下具有非单调功能性反应非自治捕食—食饵系统：

$$\begin{cases} \dfrac{\mathrm{d}N_1}{\mathrm{d}t} = N_1[a(t) - b(t)N_1] - c(t)g(N_1)N_2] \\ \dfrac{\mathrm{d}N_2}{\mathrm{d}t} = N_2[-\mathrm{d}(t) + e(t)g(N_1)] \end{cases} \tag{15-3-1}$$

以及以下具有时滞与非单调功能反应的捕食—食饵系统：

$$\begin{cases} \dfrac{\mathrm{d}N_1}{\mathrm{d}t} = N_1[a(t) - b(t)N_1(t-\tau_1(t))] - c(t)g(N_1)N_2] \\ \dfrac{\mathrm{d}N_2}{\mathrm{d}t} = N_2[-\mathrm{d}(t) + e(t)g(N_1(t-\tau_2(t)))] \end{cases} \tag{15-3-2}$$

其中，$N_1(t)$ 和 $N_2(t)$ 分别为猎物和捕食者的密度，$a(t)$、$b(t)$、$c(t)$、$d(t)$、$e(t)$、$\tau_1(t)$ 和 $\tau_2(t)$ 是周期 $\omega>0$ 的非负周期连续函数。我们假定：

捕食者的功能反应函数 $g:[0,\infty)\to[0,\infty)$ 是连续的，并且满足非单调的条件(NM)：(i) $g(0)=0$；(ii)存在一个常数 $M>0$，使得 $(x-M)g'(x)<0$ 对任意 $x\neq M$。

显然，函数 $g(x)$ 在 $[0,M)$ 上递增，而在 (M,∞) 上递减，并且对于 $x\geqslant 0$ 有 $g(x)\leqslant g(M)$。

此外，很容易地看到，如下函数

$$g(x)=\frac{x^2}{m+x^2},\ g(x)=xe^{-\beta x},\quad g(x)=\frac{x}{(x^2/m)+x+a}$$

满足非单调的条件(NM)。

直观地观察，如果捕食者的功能反应函数满足非单调的条件(NM)，则它应该具有如图 15-12 所示的趋势与变化规律，即在食饵密度较低与较高时，捕食者的捕食效率都是很低的，反而在食饵密度适中时捕食效率能达到最大。显而易见，这是一种典型的能形成多平衡态出现的生态机制。

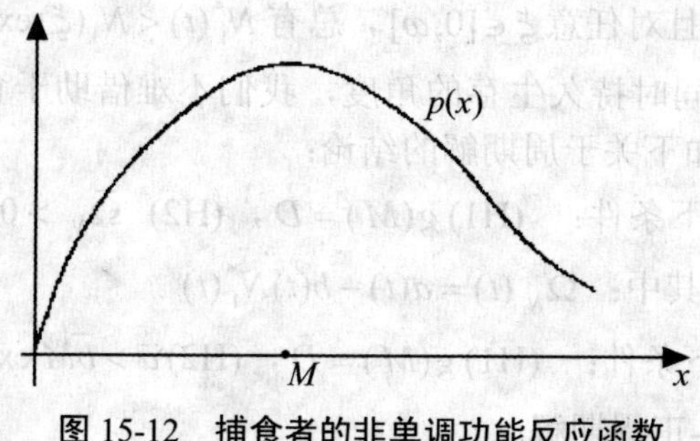

图 15-12　捕食者的非单调功能反应函数

对于具非单调功能反应的自治捕食系统(15-3-1)，我们记作系统 (15-3-1a)。

根据系统的水平、垂直零等倾线存在的可能位置，会出现如下四种不同的情形，每一种情形都会出现不同情况的平衡态解(见图 15-13)。

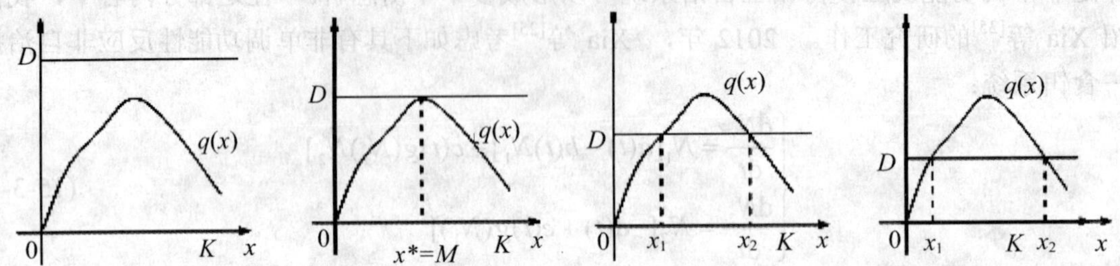

(i) $q(M)<D$； (ii) $q(M)=D$； (iiia) $q(M)>D$； (iiib) $q(M)>D$

图 15-13 自治捕食系统(15-3-1a)的水平、垂直零等倾线位置关系

由图 15-13 所示结果可以看出：

(i) 当 $q(M)<D$ 时，系统(15-3-1a)有没有内部的平衡点；(ii) 当 $q(M)=D$ 时，系统(15-3-1a)有唯一内部平衡点 $E^*(x^*,y^*)$，如果 $x^*<K$； (iii) 当 $q(M)>D$ 时，系统(15-3-1a)有两个内部的平衡点，$E_1(x_1,y_1)$ 和 $E_2(x_2,y_2)$，如果 $x_1<x_2<K$ (见图 15-13(iiia))。系统(15-3-1a)有唯一的内部平衡点 $E_1(x_1,y_1)$，如果 $x_1<K<x_2$ (见图 15-13 (iiib))。 从生物数学的角度出发，采用记号 $D=\bar{d}/\bar{e}$，我们可以建立关于系统(15-3-1)和(15-3-2)的 ω-周期解的多样性存在结论，即以 $D=\bar{d}/\bar{e}$ 作为分岔参数，得到一些全新的关于系统周期解不存在，至少存在一个正周期解和至少存在两个正周期解的充分条件。

首先建立使得系统(15-3-1)存在正周期解的必要性条件。

定理 15-3-1 如果系统(15-3-1)具有 ω-正周期解，则 $g(M)\geqslant D$。

作为定理 15-3-1 直接推论，有以下结论：

推论 15-3-1 如果 $g(M)<D$，则系统(15-3-1)不存在 ω-正周期解。

其次， 给出系统(15-3-1)至少存在一个周期解的充分条件。若不存在捕食者种群，则系统(15-3-1)退化为食饵单种群系统(15-1-1a)。由推论 15-1-1 知系统(15-1-1a)有唯一全局渐近稳定的 ω-正周期解记为 $N_1^*(t)$。根据微分不等式的比较原理，系统(15-3-1)的任意正解 $N_1(t)$ 都最终满足 $N_1(t)\leqslant N_1^*(t)$，并且对任意 $\xi\in[0,\omega]$，总有 $N_1^*(t)<N_1(\xi)\exp\{(|\bar{a}|+\bar{a})\omega\}$ 成立。从保证食饵种群与捕食者种群同时持久生存的角度，我们不难借助于食饵种群系统(15-3-2b)的 ω-正周期解 $N_1^*(t)$，建立如下关于周期解的结论：

定理 15-3-2 设有如下条件： (H1) $g(M)=D$，(H2) $\bar{\Omega}_{N_1}>0$ 成立，则系统(15-3-1)至少存在一个 ω-正周期解，其中：$\Omega_{N_1}(t)=a(t)-b(t)N_1^*(t)$。

推论 15-3-2 设有如下条件： (H1) $g(M)=D$，(H2) $\bar{a}>\bar{b}M\exp\{(|\bar{a}|+\bar{a})\omega\}$ 成立，则系统(15-3-1)至少存在一个 ω-正周期解。

最后考虑使得系统(15-3-1)至少存在两个周期解的充分条件。在下面内容中，我们总是假设 $g(M)>D$ 成立，并在这一前提下研究周期性系统(15-3-1)，容易看到如果 $g(M)>D$，

则方程 $g(x)=D$ 有两个正解 r_1 和 r_2 使得

$g(r_1)=g(r_2)=D$，并且 $0<r_1<M<r_2$。

定理 15-3-3　设有如下条件(H3) $g(M)>D$，(H4) $\bar{\Omega}_{N_1}>0$，(H5) $r_1\exp\{(|\bar{a}|+\bar{a})\omega\}\leqslant M$ 及 $r_2\geqslant M\exp\{(|\bar{a}|+\bar{a})\omega\}$ 成立，则系统(15-3-1)至少存在两个 ω-正周期解。其中 $\Omega_{N_1}(t)=a(t)-b(t)N_1^*(t)$。

推论 15-3-3　设有如下条件：(H3) $g(M)>D$，(H4) $\bar{a}>\bar{b}r_2\exp\{(|\bar{a}|+\bar{a})\omega\}$，(H5) $r_1\exp\{(|\bar{a}|+\bar{a})\omega\}\leqslant M$ 以及 $r_2\geqslant M\exp\{(|\bar{a}|+\bar{a})\omega\}$ 成立，则系统(15-3-1)至少存在两个 ω-正周期解。

关于具非单调功能反应的周期性捕食—食饵系统(15-3-2)的结果：

定理 15-3-4　定理 15-3-1 至 15-3-3 对于时滞周期系统(15-3-2)仍然保持有效。

例 15-16　考虑如下具非单调功能反应的非自治周期系统：

$$\begin{cases}\dfrac{dN_1}{dt}=N_1[b_1(t)-a_1(t)N_1(t-\tau_1(t))]-\dfrac{c(t)N_1N_2}{(N_1^2/m)+N_1+a}\\[2ex]\dfrac{dN_2}{dt}=N_2[-b_2(t)+\dfrac{a_2(t)N_1(t-\tau_2(t))}{(N_1^2(t-\tau_2(t))/m)+N_1(t-\tau_2(t))+a}]\end{cases}\tag{15-3-3}$$

其中，功能反应函数 $g(x)=x/[x^2/m+x+a]$。由于函数满足非单调性条件(NM)，故不难得出

$$g'(x)=\frac{a-(x^2/m)}{[(x^2/m)+x+a]^2}。$$

因此由 $g'(M)=0$ 可以得出 $M=\sqrt{am}$，并且

$$g(M)=g(\sqrt{am})=\frac{\sqrt{am}}{2a+\sqrt{am}}。$$

说明：对应于周期系统(15-3-2)，我们应有 $\bar{a}=\bar{b}_1,\bar{b}=\bar{a}_1,\bar{c}=\bar{c}\ \bar{d}=\bar{b}_2,\bar{e}=\bar{a}_2$。求解方程 $g(x)=D\triangleq\bar{d}/\bar{e}$，可以得出：

$$r_1=\frac{m}{2\bar{b}_2}[(\bar{a}_2-\bar{b}_2)-\sqrt{\Delta}],\quad r_2=\frac{m}{2\bar{b}_2}[(\bar{a}_2-\bar{b}_2)+\sqrt{\Delta}]\tag{15-3-3a}$$

其中 $\Delta=[(\bar{a}_2-\bar{b}_2)^2-4(\bar{b}_2)^2\dfrac{a}{m}]$。

将定理 15-3-4 应用于捕食系统(15-3-3)，可得到如下结论

定理 15-3-5　果 $\bar{a}_2<\bar{b}_2[1+2\sqrt{m/\bar{b}_2}]$，则系统(15-3-3)不存在 ω-正周期解。

定理 15-3-6　有如下条件：(I1) $\bar{a}_2=\bar{b}_2[1+2\sqrt{m/\bar{b}_2}]$，(I2) $\bar{\Omega}_{N_1}>0$ 成立，则系统(15-3-3)具有至少一个 ω-正周期解，其中：$\Omega_{N_1}(t)=[b_1(t)-a_1(t)N_1^*(t)]$，$N_1^*(t)$ 为 $N_2(t)=0$ 系统(15-3-3)中食饵子系统全局渐近稳定的 ω-周期解。

设有如下条件：(I1) $\bar{a}_2=\bar{b}_2[1+2\sqrt{m/\bar{b}_2}]$，(I2) $\bar{b}_1>\bar{a}_1\sqrt{am}\exp\{(|\bar{b}_1|+\bar{b}_1)\omega\}$ 成立，则系统(15-3-3)具有至少一个 ω-正周期解。

定理 15-3-7　有如下条件：(I3) $\bar{a}_2>\bar{b}_2[1+2\sqrt{m/\bar{b}_2}]$，(I4) $\bar{\Omega}_{N_1}>0$，

(I5) $r_1\exp\{(|\bar{b}_1|+\bar{b}_1)\omega\}\leqslant\sqrt{am}$ 以及 $r_2\geqslant\sqrt{am}\exp\{(|\bar{b}_1|+\bar{b}_1)\omega\}$ 成立，则系统(15-3-3)具有至少两个 ω-正周期解。其中 r_1和r_2 由(15-3-3a)给出，$\Omega_{N_1}(t)=[b_1(t)-a_1(t)N_1^*(t)]$。

推论 15-3-4 设有如下条件：

(I3) $\bar{a}_2>\bar{b}_2[1+2\sqrt{m/\bar{b}_2}]$，(I4) $\bar{b}_1>\bar{a}_1 r_2\exp\{(|\bar{b}_1|+\bar{b}_1)\omega\}$，

(I5) $r_1\exp\{(|\bar{b}_1|+\bar{b}_1)\omega\}\leqslant\sqrt{am}$ 以及 $r_2\geqslant\sqrt{am}\exp\{(|\bar{b}_1|+\bar{b}_1)\omega\}$ 成立，则系统(15-3-3)具有至少两个 ω-正周期解，其中 r_1和r_2 由(15-3-3a)给出。

说明：在文献[26]中，作者研究了系统(15-3-3)的周期解，并获得如下结论：

设有如下条件：

(i) $\bar{a}_2>\bar{b}_2[1+2\sqrt{m/\bar{b}_2}]\exp\{(|\bar{b}_1|+\bar{b}_1)\omega\}$；　(ii) $\bar{b}_1>\bar{a}_1 l_+\exp\{(|\bar{b}_1|+\bar{b}_1)\omega\}$，其中：

$l_+=\dfrac{m}{2\bar{b}_2}[(\bar{A}_2-\bar{b}_2)+\sqrt{\Delta}]$，　$\bar{A}_2=\bar{a}_2\exp\{(|\bar{b}_1|+\bar{b}_1)\omega\}$，$\Delta=[(\bar{A}_2-\bar{b}_2)^2-4(\bar{b}_2)^2\dfrac{a}{m}]$。

则系统(15-3-3)具有至少两个正的 ω-周期解。

显然定理 15-3-7 的条件(I3)和(I4)要比该结论的条件(i)及(ii)弱得多。当然我们还需要额外条件(I5)。此外需要注意的是，文献[26]中并没有类似于定理 15-3-1 和定理 15-3-2 的结果。

例 15-17 考虑如下非自治周期捕食系统：

$$\begin{cases}\dfrac{dN_1}{dt}=r(t)N_1[1-\dfrac{N_1(t-\tau_1(t))}{K(t)}]-\dfrac{N_1N_2}{N_1^2+m^2}\\ \dfrac{dN_2}{dt}=N_2[-d(t)+\dfrac{\mu(t)N_1(t-\tau_2(t))}{N_1^2(t-\tau_2(t))+m^2}]\end{cases}\tag{15-3-4}$$

其中功能反应函数 $g(x)=\dfrac{x}{x^2+m^2}$。

说明：当 $r(t)=r, d(t)=d, \mu(t)=\mu, \tau_i(t)=0$ 时，系统(15-3-4)简化为文献[27]研究的问题。

注意到函数 $g(x)$ 满足(NM)假设条件，故不难计算得出 $g'(x)=\dfrac{m^2-x^2}{[x^2+m^2]^2}$。因此由 $g'(M)=0$ 可以得出 $M=m$，并且 $g(M)=g(m)=1/2m$。

说明：对应于周期系统(15-3-2)，我们应有 $\bar{a}=\bar{r},\bar{b}=\overline{(r/K)}, c=1,\bar{d}=\bar{d},\bar{e}=\bar{\mu}$。

求解方程 $g(x)=D\triangleq\bar{d}/\bar{e}$，可以得出

$$r_1=\frac{1}{2\bar{d}}[\bar{\mu}-\sqrt{\bar{\mu}^2-4\bar{d}^2m^2}],\quad r_2=\frac{1}{2\bar{d}}[\bar{\mu}+\sqrt{\bar{\mu}^2-4\bar{d}^2m^2}]\tag{15-3-4a}$$

将定理 15-3-4 应用于捕食系统(15-3-4)可得到如下结论：

定理 15-3-8 如果 $\bar{\mu}<2m\bar{d}$，则系统(15-3-4)不存在正 ω-周期解。

定理 15-3-9 设有如下条件：(J1) $\bar{\mu}=2m\bar{d}$，(J2) $\bar{\Omega}_{N_1}>0$ 成立，则系统(15-3-4)具有至少一个正的 ω-周期解，其中：$\Omega_{N_1}(t)=r(t)[1-N_1^*(t)/K(t)]$，$N_1^*(t)$ 为 $N_2(t)=0$ 系统(15-3-3)中食饵系统全局渐近稳定的 ω-周期解。

推论 15-3-5 设有如下条件：(J1) $\bar{\mu}=2m\bar{d}$，(J2) $\bar{r}>\overline{(r/K)}m\exp\{(|\bar{r}|+\bar{r})\omega\}$ 成立，则

系统(15-3-4)具有至少一个正的 ω-周期解。

定理 15-3-10 设有如下条件：(J3) $\bar{\mu} > 2m\bar{d}$，(J4) $\bar{\Omega}_{N_1} > 0$，(J5) $r_1 \exp\{(|\bar{r}| + \bar{r})\omega\} \leqslant m$ 以及 $r_2 \geqslant m\exp\{(|\bar{r}| + \bar{r})\omega\}$ 成立，则系统(15-3-4)具有至少两个正的 ω-周期解。其中：$\Omega_{N_1}(t) = r(t)[1 - N_1^*(t)/K(t)]$，$N_1^*(t)$ 为 $N_2(t) = 0$ 系统(15-3-3)中食饵系统全局渐近稳定的 ω-周期解，r_1和r_2 由(15-3-4a)给出。

推论 15-3-6 设有如下条件：(J3) $\bar{\mu} > 2m\bar{d}$，(J4) $\bar{r} > \overline{(r/K)} r_2 \exp\{(|\bar{r}| + \bar{r})\omega\}$，(J5) $r_1 \exp\{(|\bar{r}| + \bar{r})\omega\} \leqslant m$ 以及 $r_2 \geqslant m\exp\{(|\bar{r}| + \bar{r})\omega\}$ 成立，则系统(15-3-4)具有至少两个正的 ω-周期解，其中 r_1和r_2 由(15-3-4a)给出。

说明： 在文献[28]中，Wang 等研究了具非单调功能反应的状态依赖时滞系统：

$$\begin{cases} \dot{N}(t) = r(t)N[1 - \dfrac{N}{K(t)}] - \dfrac{NP}{a + N^2} \\ \dot{P}(t) = P[-D(t) + \dfrac{u(t)N(t - \tau(t, N(t)))}{a + N^2(t - \tau(t, N(t)))}] \end{cases} \tag{15-3-4b}$$

由于系统(15-3-4b)相应的自治系统形式为

$$\begin{cases} \dot{N}(t) = rN[1 - \dfrac{N}{K}] - \dfrac{NP}{a + N^2} \\ \dot{P}(t) = P[-D + \dfrac{uN(t - \tau(t, N(t)))}{a + N^2(t - \tau(t, N(t)))}] \end{cases} \tag{15-3-4c}$$

显然这是一个属于捕食者控制类型的捕食系统，从捕食者种群观察，整个系统的平衡点的存在性状况取决于二次方程：$Dx^2 - ux + aD = 0$ 的判别式 $\Delta = u^2 - 4aD^2$ 的符号形式，即：

(i)如果 $\Delta = u^2 - 4aD^2 < 0$，则系统(15-3-4c)的所有平衡点 $O(0,0)$ 与 $E_1(K,0)$ 位于 x 坐标轴上，即系统无正平衡点；

(ii)如果 $\Delta = u^2 - 4aD^2 = 0$ 并且 $u/2D < K$，则系统具有 2 个边界平衡点 $O(0,0)$、$E_1(K,0)$ 与一个正平衡点 $E(N^*, P^*)$，其中 $N^* = u/2D,\ \ P^* = r[1 - \dfrac{N^*}{K}][a + (N^*)^2]$；

(iii)如果 $\Delta = u^2 - 4aD^2 > 0$，则系统具有 2 个边界平衡点 $O(0,0)$、$E_1(K,0)$ 与 2 个正平衡点 $E_1^*(N_1^*, P_1^*)$ 及 $E_2^*(N_2^*, P_2^*)$，其中 $N_i^* = \dfrac{1}{2D}[u \pm \sqrt{u^2 - 4aD^2}],\ P_i^* = r[1 - \dfrac{N_i^*}{K}][a + (N_i^*)^2]$。

与前面自治系统 (15-3-4c)存在的平衡点相对应，不难获得如下关于周期系统(15-3-4b)正周期解的存在性定理。

定理 15-3-11 如果系统(15-3-4b)具有 ω-正周期解，则 $\bar{u}^2 \geqslant 4a\bar{D}^2$。

作为定理 15-3-11 的直接推论，有：

推论 15-3-7 如果 $\bar{u}^2 < 4a\bar{D}^2$，则系统(15-3-4b)不存在 ω-正周期解。

定理 15-3-12 假设有条件：(H1) $\bar{u}^2 = 4a\bar{D}^2$，(H2) $\bar{\Omega}_N > 0$ 成立，则系统(15-3-4b)至少存在一个 ω-正周期解，其中：$\Omega_N(t) = r(t)[1 - N^*(t)/K(t)]$。

推论 15-3-8 假设有条件：(H1) $\bar{u}^2 = 4a\bar{D}^2$，(H2) $\overline{rD} > \overline{(r/K)}\bar{u}e^{(|\bar{r}| + \bar{r})\omega}$ 成立，则系统(15-3-4b)

至少存在一个ω-正周期解。

说明：如果二次方程$\bar{D}x^2-\bar{u}x+\bar{a}\bar{D}=0$的判别式$\Delta=\bar{u}^2-4\bar{a}\bar{D}^2>0$成立，则相应周期系统(15-3-4b)就可以出现两个解共存的状态。在这一条件下容易看到，如果$\bar{u}^2-4\bar{a}\bar{D}^2>0$，则二次方程$g(x)\triangleq\bar{u}x-\bar{D}x^2=\bar{a}\bar{D}$具有两个正解$r_1$和$r_2$使得$g(r_1)=g(r_2)=\bar{a}\bar{D}$，并且$0<r_1<M<r_2$，这里$x=M$是功能反应函数$g(x)=\dfrac{x}{x^2+m^2}$的最大值点。

定理 15-3-13　设有如下条件：(H3) $\bar{u}^2>4\bar{a}\bar{D}^2$，(H4) $\bar{\Omega}_{N_1}>0$，(H5) $r_1\exp\{(|\bar{r}|+\bar{r})\omega\}\le M$以及$r_2\ge M\exp\{(|\bar{r}|+\bar{r})\omega\}$成立，则系统(15-3-4b)至少存在两个$\omega$-正周期解。其中：$\Omega_{N_1}(t)=r(t)[1-X^*(t)/K(t)]$。

推论 15-3-9　设有如下条件：(H3) $\bar{u}^2>4\bar{a}\bar{D}^2$；(H4) $\overline{rD}>\overline{(r/K)u}e^{(|\bar{r}|+\bar{r})\omega}$；(H5) $r_1\exp\{(|\bar{r}|+\bar{r})\omega\}\le M$以及$r_2\ge M\exp\{(|\bar{r}|+\bar{r})\omega\}$成立，则系统(15-3-4b)至少存在两个$\omega$-正周期解。

例 15-18　考虑如下具比率依赖功能反应的捕食—食饵系统

$$\begin{cases}\dot{N}=N[a(t)-b(t)\int_{-\infty}K(t-s)N(s)ds-\dfrac{c(t)P^2}{m^2P^2+N^2}]\\ \dot{P}=P[-d(t)+\dfrac{e(t)P^2(t-\tau(t))}{m^2P^2(t-\tau(t))+N^2(t-\tau(t))}]\end{cases}\tag{15-3-5}$$

其中，$N(t)$和$P(t)$分别表示食饵种群与捕食者种群的密度，函数$\phi(t,u)$为捕食者捕食未成熟的食饵种群的功能反应。$a(t)$、$b(t)$、$c(t)$、$d(t)$、$e(t)$、$\tau(t)$均为连续的ω-正周期函数，$m>0$为正常数，$K(s):R^+\to R^+$为可测的ω-正周期函数，且满足$\int_0^\infty K(s)\mathrm{d}s=1$。

在这种情况下，首先作变量代换$Q(t)=N(t)/P(t)$(仍然以$N(t)$表示食饵种群的密度)，将系统(15-3-5)转化为

$$\begin{cases}\dot{N}=N[a(t)-b(t)\int_{-\infty}K(t-s)N(s)P(s)\mathrm{d}s-\dfrac{c(t)}{m^2+N^2}]\\ \dot{P}=P[-d(t)+\dfrac{e(t)N(t-\tau(t))}{m^2+N^2(t-\tau(t))}]\end{cases}\tag{15-3-6}$$

显然系统(15-3-6)中，捕食者对食饵的功能反应具有类似于非单调功能反应的特征，因此捕食者的比率依赖功能反应这种生态机制也将导致系统出现多周期解共存的结果。

为了确定不同ω-正周期解将出现区域范围及大小，我们需要引入如下记号：

$$u_\pm=\frac{1}{2\bar{d}}[\bar{e}\pm\sqrt{\bar{e}^2-4m^2\bar{d}^2}]；$$

$$h_\pm=\frac{1}{2\bar{d}}[\bar{e}\pm\sqrt{\bar{e}^2-4\bar{d}^2(\bar{x}^*)^2}]；$$

$$l_\pm=\frac{1}{2\bar{d}}[\bar{e}\pm\sqrt{\bar{e}^2-4\bar{d}^2(\bar{X}^*)^2}]。$$

显然我们有　$l_+<u_-<h_-<h_+<u_+<l_+$。

定理 15-3-14　设有如下条件：(H1) $m^2\bar{a}>\bar{c}$，(H2) $\bar{\Omega}_P>0$成立，则系统(15-3-5)以及

(15-3-6)具有至少两个ω-正周期解，其中：$\Omega_P(t)=[e(t)-2d(t)X^*(t)]$。

推论 15-3-10　设有如下条件：(H1) $\overline{e}>2m\overline{d}\exp\{(|\overline{a}|+\overline{a})\omega\}$，(H2) $m^2\overline{a}>\overline{c}$ 成立，则系统(15-3-5)以及(15-3-6)具有至少两个ω-正周期解。

说明： 在文献[29]中，Xia 等所确定的用于限定ω-正周期解出现区域的常数 $h_\pm$、$l_\pm$ 以及 $u_\pm$ 的形式为：

$$u_\pm=\frac{1}{2\overline{d}}[\overline{e}\pm\sqrt{\overline{e}^2-4m^2\overline{d}^2}]；$$

$$h_\pm=\frac{1}{2\overline{d}}[\overline{e}\pm\sqrt{\overline{e}^2-4m^2\overline{d}^2\exp\{-2(|\overline{a}|+\overline{a})\omega\}}]；$$

$$l_\pm=\frac{1}{2\overline{d}}[\overline{e}\pm\sqrt{\overline{e}^2-4m^2\overline{d}^2\exp\{2(|\overline{a}|+\overline{a})\omega\}}]。$$

显而易见，我们在此给出的定理 15-3-11 和推论 15-3-10 更为广泛、一般。

如果我们在系统(15-3-6)中选取 m=1，$a(t)$=1，$b(t)$=1+cosπt，$c(t)$=3/4+ (cosπt)/2，$K(t)$=exp(-t)；$d(t)$=1+sinπt，$e(t)$=5+4cosπt，
则作为系统(15-3-6)的一个具体实例，由定理 15-3-15 容易判断，此时系统(15-3-6)具有至少两个正的ω-周期解。

例 15-19　考虑如下非自治周期系统：

$$\begin{cases}\dfrac{\mathrm{d}N_1}{\mathrm{d}t}=r(t)N_1[1-\dfrac{N_1}{K(t)}]-c(t)N_1N_2e^{-\beta N_1}\\ \dfrac{\mathrm{d}N_2}{\mathrm{d}t}=N_2[-d(t)+\alpha(t)N_1e^{-\beta N_1}]\end{cases}\tag{15-3-7}$$

其中，功能反应函数 $g(x)=xe^{-\beta x}$。

注意到函数 $g(x)$ 满足(NM)假设条件，故不难计算得出 $g'(x)=e^{-\beta x}(1-\beta x)$。因此由 $g'(M)=0$ 可以得出 $M=1/\beta$，并且 $g(M)=1/\beta e$。

说明： 对应于周期系统(E)，我们应有 $\overline{a}=\overline{r},\overline{b}=\overline{(r/K)},\overline{c}=\overline{c}$，$\overline{d}=\overline{d},\overline{e}=\overline{\alpha}$。

方程 $g(x)=D\triangleq\overline{d}/\overline{\alpha}$ 等价于 $f(x)=xe^{-\beta x}-D=0$。

显然，若 $g(M)>D$，容易证明 $f(0)<0,f(M)>0$，并且 $f(+\infty)<0$。因此由零点定理知一定存在 $r_1\in(0,M)$ 和 $r_2\in(M,+\infty)$ 使得 $f(r_1)=0,f(r_2)=0$。 (15-3-7a)

因此可以将定理 15-3-4 应用于系统(15-3-5)，从而得到如下结论：

定理 15-3-15　如果 $\overline{\alpha}<\beta e\overline{d}$，则系统(15-3-7)不存在正$\omega$-周期解。

定理 15-3-16　设有如下条件：(L1) $\overline{\alpha}=\beta e\overline{d}$，(L2) $\overline{\Omega}_{N_1}>0$ 成立，则系统(15-3-7)具有至少一个ω-正周期解，其中：$\Omega_{N_1}(t)=r(t)[1-N_1^*(t)/K(t)]$，$N_1^*(t)$ 为 $N_2(t)=0$ 系统(15-3-7)中食饵子系统全局渐近稳定的ω-周期解。

推论 15-3-11　设有如下条件：(L1) $\overline{\alpha}=\beta e\overline{d}$，(L2) $\overline{r}\beta>\overline{(r/K)}\exp\{(|\overline{r}|+\overline{r})\omega\}$ 成立，则系统(15-3-7)具有至少一个ω-正周期解。

定理 15-3-17　设有如下条件：(L3) $\overline{\alpha}>\beta e\overline{d}$，(L4) $\overline{\Omega}_{N_1}>0$，

(L5) $\beta r_1 \exp\{(|\overline{r}|+\overline{r})\omega\}\leqslant 1$ 以及 $\beta r_2 \geqslant \exp\{(|\overline{r}|+\overline{r})\omega\}$ 成立，则系统(15-3-7)具有至少两个正的 ω-周期解。其中 r_1 和 r_2 由(15-3-7a)给出，$\Omega_{N_1}(t)= r(t)[1-N_1^*(t)/K(t)]$。

推论 15-3-12 设有如下条件：(L3) $\overline{\alpha} > \beta e\overline{d}$，(L4) $\overline{r} > \overline{(r/K)} r_2 \exp\{(|\overline{r}|+\overline{r})\omega\}$，(L5) $\beta r_1 \exp\{(|\overline{r}|+\overline{r})\omega\}\leqslant 1$ 以及 $\beta r_2 \geqslant \exp\{(|\overline{r}|+\overline{r})\omega\}$ 成立，则系统(15-3-7)具有至少两个正的 ω-周期解。其中 r_1 和 r_2 由(15-3-7a)给出。

15.3.2 具有常数收获率或常数投放率的生态种群模型的多周期解

当一个种群相互作用的数学模型在加上常数收获率或常数存放率之后，其解的性态将产生本质性变化。 原本全局稳定的生态种群系统，加上常数收获或常数存放后会变成不是全局稳定的，甚至变成不稳定系统。显然引入常数收获率或常数存放率是导致多周期正解出现的一种生态机制。 2007 年， Zeng 等在文献[30]中考虑如下具常数收获项和比率依赖功能反应的周期性时滞捕食—食饵系统：

$$\begin{cases} \dot{N} = N[a(t)-b(t)\int_{-\infty}^{t} k(t-s)N(s)\mathrm{d}s] - \dfrac{c(t)NP}{m(t)P+N} - h(t) \\ \dot{P} = P[-d(t) + \dfrac{f(t)N(t-\tau(t))}{m(t)P(t-\tau(t))+N(t-\tau(t))}] \end{cases} \tag{15-3-8}$$

直观地观察， 如果在一个生态种群模型中加上常数收获率或常数存放率，则其系统的水平等倾线与垂直等倾线的形状都将发生相应的非线性变化，从而使得系统两条零等倾线允许出现多个不同交点，导致系统的全局动态发生根本改变，一个最为直观的解释是引入常数收获率或常数存放率使得相应自治系统可以形成多个平衡态解。显而易见，这是一种使生态种群模型产生多平衡态现象的生态机制。

引理 15-3-1 如果 $\overline{f} > \overline{d}$，并且 $\overline{a} - \overline{(c/m)} > 2\sqrt{\overline{b}\cdot\overline{h}}$，则下面方程组

$$\begin{cases} \overline{a} - \overline{b}e^{u} - \dfrac{1}{\omega}\displaystyle\int_0^{\omega} \frac{c(t)e^{v}}{m(t)e^{v}+e^{u}}dt - \frac{\overline{h}}{e^{u}} = 0 \\ -\overline{d} + \dfrac{1}{\omega}\displaystyle\int_0^{\omega} \frac{f(t)e^{v}}{m(t)e^{v}+e^{u}}dt = 0 \end{cases} \tag{15-3-8a}$$

具有两个不同的实根 (u_1, v_1) 与 (u_2, v_2)。

定理 15-3-18 如果 $\overline{f} > \overline{d}$，$[\overline{a} - \overline{(c/m)}] > 2\sqrt{\overline{b}\cdot\overline{h}}$，则系统(15-3-8)至少具有两个 ω-正周期解。

推论 15-3-13 如果 $\overline{f} > \overline{d}$，$[a-(c/m)]^{L} > 2\sqrt{b^{U}h^{U}}$， 则系统(15-3-8)至少具有两个 ω-正周期解。

类似的， 我们考虑具有比率依赖功能反应的分布时滞捕食系统

$$\begin{cases} \dot{N}(t) = N[a(t) - b(t)\int_{-\tau}^{0} N(t+s)\mathrm{d}\mu(s)] - \dfrac{c(t)NP}{m(t)P+N} - h(t) \\ \dot{P}(t) = P[-d(t) + \dfrac{f(t)\int_{-\sigma}^{0} N(t+s)\mathrm{d}\nu(s)}{m(t)\int_{-\sigma}^{0} P(t+s)\mathrm{d}\nu(s) + \int_{-\sigma}^{0} N(t+s)\mathrm{d}\nu(s)}] \end{cases} \tag{15-3-9}$$

其中，τ、σ 为正数，μ、ν 为单调非减函数，且使得 $\mu(0^+) - \mu(-\tau^-) = 1, \nu(0^+) - \nu(-\sigma^-) = 1$。

定理 15-3-19　如果 $\overline{f} > \overline{d}$，$[\overline{a} - \overline{(c/m)}] > 2\sqrt{\overline{b} \cdot \overline{h}}$，则系统(15-3-9)至少具有两个 ω-正周期解。

推论 15-3-14　如果 $\overline{f} > \overline{d}$，$[a - (c/m)]^L > 2\sqrt{b^U h^U}$，则系统(15-3-9)至少具有两个 ω-正周期解。

类似的，我们可考虑具有时变时滞的比率依赖型功能反应捕食—食饵系统

$$\begin{cases} \dot{N}(t) = N[a(t) - b(t)N(t-\tau(t))] - \dfrac{c(t)NP}{m(t)P+N} - h(t) \\ \dot{P}(t) = P[-d(t) + \dfrac{f(t)N(t-\tau(t))}{m(t)P(t-\tau(t)) + N(t-\tau(t))}] \end{cases} \tag{15-3-10}$$

定理 15-3-20　如果 $\overline{f} > \overline{d}$，$[\overline{a} - \overline{(c/m)}] > 2\sqrt{\overline{b} \cdot \overline{h}}$，则系统(15-3-10)至少具有两个 ω-正周期解。

推论 15-3-15　如果 $\overline{f} > \overline{d}$，$[a - (c/m)]^L > 2\sqrt{b^U h^U}$，则系统(15-3-10)至少具有两个 ω-正周期解，以及如下具有时变时滞的比率依赖型功能反应捕食—食饵系统

$$\begin{cases} \dot{N}(t) = N[a(t) - b(t)N(t-\tau(t,N(t),P(t)))] - \dfrac{c(t)NP}{m(t)P+N} - h(t) \\ \dot{P}(t) = P[-d(t) + \dfrac{f(t)N(t-\tau(t))}{m(t)P(t-\tau(t,N(t),P(t))) + N(t-\tau(t,N(t),P(t)))}] \end{cases} \tag{15-3-11}$$

定理 15-3-21　如果 $\overline{f} > \overline{d}$，$[\overline{a} - \overline{(c/m)}] > 2\sqrt{\overline{b} \cdot \overline{h}}$，则系统(15-3-11)至少具有两个 ω-正周期解。

推论 15-3-16　若 $\overline{f} > \overline{d}$，$[a - (c/m)]^L > 2\sqrt{b^U h^U}$，则系统(15-3-11)至少具有两个 ω-正周期解。

例 15-20　在系统(15-3-11)中，我们选取参数 $a(t)$=6+sin(π)，$b(t)$ =3/2+cos(πt)，$c(t)$=2+cos(π)，$m(t)$=1+1/2cos(π)，$h(t)$=1/2+1/4 sin(π)，$d(t)$=1+cos(πt)，$f(t)$=3+sin(πt)。此时滞核函数取以下形式的脉冲 δ-函数 $K(t) = \delta(t)$，$\tau(t)$ =0.2，则系统(15-3-11)将变为

$$\begin{cases} \dot{N}(t) = N[6 + \sin(\pi t) - (\dfrac{3}{2} + \cos(\pi t))] - \dfrac{(2+\cos(\pi t))NP}{(1+\cos(\pi t)/2)P + N} - (\dfrac{1}{2} + \dfrac{1}{4}\sin(\pi t)) \\ \dot{P}(t) = P[-(1+\cos(\pi t)) + \dfrac{(3+\sin(\pi t))N(t-0.2)}{(1+\cos(\pi t)/2)P(t-0.2) + N(t-0.2)}] \end{cases}$$

因此容易验证，该捕食系统满足定理的条件，从而由定理得知，系统(15-3-7)至少有两个 ω-正周期解。系统的演化动态如图 15-13 所示。

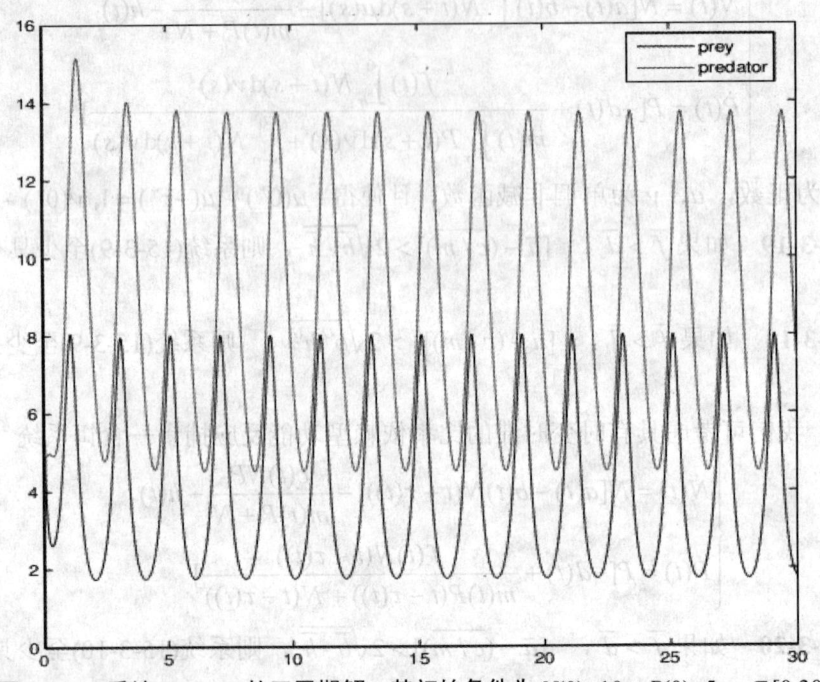

图 15-13　系统(15-3-11)的正周期解，其初始条件为 $N(0)=10$，$P(0)=5$，$t\in[0,30]$

15.3.3　考虑种群的迁移扩散和年龄结构因素的生态种群模型的多周期解

在斑块环境下，对于具迁移扩散和常数收获的周期性生态种群系统，也存在类似的多周期解共存情形和结果，例如 Fang 和 Xiao 在文献[31]中考虑了以下具常数收获的周期性 Lotka- Volterra 种群竞争扩散系统：

$$\begin{cases}\dot{N}_1(t)=N_1[a_1(t)-b_1(t)N_1-c_1(t)P]+D_1(t)[N_2(t-\tau_1)-N_1]-H(t)\\ \dot{N}_2(t)=N_2[a_2(t)-b_2(t)N_2]+D_2(t)[N_1(t-\tau_2)-N_2]\\ \dot{P}(t)=P[a_3(t)-b_3(t)P-\beta(t)\int_{-\tau}^{0}K(s)P(t+s)\mathrm{d}s-c_3(t)N_1]\end{cases} \tag{15-3-12}$$

关于此竞争扩散系统(15-3-12)，我们作如下一般性假设：

(H1) $a_i(t)$、$b_i(t)(i=1,2,3)$、$c_j(t)(j=1,3)$、$D_k(t)(k=1,2)$ 及 $H(t)$和$\beta(t)$ 均为连续的 ω-正周期函数；

(H2) 时滞 τ_k $(k=1,2)$ 为正常数，时滞核函数 $K(s)\geqslant 0, s\in[-\tau,0](0\leqslant\tau<\infty)$，且 $K(s)$ 为分段连续函数满足 $\int_{-\tau}^{0}K(s)ds=1$。

首先我们考虑与系统(15-3-2)相对应的食饵种群扩散模型：

$$\begin{cases}\dot{N}_1(t)=N_1[a_1(t)-b_1(t)N_1]+D_1(t)[N_2(t-\tau_1)-N_1]\\ \dot{N}_1(t)=N_2[a_2(t)-b_2(t)N_2]+D_2(t)[N_1(t-\tau_2)-N_2]\end{cases} \tag{15-3-12a}$$

其中，$a_i(t)$、$b_i(t)$、$D_i(t)$ 是连续的 ω-周期函数，并且 τ_i（$i=1,2$）是正常数。

引理 15-3-2　假设 $\bar{a}_1 > \bar{D}_1$ 或 $\bar{a}_2 > \bar{D}_2$，则系统(15-3-12a)具有唯一全局渐近稳定的 ω-正周期解 $(N_1^*(t), N_2^*(t))$，以及系统(15-3-2)中用于描述捕食者种群增长的 Logistic 模型：

$$\dot{P}(t) = P[a_3(t) - b_3(t)P] \tag{15-3-12b}$$

引理 15-3-3　假设 $\bar{a}_3 > 0$，$\bar{b}_3 > 0$，则系统(15-3-12b)有全局渐近稳定的 ω-正周期解 $P^*(t)$。

利用上面引理 15-3-3 的结论，我们进一步假设：

(H3) $\bar{\Omega}_{a_1} > 0$，　其中 $\Omega_{a_1}(t) = a_1(t) - c_1(t)P^*(t) - D_1(t) - 2\sqrt{b_1(t)H(t)}$；

(H4) $\bar{\Omega}_H > 0$，　其中 $\Omega_H(t) = H(t) - D_1(t)X_1^*(t)$。

为了确定不同 ω-正周期解将出现的区域范围及大小，我们需要引入如下记号：

$$h_{\pm} = \frac{1}{2\bar{b}_1}[\bar{a}_1 \pm \sqrt{\bar{a}_1^2 - 4\bar{b}_1\bar{H}}]；$$

$$u_{\pm} = \frac{1}{2\bar{b}_1}[\bar{\Omega}_{a_1} \pm \sqrt{\bar{\Omega}_{a_1}^2 - 4\bar{b}_1\bar{H}}]；$$

$$l_{\pm} = \frac{1}{2\bar{b}_1}[\bar{a}_1 \pm \sqrt{\bar{a}_1^2 - 4\bar{b}_1\bar{\Omega}_H}]。$$

显然有 $l_- < h_- < u_- < u_+ < h_+ < l_+$。

定理 15-3-22　假设条件(H1)至(H4)成立，此外如果(H5) $\bar{a}_2 > \bar{D}_2$，(H6) $\bar{a}_3 > \bar{c}_3 l_+$，则系统(15-3-12)具有至少两个 ω-正周期解。

定理 15-3-23　假设条件(H1)至(H5)成立，此外如果(H'6) $\bar{a}_3 / \bar{c}_3 > \bar{a}_1 / \bar{b}_1$，则系统(15-3-12)具有至少两个 ω-正周期解。

例 15-21　在竞争扩散系统(15-3-12)中，我们选取参数

$a_1(t)$=4+sinπt，　$b_1(t)$=[4+sinπt]/4，　$c_1(t)$=[2+sinπt]/300，$H(t)$=[1+(sin$^2\pi t$)]/5，　τ_1=0.1；

$a_2(t)$=3+sinπt，　$b_2(t)$=[3+sinπt]/4，　$D_1(t)$= $D_2(t)$= [1+(sin$^2\pi t$)]/50，　τ_2=0.2；

$a_3(t)$=2+sinπt，　$b_3(t)$=[2+sinπt]/4，　$c_3(t)$=[2+sinπt]/30，　$\beta(t)$=1+(sin$^2\pi t$)。

容易验证系统(15-3-12)满足定理 15-3-20 的条件，因此系统(15-3-12)至少具有两个 ω-正周期解。

如果在能够导致多周期正解出现的生态机制中，进一步考虑生物种群的阶段结构因素，则需要构建与这种生态机制相对应的阶段结构生态种群模型。2007 年，Xia 等在文献[32]中研究了如下捕食者既具有阶段结构，同时又具有非单调功能反应的周期性捕食—食饵系统

$$\begin{cases} \dot{N} = N[r_1(t) - a_1(t)\int_{-\infty}^{t} K(t-s)N(s)\mathrm{d}s - \dfrac{a_2(t)P_2}{N^2/m + N + a}] \\ \dot{P}_1 = \dfrac{b_1(t)NP_2}{N^2/m + N + a} - \beta(t)P_1 - \dfrac{B_1(t)N(t-\tau)P_2(t-\tau)}{N^2(t-\tau)/m + N(t-\tau) + a} \\ \dot{P}_2 = \dfrac{B_1(t)N(t-\tau)P_2(t-\tau)}{N^2(t-\tau)/m + N(t-\tau) + a} - r_2(t)P_2 \end{cases} \tag{15-3-13}$$

其中，$B_1(t)=b_1(t-\tau)\exp\{-\int_{t-\tau}^{t}\beta(s)\mathrm{d}s\}$，$P_1(t)$、$P_2(t)$ 分别表示捕食者种群中成熟个体与未成熟个体的密度，$N(t)$ 为食饵种群的密度，且捕食者仅捕食未成熟的食饵种群个体。$r_1(t)$、$r_2(t)$、$a_1(t)$、$a_2(t)$、$b_1(t)$、$\beta(t)$ 均为连续的 ω-正周期函数，τ 为正常数。

为了准确地估计这种情况下食饵种群与捕食者种群在一个周期时段内的平均增长率，我们仍然需要建立与系统(15-3-5)对应的食饵种群子系统和具阶段结构的捕食者种群子系统，并据此获得关于食饵种群、捕食者种群的平均增长率以及食饵对捕食者的营养供给率，即食饵、捕食者种群子系统周期解的取值状况。

首先，我们考虑捕食系统(15-3-13)中描述食饵种群增长的 Logistic 模型：

$$\dot{N}=N[r_1(t)-a_1(t)\int_{-\infty}^{t}K(t-s)N(s)\mathrm{d}s] \tag{15-3-13a}$$

引理 15-3-4 假设 $\overline{r}_1>0$，$\overline{a}_1>0$，则系统(15-3-13a)具有唯一全局渐近稳定的 ω-正周期解 $N^*(t)$。

其次，对事先给定的食饵子系统(15-3-13a)的周期解 $N^*(t)$，我们进而考虑如下系统(15-3-13)中阶段结构的捕食者子系统(15-3-13b)，建立其周期解的存在性结论， 并据此估计系统(15-3-2)任意正解的取值范围。

引理 15-3-5 考虑如下阶段结构的食饵种群系统

$$\begin{cases}\dot{P}_1=\dfrac{b_1(t)N^*P_2}{(N^*)^2/m+N^*+a}-\beta(t)P_1-\dfrac{B_1(t)N^*(t-\tau)P_2(t-\tau)}{(N^*(t-\tau))^2/m+N^*(t-\tau)+a}\\ \dot{P}_2=\dfrac{B_1(t)N^*(t-\tau)P_2(t-\tau)}{(N^*(t-\tau))^2/m+N^*(t-\tau)+a}-r_2(t)P_2\end{cases} \tag{15-3-13b}$$

则阶段结构捕食者系统(15-3-13b)存在唯一全局渐近稳定的 ω-正周期解 $(P_1^*(t),P_2^*(t))$。

利用由引理 15-3-4 至引理 15-3-5 确定的全局渐近稳定的 ω-周期解，容易建立如下结论：

首先考虑如下与方程(15-3-13)等价的系统形式

$$\begin{cases}\dot{N}=N[r_1(t)-a_1(t)\int_{-\infty}^{t}K(t-s)N(s)\mathrm{d}s-\dfrac{a_2(t)P_2}{N^2/m+N+a}]\\ \dot{P}_2=\dfrac{B_1(t)N(t-\tau)P_2(t-\tau)}{N^2(t-\tau)/m+N(t-\tau)+a}-r_2(t)P_2\end{cases} \tag{15-3-13c}$$

在文献[32]中，Xia 等为了确定不同 ω-正周期解将出现的区域范围及大小，引入如下记号：

$$u_{\pm}=\frac{1}{2\overline{r}_2}[m(\overline{B}-\overline{r}_2)\pm\sqrt{m^2(\overline{B}-\overline{r}_2)^2-4ma\overline{r}_2^{\,2}}\,]\text{；}$$

$$h_{\pm}=\frac{[mA_{P_2}\pm\sqrt{m^2A_{P_2}^2-4ma(r_2^M\exp\{2\overline{r}_2\omega\})^2}\,]}{2r_2^M\exp\{2\overline{r}_2\omega\}}\text{，}\quad A_{P_2}=[B_1^L-r_2^U\exp\{2\overline{r}_2\omega\}]\text{；}$$

$$l_{\pm}=\frac{1}{2r_2^L}[mA_N\pm\sqrt{m^2A_N^2-4ma(r_2^L)^2}\,]\text{，}\quad A_N=[B_1^U\exp\{2\overline{r}_1\omega\}-r_2^L]\text{。}$$

其中 $B(t)=b_1(t)\exp\{-\int_t^{t+\tau}\beta(s)\mathrm{d}s\}$， 并且显然有 $l_-<h_-<u_-<u_+<h_+<l_+$。

关于系统(15-3-13b)的 ω-正周期解，利用上面引理容易得到以下结论：

定理 15-3-24 假设 $\bar{\Omega}_{P_2}>0$ 成立，则系统(15-3-13b)具有至少一个 ω-正周期解， 其中：$\Omega_{P_2}(t)=B_1(t)g(M)-r_2(t)$。

如果我们进一步假设， 系统(15-3-13b)满足

(H1) $B_1^L g(M)>r_2^U\exp\{2\overline{r_2}\omega\}$， 其中 $g(M)=\sqrt{am}/[2a+\sqrt{am}]$ 为功能反应函数 $g(x)=x/[x^2/m+x+a]$ 的最大值，则还有如下正周期多解的存在性结论：

定理 15-3-25 假设条件(H1)成立，此外如果(H2) $\bar{\Omega}_N>0$，则系统(15-3-13b)具有至少两个 ω-正周期解， 其中：$\Omega_N(t)=r_1(t)-a_1(t)\int_{\infty}^{t}K(t-s)N^*(s)\mathrm{d}s$。

推论 15-3-17 假设条件(H1)成立，此外如果(H'2) $\overline{r_1}>\overline{a}_1 l_+\exp\{2\overline{r_1}\omega\}$，则系统(15-3-13b)具有至少两个 ω-正周期解。

说明： 到现在为止，有关于阶段结构的生态种群模型周期解的所有讨论中，一个悬而未决的问题是能否建立像前面结论那样，以单种群系统(15-3-13a)与(15-3-13b)的全局稳定的周期解 $N^*(t)$ 和 $(P_1^*(t),P_2^*(t))$ 作为对捕食系统(15-3-13)正解先验界的精确估计条件呢?即 Xia 等在文献[32]中用于限定 ω-正周期解出现区域的常数 $h_\pm$、$l_\pm$ 以及 $u_\pm$ 改写为：

$$h_\pm=\frac{1}{2\overline{r_2}\overline{P}_2^*}[m\Omega_{P_2}\pm\sqrt{m^2\bar{\Omega}_{P_2}^2-4ma(\overline{r_2}\,\overline{P}_2^*)^2}\,]，\text{其中}\,\Omega_{P_2}(t)=[B_1(t)-r_2(t)P_2^*(t)];$$

$$l_\pm=\frac{1}{2\overline{r_2}}[m\Omega_N\pm\sqrt{m^2\bar{\Omega}_N^2-4ma\overline{r_2}^2}\,]，\text{其中}\,\Omega_N(t)=[B_1(t)N^*(t)/\sqrt{am}-r_2(t)];$$

$$u_\pm=\frac{1}{2\overline{r_2}}[m(\overline{B}-\overline{r_2})\pm\sqrt{m^2(\overline{B}-\overline{r_2})^2-4ma\overline{r_2}^2}\,]。$$

例 15-22 在系统(15-3-13)中，我们选取参数

$r_1(t)$=10+sin20πt，$a_1(t)$=1/90，$K(t)$=exp{$-t$}，$a_2(t)$=1，m=1/10，a=1/10，$b_1(t)$=9+sin20πt，$\beta(t)$=1+sin20πt，$r_1(t)$=1/10，$\tau=1$，则系统(15-3-13)转化为

$$\begin{cases}\dot{N}=N[(10+\sin 20\pi t)-1/90\int_{\infty}^{t}e^{t-s}N(s)\mathrm{d}s-\dfrac{P_2}{10N^2+N+(1/10)}]\\ \dot{P}_1=\dfrac{(9+\sin 20\pi t)NP_2}{10N^2+N+(1/10)}-(1+\sin 20\pi t)P_1-\dfrac{B_1(t)N(t-1)P_2(t-1)}{10N^2(t-1)+N(t-1)+(1/10)}\\ \dot{P}_2=\dfrac{B_1(t)N(t-1)P_2(t-1)}{10N^2(t-1)+N(t-1)+(1/10)}-\dfrac{1}{10}P_2\end{cases}$$

这里 $B_1(t)=[9+\sin 20\pi(t-1)]\exp\{-\int_{t-1}^{t}(1+\sin 20\pi s)\mathrm{d}s\}$，则容易验证系统(15-3-13)满足定理的假设条件(H1)与(H2)， 从而由定理 15-3-22 知：系统(15-3-13)至少具有两个 ω-正周期解。

有关生态种群模型多周期解的研究工作和相应成果具体参见文献[25-37]及其参考文献中相关的论题。

参考文献

[1] Chen F D, Chen X X, Shi J L. Dynamic behavior of a nonlinear single species diffusive system[J]. Advanced in Complex Systems, 2005, 8(4): 399–417.

[2] Chen F D, Shi J L. On a delayed nonautonomous ratio-dependent predator-prey model with Holling type functional response and diffusion[J]. Appl. Math. Comput., 2007(192): 358-369.

[3] Chen F D, Xie X D. Permanence and extinction in nonlinear single and multiple species system with diffusion[J]. Appl. Math. Comput., 2006(177): 410-426.

[4] Huo H F, Li W T. Positive periodic solutions of a class of delay differential system with feedback control[J]. Appl. Math. Comput., 2004(148): 35-46.

[5] Zhao J D, Jiang J F. Permanence in nonautonomous Loka-Volterra system with predator-prey[J]. Appl. Math. Comput., 2004 (152): 99-120.

[6] Luo M C, Ma Z E., Persistence of a two-species Lotka-Volterra model with separation and diffusion[J]. J. Biomath., 1997, 12(1): 52-59.

[7] Cui J A, Song X Y. Sufficient and necessary condition for the permanence of periodic predator-prey system[J]. IJMMS, 2004(43)： 2307-2323.

[8] Wang L L, Li W T. Periodic solutions and permanence for a delayed nonautonomous ratio- dependent predator-prey model with Holling type functional response[J]. J. Comput. Appl. Math., 2004(162): 341-357.

[9] Dong S J, Ge W G. Periodic solution of predator–prey diffusive system of two-species with time delay and ratio-dependent[J]. Acta. Math. Appl. Sinica, 2004, 27(1): 132-141.

[10] Cui J A., Chen L S. The effect of diffusion on the time varying logistic population growth[J]. Comput. Math. Appl., 1998, 36(3): 1-9.

[11]Cui J A. Dispersal permanence of a periodic predator-prey system with Beddington-DeAngelis functional response[J]. Nonlinear Analysis, 2006(64): 440 -456.

[12] Cui J A. Yasuhiro Takeuchi. Permanence, extinction and periodic solution of predator-prey system with Beddington-DeAngelis functional response[J]. J. Math. Anal. Appl., 2006(317): 464-474.

[13] Fan M, Kuang Y. Dynamics of a nonautonomous predator prey system with the Beddington- DeAngelis functional response[J]. J. Math. Anal. Appl., 2004 (295): 15-39.

[14] Cui J A, Yasuhiro Takeuchi. A predator-prey system with a stage structure for the prey[J]. Math. Comput. Model., 2006(44): 1126-1132.

[15] Chen F D. Permanence of periodic Holling type predator–prey system with stage structure for prey[J]. Appl. Math. Comput., 2006(182): 1849-1860.

[16] Liu S Q, Chen L S. Extinction and permanence in nonautonomous competitive system with stage structure[J]. J. Math. Anal. Appl., 2002(274): 667-684.

[17] Chen F D. Permanence of periodic Holling type predator-prey system with stage structure for prey[J]. Appl. Math. Comput., 2006(182): 1849-1860.

[18] Chen L J. Permanence of a periodic predator-prey system with general holling type functional response and stage structure for prey[J]. Ann. Diff. Eqs., 2007, 23(3): 253-263.

[19] Yang W S, Li X P, Bai Z J. Permanence of periodic Holling type-IV predator- prey system with stage structure for prey[J]. Math. Comput. Model., 2008, 48(5-6): 677-684.

[20] Chen F D, You M S. Permanence, extinction and periodic solution of the predator-prey system with Beddington-DeAngelis functional response and stage structure for prey[J]. Nonlinear Analysis: RWA, 2008(9): 207-221.

[21] Wang W D, Fergola P, Tenneriello C. Global attractivity of periodic solutions of population models[J]. J. Math. Anal. Appl., 1997(211): 498-511.

[22] Cui J A, Sun Y H. Permanence of predator–prey system with infinite delay[J], Electron. J. Diff. Eqs., 2004(81): 1-12.

[23] Zhang H, Chen L S, Zhu R P. Permanence and extinction of a periodic predator-prey delay system with functional response and stage structure for prey[J]. Appl. Math. Comput., 2007(184): 931-944.

[24] Zhang H, Chen L S. Permanence and extinction of a periodic predator-prey delay system with Holling type functional response and stage structure for prey[J]. Int. J. Pure and Applied Mathematics, 2006, 29(4): 425-444.

[25] Xing Y P, Xia Y H. Diversities of periodic solutions for a class of ecological model[J]. Adv. Diff. Eqs., 2012(108): 1-18.

[26] Chen Y M. Multiple periodic solution of delayd predator-prey systems with type IV functional responses[J]. Nonliear Anal: RWA, 2004(5): 45-53.

[27] Chen G, Zhou J. Boundary Element Methods[M]. London: Academic Press, 1992.

[28]Wang L Q, Wang Z H, Yin F Q. Periodicity in a delay state-dependent predator-prey system with non-monotonic functional response[J]. J. Biomath., 2006, 21(3): 321-328.

[29] Xia Y H, Han M A. Multiple periodic solutions of a ratio-dependent predator–prey model[J]. Chaos, Solitons and Fractals, 2009, 39(3): 1100-1108.

[30] Zeng Z J, Li Z. Periodicity in a delayed ratio-dependent predator-prey system with exploited term[J]. Electronic J. Diff. Eqs., 2007(168): 1-10.

[31] Fang H, Xiao Y F. Existence of multiple periodic solutions for delay Lotka-Volterra competition patch systems with harvesting[J]. Appl. Math. Model., 2009, 33(2): 1086-1096.

[32] Xia Y H, Cao J D, Cheng S S. Multiple periodic solutions of a delayed stage-structured predator-prey model with nonmonotone functional responses[J]. Appl. Math. Model., 2007,31(9): 1947-1959.

[33] Zhang Z Q, Tian T S. Multiple positive periodic solutions for a generalized predator-prey system with exploited terms[J]. Nonlinear Analysis: RWA, 2008, 9(1): 26-39.

[34] Li Z H, Zhao K H, Li Y K. Multiple positive periodic solutions for a non- autonomous stage-structured predatory-prey system with harvesting terms[J]. Communications in Nonlinear Science and Numerical Simulation, 2010, 15(8): 2140-2148.

[35] Zhang Z Q, Hou Z T. Existence of four positive periodic solutions for a ratio-dependent predator-prey system with multiple exploited (or harvesting)terms[J]. Nonlinear Analysis: RWA, 2010, 11(3): 1560-1571.

[36] Wei F Y. Existence of multiple positive periodic solutions to a periodic predator–prey system with harvesting terms and Holling III type functional response[J]. Communications in Nonlinear Science and Numerical Simulation, 2011, 16(4): 2130-2138.

[37] Fan M, Wang K, Jiang D Q. Existence and global attractivity of positive periodic solutions of periodic n-species Lotka-Volterra competition systems with several deviating arguments [J]. Math. Biosci., 1999(160): 47-61.